दलहन संकट एवं समाधान

दलहन संकट एवं समाधान

लेखन एवं संकलन
डॉ. अनिल कुमार सिंह
डॉ. यादवेन्द्र प्रताप सिंह
डॉ. बाबूजी गंगवार

nipa
न्यू इंडिया पब्लिशिंग एजेन्सी
नई दिल्ली – 110034

nipa

न्यू इंडिया पब्लिशिंग एजेन्सी
101 विकास सूर्या प्लाजा, सी.यू. ब्लाक
एल.एस.सी. मार्किट, पीतम पुरा, नई दिल्ली – 110034
दूरभाष 91(11) 27341717 फैक्स 91(11) 273416166
Email: info@nipabooks.com
Web: www.nipabooks.com

Feedback at feedbacks@nipabooks.com

ISBN: 978-93-85516-88-7

प्रकाशन वर्ष: 2018

मुद्रक एवं प्रकाशक : न्यू इंडिया पब्लिशिंग एजेन्सी, नई दिल्ली

लेखकों के समबन्ध में

डॉ. अनिल कुमार सिंह, कुलपति, राजमाता विजयाराजे सिंधिया कृषि विश्वविद्यालय, ग्वालियर ने एम.एस.सी., कृषि भौतिक विज्ञान में वर्ष 1972, पीएच.डी की उपाधि वर्ष 1977 में भारतीय कृषि अनुसधान संस्थान, नई दिल्ली, से प्राप्त की एवं पोस्ट डॉक्टरल अनुसंधान, होहेन्हाइम, विश्वविद्यालय, स्टुट्टगार्ट, जर्मनी (वर्ष 1982–83), प्रक्षेत्र जल प्रबन्धन पर डिप्लोमा (वर्ष 1992), एरीजोना विश्वविद्यालय, टक्टूसां एवं परियोजना वैज्ञानिक (वर्ष 1993–95) के रूप में अंतर्राष्ट्रीय धान अनुसंधान संस्थान, फिलीपीन्स में कार्य किया।

डॉ. सिंह ने भारतीय कृषि अनुसंधान परिषद में वर्ष 1976 में वैज्ञानिक के रूप में भारतीय कृषि अनुसंधान संस्थान, नई दिल्ली में कार्य आरम्भ कर कई महत्वपूर्ण पदों पर रह कर अनुसंधान कार्य किए तदउपरान्त भारतीय कृषि अनुसंधान संस्थान के जल प्रौद्योगिकी केन्द्र में परियोजना निदेशक (वर्ष 1997 से 2007), भारतीय कृषि अनुसंधान संस्थान के कार्यकारी निदेशक (वर्ष 2005 से 2006), भारतीय कृषि अनुसंधान परिषद में उप महानिदेशक (वर्ष 2007 से 2012) के पदों पर कार्य किया एवं वर्तमान में वर्ष 2012 से कुलपति, राजमाता विजयाराजे सिंधिया कृषि विश्वविद्यालय, ग्वालियर में कार्यरत है।

डा. सिंह ने प्राक्रतिक संसाधन अनुसंधान प्रबन्धन में मूलभूत (Basic), रणनीति समबन्धी (Strategic) एवं अनुकूलनीय अनुसंधान (Adaptive) कार्यो में मृदा, जल एवं पौध–वातावरणीय पारस्परिक क्रिया, मृदा, जल प्रबन्धन एवं फसलों का उत्पादन बढाने, पोषक तत्व उपयोगिता, जल विज्ञान समबन्धी (Watershed), फसल बढवार सतत तंत्र मोडलिंग, आदि महत्वपूर्ण विषयों पर अनुसंधान कार्य किए।

डॉ. सिंह के निदेशन में देश में पहली बार वायुजीवी (Aerobic) धान की उत्पादन तकनीक पर विधिवत अनुसंधान कार्य हुआ एवं कृषक प्रक्षेत्रों पर इस तकनीकि के प्रदर्शन भी आयोजित किए गये एवं आप के निदेशन में उप महानिदेशक कार्यकाल में नेशनल इनीशिएटिव आफ क्लाइमेट रेसीलिएन्ट एग्रीकल्चर परियोजना एवं असमान्य जलवायु परिस्थिती हेतु आकस्मिक कार्ययोजना बनाकर देश के सभी जिलों में लागू की गई।

डॉ. सिंह द्वारा भारतीय कृषि अनुसंधान संस्थान, नई दिल्ली में संकाय सदस्य के रूप मे स्नातकोत्तर एवं डॉक्टरेट की उपाधि हेतु शोधरत छात्रों को कृषि भौतिकी और जल विज्ञान और प्रद्यौगिकी का शिक्षण का कार्य भी किया। आपके द्वारा स्नातकोत्तर एवं डॉक्टरेट की उपाधि हेतु भारतीय कृषि अनुसंधान संस्थान, नई दिल्ली में अध्ययनरत छात्रों के शिक्षण के पाठ्यक्रमों में संसोधन कर और अधिक उपयोगी बनाकर आरम्भ कराया गया। डॉ. सिंह

के निर्देशन में भारतीय विज्ञान महासम्मेलन एवं स्नातकोत्तर छात्रों द्वारा भारतीय कृषि अनुसंधान परिषद के कई छात्रों को आईएनएससी एवं जवाहर लाल नेहरू पुरूस्कार प्राप्त किए। आपको भारतीय कृषि अनुसंधान परिषद द्वारा बेहतर शिक्षण हेतु डॉ. सी सुब्रामनियम उत्क्रष्ट पुरस्कार वर्ष 2007–08 में प्रदान किया गया एवं अनुसंधान, प्रसार के क्षेत्र में श्रेष्ठ कार्यो हेतु राष्ट्रीय एवं अंतराष्ट्रीय पुरस्कारों से भी सम्मानित किया गया है।

डॉ. सिंह द्वारा 350 से अधिक शोध पत्र, किताबे, वुलेटिन, सेमीनार/संगोष्ठी, प्रोसीडिंग, लोकप्रिय लेख, मेनुअल और तकनीकी प्रतिवेदन, मृदा–जल–पौधों के सह समबन्ध के प्रगति प्रतिवेदन, रिमोट सेन्सिंग एप्लीकेशन और जल प्रबन्धन के आधुनिक साधनों पर लेख लिखे है। इनमें से राष्ट्रीय एवं अर्न्तराष्ट्रीय स्तर की शोध पत्रिकाओं में 180 से अधिक शोध पत्र प्रकाशित हुऐ है।

डॉ. यादवेन्द्र प्रताप सिंह वर्तमान में प्रधान वैज्ञानिक (मृदा विज्ञान) एवं परियोजना अनवेषक के रूप में अखिल भारतीय समन्वित सिंचाई जल प्रबन्धन परियोजना, आंचलिक कृषि अनुसंधान केन्द्र, राजमाता विजयाराजे सिंधिया कृषि विश्वविद्यालय के केन्द्र, मुरैना में वर्ष 2014 से कार्यरत है। पूर्व में वरिष्ठ वैज्ञानिक एवं अध्यक्ष, कृषि विज्ञान केन्द्र, मुरैना, वरिष्ठ वैज्ञानिक (मृदा विज्ञान), भारतीय कृषि अनुसंधान परिषद के पूर्वी क्षेत्र के लिए भारतीय कृषि अनुसंधान परिषद का अनुसंधान परिसर, पटना, वरिष्ठ वैज्ञानिक एवं अध्यक्ष एवं वैज्ञानिक (मृदा विज्ञान) के रूप में कृषि विज्ञान केन्द्र, वनस्थली, टोंक, राजस्थान एवं शोध सहयोगी के रूप में केन्द्रीय मृदा लवणता अनुसंधान संस्थान, करनाल (हरयाणा) में लगभग 22 वर्षो तक अनुसंधान एवं प्रसार का कार्य किया है। डॉ. सिंह द्वारा 200 से अधिक शोध पत्र, वुलेटिन, किताबें, कार्यशाला संगोष्ठी शोध पत्र, लोकप्रिय कृषि लेख, किताबों के अध्याय, आदि लिखे है एवं कृषकों को लाभान्वित करने हेतु 115 रेडियों एवं दूरदर्शन पर व्याख्यान दिए है।

डॉ. सिंह ने भारतीय कृषि अनुसंधान परिषद, नई दिल्ली, विश्व बैंक, विज्ञान एवं प्राद्योगिकी मंत्रालय भारत सरकार एवं राज्य सरकार से वित्त पोषित परियोजनाओं में समन्वयक के रूप में दो परियोजना, प्रधान अनवेषक के रूप में चार परियोजना एवं सह प्रधान अनवेषक के रूप में पाँच परियोजनाओं में कार्य किया है। आपके निदेशन एवं सह निदेशन में बहुत सी अभिनव तकनीकों का विकास हुआ है जिन्हें बहुत से लाभार्थियों द्वारा अपनाया जा रहा है।

डॉ. सिंह 55 राष्ट्रीय एवं अंतराष्ट्रीय कार्यशाला/संगोष्ठी, प्रशिक्षणों में भाग लिया है एवं मृदा विज्ञान के छः स्नातकोत्तर एवं डॉक्टरेट की उपाधि हेतु शोधरत छात्रों का निदेशन किया है। डॉ. सिंह को कृषि अनुसंधान एवं प्रसार के क्षेत्र में कई राष्ट्रीय एवं राज्यस्तरीय पुरस्कारों एवं सम्मानों द्वारा भी सम्मानित किया जा चुका है एवं भारतीय मृदा विज्ञान संस्था में वर्ष 2008–09 में सभासद (काउन्सलर) के रूप में भी कार्य किया है एवं 5 शोध पत्रिकाओं के आजीवन सदस्य एवं सम्पादक के रूप में भी कार्य कर रहे है।

वर्तमान में डॉ. सिंह तीन परियोजनाओं (सिंचाई जल प्रबन्धन, फार्मर फस्ट, ट्राइवल सव प्लान परियोजना) के प्रधान अनवेशक एवं निच एरिया ऑफ एक्सीलेन्स की मृदा स्वास्थ्य प्रबन्धन और बेहड़ भूमि की उत्पादकता परियोजना है में सह प्रधान अनवेषक के रूप में कार्यरत है।

डॉ. बाबूजी गंगवार, निदेशक, के रूप में भारतीय कृषि अनुसंधान परिषद के भारतीय कृषि प्रणाली अनुसंधान संस्थान (2009 से 2015), परियोजना समन्वयक, सस्य विज्ञान/द्वि–आरा भूमि (1994–1999), प्रधान सस्य वैज्ञानिक/प्रोग्राम फेसिलिटेटर फसल पद्धति प्रबन्धन (2000 से 2009) कि रुप मे सेवाये दी। इससे पहले अंडमान निकोबार दीप समूह में 18 वर्षो तक वैज्ञानिक एक वरिष्ठ वैज्ञानिक पदों पर रहकर कार्य किया। डॉ. गंगवार को अदिवाशी क्षेत्र मे उल्लेखनीय कार्य के लिए फखरूददीन अली अहमद पुरस्कार (1986–87), कृषि अनुसंधान एवं प्रबन्धन के क्षेत्र में भारत एक्सीलेन्श पुरस्कार (2009), मेरठ रत्न (2009), तीन बार श्रीराम पुरस्कार (वर्ष 2001–02, 2009–10 एवं 2011–12), श्रेष्ठ वैज्ञानिक हिन्दी लेखन हेतु खाद पत्रिका पुरस्कार एवं धीरू मोरारजी पुरस्कार कृषि विज्ञान में श्रेष्ठ लेख (2012–13) हेतु प्राप्त हुऐं है। वर्ष 2015 में हिन्दी भाषा में तकनीकी पुस्तक लेखन हेतू डा० राजेन्द्र प्रसाद पुरस्कार में सहभागी भी रहे। रास्ट्रीय स्तर की वैज्ञिानिक संस्थाऐं जैसे भारतीय सस्य विज्ञान, राष्ट्रीय कृषि विज्ञान अकादमी (एनएएएस.), भारतीय कोष्टल कृषि अनुसंधान संस्था सोसाइटी फार रीसेन्ट डवलपमेन्ट इन एग्रीकल्चर के फेलो सदस्य एवं हाई टेक होर्टीकल्चर सोसाइटी द्वारा फसल पद्धति में अनुसंधान हेतु होनरेरी फेलो प्रदान किया गया। अंडमान साइंस एसोसिएसन के प्रधान सचिव के रूप में 10 वर्षो तक संयुक्त सचिव, इंडियन सोसाइटी ऑफ एग्रोनॉमी (1999 से 2002), इंडियन सोसाइटी ऑफ एग्रोनॉमी की शाखा मोदीपुरम के अध्यक्ष (2008 से 2015) जनरल ऑफ अंडमान साइंस एसोसिएसन (1996 से 1999) जनरल ऑफ फार्मिंग सिस्टम रिसर्च एवं डवलपमेन्ट (1999 से 2005); एवं एग्रीकल्चर रिव्यू (2010–12) के प्रधान संम्पादक; एग्रोनॉमी न्यूज (1999–2000) एवं एग्रीकल्चर डाइजेस्ट (2002) के सम्पादक, द्वितीय अंतराष्ट्रीय सस्य विज्ञान कोंग्रेस (2002) के सम्पादक मंडल के सदस्य, भारतीय सस्य विज्ञान सोसाइटी, नई दिल्ली (2000 एवं 2004, 2011 एवं 2012) के इजिक्यूटिव सदस्य, "इंडियन फार्मिंग" नामक राष्ट्रीय पत्रिका के एडवाइसरी बोर्ड के सदस्य (वर्ष 2010), कोर्स डाइरेक्टर के रूप में विन्टर स्कूल ऑन "इम्प्रूविंग लेन्ड वाटर एवं इनर्जी प्रोडक्टिविटी थ्रो क्रोपिंग सिस्टम मेनेजमेन्ट" वर्ष 2009 एवं "पद्धति आधारित इंटीग्रेटेड न्यूट्रिएन्ट मेनेजमेन्ट फार सस्टेन्ड प्रोडक्टिविटी एवं सोइल हेल्थ" वर्ष 2010 में कृषि प्रणाली अनुसंधान संस्थान, मोदीपुरम में आपके निर्देशन में पूर्ण हुए। आयोजक सचिव के रूप में दो राष्ट्रीय सिम्पोसियम खाड़ी द्वीप (अण्डमान–निकोबार) पर एवं अध्यक्ष के रूप में एक संगोष्ठी मेरठ में आयोजित की गई। आप भारतीय कृषि अनुसंधान परिषद की एन.ए.टी.पी. की रिसोर्स मेनेजमेन्ट परियोजना के प्रधान अनवेषक भी रहे। डॉ. गंगवार द्वारा कुल 380 वैज्ञानिक लेखों में 129 अनुसंधान पत्र, 180 कृषि लेख, कार्यशाला, संगोष्ठी, आदि के शोध पत्र, वुलेटिन, 13 किताबों के अध्याय, 18 किताबें एवं मेनुअल, 34 सम्पादक के रूप में प्रकाशन एवं इसके अतिरिक्त कृषकों को अधिक लाभान्वित करने हेतु 111 रेडियो और दूरदर्शन व्याख्यान भी दिए गये।

राधा मोहन सिंह
RADHA MOHAN SINGH

D.O. No. 16 /AM

सत्यमेव जयते

कृषि एवं किसान कल्याण मंत्री
भारत सरकार
MINISTER OF AGRICULTURE
& FARMERS WELFARE
GOVERNMENT OF INDIA

12 DEC 2016

संदेश

भारत वर्ष विश्व में दालों का न केवल सबसे बड़ा उत्पादक और उपभोक्ता देश है, बल्कि सबसे बड़ा आयातक देश भी है। हमारे देश में विभिन्न तरह की दाल की फसलों की खेती की जाती है, जिनमें प्रमुख रूप से चना, अरहर, मूंग, उड़द, मसूर, मटर, खेसरी, राजमा, लोबिया, मोठबीन और कुलथी शामिल हैं। मध्य प्रदेश, राजस्थान, महाराष्ट्र, कर्नाटक, आंध्र प्रदेश और उत्तर प्रदेश दलहनी फसलों की खेती करने वाले प्रमुख राज्य हैं और देश के कुल क्षेत्रफल तथा उत्पादन में इन राज्यों का लगभग 80 प्रतिशत योगदान रहता है। भारत का दलहनी फसलों के वैश्विक क्षेत्रफल में लगभग 35 प्रतिशत और उत्पादन में लगभग 27 प्रतिशत हिस्सा है, जबकि अरहर उत्पादन में भारत का लगभग 60 प्रतिशत, चने में 65 प्रतिशत, मसूर में 37 प्रतिशत और मूंग में लगभग 65 प्रतिशत हिस्सा है।

वर्ष 2015–16 को समाप्त त्रिवार्षिक अवधि के दौरान भारत में दलहनों का औसत क्षेत्रफल 246.7 लाख हैक्टेयर, औसत उत्पादन 176.2 लाख टन तथा औसत उत्पादकता 714 किलोग्राम/हैक्टेयर का रहा। देश में दलहनों का उत्पादन वर्ष 2007–08 के 147.6 लाख टन से बढ़कर वर्ष 2013–14 में 192.5 लाख टन के रिकार्ड स्तर तक पहुंच गया था। परंतु प्रतिकूल मौसम के कारण पिछले दो वर्षों के दौरान उत्पादन में गिरावट आई और वर्ष 2014–15 में उत्पादन 171.5 लाख टन हो गया जबकि वर्ष 2015–16 में और कम होकर यह 164.7 लाख टन पर आ गया। इसलिए देश के 220 लाख टन घरेलू खपत को पूरा करने के लिए वर्ष 2015–16 के दौरान लागभग 58 लाख टन दालों का आयात किया गया।

अभी भी देश में दलहनी फसलों की खेती का लगभग 87 प्रतिशत हिस्सा बारानी है और इन फसलों को सीमांत भूमि में उगाया जाता है, जहां न्यूनतम आदान और अल्प मात्रा में कृषि यंत्रीकरण की सुविधा उपलब्ध होती है। जबकि हम सभी जानते हैं कि दलहनी फसलों की खेती से प्राप्त गणुवत्ता युक्त दालों से हमें प्रोटीन तथा पशुधन हेतु चारे की प्राप्ति, मृदा स्वास्थ में बढ़ोत्तरी और मृदा क्षरण के साथ–साथ पर्यावरण तापन (ग्लोबल वार्मिंग) के प्रभाव में भी कमी होती है।

दालों के लिए आत्मनिर्भरता की ओर मजबूत कदम बढ़ाते हुए केंद्रीय कृषि एवं किसान मंत्रालय ने वर्ष 2016–17 से अनेकों नई कार्य योजनाएँ शुरू की हैं, जिसमें दलहनों के ऊपर अधिक से अधिक क्लस्टर प्रदर्शन, नई किस्मों के गुणवन्तापूर्ण बीजों की आपूर्ति तथा बीजों का बफर स्टॉक बनाना, जीवनरक्षक सिंचाई, जैव उर्वरक एवं जैव कीटनाशी की आपूर्ति, दलहन मिनिकिट का वितरण, कृषि यंत्रों की उपलब्धता, लाभकारी समर्थन मूल्य, बाजार भाव स्थिरीकरण, आदि कार्यक्रम शामिल हैं। इसके अतिरिक्त राष्ट्रीय खद्य सुरक्षा मिशन दलहन को 482 जिलों से बढ़ाकर देश के सभी 638 जिलों में क्रियान्वित किया जा रहा है और वर्ष 2016–17 के लिए आवंटित कुल 1700 करोड़ रू का 60 प्रतिशत से अधिक राशि (1100 करोड़ रू.) केवल दलहनों पर व्यय हो रहा है।

इस पुस्तक में देश के विभिन्न जलवायु क्षेत्रों में उत्पादित होने वाले दलहनी फसलों का टिकाऊ उत्पादन बढ़ाने के लिए आवश्यक बेहतर उत्पादन तकनीकों एवं नवीनतम विकसित किस्मों का विस्तार से विवरण दिया गया है, जो निश्चित रूप से देश के किसानों के लिए बहुत लाभकारी सिद्ध होगा। मैं इस पुस्तक के प्रकाशन के लिए सभी लेखकों को हार्दिक बधाई एवं शुभकामनाएँ देता हूँ।

(राधा मोहन सिंह)

Office : Room No. 120, Krishi Bhawan, New Delhi-110 001 Tel.: 23383370, 23782691 Fax : 23384129

प्राक्कथन

दलहन का उत्पादन अवश्यकता से कम हो रहा है जबकि विगत कई वर्षो से देश में धान व गेहूँ (अनाज) का आवश्यकता से अधिक उत्पादन हो रहा है। परिणाग स्वरूप प्रति व्यक्ति दलहन उपलब्धता में उत्तरोत्तर गिरावट हो रही है। दलहन की उपलब्धता वर्ष 1961 में 65 ग्राम/व्यक्ति/दिन थी जो घटकर वर्ष 2011 में 39.4 ग्राम/व्यक्ति/दिन रह गई हैं। जबकि अनाज की उपलब्धता इसी दौरान 399.7 से बढकर 423.5 ग्राम/व्यक्ति/दिन हो गई है। सदियों से देश में शाकाहारियों की प्रोटीन का मुख्य श्रोत दालें ही रहीं है। दलहन की लगातार उपलब्धता कम होने के कारण दालें दिन प्रति दिन महंगी होती जा रही हैं एवं देश के अधिकाँश जन समुदाय को आवश्यकता से कम उपलब्ध हो पा रही है। दलहन की कम उपलब्धता के कारण शाकाहारी जन समुदाय की प्रोटीन की आवश्यकता की पूर्ति नहीं हो गा रही है परिणाम स्वरूप कुपोषण जैसे कष्ट की समस्या जोकि प्रोटीन की कमीं के कारण होती है की सतत वृद्धि भारतीय जन समुदाय में देखी जा रही है अतः स्वस्थ भारत वासियों हेतु दलहन उत्पादन बढाना आज की महती आवश्यकता है।

दलहन की महत्ता एवं संकट को देखते हुए न्यूयार्क में आयोजित संयुक्त राष्ट्र महासभा ने वर्ष 2016 को अन्तर्राष्ट्रीय स्तर पर दलहन वर्ष मनाया गया। संयुक्त राष्ट्र महासभा द्वारा दलहन अन्तर्राष्ट्रीय वर्ष मनाने से अन्तर्राष्ट्रीय स्तर पर दलहन की जागरूकता से खाद्य सुरक्षा एवं टिकाऊ वातावरण में दलहनी फसलों के योगदान को बढावा मिला जिससे जन समुदाय के स्वास्थ में प्रगति होगी।

लेखकों द्वारा इस प्रकाशन को मूलतः दो भागों में बांटा गया है प्रथम भाग में राष्ट्रीय मुद्दे, प्रौद्योगिकी एवं रणनीतियाँ और द्वितीय भाग में फसल आधारित विषय एवं तकनीकें शामिल है।

प्रथम भाग में कुल 14 अध्याय है। प्रथम तीन अध्यायों में दलहन फसल समबन्धी राष्ट्रीय समस्यायें, तकनीकें एवं उत्तर पूर्वी पहाणी क्षेत्र हेतु प्रोद्योगिकी सम्मिलित है। चौथे अध्याय में असामान्य जलवायु परिस्थिती में दलहनीं फसलों पर तकनीकि विकल्पों का प्रभाव, पाँचवें अध्याय में दलहन के माध्यम से फसल विविधीकरण और छठ़वे अध्याय में जैविक प्रणाली में दलहन उत्पादन पर प्रकाश डाला गया है। दलहन उत्पादन बढाने समबन्धी विषय में सातवें अध्याय में दलहनीं फसलों का फसल प्रणाली में समावेश, आठवें अध्याय में जुताई प्रबन्धन और फसल प्रतिस्थापना, नौवे अध्याय में समेकित पोषक तत्व

प्रबन्धन एवं दसवें अध्याय में जल प्रबन्धन समबन्धी महत्वपूर्ण विषय दिए गऐ है। खरपतवार एवं समेकित नाशी जीव प्रबन्धन को अध्याय ग्यारह एवं बारह में दिया गऐ है। विशेष विषय समबन्धी फसल कटाई उपरान्त एवं मूल्य समवर्धन विषय अध्याय तेरह, जबकि व्यापार समबन्धी नीतिगत मुद्दे अध्याय चौदह में दिए गऐ है।

पुस्तक के द्वितीय भाग में भारत में दलहनीं फसलों समबन्धी मुद्दे, उत्पादन रणनीतियाँ एवं तकनीकें प्रस्तुत की गई है। दलहनीं फसलों के पन्द्रहवें से तेईसवें अध्याय तक क्रमशः अरहर, मूंग, उड़द, चना, मसूर, मटर, खेसरी, ग्वार, राजमा एवं अन्तिम तेइसवें अध्याय में शुष्क क्षेत्रों की फसलों में मोंठ, लोविया एवं कुलथी फसलों को विस्तार से प्रस्तुत किया गया है। आशा करते है कि **"दलहन संकट एवं समाधान"** पुस्तक का प्रकाशन उत्पादन बढाने में प्रत्यक्ष एवं अप्रत्यक्ष रूप से जुड़े विषयों में संदर्भित पुस्तक के रूप में तकनीकी मार्गदर्शन प्रदान करेगी।

इस पुस्तक के संकलन एवं लेखन कार्य में डॉ. जी.पी. वर्मा, पूर्व निदेशक अनुसंधान, जे.एन. कृषि विश्वविद्यालय जबलपुर, डॉ. ओ.पी. वर्मा, पूर्व अधिष्ठाता, डॉ. एस.एस. कुशवाह, पूर्व प्राध्यापक (सस्य विज्ञान), डॉ. आर.पी. यादव, पूर्व प्रधान वैज्ञानिक (सस्य विज्ञान), डॉ. पी.पी. सिंह चौहान, वैज्ञानिक, डॉ. सुधीर सिंह, वरिष्ठ अनुसंधान सहयोगी, राजमाता विजयाराजे सिंधिया कृषि विश्वविद्यालय, ग्वालियर (म. प्र.) एवं ड्राफ्ट तैयार करने में धीरज शर्मा के सहयोग हेतु धन्यवाद प्रकट करते है।

अनिल कुमार सिंह
यादवेन्द्र प्रताप सिंह
बाबूजी गंगवार

अनुक्रमणिका

प्रथम भागः राष्ट्रीय मुद्दे, प्रौद्योगिकी एवं रणनीतियाँ

द्वितीय भागः दलहन फसल समबन्धी मुद्दे उत्पादन रणनीतियाँ एवं तकनीकें

योगदानकर्ताओं का विवरण

डॉ. अनिल कुमार सिंह, कुलपति, राजमाता विजयाराजे सिंधिया कृषि विश्वविद्यालय, ग्वालियर (म.प्र.)

डॉ. बाबूजी गंगवार, भूतपूर्व निदेशक, भारतीय कृषि प्रणाली अनुसंधान संस्थान, मोदीपुरम (उ.प्र.)

डॉ. हरबीर सिंह, भारतीय कृषि प्रणाली अनुसंधान संस्थान, मोदीपुरम (उ.प्र.)

डॉ. वाय. पी. सिंह, राजमाता विजयाराजे सिंधिया कृषि विश्वविद्यालय, ग्वालियर (म.प्र)

डॉ. एन. नादराजन, भूतपूर्व निदेशक, भारतीय दलहन अनुसंधान संस्थान, कानपुर, (उ.प्र.)

डॉ. संजीव गुप्ता, भारतीय दलहन अनुसंधान संस्थान, कानपुर, (उ.प्र.)

डॉ. एस. वी. नागचन, निदेशक, उत्तर पूर्वी पहाणी क्षेत्रो के लिए भारतीय कृषि अनुसंधान परिषद का अनुसंधान परिसर, उमिआम, मेघालय

डॉ. जी. सी. मुन्डा, उत्तर पूर्वी पहाणी क्षेत्रो के लिए भारतीय कृषि अनुसंधान परिषद का अनुसंधान परिसर, उमिआम, मेघालय

डॉ. एस. पी. दास, उत्तर पूर्वी पहाणी क्षेत्रो के लिए भारतीय कृषि अनुसंधान परिषद का अनुसंधान परिसर, उमिआम, मेघालय

डॉ. संजय गुप्ता, उत्तर पूर्वी पहाणी क्षेत्रो के लिए भारतीय कृषि अनुसंधान परिषद का अनुसंधान परिसर, उमिआम, मेघालय

डॉ. अनूप दास, उत्तर पूर्वी पहाणी क्षेत्रो के लिए भारतीय कृषि अनुसंधान परिषद का अनुसंधान परिसर, उमिआम, मेघालय

डॉ. डी. पी. पटेल, उत्तर पूर्वी पहाणी क्षेत्रो के लिए भारतीय कृषि अनुसंधान परिषद का अनुसंधान परिसर, उमिआम, मेघालय

डॉ. वी. के. सिंह, भारतीय कृषि अनुसंधान संस्थान, नई दिल्ली (उ.प्र.)

डॉ. एस. एस. पाल, भारतीय कृषि प्रणाली अनुसंधान संस्थान, मोदीपुरम, (उ.प्र.)

डॉ. के. के. सिंह, भारतीय कृषि प्रणाली अनुसंधान संस्थान, मोदीपुरम, (उ.प्र.)

डॉ. एन. रवीशंकर, भारतीय कृषि प्रणाली अनुसंधान संस्थान, मोदीपुरम, (उ.प्र.)

डॉ. अश्वनी कुमार, भूतपूर्व निदेशक, भारतीय जल प्रबन्धन अनुसंधान संस्थान, भुवनेश्वर उड़ीसा

डॉ. राजवीर सिंह, भारतीय जल प्रबन्धन अनुसंधान संस्थान, भुवनेश्वर, उड़ीसा

डॉ. एस. के अम्बष्ठ, भारतीय जल प्रबन्धन अनुसंधान संस्थान, भुवनेश्वर, उड़ीसा

डॉ. अनिल दीक्षित, खरपतवार अनुसंधान निदेशालय, जबलपुर (म.प्र.)

डॉ. ओ.पी. शर्मा, राष्ट्रीय समेकित नाशीजीव प्रबंधन अनुसन्धान केन्द्र, नई दिल्ली

डॉ. जनमेजय शर्मा, राजमाता विजयाराजे सिंधिया कृषि विश्वविद्यालय, ग्वालियर (म.प्र)

डॉ. सन्दीप सिंह तोमर, राजमाता विजयाराजे सिंधिया कृषि विश्वविद्यालय, ग्वालियर (म.प्र)

डॉ. जे.सी. गुप्ता, राजमाता विजयाराजे सिंधिया कृषि विश्वविद्यालय, ग्वालियर (म.प्र.)

डॉ. ओशक सिंह यादव, राजमाता विजयाराजे सिंधिया कृषि विश्वविद्यालय, ग्वालियर (म.प्र)

डॉ. ओ.एम. बोमबावाले, राष्ट्रीय समेकित नाशीजीव प्रबंधन अनुसन्धान केन्द्र, नई दिल्ली

डॉ. ओमपाल सिंह, राष्ट्रीय समेकित नाशीजीव प्रबंधन अनुसन्धान केन्द्र, नई दिल्ली

डॉ. आर. टी. पाटिल, केन्द्रीय कृषि अभियांत्रिकी संस्थान, भोपाल

डॉ. दत्तात्रेय एम. कदम, राष्ट्रीय फसल कटाई उपरान्त अभियांत्रिकी अनुसंधान संस्थान, लुधियाना, पंजाब

डॉ. सुधीर सिंह, के. वी. के., राजमाता, विजयाराजे सिंधिया कृषि विश्वविद्यालय, ग्वालियर (म.प्र.)

डॉ. एन.डी. मजूमदार, भारतीय दलहन अनुसंधान संस्थान, कानपुर, (उ.प्र.)

डॉ. देशराज, भारतीय दलहन अनुसंधान संस्थान, कानपुर, (उ.प्र.)

डॉ. बी.बी. सिंह, भारतीय कृषि अनुसंधान परिषद, नई दिल्ली

डॉ. जी.पी. दीक्षित, भारतीय दलहन अनुसंधान संस्थान, कानपुर, (उ.प्र.)

डॉ. पी.के. कटियार, भारतीय दलहन अनुसंधान संस्थान, कानपुर, (उ.प्र.)

डॉ. एन. पी. सिंह, भारतीय दलहन अनुसंधान संस्थान, कानपुर, (उ.प्र.)

डॉ. शिव सेवक, भारतीय दलहन अनुसंधान संस्थान, कानपुर, (उ.प्र.)

डॉ. एम. ए. इक्वबाल, भारतीय दलहन अनुसंधान संस्थान, कानपुर, (उ.प्र.)

डॉ. डी. कुमार, केन्द्रीय शुष्क क्षेत्र अनुसंधान संस्थान, जोधपुर, राजस्थान

डॉ. के. एस. सोलंकी, केन्द्रीय शुष्क क्षेत्र अनुसंधान संस्थान, जोधपुर, राजस्थान

डॉ. दिलीप कचरू, शेर–ए–काश्मीर कृषि एवं प्रोद्योगिकी विश्वविद्यालय, काश्मीर

डॉ. मनप्रीत कौर, शेर–ए–काश्मीर कृषि एवं प्रोद्योगिकी विश्वविद्यालय, काश्मीर

डॉ. ज्योती कचरू, शेर–ए–काश्मीर कृषि एवं प्रोद्योगिकी विश्वविद्यालय, काश्मीर

डॉ. ए. हेनरी, केन्द्रीय शुष्क क्षेत्र अनुसंधान संस्थान, जोधपुर, राजस्थान

डॉ. पी. के. रॉय, केन्द्रीय शुष्क क्षेत्र अनुसंधान संस्थान, जोधपुर, राजस्थान

प्रथम भागः राष्ट्रीय मुद्दे, प्रौद्योगिकी एवं रणनीतियाँ

1

दलहन संकट एवं समाधान परिदृष्य

अनिल कुमार सिंह, बाबूजी गंगवार, हरबीर सिंह एवं वाय. पी. सिंह

देश की स्वतंत्रता के समय वर्ष 1950–51 में खाद्यान्न उत्पादन 51 मिलियन टन से बढ कर वर्ष 2014–15 में 252.68 मिलियन टन हो गया जो कि देश की घरेलू आवश्यकता से अधिक है। वर्ष 2014–15 में दलहन उत्पादन लगभग 17.2 मिलियन टन होने के उपरान्त भी 4.58 मिलियन टन दालों का आयात करना पडा। लगातार बढती जनसंख्या की मांग को पूरा करने के लिए अन्य देशो से आयात पर निर्भर रहना पड़ता है। देश में दलहनों का आयात मुख्य रूप से मसूर, मटर संयुक्त राज्य अमेरिका एवं कनाडा, मूंग व उड़द, म्यांमार, अरहर, म्यामार, तन्जानिया व मोजाम्बिक एवं चने का आयात आस्ट्रेलिया व रूस से होता है। यद्यपि खान पान की दृष्टि से देखा जाए तो मध्यम वर्ग डेरी उत्पाद, फल, सब्जी उत्पाद, मासांहार की तरफ बढ रहा है फिर भी देश की अधिकांश जनसंख्या की प्रोटीन का मुख्य श्रोत दालें ही हैं। दलहन में 20 से 40% प्रोटीन, 50 से 60% कार्बोहाइड्रेट और 2 से 4% खनिज पाये जाते है। ओफिया एवं आखिड्रयू (2006) के अनुसार दालो में 300 से 540 किलो केलोरी ऊर्जा 100 ग्राम दालों से प्राप्त होती है, इस प्रकार दलहन ऊर्जा का भी मुख्य श्रोत है। हालांकि दलहन की प्रति व्यक्ति उपलब्धता घट रही है। वर्ष 1951 में प्रति व्यक्ति उपलब्धता 60.7 ग्राम/दिन थी जो घटकर वर्ष 2010 में 32 ग्राम/दिन/व्यक्ति रह गई। उपलब्धता घटने का मुख्य कारण उत्पादन में स्थिरता एवं खपत में वृद्धि है। दलहनों का उपयोग उपभोग के लिए किया जाता है साथ ही दलहनीं फसलें नत्रजन स्थरीकरण कर मृदा उर्वरता में भी बढोत्तरी कर मृदा की उत्पादन क्षमता को बढातीं है। नत्रजन स्थरीकरण मुख्य रुप से फसल प्रजाति, मृदा प्रकार, क्षेत्रीय कृषि जलवायु और प्रबन्धन पर निर्भर करता है। राव एवं दर्त (1987) द्वारा अन्तर्राष्ट्रीय अर्ध–शुष्क उष्णकटिबंधीय फसल अनुसंधान संस्थान, (इक्रीसेट), हैदराबाद में काली मृदाओं में शीघ्र, मध्यम एवं लम्बी अवधि की अरहर की प्रजातियों पर किए गये प्रयोगों के अनुसार 7, 55 और 69 कि.ग्रा. नत्रजन/हे. स्थरीकरण होता है। दलहन को एकल अथवा अन्तर्वर्ती फसल के रुप में उगाने से दलहन फसल के साथ अन्य सह फसल को भी नत्रजन उपयोग का लाभ मिलता है और आगामी फसल हेतु लगभग 16 से 68 कि.ग्रा. नत्रजन/हे. का लाभ मिलता है। इस प्रकार एक अनुमान के अनुसार दलहनीं फसलों द्वारा जैविक नत्रजन स्थरीकरण के माध्यम से अनुमानतः 46 कि.ग्रा./हे. की दर से कुल 1.06 मिलियन टन नत्रजन का वार्षिक लाभ मिलता है।

दलहनीं फसलों से अधिक उत्पादन हेतु मृदा उर्वरता, पोषण सुरक्षा और पर्यावरणीय स्थिरता के प्रयासों की महत्वपूर्ण भूमिका के उपरान्त पिछले ढाई दशकों में 14.3 से 19.8 मिलियन टन दलहन उत्पादन प्रति वर्ष प्राप्त हुआ। जबकि दलहनीं फसलों की माँग की अपेक्षा उत्पादन कम होने के कारण कीमतों में तेजी आना चिन्ता का विषय बना हुआ है। दलहनीं फसलों का उत्पादन बढाने में आ रही रुकावटों को पहचान कर उन्हें तत्काल दूर करने की आवश्यकता है। अतः दलहनीं फसलों की भविष्य की मांग को पूरा करने हेतु एक बेहतर रणनीति बनाकर लागू करने की आवश्यकता है। रणनीति बनाने में दलहन उत्पादन बढ़ाने में आ रही रुकावटों को क्षेत्रीय स्तर पर अध्ययन कर दूर करने की भूमिका बनाकर कार्य करना बेहतर विकल्प होगा। जिससे देश के दलहन संकट को हल किया जा सके। इस अध्याय में देश में दलहन का उत्पादन बढाने में आ रही रुकावटों को पहचान कर दूर करने का संक्षिप्त सिहावलोकन किया गया है।

दलहन परिदृष्य

भारतवर्ष में दलहनीं फसलों की खेती विभिन्न कृषि जलवायु स्थितियों में की जा रही है। अर्न्तराष्ट्रीय स्तर पर भारत की कुल दलहन के उत्पादन में 27 से 28% भागीदारी है। प्रोटीन से ऊर्जा की पूर्ति एवं कुपोषण को दूर करने हेतु प्रोटीन के अन्य श्रोत जैसे अनाज, दूध, मांस, अंडे आदि के अतिरिक्त न्यूनतम 50 ग्राम दाल/व्यक्ति/दिन की आवश्यकता है। इस की पूर्ति हेतु लगभग 27 मिलियन टन दलहन वर्ष 2015 में आवश्यकता थी (टी. एम. ओ. पी., 2000)। क्षेत्रफल, कुल उत्पादन और दलहन की उत्पादकता को बढाने के लम्बे समय के प्रयासों के पश्चात भी दलहनीं फसलों का उत्पादन 600 कि.ग्रा./हे. के आसपास है हालांकि वर्ष 2012–13 के उत्पादन के आंकडों के अनुसार उत्पादन में बढोत्तरी (781 कि.ग्रा./हे.) हुई थी लेकिन वर्तमान में हुई यह उत्पादन में वृद्धि बढती हुई जनसंख्या की मांग के लिए पर्याप्त नहीं है। भारतीय दलहन अनुसंधान संस्थान, कानपुर (2011) द्वारा किए गये विश्लेषण के अनुसार देश की वर्ष 2030 की मांग 32 मिलियन टन है (तालिका–1)। इस लक्ष्य की प्राप्ति हेतु उपज में वार्षिक 4% की वृद्धि दर बनाये रखने की आवश्यकता है।

तालिका 1: वर्ष 2017 से 2030 की दलहन फसल की अनुमानित मांग (मिलियन टन)

दलहन फसल	वर्ष			
	2017	2022	2025	2030
चना	7.87 (4.00)	9.12 (3.00)	9.68 (2.00)	10.22 (4.00)
अरहर	3.59 (5.50)	4.58 (5.00)	5.04 (3.25)	5.52 (4.75)
मूंग	1.89 (4.50)	2.30 (4.00)	2.53 (3.25)	2.75 (3.50)
उड़द	2.43 (4.25)	2.96 (4.00)	3.23 (3.00)	3.58 (4.00)
मसूर	1.73 (5.75)	2.21 (5.00)	2.41 (3.00)	2.62 (3.80)
मटर	1.30 (4.75)	1.58 (3.75)	1.70 (3.00)	1.98 (4.35)
अन्य	2.91	3.70	4.83	5.33
कुल दलहन	21.72 (5.00)	26.43 (4.00)	29.43 (3.65)	32.00 (4.20)

वृद्धि दर प्रतिशत में कोष्टक में दी गई है।

देश में दालों के प्रमुख उत्पादक प्रदेशों में मध्य प्रदेश (24%), उत्तर प्रदेश (16%), महाराष्ट्र (14%), राजस्थान (6%), आंध्र प्रदेश (10%), कर्नाटक (7%) द्वारा कुल 77% का योगदान है जबकि शेष (23%) गुजरात, छत्तिसगढ, बिहार, उड़ीसा और झारखण्ड के राज्यों द्वारा उत्पादन किया जा रहा है। दलहनों के कुल उत्पादन में सर्वाधिक उत्पादन चना (40 से 50%) का होता है तत्पश्चात अरहर (15 से 16%), उड़द (10 से 12%), मसूर (9 से 10%) होता है और अन्य का देश में दलहन का क्षेत्रफल एवं उत्पादन विगत 20 वर्षों से स्थिर बना हुआ है अतः देश में दलहन बहुत कम शुल्क अथवा शुल्क रहित आयात की अनुमति है।

यह एक बहुत बड़ी विसंगति है कि जहां भारत विश्व में सर्वाधिक दलहन उत्पादक देश है वही यह सर्वाधिक दलहन आयात करने वाला देश भी है दलहनीं फसलों के उत्पादन बढाने के प्रयासों के बावजूद भारतवर्ष सर्वाधिक मात्रा में दलहन अयात करने वाला देश है। विश्व के कुल देशों द्वारा हो रहे आयात में देश (भारत) की 20% हिस्सेदारी है। देश में दलहनों का आयात म्यांमार, कनाडा, आस्ट्रेलिया व अन्य देशों द्वारा होता है। देश में वर्ष 1991 में 3.13 लाख टन जबकि वर्ष 2010 में 34.48 लाख टन दालों का आयात हुआ। आयात में वृद्धि वर्ष 2000 के मध्य काफी बढी एवं वर्ष 2010–11 में दलहनों के भरपूर उत्पादन के पश्चात भी 3.5 मिलियन टन का आयात करना पडा। आर्थिक दृष्टि से वर्ष 2002–03 से 2004–05 को छोड़कर आयात पर होने वाला खर्च भी बढा है। दलहन आयात पर होने वाला मूल्य वर्ष 2009–10 में 9700 करोड रुपये था। जबकि वर्ष 2010–11 में आयातित मूल्य में 7000 करोड रुपये खर्च आया था। इसका मुख्य कारण देश में इस वर्ष अधिक दलहन उत्पादन होना था। दलहनों के आयात पर खर्च वर्ष 2014–15 में बढकर 17845 करोड़ हो गया। भारत दुनिया का सबसे अधिक दलहन उत्पादक देश होने के बावजूद घरेलू खपत को पूरा करने हेतु सर्वाधिक मात्रा में दलहनों का आयात करता है। देश से निर्यात पर प्रतिबंध एवं शुल्क मुक्त आयात होने के बावजूद अनाज के मूल्य सूचकांक की अपेक्षा दलहनों के मूल्य सूचकांक वृद्धि चिंता का विषय बना हुआ है। देश की बढती हुई जनसंख्या एवं स्थिर उत्पादन के कारण भविष्य में बढती हुई दलहन की मांग को पूरा करने के लिए वैश्विक बाजार पर निर्भर होना पड रहा है। इस प्रकार दलहनीं फसलों के उत्पादन का परिदृष्य एक गंभीर चिन्ता का विषय बना हुआ है। इस गंभीर विषय से निपटने हेतु वेहतर आयात निर्यात नीति, उच्च समर्थन मूल्य ही पर्याप्त नहीं है बल्कि विभिन्न फसलों की जैविक और अजैविक समस्याओं का स्थायी समाधान की तकनीक हेतु समन्वित प्रयास और साथ ही विपणन के लिए प्रभावी संस्थागत व्यवस्था भी बहुत आवश्यक है।

दलहनीं फसलों के उत्पादन में रुकावटें

सामान्यतः दलहनीं फसलों को सीमान्त वातावरण में उगाया जाता है अतः दलहन के उत्पादन में जोखिम रहता है। उदाहरण के लिए दलहनों का 87% से अधिक क्षेत्रफल वर्षा आधारित है। इसके अतिरिक्त कई अन्य जैविक और अजैविक तनाव के कारण दलहनीं फसलों से उत्पादन लेने में अधिक जोखिम रहता है। देश में दलहनीं फसलों के उत्पादन में प्रमुख वाधायें निम्न प्रकार है।

वर्षा आधारित खेती में उपज का उतार चढावः प्रायः फसल के पकने के समय दलहनीं फसल उत्पादक प्रदेशों तथा मध्य प्रदेश, उत्तर प्रदेश, गुजरात, और महाराष्ट्र में औसतन 1000 मि.मी. वर्षा होती है और यहाँ की वर्षा की भिन्नता का गुणांक 20 से 25% है। मृदा में नमीं की

कमीं और तापक्रम के बढने से फसलें समय से पहले पक जातीं है इससे दानों का आकार छोटा रह जाता है और पैदावार कम मिलती है। उष्णकटिबंधीय क्षेत्रों में सूखे की स्थिति में 50% तक उपज कम हो जाती है। रबी दलहनीं फसलों को जब संरक्षित नमी में उगाया जाता है और यदि जीवन रक्षक सिंचाई की जाती है ऐसी स्थित में उत्पादन में काफी बढोत्तरी हो जाती है। कुल सिंचित क्षेत्र के मात्र 13% क्षेत्र में ही दलहन की खेती की जाती है। दक्षिण भारत की मृदाओं की जल धारण क्षमता कम होती है अतः सिंचाई के माध्यम से 50% तक उपज बढाई जा सकती है। इसके विपरीत काली मृदाओं की जल धारण क्षमता अधिक होने की वजह से सिंचाई करने की स्थिति में उपज में बढोत्तरी कम होती है। रबी मौसम के समय दक्षिण भारत में सूखे की स्थिति में अधिक वाष्पीकरण के कारण चने की फसल से उत्पादन कम मिलता है। तापक्रम दलहनीं फसल के उत्पादन को प्रभावित करने वाला एक मुख्य कारक है साथ ही शीतलहर भी उत्पादन को प्रभावित करने वाला एक अजैविक मुख्य कारक है। सामान्यतः ग्रीष्म त्रिृतु के मौसम में उगाई जाने वाली दलहनीं फसले कम तापक्रम के प्रति संवेदनशील होती है लेकिन आमतोर पर इस तरह की स्थिति नही बनती। अधिकांशतः दलहनीं फसलें सूखे के प्रति शहिष्णु होतीं है अनुसंधानों के प्रयास भी सूखा सहन करने की क्षमता विकास पर अधिक किए जा रहे है साथ ही उच्च वर्षा एवं सिंचित क्षेत्रों के लिए अनुकूल प्रजातियों की कमी भी महसूस की जाती रही है।

रोग व कीटों के प्रकोप की सजहताः रोग और कीट दलहनीं फसलों की एक प्रमुख समस्या है। भारत वर्ष में 250 से अधिक कीट की प्रजातियां दलहन की एक दर्जन से अधिक फसलों को नुकसान पहुचाती है। कीटो के कारण 2 से 2.4 मिलियन टन उत्पादन नष्ट हो जाता है। कीटों में सर्वाधिक नुकसान फली छेदक (हेलीकोवर्पा अर्मीजेरा)से होता है तत्पश्चात फल मक्खी, उखटा, जड गलन रोग प्रमुख है। वैज्ञानिको के प्रयासों से कुछ हद तक इस समस्या का समाधान किया गया है। उदाहरण के लिए बैसिलस थुरिजेन्सिस का कृषि प्रक्षेत्रों पर फली छेदक के नियंत्रण हेतु परीक्षण किए गये। परीक्षणों में उत्पादन में 10 से 12% की नुकसान में कमी आयी जबकि रसायन के प्रयोग से क्षति में 11% की कमी देखी गई। इस नुकसान को खत्म करने हेतु आगामी वर्षो में रोग व कीट प्रतिरोधी बीटी चना और अरहर की प्रजाति सरकारी एवं गैरसरकारी संस्थाओं द्वारा विकसित करने की आवश्यकता है।

कम लागतः दलहन फसलों पर अनुसंधान केन्द्रों द्वारा दिये गये बेहतर परिणाम में एकीकृत पोषक तत्व प्रबन्धन के परिणाम निराशाजनक है। देश में 137 दलहन उत्पादक जिलों में से 87 जिलों की मृदाओं में 20 से 60% क्षेत्रों में सल्फर की कमी है साथ ही 50% जिले जस्ते की कमीं से प्रभावित है। दलहनीं फसलों में सूक्ष्म पोषक तत्वों का प्रयोग बहुत ही आवश्यक है। दलहन उत्पादन के 40% क्षेत्रों में राइजोवियम जीवाणुओं की संख्या कम से मध्यम है। अतः बीज को राइजोवियम जैव उर्वरक से टीकाकरण करने से 10 से 12% तक उपज में वृद्धि की जा सकती है।

सिंचाई प्रबन्धन किसी भी फसल प्रणाली के लिए महत्वपूर्ण आदान है। दलहनीं फसलों की आमतौर पर वर्षा आधारित खेती की जाती है अतः सिंचाई के परिणाम अनाज वाली फसलों की तरह प्राप्त नहीं होते। भारतीय दलहन अनुसंधान संस्थान, कानपुर में चने की फसल की क्रॉन्तिक अवस्था पर एक सिंचाई से उपज में वृद्धि होती है। अन्तर्राष्ट्रीय अनुसंधान संस्थान इक्रीसेट, हैदरावाद में हुए अनुसंधान के अनुसार कम वर्षा की स्थिति में अरहर की फसल एवं अर्न्तवर्ती अरहर की फसल में पहली सिंचाई बढवार के समय व दूसरी सिंचाई फूल आने की अवस्था पर करने

से अरहर की फसल की 50% और यदि अर्न्तवर्ती फसल पद्धति में अरहर लगाई गई है तब 100% तक उत्पादन वृद्धि की जा सकती है (शर्मा और जोधा, 1982)।

दलहनीं पौधों की शारीरिक सीमायें: यह एक आम धारणां है कि दलहनीं फसलें अनाज की फसलें जैसे ज्वार, मक्का आदि की तुलना में कम उपज साथ ही इन पौधों की शारीरिक संरचना भी कमजोर होती है। शर्मा एवं जोधा (1982) के अध्ययन में दलहन एवं अनाज के समूहों की तुलनात्मक समीक्षा की और पाया कि यह दोनों समूह शुष्क वातावरण में आपस में प्रतिस्पर्धा करने लगते है। सामान्यतः दलहनीं फसलों के समूह के पौधें ठन्डे मौसम में बेहतर परिणाम देते है अतः रबी मौसम फसल उगाने हेतु उपयुक्त रहता है। जबकि उत्पादन सूचकांक दलहनीं फसलों की तुलना में अनाज की फसलों का अधिक होता है। उत्पादन सूचकांक का तात्पर्य जीवांश पदार्थ का प्रति इकाई बीज उत्पादन के रुप में परिभाषित किया गया है। दलहनीं फसलों में यह 15 से 20% होता है जबकि अनाज वाली फसलें जैसे गेहूॅ व धान की फसल में 45 से 50% होता है। सक्सेना एवं जोहन्सन (1990) के अनुसार दलहनीं फसलों का वनस्पतिक विकास अधिक एवं कम उत्पादन के कारण उपज सूचकांक को फसल की आरम्भ अवस्था को फूल एवं शुष्क पदार्थ का बीज बनाने में परिवर्तन द्वारा उपज सूचकांक को बढाया जा सकता है।

कटाई उपरान्त प्रौद्योगिकी: फसल कटाई के उपरान्त 9.5% का नुकसान मडाई एवं भंडारण के समय होता है और इसमें से भंडारण में अधिकतम 7.5% का नुकसान होता है। प्रसंस्करण, मडाई और आवागमन में क्रमशः 1.0, 0.5 और 0.5% का नुकसान होता हैं। भंडारण में दलहन, क्षति के प्रति अतिसंवेदनशील होती है। दलहन के भंडारण में कीटों से 5.0% का नुकसान होता है जबकि गेहूॅ में 2.5%, धान में 2.0% और मक्का में 3.5% का नुकसान हो जाता है (देशपान्डे और सिंह, 2001)। उचित भंडारण की संरचनाओं का अभाव भी दलहन फसल उत्पादकों को हतोत्साहित करता है।

प्रौद्योगिकी के हस्तांतरण में अंतराल: कृषक गेहॅू, धान और शाक–भाजी की फसलों हेतु रसायनिक उर्वरक, कीटनाशकों और सिचाईओं की पूर्ति के पश्चात बचे हुए आदान दलहनीं फसलों में प्रयोग करते है। इसलिए दलहनीं फसलों द्वारा अनुसंधान प्रक्षेत्र, प्रदर्शन और कृषकों के प्रक्षेत्रों पर उत्पादन में व्यापक अन्तराल है। पिछले पॉच वर्षो में बडे स्तर पर किए गये प्रथम पक्ति प्रदर्शनों से सिद्ध हो चुका है कि पारम्परिक तकनीकों की तुलना में दलहन की उन्नतशील प्रोद्योगिकी अपनाने से उत्पादन में 20 से 50% तक की बढोत्तरी की जा सकती है।

बीज की उपलब्धता की कमीं: दलहन के उन्नतशील बीजों की उपलब्धता न होना दलहनों की उत्पादन क्षमता और कृषकों द्वारा ली जा रही उत्पादकता में व्यापक अन्तर एक महत्वपूर्ण कारण बना हुआ है। राज्य स्तरीय अनुसंधानों से ज्ञात हुआ है कि दलहनीं फसलों की उत्पादन क्षमता और कृषक प्रक्षेत्रों पर वास्तविक उपज में 40 से 60% का अन्तर है। वर्तमान में दलहन की उपलब्ध उन्नतशील प्रौद्योगिकी (उन्त्तशील प्रजातियों सहित) के साथ सस्य क्रियाओं पर विशेष ध्यान देने की आवश्यकता है जिससे दलहन उत्पादन को बढाया जा सकता है।

दलहनों के संकट को सुलझाने हेतु परिदृष्य

स्थिर दलहन उत्पादन और बढ़ती जनसंख्या हेतु दलहनों की मांग की पूर्ति करने के लिए वैश्विक बाजार पर निर्भरता बढती जा रही है। दलहनों की अफ्रीका और एशियाई देशो में (चना और अरहर) मांग लगभग दो गुनी है (राव एवं सहयोगी, 2010)। जबकि कृषि योग्य भूमि के उपयोग

में फसलों की बढती स्पर्धा के करण दलहन की बढती हुई मांग को पूरा करने की सीमित संभावनाये है। देश की लगभग 1.21 अरब जनसंख्या की दलहन की पूर्ति हेतु पूरी तरह से आयात पर निर्भरता भारत जैसे देश के लिए बेहतर रणनीति नहीं है। इसलिए देश के दलहन–संकट को सुलझाने के लिए दलहन का उत्पादन बढाने के लिए एक प्रभावी रणनीति तैयार करने की आवश्यकता है। दलहन संकट को सुलझाने हेतु कुछ मुख्य विन्दु निम्न प्रकार है।

1. क्षेत्र विस्तार

दलहन की खेती के अर्न्तगत क्षेत्र बढाने की सीमित गुन्जाइश है। हालांकि बहुत से क्षत्रों में एकल पद्धति की बजह से खरीफ परती छोडकर रबी की फसल एवं खरीफ की फसल के उपरान्त रबी में परती छोडने की परम्परा है। ऐसे परती क्षेत्रों को दलहन फसल के अर्न्तगत लाकर उत्पादन बढाने की पूरी संम्भावना है। देश में धान की फसल के उपरान्त लगभग 12.0 मिलियन हे. क्षेत्रफल रबी में परती छोड दिया जाता है। इसमें से लगभग आधा क्षेत्रफल दलहन फसल के अर्न्तगत लिया जा सकता है। जिससे 4.0 मिलियन टन दलहन का अतिरिक्त उत्पादन लिया जा सकता है। इसी तरह देश का एक विशाल क्षेत्र अम्लीय मृदा के अंतर्गत है और यह क्षेत्र वर्षांत के बाद रबी के मौसम में परती छोड दिया जाता है। अतः इस क्षेत्र की मृदा को सुधार कर रबी में दलहन की फसल ली जा सकती है। पश्चिम बंगाल के उत्तरी भाग के कुछ क्षेत्रों में खरीफ के मौसम के पहले जूट की फसल के उपरान्त एवं ऊँचे स्थानों की मृदा के क्षेत्रों में धान की फसल के उपरान्त मसूर और उड़द की फसल सफलतापूर्वक ली जा सकती है। देश के उत्तर दीनापुर, दक्षिण दीनापुर, जलपाइगुरी और कूच बिहार की मृदाओं में डोलोमाइट और चूना के प्रयोग के उपरान्त दलहनीं फसलों का क्षेत्र बढाया जा सकता है।

प्रमुख दलहन उत्पादक राज्यों में उत्पादन बढाने हेतु सम्बंधित उपयोगी क्षेत्रफल का क्षेत्र फैलाव सूचकांक और उपज संम्बंन्धी सूचकांक की गणना की गई। गणना में उत्पादन संबंन्धी दलहन फसल हेतु सघनता के लिए राज्यों का पता चलता है साथ ही उपज संबंधी सूचकांक हेतु राष्ट्रीय स्तर पर राज्यों का पता चलता है। क्षेत्र फैलाव सूचकांक (>100) और उत्पादन संबन्धी सूचकांक (>125) के समायोजन से दलहन उत्पादक राज्यों का पता चलता है। जबकि सूचकांक का कम मान (>75) इंगित करता है कि क्षेत्र दलहन उत्पादन योग्य नहीं है (तालिका–2)। क्षेत्र विस्तार एवं उत्पादन संबंन्धी सुचकांक से संभावित अधिक उत्पादन देने वाले क्षेत्रों का पता चलता है तालिका–2 में गणना के अनुसार क्षेत्र विस्तार और उत्पादन बढाने सम्बंधित राज्यों पर प्रकाश डाला गया है।

तलिका–2 के अवलोकन से सिद्ध होता है कि आंध्र प्रदेश, झारखण्ड और मध्य प्रदेश दलहन उत्पादन बढाने के लिए अन्य राज्यों की अपेक्षा अधिक दक्षता रखते है। इसके अतिरिक्त छत्तिसगढ, कर्नाटक, महाराष्ट्र और राजस्थान राज्य फसल की संघनता वाले क्षेत्र है और वहां उत्पादन संबंन्धी सूचकांक कम है अतः उत्पादन बढाने की संम्भावनायें है साथ ही बिहार, गुजरात, हरयाणा, उत्तर प्रदेश और पश्चिम बंगाल में अतिरिक्त क्षेत्र बढा कर दलहनीं फसलों के अर्न्तगत लाया जा सकता है। इन राज्यों का उत्पादन संबन्धी सूचकांक अधिक होने की वजह से दलहन का कुल उत्पादन बढाने में अपेक्षाकृत अधिक योगदान होगा। इन स्थितियों का विवरण तालिका–3 में दिया गया है।

तलिका 2: देश के विभिन्न राज्यों के क्षेत्र एवं उत्पादन संबंन्धी सूचकांक की गणना (10 वर्षो का औसत)

राज्य	क्षेत्र बढाने संबंन्धी सूचकांक	उत्पादन संबंन्धी सूचकांक
आंध्र प्रदेश	127.3	108.7
बिहार	63.5	129
छत्तिसगढ	129.7	87.0
गुजरात	92.5	110.5
हरयाणा	22.8	124.3
झारखण्ड	113.4	106.5
कर्नाटक	147.1	67.5
मध्य प्रदेश	185.6	118.3
महाराष्ट्र	132.5	97.7
उडीसा	72.3	69.0
राजस्थान	141.3	66.9
तमिलनाडू	83.3	62.5
उत्तर प्रदेश	86.7	132.6
पश्चिमी बंगाल	18.6	122.5

तलिका 3: भारत वर्ष के दलहन उत्पादक राज्यों का क्षेत्र एवं उत्पादन बढाने संबंन्धी सूचकांक

क्षेत्र संबंन्धी सूचकांक	उत्पादन सूचकांक	
	अधिक	कम
अधिक	आंध्रप्रेदश, झारखण्ड, मध्य प्रदेश	छत्तिसगढ, कर्नाटक, महाराष्ट्र, राजस्थान
कम	विहार, गुजरात, हरयाणा, उत्तर प्रदेश, पश्चिमी बंगाल	उडीसा, तमिलनाडू

2. तकनीकी विकल्प

दलहन फसलों के क्षेत्र के विस्तार की सीमित संम्भावनाऐ है, अनुसंधान और विकास प्रणाली के साथ उपलब्ध तकनीकी विकल्पों से उत्पादन बढाने की एक आशा की किरण दिखाई देती है। देश की कृषि अनुसंधान प्रणाली द्वारा लगभग 600 उन्नत प्रजातियों का विकास किया जा चुका है। जबकि इनमें से मात्र एक चौथाई प्रजातियां ही कृषको के खेतों पर दिखाई देती है। साथ ही उपलब्ध तकनीकों में से आधी तकनीकें ही कृषकों के खेतों तक पहुँच सकी है जो कि उत्पादन में सकारात्मक योगदान दे रही है। प्रजातियों के अतिरिक्त तकनीकियों का विकल्प निम्न प्रकार है।

उन्नत प्रजातियाँ: दलहनीं फसलों की उत्पादकता और उत्पादन बढाने के लिए व्यापक स्तर पर उन्नतशील प्रजातियों की दलहन उत्पादक क्षेत्रों में उपलब्धता और इनके उपयोग की आवश्यकता है। दलहनीं फसलों की लगभग 570 प्रजातियां वर्ष 1967 से अव तक दलहन सुधार परियोजनाओं द्वारा विकसित की गई है जो कि अधिक उत्पादन क्षमता एवं बीमारी प्रतिरोधी, उचित अवधि एवं बडे दाने वाली है। इनमें से मात्र 137 प्रजातियां ही उत्पादन की श्रंखला में है। इनमें से कई प्रजातियां अपनी बेहतर उपयोगिता, एक अथवा अधिक रागों के प्रति सहनशीलता के कारण कृषकों के मध्य प्रचिलित है। दलहन उत्पादन के अन्तराल को खत्म करने के लिए फसलों से उनकी

क्षमता के अनुसार उत्पादन लिया जाय तो लगभग 40% उत्पादन बढाया जा सकता है। उदाहरण के लिए हिमाचल प्रदेश में विभिन्न दलहनो का उत्पादन अन्तराल प्रथम में 16.7 से 43.4% जबकि अन्तराल द्वितीय में 35.9 से 90.3% (तालिका–4)। इसी प्रकार गुजरात में उत्पादन अन्तराल उड़द में 100% से चने में 250% है। उत्पादन अन्तराल को यदि 50% कम कर दिया जाय तो इस स्थिति में देश कुल उत्पादन में 7 मिलियन टन दलहन उत्पादन को और जोडा जा सकता है।

तालिका 4: हिमाचल प्रदेश में मुख्य दलहनीं फसलों का औसत एवं उत्पादन अन्तराल

विवरण	फसल						
	राजमा	अरहर	मूँग	कुल्थी	चना	मसूर	लोबिया
अनुसंधान प्रक्षेत्र उत्पादन (कि.ग्रा. /हे.)	3800	–	–	1065	2155	–	1680
कृषक प्रक्षेत्र उत्पादन (कि.ग्रा./हे.)	2150	780	600	1750	1500	1450	1400
राज्य का औसत उत्पादन (कि.ग्रा./हे.)	1080	480	500	170	647	300	–
उपज अन्तराल – प्रथम (%)	43.4	–	–	34.3	30.4	–	16.7
उपज अन्तराल – द्वितीय (%)	71.6	38.5	35.9	90.3	56.9	79.3	–

लाभकारी फसल प्रणालीः सिंचित और असिंचित क्षेत्रों के लिए अधिक उपज देने वाली अल्प अवधि की किस्मों के विकास के साथ नवीन फसल प्रणाली जो कि अधिक उत्पादकता के साथ अधिक लाभकारी होने के कारण अधिक लोकप्रिय हो रही है। महत्वपूर्ण फसल प्रणाली में धान–गेहूॅ फसल प्रणाली की जगह धान–गेहूँ–मूंग और अल्प अवधि की अरहर–गेहूॅ और धान–देरी से वोया जाने वाला चना सिंचित क्षेत्रों के लिए पंजाब, हरयाणा, दिल्ली, मध्य प्रदेश, और पूर्वी उत्तर प्रदेश, धान–मसूर उत्तर प्रदेश, बिहार, पश्चिमी बंगाल और मध्य प्रदेश के लिए और धान–परती तटीय प्रायद्वीप क्षेत्रों के स्थान पर धान–रबी मूंग/उड़द लाभकारी पाया गया है। द्विफसली में धान–गेहूॅ पद्धति के लगभग 50% क्षेत्र में (5 मिलियन हे.) मूंग की फसल को समावेश करने की संभावना है। इस समावेश से दलहनों के वर्तमान उत्पादन स्तर से 3.5 मिलियन टन अतिरिक्त दलहन उत्पादन प्राप्त हो सकेगा।

दलहनों के माध्यम से विविधीकरणः विविधीकरण की रणनीति उपलब्ध संसाधनों, स्थानीय आवश्यकता, सामाजिक आर्थिक परस्पर संबन्ध और बाजार के आधार पर बनती है। फसल पद्धति के प्रयोगों की बडी संख्या ओर विभिन्न कृषि जलवायु के अन्य कार्यक्रम के माध्यम से ज्ञात हुआ है कि दलहन फसलों के विविधीकरण (फसल प्रणाली, केच फसल, विकल्पीय फसल, हरीखाद और हरा चारा) से उत्पादन में लाभ एवं मृदा उर्वरता में वृद्धि होती है। दलहनीं फसलों से इनकी क्षमता के अनुसार उत्पादन लेने हेतु संभावनायें नीचे संक्षेप में चर्चा की गई है।

ग्रीष्म ऋितु/दो फसलों के मध्य फसलः दलहनीं फसलों से अधिक उत्पादन हेतु दो अनाज वाली फसलों के मध्य मिलने वाले समय में दलहनीं फसलों की खेती करने का व्यावाहारिक तरीका है। धान–गेहॅू फसल चक्र में, मध्यम अवधि की धान की फसल के उपरान्त गेहॅू की देरी से बुआई के मध्य मिलने वाले समय के बीच दलहनीं फसल लेने का कोई अवसर नहीं छोडना चाहिए। गेहॅू की कटाई के उपरान्त एवं धान की फसल लगाने के मध्य 60 से 70 दिन की अवधि की मूंग की फसल की खेती की जानी चाहिए। अखिल भारतीय समन्वित फसल पद्धति के वार्षिक प्रतिवेदन के अनुसार मसोधा, वाराणसी और लुधियाना में हुए प्रयोगों के अनुसार धान–गेहॅू फसल चक्र में मूंग की फसल के समावेश से कुल उत्पादकता और शुद्ध लाभ धान–गेहॅू फसल चक्र की तुलना में

अधिक मिला। एक अन्य अध्ययन के अनुसार धान–गेहूँ फसल चक्र में मूंग की फसल के समावेश से आगामी धान की फसल की उपज अधिक प्राप्त हुई (सिंह और शर्मा, 2002)।

अंतरवर्तीय फसल के रुप में दलहन: अन्तरवर्ती तकनीक से सीमित मृदा नमी में उत्पादन बढाकर आय में स्थिरता लाने की महत्वपूर्ण तकनीक है। आखिल भारतीय समन्वित फसल प्रणाली अनुसंधान के माध्यम से कई अधिक लाभ देने वाली फसल प्रणालियों की पहचान की गई है। अन्तरवर्ती फसल में मक्का+उड़द पालमपुर, रांची और बांसवारा में, मक्का+लोबिया गुजरात में, ज्वार+अरहर इन्दौर में, अरहर+मूंग विचपुरी और हनुमानगढ में और धान+सोयाबीन कल्यानी और जवलपुर क्षेत्रों में आसानी से उगाये जा सकते है। उपरोक्त अन्तरवर्ती फसल पद्धति से एक फसल की तुलना में 15 से 200% तक अधिक लाभ प्राप्त किया जा सकता है।

फसल प्रतिस्थापन: विभिन्न कृषि जलवायु परिस्थिति में पूर्व से स्थापित धान–गेहूँ फसल चक्र के उत्पादन में आ रही रुकावटों की पहचान कर नवीन दलहन फसलों का प्रतिस्थापन किया जा सकता है। उदाहरण के लिए गंगा के मैदानी इलाकों में जल स्तर नीचे गिरता जा रहा है अतः इन क्षेत्रों में धान की फसल को प्रतिस्थापित कर अरहर की फसल ली जा सकती है। इसी तरह देश के पूर्वी क्षेत्र जहां सामान्यतः गेहूँ का उत्पादन जलवायु परिवर्तन की परिस्थितियों के कारणों से कम होता है ऐसे स्थानों पर गेहूँ की जगह चना,मसूर, मटर अथवा मूंगफली की फसल ली जा सकती है। अखिल भारतीय समन्वित फसल प्रणाली अनुसंधान परियोजनाओं के गहन अध्ययनों से पता चला है कि धान–गेहूँ की जगह धान– दलहनीं फसलें अथवा दलहनीं फसल–गेहूँ की फसल में पोषक तत्वों का समन्वित प्रयोग कर फसल उगाने पर कुल उत्पादन एवं आर्थिक लाभ अधिक मिलता है।

परती भूमि और नए क्षेत्र में दलहन: धान–परती, परती–सरसों, सोयाबीन–परती, एकीकृत जल संरक्षण परियोजना के क्षेत्र, सुधारी गई बेकार पडी अथवा समस्याग्रस्त मृदाऐं, फसल संघनता बढाकर, कम लाभकारी फसल बदलकर अधिक लाभकारी फसल के रुप में दलहनीं फसलों के समावेश की पूरी संम्भावनाऐ है। भारत वर्ष की महत्वपूर्ण नदियां जैसे कृष्णा, गोदावरी, कावेरी आदि के डेल्टा क्षेत्रों में धान आधारित फसल क्रम में दलहनीं फसलों का समावेश। देश के बुन्देलखण्ड एवं अन्य क्षेत्रों में धान–दलहनीं फसल पद्धति एवं धान के खेतों की मेडों पर अरहर की फसल ली जा सकती है।

पौधों की संख्या प्रबन्धन: उत्तर–पूर्वी पठारी क्षेत्रों में समतल जमीन पर बुआई की तुलना में रिज वेड सीड कम फर्टीलाइजर बुआई यंत्र द्वारा बुआई कर 17 से 20% तक अधिक उपज प्राप्त की जा सकती है। रबी की अधिकतर दलहनीं फसलें जैसे चना, मसूर और खेसरी की संरक्षित नमी मे बुआई की जा सकती है। मानसून के शीघ्र चले जाने से रबी मौसम में संरक्षित नमी में लगाई जाने वाली फसलों में समुचित पौधों की संख्या का प्रबन्धन नहीं हो पाता इस परिस्थति में बीज को 6 से 8 घंटे पानी में भिगोकर बोने से अंकुरण शीघ्र होता है साथ ही पौधों की सही संख्या की वजह से उत्पादन भी अधिक मिल जाता है। इस तकनीक से प्रदर्शनों में उत्साहजनक परिणाम प्राप्त हुऐ है इस तकनीक को और अधिक प्रचार प्रसार के माध्यम से जागरूकता फैलाने की आवश्यकता है।

संसाधन संरक्षण प्रौद्योगिकी: क्षेत्रीय स्तर पर संरक्षित खेती उत्पादन बढाने के लिए विशेष उपयोगी है। संरक्षित खेती में जीरो टिल सीड कम फर्टिलाइजर ड्रिल यंत्र द्वारा शून्य जुताई पर

बुआई, ब्रोड बेड सीड कम फर्टिलाइजर ड्रिल द्वारा ऊची चौडी पट्टी पर बुआई एवं नाली में सिंचाई, रोटरी सीड कम फर्टिलाइजर यंत्र द्वारा बिना जुताई के बुआई, हेपी सीडर द्वारा फसल अवशेष की मल्च कर बुआई से 64 से 85% तक प्राकृति संसाधन (समय, मजदूरी, डीजल, ऊर्जा एवं व्यय) की बचत की जा सकती है। शून्य जुताई पद्धति से बुआई करने से 25 से 30% तक प्राकृतिक संसाधनों की बचत हो जाती है। शून्य जुताई पर बुआई करने से संरक्षित नमी में बंआई हो जाती है साथ ही खेत बिना जुता होने की बजह से लगने वाले सिंचाई की जल की 10 सेन्टीमीटर की बचत (लगभग 10 लाख लीटर सिंचाई जल/हे.) हो जाती है। दलहनीं फसलों में जुते हुऐ खेतों में पहली सिंचाई देने के उपरान्त देखा गया है कि खेत में पानी का जमाव होने की वजह से फसल पीली पड जाती है। संरक्षित खेती अपनाने से पर्यावरण लाभ भी मिलता है। उदाहरण के रुप में शून्य जुताई से बुआई करने पर 60 से 70 लीटर डीजल और 10 लाख लीटर सिंचाई जल की बचत की जा सकती है। एक लीटर डीजल की खपत होने पर लगभग 2.6 किलो ग्राम कार्बन डाई ऑक्साइड का उत्सर्जन होता है। इस प्रकार लगभग एक चौथाई टन कार्बन डाई ऑक्साइड का उत्सर्जन कम होता है परिणामस्वरुप भूमण्डलीय तापक्रम वृद्धि रोकने के लिए लाभदायक रहता है। शून्य जुताई तकनीक सें बुआई यदि 5 मिलियन हे. में की जाती है तो लगभग 5 विलियन क्यूविक मीटर सिंचाई जल की बचत प्रति वर्ष की जा सकती है। इसके अतिरिक्त वार्षिक डीजल की बचत 0.5 विलियन लीटर (सिंचाई हेतु डीजल इंजन सहित) परिणाम स्वरुप 1.3 मिलियन टन कार्बनडाई ऑक्साइड उत्सर्जन भी प्रति वर्ष कम होगा।

एकीकृत खरपतवार प्रबन्धनः दलहनीं फसलों में निराई गुणाई के साथ खरपतवार नाषी का प्रयोग खरपतवार नियंत्रण हेतु बेहतर रहता है। समसामायिक खरपतवार प्रबन्धन हेतु फसल उगाने से पूर्व पेन्डिमिथलीन दर 1 से 1.25 किलो ग्राम सक्रिय तत्व का प्रयोग बहुत प्रभावशाली पाया गया है। प्रथम पक्ति प्रदर्शनों में देख गया है कि इसके प्रयोग से 24 से 33% तक की उत्पादन में वृद्धि होती है अतः इस तकनीक को अधिक से अधिक क्षेत्र प्रचार प्रसार के माध्यम से और अधिक लोकप्रिय बनाने की आवश्यकता है।

रोगों और कीटों का एकीकृत प्रबन्धनः दलहनीं फसलों के उत्पादन में जैविक कारकों से होने वाले नुकसान से बचाना बहुत महत्वपूर्ण है। फ्यूजेरियम उखटा (बिल्ट) अरहर, चना, मसूर, की फसल के लिए एक गंभीर समस्या है। इस हेतु फसल की प्रतिरोधी क्षमता एक बेहतर विकल्प है। उखटा प्रतिरोधी प्रजातियों की अनउपलब्धता और बीमारी फैलाने वाली फफूंदी का मृदा में फैलाव होने के कारण इनका प्रबन्ध का समन्वित प्रयास ही एक बेहतर विकल्प है। समन्वित प्रबन्धन में ग्रीष्म ऋितु के मौसम में फसल, कवक नाशक (कार्बोन्डिज्म, थाइरम और ट्राइकोडर्मा) से उपचार के साथ राहिजोवियम, अर्न्तवर्ती फसल जैसे ज्वार के साथ अरहर, चने के साथ अलसी की खेती एवं अन्य उपयुक्त फसल प्रणाली आदि। उखटा प्रबन्धन का अरहर की फसल में महाराष्ट्र सरकार ने अरहर के बीज की विक्री कवकनाशी से उपचार के उपरान्त साथ में ट्राइकोडर्मा का राज्य में भरपूर उत्पादन कर बीज के साथ विक्री और साथ में जागरुकता फैला कर महत्वपूर्ण कार्य किया।

उत्पादन पश्चात संरक्षण तकनीकिः फसल कटाई, मडाई परिवहन एवं भंडारण में लगभग 7.5% तक नुकसान हो जाता है। कटाई के उपरान्त होने वाले नुकसान को कृषकों में जागरुकता लाकर, उत्पादको को भंडारण की टकी की उपलब्धता होने से लगभग 0.45 मिलियन टन दलहन के नुकासान को बचाया जा सकता हे। दलहनीं फसलों के उत्पादन और संरक्षण तकनीक, गुणवत्ता

युक्त बीज की उपलब्धता, समय पर सिंचाई, कृषि क्रियाओं और जैविक, अजैविक कारकों के नियंत्रण के बेहतर उपायों द्वारा दलहन फसलों के उत्पादन को दो गुना किया जा सकता है। वर्तमान में दलहनीं फसलों के बीज उत्पादन में प्रजनक बीज की मांग के आधार पर कहा जा सकता है कि दलहनीं फसलों में बीज प्रतिस्थापना दर मात्र 2 से 3% है जो कि 10 से 15% के मध्य होनी चाहिए। दलहनीं फसलों की उपलब्ध प्रजातियों का गुणवत्ता युक्त बीज यदि किसानों को समय पर उपलब्ध हो जाय तो उत्पादन में 20% तक की बढोत्तरी की जा सकती है।

दलहन उत्पादन की उपलब्ध तकनीकी और बेहतर सस्य प्रबन्धन क्रियाओं से उत्पादन में 14.5% मिलियन टन की अतिरिक्त वृद्धि की जा सकती है। वर्तमान उत्पादन स्तर 17.2 मिलियन टन (वर्ष 2014–15) को मानते हुऐ उत्पादन समाधान तकनीकों को लागू कर दलहन उत्पादन वर्ष 2030 की आवश्यकता (32 मिलियन टन) 5 से 7 वर्ष पूर्व प्राप्त कर सकते है (तालिका–5)।

तालिका 5: देश के दलहन उत्पादन क्षेत्रों से अतिरियत उत्पादन क्षमता

संम्भावित तकनीकी क्षेत्र	उपलब्ध संषाधन / तकनीकी	अनुमानित उत्पादन प्राप्ति (मिलियन टन)
धान–परती क्षेत्र	12 मिलियन हे. (50% क्षेत्र वर्तमान तकनीकी अथवा उन्नत उत्पादन तकनीक के अंर्न्तगत)	4.0
उत्पादन अन्तराल कम करके	कृषक प्रक्षेत्र और प्राप्त करने योग्य उपज (40% से 60% सम्भावित वृद्धि)	7.0
अन्तरवर्ती फसल और फसल संघनता (ग्रीष्म ऋितु में दलहन फसल की खेती)	धान–गेहूँ फसल चक्र में 50% क्षेत्र में मूँग की फसल का समावेश कर	3.5
	अतिरिक्त उत्पादन की कुल प्राप्ति	**14.5**

नियमावली और संस्थागत सहायता

दलहनीं फसलों के उत्पादन बढाने के लिए सामाजिक, आर्थिक और राजनैतिक–कारकों को सफलता पूर्वक लागू करना आवश्यक है।

तकनीकी समर्थन हेतु बहुत से भारतीय कृषि अनुसंधान परिषद के संस्थान एवं कृषि विश्वविद्यालय दलहनीं फसलों के अनुसंधान और विकास हेतु देश में लगे हुये है। विशेष रुप से भारतीय दलहन अनुसंधान संस्थान, कानपुर द्वारा चना, अरहर, मूंग, उड़द, मसूर आदि फसलों को आधार मानकर अनुसंधान कर रहा है इस केन्द्र ने बहुत सी उन्नत किस्मों का विकास किया है।

इसके अतिरिक्त भारत सरकार द्वारा राष्ट्रीय खाध्य सुरक्षा मिशन (एन.एफ.एस.एम.), कृषि तकनीकी प्रबन्धन संस्था (आत्मा) और राष्ट्रीय कृषि विकास योजना (आर.के.वी.वाय.) ने देश के 60,000 ग्रामों में दलहन और तिलहन उत्पादन बढाने का कार्य किया है। राष्ट्रीय खाद्य सुरक्षा मिशन के तहत धान, गेहूँ और दलहनों का क्रमशः 10 मिलियन टन, 8 मिलियन टन और 2 मिलियन टन उत्पादन बढाने का ग्यारहवी पंचवर्षी योजना के आखिर तक का लक्ष्य था। योजना निर्धारकों की बेहतर योजना एवं प्रयासों से ग्यारहवी पंचवर्षी योजना खत्म होने से पूर्व दलहन के उत्पादन के लक्ष्य को प्राप्त कर लिया गया। जबकि वारहवी पंचवर्षी योजना मे भी और योजनावद्ध कार्य किया गया। अनुसंधान, विकास और प्रसार के प्रयासों के अतिरिक्त देश की दलहन की पूर्ति हेतु सरकार

ने दो तरह की दलहन के समर्थन मूल्य में बढोत्तरी और आयात की योजना भी बनाई। सरकार के द्वारा दलहन के समर्थन मूल्य को बढाने से उत्पादन बढाने की दृष्टि साथ ही घरेलू आवश्यकता की पूर्ति हेतु आयात को भी ध्यान में रखा। जबकि समर्थन मूल्य बढाने का प्रभाव उत्पादन बढाने पर प्रभाव नही रहा क्योंकि दलहनों का मूल्य खुदरा बाजार में समर्थन मूल्य से अधिक रहता है। नीति निधरिकों द्वारा वर्ष 2000–01 से 2007–08 के मध्य समर्थन मूल्य का अध्ययन किया गया तथा पाया कि इस दोरान मूल्य में 11.8% की वृद्धि हुई तथा दलहनीं फसलों के समर्थन मूल्य स्थिर रहे साथ ही यह भी देखा कि दलहन का कुल उत्पादन भी स्थिर रहा एवं कुल उत्पादन लगभग 14 मिलियन टन रहा। लम्बे अन्तराल के उपरान्त समर्थन मूल्य का उत्पादन पर सार्थक प्रभाव को देखते हुए भारत शासन द्वारा हाल के वर्षों में बढोत्तरी की है इसके परिणाम उत्पादन पर देखने को मिलेंगें। वर्ष 2008–09 में पहलीवार मूंग, उड़द और अरहर के समर्थन मुल्य में 29 से 48% की वृद्धि की गई परिणामस्वरुप दलहन उत्पादन में वृद्धि हुई तथा वर्ष 2010–11 में कुल उत्पादन 18.09 मिलियन टन प्राप्त हुआ था।

भविष्य की रणनीति

देश की वर्ष 2030 की दलहन की आवश्यकता लगभग 32 मिलियन टन होगी। इस मांग की पूर्ति करने के लिए तकनीकी योजना और संस्थागत मुद्दों को ध्यान में रखकर कार्य करने की आवश्यकता है। देश की दलहन की कमी को दूर करने के लिए निम्न मुद्दों की भूमिका बनाकर अपनाने की आवश्यकता है।

- कृषकों के खेतों पर दलहनीं फसलों की उन्नत प्रजातियों को अपनाकर फसलों का विविधीकरण कर सघन प्रयासों की आवश्यकता है।
- प्रजातियों की क्षमता के अनुसार उपज लेने के लिए उन्नतशील सस्य क्रियाओं का उपयोग।
- जैव प्रौद्योगिकी और अन्य साधनों द्वारा दलहनीं फसलों में आदानों का प्रयोग कर अधिक उपज लेने के लिए क्षमता विकास करने की आवश्यकता।
- भविष्य में दलहन उत्पादन बढाने के लिए तुलनात्मक रुप से दलहन उत्पादक राज्यों (आंध्र प्रदेश, झारखण्ड, और मध्य प्रदेश) में उन्नत सस्य तकनीकों पर ध्यान देने की आवश्यकता है। जबकि कम उत्पादकता वाले राज्यों (छत्तिसगढ, कर्नाटक, महाराष्ट्र और राजस्थान) में उत्पादन बढाने के लिए तकनीकी सहायता उत्पादकों को प्रदान करने की आवश्यकता है।
- बिहार, गुजरात, हरयाणा, उत्तर प्रदेश और पश्चिम बंगाल राज्यों में उत्पादन सूचकांक अधिक होने के कारण यहां दलहनीं फसलों का अतिरिक्त क्षेत्र बढाने की आवश्यकता है।
- देश के पूर्वी क्षेत्रों में धान की फसल के उपरान्त लगभग 12 मिलियन हे. क्षेत्र परती रह जाते है अतः इन क्षेत्रों में संरक्षित नमी में रबी में दलहनीं फसलों की खेती करने की आवश्यकता है।
- देश के ऊचे स्थानों पर धान की खेती से लाभ कम मिलता है। अतः इन क्षेत्रों में दलहनीं फसल लेने पर ध्यान देना चाहिए।
- भूमि की उपयोगिता क्षमता विकास हेतु विभिन्न फसलों की शीघ्र और अतिशीघ्र पकने वाली दलहनीं फसलों पर ध्यान देने की आवश्यकता है।
- फब्वारा सिंचाई से दलहनीं फसलों में सिंचाई की बडी संभावनाये है जिससे उत्पादन बढाया जा सकता है।

- सूक्ष्म सिंचाई पद्धति से जल की उपयोगिता क्षमता बढाकर दलहन क्षेत्र का विस्तार किया जा सकता है। राष्ट्रीय उधानिकी अभियान के तहत नये उद्यान विकसित किए जा रहे है इन उद्यानों में दलहन को अन्तरवर्ती फसल के रुप में खेती की जा सकती है।
- जल संरक्षण प्रबन्धन के तहत संसाधन संरक्षण कर दलहनों का उत्पादन बढाया जा सकता है।
- जल प्रबन्धन नवीन तकनीकों द्वारा फसल की आवश्यकता के अनुरुप सिंचाई पद्धति का निर्धारण, फसल की जलमांग के अनुरुप सिंचाई, उत्पादन आदानों का समन्वित प्रयोग और कृषकों के खेतों पर प्रदर्शन आयोजित करने की आवश्यकता है।
- सिंचित एवं असिंचित क्षेत्रों के लिए दलहन फसल आधारित प्रणाली में अर्न्तवर्ती फसल के रुप में जैविक नत्रजन स्थरीकरण का निर्धारण।
- धान– गेहूँ फसल प्रणाली हेतु ग्रीष्म ऋितु के मौसम के लिए शीघ्र पकने वाली फसल, एक समान फूल फली एवं एक साथ पकने वाली दलहनीं फसलों की प्रजातियों का विकास ।
- संसाधन प्रबन्धन तकनीकी के तहत वेड पर बुवाई एवं नाली में सिंचाई पद्धति जो कि दलहनीं फसलों से अधिक उत्पादन देने की क्षमता रखती है। दलहन फसलों के उत्पादन बढाने में उन्नत बीजों की उपलब्धता एक बडी रुकावट है इसलिए गुणवत्ता युक्त बीजों का उत्पादन बढाने और बीज प्रतिस्थापन दर को बढाने संबंधित कार्यो को प्राथमिकता दी जानी चाहिए।
- पिछले अनुभवों के अनुसार कृषकों को दलहन के उत्पाद को विक्रय करने पर उचित मुल्य नहीं मिल पाता अतः दलहनों का कुल उत्पादन स्थिर बना हुआ है। विगत वर्षो में दलहन के समर्थन मूल्य में नीति निर्धारिकों ने बढोत्तरी की है जिसके बेहतर परिणाम देखने को मिले। इसलिए बाजार की बढती मांग, फसल बीमा और समर्थन मूल्य के बढने से दलहन उत्पादकों को अधिक लाभ और उत्साह मिलेगा।

संदर्भ

देशपान्डे, एस. डी. और सिंह, जी. 2001. ''लोंग टर्म स्टोरेज स्ट्रक्चर्स इन पल्सेस'', नेशनल सिम्पोसियम ऑन पल्सेस फोर सुस्टेनबल एण्ड न्यूट्रीसनल सिक्योर्टी, इंडियन इन्सटीटयूट ऑफ पल्सेस रिसर्च, नई दिल्ली, 17–19 अप्रैल.

डायरेक्टोरेट ऑफ एग्रीकल्चर. 2008–09. फाइनल फोरकास्ट रिपोर्ट ऑफ एरिया, प्रोडक्शन एण्ड प्रोडक्टिविटी, गुजरात राज्य.

आई.आई.पी.आर (इंडियन इन्सटीटयूट ऑफ पल्सेस रिसर्च). 2011. विजन 2030, आई.आई.पी.आर, कानपुर.

राव, जे.वी.डी.के. और दर्त, पी.जे. 1987. नोड्रयूलेशन, नाइट्रोजन फिक्सेसन एण्ड नाइट्रोजन अपटेक इन पिजिअनपी (केजेनस केजान) ऑफ डिफरेन्ट मेच्योरिटी ग्रुप्स, प्लांट एण्ड सोइल, 99: 255–266.

ओफिया, जेड. एम. और अखीड्रयू वी. 2005. द रोल ऑफ पल्सेस इन हयूमन न्यूट्रीशनः ए रिव्यू, जर्नल ऑफ एप्लाइड साइंस एण्ड इनवायरमेन्टल मेनेजमेन्ट, 9 (3): 99–104.

राव, पारथसार्थी, बीरथल पी. एस., भागवातुला एस. और बेन्टीलन एम. सी. एस. 2010, चिकपी एण्ड पिजअनपी इकोनोमिक्स इन एशियाः फेक्टस्, ट्रेन्डस् एण्ड आउटलुक. पतनचेरू, आंध्र प्रदेश, इंडियाः इन्टरनेशनल क्रोप्स रिसर्च इन्सटीटयूट फोर द सेमी–एरिड ट्रोपिक्स. पीपी. 76

सक्सेना, एन. पी. और जोहन्सन, सी. 1990. ''रिअलाइज्ड यील्ड पोटेन्शियल इन चिकपी एण्ड फिजयोलॉजीकल कोन्साइड राशन्स फॉर फर्दर जेनेटिक इम्प्रूवमेन्ट'' (एडिट) एस. के. सिन्हा, पी. वी. साने, एस. सी. भार्गव और पी. के. अग्रवाल (ईडीएस), प्रोसीडिंग ऑफ द इन्टरनेशनल कॉंग्रेश ऑफ प्लांट फिजयोलॉजी, वोल. 1, इंडियन सोसाइटी फोर प्लांट फिजयोलॉजी एण्ड बायोके मेस्ट्री, इंडियन एग्रीकल्चरल रिसर्च इन्सटीटयूट, नई दिल्ली, पीपीः 279–288.

शर्मा, डी. और जोधा, एन.एस. 1982: ''पल्सेस प्रोडक्शन इन सेमी एरिड रीजन्स ऑफ इंडिया: कॉन्सट्रेन्टस एण्ड ऑपोरच्यूनिटीस'', इकोनोमिक एण्ड पोलिटिकल वीकली, इस्यू न. 52, वोल न. XVII, शेयर ऑफ डिफरेन्ट स्टेट्स इन टोटल प्रोडक्शन

सिंह, वी. के. और शर्मा, बी. बी. 2002, इकोनोमिक इवेलुएशन ऑफ राइस बेस्ड क्रॉपिंग सिस्टम इन फुटहिल्स ऑफ हिमालयास इंडियन जर्नल ऑफ एग्रोनोमी 47(1):12–19.

टी.एम.ओ.पी. (टेक्नोलॉजी मिशन ऑन ऑइलसीड एण्ड पल्सेस), 2000. एक्सपर्ट कमेटी रिपोर्ट ऑन पल्सेस, डी.ए.आर.ई., नई दिल्ली.

2

दलहन उत्पादन बढाने हेतु तकनीकी विकल्प

एन. नादराजन, संजीव गुप्ता एवं वाय. पी. सिंह

भारत विश्व के कुल उत्पादन का 24% हिस्सेदारी के साथ दुनिया में दलहन का सबसे बडा उत्पादक देश है। देश में उगाई जाने वाली मुख्य दलहनीं फसलों के क्षेत्रफल में चना 48%, अरहर 15%, मूंग 15%, मसूर 5% एवं मटर 5% क्षेत्र में पैदा की जाती है एवं प्रमुख उत्पादक राज्य मध्य प्रदेश, महाराष्ट्र, राजस्थान, उत्तर प्रदेश, कर्नाटक एवं आंध्र प्रदेश से देश के कुल दलहन उत्पादन का 80% उत्पादन प्राप्त होता है। देश की कुल दलहन उत्पादन एवं आवश्यकता की कमी को पूरा करने हेतु 2 से 4 लाख टन दलहनों का आयात करना पडता है। भारतीय कृषि अनुसंधान परिषद की अनुशंसा के अनुसार प्रति व्यक्ति प्रति दिन लगभग 65 ग्राम दाल की आवश्यकता है। आजादी के पश्चात वर्ष 1960 में प्रति व्यक्ति दलहन उपलब्धता 69 ग्राम/दिन थी जो कि घटकर वर्ष 2013 में 41.7 ग्राम/दिन रह गई (तालिका 1)। इस प्रकार वर्तमान स्तर से दलहनीं फसलों का उत्पादन बढाना देश के लिए एक गंभीर चुनौती बन गई है।

दलहन उत्पादन के मुद्दे

दलहनों के उत्पादन बढाने के प्रयासों के उपरान्त भी उत्पादन और उत्पादकता कम या स्थिर बनी हुई है। खाध्यान फसलों में धान व गेहूँ की फसल से अधिक उत्पादन एवं आय प्राप्त होती है अतः कृषक दलहनीं फसलों की जगह खाध्यान फसलों को सिंचित व उपजाऊ मृदा में उगाते है जबकि दलहनीं फसलों को सीमान्त मृदाओं, कमउपजाऊ, कम लागत एवं वारानी क्षेत्रों में वैकल्पिक फसल के रुप में उगाते है। कृषकों द्वारा दलहनीं फसलों को अधिक महत्व न देने के मुख्य कारणों में दलहनीं फसलों से उत्पादन एवं आय में अनिश्चितता है जिसके कारण कृषक इन की उन्नत उत्पादन तकनीक एवं पोषक तत्व प्रबन्धन पर भी ध्यान नहीं देते है। कृषकों को सही समय पर उच्च गुणवत्ता के बीज भी उपलब्ध नही होते परिणाम स्वरुप दलहनीं फसलों की बीज प्रतिस्थापन दर मात्र 2 से 5% ही है। इसके अतिरिक्त दलहनीं फसलों में जैविक व अजैविक कारकों का भी प्रभाव अधिक होता है। दलहनीं फसलों में प्रोटीन की अधिकता व पौधों में मिठास होने की वजह

से आवारा पशु, नील गाय आदि जानवरो का भी अधिक प्रकोप होता है। मौसम के बदलाव का असर दलहनीं फसलों के उत्पादन पर अधिक देखा गया है। साथ ही कृषकों को वैज्ञानिक रुप से भंडारण की जानकारी का अभाव एवं भंडार ग्रह न होने की बजह से भी बहुत अधिक नुकसान होता है।

तालिका 1: भारत वर्ष में दलहनों का परिद्रष्य

वर्ष	क्षेत्रफल (मिलियन हे.)	उत्पादन (मिलियन टन)	उपज (कि०ग्रा०/हे.)	आयात (मिलियन टन)	निर्यात (मिलियन टन)	उपलब्धता/व्यक्ति/दिन
1990-91	24.6	14.3	578	0.23	0.02	41.6
1991-92	22.5	12.1	53.3	0.31	0.03	34.3
1992-93	22.4	12.8	573	0.48	0.03	36.2
1993-94	22.2	13.3	598	0.62	0.04	37.2
1994-95	23.0	14.0	610	0.55	0.05	37.8
1995-96	22.3	12.3	552	0.49	0.06	32.7
1996-97	22.5	14.2	635	0.65	0.05	37.1
1997-98	22.8	13.0	567	1.08	0.16	32.8
1998-99	23.5	14.9	634	0.56	0.10	36.5
1999-2000	21.1	13.4	635	0.25	0.19	31.6
2000-01	20.4	11.1	544	0.35	0.24	30.0
2001-02	21.7	13.4	609	2.21	0.16	35.4
2002-03	20.5	11.1	543	1.99	0.14	29.1
2003-04	23.4	14.9	637	1.72	0.15	35.8
2004-05	22.8	13.1	577	1.33	0.27	31.5
2005-06	22.4	13.1	585	1.69	0.44	32.5
2006-07	23.2	14.2	612	2.27	0.25	35.5
2007-08	23.6	14.8	688	2.79	0.16	41.8
2008-09	23.0	14.2	617	2.3	0.16	37.0
2009-10	23.3	14.66	630	एन ए	0.01	35.4
2010-11	26.40	18.24	691	एन ए	0.21	39.4
2011-12	24.46	17.09	699	2.8	0.17	43.0
2012-13	23.47	18.34	781	3.2	0.20	41.7
2013-14	25.23	19.25	764	3.4	0.29	43.3

स्रोतः कृषि और सहकारिता विभाग, एन. ए.– अनउपलब्ध

दलहन उत्पादन में आने वाली रुकावटः–

1. कीट व्याधियों के प्रति संवेदनशीलता

दलहनीं फसलों में रोग व कीट व्याधियों से अन्य फसलों की तुलना में अधिक नुकसान होता है। कभी–कभी देखा गया है कि कीट व्याधियों से दलहनीं फसलें सम्पूर्ण रुप से नष्ट हो जाती है। दलहनीं फसलों को 250 से अधिक कीटों की प्रजातियां नुकसान पहुँचाती है। उपरोक्त कीटों में से मुख्य रुप से फली छेदक, फल मक्खी तथा प्रमुख रोगों में उखटा एवं जडगलन बीमारी द्वारा बहुत अधिक नुकसान होता है। हाल ही में हुए प्रयोगों से देखा गया है कि फली छेदक के नियंत्रण हेतु पोली हाइड्रोसिस वायरस (एचएएनपीवी) बहुत प्रभावी माना गया है। प्रक्षेत्र अनुसंधानों में वासिलस थ्रोरिजेन्सिस के प्रयोग से फली छेदक कीट

से होने वाला नुकसान 10 से 12% कम हो जाता है। जबकि रासायनिक कीट– नाशकों से 11% नुकसान को कम किया जा सकता है। वैज्ञानिक वीटी चना व अरहर की प्रजातियों के विकास में लगे हुए है। नादराजन एवं चतुर्वेदी (2010) के अनुसार चने व अरहर में उखटा तथा मूँग व उड़द में पीतशिरा मोजेक विषाणु एवं पत्ती धब्बा प्रमुख बीमारियां है। भारत में दलहनीं फसलों के उत्पादन को प्रभावित करने वाले मुख्य जैविक और अजैविक कारक तालिका–2 में दिये गये है।

तालिका 2: देश में प्रमुख जैविक व अजैविक कारकों का भारत वर्ष में दलहनीं फसलो के उत्पादन पर प्रभाव

फसल	मौसम	प्रभावित करने वाले कारक	
		जैविक	अजैविक
चना	शीघ्र बुवाई	फ्यूजेरियम उखटा, जड़ सड़न, चने का स्टंन्ट, वोट्रिटिस ग्रे मोल्ड, फली छेदक	कम तापक्रम
	समय से बुआई	फ्यूजेरियम उखटा, जडसड़न, एसोचिटा झुलसा, फली छेदक	लवणो का प्रभाव
	देर से बुआई	फ्यूजेरियम उखटा, फली छेदक	सूखा प्रभाव, पकने के समय सूखा, तन्ड का प्रभाव
उड़द	रबी	चूर्णिल आसिता	पकने के समय अधिक तापक्रम
	खरीफ	पीतशिरा विषाणु, एन्थ्रेकनोज (कोणीय धब्बे)	पकने के समय अधिक तापक्रम
	बसन्त/ग्रीष्म त्रिृतु	गीतशिरा विशाणु, थ्रिप्स	पकने के समय फुटान, तापक्रम
मसूर	रबी	फ्यूजेरियम उखटा, जड सड़न, रतुआ (रस्ट)	अभिक नमीं व तापक्रम
अरहर	शीघ्र बुआई	फ्यूजेरियम उखटा, फाइटोफ्थोरा झुलसा, फली छेदक	जल मग्नता
	मध्यम व देरी से बुआई	फ्यूजेरियम उखटा, स्टेरिलिटी मोजेक, फली छेदक	फूल व फली बनने के समय सूखा, ठन्ड का प्रभाव (पाला), जल मग्नता
मसूर	रबी	फ्यूजेरियम उखटा, अल्टरनेरिया पत्ती झुलसा, फल मक्खी	ठन्ड का प्रभाव (पाला), पकने के समय सूखा
मूंग	खरीफ	पीतशिरा, अल्टरनेरिया पत्ती झुलसा, थ्रिप्स	पकने के समय अधिक तापक्रम
	वसन्त/ग्रीष्म त्रिृतु	पीतशिरा विशाणु, थ्रिप्स	सूखा, तापक्रम का प्रभाव, कटाई से पूर्व फुटान

2. वर्षा आधारित खेती का उत्पादन पर उतार चढाव

दलहनीं फसलों की लगभग 87% खेती वर्षा आधारित क्षेत्रों में की जाती है। दलहन उत्पादक राज्य जैसे मध्य प्रदेश, उत्तर प्रदेश, गुजरात और महाराष्ट्र में लगभग 1000 मि०मी० वार्षिक वर्षा होती है। इन राज्यों की मृदा में नमीं की कमीं होने एवं फसल पकने के समय तापक्रम की कमीं से फसलें समय से पूर्व पक जाती है। परिणामस्वरुप उपज भी कम मिलती है। दलहनीं फसलों में सूखे का प्रभाव होते ही लगभग 50% उत्पादन में कमीं

आ जाती है। जिन क्षेत्रों में संरक्षित नमी में रबी में दलहनीं फसलों की खेती की जाती है। उन क्षेत्रों में जीवन दायनी एक सिंचाई करने से उत्पादन पर बहुत प्रभाव पडता है। अतः सिंचाई के अभाव में 50% तक पैदावार कम हो जाती है। जबकि मध्य भारत में वर्टीसोल (काली मृदा) पाई जाती है इन मृदाओं की जल धारण क्षमता अधिक होती है। अतः नमीं की कमी होने पर 5 से 20% तक उपज में कमी देखी गई है। दलहन उत्पादन क्षेत्रों में लवणीयता एवं क्षारीयता की समस्या भी है दलहनीं फसलें लवणीयता एवं क्षारीयता के प्रति अति संवेदनशील होती है।

फसल उत्पादन मुख्य रुप से तापमान से प्रभावित होता है। दलहनीं फसलें कम तापक्रम के प्रति भी सहनशील होती है। उत्तरी भारत में जहां तापक्रम 1^0 सेन्टीग्रेट तक जाता है। वहां रबी के मौसम में चने की खेती होती है। कम तापक्रम को सहन करने वाली चने की प्रजातियों के विकास में बेहतर कार्य नही हुआ है। खेतों में जल निकास की बेहतर व्यवस्था न होने के कारण वर्षा के दिनों में खेतों में जल भराव की समस्या हो जाती है। परिणामस्वरुप मूंग, उड़द व अरहर की फसल पर विपरीत प्रभाव पडता है। खेतों में जल भराव की बजह से दलहनीं फसलें गल कर नष्ट हो जाती है। अरहर में फाइटोप्थोरा झुलसा बीमारी का प्रकोप हो जाता है।

अरहर उत्पादक प्रदेश उत्तर प्रदेश, विहार, पश्चिमी बंगाल, छत्तिसगढ, मध्य प्रदेश और झारखण्ड में जल भराव की बजह से फाइटोप्थोरा झुलसा की समस्या हो जाती है। ऐसे क्षेत्रों को रोपण पद्धति से बुआई करके बेहतर फसल उत्पादन व अधिक उपज ली जा सकती है। लम्बे समय से सूखा अवरोधी किस्मों के विकास पर कार्य हुआ परन्तु अधिक वर्षा एवं जलमग्न सहनशील किस्मों के विकास पर बेहतर कार्य नहीं हुआ है।

3. शारीरिक सीमायें

दलहनीं फसलों के बारे में आम धारणा है कि इनमें अधिक उत्पादन देने की शक्ति अनाज वाली फसलें जैसे ज्वार, मक्का की तुलना में कम है। जबकि शर्मा व जोधा (1982) ने अध्ययन किया एवं पाया कि दलहनीं फसलें ठन्डे मौसम (रबी) में बेहतर उत्पादन देती है। अतः सी–3 प्रकार के पौधों को रबी के मौसम में उगाना चाहिए। हालांकि दलहनीं फसलों का उत्पादन सूचकांक अनाज वाली फसलों की तुलना में कम है। उत्पादन सूचकांक फसल उत्पादन को परिभाषित करता है। जीवांश पदार्थ का दानों में परिवर्तन दलहन में यह 15 और 20% जबकि अनाज की फसल जैसे धान, गेहूँ में 45 से 50% होता है। कम उत्पादन सूचकांक का मतलब अधिक बढवार लेकिन शुष्क पदार्थ को बीज में परिवर्तन कर इसे बढाया जा सकता है (सक्सेना और जोहन्सन, 1990)।

दलहनीं फसलों में सामान्यतः फूल गिरने की समस्या अधिक होती है। दलहनीं फसल में 80% तक फूल गिर जाते है। फूल गिरने की दर को कम कर दिया जाय तो उत्पादन में सतत वृद्धि हो जाएगी। फूल गिरने की समस्या को फूल न गिरने वाली प्रजाति के विकास एवं फसल में प्रजनन हारमोन के छिडकाव द्वारा कम किया जा सकता है।

4. कम निवेश उपयोंग

अनुसंधानों द्वारा अधिक उत्पादन हेतु नवीन तकनीकों का विकास हुआ हैं कृषकों द्वारा पोषक तत्व प्रबन्धन सबसे पहले गेहूँ, चावल और सब्जियों की फसलों में पूर्ति के उपरान्त दलहनीं फसलों में पोषक तत्व प्रबन्धन किया जाता है। मृदा सर्वेक्षणों में देखा गया है कि देश की मृदाओं में 20 से 60% सल्फर तथा 50% जिंक की कमीं दलहन उत्पादन क्षेत्रों में है। अनुसंधानों में यह भी देखा गया है कि सल्फर व जस्ता फसल उत्पादन बढाने के लिऐ महत्वपूर्ण है। राइजोवियम सूक्ष्म जीव दलहन उत्पादन बढाने में भूमिका निभाते है। इसकी संख्या में कमी लगभग 40% क्षेत्रों में देखी गई हैं। जैव उर्वरक बीज उपचार (राइजोवियम) द्वारा 10 से 12% तक उपज बढाई जा सकती है इस कार्य में बहुत कम लागत आती है। वेसिकूलर अरवेसकूलर गाइकोराहिजा (वाम) के प्रयोग से फास्फोरस और सूक्ष्म तत्व जैसे जस्ता की आपूर्ति बढ़ जाती हैं। फास्फोरस घोलक जैव उर्वरक उचित नमी में बेहतर कार्य करता है। अतः इस जैव उर्वरक के परिणाम वर्षा आधारित फसलों के क्षेंत्र में खरीफ के मौसम में बेहतर देखनें को मिलते है। इस जैव उर्वरक से बीज उपचारित करने पर फास्फोरस की उपलब्धता मृदा में बढ जाती हैं बीज उपचार हेतु पर्याप्त मात्रा में और गुणवत्ता युक्त जैव उर्वरक की उपलब्धता प्रमुख वाधाओं में से एक है।

सिंचाई किसी भी फसल प्रणाली में एक महत्वपूर्ण आदान हैं इसीलिए आमतोर पर दलहनीं फसलों की जल मांग अधिक होती है। इसलिए आमतोर पर दलहनीं फसलों को वर्षा आधारित फसल के रुप में खेती की जाती है। भारतीय दलहन अनुसंधान संस्थान, कानपुर में देखा गया कि चने की फसल में क्रान्तिक अवस्था पर एक सिंचाई करने पर उत्पादन में बढोत्तरी हो जाती हैं इसी प्रकार अन्तर्राष्ट्रीय संस्थान इक्रीसेट के अध्ययन के अनुसार अरहर की फसल में वर्षा के अभाव में क्रॉन्तिक अवस्था बढवार एवं फूल आने पर सिंचाई करने पर उपज में 50% वृद्धि एकल फसल में एवं 100% तक वृद्धि अर्न्तवर्ती में हो जाती है (शर्मा और जोधा, 1982)। हालॉकि उत्तरी भारत के जिन क्षेत्रों में शीत त्रिृतु के मौसम की वर्षात के कारण तापक्रम और उत्सर्जन कम होता है उन क्षेत्रों में सिंचाई का उपज पर उत्साहवर्धन परिणाम नही मिलते है। दलहनीं फसलों में पूरक सिंचाई के अच्छे परिणाम के कारण सरकार को नीति निर्धारण कर दलहनीं फसलों में पूरक सिंचाई उपलब्ध कराने के लिए प्रोत्साहित करना चाहिए।

5. कटाई उपरान्त प्रोद्योगिकी

फसल कटाई उपरान्त होने वाला नुकसान कुल दालों के उत्पादन का लगभग 9.5% तक हो जाता है। फसल कटाई के उपरान्त भंडारण में भी अधिकतम नुकसान (7.5%) होता है। प्रसंस्करण, खलिहान और परिवहन में क्रमशः 1%, 0.5% और 0.5% तक नुकसान होता है। भण्डारण के समय दलहनीं फसलों में होने वाले नुकसान में सर्वाधिक नुकसान कीटों से 5.0% जबकि गेहूँ में 2.5%, धान में 2.0% और मक्का में 3.5% होता है (देशपान्डे और सिंह, 2011)। इसलिए भंडारण क्षमताओं का अभाव दलहनीं फसलों के उत्पादन को हतोत्साहित करता है।

6. प्रौद्योगिकी के हस्तांतरण में अन्तराल

कृषक उर्वरक, कीटनाशक और सिंचाई की आवश्यकता गेहूँ, धान और सब्जियों की खेती में पूर्ती करने के पश्चात बचे हुए आदानों का प्रयोग दलहनीं फसलों में करते है। इसलिए प्रयोगात्मक भूखंडों, प्रदर्शनों और किसान के खेतों की उपज में बडा अन्तराल हैं बडी संख्या में कृषकों के खेतों पर लगाए गये प्रदर्शनों में नवीनतम तकनीक एवं कृषकों की स्थानीय तकनीकों में बडा अन्तर दिखाई देता हैं नवीन प्रोद्योगिकियों के अपनाने से दलहन की फसलों में 20 से 46% तक उपज में वृद्धि दिखाई देती हैं (तालिका–3)। उन्नतशील प्रजातियों के प्रयोग से 20 से 41% तक उपज वृद्धि होती हैं। जबकि कुल प्रोद्योगिकी उन्नतशील प्रजातियां, पोषक तत्वों एवं कीटनाषकों के समन्वित प्रयोग से कृषक पद्धति की तुलना में 26 से 46% की बढोत्तरी होती है। बडी संख्या मे अनुसंधान एवं प्रदर्शनों के पश्चात् उन्नतशील प्रौद्योगिकी में रिजवेड और रिजफरो बुआई तकनीक, राइजोवियम जैव उर्वरक द्वारा बीज उपचार, सल्फर तत्व का 20 कि.ग्रा./हे. का प्रयोग, फसल उगने से पूर्व पेन्डिमिथिलीन 1 से 1.25 कि.ग्रा. सक्रिय तत्व/हे., 2% यूरिया/डीएपी का छिडकाव और आईपीएम मॉड्रयूल की सिफारिश दलहनीं फसलों से बेहतर उत्पादन हेतु की गई है। सघन वर्षा आधारित क्षेत्रों के अन्तर्गत कृषकों के अनुभवों की भागीदारी बहुत वारीकी से कृषि अनुसंधान के क्षेत्रों में शामिल करने की आवश्यकता हैं कृषकों की भागीदारी से प्रौद्योगिकियों को और अधिक निखारने के साथ ही नवीन तकनीकों के अपनाने में आने वाली वाधाओं को दूर करने में मदद मिलेगी।

तालिका 3: प्रथम पंक्ति प्रदर्शन और कृषक पद्धति में उपज अन्तराल

फसल	तकनीकी	आयोजित प्रदर्शन (संख्या)	उपज (कि.ग्रा./हे.)		उपज में अन्तराल	बढोत्तरी (%)
			प्रदर्षन	कृषक पद्धति		
चना	उन्नत प्रजाति	650	1383	1158	225	19.5
	सम्पूर्ण आदान प्रयोग	183	1447	1150	297	25.8
अरहर	उन्नत प्रजाति	69	1591	1346	245	18.0
	सम्पूर्ण आदान प्रयोग	234	1287	967	320	33.0
मसूर	उन्नत प्रजाति	114	1221	992	229	27.0
	सम्पूर्ण आदान प्रयोग	59	1266	918	348	37.8
मूंग	उन्नत प्रजाति	72	801	612	189	30.9
	सम्पूर्ण आदान प्रयोग	27	565	387	178	46.0
उड़द	उन्नत प्रजाति	150	728	556	172	30.8
	सम्पूर्ण आदान प्रयोग	36	801	631	170	26.9
मटर	उन्नत प्रजाति	75	1468	1197	271	22.6
	सम्पूर्ण आदान प्रयोग	40	1687	1185	502	42.4

7. बीज की उपलब्धता की कमीं

उन्नतशील गुणवत्ता युक्त प्रजातियां की अनउपलब्धता दलहनीं फसलों की उत्पादन क्षमता और प्राप्त उत्पादकता के बीच अन्तर में बाधक आज भी बनी हुई है। विगत वर्षो में

भारतीय कृषि अनुसंधान परिषद द्वारा दलहनीं फसलों के बीज उत्पादन की मांग हेतु लगभग 12,807 क्विंटल प्रजनक बीज उत्पादन समितियों को उपलब्ध कराया गया। बीज उत्पादको द्वारा सही प्रयास न करने के कारण प्रजनक बीज से फाउन्डेशन एवं फाउन्डेशन से प्रमाणित बीज का गुणवत्ता युक्त उत्पादन नही हो पा रहा है जिससे बीज की अनउपलब्धता आज भी चिंता का विषय बना हुआ है। वर्तमान में दलहन के उन्नत बीजों की मांग लगभग 13 लाख क्विंटल है जबकि मांग के अनुसार आधा ही उपलब्ध हो पा रहा है। मांग के अनुसार बीज उत्पादन होने पर दलहन फसलों में 15% बीज प्रतिस्थापन हो सकेगा। इस प्रकार देश भर में बीज उत्पादन संस्थाओं के बीज उत्पादन प्रणाली एवं वितरण में सुधार की आवश्यकता है। इस प्रकार राष्ट्रीय स्तर पर बीज उत्पादन को दोगुना करने की आवश्यकता है साथ ही विकेन्द्रीकरण के माध्यम से बीज दलहन उत्पादको को आसानी से उपलब्ध हो सके।

विदित है दलहन उत्पादन कार्यक्रम के लिए उपरोक्त महत्वपूर्ण मुद्दों को अनुसंधान एवं विकास के विकल्पों के रूप में अपनाना चाहिए साथ ही कृषकों का दलहन उत्पादन बढाने हेतु नवीन विकसित तकनीक अपनाने की सराहना करनीं चाहिए।

दलहन उत्पादन बढाने हेतु तकनीकी विकल्प

1. उन्नत किस्में

दलहनीं फसलों की उत्पादकता एवं उत्पादन बढाने हेतु उन्नत किस्मों की उपलब्धता एवं इनका उपयोग करना आवश्यक है। दलहनीं फसलों की लगभग 570 उन्नतशील प्रजातियां उपलब्ध है जोकि अधिक उपज, रोग प्रतिरोधी, उचित अवधि में पकने वाली और मोटे दाने वाली है। लेकिन इस समय केवल 137 प्रजातियां बीज उत्पादन की श्रंखला में है। इनमें से बहुत सी अपनी विषेशता की बजह से लोकप्रिय है। विशिष्ट लक्षणें के साथ कुछ प्रजातियों की सूची तालिका–4 में दी गई है। विभिन्न कृषि जलवायु क्षेत्रों में उन्नत प्रजातियों के प्रयोग से प्रथम पक्ति प्रदर्शनों में चना, मसूर, अरहर, मटर, मूंग और उड़द में क्रमशः 19.5%, 27%, 18%, 22.6%, 31.9% और 30.8% की वृद्धि स्थानीय किस्मों की तुलना में हुई।

2. लाभकारी फसल प्रणाली

सिंचित और असिंचित क्षेत्रों के लिए कम अवधि में अधिक उपज देने वाली किस्में, उच्च उत्पादकता और अधिक आर्थिक लाभ के साथ नई फसल प्रणाली विकसित की गई है। जोकि कृषकों के मध्य लोकप्रिय हो रही है। महत्वपूर्ण फसल प्रणाली में धान–गेहूँ को सघन बनाने के लिए धान–गेहँ–मूंग ओर अल्प अवधि अरहर–गेहूँ और धान–देरी से बाया जाने वाला चना, पंजाब, हरियाणा, दिल्ली, मध्य और पश्चिमी उत्तर प्रदेश के सिंचित क्षेत्रों के लिए धान–मसूर, पूर्वी उत्तर प्रदेश, बिहार पश्चिमी और मध्य प्रदेश हेतु धान– रबी उड़द/मूंग, धान–परती; तटयी प्रायद्वीप क्षेत्रों हेतु प्रभावी एवं लाभदायक है। प्रभावशाली और लाभदायक दलहन फसल युक्त अन्तरवर्ती प्रणाली जो कि दलहन का उत्पादन बढाने

साथ ही उत्पादन में टिकाऊ सुधार की क्षमता रखती है इस प्रकार है–

- गन्ना+उड़द/मूंग (1:2)
- सूरजमुखी+उड़द/मूंग (2:6)
- आलू+राजमा (3:2)
- ज्वार/बाजरा+अरहर (1:1)
- अरहर+उड़द/मूंग (1:1)
- कपास+उड़द/मूंग (1:1)
- मसूर+अलसी (2:1)
- अरहर+मूंगफली (1:1)
- अरहर+सोयाबीन (2:4)

3. पौधो की संख्या प्रबन्धन

पौधों की खराब संख्या के कारण दलहनीं फसलों की पैदावर घट जाती है। खरीफ की अरहर की फसल की आरम्भिक अवस्था में खेत में पानी भर जाने से पौधे गल कर नष्ट हो जाते है परिणाम स्वरुप पौधों की संख्या कम होने से उपज घट जाती है। अरहर की बुआई उत्तर पूर्वी पठारी क्षेत्र (पूर्वी उत्तर प्रदेश, बिहार, झारखण्ड, पश्चिमी बंगाल) में रिज पर करने से फसल के पौधों की उचित संख्या एवं जडों का विकास अधिक होता है

तालिका 4: मुख्य दलहनीं फसलों की उन्नत प्रजातियाँ

प्रजाति का नाम	उपज (क्वि./हे.)	उपयोगिता	मुख्य विशेषताऐं
चना			
पूसा–256 (बीजी–256)	18 से 20	उत्तर पश्चिमी मैदानी क्षेत्र, उत्तर पूर्वी मैदानी एवं मध्य क्षेत्र	मध्यम लम्बाई और फैलाव, आकर्षक पौधे, बड़ा दाना, उखटा और एस्कोचिटा झुलसा साहनशील
पूसा–372(बीजी–372)	18 से 22	उत्तर पश्चिमी मैदानी क्षेत्र, उत्तर पूर्वी मैदानी एवं मध्य क्षेत्र	मध्यम फैलाव वाले पौधे, उखटा के प्रति मध्यम सहनशील, जड़ गलन प्रतिरोधी, छोटा दाना
आरएसजी–888	21	उत्तरी पश्चिमी मैदानी क्षेत्र	मध्यम फैलाव, छोटा दाना, सूखा सहनशील, दो फली, सूखा एवं जड गलन प्रतिरोधी
गुजरात चना–4 (जीसीपी–105)	18 से 20	उत्तरी पूर्वी मैदानी क्षेत्र	मध्यम ऊँचाई, मध्यम सीधे पौधे, उखटा प्रतिरोधी, गुलाबी फूल, चिकना गोल
एच के–2 (एच के 94–134)	22	उत्तरी पूर्वी मैदानी क्षेत्र	उखटा और जड़ गलन प्रतिरोधी, क्षेत्रों हेतु उपयोगी, सिंचित क्षेत्रों हेतु उपयोगी
पूसा कावुली –1003 (बी जी 1003)	18	उत्तर पूर्वी मैदानी क्षेत्र	सफेद बड़ा बीज, उखटा प्रतिरोधी, मध्यम लम्बाई
उदय (केपीजी–59)	20	उत्तर पश्चिमी मैदानी क्षेत्र और उत्तरी पूर्वी मैदानी क्षेत्र	मध्यम सीधे, मध्यम लम्बाई के पौधे, छोटा दाना, उखटा सहनशील, जड गलन, रोग प्रतिरोधी और फली छेदक

प्रजाति का नाम	उपज (क्वि./हे.)	उपयोगिता	मुख्य विशेषताऐं
गनगौर (जीएन जी–1581)	23 से 24	उत्तर पश्चिमी मैदानी क्षेत्र	मध्यम ऊँचाई (50 से.मी.) साथ में मध्यम सीधे पौधे, उखटा, सूखा, जड़ गलन रोग, सहनशील, प्रोटीन (21.88%)
राजस (फुले जी 9425–9)	19	उत्तर पश्चिमी मैदानी क्षेत्र	समय पर बुवाई योग्य
पूसा 547 (बीजीएम 547)	18	उत्तरी पश्चिमी मैदानी क्षेत्र	समय पर बुवाई योग्य
अनविता (आरएसजी–931)	20	उत्तर पश्चिमी मैदानी क्षेत्र	द्विफली अधिक उपज देने वाली प्रजाति, सूखा, जड गलन प्रतिरोधी, उखटा, सूत्र क्रमिं प्रतिरोधी, साथ ही फली छेदक से भी कम नुकसान
करनाल चना 1 (सीएसजी 8962)	20 से 22	उत्तर पश्चिमी मैदानी क्षेत्र	मध्यम लवणता सहनशील, उखटा प्रतिरोधी, छोटा बादामी दाना
सम्राट (जीएनजी–469)	21	उत्तरी पश्चिमी मैदानी क्षेत्र	पौधे सीधे और लम्बे, बादामी दाने, उखटा सहनशील और झुलसा प्रतिरोधी
केडब्लू आर–108	20 से 23	उत्तरी पश्चिमी और उत्तर पूर्वी मैदानी क्षेत्र	मध्यम लम्बाई और मध्यम खडे पौधे, बडा आकार एवं बादामी रंग के बीज
पूसा–362 (बीजी–362)	24	उत्तर पश्चिमी मैदानी क्षेत्र	मध्यम लम्बे पौधे, उखटा प्रतिरोधी और बडे आकार के दाने
पूसा चमत्कार (बीजी–1053)	17	उत्तरी पश्चिमी मैदानी क्षेत्र	काबुली बडा दाना, उखटा प्रतिरोधी
आधार (आरएसजी – 963)	20	उत्तरी पश्चिमी मैदानी क्षेत्र	समय एवं देरी से बुवाई एवं वर्षा आधारित क्षेत्रों हेतु उपयोगी, उखटा, सूखा जड़ गलन और फली छेदक प्रतिरोधी
पूसा सुभ्रा (बीजीडी–128)	18	मध्य क्षेत्र	समय पर बुवाई हेतु उपयोगी
साकी–9516 (जेजी–16)	20	मध्य क्षेत्र	मध्यम आकार के बीज, उखटा अवरोधी कालर रोट सहनशील, बौना रोग प्रतिरोधी
गुजरात चना–1 (जीसीबी–101)	18	मध्य क्षेत्र	मध्यम आकार के पोधे, उखटा अवरोधी, मध्य से बडे बादामी रंग के दाने सहनशील, बौना रोग प्रतिरोधी
बीजीडी–72	18	मध्य क्षेत्र	मध्यम खडे पौधे, मध्यम से बडे बीज, उखटा प्रतिरोधी
पूसा–391(बीजी–391)	17 से 18	मध्य क्षेत्र	बडे आकार और गहरे बादामी रंग के दाने, उखटा और जड़ गलन के प्रति मध्यम प्रतिरोधी
विजय (फुले जी 81–1–1)	20	मध्य क्षेत्र	उखटा प्रतिरोधी, नमी अभाव सहनशील, छोटे बादामी बीज
जाकी 92–18	18	मध्य क्षेत्र	मध्यम फैलाव, बडे दाने और उखटा प्रतिरोधी
दिग्विजय	16 से 18	महाराष्ट्र	पीले बादामी बडे आकार के बीज, उखटा प्रतिरोधी
काक 2(पीकेवी काबुली–2)	18	मध्य क्षेत्र	मध्य फैलाव के पौधे, बडा आकार और भूरे रंग की बीज

प्रजाति का नाम	उपज (क्वि./हे.)	उपयोगिता	मुख्य विशेषताऐं
आईपीसीके 02–29 (सुभ्रा कावुली)	19 से 22	मध्य भारत	फ्यूजेरियम उदम फंगस के प्रति मध्यम प्रतिरोधी, मध्यम लम्बाई, सीधा पौधा, मध्यम अवधि में परिपक्व, बडे आकार का बीज (34 से 35 ग्राम 100 दानों का वजन)
जेजी–11	15	मध्य क्षेत्र	मध्यम फैलाव, बडे दाने, उखटा प्रतिरोधी, जड गलन के प्रति मध्यम प्रतिरोधी
बिहार (फूले जी–95311)	18	मध्य क्षेत्र	बडे आकार के दाने, काबुली, उखटा प्रतिरोधी
अरहर			
उपास–120	11 से 15	पंजाब, हरयाणा, उत्तरी राजस्थान, पश्चिमी उत्तर प्रदेश	निश्चित बढवार, मध्यम फैलाव, एक साथ पकना, फली छेदक सहनशील
बहार	25 से 30	उत्तर प्रदेश, बिहार, पश्चिम बंगाल	मोजेक वांझपन प्रतिरोधी, सघन पौधे
अमर (केए 32–1)	16 से 20	उत्तर प्रदेश	सघन पौधे, बाँझपन रोग प्रतिरोधी
नरेन्द्र अरहर–1	20 से 22	उत्तर प्रदेश	बांझपन रोग प्रतिरोधी और उखटा और फाइटोप्थोरा झुलसा प्रतिरोधी
पूसा–9	22 से 26	उत्तर प्रदेश, बिहार, पश्चिम बंगाल	अनिश्चित बढवार, मोजेक रोगांणुहीन
पारस (एच 82–1)	15 से 20	हरियाणा	अनिश्चित बढवार
पूसा. 992	14 से 18	दिल्ली, पंजाब, हरियाणा	समान्य बुवाई हेतु उपयोगी
एएल 201	15 से 16	पंजाब	अनिश्चित बढवार
टीजेटी–501	18 से 20	महाराष्ट्र, गुजरात, मध्य प्रदेश	फल मक्खी और फली छेदक सहनशील
मालवीय विकल्प (एमए–3)	20 से 22	मध्य प्रदेश, गुजरात, महाराष्ट्र	फैलने की प्रकृति, फल मक्खी और फली छेदक के प्रति सहनशील
जवाहर (जेकेएम–7)	18 से 20	मध्य प्रदेश, गुजरात, महाराष्ट्र	उखटा और झुलसा के प्रति शहनशील
बीएसएमआर–175	11 से 12	महाराष्ट्र	भूरे रंग के बीज, उखटा, स्टेरिलिटी मोजेक प्रतिरोधी
जेए–4	16 से 18	मध्य प्रदेश	फली छेदक शहनशील
आशा (आईसीपीएल 87119)	16 से 18	मध्य प्रदेश, गुजरात, महाराष्ट्र	अनिश्चित वृद्धि, फैलाव, बडे दाने, उखटा और बांझपन, मोजेक प्रतिरोधी
बीएसएमआर 736	12 से 18	महाराष्ट्र	लाल दाने, उखटा और मोजेक रोगाणुहीन
लक्ष्मी (आईसीपी एल 85063)	18 से 20	आंध्र प्रदेश	मध्यम फैलाव, रबी की फसल हेतु उपयुक्त
बीएल अरहर–1 (आईसीपीएल–88039)	18 से 20	उत्तर प्रदेश, हरयाणा, मध्य प्रदेश	उखटा, बांझपन और मोजेक प्रतिरोधी, अल्प अवधि
सीओआरजी–9701	11 से 12	आंध्र प्रदेश, तमिलनाडू, कर्नाटक, उडीसा	अल्प अवधि
वाम्वन–2	10 से 12	तमिलनाडू	मध्यम अवधि, अनिश्चित बढवार
वाम्वन–3	10 से 12	तमिलनाडू	अल्प अवधि

प्रजाति का नाम	उपज (क्वि./हे.)	उपयोगिता	मुख्य विशेषताऐं
जीटीएच 1	14 से 15	मध्य प्रदेश, गुजरात, महाराष्ट्र	मध्यम अवधि
मूँग			
मूँग–6	12 से 15	उत्तरपूर्वी पहाड़ी क्षेत्र	पीतशिरा मोजेक विशाणु, सर्कोस्पोरा पन्ती धब्बा, चूर्णिल आसिता, प्रतिरोधी
शालीमार मूँग–1	9 से 10	जम्मू और काश्मीर	चमकीले दाने, मध्यम बडे दाने
स्वेता	10 से 11	उत्तरी पहाड़ी क्षेत्र	पीतशिरा मोजेक विषाणु रोग प्रतिरोधी
पूसा–672	9 से 10	उत्तरी पहाड़ी क्षेत्र	मध्यम बडे आकार के चमकीले दानें, पीतशिरा मोजेक विषाणु रोग प्रतिरोधी
पंत मूँग–5	12 से 15	उत्तर प्रदेश, उत्तराखण्ड	पीतशिरा मोजेक प्रतिरोधी, सभी मौसमों में उगाया जा सकता है
हम–16	10 से 12	उत्तर पूर्वी मैदानी क्षेत्र	पीतशिरा मोजेक प्रतिरोधी, ग्रीष्म ऋितु के फसल हेतु उपयोगी
सुकुमार (डब्लूबीएम–29)	9 से10	पश्चिम बंगाल	रबी मौसम हेतु उपयोगी, छोटा दाना
ओबीजीजी–52	8 से 9	उड़ीसा	पीतशिरा मोजेक प्रतिरोधी, सभी ऋितुओं हेतु उपयोगी
प्रताप (एसजी–1)	10 से 12	आसाम	शीघ्र अथवा देरी से बुवाई हेतु उपयोगी
पंत मूँग–4	12 से 15	उत्तर पूर्वी मैदानी क्षेत्र	पीतशिरा मोजेक रोग प्रतिरोधी, धूसर हरे बीज
नरेन्द्र मूँग–1	10 से 12	उत्तर प्रदेश	पीतशिरा मोजेक रोग प्रतिरोधी
टीएमबी–37	11	उत्तर पूर्वी मैदानी क्षेत्र	पीतशिरा मोजेक रोग प्रतिरोधी, बसन्त ऋितु हेतु उपयोगी
आईपीएम 99–125 (मेहा)	10 से 12	उत्तर पूर्वी मैदानी क्षेत्र	पीतशिरा मोजेक रोग प्रतिरोधी, बसन्त ऋितु हेतु उपयोगी
हम–12	11 से 13	उत्तर पूर्वी मैदानी क्षेत्र	ग्रीष्म ऋितु हेतु उपयोगी
हम–6	10 से 11	उत्तर प्रदेश	पीतशिरा मोजेक रोग प्रतिरोधी, बसन्त ऋितु हेतु उपयोगी
हम–2	10 से 12	उत्तर प्रदेश	सीधा पौधा, चमकीले बडे दाने
मालवीय जन कलयानी	10 से 12	उत्तर पूर्वी मैदानी क्षेत्र	पीतशिरा मोजेक रोग प्रतिरोधी, ग्रीष्म ऋितु हेतु उपयोगी
सम्राट	10 से 12	उत्तर प्रदेश	सीधी बढवार, एक साथ पकना, चमकदार दाने, पीत शिरा मोजेक प्रतिरोधी, ग्रीष्म ऋितु हेतु उपयोगी
मम–2	10 से 12	उत्तर पश्चिम मैदानी क्षेत्र	पीतशिरा मोजेक प्रतिरोधी, चमकदार हरे दाने
आईपीएम 02–3	10	उत्तर पश्चिम मैदानी क्षेत्र	पीतशिरा मोजेक प्रतिरोधी, खरीफ मौसम हेतु उपयोगी
सत्य	12 से 14	उत्तर पश्चिम मैदानी क्षेत्र	सीधी बढवार, पीत शिरा मोजेक प्रतिरोधी, खरीफ मौसम हेतु उपयोगी
एमएच 96–1	10 से 11	हरयाणा	पीतशिरा मोजेक प्रतिरोधी
एमएल 818	10 से 12	पंजाब	पीतशिरा मोजेक, सरकोस्पोरा पन्ती घत्वा रोग प्रतिरोधी और जीवाणु पत्ती धब्बा

प्रजाति का नाम	उपज (क्वि./हे.)	उपयोगिता	मुख्य विशेषताऐं
अरएमजी–268 (दुर्गा)	8 से 9	राजस्थान	अधिक ताप के प्रति उदासीन, चमकीले दाने
एमएल–613	10 से 12	पंजाब	पीतशिरा मोजेक और सरकोस्पोर पत्ती धब्बा प्रतिरोधी
गंगा–1	10 से 12	राजस्थान	पीतशिरा मोजेक के प्रति मध्यमं प्रतिरोधी
पीएयू–911	12 से 14	पंजाब	पीतशिरा मोजेक प्रतिरोधी, खरीफ ॠितु हेतु उपयोगी
बसन्ती	10 से 12	हरियाणा	पीतशिरा मोजेक प्रतिरोधी, खरीफ एवं वसन्त ॠितु हेतु उपयोगी
एसएमएल–668	11 से 13	पंजाब	पीतशिरा मोजेक प्रतिरोधी, वसन्त एवं ग्रीष्म ॠितु हेतु उपयोगी
गंगा–8 (गंगोत्री)	9 से 10	उत्तर पश्चिम मैदानी क्षेत्र	खरीफ ॠितु हेतु उपयोगी
पूसा बोल्ड–1	11 से 12	उत्तर पश्चिम मैदानी क्षेत्र	सीधी बढवार, एक साथ परिपक्व, बड़ा दाना, पीत शिरा मोजेक प्रतिरोधी, वसन्त ॠितु हेतु उपयोगी
एसएमएल–134	11 से 12	पंजाब	ग्रीष्म/वसन्त ॠितु हेतु उपयोगी
एकेएम–9911	10 से 12	महाराष्ट्र	चूर्णिल आसिता प्रतिरोधी
जीएम–4	15	गुजरात	पीतशिरा मोजेक प्रतिरोधी
पीकेबी मूँग–8802	12 से 14	महाराष्ट्र	खरीफ मौसम हेतु उपयोगी, पीतशिरा मोजेक प्रतिरोधी
टार्म–18	10 से 12	महाराष्ट्र	चूर्णिल आसिता प्रतिरोधी
टार्म–1	10 से 12	महाराष्ट्र	रबी मौसम हेतु उपयोगी, चूर्णिल आसिता प्रतिरोधी
जेएम–721	12 से 14	मध्य प्रदेश	पीतशिरा मोजेक वायरस एवं चूर्णिल आसिता प्रतिरोधी
गुजरात एम 3	10 से 12	गुजरात	सीधा पौधा, चमकीला छोटा दाना, पीतशिरा मोजेक वायरस प्रतिरोधी
टार्म–2	10 से 12	महाराष्ट्र	छोटा दाना, चूर्णिल आसिता प्रतिरोधी
बीएम–4	10 से 12	मध्यक्षेत्र	बड़ा हरा दाना, मध्यम सीधी बढवार
हम 1	10 से 12	मध्य क्षेत्र	वसन्त और ग्रीष्म ऋतु हेतु उपयोगी
पूसा 9531	9 से 10	मध्य क्षेत्र	ग्रीश्म ऋतु हेतु उपयोगी
केकेएम–3	8 से 10	कर्नाटक	पीत शिरा मोजेक वायरस प्रतिरोधी, धान–परती क्षेत्र हेतु उपयोगी
सीओजीजी–912	8 से 9	दक्षिण क्षेत्र	खरीफ मौसम हेतु उपयोगी
ओयूएम 11–5	7 से 8	दक्षिण क्षेत्र	खरीफ मौसम हेतु उपयोगी
वम्बन–2 और 3	8 से 10	तमिलनाडू	सूखा सहनशील, रोम रहित चिकनी फली
डब्लूजीजी–37	6 से 8	आंध्र प्रदेश	सीधा एवं लम्बा पौधा, पीतशिरा मोजेक प्रतिरोधी
सीओ–6	10 से 11	तमिलनाडू	पीतशिरा मोजेक प्रतिरोधी, सभी ऋतुओं हेतु उपयोगी
एलजीजी–460	10 से 12	आंध्र प्रदेश	पीतशिरा मोजेक वायरस प्रतिरोधी
माधिरा–295	12 से 14	आंध्र प्रदेश	चूर्णिल आसिता प्रतिरोधी

प्रजाति का नाम	उपज (क्वि./हे.)	उपयोगिता	मुख्य विशेषताऐं
माधिरा पैसारा–347	11 से 12	आंध्र प्रदेश	पीतशिरा मोजेक प्रतिरोधी, खरीफ और रबी फसल हेतु उपयोगी
वारंगल–2	10 से 12	आंध्र प्रदेश	खरीफ, रबी और ग्रीष्म ऋतु हेतु उपयोगी
पूसा–9072	9 से 10	दक्षिण क्षेत्र	रबी मौसम हेतु उपयोगी, चूर्णिल आसिता प्रतिरोधी
एलजीजी–410	10 से 12	आंध्र प्रदेश	पन्ती धब्बा रोग शहनशील, धान–परती क्षेत्र हेतु उपयोगी
एलजीजी–450	11 से 13	आंध्र प्रदेश	पीतशिरा मोजेक वायरस प्रतिरोधी, फसल कटाई से पूर्व फुटान
एलजीजी–407	12 से 14	उत्तरी पहाडी क्षेत्र	पीतशिरा मोजेक वायरस प्रतिरोधी
उड़द			
एनडीयू 99–2	10 से 12	उत्तरी पहाडी क्षेत्र	खरीफ मौसम हेतु उपयोगी, पीतशिरा मोजेक प्रतिरोधी
पन्त उर्द–31	10 से 12	उत्तराखण्ड और हिमाचल प्रदेश	मुख्य तने पर फलियाँ, पीतशिरा मोजेक विषाणु प्रतिरोधी, खरीफ और वसन्त ऋतु हेतु अर्न्तवर्ती फसल हेतु उपयोगी
पन्त उड़द–40	10 से 12	मैदानी और पहाड़ी क्षेत्रों के निचले स्थान	मुख्य तने पर फलियाँ, खरीफ मौसम हेतु उपयोगी, पीत शिरा मोजेक विषाणु प्रतिरोधी
उत्तरा	12 से 13	उत्तर पश्चिमी और उत्तर पूर्वी मैदानी क्षेत्र	पीतशिरा मोजेक विषाणु प्रतिरोधी, खरीफ मौसम हेतु उपयोगी
उजाला	8 से 10	उड़ीसा	पीतशिरा मोजेक विषाणु प्रतिरोधी, खरीफ और रबी मौसम हेतु उपयोगी
केयू–309	10 से 12	उत्तर प्रदेश	पीतशिरा मोजेक विषाणु प्रतिरोधी
विरसा उड़द–1	10 से 12	विहार, झारखण्ड	पीतशिरा मोजेक विषाणु प्रतिरोधी
डब्लूबीयू–108	10 से 12	उत्तर पश्चिमी मैदानी, दक्षिण, उत्तर पूर्वी मैदानी क्षेत्र	पीतशिरा मोजेक विषाणु प्रतिरोधी
नरेन्द्र उड़द–1	10 से 12	उत्तर प्रदेश	काला, बडा दाना, पीत शिरा मोजेक रोग प्रतिरोधी
डब्लूबीयू–109	10 से 12	उत्तरपूर्वी मैदानी क्षेत्र	पीतशिरा मोजेक विषाणु रोग प्रतिरोधी, वसन्त ऋतु हेतु उपयोगी
केयू 91–2	10 से 11	उत्तरपूर्वी मैदानी क्षेत्र	पीतशिरा मोजेक विषाणु रोग प्रतिराधी, वसन्त ऋतु हेतु उपयोगी
मेश 414	9 से 10	पंजाब	पीत शिरा मोजेक विषाणु रोग प्रतिरोधी, वसन्त ऋतु हेतु उपयोगी
मेश–338	8 से 10	पंजाब	पीतशिरा मोजेक विषाणु रोग प्रतिरोधी
मेश–1008	10 से 12	पंजाब	पीतशिरा मोजेक विषाणु रोग प्रतिरोधी, वसन्त ऋतु हेतु उपयोगी
केयू 300	10 से 12	उत्तर पश्चिमी मैदानी क्षेत्र	पीतशिरा मोजेक विषाणु रोग प्रतिरोधी, वसन्त ऋतु हेतु उपयोगी
केयू 96–3	8 से 10	मध्य क्षेत्र	पीतशिरा मोजेक विषाणु रोग प्रतिरोधी, खरीफ मौसम हेतु उपयोगी

प्रजाति का नाम	उपज (क्वि./हे.)	उपयोगिता	मुख्य विशेषताऐं
एकेयू–15	10 से 12	महाराष्ट्र	चूर्जिल आसिता प्रतिरोधी
जीयू–1	10 से 12	गुजरात	चूर्णिल आसिता और सर्कोस्पोरा धब्बा रोग प्रतिराधी
बरखा	9 से 10	मध्य क्षेत्र	बड़ा दाना, पत्ती धब्बा रोग प्रतिराधी
एकेयू–4	10 से 11	महाराष्ट्र	पीतशिरा मोजेक विषाणु और चूर्णिल आसिता प्रतिराधी, रबी मौसम हेतु उपयोगी
टीएयू–2	10 से 11	महाराष्ट्र	मध्यम बड़ा दाना, चूर्णिल आसिता रोग प्रतिराधी
टीपीयू–4	7 से 8	मध्य क्षेत्र	सीधा पौधा, मध्यम बड़ा दाना
जवाहर उड़द–3	10 से 12	मध्य प्रदेश	मध्यम आकार बीज, पीतशिरा मोजेक विषाणु एवं पत्तरी धब्बा रोग प्रतिराधी
टीएयू–1	12 से 14	महाराष्ट्र का विदर्भ क्षेत्र	काला बेगनी बड़ा दाना, चूर्णिल आसिता प्रतिराधी
आपीयू 2–43	10 से 12	दक्षिण क्षेत्र	पीतशिरा मोजेक एवं पत्ती धब्बा रोग प्रतिराधी, खरीफ मौसम हेतु उपयोगी
बम्वन–5	8 से 10	तमिलनाडू	चूर्णिल आसिता और पीतशिरा मोजेक प्रतिरोधी
एलबीजी–625 (रश्मी)	10 से 12	आंध्रप्रदेश	धान परती क्षेत्रों हेतु उपयोगी
वम्बन–4	10 से 12	तमिलनाडू	चूर्णिल आसिता और पीतशिरा मोजेक रोग प्रतिरोधी
वम्बन–3	8 से 10	तमिलनाडू	काला घूसर बीज, पीतशिरा मोजेक विषाणु और चूर्णिल आसिता प्रतिरोधी
डब्लूबीजी–26	9 से 10	दक्षिण क्षेत्र	चूर्णिल आसिता प्रतिरोधी
एलबीजी–685	10 से 12	आंध्रप्रदेश	उखटा प्रतिरोधी
केयू–301	10 से 12	दक्षिण क्षेत्र	चूर्णिल आसिता और पीतशिरा मोजेक विषाणु प्रतिरोधी, रबी मौसम हेतु उपयोगी
एलबीजी–623	10 से 12	आंध्रप्रदेश	ताप शहनशील, बडा चमकदार काला दाना पीतशिरा मोजेक विषाणु प्रतिरोधी
केबीजी–512	7 से 8	तमिलनाडू	तना मक्खी और पत्ती धब्बा रोग प्रतिरोधी
प्रसाद	8 से 9	उड़ीसा	पीतशिरा मोजेक विषाणु प्रतिरोधी, खरीफ और रबी मौसम हेतु उपयोगी
टीयू 94–2	12 से 13	दक्षिण क्षेत्र	पीतशिरा मोजेक वायरस और चूर्णिल आसिता प्रतिरोधी, रबी मौसम हेतु उपयोगी
एलबीजी–611	12 से 14	आंध्र प्रदेश	उखटा प्रतिरोधी
एलबीजी–20	12 से 14	आंध्र प्रदेश	पीतशिरा मोजेक विषाणु और चूर्णिल आसिता प्रतिरोधी, धान–परती क्षेत्र हेतु उपयोगी
एलबीजी–402	10 से 12	दक्षिण क्षेत्र	उखटा और चूर्णिल आसिता प्रतिरोधी, धान–परती क्षेत्र रबी मौसम हेतु उपयोगी
एलबीजी–17	10 से 12	दक्षिण क्षेत्र	सीधा पौधा, काला हरापन लिए हुए बड़ें दाना, चूर्णिल आसिता प्रतिरोधी
एलबीजी–709	10 से 12	आंध्र प्रदेश	कम ताप सहनशील, उखटा, पीतशिरा मोजेक विषाणु प्रतिरोधी, धान परती ऊँचे क्षेत्र रबी मौसम हेतु उपयोगी

प्रजाति का नाम	उपज (क्वि./हे.)	उपयोगिता	मुख्य विशेषताऐं
मटर			
एचएफपी–9426	25 से 30	हरियाणा और उत्तरी पहाड़ी क्षेत्र	चूर्णिल आसिता प्रतिरोधी
आईएफडी 1–10	25 से 30	मध्य और उत्तरी पहाणी क्षेत्र	रतुआ और चूर्णिल आसिता प्रतिरोधी
पन्त पी–25	20 से 25	उत्तराखण्ड के मैदानी और पहाड़ी क्षेत्र	चूर्णिल आसिता प्रतिरोधी एवं रतुआ सहनशील
वील–45	20 से 25	उत्तरी पहाड़ी क्षेत्र	उखटा और रतुआ प्रतिरोधी
एचयूडीपी–15	25 से 30	उत्तरी पहाड़ी और उत्तर पूर्वी मैदानी क्षेत्र	मध्यम आकार की पत्ती, चूर्णिल आसिता प्रतिरोधी और रतुआ सहनशील
पन्त पी–13	20 से 25	उत्तराखण्ड के मैदानी और पहाड़ी क्षेत्र	चूर्णिल आसिता प्रतिरोधी और रतुआ सहनशील
डीडीआर–23	18 से 20	उत्तर पूर्वी मैदानी क्षेत्र	शीध्र परिपक्व, चूर्णिल आसिता प्रतिरोधी
स्वाती	22 से 25	उत्तर प्रदेश	मध्यम पत्ती आकार, चूर्णिल आसिता सहनशील
सपना	18	उत्तर प्रदेश	छोटा पौधा, बड़ा दाना, मध्यम पत्ती आकार
वीएल मटर–42	18 से 22	उत्तर पूर्वी मैदानी क्षेत्र	चूर्णिल आसिता प्रतिरोधी एवं रतुआ सहनशील
हरियल (एचएफपी 9907 बी)	25 से 30	उत्तर पश्चिम मैदानी क्षेत्र	रतुआ और चूर्णिल आसिता प्रतिरोधी
पन्त पी–42	25 से 30	उत्तर पश्चिम मैदानी क्षेत्र	चूर्णिल आसिता प्रतिरोधी एवं रतुआ सहनशील
केपीएमआर–522	20 से 25	उत्तर पश्चिम मैदानी क्षेत्र	मध्यम पत्ती आकार चूर्णिल आसिता प्रतिरोधी
डीडीआर–27	18 से 20	उत्तर पश्चिमी मैदानी क्षेत्र	अतिशीघ्र परिपक्व, चूर्णिल आसिता प्रतिरोधी
एचएफपी–4	20 से 25	उत्तर पश्चिमी मैदानी क्षेत्र	मध्यम पत्ती संख्या, गोल व क्रीम रंग के बडे दाने, चूर्णिल आसिता प्रतिरोधी
एचएफपी–8712	20 से 25	हरियाणा	बड़ा दाना, चूर्णिल आसिता प्रतिरोधी
एचएफपी 8909	20 से 25	उत्तर पश्चिमी मैदानी क्षेत्र	मध्यम आकार की पत्ती, बड़े आकार का दाना, चूर्णिल आसिता प्रतिरोधी
शिखा	20 से 25	उत्तर पश्चिमी मैदानी क्षेत्र	बड़ा दाना, चूर्णिल आसिता प्रतिरोधी
आईएफडी 99–13	25 से 30	मध्य क्षेत्र	चूर्णिल आसिता प्रतिरोधी
आईपीएफ 99–25	25 से 30	मध्य क्षेत्र	चूर्णिल आसिता प्रतिरोधी
केपीएमआर–400	20 से 25	मध्य क्षेत्र	मध्यम पत्ती आकार, चूर्णिल आसिता प्रतिरोधी
अम्बिका	15 से 20	मध्य क्षेत्र	लम्बा पौधा, बड़े आकार का दाना
जेपी–885	18 से 22	मध्य क्षेत्र	सीधा पौधा, बडे आकार का दाना
पारस	20 से 25	छत्तीसगढ	चूर्णिल आसिता प्रतिरोधी
मसूर			
वी एल मसूर–507	15 से 17	उत्तरी पहाड़ी क्षेत्र	बड़ा दाना, उखटा प्रतिरोधी
एचयूएल–57	18 से 20	उत्तर पूर्वी मैदानी और उत्तरी पहाड़ी क्षेत्र	छोटा दाना, रतुआ सहनशील
शालीमार मसूर–1	14 से 16	जम्मू और कश्मीर	बडे आकार का दाना

प्रजाति का नाम	उपज (क्वि./हे.)	उपयोगिता	मुख्य विशेषताऐ
वीएल मसूर–1	16 से 18	उत्तराखण्ड	छोटा काला दाना, रतुआ और उखटा सहनशील
वीएल मसूर–4	16 से 18	उत्तराखण्ड	छोटा काला दाना, रतुआ और उखटा सहनशील
वीएल मसूर–103	16 से 18	उत्तराखण्ड	छोटा दाना, रतुआ सहनशील
वीएल मसूर–125	16 से 18	उत्तरी पहाड़ी क्षेत्र	छोटा काला दाना, जड सड़न और उखटा शहनशील
वीएल मसूर–126	15 से 17	उत्तरी पहाड़ी क्षेत्र	छोटा दाना, रतुआ प्रतिरोधी
वीएल मसूर–507	15 से 17	उत्तरी पहाड़ी क्षेत्र	बड़ा दाना, उखटा प्रतिरोधी
वीएल मसूर–129	15 से 17	उत्तराखण्ड	छोटा दाना, उखटा और जड सड़न शहनशील
पन्त मसूर–6	16 से 18	उत्तराखण्ड	बडे आकार का दाना, रतुआ, उखटा एवं झुलसा प्रतिरोधी
पन्त मसूर–7	16 से 18	उत्तराखण्ड	बडे आकार का हल्का भूरा दाना, रतुआ, उखटा झुलसा और फली छेदक प्रतिरोधी
अरून	15 से 18	बिहार	मध्यम बडा दाना, रतुआ सहनशील
नरेन्द्र मसूर 1	18 से 20	उत्तर प्रदेश	बडा दाना, उखटा सहनशील और रतुआ प्रतिरोधी
सुब्रता	18 से 20	उत्तर पूर्वी मैदानी क्षेत्र	बडा दाना, रतुआ एवं उखटा शहनशील
पंत एल–5	18 से 22	उत्तर प्रदेश	बड़ा दाना, रतुआ, उखटा और झुलसा प्रतिरोधी
डब्लूबीएल–77	16 से 18	उत्तर पूर्वी मैदानी क्षेत्र	छोटा दानां, रतुआ प्रतिरोधी
आईपीएल–406	16 से 18	उत्तर पश्चिमी मैदानी क्षेत्र	बडे आकार का दाना, रतुआ प्रतिरोधी
एलएच 89–48	16 से 18	हरियाणा	छोटा दाना, रतुआ प्रतिरोधी
एलएल–699	12 से 15	पंजाब	रतुआ और झुलसा प्रतिरोधी
डीपीएल–62	18 से 20	उत्तर पूर्वी मैदानी क्षेत्र	बडे आकार का दाना, रतुआ प्रतिरोधी और उखटा सहनशील
गरिमा	16 से 20	हरियाणा	बडे आकार का दाना, रतुआ सहनशील
पूसा वैभव	18 से 22	उत्तर पश्चिमी मैदानी क्षेत्र	छोटा दाना, रतुआ प्रतिरोधी और उखटा सहनशील
डीपीएल–15	10 से 20	उत्तर पश्चिमी मैदानी क्षेत्र	बडे आकार का दाना, उखटा और रतुआ सहनशील
एल–4076	18 से 22	उत्तर पश्चिमी मैदानी और मध्य क्षेत्र	बडा दाना, रतुआ और उखटा सहनशील
पंत मसूर–4	18 से 22	उत्तर पश्चिमी मैदानी क्षेत्र	छोटा दोना, रतुआ प्रतिरोधी, उखटा सहनशील
आईपीएल–81	18 से 20	मध्य क्षेत्र	बड़ा दाना, उखटा और रतुआ सहनशील
जवाहर एल–3	18 से 20	मध्य क्षेत्र	बड़ा दाना, उखटा सहनशील
जेएल–1	16 से 18	मध्य प्रदेश	मध्यम, बड़ा दाना, शीघ्र परिपक्वता
राजमां			
पीडीआर–14 (उदय)	16 से 20	उत्तर पूर्वी मैदानी क्षेत्र	पीला मोजेक विषाणु शहनशील, 100 दानों का बजन 44 ग्राम, सफेद लाल धब्बे वाला दाना, पीला मोजेक विषाणु प्रतिरोधी
एचयूआर–15 (मालवीय राजमा–17)	16 से 20	उत्तर पूर्वी मैदानी क्षेत्र	सीधा पौधा, सफेद दाना, पीला मोजेक विषाणु मध्यम प्रतिरोधी

प्रजाति का नाम	उपज (क्वि./हे.)	उपयोगिता	मुख्य विशेषताए
आईपीआर 96–4 (अम्बर)	15 से 16	उत्तर पूर्वी मैदानी क्षेत्र	पीला मोजेक विषाणु एवं पत्ती मरोड प्रतिरोधी, 100 दानों का वजन 39 ग्राम
आईपीआर 98–5 (उत्कर्श)	17	उत्तर पूर्वी मैदानी क्षेत्र	पीला मोजेक विशाणु सहनशील, गहरा लाल दाना
आईपीआर 98–3–1 (अरून)	24 से 25	मध्य क्षेत्र	आकर्षक गहरा लाल दाना, मध्यम आकार का बीज (38 ग्राम/100 दाने)

4. समन्वित पोषक तत्व प्रबन्धन

देश के विभिन्न कृषि जलवायु क्षेत्रों में दलहनीं फसलों पर उर्वरकों के प्रयोग के प्रभाव क्षेत्र की मृदा एवं मृदा उर्वरता के अनुसार भिन्न–भिन्न होते हैं। दलहनीं फसलों द्वारा नत्रजन स्थरीकरण के कारण इन फसलों की आरम्भिक अवस्था में नत्रजन की आवश्यकता होती है जबकि फास्फोरस के प्रयोग का उत्पादन पर महत्वपूर्ण प्रभाव देखने को मिलता है। बारानी क्षेत्री में 2% यूरिया/डी.ए.पी. फूल आने की अवस्था/फली में दाना भरते समय पर्णीय छिड़काव से उत्पादन पर सार्थक प्रभाव पड़ता है। पर्णीय छिड़काव पर देश के विभिन्न क्षेत्रों में बहुत से प्रदर्शन आयोजित किए गये प्रदर्शनों में देखा गया कि दलहनीं फसल चना, मसूर, मूंग व उड़द की पैदावार में 13 से 20% की उत्पादन में वृद्धि हुई। देश के विभिन्न हिस्सों में द्वितीयक और सूक्ष्म पोषक तत्व जैसे सल्फर, बोरोंन और आयरन की मृदा में कमीं है इन क्षेत्रों में पोषक तत्वों के प्रयोग के प्रभाव दलहनीं फसलों के उत्पादन पर सकारात्मक वृद्धि होती है।

आवश्यक पोषक तत्वों में सल्फर द्वितीय तत्व है जोकि फसल की वुद्धि एवं विकास के लिए आवश्यक है। हाल के वर्षों मे सघन खेती में अधिक उपज देने वाली प्रजातियाँ, सल्फर रहित उर्वरकों जैसे यूरिया और डी.ए.पी. का प्रयोग एवं दिन प्रति दिन कार्बनिक/कम्पोस्ट खादों के घटते प्रयोग से सल्फर सहित सूक्ष्म पोषक तत्वों की कमी होती जा रही है। दलहनीं फसलों में सल्फर पर हुए शोधों के अनुसार अधिकांश क्षेत्रों में 20 कि.ग्रा. सल्फर/हें. एवं हल्की संरचना की मृदाओं में 40 कि.ग्रा./हे. का प्रयोगों लाभ दायक रहता है। सल्फर की कमीं के क्षेत्रों मे जिप्सम, पाइराइट अथवा सिंगल सुपर फास्फेट का प्रयोग बेहतर एवं सस्ते श्रोत साबित हुए है। सन्तुलित एवं समन्वित पोषक तत्व प्रबन्धन के साथ खरपतवार प्रबन्धन को बढावा देने की आवश्यकता है। देश के विभिन्न क्षेत्रों मे जैव उर्वरकों का प्रयोग पर बहुत से प्रक्षेत्र अनुसंधान आयोजित किये गये। प्रयोग में देखा गया कि राहिजोवियम और फास्फोरस घोलक जैव उर्वरक (पी.एस.बी) प्रयोग से दलहनीं फसलों की 11 से 21% तक उत्पादन में वृद्धि हुई। इस तकनीकी में राहिजोबियम एवं पी.एस.वी. कल्चर प्रत्येक की 25 ग्राम/कि.ग्रा. बीज दर से 10 से 12 घंटे बुवाई से पूर्व उपचारित कर बुवाई की जानी चाहिए। जैव उर्वरकों से उपचार में खर्च कम एवं लाभ अधिक मिलता हैं अतः इस तकनीक को अधिक से अधिक क्षेत्रों मे अपनाने की आवश्यकता है।

5. एकीकृत खरपतवार प्रबन्धन

खरपतवार से खरीफ दलहनीं फसलों की उपज में सर्वाधिक नुकसान के उपरान्त रबी दलहनीं फसलों में होता है। समन्वित खपतवार प्रबन्धन में दलहनीं फसलों की निराई गुड़ाई के साथ खरपतवार नाशी का प्रयोग आदर्श माना गया है। बीज उगने से पूर्व पेन्डिमिथिलीन 1 से 1.25 कि.ग्रा. सक्रिय तत्व/हे. मौसमी खरपतवार प्रबन्धन हेतु कारगर सावित हुआ है। इस तकनीक से प्रदर्शनों में 24 से 33% तक की उपज में वृद्धि कृषक पद्धति से खरपतवार प्रबन्धन की तुलना में दर्ज की गई है। यह तकनीक खरपतवार नियंत्रण हेतु प्रभावी पाई गई है।

6. एकीकृत रोग एवं कीट प्रबन्धन

दलहनीं फसलों का उत्पादन बढाने के लिए जैविक कारको से होने वाले नुकसान से बचाना बहुत ही महत्वपूर्ण है। उखटा बीमारी अरहर, चना, और मसूर के लिए गंभीर समस्या है। फसल का उखटा प्रतिरोधी होना बेहतर विकल्प है। उखटा प्रतिरोधी किस्म और मृदा में रोगजनक की परिवर्तनशीलता उखटा नियंत्रण हेतु एकीकृत प्रबन्धन दृष्टिकोण अपनाना आवश्यक है। एकीक्रत उखटा प्रबन्धन में ग्रीष्म ऋतु के मौसम में दलहन की खेती, राहिजोवियम के साथ कार्बोन्डिज्म, थीराम और ट्राइकोडर्मा से बीज उपचार, अर्न्तवर्ती फसल जैसे ज्वार+अरहर, चना+अलसी, और उचित फसल प्रणाली अपनाना चाहिए। उखटा नियंत्रण करने का महाराष्ट्र राज्य ने बेहतर उदाहरण प्रस्तुत किया है। उखटा नियंत्रण हेतु पर्याप्त मात्रा में टाईकोडर्मा का उत्पादन एवं कृषकों को वितरण, फसल उत्पादको को फफूँदनाशक से उपचारित कर बीज की विक्री आदि शामिल है। फली छेदक कीट चना और अरहर की फसल में काफी नुकसान पहुचाते है। इस कीट के प्रबन्धन हेतु आई.पी.एम. मोड्रयूल विकसित कर परीक्षण किया गया है। इस कीट की निगरानी हेतु प्रति हे. 3 से 5 फेरोमोन ट्रेप की सिफारिश की गई है। नियंत्रण हेतु कीट का आर्थिक स्तर 1 से 2 लार्वा/मीटर होने पर नियंत्रण की सिफारिश की जाती है। समन्वित कीट प्रबन्धन की भूमिका में फसल की समय पर बुआई संरसों, जौ और अलसी की अर्न्तबर्ती फसल चने के साथ और ज्वार की अर्न्तवर्ती फसल अरहर, चटरी मटरी और अफ्रीकन गैंदा की फसल खेत के चारो तरफ लगाकर ट्रेप फसल, एन.पी.वी. (न्यूलियर पोलीहोइड्रोसिस वाइरस) दर 250 एल.ई/हे. अथवा बेसिलस थोरिजोन्सिस (बीटी) 1 से 1.5 कि.ग्रा./हे. और कीट भक्षी पक्षियों को आकर्षित करने हेतु बैठने का स्थान (वर्ड अपर्चर) 20 से 30/हे. का प्रयोग करना लाभप्रद रहता है। कीट प्रबन्धन हेतु 5% नीम के बीजों का निचोड़ (सत) (एन. एस. के. ई.) अथवा अचूक 1.25 लीटर/हे. अथवा आवश्यकता अनुसार रसायन 0.004% फेनवलरेट 15 से 20 दिन के अन्तराल पर छिडकाव की सिफारिश की जाती है। समन्वित कीट व्याधि प्रबन्धन में प्रतिरोधी किस्में स्वस्थ बीज, सस्य क्रियाओं में परिवर्तन, फफूंद नासी और जैव नियंत्रक एजेन्टों के समन्वित प्रयोग से उत्पादन बनाये रखा जा सकता है। विभिन्न फसलों हेतु व्यापक समन्वित कीट व्याधि माड्यूल तालिका–5 में दी गई है।

तलिका 5: मुख्य दलहनी फसलों में कीट व्याधि प्रबन्धन मॉड्यूल

फसल	समन्वित कीट व्याधि प्रबन्धन		
	बुवाई से पूर्व	बुवाई के समय	खड़ी फसल
चना	ग्रीष्म ऋितु की गहरी जुताई, नीम के बीजों का पाउडर 50 कि. ग्रा./हे. का प्रयोग सूत्र क्रमि प्रभावित मृदाओं मे	समय पर बुवाई, बीज उपचार कार्बान्डिज्म + थीराम (1+2 ग्राम/कि. ग्रा.) अथवा ट्राइकोडर्मा (4 ग्राम) + कार्बोक्सिन 1 ग्राम किलो बीज सूत्रक्रमि प्रभावित मृदा में बीज उपचार कार्बासल्फान दर 1.0%	4 से 5 फेरोमोन ट्रेप प्रति हे. प्रयोग 35 से 40/हे. चिडियों के बैठने के स्थान बनाना (वर्ड पर्चर), फली छेदक द्वारा आर्थिक स्तर की सीमा रेखा पर कीट नाशकों का छिड़काव उदाहरण के लिए 1 से 2 लार्वा/ मीटर लम्बाई में पाये जाने पर पहला एनएसकेई 5% का छिडकाव, दूसरा छिडकाव एनपीवी 25 एल ई – तीसरा छिडकाव नीम आधारित एन पी वी 25 एलई की दर से
अरहर	ग्रीष्म ऋितु की गहरी जुताई, प्रभावित मृदा में नीम के बीज का 50 कि. ग्रा. पाउडर/हे. की दर से मृदा में प्रयोग	रिज (मेड) पर बुवाई, ज्वार के साथ अर्न्तवर्ती फसल (2:1 अथवा 4:2), बीज उपचार	कीट व्याधियों की सतत निगरानी, 4 से 5 फेरोमोन ट्रेप/हे. स्थापना, कार्बान्डिज्म दर 1 ग्राम/कि. ग्रा. मोथ ट्रेप, अथवा क्रमागत ट्राइकोडर्मा (4 ग्राम) और विटावेम्स (2 ग्राम) प्रति किलो बीज से बीज उपचार। अल्प अवधि में परिपक्व होने वाली प्रजातियों हेतु पहला छिडकाव मोनोक्रोटोफोस (0.04%) दूसरा छिडकाव एनएसकेई (5%) आवश्यकता पडने पर तीसरा और चौथा छिडकाव एनएसकेई अथवा एनपीवी दर 250. एल ई। लम्बी अवधि की फसल हेतु पहला छिडकाव डायमिथोएट 0.03% (फल मक्खी हेतु), द्वितीय और तृतीय छिडकाव अल्प अवधि की तरह।
मूँग और उड़द	ग्रीष्म ऋितु की गहरी जुताई	1 ग्राम कार्वन्डिजिम + 2 ग्राम थाइरम द्वारा बीज उपचार	ग्रीष्म ऋितु की फसल हेतु समय पर सिचांई करने से थ्रिप्स के प्रभाव को कम किया जा सकता है। डायमिथोएट 0.03% फली छेदक अथवा रस चूषक कीट नियंत्रण हेतु, थायोफेनेट मिथाइल (0.025%) फसल बुवाई के 30 दिन पश्चात छिडकाव
मसूर	ग्रीष्म ऋितु की गहरी जुताई	रतुआ (रस्ट) के नियंत्रण हेतु समय पर फसल की बुवाई, बीज उपचार कार्बान्डिजम + थाइरम (1+2 ग्राम/ किलो बीज), अथवा ट्राइकोडर्मा (4 ग्राम) + कार्बोक्सिन (1 ग्राम/ किलो बीज) अलसी की अर्न्तवर्ती फसल (2:1) अथवा	एफिड के नियंत्रण हेतु डायमेथोएट 0.03% का घोल बनाकर छिड़काव, वेटेवल सल्फर (0.2 से 0.3%) अथवा मेनकोजेव (0.2%) का रतुआ (रस्ट) नियंत्रण हेतु छिडकाव, बीमारी प्रभावित पौधे का फसल से अलग कर नष्ट करना

अगले पृष्ठ पर

फसल	समन्वित कीट व्याधि प्रबन्धन		
	बुवाई से पूर्व	बुवाई के समय	खड़ी फसल
मटर	ग्रीष्म ऋतु की गहरी जुताई	मिश्रित खेती (1:1) चूर्णिल आसिता के नियंत्रण हेतु समय पर बुवाई, कार्बन्डिजम + थाइरम (1 + 2 ग्राम/ किलो बीज) अथवा ट्राइकोडर्मा (4 ग्राम) + कार्बोक्सिन (1 ग्राम/किलो बीज) से बीज उपचार	फसल की सतत निगरानी, एन्डो–सल्फान 0.07%, वेटेवल सल्फर (0.2 से 0.03%) रतुआ और चूर्णिल आसिता के नियंत्रण हेतु छिडकाव, कार्बन्डिजम (1 ग्राम/लीटर पानी अथवा डायनोकेप, केराथियान 48 ई सी (0.05 एम एल/लीटर पानी) का छिडकाव से भी चूर्णिल आसिता रोग का नियंत्रण किया जा सकता है साथ ही फसल से प्रभावित पौधे निकाल कर नष्ट कर देने चाहिए।
राजमा	ग्रीष्म ऋतु की गहरी जुताई	कार्बान्डिज्म + थाइरम (1 + 2 ग्राम/किलो बीज) अथवा ट्राइकोडर्मा (4 ग्राम) + कार्बोक्सिन (1 ग्राम/किलो बीज) द्वारा बीज उपचार	मोजेक विषाणु अथवा एफिड के नियंत्रण हेतु मोनोक्रोटोफोस (0.04%) का छिडकाव + तना झुलसा के नियंत्रण हेतु कार्बान्डिज्म (1 ग्राम/लीटर पानी) का छिडकाव, प्रभावित पौधे को फसल से निकाल कर नष्ट करना, जड सडन और तना झुलसा के नियंत्रण हेतु खेत में पानी न भरने दें।

7. फसल कटाई उपरान्त संरक्षण तकनीकें

फसल कटाई के समय नुकसान के अतिरिक्त गहाई–मडाई, परिवहन, भंडारण में कीट व्याधियों के द्वारा लगभग 7.5% तक नुकसान हो जाता है। वैज्ञानिक विधि से भंडारण विधियों का कृषकों को प्रशिक्षण एवं जागरुकता कार्यक्रम एवं भण्डारण हेतु टंकी की उपलब्धता से 0.45 मिलियन टन दलहन उत्पादन जिसका भंडारण के अभाव में क्षति हो जाती है बचाया जा सकता है। साथ ही दलहन उत्पादक क्षेत्रों में आधुनिक दाल मिलों की स्थापना से 11% दाल की अतिरिक्त मात्रा में वृद्धि की जा सकती है। जिससे 0.9 मिलियन टन उत्पादन और दाल निर्माण के बीच होने वाले नुकसान से बचा जा सकता है। ग्रामीण एवं पंचायत स्तर पर दाल निर्माण हेतु भारतीय दलहन अनुसंधान संस्थान, कानपुर एवं केन्द्रीय कृषि अभियांत्रिकी अनुसंधान संस्थान, भोपाल द्वारा मिनी दाल मिलों का निर्माण किया गया है। इसके द्वारा स्वयं के उत्पाद की दाल बनाकर अधिक शुद्ध लाभ, भंडारण एवं रोजगार का भी लाभ ले सकेंगे।

उन्नत उत्पादन और सुरक्षा प्रौद्योगिकी तकनीक उच्च गुणवत्ता के बीज, समय पर सिंचाई, कर्षण क्रियायें एवं जैविक और अजैविक कारकों के प्रभावी नियंत्रण के उपायों द्वारा दलहन के उत्पादन को दो गुना किया जा सकता हे। दलहन बीज उत्पादन कार्यक्रम में प्रजनक बीजों की कम उपलब्धता के कारण दलहनीं फसलों की बीज प्रतिस्थापना दर 2 से 3% है जो कि 10 से 15% के मध्य होनी चाहिए। उपलब्ध प्रजातियों के उन्नत बीजों की समय पर उपलब्धता होने पर 20% तक उत्पादन बढाया जा सकता है। इसलिए बीज उत्पादन कार्यक्रम बडे स्तर पर सार्वजनिक, निजी ग्राम पंचायत आदि के द्वारा करना चाहिए। गुणवत्ता युक्त जैव उर्वरक एवं जैव एजेन्टो का बड़े पैमाने पर उत्पादन कर व्यापक स्तर पर दलहन उत्पादकों को उपलग्ध कराना चाहिए। दलहन के कम उत्पादकता वाले क्षेत्रों में जैव भौतिकी वाधाओं का प्रबन्धन जैसे पानी की कमी, बेहतर तकनीक के माध्यम से प्रतिकूल तापमान अथवा उत्पादन को कम करने वाली वाधाओं को बेहतर प्रोद्योगिकी के माध्यम से दूर कर कम उत्पादन को बढाया जा सकता है। दलहनीं फसलों के तहत 10 मिलियन हे. क्षेत्रफल से 100 कि.ग्रा./हे. तक की मामूली बढत देश में दलहन आपूर्ति पर दूरगामी प्रभाव होगा।

संदर्भ

देशपाण्डे, एस.डी. और सिंह, जी., 2001. ''लोंग टर्म स्टोरेज स्ट्रक्चर इन पल्सेस'', नेशनल सिम्पोसियम ऑन पल्सेस फोर सुस्टेनबल एग्रीकल्चर एण्ड न्यूट्रीशनल सिक्योरिटी. इंडियन इन्टीटूयूट ऑफ पल्सेस रिसर्च, नई दिल्ली, 17–19 अप्रैल.

नादराजन, एन. और चर्तुवेदी, एस.के., 2010. जेनेटिक ऑप्शनस फोर इनहान्सिंग प्रोडक्टीविटी ऑफ मेजर पल्सेस रेटरोस्पेक्ट, इसू एण्ड स्ट्रेटजीस. जे. फूड लेग्युम 23 (1): 1–8

सक्सेना, एन.पी. और जोहन्सन, सी., 1990. ''रियलाइज्ड यील्ड पोटेन्शियल इन चिकपी एण्ड फिजयोलोजीकल कोनसाइड–राशन्स फोर फरदर जेनेटिक इम्प्रूवमेंट'' (इन) एस. के. सिन्हा, पी. वी. साने, एस. सी. भार्गवा एण्ड पी. के. अग्रवाल (एडिट), प्रोसीडिंग्स ऑफ द इन्टरनेशनल काँग्रेस ऑफ प्लांट फिजयोलॉजी, वोल 1, इंडियन सोसायटी फोर प्लांट फिजयोलॉजी एण्ड बायोकेमिस्ट्री. इंडियन एग्रीकल्चर रिसर्च इन्सटीटयूट, नई दिल्ली, पी.पी. 279–88.

शर्मा, डी. और जोधा, एन.एस., 1982. ''पल्सेस प्रोडक्शन इन सेमी–एरिड रीजन्स ऑफ इंडियाः कॉन्सट्रेन्टस एण्ड अपोरच्यूनिटीज'', इकोनोमिक एण्ड पोलीटकल वीकली, इसू नं. 52, वोल नं. XVII-शेयर ऑफ डिफरेन्ट्स स्टेटस इन टोटल प्रोडक्शन.

3

पूर्वी पहाड़ी क्षेत्रों में दलहन उत्पादन को दो गुना करने की तकनीक

एस. वी. नागचन, जी. सी. मुन्डा, एस. पी. दास, संजय गुप्ता, अनूप दास एवं डी. पी. पटेल

पूर्वी राज्यों में दलहन का उत्पादन भारत के कुल उत्पादन की तुलना में बहुत ही कम है जबकि इन क्षेत्रों में दलहन उत्पादन से देश के खाद्यान उत्पादन में योगदान देने की काफी संम्भावनाऐं है। इन क्षेत्रों में उत्पादन में आने वाली रूकावटों को दूर कर इन क्षेत्रों में दलहन उत्पादन बढ़ाने की काफी संम्भावनाऐं है।

दलहन उत्पादन

मानव व पशुओं के पोषण में दलहनों का विशेष महत्त्व है। इसके बावजूद इन क्षेत्रों में दलहनों के उत्पादन की भागीदारी भारत के कुल दलहन उत्पादन की तुलना में बहुत कम (0.76%) है (तालिका–1)। इन क्षेत्रों का दलहन उत्पादन देश के कुल उत्पादन में केवल 176,440 टन (0.99%) का ही योगदान है।

पूर्वोत्तर क्षेत्रों के कुल दलहन उत्पादन में आसाम का योगदान सर्वाधिक (47%) है। आसाम के बाद नागालैण्ड और त्रिपुरा में कुल दलहन का क्षेत्रफल व उत्पादन क्रमशः 33,500 हे. व 34,460 टन और 14,500 हे. व 24,200 टन है जो कि पूर्वोत्तर क्षेत्रों के प्रमुख दलहन उत्पादन राज्य है। इसके अतिरिक्त मेघालय में दलहनों का क्षेत्रफल 4,000 हे. एवं उत्पादन 4,200 टन वर्ष 2010–11 में प्राप्त हुआ। पूर्वोत्तर क्षेत्र की औसत दलहन उत्पादकता 883.0 कि.ग्रा./हे. है। जबकि पूरे भारत की औसतन उत्पादकता 689 कि.ग्रा./हे. है। अतः उत्पादकता पूर्वोत्तर क्षेत्रों की अधिक है इसके अतिरिक्त पूर्वोत्तर राज्यों में उत्पादन व क्षेत्र बढ़ाने की काफी संम्भावनाऐं है।

तालिका 1: देश के उत्तर पूर्वी पहाड़ी क्षेत्रों का दलहन का क्षेत्रफल, कुल उत्पादन एवं उत्पादकता (2000–2001)

राज्य	क्षेत्र (हजार हे.)	उत्पादन (हजार टन)	उत्पादकता (कि.ग्रा. / हे.)
अरूणाचल प्रदेश	8.9	9.05	1089
असम	115.3	82.40	560
मणीपुर	14.5	24.20	496
मेघालय	4.0	4.20	875
मिजोरम	3.9	4.32	1666
नागालेन्ड	33.5	36.46	1035
सिक्किम	33.2	36.46	1035
त्रिपुरा	6.4	7.06	703
कुल उत्तर पूर्वी क्षेत्र	199.7	176.44	883
भारत वर्ष	26.28*	18.09*	689
उत्तर पूर्वी पहाणी क्षेत्रों का योगदान (%)	0.76	0.97	128

स्रोतः विभिन्न राज्यों के प्रकाशन (एनोनिमस, 2010–11) अर्थशास्त्र और सांख्यकी, कृषि एवं सहकारिता विभाग (2011) * क्षेत्रफल एवं उत्पादन मिलियन हे. और मिलियन टन।

पूर्वोत्तर क्षेत्रों की प्रमुख दलहनीं फसलें

पूर्वोत्तर क्षेत्रों में उगाई जाने वाली प्रमुख दलहनें जैसे मूंग, उड़द, अरहर, सेम और लोविया फसलें जिनसे खरीफ में उत्पादन किया जा रहा है एवं चना, राजमा, मसूर, मटर का उत्पादन रबी में किया जा रहा है। पूर्वोत्तर राज्यों के पहाड़ी क्षेत्रों में बाकला, लाल फली और मोठ को भी दलहन फसलों के रूप में उगाया जाता है। मेघालय में अरहर का उत्पादन खरीफ में तथा चना का उत्पादन रबी में प्रमुखता से किया जाता है। जबकि अन्य पूर्वी क्षेत्रों में खरीफ में सेम की फसल को प्रमुखता से उगाया जाता है। देश के उत्तर पूर्वी राज्यों में दलहनों की आवश्यकता एवं कमी जैसा कि तालिका 2 में दर्शाया गया है। गणना के अनुसार प्रति व्यक्ति वार्षिक दलहन की आवश्यकता लगभग 18.25 कि. ग्रा. का आंकलन किया गया है। सम्पूर्ण उत्तर पूर्वी राज्यों में दलहनों का उत्पादन के हिसाब से 78.79% की कमी है जबकि नागालेन्ड 0.86% की अधिकता है एवं सर्वाधिक कमी (92.33%) से मेघालय राज्य प्रभावित है।

तलिका 2: देश के उत्तर पूर्वी राज्यों का दलहन क्षेत्रफल, उत्पादन एवं उत्पादकता और जनसंख्या आधारित आवश्यकतायें

राज्य	जनसंख्या (2011)	उत्पादन (हजार टन)	आवश्यकता (2011) जनसंख्या	कम / अधिक (हजार टन)	कम / अधिक (%)
अरूणाचल प्रदेश	1382611	9.05	25.23	–16.18	–64.13
असम	31169272	82.4	568.84	–486.44	–85.51
मणीपुर	2721756	24.20	49.67	–25.47	–51.27
मेघालय	2964007	4.2	54.09	–49.89	–92.23
मिजोरम	1091014	4.32	19.91	–15.59	–78.30
नागालेन्ड	1980602	36.46	36.15	+0.31	+0.86
सिक्किम	607688	8.75	11.09	–2.34	–21.10
त्रिपुरा	3671032	7.06	66.10	–59.93	–89.46
कुल उत्तर पूर्वी क्षेत्र	45587982	176.44	831.98	–655.54	–78.79

स्रोतः उत्तर पूर्वी राज्य सरकारों के प्रकाशन (एनोनिमस, 2010–11)

इन राज्यों की फसल सघनता भी बहुत कम (120%) है साथ ही एकल फसल चक्र प्रचलित है। एकल फसल में मक्का, धान और कंद फसल जैसे अदरक और हल्दी प्रमुख है। उत्तर पूर्वी राज्यों में दलहन फसल की मांग को देखते हुए उत्पादन बढाने की बहुत अधिक संभावनायें है। दलहनीं फसलों का क्षेत्रफल बढाने से इन क्षेत्रों की मृदा उर्वरता में वृद्धि एवं साथ मृदा क्षरण में भी कमीं होगी। अतिशीघ्र परिपक्व होने वाली दलहनीं फसलों की खेती करने से इस क्षेत्र की फसल सघनता में भी बढोत्तरी होगी। दलहनों का अधिक उत्पादन इन क्षेत्रों में उपयुक्त उत्पादन तकनीकी अपनाने से प्राप्त हो सकेगा।

अरहर

अरहर इस क्षेत्र की सबसे अधिक उगाई जाने वाली प्रमुख फसल है। देश के पश्चिमी घाट और उत्तर पूर्वी क्षेत्रों में जंगली रूप में उगने वाली अरहर की एंटीलोसिया प्रजाति पाई जाती है। मेघालय की गारो पहाड़ी और आसाम के करबी अंगलोग जिलों में अरहर की वार्षिक फसल उगाई जाती है। इस वार्षिक अरहर के दानों का आकार एवं रंग विभिन्न स्थानीय प्रजातियों के हिसाब से भिन्न–भिन्न होता है। फली छेदक एवं फली वीवल इस फसल को हानि पहुंचाने वाले प्रमुख कीट है। इसके अतिरिक्त अरहर की फसल का प्रमुख खरपतवार जंगली अरहर है जो कि वर्ष भर इस फसल में उग कर फसल उत्पादन को घटाने में सहायक होती है। अरहर की फसल को समुद्र तल से 100 मी. से 1000 मी. ऊँचाई तक उगा सकते है। समुद्र तल से 100 मीटर तक की ऊँचाई के लिये वोई जाने वाली अरहर की उन्नत प्रजातियाँ जैसे त्रिपुरा में स्थानीय किस्में टी – 21 और पन्त ए–3 है तथा मध्यम ऊँचाई पर बोई जाने वाली उपास–120, एच 76–44, ए. एल.–1 और एच 76–11 प्रमुख है। त्रिपुरा क्षेत्र में देरी से पकने वाली अरहर की खेती होती है जबकि अन्य क्षेत्रों में 140 से 150 दिनों में पकने वाली प्रजातियाँ उपयुक्त है। इन प्रजातियों को ढलान वाली पहाड़ियो पर एवं सूखे स्थानों पर भी सफलता पूर्वक उगाया जा सकता है। इसकी कटाई मानसून की शुरूआत में अप्रेल व मई में की जा सकती है तथा मूंगफली व सोयाबीन की फसल में इन प्रजातियों को अन्तवर्ती फसल के रूप में उगाने हेतु उपयुक्त है। इन किस्मों की उपज 1.5 से 2.5 टन प्रति हे. तक हो रही है।

मूंग व उड़द

पूर्वोत्तर क्षेत्रों में मूंग/उड़द को खरीफ में मुख्य फसल के रूप में उगाया जाता है। वर्षा के कारण इन फसलों के पकने के समय फलिया खराब हो जाती है जो कि एक आम समस्या है। इन क्षेत्रों में इन फसलों की बुवाई समय पर करना बहुत ही महत्व पूर्ण है। इस क्षेत्र में मूंग की बुवाई का सही समय अगस्त माह का प्रथम सप्ताह है। इस समय पर इन फसलों की बुवाई करने पर फसल के पकने के समय तक वर्षा समाप्त हो जाती है। मूंग के पौधे की बनावट, पत्तियों का आकार आदि स्थानीय तौर पर भिन्न–भिन्न होता है। इन के दाने का रंग विभिन्नताओं के बावजूद मुख्य रूप से हरे, पीले, भूरे व काले रंग के दाने वाली मूंग प्रमुखता से इन क्षेत्रों में मिलती है।

उड़द की बुवाई भी अगस्त माह के प्रथम सप्ताह में की जाती है। इस फसल के अच्छे उत्पादन हेतु बुवाई का यह समय काफी महत्वपूर्ण है तथा उड़द पूर्वोत्तर राज्यों जैसे असम में इसे बडे पैमाने पर उगाया जाता है। पकने की अवधि में परिवर्तनशीलता व परिपक्वता आमतौर पर तापमान और मृदा नमी पर आधारित होती है। उड़द व मूंग की मध्यम ऊँचाई वाली प्रजातियों को उपयुक्त माना जाता है। मूंग की उन्नत प्रजाति एम. एच.–309, पी. डी. एम.–11, पी. डी. एम.–54, एम. एल.–5, पी. डी. एम.–14, एम. एल.–326 व पी. डी. एम. –62 है। उड़द की प्रमुख प्रजातियाँ जैसे टी–9, यू. जी.–203, बी.–388, पन्त यू–19, यू. जी. –301, पी. डी. यू –2, एल. यू. –4, आदि प्रजातियाँ मध्यम ऊँचाई के लिए मेघालय राज्य हेतु उपयुक्त पायी गई है। इन प्रजातियों की उत्पादन क्षमता मध्यम ऊँचाई पर 9 से 10 क्विंटल/ हे. व कम ऊँचाई पर 6 से 9 क्विंटल/ हे. है। मूंग की फसल 70 से 80 दिन में पकती है जबकि उड़द की फसल 80 से 90 दिन में पक कर तैयार हो जाती है।

राजमा

भारत के उत्तर–पूर्वी पहाड़ी क्षेत्र में राजमा की एक महत्वपूर्ण और लाभदायक सब्जी व दलहनीं फसल है। यह फसल समुद्र तल से 700 से 2500 मीटर की ऊँचाई तक देश के समशीतोष्ण पहाड़ी क्षेत्रों में खरीफ दलहन एवं शाक भाजी की फसल के रूप में एक महत्वपूर्ण फसल है। शाक भाजी फसल के रूप में इसे अक्टूबर से जनवरी माह को छोड़कर पूर्वोत्तर राज्यों की तलहटी, मध्य सिक्किम क्षेत्र में उगाया जा सकता है। राजमा की फसल गोल तार नुमा साखाऐं साथ ही अधिक गूदे वाली फली की क्षमता रखने वाली प्रजाति को पसंद किया जाता है। एक समान समतल फली की प्रजाति उत्तम होती है। राजमा की फसल का उत्पादन बढाकर इन क्षेत्रों में शब्जी/दलहन की पूर्ती की जा सकती है। राजमा की हरी फलियों की उत्पादन क्षमता 10 टन/ हे. प्राप्त की जा सकती है। अल्प अवधि की राजमा की प्रजाति (90 दिन) को राजमा–मक्का, मक्का–राजमा, धान–राजमा फसल पद्धति की खेती कर अधिक उत्पादन प्राप्त किया जा सकता है। इस फसल में इन क्षेत्रों में कीट व्याधियों का प्रकोप कम होता है अतः इस फसल को कार्वनिक खेती पद्धति में लिया जा सकता है। इस फसल की उपयुक्त झाड़ीनुमा प्रजातिया जैसे वीएल–63, पीडी आर–14, अर्का कोमल और कोटेन्डर प्रजातियों से 10 से 20 क्विंटल/हे. उपज प्राप्त की जा सकती है। जबकि खम्बे नुमा बढ़ने वाली प्रजाति नागा लोकल, मेघालय लोकल, मणीपुरी आदि से 10 से 15 क्विंटल/हे. उत्पादन प्राप्त किया जा सकती है।

सेम

भारत के उत्तर पूर्वी क्षेत्र में सेम स्थानांतरण खेती के तहत या रसोई उद्यान (किचिन गार्डन) की एक मिश्रित खेती प्रणाली में वर्षा आधारित क्षेत्रों में मुख्य रूप से उगाया जाता है। सेम की फली अथवा दानों को भोजन, सम्पूर्ण पौधे को चारे, हरीखाद और मृदा को ढकने वाली फसल (कवर फसल) के रूप में प्रयोग किया जाता है। सूखे बीजों को आमतौर पर

उबाल कर या दाल के रूप में प्रयोग किया जाता है। युवा अपरिपक्व फलियों को सब्जी के रूप में उपयोग किया जाता है। सेम के बीजों को पशु दाने के रूप में प्रयोग किया जाता है। सेम के दानों में प्रोटीन और कार्बोहाइड्रेट, स्टार्च, कैल्शियम, फास्फोरस और लोह तत्व प्रचुर मात्रा में पाया जाता है। सेम फली एक सब्जी के रूप में काफी महत्व रखती है सेम की फली अथवा दानों को सम्पूरक खाद्य के रूप में उचित उपयोग एवं आर्थिक महत्व की भविष्य में काफी संभावनायें है। सेम फली में उच्च पोषक गुणवत्ता एवं फसल में अधिक उपज देने की छमतायें है। यह मोजेक विषाणु प्रतिरोधी बेहतर भण्डारण क्षमता, अनुवांशिक विविधता, उपज क्षमता रखने वाली कठोर फसल के साथ व्यापक रूप में स्वीकार्यता रखने वाली एक सफल फसल है। सेम की फसल उत्तर पूर्वी राज्यों के नम व गर्म मौसम के लिए भी अनुकूल है (शर्मा एवं सहयोगी, 1995)। शर्मा एवं सहयोगियों (1995) के अनुसार सितम्बर माह के उपरान्त छोटे दिनों में फूल व फली कम बनती है तथा वर्षा खत्म होने के पश्चात फसल की फलियां पकने लगती है। यह फसल दलहनीं फसल के अतिरिक्त इसे चारे के रूप में भी प्रयोग किया जा सकता है। सेम के दानों में 14 से 25% तक प्रोटीन की मात्रा पाई जाती है तथा एमीनों अम्ल की संरचना में विशेष रूप से मेथिओनाइन और टिप्टोफेन अन्य शब्जी फलियों से अधिक पाया जाता है। इसमें उच्च गुणवत्ता के विटामिन्स, थायामीन, नाइयासीन और राइबोफ्लोविन पाये जाते है। सिंह एवं सहयोगियों (1980) के अनुसार इसमें कैल्शियम और लोह तत्व भी प्रचुर मात्रा में पाये जाते है। एशियाई दलहनों में फाइटिन फास्फोरस तत्व पाया जाता है जो कि सामान्यतः फास्फोरस की उपलब्धता और प्रोटीन की पाचकता को कम करता है यह फाइटिन फास्फोरस सेम में कम मात्रा में पाया जाता है।

इस फसल में रोग व कीट व्याधि सहन करने की व्यापक क्षमता है एवं फसल से 15 से 20 क्विंटल उत्पादन/हे. प्राप्त किया जा सकता है। सेम फसल की मिश्रित खेती, खाली पड़ी जमीनों में आसानी से उगा कर लाभ लेने की व्यापक संभावनायें है। मेघालय राज्य हेतु सेम की विभिन्न प्रजातियों की पहचान की गई है वह इस प्रकार है जैसे आरसीआर बी 1–6 (19 से 23 क्विंटल/हे.), आरबीएल–1 (15 से 18 क्विंटल/हे.), एमएनपीएल–1 (13 से 16 क्विंटल/हे.), पीआरआर–1 (10 से 12 क्विंटल/हे.), आरबीएल–6 (12 से 16 क्विंटल/हे.) और एमएनपीएल–2 (9 से 10 क्विंटल/हे.) महत्वपूर्ण है। यह प्रजातियाँ 120 से 150 दिनों में पक कर तैयार हो जातीं है।

मटर

मटर की फसल को उत्तर पूर्वी राज्यों में उगाया जाता है एवं इसे सब्जी और दाल के रूप में प्रयोग किया जा सकता है। मटर इन क्षेत्रों में रबी के मौसम में सफलता पूर्वक उगाई जा सकती है। इन राज्यों के तराई क्षेत्रों में जहा धान की फसल लेने के उपरान्त खाली खेत रहते हें इन क्षेत्रों में संरक्षित नमी अथवा उपलब्ध सिंचाई के साधन के क्षेत्रों में सफल खेती की व्यापक संम्भावनाऐ है। रबी के मौसम में कम तामक्रम होने के कारण सामान्यतः

फसल पकने की समस्या रहती है क्योकि इन क्षेत्रों में मार्च/अप्रैल में वर्षा आरम्भ हो जाती है इस परिस्थिती में भी मटर की फसल कम तापक्रम में पकने की क्षमता रखती है। इन क्षेत्रों में सामान्यतः शीत कालीन मौसम में पशुओं को खुला छोड़कर चराने की समस्या है जो कि फसलोत्पादन में व्यवधान उत्पन करती है। इस फसल में रतुआ (रतुआ) ओर सफेद रोली/चूर्णिल आसिता से काफी नुकसान होता है अतः बीमारी प्रतिरोधी मटर की किस्मों के विकास की नितांन्त आवश्यकता है।

मटर की उपयुक्त किस्मों में डी एम आर – 7, डीडीआर–50, टीआरसीपी–8, टीआर सीपी–9, आर्किल, रचना और अम्बिका समुद्र तल से कम और मध्यम ऊँचाई हेतु उपयुक्त है। टीआरसीपी–8 और टीआरसीपी–9 देरी से पकने वाली प्रजातियाँ है जो कि 130 से 140 दिनों में पककर तैयार हो जाती है इनसे 18 से 20 क्विंटल उपज/ हे. प्राप्त होती है जबकि अन्य प्रजातियाँ 100 से 125 दिनों में परिपक्व हो जाती है तथा 15 से 17 क्विंटल उपज/हे. देने की क्षमता रखती है।

मसूर

उत्तर पूर्वी पहाड़ी क्षेत्रों में मसूर पसंदीदा फसल है परन्तु इस फसल की खेती बडे पेमाने पर नही हो रही है परीक्षणों से ज्ञात हुआ है कि मसूर की फसल इन क्षेत्रों हेतु एक आशाजनक फसल है। यह फसल भी मटर की तरह कम तापक्रम और बादल रहने की स्थिती में भी पककर तैयार हो जाती है।

समुद्र तल से मध्यम ऊँचाई हेतु इस फसल की उपयुक्त प्रजातियों में एल–4147, पी एल–639, पीएल–4, वीएल–1 और वीएल– 125 इन क्षेत्रों हेतु प्रमुख है। यह प्रजातियाँ 120 से 130 दिनों में पककर 8 से 10 क्विंटल/हे. उत्पादन देने में सक्षम है। पन्त एल–406 और सपना प्रजाति समुद्र तल से कम ऊँचाई के क्षेत्रों हेतु उपयुक्त है। यह प्रजातियाँ 135 से 140 दिनों में पककर तैयार हो जाती है तथा इनसे 14 से 15 क्विंटल/हे. उत्पादन आसानी से प्राप्त किया जा सकता है।

चना

चना इस क्षेत्र के स्थानीय कृषको की पसंदीदा फसल है। इन क्षेत्रो की मृदाऐं अम्लीय प्रकृति की होने के कारण मृदा में फास्फोरस अघुलनशील होता है तथा पौधों को उपलब्ध नही हो पाता। चने की फसल की जडों से मेलिक और अन्य कार्बनिक अम्ल श्रवित होते है अतः अम्लीय मृदाओं में अघुलनशील फास्फोरस घुलनशील रूप में परिवर्तित हो जाती है (बोलेन्ड और सहयोगी, 1999)। इन क्षेत्रों में चने की बेहतर बढवार, फूल और फली निर्माण होता है लेकिन मटर और मसूर की तरह कम तापक्रम में न पकने के कारण फसल पकने के समय वर्षात का आगमन हो जाता है। इन क्षेत्रो के वातावरण में नमी अधिक रहने की वजह से चने के बीज की अकुंरण क्षमता कम हो जाती है।

लोविया

लोविया को बहुत कम उत्तर पूर्वी पहाड़ी क्षेत्रों में फसल के रूप में उगाया जाता है। सामान्यतः इस फसल को सब्जी फसल के रूप में उगाया जाता हैं। मूल रूप से अनुवांशिक विविधता से धनी लोविया फसल है मैदानी, पहाड़ी और विपरीत वातावरण में व्यापक परिवर्तनशीलता के गुणों के कारण इसे विभिन्न वातावरण में उगाया जा सकता है। विभिन्न क्षेत्रों में फसल की बढवार, बीज आकार, फली का आकार और फली के रंग में भिन्नता वहाँ की जलवायु के कारण होती है। उत्तर पश्चिमी क्षेत्रों हेतु दाने, सब्जी और चारे की प्रजातियों का चयन कर इस क्षेत्र से बेहतर उत्पादन लिया जा सकता है।

सूक्ष्म दालें

बडी फली व दाने आकार का वाकला उत्तरी पूर्वी राज्यों में पाया जाता है। इन प्रदेशों में मोठ दलहनीं फसल की बढवार, पत्ती व दाने का आकार, फली व दानों के रंग में काफी भिन्नता पाई जाती है। खेसरी सूखे के स्थान पर अधिक बढवार करती है साथ ही कृषको द्वारा खेती के रूप में अपनाई जाती है। इन क्षेत्रों में विग्ना वेक्सीलाटा की फसल का प्रयोग दाल साथ ही कंद के उत्पादन के रूप में किया जाता है इसके पौधे लोविया की फसल की तरह दिखाई देते है। फसल की फलियों के दाना भरने की अवस्था में सब्जी के रूप में प्रयोंग किया जाता है तथा पकने पर दाल के रूप में आदिवासी समाज के द्वारा उपयोग किया जाता है। इसके कंन्दों का प्रयोग पशुओं को खिलाने के रूप में किया जाता है। इसके दाने व कंद में प्रोटीन की प्रचुर मात्रा पाई जाती है।

उत्तर पूर्वी पहाड़ी क्षेत्रों में दलहन के उत्पादन में आने वाली रूकावटें

इस क्षेत्र में जैविक और अजैविक बहुत से कारक है जो कि उत्पादन बढाने में अवरोध पैदा करते है। इनमें से मुख्य कारण निम्न प्रकार है।

अ. जैविक कारक

खरपतवार: इन क्षेत्रों में खरपतवारों को उपयुक्त वातावरण मिलने के कारण अधिक वृद्धि और विकास होता है परिणाम स्वरूप ये दलहन उत्पादन को बहुत अधिक प्रभावित करते है। यहाँ की मृदाओं में भी अपघटित कार्बनिक पदार्थ की मात्रा काफी पाई जाती है। यहा की मृदाओं में 0 से 100% तक ढलान पाया जाता है इसलिए खरपतवारों के वीजों को एक स्थान से दूसरे स्थान तक स्थानान्तरण में भी असुविधा नही होती। इन क्षेत्रों में अप्रेल से सितम्बर माह एवं शीत ऋतु में भी कभी–कभी वर्षा होने की बजह से खरपतवारों की संख्या में अधिक बढोत्तरी होती है। खरपतवार व दलहनीं फसल पोषक तत्वों के अवशोषण हेतु आपस में प्रतिद्वन्दिता के साथ कीट पतंगो की वृद्धि होने में भी सहायक होते है। फसल के दौरान मौसम की अधिक वर्षा होने की वजह से खरपतवारों को मानव श्रम अथवा खरपतवारनाशी के प्रयोग में बाधायें उत्पन्न होती है।

कीट व्याधिः देश के उत्तर पूर्वी पहाड़ी क्षेत्रों में कीटव्याधियों द्वारा भी दलहनीं फसलों को नुकसान पहुचता है एक अनुमान के अनुसार इन फसलों में लगभग 20% तक छति पहुँचती है। इन क्षेत्रों में फसलों हेतु बेहतर वातावरण होने की वजह से वृद्धि एवं विकास अच्छा होता है परिणाम स्वरूप कीट व्याधियों की बहुत सी प्रजातियाँ अरहर की फसल को उगने से पकने तक नुकसान पहुँचाती है। अरहर एवं चने की फसल में फली छेदक कीट द्वारा बहुत अधिक क्षति पहुचाई जाती है। इन फसलों में फली छेदक कीट द्वारा उत्पादन को 20 से 40% तक नुकसान पंहुचाकर नष्ट कर दिया जाता है। अरहर की फसल में अन्य कीटों में फली छेदक वीविल (एफिस क्रेसिवोरा), एफिड और फ्ली वीटल (चेइटाचेमा वेसलिस)। पत्ती मोडक, एफिड, विहारी हेअरी केटर पिलर और व्लिस्टर वीटल मूँग व उड़द के मुख्य कीट है। काटने वाला कीट (कट वर्म), फ्ली वीटल, फली छेदक, एफिड और व्लिस्टर वीटल कीट चना, मसूर, राजमा और अन्य दलहनों को नुकसान पंहुचाते है।

वीमारियाः दलहनीं फसलों में बीमारियाँ आर्थिक रूप से काफी नुकसान पहुँचाती है। वीमारियों के द्वारा दलहन उत्पादन में 25% तक छति हो जाती है। इसका मुख्य कारण इन क्षेत्रों में लगभग 2000 मिली मीटर वार्षिक वर्षा एवं वातावरण आद्र रहना प्रमुख है। इन क्षेत्रों में हुए सर्वेक्षण के अनुसार मूंग व उड़द में पत्ती धब्बा व सफेद रोली, अरहर में उखटा व एन्थ्रेकनोज, राजमा में पन्ती धब्बा, एन्थ्रेकनोज, रतुआ, फली झुलसा, सेम में पत्ती धब्बा, सेम में रतुआ, सफेद रोली और पत्ती झुलसा दलहनीं फसलों की मुख्य बीमारियाँ है।

बः अजैविक कारक

मृदा कारकः इन क्षेत्रों की लगभग 95% मृदाऐं अम्लीय प्रकृति की है इसके अतिरिक्त हाइड्रोजन आयन और लगभग संत्रप्त मृदा निष्कर्ष में विनिमय योग्य एल्युमिनियम लगभग 20% तक होता है जिससे मृदा में एल्युमिनियम की विषाक्तता हो जाती है। सामान्यतः समुद्र तल से अधिक ऊँचाई की मृदा में एवं अधिक वर्षा के क्षेत्रों में अधिक मृदा अम्लीयता फसलों के अधिक उपज देने में वाधक है। इन क्षेत्रों की मृदाओं में फास्फोरस की कमीं है परिणामस्वरूप फसल के पौधे वोने रह जाते है और दानों का निर्माण कम होता है जिससे उत्पादन कम मिलता है।

स्थलाकृति एवं जलवायु संबन्धी कारकः इस क्षेत्र की समुद्रतल से ऊँचाई 50 से 2000 मीटर है। यहाँ की स्थलाकृति पहाड़ एवं घाटी नुमा क्षेत्र होने की बजह से काफी उतार चढाव वाली है। इस क्षेत्र में काफी विषमतायें होने के कारण इस क्षेत्र विशेष हेतु उपयुक्त प्रजातियाँ एवं तकनीकि की पहचान करना अति आवश्यक है।

यह उच्च वर्षा क्षेत्र है यहाँ पर 1200 से 12000 मि.मी. तक वर्षा प्रति वर्ष होती है। यहाँ पर वर्षा अधिकांशतः जून से सितम्बर माह तक होती है। इस क्षेत्र में अल्प अवधि की दलहनीं फसलें जैसे मूँग, उड़द, राजमा की फसल की फलियों के सडने की समस्या बहुत ही सामान्य है। यहाँ पर मूंग की तरह कम अवधि वाली उड़द, राजमा प्रचलित है। अगर इन दालों की

बुवाई देरी से की जाती है तो फसलों के पानी की अधिकता एवं ठण्ड का प्रकोप प्रभावित करता है तथा इन क्षेत्रों में भिन्न–भिन्न स्थानों पर वर्षा का क्रम व वर्षा की तीव्रता भी भिन्न होती है जो कि फसलों के उत्पादन को प्रभावित करती है। इसके अलावा इन क्षेत्रों में अधिक आद्रता रहती है जो कि रोगों के प्रसार हेतु अनुकूल है। साथ ही अधिक आद्रता बीज भण्डारण एवं बीजों को सुखाने को प्रभावित करती है। मानसून अवधि यदि कम होती है तो सर्द मौसम में यहाँ की फसल को सूखे का सामना करना पड़ता है।

समाजिक आर्थिक कारकः इन क्षेत्रों की पहाडियों की ढलान झूमर नुमा ऊँची पहाडियों की ढलान भी घाटी नुमा होती है साथ ही सूखी एवं नम भूमि इस क्षेत्र में सामान्य तौर पर पाई जाती है। इस स्थिति हेतु फसलों की तकनीकी भिन्न–भिन्न होती है। इस समय प्रचलित अधिक उत्पादन देने वाली प्रजातियाँ कम आदान एवं पारम्परिक तकनीकों हेतु उपयुक्त नही होती। इन क्षेत्रों में भूमि सामान्यतः गाँव के मुखिया अथवा एक विशेष समुदाय की होती है। परिणाम स्वरूप व्यक्तिगत कृषक कृषि योग्य भूमि का मालिक नहीं होता है जिसका प्रभाव प्रबन्धन एवं विकास पर पड़ता है।

गैर–शाकाहारी आहार आदतः इस क्षेत्र की अधिकांश जनसंख्या मांसाहारी है अतः दलहनीं फसलों को यहाँ पर कम महत्व दिया जाता है।

गुणवत्तायुक्त बीजः इन क्षेत्रों में गुणवत्तायुक्त उन्नत दलहन की उन्नतशील प्रजातियों का अभाव है यदि उन्नतशील प्रजातियां कृषको को उपलब्ध कराई जाय तो कृषक अधिक उत्पादन ले सकते है। अधिकांश समय कृषकों को उन्नतशील प्रजातियाँ न मिलने के कारण कृषक स्वयं का पारम्परिक बीज की बुवाई कर खेती करते है। इन क्षेत्रों में बीज उत्पादन कार्यक्रम क्षेत्र विषेश हेतु उपयुक्त प्रजातियों का चयन कर उत्पादन लेने की आवश्यकता है। इस समय यहाँ की दलहनीं फसलों की बीज प्रतिस्थापन दर बहुत कम (2 से 5%) है। इन क्षेत्रों में बीज प्रतिस्थापन दर बहुत अधिक बढाने की आवश्यकता है। यहाँ पर अधिकांश समय वातावरण नम रहने के कारण बीज में नमीं अधिक रहने के कारण भण्डारण में कीट व्याधि के नुकसान की अधिक संम्भावना रहती है।

रबी फसलों में सिचाईः यहाँ के क्षेत्रों में रबी के मौसम में सूखा रहने के कारण रबी फसलों से उत्पादन कम मिलता है। इन क्षेत्रों में वर्षा जल को क्षेत्र विशेष की उपयुक्त तकनीकों द्वारा भंण्डारित कर रबी फसलों में बेहतर तकनीक से सिचाई कर उत्पादन में बढोत्तरी की जा सकती है।

समन्वित पोषक तत्व प्रबन्धनः दलहन उत्पादन के क्षेत्रों की मृदाओं में राइजोवियम सूक्ष्म जीवाणुओं की मात्रा कम अथवा मध्यम है। दलहनीं फसलों की वुवाई के समय बीजों को फसल विशेष के राइजोवियम और फास्फोरस घोलक जैव उर्वरक से बीज उपचार कर उत्पादन में 10 से 12% तक की बढोत्तरी की जा सकती है। दलहनीं फसलों में उर्वरक एवं खादों का प्रयोग कर भी उत्पादकता बढाई जा सकती है। राजमा को छोडकर अन्य दलहनीं फसलों को लगभग आरम्भ की अवस्था में 20 किलो ग्राम नत्रजन/हे. की आवश्यकता होती है। जबकि राजमा की फसल को लगभग 60 कि.ग्रा. नत्रजन/हे. की आवश्यकता होती है।

उत्तर पूर्वी पहाड़ी क्षेत्रों में उत्पादन बढाने की भावी योजना

देश में दलहनों का अभाव है अतः आवश्यकता की पूर्ति हेतु सभी क्षेत्रों में उत्पादन बढाने की बहुत आवश्यकता है। उत्तर पूर्वी क्षेत्रों में झूम खेती के अर्न्तगत 16.7 लाख हे. क्षेत्रफल है इन क्षेत्रों में दलहनीं फसलों की खेती की अधिक संम्भावनायें है (बुजरबरूआ, 2004)। क्षेत्र विशेष की आवश्यकता के अनुसार दलहनीं फसलों को मिश्रित अथवा रिले पद्धति से क्षेत्रफल एवं उत्पादन में वृद्धि की जा सकती है। दलहनीं फसलों की अन्तरवर्ती फसल पद्धति की खेती करने से जोखिम उठाने का खतरा कम हो जाता है साथ ही प्रति इकाई क्षेत्रफल में अतिरिक्त उत्पादन एवं लाभ भी मिलता है।

दलहन उत्पादन की बहुत सी तकनीके है जिनसे प्रति इकाई क्षेत्रफल एवं समय में अधिक उपज ली जा सकती है। इन क्षेत्रों में धान लगाने से पूर्व वशंत ऋतु और धान की फसल कटाई के उपरान्त खेत बंजर पडे रहते है। अल्प अवधि की दलहनीं फसलें जैसे उड़द, मूँग और राजमा की खेती बंजर पड़ी जमीनों में ली जा सकती है। धान और मक्का आधारित फसल पद्धति में दलहनीं फसल का समावेश उत्पादन में बढोत्तरी के साथ – साथ मृदा उर्वरता में भी बढोत्तरी करती है।

इस क्षेत्र की दलहनीं फसलों का क्षेत्रफल, उत्पादन एवं उत्पादकता का विश्लेषण करने पर ज्ञात होता है कि यहाँ की दलहनों की उत्पादकता देश के अन्य क्षेत्रों से अधिक है। यहाँ पर खरीफ मौसम में दलहनीं फसलों का क्षेत्रफल बढाना धान मुख्य फसल होने की बजह से एक चिन्ता का विषय है। साथ ही यहाँ मुख्यतः मासांहारी भोजन की आदत होने की वजह से दलहनीं फसलों को कम महत्व दिया जाता है। दलहन की उन्नतशील प्रजातियों की उपलब्धता साथ ही धान की फसल से प्राप्त शुद्ध लाभ के तुलनात्मक लाभ एवं सरकार द्वारा क्रय करने की बेहतर व्यवस्था होने पर दलहनीं फसलों का क्षेत्रफल बढने की पूरी सम्भावना है। दलहनीं फसलों का क्षेत्रफल बढाने में क्षमतावान उन्नतशील प्रजातियों का प्रदर्शन भी महती भूमिका निभा सकते है।

दलहनीं फसलों के उन्नतशील बीज बेहतर दलहन उत्पादन हेतु कृषको को समय पर उपलब्धता एवं वितरण होना आवश्यक है। साथ ही दलहन बीज उत्पादन का ठोस कार्यक्रम चलाया जाना इस क्षेत्र हेतु बहुत ही आवश्यक है। दलहनीं फसलों के प्रजनन एवं फाउन्डेशन बीज उत्पादन हेतु उन्नतशील प्रजातियों के बीज भारतीय कृषि अनुसंधान परिषद के उत्तर पूर्वी पहाड़ी क्षेत्र अनुसंधान केन्द्र, बारापानी, कृषि विश्वविद्यालय एवं राष्ट्रीय बीज सहकारी संस्थान (एनएससी) आदि द्वारा उपलब्ध हो जाते है। प्रमाणित बीज उत्पादन हेतु कृषकों की सहभागिता अति आवश्यक है। उन्नतशील बीज उत्पादन हेतु प्रगतिशील कृषकों का चयन, प्रशिक्षित कर बीज उत्पादन की संस्थाओं से बेहतर तालमेल कराने की आवश्यकता है।

समन्वित पोषक तत्व प्रबन्धन निश्चित ही दलहनीं फसलों के उत्पादन को बढाने में सहायक होगा। दलहनीं फसलें राइजोवियम जीवाणुयों द्वारा जैविक नत्रजन स्थिरीकरण

कर नत्रजन की स्वयं की आवश्यकता एवं आगामी फसल हेतु मृदा में नत्रजन की मात्रा बढाने में सक्षम है। जैसा कि पहले वर्णित किया जा चुका है कि दलहनीं फसलों में फसल की आरम्भिक अवस्था में नत्रजन प्रयोग की आवश्यकता होती है एवं बीज को राइजोवियम एवं फास्फोरस घोलक जैव उर्वरक (पीएसबी) से उपचारित कर 10 से 12% दलहन उत्पादन को बढाया जा सकता है। बीज उपचार तकनीक बहुत कम खर्च में सर्वाधिक लाभ देने वाली बेहतर तकनीक है इसके और अधिक प्रचार प्रसार की आवश्यकता है। उड़द की फसल की बुवाई के समय राइजोवियम से बीज उपचार साथ ही फसल बुवाई से पूर्व गोबर (कम्पोस्ट) खाद का प्रयोग करने पर 23.5% तक की उत्पादन में वृद्धि की जा सकती है (रायचौधरी और नागचन, 2001)।

अम्लीय मृदाओं में राइजोवियम जीवाणुओं की संख्या अपेक्षाक्रत कम हो जाती है मृदा की आवश्यकता के अनुसार चूने का प्रयोग कर संख्या को बढाया जा सकता है। प्रयोगों में मणीपुर के आसपास के क्षेत्रों में अम्लीय मृदाओं में चूने का प्रयोग कर राइजोवियम की संख्या में वृद्धि एवं क्रियाशीलता अधिक देखी गई। रायचौधरी और नागचन (2001) के अनुसार मणीपुर क्षेत्र में चूने का प्रयोग करने पर राइजोवियम की कॉलोनी में 31.7 गुना वृद्धि देखी गई। उत्तर पूर्वी क्षेत्र की अम्लीय मृदाओं में चूने की मात्रा 1.5 किलो ग्राम व राइजोवियम जैव उर्वरक से बीज उपचार कर फसल बुवाई करने पर भी लाभ होता है (सरकार एवं सहयोगी, 1989)

गृदा में सूक्ष्म जीवाणुओं, कीट व्याधियों हेतु बेहतर वातावरण मिलने के कारण इनकी संख्या में अधिक वृद्धि होने की बजह से फसल उत्पादन कम मिल पाता है। इस क्षेत्र में रोगजनकों के अधिक उपभेदों के कारण कीट व्याधियों को सहन करने वाली प्रजातियों के विकास में वाधा उत्पन्न होती है। रोगजनको के गुणों, भिन्न–भिन्न रोगजनक गुणों वाले जीनोटाइप की पहचान कर इन जीनों टाइपों का प्रयोग कर प्रतिरोधी किस्मों का विकास करने की आवश्यकता है। साथ ही दलहनीं फसलों पर सूक्ष्मतम अंकित (मोलीकूलर मार्कर) स्तर पर कार्य कर रोग व्याधि शहनशील प्रजातियों के विकास की आवश्यकता है।

दलहनीं फसलों के उत्पादन हेतु रबी के मौसम में खेती कर उत्पादन बढाया जा सकता है। क्षेत्र की तलहटी की मृदाओं में धान की कटाई के उपरान्त जिन क्षेत्रों में रबी के मौसम में पर्याप्त नमी रहती है इन क्षेत्रों की मृदाओं में मटर, मसूर और चने की फसल से अधिक उत्पादन लिया जा सकता है। जिन क्षेत्रों में रबी के मौसम के समय कम वर्षा होती है ऐसे क्षेत्रों में रबी मौसम में फसलोत्पादन लेने हेतु बेहतर उपयोग हेतु पशुओं को खुला छोड़कर चराने की प्रथा को बन्द कर वर्षा के मौसम में जल संग्रह कर दलहनीं फसलों से अधिक उत्पादन एवं लाभ लिया जा सकता है। फसल कटाई के उपरान्त होने वाले नुकसान को कम करने हेतु बेहतर प्रबन्धन की आवश्यकता है। संग्रहण हेतु गोदामों के अभाव के कारण सर्वाधिक नुकसान होता है। इसी कारण से बीज की गुणवत्ता में भी गिरावट आती है। इन क्षेत्रों में वर्षभर नमी रहने के कारण कीट व्याधियों का भण्डारण के दौरान अधिक नुकसान होता है। प्रसंस्करण इकाइयों के अभाव में कृषकों द्वारा उत्पाद कम कीमत में वेचना पड़ता

है। कम कीमत के दाल मिल (गुप्ता एवं सहयोगी, 2006) और भण्डारण हेतु लोहे की टंकी उपलब्ध होने पर बेहतर भण्डारण एवं उत्पादको के लाभ को बढाया जा सकता है। परिणामस्वरूप कृषकों की दलहन उत्पादन करने में रूचि बढेगी।

भारतीय कृषि अनुसंधान परिषद का उत्तर पूर्वी पहाड़ी क्षेत्रों हेतु अनुसंधान परिसर, बारापानी, उत्तर पूर्वी राज्यों हेतु कार्बनिक खेती को बढावा देने हेतु बेहतर कार्य कर रहा है। कार्वनिक खेती के वातावरण में दलहनीं फसलों की खेती करने हेतु उपयुक्त प्रजातियों के पहचान की आवश्यकता है।

दलहन आधारित पद्धति हेतु सामान्य मुद्दे

1. संसाधन संरक्षण

- दलहनों को वर्षा आधारित क्षेत्रों में उगाया जाता है अतः इन क्षेत्रों में वर्षा जल संग्रहण खेत तालाब और सामुदायिक बांध बनाकर फसल की आवश्यकता के अनुसार क्रांन्तिक अवस्था पर एक अथवा दो सिंचाई फसल को उपलब्ध कराई जा सके।
- वर्षा आधारित क्षेत्रों में पारम्परिक कृषि पद्धति गुणवत्ता युक्त खेती के यंत्र उपलब्ध न होने के कारण अपनायी जा रही है। उत्तर पूर्वी पहाड़ी क्षेत्रों में छोटे–छोटे कृषि यंत्रों को बढावा देने की आवश्यकता है।
- रिज फरो, चौडी बेड नाली बुवाई यंत्रों द्वारा दलहनीं फसलों की बेहतर ढंग से बुवाई की जा सकती है।
- समन्वित कीट व्याधि एवं खरपतवार प्रबन्धन इस क्षेत्र हेतु काफी उपयोगी है।
- इन क्षेत्रों में क्षेत्र विषेश हेतु उपयुक्त बीज, जैव उर्वरक, सुपरफास्फेट, सल्फर, जस्ता, जैविक कीटनाशक आदि का उपयोग अनउपलब्धता एवं ज्ञान के अभाव में सही नही होता अतः उपलब्धता बढाकर बेहतर उपयोग की आवश्यकता है।

2. क्षेत्र विस्तार

- धान–परती फसल पद्धति क्षेत्र देश के उत्तर पूर्वी राज्यों में रबी के मौसम में मसूर, खेसरी, चना और मटर की खेती की बहुत अधिक सम्भावनाऐं है।
- उत्तर पूर्वी पहाणी क्षेत्रों में धान–परती क्षेत्रों में रबी मौसम में मृदाओं में अधिक नमीं होने के कारण रबी मौसम में दलहन उत्पादन लेने में बाधायें उत्पन्न होती है। इस समस्या से निजात पाने हेतु मृदा की स्थलाकृति में बदलाव जैसे रेज्ड सन्कन वेड पद्धति साथ में जल निकास की व्यवस्था प्रभावी रहती है। धान की वालियों में दाना भरने के उपरान्त खेतों से सम्पूर्ण जल निकास फसल पकने एवं कटाई हेतु आवश्वयक होता है। रबी मौसम में दलहनीं फसल उगाने हेतु मटर, मसूर, खेसरी आदि की शून्य जुताई पद्धति में सीधी बुवाई की जा सकती है। इन क्षेत्रों में रबी दलहन फसलों के विकास एवं उत्पादन हेतु पर्याप्त नमी रहती है। साथ ही ऊँचे क्षेत्रों की मृदाओं में नमी एवं सिचाई के अभाव वाले क्षेत्रों में दलहनीं फसलों की खेती की जा सकती है।

- उड़द और मूंग की फसल ऊचे स्थानों पर वशंन्त ऋतु एवं खरीफ धान की फसल लगाने से पूर्व दलहनीं फसलों की खेती की जा सकती है।
- अन्तरवर्ती फसल पद्धति में दलहनीं फसल का समावेश कर अधिक उत्पादन एवं लाभ साथ ही मृदा उर्वरता में वृद्धि की जा सकती है। भारतीय कृषि अनुसंधान परिषद के पूर्वी क्षेत्रों हेतु अनुसंधान परिषर उमिआम के अनुसंधान के अनुसार मटर की फसल में पत्ता गोभी/ब्रोकली की अन्तरवर्ती फसल काफी लाभदायक रहती है।

3. प्रोद्योगिक हस्तांतरण सम्वन्धित मुद्दे

- अन्तरवर्ती फसल पद्धति में दलहनीं फसलों का समावेश कर अधिक आय एवं मृदा उर्वरता में वृद्धि को बढावा देने की आवश्यकता है।
- इन क्षेत्रों में दलहनीं फसलों की उत्पादन क्षमता और महत्ता का कृषकों में आत्म विश्वास और जागरूकता लाने की आवश्यकता है।
- ऊचे क्षेत्रों के वातावरण में दलहनीं फसलों की एकल सघन फसल प्रणाली का विभिन्न कृषि जलवायु में परीक्षण की आवश्यकता है।
- खरीफ और रबी फसल से पूर्व दलहनीं फसलों को बढावा देने की आवश्यकता है।
- इन क्षेत्रों हेतु उपयुक्त प्रजातियों का परीक्षण एवं विकास साथ ही एसी प्रजातियों का विकास जो ऊचे स्थानों पर नमी के अभाव को सहन करने की क्षमता रखती हों।
- उत्तर पूर्वी पहाड़ी क्षेत्रों हेतु सस्य विज्ञान तकनीकी विधाओं को मूलरूप देने की आवश्यकता है।
- विभिन्न फसल प्रजातियों का परीक्षण कर तेहतर फसल प्रणालियों का परीक्षण कर उन्नतशील प्रजातियों के विकास की आवश्यकता है।
- दलहनीं फसलों को सम्मिलित कर मिश्रित फसल प्रणाली की उत्पादन प्राद्योगिकी के विकास की आवश्यकता है।
- अरहर की फसल में पत्ती धब्बा, चूर्णिल आसिता बीमारी, फली छेदक कीट और मूँग में व्लिस्टर वीटल के प्रबन्धन की प्रभावी तकनीक की आवश्यकता है।
- फसल कटाई उपरान्त प्रबन्धन और मूल्य समवर्धन प्रोद्योगिकी का मानकीकरण करने की आवश्यकता है।
- छोटे–छोटे दाल मिलों की ग्रामीण स्तर पर स्थापना की आवश्यकता है।

फसल पद्धति

उत्तर पूर्वी पहाणी क्षेत्रों में दलहनों को मुख्य रूप से ऊचे स्थानों की मृदाओं में उगाया जाता है। इन क्षेत्रों में झूम पद्धति से खेती जो कि मिश्रित फसल के रूप में की जाती है बहुत ही सामान्य है। इस क्षेत्र में कृषक कृषि योग्य भूमि को एक से तीन वर्ष के लिए लगान पर लेकर खेती करते है तथा मृदा उर्वरता कम होने के साथ ही कीट व्याधियों का अधिक प्रकोप आरम्भ होने पर भू स्वामी को वापस कर नये स्थान पर झूमिंग खेती आरम्भ करते है। दलहनीं फसलों को कृषकों द्वारा प्रक्षेत्र भूमि आकार और उसके पास उपलब्ध संशाधन के

आधार पर खेती की जाती है। इन क्षेत्रों में पहले से स्थापित फसल पद्धतियाँ निम्न प्रकार है।

1. ऊचे स्थानों के खेतों में धान + दलहन
2. नीचे के स्थानों के खेतो में धान – दलहन (अरहर / मसूर / मूँग / उड़द / राजमा / आदि)
3. मक्का (हरे भुट्टों हेतु) – दलहनीं फसलें रबी मौसम से पूर्व
4. मक्का (हरे भुट्टों हेतु) + दलहनीं फसलें
5. धान / मक्का – राजमा / मटर / मसूर

उपरोक्त पद्धतियों के अतिरिक्त मूँग और उड़द की फसल को इस क्षेत्र में बसन्त ऋतु में उगाया जा सकता यहाँ पर मार्च माह के बाद ही वर्षा आरम्भ होती है इसी प्रकार मक्का की फसल की कटाई के उपरान्त दलहनीं फसलों को रबी मौसम आरम्भ होने से पूर्व संररक्षित नमी में सफलता पूर्वक खेती कर फसल सघनता बढाई जा सकती है।

धान–परती क्षेत्रों में शून्य जुताई पद्धति से दलहन उत्पादन

क्षेत्र की तलहटी के क्षेत्रों में खरीफ में धान की पारम्परिक खेती के पश्चात अधिक मृदा नमीं होने के कारण खेत खाली रह जाते है। मृदा में अधिक नमी समुद्र तल से मध्यम ऊचाई वाले क्षेत्रों में आसपास की पहाडियों से जल रिसाव के कारण रहती है। धान की फसल परिपक्व होने की अवस्था में खेत से सम्पूर्ण पानी को बाहर निकालने पर रबी के मौसम में मटर, मसूर आदि की सफलता पूर्वक खेती की जा सकती है। धान के खेत से साधारण व्यवस्था जैसे पानी निकलने के उचित स्थान पर पाइप लगाकर बाहर निकाला जा सकता है। एक अध्ययन के अनुसार दलहनीं फसलें जैसे मटर और मसूर की प्रजातियाँ भारतीय दलहन अनुसंधान संस्थान, कानपुर द्वारा पहचान की गई है। मटर व मसूर की धान–परती क्षेत्रों में जीरो टिल सीड ड्रिल द्वारा नत्रजन, फास्फोरस, पोटास क्रमशः 20, 60, 40 कि.ग्रा. / हे. अनुशंसित मात्रा प्रयोग कर बुवाई की जा सकती है। फसल बुवाई के 30 दिन पश्चात एक निराई गुराई हस्त चलित हो द्वारा कर देनी चाहिए।

मटर की बहुत सी प्रजातियों में से आईपीएफडी 99–13 द्वारा सर्वाधिक (41 क्विटंल / हे) हरी फली तदोपरान्त आईपीएफडी 1–10 (33.9 क्विंटल / हे.), आईपीएफडी 99–25 (30 क्विटंल / हे.) और एचयूडीपी (17 क्विटंल / हे.) प्राप्त हुई। मसूर की प्रजातियों में डीपीएल–15 सर्वाधिक उपज (11 क्विटंल / हे.) तदोपरान्त डीपीएल–62 (9 क्विटंल / हे) और आईपीएल–406 (5 क्विटंल / हे.) से प्राप्त हुई। फसल पद्धति में मटर और मसूर को सम्मिलित करने पर पद्धति की उत्पादकता और अधिक आय प्राप्त हुई। इस क्षेत्र के छोटे और मझोले आदिवासी कृषकों में मटर और मसूर की समुद्र तल से मध्यम ऊचाई क्षेत्रों हेतु उपयुक्त उत्पादन तकनीक एवं उचित प्रजाति के प्रचार प्रसार की आवश्यकता है।

मृदा अम्लता और स्वास्थ्य प्रबन्धन

इन क्षेत्रों की अधिकांशतः मृदायें चिकनी दुमट से बलुई मृदाऐं हें जो कि अम्लीय प्रकृति (पीएच मान–4.5 से 5.5) है। मृदा अम्लीयता के कारण मृदा की पोषक तत्वों की उपलब्धता एवं जैविक क्रियाओं को कम करती है इससे फसल उत्पादन कम हो जाता है।

इन क्षेत्रों के झूम खेती के क्षेत्रों की मृदाओं की प्रकृति अम्लीय होने के कारण पोषक तत्वों की उपलब्धता कम होती है अतः इन क्षेत्रों की मृदाओं में चूने का प्रयोग मृदा जाँच के आधार पर करने पर मृदा में उपलब्ध पोषक तत्वों जैसे फास्फोरस आदि की उपलब्धता बढ जाती है। एल्युमिनियम और मेग्नीज की मृदा में अधिकता होने के कारण मृदा में विषैला प्रभाव छोडते है तथा पौधों द्वारा अधिक मात्रा में अवषोशित कर लिए जाते है अतः इन्हें भी निस्प्रभावी करने की आवश्यकता होती है।

राइजोबियम की कुछ प्रजातियों की अधिक अम्लीयता सहन करने की क्षमता होती है। मृदा जाँच के आधार पर चूने के प्रयोग से अम्लीयता कम होने से दलहनीं फसलों में नोड्रयूल का निर्माण अधिक होता है। मृदा में फास्फोरस की उपलब्धता कम होने की वजह से भी नत्रजन का जैविक स्थरीकरण कम होता है। दलहनीं फसलों में राइजोवियम और फास्फोरस घोलक (स्यूडोनोनास स्ट्राटा, बेसिलस पोलीमिक्सा, एसपराजिलस अवमोरी) जैव उर्वरकों से बीज उपचार कर बुवाई करने पर फास्फोरस का अवशोषण पौधो द्वारा अधिक होता है परिणामस्वरूप नोड्रयूल निर्माण साथ ही पौधो का विकास एवं उत्पादन अधिक प्राप्त होता है। मृदा में चूने का प्रयोग करने पर जैविक नत्रजन स्थरीकरण साथ ही मृदा की भौतिक एवं जैविक क्रियाओं में वृद्धि होती है। चूने के प्रयोग से मृदा की केल्शियम और मेग्नीशियम की फसलों को उपलब्धता बढ जाती है। चूने का 500 कि.ग्रा./हे. नालियों में प्रयोग करने पर अधिकांश फसलों की अनुकूलतम उपज प्राप्त की जा सकती है।

फसलों की शीघ्र बुवाई से जड़ों की बढवार अधिक होती है साथ ही मृदा में उपस्थित कार्बनिक नत्रजन की दक्षता एवं पौधों द्वारा अधिक मात्रा में पोषक तत्वों का अवशोषण बढ जाता है। दलहनीं फसलों को मिश्रित अथवा फसल पद्धति में लगाने पर मृदा उर्वरता के साथ जैविक नत्रजन स्थरीकरण बढ जाता है। साथ ही फसल अवशेषों को मृदा में जोत कर मिला देने पर विघटन के पश्चात मृदा में नत्रजन के साथ अन्य तत्वों की उपलब्धता बढ जाती है साथ ही कीट पतंगे भी निष्क्रिय अवस्था में चले जाते है। दलहनीं फसलों का राइजोवियम एवं फास्फोरस घोलक जैव उर्वरक (पीएसवी) से बीज उपचार करने पर नत्रजन और फास्फोरस की मृदा में उपलब्धता बढ जाती है। मृदा में कार्बनिक खादों का प्रयोग उत्पादन बढाने के लिए बहुत ही आवश्यक है। जीवांश पदार्थो से बना खाद (एफ वाय एम) का 5 से 10 टन/हे. को मृदा में फैलाकर मिलाने अथवा कूँड में प्रयोग मृदा की जैव, भौतिक एवं रासायनिक गुणों में वृद्धि करता है।

निष्कर्ष

देश के अन्य राज्यों की तुलना में उत्तर पूर्वी पहाड़ी क्षेत्रों का दलहनों की उत्पादकता अधिक है लेकिन इसे और अधिक बढाने की गुंजाइश है। इन क्षेत्रों में स्थानान्तरित खेती (सिफ्टिंग कल्टीवेशन) पद्धति में दलहनीं फसलों का क्षेत्रफल बढाकर मृदा संरक्षण और उत्पादन बढाने की पूरी संम्भावना है। स्थानान्तरित खेती में 20% क्षेत्रफल बढने से इस क्षेत्र की दलहन की आवश्यकता को पूरा किया जा सकता है। मूँग, उड़द और राजमा की अल्प अवधि की प्रजातिया जो कि बसंत एवं पौधों के पतझड़ के समय में खेती हेतु उपयुक्त हो विकास करने की आवश्यकता है। साथ ही धान–परती क्षेत्रों में रबी के मौसम में दलहनीं फसलों की खेती साथ ही शून्य जुताई पद्धति से खेती कर समय, मानव श्रम, खर्च एवं संशाधनों की बचत की जा सकती है। उत्तर पश्चिमी क्षेत्रों में दलहनीं फसलों की जैविक खेती कर जैविक उत्पादन कई गुना बढाया जा सकता है। दलहनीं फसलें जैसे सेम, उड़द आदि की बहु उपयोगिता जैसे भोजन, चारा, आवरण खेती के अतिरिक्त मृदा उर्वरता को भी बढाती है। बडे स्तर पर दलहनों के प्रदर्शन और प्रशिक्षण कार्यक्रमों को लोक प्रिय बनाकर दलहनीं फसलों की खेती को अधिक बढावा दिया जा सकता है।

संदर्भ

एनोनिमस 2011. पब्लीकेशन ऑफ वोरीयस स्टेट गवरमेन्ट्स एण्ड एन.ई.डी.एफ.आई., गुवाहाटी 2010–11.

बोलेण्ड, एम.डी.ए., सिद्धिकी, के.एच.एम., लोस, एस.पी. और बेकर एम.जे., 1999. कम्पेयरिंग रिसपोन्स ऑफ ग्रेन लेग्यूम्स, व्हीट एण्ड केनोला टू एप्लीकेशन ऑफ सुपरफॉस्फेट. न्यूट्रिएन्ट साइकिलिंग इन एग्रोइकोसिस्टम, 53:157–175.

बुजरबरूआ, के.एम., 2004. ऑरगेनिक फॉर्मिंगः ओपरचुनिटीस एण्ड चेलेन्जस इन नोर्थ इस्टर्न रीजन ऑफ इंडिया. इन नेचर 2004, सोविनियर ऑफ इन्टरनेशनल कॉन्फ्रेन्स आन आर्गेनिक फूड 14–17 फरवरी। आई.सी.ए.आर. रिसर्च कॉम्प्लेक्स फोर एन.ई.एच. रीजन, बारापानी. पीपी 13–23.

गुप्ता. एस., बुजुरबरुआ, के. एम., धीमन, के.आर., पाठक, के.ए., दास, एस.पी., दास, अल्पना, कुमार, अरविन्द और विजयपाल, 2006. पल्सेस प्रोडक्शन टेक्नोलॉजी फोर नॉर्थ ईस्ट इंडिया. टेक्नीकल बुलेटन न. 23, आई. सी.ए.आर. रिसर्च कॉम्प्लेक्स फोर एन.ई.एच. रीजन, बारापानी (उमिआम), मेघालय.

रायचौधरी, एम. और नागाचन, एस.वी. 2001. सिलेक्शन एण्ड एप्लीकेशन ऑफ बायोफर्टीलाइजर इन नॉर्थ ईस्ट रीजन. इन सोविनियर, सेकेण्ड एन.ई.आर. कॉनफ्रेन्स ऑन बायोफर्टीलाइजर हेल्ड एट ए.ए.यू., जोरहट डब्लू.ई.एफ. 22–24 जनवरी, 2001, पीपी 59–62.

सरकार, बी. बी., भट्टाचार्य, एन. आर. एण्ड रॉय, एस., 1989. राइजोबियम कल्चर हेल्पस इनक्रीस द यील्ड ऑफ ब्लैकग्राम. इंडियन फॉर्मिंग, 38: 13–14.

शर्मा, बी.के., सिंह, एम., गुप्ता, एच.एस., सिंह, जी. और श्रीवास्तव, एल.एस., 1995. स्टडीस इन राइस बीन जर्मप्लाज्म. रिसर्च बुलेटन 34. आई.सी.ए.आर रिसर्च कॉम्प्लेक्स फोर नॉर्थ ईस्ट हिल रीजन, बारापानी (उमीआम). इंडिया पीपी 70.

सिंह, एस.पी., मिश्रा, बी.के., चंदेल, के.पी.एस. और पंत, के.सी., 1980. मेजर फूड कोन्स्टीट्रयूएन्टस ऑफ राइस बीन (विग्ना उमवेल्टा). ज. फूड साइंस टेक्नोलॉजी 17: 238–240.

4

असामान्य जलवायु परिस्थिति में दलहनीं फसलों पर तकनीकी विकल्पों का प्रभाव

वाय.पी. सिंह एवं अनिल कुमार सिंह

भारत वर्ष विश्व का सर्वाधिक दलहन उत्पादन, प्रशंस्करण एवं आयात करने वाला देश है। देश में कुल 22 से 23 मिलियन हेक्टयर क्षेत्रफल में दलहनीं फसलों की खेती की जाती है (इनबासेकर, 2014)। देश की आजादी के उपरान्त खाध्य एवं तिलहनीं फसलों की तुलना में कुल दलहन के उत्पादन एवं उत्पादकता में कम वृद्धि हुई है एवं अब तक के सर्वाधिक दलहन उत्पादन में वर्ष 2013–14 में विगत वर्षो की तुलना में सर्वाधिक उत्पादन 19.5 मिलियन टन 24.5 हे. क्षेत्रफल से प्राप्त हुआ एवं आगामी वर्ष 2014–15 में पुनः घट कर 17.15 मिलियन टन रह गया। देश की बढती हुई जनसंख्या की दलहन की पूर्ति हेतु लगभग 2.5 से 3.5 मिलियन टन दलहनों का आयात प्रतिवर्ष करना पड़ता है (प्रहराज एवं सिंह, 2015)। उत्पादन में आसातीत वृद्धि न होने के कारण दलहन की प्रति व्यक्ति प्रति दिन दलहन उपलब्धता वर्ष 1951 में 60.7 ग्राम थी वह घटकर वर्ष 2010 में 31.6 ग्राम रह गई जबकि भारतीय आर्युविज्ञान अनुसंधान संस्थान के अनुसार प्रति व्यक्ति प्रति दिन की आवश्यकता लगभग 40 ग्राम की है।

वर्तमान में देश में दलहनीं फसलें लगभग 87% वर्षा आधारित क्षेत्रों में उगाई जाती है जबकि सिंचित क्षेत्रों में मात्र 13% ही दलहनीं फसलों की खेती की जाती है। भारतीय दलहन अनुसंधान संस्थान के वर्ष 2030 दृष्टि प्रति वेदन के अनुसार देश की जनसंख्या अनुमानतः 168 करोड़ हो जाऐगी इस बढती हुई जनसंख्या की पूर्ति हेतु लगभग 32 मिलियन टन दलहन की आवश्यकता होगी। इस बढे हुए उत्पादन के लक्ष्य की प्राप्ति हेतु प्रति वर्ष 4.2% की दलहन के विकास दर की आवश्यकता होगी। जबकि देखने में यह आ रहा है कि दलहनीं फसलों का उत्पादन विगत वर्षों से स्थिर बना हुआ है। देश में मुख्य रूप से चना, अरहर, मसूर, मूँग, उड़द एवं मटर की खेती की जाती है एवं विश्व के कुल क्षेत्रफल का 90% अरहर, 65% चना और 37% मूंग का क्षेत्रफल भारत में ही है एवं इससे विश्व के उत्पादन का क्रमशः 93%, 68% और 32% उत्पादन होता है (एफएओस्टेट, 2009)।

दलहन प्रोटीन, विटामिन और खनिज तत्वों के महत्वपूर्ण श्रोत है दलहन में 17.1 से 25.8% तक प्रोटीन की मात्रा पाई जाती है जोकि ऊर्जा के पूरक के रूप में काम करती है विगत 40 वर्षो से दलहन का उत्पादन स्थिर बना हुआ है (उत्पादकता 539 कि.ग्रा./हे. वर्ष 1961 से 554 कि.ग्रा./हे. वर्ष 2001 में एवं 617 कि.ग्रा./हे. वर्ष 2009)। वर्तमान में अर्न्तराष्ट्रीय स्तर पर दलहन की उत्पादकता 800 कि.ग्रा./हे. है जबकि भारत वर्ष की वर्तमान उत्पादकता 750 कि.ग्रा./हे. है (दत्ता एवं सिंह, 2015)। विगत 60 से 65 वर्षो में दलहनीं फसलों के क्षेत्रफल में विशेष वृद्धि नही हुई है एवं विगत वर्षो में वर्ष 2010–11 एवं 2011–12 में केवल 1.5 से 2.0 मिलियन हे. दलहनीं फसलों के क्षेत्रफल में वृद्धि हुई थी जिससे 1.5 से 2.0 मिलियन दलहन उत्पादन में वृद्धि हुई थी जिसका मुख्य कारण दलहन के न्यूनतम समर्थन मूल्य में वृद्धि होना प्रमुख था। देश में दलहनों का सर्वाधिक क्षेत्रफल महाराष्ट्र, उत्तर प्रदेश, कर्नाटक, गुजरात एवं आन्ध्र प्रदेश में है। इन प्रदेशों में देश के कुल क्षेत्रफल का 83.3% क्षेत्रफल एवं कुल उत्पादन का 86% उत्पादन होता है। दलहन फसलों से कम उत्पादन के मुख्य कारणों में फसल की आवश्यकता से कम आदान प्रयोग, दलहनीं फसलों की सीमान्त मृदाओं में खेती एवं अधिकांश कृषक सर्वप्रथम गेहूँ, धान एवं अन्य मुख्य फसलों में आदान (खाद एवं उर्वरक कीटनाशक आदि) प्रयोग करते है एवं बचे हुऐ अथवा आवश्यकता से कम आदानों का प्रयोग दलहनीं फसलों में करते हैं एवं वर्षा आधारित क्षेत्रों में बहुत कम आदान प्रयोग एवं आधुनिक तकनीकों का प्रयोग भी नही करते है।

दलहनों की खेती अधिकांशतः वर्षा आधारित होने के कारण इन क्षेत्रों में दलहनीं फसलों कों विविध प्रकार की जलवायु परिवर्तन समवन्धी समस्याओं का सामना करना पड़ता है। इबा (2002) के अनुसार जलवायु परिवर्तन से दलहनीं फसलें विभिन्न प्रकार की जैविक एवं अजैविक समस्याओं का सामना करतीं है। जलवायु समवन्धी तनाव सूखा, ठन्ड, पाला, लवण तापक्रम का पौधों पर इकहरा एवं मिश्रित प्रभाव देखने को मिलता है (सेरानो एवं सहयोगी, 1999)। बैंक एवं सहयोगियों (2007) के अनुसार तापक्रम बढने से कृषि एवं बागवानी के उत्पादन पर विपरीत प्रभाव पड़ता है फलतः आर्थिक रूप से गम्भीर नुकसान होता है। विश्व स्तर पर औसतन तापक्रम में 0.5^{o} सेन्टीग्रेट की बीसवी शताब्दी में वृद्धि हुई है और इसके $1.5–4.5^{o}$ सेन्टीग्रेट की इक्कीसवी शताब्दी में बढने की संम्भावना है (आईपीसीसी, 2012; कर्ल एवं सहयोगी, 1991)। ओर्टिज एवं सहयोगियों (2008) के अनुसार 3 से 4° सेन्टीग्रेट तापमान बढने से अफ्रीका एवं एसिआई देशों में 15 से 35% एवं मध्य पूर्व में 25 से 35% उत्पादन में कमी होने की संम्भावना है। रबी मौसम की दलहनीं फसलें जैसे चना, मसूर, मटर की फसलों के प्रजननीय काल में तापक्रम 40° सेन्टीग्रेट अथवा अधिक होने पर उत्पादन पर विपरीत प्रभाव पड़ता है (बसू, 2015) दलहनीं फसलों के प्रजननीय काल में तापक्रम 35° सेन्टीग्रेट से अधिक होने पर बीजांड के जिन्दा रहने, विकास, फली निर्माण और दाने के विकास पर विपरीत प्रभाव पड़ता है। बसू (2015) के अनुसार अरहर की फसल पर तापक्रम के 7° सेन्टीग्रेट से कम होने तथा 35° सेन्टीग्रेट से अधिक होने पर उत्पादन पर विपरीत प्रभाव पड़ता है तथा तापक्रम के 3° सेन्टीग्रेट से कम होने तथा दिन में ठन्डी हवाऐ चलने

तथा शाम को हवा का वेग कम होने से पाले का प्रभाव होता है। रबी के मौसम में दलहनीं फसलें रात के तापक्रम के बढने से फसलों का जीवन चक्र छोटा हो जाता है और फसलें शीघ्र परिपक्व हो जाती है। दलहनीं फसलों के समय तापक्रम अधिक बढने एवं सूखा दोनों का एक साथ प्रभाव होने पर फसलों को बहुत अधिक नुकसान होता है। दलहनीं फसलों में मूंग एवं उड़द ग्रीष्म एवं वर्षा ऋितु के मौसम की फसलों में फूल एवं फली बनते समय 44^{0} सेन्टीग्रेट से अधिक तापक्रम होने पर दाने छोटे रह जाते है। इसके विपरीत शीत ऋितु (रबी) के मौसम में फसल बढवार का समय कम हो जाता है तथा प्रजननीय काल में सिंचाई करने से फसल पकने का समय बढ जाता है। रबी मौसम की दलहनीं फसल चना, मसूर एवं मटर की फली निर्माण के समय तापक्रम अक्समात बढने पर उत्पादन अधिक प्रभावित होता है। देश के अर्धशुष्क क्षेत्रों में शीत ऋितु के मौसम में सिंचित क्षेत्रों एवं वर्षा आधारित क्षेत्रों की भारी संरचना की मृदाओं में वर्षा होने की स्थिति में चना की फसल में बहुत अधिक क्षति देखी गई है। वातावरण में नमीं की कमीं होने पर सामान्यतः तापक्रम बढ जाता है परिणामस्वरूप मृदा वाष्पीकरण एवं पौधों द्वारा वास्पोत्सर्जन अधिक होता है इस परिस्थिती में मृदा की ऊपरी सतह सीघ्र सूख जाती है एवं सूखे की स्थिति का निर्माण शीघ्र हो जाता है। सामान्यतः देश के विभिन्न क्षेत्रों में इन परिस्थितियों में उत्पादन प्रभावित होकर कम हो जाता है।

जलवायु परिवर्तन से उत्पन्न अजैविक कारक

जलवायु परिवर्तन के कारण फसल के पकने के समय अधिक तापक्रम और फसल के फूल एवं फली निर्माण के समय सूखा और वर्षा अथवा अधिक सिंचाई जल के प्रयोग से मृदा में अधिक नमीं चना, मसूर व मटर में अधिक छति पंहुचती है। इसी प्रकार अधिक तापक्रम, अत्यधिक शीत, पाला, सूखा एवं फसल उगने के समय जलमग्नता मटर की फसल में, अधिक उष्मीय तापक्रम का प्रभाव मूंग व उड़द की फसल में दाना बनते समय, कम तापक्रम और पाला राजमा की फसल को नुकसान पहुंचाते है। ग्वार की फसल में अधिक नमीं की बजह से अधिक पौधों की बढवार एवं फसल देरी से पकती है और प्रजननीय काल में अधिक तापक्रम की बजह से फसल अवधि से पहले पक जाती है एवं उत्पादन कम मिलता है। देश के शुष्क एवं अर्धशुष्क क्षेत्रों में सूखे की बजह से ही लगभग 50% तक उपज कम हो जाती है। रेडी (2009) के अनुसार दक्षिण भारत की अल्फीसोल मृदाओं की जल धारण क्षमता कम होने के कारण दलहनीं फसलों का उत्पादन 50% तक कम हो जाता है। इसके विपरीत वर्टीसोल मृदाओं की जल धारण क्षमता अधिक होने के कारण उत्पादन में 5 से 20% तक की कमी हो जाती है। देश के दक्षिणी भाग में रबी की चना फसल में वाष्पोत्सर्जन अधिक होने की बजह से चना फसल से अधिक उत्पादन में वाधा उत्पन्न होती है (रेडी, 2009)। दानों की उपज तापक्रम से अधिक प्रभावित होती है। अजैविक कारकों में अधिक व कम तापक्रम भी उत्पादन को काफी प्रभावित करता है। ग्रीष्म ऋितु की दलहनीं फसलें कम तापक्रम से प्रभावित नही होती जबकि रबी (शीत ऋितु) मौसम की दलहनीं

फसलें (अरहर और चना) कभी–कभी बहुत कम तामक्रम से उत्तरी एवम उत्तर पश्चिमी क्षेत्र में अधिक प्रभावित होती है।

जैविक कारक

देश में 250 से अधिक कीट की प्रजातियाँ दलहनीं फसलों को प्रभावित करती है एवं औसतन लगभग 2 से 2.4 मिलियन टन उत्पादन का नुकसान होता है जिससे लगभग 6000 करोड़ रूपयों का नुकसान होता है। कीट व्याधियों में फली छेदक (हेलीकोवर्पा आर्मीजेरा) से सर्वाधिक छति होती है तत्पश्चात फल मक्खी, उखटा और जड गलन से नुकसान होता है। अन्य महत्वपूर्ण दलहन फसलों को प्रभावित करने वाले कीट व्याधियों में नेमाटोड भी फसल को नुकसान पंहुचाते है। नेमाटोड में प्रमुख रूप से रूट नोट नेमाटोड मृदा में काफी फैलाव कर सिंचित क्षेत्रों में 10 से 40% और वर्षा आधारित क्षेत्रों में 15 से 30% तक उपज को नुकसान पंहुचाते है। अरहर की फसल में फली बेदक कीट अधिक नुकसान पंहुचाता है एवं यह कीट वातावरण में तापक्रम बढने और बादल रहने की स्थिति में बढ़ते है एवं साथ में स्टेरिलिटी मोजेक विषाणु रोग भी बढता है। जल निकास की दलहन फसल में अव्यवस्था एवं खेत में पानी भरने की स्थिती में अरहर की फसल के पौधों की संख्या में कमी हो जाती है और उखटा की समस्या बढ जाती है। इसी प्रकार मृदा में अधिक नमीं रहने की स्थिती में चने की फसल में उखटा/जड़ सड़न और सर्कोस्पोरा बीमारी का प्रकोप अधिक होता है। मूंग व उड़द की फसल में पीतशिरा मोजेक विशाणु रोग सफेद मक्खी के द्वारा होता है और यह मक्खी वातावरण में तापक्रम एवं आद्रता बढ़ने से इनकी संख्या में बढोत्तरी हो जाती है। इसी प्रकार मटर की फसल में चूर्णिल आसिता रोग का प्रकोप भी हल्का तापक्रम बढने तथा आद्र वातावरण रहने से बढ जाता है एवं फली छेदक कीट की संख्या भी वर्षा होने की स्थिति में बढ जाती है। ग्वार की फसल में फाइटोप्थोरा पत्ती झुलसा, जीवाणु झुलसा और सर्कोस्पोरा रोग फसल की बढवार की अवस्था में अधिक वर्षा की स्थिति में बढ जाते है।

जलवायु कारकों पर उन्नत तकनीकों विकल्पों के प्रभाव

दलहनीं फसलों पर पड़ने वाले जलवायु परिवर्तन के प्रभावों को कम करने के लिए चयनित विभिन्न विकल्पों पर कृषक एवं अनुसंधान प्रक्षेत्र पर अध्ययन किए गयें। लगाये गये प्रयोगों के क्षेत्र की जलवायु आद्र शुष्क थी एवं दिसम्बर से जनवरी माह में कम तापक्रम रहता है (–1.0^{o} सेंटीग्रेट) और सर्वाधिक अधिक तापक्रम मई व जून माह (49° सेन्टीग्रेट) में रहता है। इस क्षेत्र की जलवायु समबन्धी दलहन फसल को प्रभावित करने वाले कारकों में मुख्य रूप से पाला, सूखा, फसल के दाने बनते समय में अधिक ऊष्मा और असमयिक वर्षा एवं वर्षा का असामान्य वितरण प्रमुख है। इस क्षेत्र में साप्ताहिक अधिकतम आद्रता 38.0 से 91.1% के मध्य एवं न्यूनतम आद्रता 23.8 से 89.0% के मध्य रहती है एवं औसतन वर्षा 700 मिली मीटर/वर्ष है जो कि अधिकाशतः जुलाई से अगस्त माह में ही हो जाती

है। इस क्षेत्र की खरीफ की मुख्य फसलों मे बाजरा, अरहर, सोयाबीन, मूंग, उड़द, तिल एवं ग्वार है जबकि रबी मौसम में सरसों, गेहूँ एवं चना की खेती होती है।

यहाँ की मृदाऐं एल्यूवियल है एवं मृदा संररचना बलुई, दुमट एवं मटियार दुमट है। कृषि योग्य मृदा की गहराई लगभग 120 सेन्टीमीटर है। यहाँ की मृदा की जल पारगम्यता 5 से 10 मिलीमीटर/घंटा है लगाये गये प्रयोगों की मृदा सामान्य पीएच मान प्रकृति की है। मृदा में कार्बनिक पदार्थ का स्तर कम से मध्यम है एवं उपलब्ध नत्रजन, फास्फोरस, सल्फर एवं जिंक की कमी से प्रभावित है। क्षेत्र में जल स्तर 25 से 31 मीटर गहरा है। कृषक प्रक्षेत्र एवं अनुसंधान प्रक्षेत्र पर दलहनीं फसलें जैसे– मूंग, उड़द, ग्वार, अरहर, चना, मटर, मसूर एवं राजमा पर प्रयोग वर्ष 2010 से 2015 के मध्य आयोजित किए गये। जलवायु समबन्धी परिवर्तन के दलहनीं फसलों पर पड़ने वाले अजैविक प्रभावों में सूखा, फसल का फूल एवं फली बनते समय अधिक ऊष्मीय प्रभाव, पाला, अस्थाई जल भराव, आदि एवं जैविक प्रभावों में उखटा, सर्कोस्पोरा, फली छेदक, पीतशिरा मोजेक, आदि विपरीत प्रभावों को कम करने हेतु तकनीकी विकल्पो पर प्रयोग आयोजित किए गये। प्रयोगों में तकनीकी विकल्पों का प्रयोग कर दलहनीं फसलों के उपज के परिणाम एवं न्यूनतम प्रस्तावित विक्रय मूल्य एवं बाजार मूल्य की दर से शुद्ध, अतिरिक्त शुद्ध लाभ एवं लाभ लागत अनुपात की भी गणना की गई जिसके परिणाम निम्न प्रकार है।

मूंग

मूंग की खरीफ की फसल में वर्षा के समय के अस्थाई जल भराव की समस्या रहती है। इस समस्या के समाधान हेतु फसल की बुवाई यदि चौडी बेड एवं नाली पद्धति (बीबीएफ) से करने पर उत्पादन में सार्थक वृदि हुई एवं प्रयोगों में देखा गया कि इस पद्धति से मूंग की बुवाई करने पर 18.5% दाने एवं 22.1% तक की भूसे के उत्पादन में वृद्धि दर्ज की गई थी (तालिका–1)। इसी प्रकार मूंग की फसल यदि ग्रीष्म ऋतु में लगाई जाती है तो पौधो के दाने बनते समय 40^0 सेन्टीग्रेट से अधिक तापक्रम होने पर फली के दाने छोटे रह जाते है अधिक तापक्रम से फसल को बचाने हेतु सरसों अथवा अन्य रबी की फसल कटाई के उपरान्त शून्य जुताई पद्धति से ग्रीष्म ऋतु की फसल मूंग की बुवाई करने पर दाने के उत्पादन में 8.3% एवं भूसे के उत्पादन में 16.5% की वृद्धि देखी गई है।

जैविक कारकों में खरीफ के मौसम में वर्षा के मौसम में अधिक आद्रता होने पर पीतशिरा विषाणु रोग (वायएमवी) होने का खतरा बढ जाता है इस समस्या से निजात पाने हेतु प्रतिरोधी किस्म टीजेएम–3 का चयन कर फसल लगाने पर उत्पादन में 23.1% दाना एवं 12.8% भूसे में वृद्धि पारम्परिक प्रजाति जे.एन–72, की तुलना में हुई। प्रयोगो में यह भी देखा गया जलवायु समंबन्धी समस्या से बचने हेतु उपरोक्त तकनीकों का उपयोग करने पर शुद्ध लाभ एवं लाभ लागत अनुपात भी अधिक प्राप्त होता है।

तालिका 1: असामान्य जलवायु परिस्थिति में मूंग की फसल पर तकनीकी विकल्पों का प्रभाव

जलवायु कारक	तकनीक	दाना (क्वि./हे.)	भूसा (क्वि./हे.)	उत्पादन लागत (रू./हे.)	शुद्ध लाभ (रू./हे.)	लाभ लागत अनुपात
खरीफ मौसम में अस्थाई जलभराव	समतल मृदा सतह पर बुवाई (कृ.प.)	6.11	14.16	14,100	16,227	2.15
	चौड़ी बेड नाली पद्धति से फसल बुवाई (उ.त.)	7.24	17.29	13,620	22,418	2.65
ग्रीष्म कालीन फसल की फली भरते समय अधिक तापक्रम	पारम्परिक तकनीक (कृ.प.)	7.51	15.18	17,880	18,991	2.06
	शून्य जुताई पर बुवाई तकनीक (उ.त.)	8.13	16.32	14,335	25,514	2.78
अधिक आद्रता के कारण	पुरानी प्रजाति– जे एन– 721 (कृ.प.)	7.8	17.58	14,400	24,216	2.68
पीतशिरा विषाणु रोग का फैलाव	प्रतिरोधी किस्म टीजेएम–3 (उ.त.)	9.6	21.56	15,150	32,362	3.14

कृ.प. = कृषक पद्धति, उ.त. = उन्नत तकनीक

उड़द

उड़द की फसल खरीफ (वर्षा) के मौसम में खेती करने से फसल को कभी–कभी अस्थाई जलमग्नता का सामना करना पड़ता है। उड़द की फसल को जल मग्नता से बचाने के लिए चौड़ी बेड एवं नाली पद्धति से बुवाई कर बचाया जा सकता है साथ ही इस विधि से बुवाई करने पर 24.5% दानो की उपज एवं 24.2% भूसे की उपज में समतल मृदा पर बुवाई की तुलना में बढोत्तरी होती है (तालिका–2)। उड़द की फसल को ग्रीष्म ऋितु (जायद) में उगाने पर फसल की देरी से बुवाई करने पर फली व दाना वनते समय तापक्रम 40^0 सेन्टीग्रेट से अधिक हो जाता है इस परिस्थिति में फसल पकने पर दाने पिचके हुए एवं छोटे रह जाते है। अधिक तापक्रम से बचने के लिए रबी फसल की कटाई के उपरान्त शून्य जुताई पर बुवाई जीरो टिल सीड कम फर्टिलाइजर ड्रिल यंत्र से करने पर फसल पर पडने वाले अधिक तापक्रम से कुछ हद तक बचाया जा सकता है एवं उत्पादन में 15.1% दाना एवं 16.3% भूसे की बढोत्तरी की जा सकती है। ग्रीष्म ऋितु के मौसम में उड़द की फसल लगाने पर फसल को अधिक ऊष्मीय ताप का सामना करना पड़ता है अतः इस परिस्थिती से फसल को बचाने के लिए उड़द की ताप सहनशील प्रजाति पीयू–35 की फसल लगाने पर दानों के उत्पादन में 21.4% एवं भूसे के उत्पादन में 19.6% की बढोत्तरी क्षेत्रीय प्रजाति टाइप–9 की तुलना में देखी गई है।

तालिका 2: असामान्य जलवायु परिस्थिति में उड़द की फसल पर तकनीकी विकल्पों का प्रभाव

कारक	तकनीक	दाना (क्वि./हे.)	भूसा (क्वि./हे.)	उत्पादन लागत (रू./हे.)	शुद्ध लाभ (रू./हे.)	लाभ लागत अनुपात
खरीफ मौसम में अस्थाई जलभराव	समतल मृदा सतह पर बुवाई (कृ.प.)	7.48	17.67	16810	19015	2.13
	चौड़ी बेड नाली पद्धति से फसल बुवाई (उ.त.)	9.31	21.95	16150	28431	2.78
ग्रीष्म कालीन फसल की फली भरते समय अधिक तापक्रम	पारम्परिक तकनीक (कृ.प.)	7.15	15.82	17915	16116	1.90
	शून्य जुताई पर बुवाई तकनीक (उ.त.)	8.23	18.40	15050	24165	2.61
उच्च ताप का प्रभाव	पुरानी प्रजाति टी.–9 (कृ.प.)	7.42	17.54	14560	20980	2.44
	उच्च ताप शहनसील प्रजाति पी.यू.–35 (उ.त.)	9.01	20.97	15534	27556	2.76
अधिक आद्रता के कारण पीतशिरा विशाणु रोग का फैलाव	पुरानी प्रजाति टी.–9 (कृ.प.)	6.62	15.62	16100	15603	1.97
	प्रतिरोधी किस्म शेखर –2 (उ.त.)	7.80	18.43	16930	20429	2.21

कृ.प. = कृषक पद्धति, उ.त. = उन्नत तकनीक

खरीफ के मौसम में वातावरण में अधिक आद्रता होने पर पीतशिरा मोजेक विषाणु रोग अधिक फैलता है इस रोग से बचने हेतु प्रतिरोधी प्रजाति शेखर–2 की फसल लगाने पर दानों के उत्पादन में 17.8% एवं भूसे के उत्पादन में 18.0% की बढोत्तरी स्थानीय प्रजाति टाइप–9 की तुलना में देखी गई है। प्रयोगों में देखा गया है कि जलवायु के प्रभावों से बचाव हेतु तकनीकी विकल्पों का प्रयोग करने पर अधिकतम शुद्ध लाभ एवं लाभ लागत अनुपात प्राप्त होता है।

अरहर

अरहर की फसल को खरीफ मौसम में आरम्भिक अवस्था में वर्षा जल के अस्थाई जलभराव का सामना करना पड़ता है जिससे पौधे गल कर खत्म हो जाते है। इस तरह की समस्या से बचने हेतु चौड़ी बेड एवं नाली पद्धति यंत्र द्वारा फसल बुवाई कर फसल की आरम्भिक अवस्था में पौधो को नुकसान से बचाया जा सकता है। इस पद्धति से फसल बुवाई करने पर उत्पादन में 18.2% दाने एवं 16.8% अरहर की लकड़ी की वृद्धि देखी गई (तालिका–3)। लम्बी अवधि की अरहर की प्रजातियाँ देश के मध्य, उत्तर पश्चिमी क्षेत्रों में पाले से अधिक नुकसान पंहुचता है। इस समस्या से बचने के लिए अल्प अवधि की प्रजाति की खेती करने पर फसल पाला पड़ने के समय (दिसम्बर का आरवरी सप्ताह से जनवरी) से पूर्व ही परिपक्व हो जाती है। अल्प अवधि की प्रजाति पूसा–992 पर हुए प्रयोगों के अनुसार उत्पादन में 34.1% दाने एवं 31.2% अरहर की लकड़ी के बजन में लम्बी अवधि

की प्रजाति जेए–3 की तुलना में प्राप्त हुई। इसी प्रकार लम्बी अवधि की प्रजाति की अरहर की खेती वर्षा आधारित क्षेत्रों में की जाती है इन क्षेत्रों में फसल को सूखे का सामना करना पड़ता है अतः इस सूखे से होने वाले नुकसान से बचने के लिए अतिशीघ्र परिपक्व होने वाली प्रजाति आईसीपीएल–88039 वर्षा आधारित क्षेत्रों में लगाने पर 21.0% दाने एवं 14.0% लकड़ी के वजन में वर्षा आधारित क्षेत्र में वृद्धि देखी गई।

तालिका 3: असामान्य जलवायु परिस्थिति में अरहर की फसल पर तकनीकी विकल्पों का प्रभाव

जलवायुई कारक	तकनीक	दाना (क्वि./हे.)	भूसा (क्वि./हे.)	उत्पादन लागत (रू./हे.)	शुद्ध लाभ (रू./हे.)	लाभ लागत अनुपात
खरीफ मौसम में अस्थाई जलभराव	समतल मृदा सतह पर बुवाई (कृ.प.)	13.66	64.4	20,200	48,905	3.42
	चौड़ी बेड नाली पद्धति से फसल बुवाई (उ.त.)	16.15	75.2	20,450	61,063	3.99
लम्बी अवधि की प्रजाति पर पाले का प्रभाव	लम्बी अवधि की प्रजाति जे.ए.–3 (कृ.प.)	17.30	80.5	22,110	65,197	3.95
	अल्प अवधि प्रजाति पूसा–992 (उ.त.)	23.20	105.6	20,050	96,561	5.82
सूखे का प्रभाव	लम्बी अवधि की प्रजाति ग्वालियर–3 (कृ.प.)	18.51	82.25	22,884	69,753	4.05
	अतिशीघ्र परिपक्व होने वाली प्रजाति आईसीपीएल–88039 (उ.त.)	22.78	99.76	24,110	89,605	4.72
वातावरण में अधिक नमी एवं आद्रता के कारण फाइटोप्थोरा झुलसा	स्थानीय पुरानी प्रजाति उपास–120 (कृ.प.)	17.89	82.28	21,810	68,281	4.13
	प्रतिरोधी प्रजाति पूसा–2002 (उ.त.)	21.60	101.5	22,570	86,636	4.84
फली छेदक कीट	इन्डोसल्फान दर 1.5 लीटर/हे. (कृ.प.)	15.12	94.2	19,800	61,274	4.10
	फेरोमोन ट्रेप दर 20 + एच ए एनपीवी 500 एलई + क्विनोलफोस 25 ईसी दर 1.5 लीटर/हे. (उ.त.)	21.50	99.7	23,100	85,334	4.69
उखटा	तकनीक रहित (कृ.प.)	17.83	74.7	23,450	64,870	3.77
	उखटा प्रतिरोधी किस्म पूसा–992+ट्राइकोडर्मा 10 ग्राम/किलो बीज दर से उपचार एवं चौड़ी बेड एवं नाली पद्धति से बुवाई (उ.त.)	22.50	104.4	24,450	89,040	4.64

कृ.प. = कृषक पद्धति, उ.त. = उन्नत तकनीक

फसल के जैविक तनाव में फाइटोफ्थोरा झुलसा से भी अधिक नुकसान देखा गया है अतः इस समस्या के प्रभाव से बचने के लिए प्रतिरोधी किस्म पूसा–2002 प्रजाति लगाने पर उत्पादन में 15.2% की दाने एवं 23.4% की लकड़ी के डंठलों के वजन में वृद्धि संवेदनशील किस्म उपास–120 की तुलना में दर्ज की गई (तालिका–3)। इसी प्रकार अरहर की फसल में फली छेदक कीट से भी काफी नुकसान होता है अतः फली छेदक कीट से बचने के लिए फेरोमोन ट्रेप 20 + एचएएनपीवी 50 एलई + क्रांन्तिक अवस्था पर क्विनोलफोस 25 ईसी 1.5 लीटर/हे. की दर से छिड़काव कर 42.2% दाने एवं 5.8% लकड़ी डंठलों की उपज में कृषक पद्धति की तुलना में वृद्धि हुई थी। अरहर की फसल में उखटा बीमारी की बजह से भी उत्पादन में छति देखने को मिलती है इस समस्या से बचने के लिए फसल के बीजों का ट्राइकोडर्मा 10 ग्राम/किलो बीज से बीज उपचार साथ में फसल की बुवाई चौड़ी बेड एवं नाली पद्धति यंत्र से कर उपज में 26.2% दाने एवं 40.3% लकड़ी के वजन में वृद्धि कृषक पद्धति की तुलना में प्राप्त हुई थी। जलवायु समबन्धी समस्याओं से बचने हेतु क्षेत्रीय आधारित उपयुक्त नवीनतम तकनीकों का प्रयोग कर शुद्ध लाभ एवं लाभ लागत अनुपात भी अधिक प्राप्त हुआ था।

चना

चना की फसल में कभी–कभी शीत त्रितु के समय असमयिक वर्षा एवं कृषकों द्वारा अधिक सिंचाई जल के प्रयोग से वातावरण में अधिक आद्रता होने की परिस्थिती में फसल की अधिक बढवार होने के कारण उत्पादन में अधिक छति उठानी पड़ती है। इस समस्या को कम करने के लिए फसल को चौड़ी बेड एवं नाली यंत्र से बुवाई कर उत्पादन में 74% दाने की उपज में वृद्धि हो जाती है (तालिका–4)। खरीफ फसल कटाई के उपरान्त देरी से बुवाई की स्थिति में फसल को अधिक ऊष्मीय ताप का सामना करना पड़ता है अतः खरीफ की फसल कटाई के उपरान्त शून्य जुताई पर बुवाई यंत्र द्वारा फसल की बुवाई कर फसल की शीघ्र बुवाई की जा सकती है एवं प्रक्षेत्र प्रयोगों में देखा गया है कि उत्पादन में 22.2% दाना एवं 23.6% भूसा में वृद्धि हो जाती है। चना की फसल को अधिकाशतः वारनी क्षेत्रों में उगाया जाता है। साथ ही यह देखने में भी आया है कि इन क्षेत्रों में फसल को सामान्यतः सूखे का सामना करना पड़ता है अतः सूखा सहनशील प्रजाति जे.जी.–14 की फसल लगाने पर उत्पादन में 18.5% दाने एवं 15.1% भूसे की वृद्धि पारम्परिक प्रजाति जे.जी.–315 की तुलना में प्राप्त हुई।

इसी तरह वर्षा आधारित चना उत्पादन क्षेत्रों में उखटा से बचाव हेतु ग्रीष्म कालीन गहरी जुताई कर प्रति रोधी किस्म जे.जी.–11 लगाने पर उत्पादन में 37.5% दाना एवं 47.5% भसे के उत्पादन में कृषक पद्धति की तुलना में वृद्धि हो जाती है (तालिका–4)। चने की फसल में अधिक मृदा नमीं होने की वजह से सर्कोस्पोरा बीमारी का प्रकोप हो जाता है इस बीमारी के प्रभाव से बचने के लिए फसल की चौड़ी बेड एवं नाली पद्धति से बुवाई एवं बीमारी की क्रॉन्तिक अवस्था पर मेन्कोजेव 3ग्राम/लीटर की दर से छिड़काव कर उत्पादन में 38.1%

दाना एवं 9.1% भूसे के उत्पादन में नियंत्रक की तुलना में वृद्धि देखी गई थी। चना फसल में जलवायु के दुष्परिणाम से बचने हेतु नवीनतम तकनीकें अपनाकर शुद्ध लाभ एवं लाभ लागत अनुपात में वृद्धि की जा सकती है।

तालिका 4: असामान्य जलवायु परिस्थिति में चना की फसल पर तकनीकी विकल्पों का प्रभाव

जलवायुई कारक	तकनीक	दाना (क्वि./हे.)	भूसा (क्वि./हे.)	उत्पादन लागत (रू./हे.)	शुद्ध लाभ (रू./हे.)	लाभ लागत अनुपात
अधिक मृदा नमीं के कारण	समतल मृदा सतह पर बुवाई (कृ.प.)	10.65	29.7	22,100	18,255	1.83
अधिक बढवार	चौड़ी बेड नाली पद्धति से फसल बुवाई (उ.त.)	18.60	24.7	22,560	44,064	2.95
अक्समात अधिक ताप बढवार का फसल पर प्रभाव	पारम्परिक तकनीक (कृ.प.)	14.57	19.60	22,910	28,860	2.26
	शून्य जुताई पर बुवाई तकनीक (उ.त.)	17.81	24.23	19,520	43,826	3.25
फसल में फूल व फली बनते समय सूखा	पुरानी प्रजाति जेजी–315 (कृ.प.)	13.53	18.6	19,700	26,785	2.36
	सहनशील प्रजाति जेजी–14 (उ.त.)	16.03	21.4	21,476	33,439	2.56
उखटा/अधिक नमी के कारण जड़ गलन	पुरानी प्रजाति जेजी–315 (कृ.प.)	16.80	22.9	20,590	37,081	2.80
	प्रतिरोधी किस्म जेजी–11 एवं फसल की चौड़ी बेड नाली पद्धति से बुवाई (उ.त.)	23.13	28.2	21,695	56,873	3.62
वारानी क्षेत्रों में उखटा/ जड़ गलन	पारम्परिक जुताई तकनीक से बुवाई (कृ.प.)	11.31	14.1	21,780	16,716	1.77
	ग्रीष्म कालीन गहरी जुताई एवं प्रतिरोधी किस्म जेजी–11 (उ.त.)	15.55	20.8	25,180	28,101	2.12
अधिक मृदा नमीं के कारण सर्कोस्पोरा रोग	नियंत्रण रहित तकनीक से खेती (कृ.प.)	12.92	21.0	22,430	22,945	2.02
	चौड़ी बेड नाली तकनीक से बुवाई एवं आवश्यकता पड़ने पर मेनकोजेब 3ग्राम/लीटर की दर से छिड़काव (उ.त.)	17.84	2209	23,165	37,721	2.63

कृ.प. = कृषक पद्धति, उ.त. = उन्नत तकनीक

मसूर

रबी मौसम में मृदा में अधिक नमीं दलहनीं फसलों को नुकसान पंहुचाती है। फसल को अधिक नमीं के प्रभाव से बचाने के लिए चौड़ी बेड पर बुवाई एवं नाली में सिंचाई तकनीक में बुवाई कर मसूर के उत्पादन में 58.6% दानों में वृद्धि शीत कालीन वर्षा एवं अधिक मृदा नमीं की सामान्य स्थिती में समतल जमीन पर बुवाई की तुलना में प्राप्त हुई (तालिका–5)। वर्षा आधारित क्षेत्रों में देरी से बोई गई फसल में फूल एवं फली बनते समय अधिक ऊष्मीय ताप एवं मृदा में कम नमीं की स्थिती में फली में दाने छोटे रह जाते है तथा

फसल शीघ्र पक जाती है एवं उत्पादन में अधिक गिरावट आ जाती है इस स्थिती से बचने के लिए खरीफ मौसम की फसल की कटाई उपरान्त शून्य जुताई पर बुवाई तकनीक से बुवाई कर फसल को समय पर लगाया जा सकता है एवं प्रयोगों के आंकड़ों के अनुसार उत्पादन में 24.8% दानों एवं 26.2% भूसे के उत्पादन में वृद्धि पारम्परिक पद्धति की तुलना में प्राप्त हुई। परिणामों में देखा गया कि फसल के सूखे की स्थिती एवं तापक्रम के उतार चढाव की स्थिती में अधिक उत्पादन लेने के लिए फूल आने की अवस्था से पूर्व एक सिंचाई करने पर उपज में 67.5% दाना एवं 77.2% भूसे में वृद्धि प्राप्त हो जाती है।

देश के विभिन्न क्षेत्रों में अधिक मृदा नमीं एवं आद्रता की अवस्था में फसल में उखटा एवं जड़ गलन की समस्या बढ जाती है एसी स्थिती में अधिक उत्पादन लेने के लिए एक ग्रीष्म कालीन गहरी जुताई एवं कार्बेन्डाजिम 3 ग्राम/कि.ग्रा. बीज की दर से बीज उपचार कर 60.4% दाना एवं 18.6% भूसे की पैदावार में बढोत्तरी की जा सकती है (तालिका–5)। इसी प्रकार फसल में सर्कोस्पोरा बीमारी भी अधिक नमी की बजह से हो जाती है अतः बीमारी से बचने के लिए प्रतिरोधी किस्म पन्त एल–5 का चयन कर लगाने पर 20.6% दाना एवं 19.6% भूसे की उपज में वृद्धि की जा सकती है। मसूर की फसल में जलवायुई कारकों के प्रभाव से बचने हेतु उपयुक्त तकनीकों का प्रयोग कर शुद्ध लाभ एवं लाभ–लागत अनुपात में वृद्धि की जा सकती है।

तालिका 5: असामान्य जलवायु परिस्थिति में मसूर की फसल पर तकनीकी विकल्पों का प्रभाव

कारक	तकनीक	दाना (क्वि./हे.)	भूसा (क्वि./हे.)	उत्पादन लागत (रू./हे.)	शुद्ध लाभ (रू./हे.)	लाभ लागत अनुपात
अधिक मृदा नमी के कारण	समतल मृदा सतह पर बुवाई (कृ.प.)	12.42	21.86	18,150	24,004	2.32
अधिक फसल बढ़वार	चौड़ी बेड नाली पद्धति से फसल बुवाई (उ.त.)	19.70	20.52	18,766	45,265	3.41
फसल पकने के समय अक्समात तापक्रम का बढना	पारम्परिक तकनीक (कृ.प.)	15.19	17.38	19,594	30,090	2.54
	शून्य जुताई पर बुवाई तकनीक (उ.त.)	18.95	21.93	15,678	46,354	3.96
फूल व फली बनते समय सूखा	वर्षा आधारित फसल (कृ.प.)	9.87	12.04	18,580	13,853	1.75
	फूल आने से पूर्व एक सिंचाई (उ.त.)	16.53	21.33	20,205	34,395	2.70
शुष्क वातावरण में उखटा/जड़ गलन	तकनीक रहित खेती (कृ.प.)	16.76	20.96	19,708	35,468	2.80
	ग्रीष्म कालीन गहरी जुताई एवं कार्बेनडाजिम 3 ग्राम/किलो बीज से बीजोपचार (उ.त.)	20.84	24.85	20,455	47,910	3.34
अधिक मृदा नमी के कारण सर्कोस्पोरा बीमारी	पुरानी प्रजाति जेएल–11 (कृ.प.)	15.70	19.62	17,940	33,743	2.88
	प्रतिरोधी किस्म पन्त एल–5 (उ.त.)	18.94	23.47	18,709	43,601	3.33

कृ.प. = कृषक पद्धति, उ.त. = उन्नत तकनीक

मटर

मटर की फसल को देश के मध्य एवं उत्तर–पश्चिमी भाग में पाले की समस्या से अधिक नुकसान होता है अतः पाले के प्रभाव से बचने पर किए गये प्रयोगों के अनुसार 25 दिसम्बर उपरान्त 15 दिन के अन्तराल पर 0.1% सल्फ्यूरिक अम्ल का छिड़काव कर उत्पादन में 27.4% दाना एवं 21.5% भूसे में वृद्धि की जा सकती है (तालिका–6)। वर्षा आधारित सूखा प्रभावित क्षेत्रों में सूखे के प्रभाव को कम करने के लिए अतिशीघ्र पकने वाली प्रजाति एपी –3 की बुवाई कर 27.8% दाना एवं 20.8% भूषा पारम्परिक प्रजाति अर्किल की तुलना में अधिक प्राप्त किया जा सकती है।

सामान्यतः देखने में आता है कि ठन्डे एवं शुष्क जलवायु की स्थिती में मटर की फसल में चूर्णिल आसिता का अधिक प्रकोप होता है। अतः समस्या के समाधान हेतु प्रतिरोधी किस्म अलंकार लगाने पर 24.1% दाना एवं 26.7% भूसा पारम्परिक प्रजाति (अर्किल) की तुलना में अधिक प्राप्त हुआ था (तालिका–6)। मटर की फसल में फूल एवं फली बनते समय वर्षा एवं बादल रहने पर फली छेदक कीट का प्रकोप बढ जाता है इस परिस्थिती से बचने हेतु प्रकोप की क्रांन्तिक अवस्था पर क्विनोलफोस 750 एमएल/हे. की दर से 500 लीटर पानी में मिलाकर छिड़काव कर उत्पादन में 21.4% दाना एवं 20.5% भूसे के उत्पादन में नियंत्रक की तुलना में अधिक उत्पादन प्राप्त हुआ था। जलवायु समबन्धी समस्याओं में चूर्णिल आसिता प्रतिरोधी किस्म लगाने पर सर्वाधिक अतिरिक्त शुद्ध लाभ एवं लाभ लागत अनुपात प्राप्त हुआ था।

तालिका 6: असामान्य जलवायु परिस्थिति में मटर की फसल पर तकनीकी विकल्पों का प्रभाव

कारक	तकनीक	दाना (क्वि./हे.)	भूसा (क्वि./हे.)	उत्पादन लागत (रू./हे.)	शुद्ध लाभ (रू./हे.)	लाभ लागत अनुपात
पाले का प्रभाव	तकनीक रहित (कृ.प.)	15.64	19.68	26,805	27,961	2.04
	समय पर बुवाई एवं तनु सल्फ्यूरिक अम्ल का 0.1% छिड़काव (उ.त.)	19.92	23.91	27,910	41,612	2.49
फूल एवं फली बनते समय सूखा	पारम्परिक प्रजाति=अर्किल (कृ.प.)	16.17	28.78	24,520	33,789	2.38
	अल्प अवधि प्रजाति एपी–3 (उ.त.)	20.66	23.83	25,408	46,503	2.83
चूर्णिल आसिता	पारम्परिक प्रजाति=अर्किल (कृ.प.)	17.55	21.99	25,562	35,874	2.40
	प्रतिरोधी किस्म= अलंकार (उ.त.)	21.78	27.87	26,918	52,691	2.96
फली छेदक	तकनीक रहित (कृ.प.)	18.16	22.70	26,110	37,450	2.43
	क्रांन्तिक अवस्था पर क्विनोलफोस दर 750 एम एल/हे. छिड़काव (उ.त.)	22.04	27.35	27,289	49,811	2.83

कृ.प. = कृषक पद्धति, उ.त. = उन्नत तकनीक

ग्वार

देश में ग्वार की फसल की खरीफ (वर्षा) के मौसम में खेती की जाती है खरीफ के मौसम में फसल की आरम्भिक अवस्था में अस्थाई जल भराव के कारण पौधे गलकर नष्ट हो जाते है एवं बचे हुए पौधों की बढवार भी अधिक हो जाती है अतः इस समस्या से बचने के लिए प्रक्षेत्र परीक्षण में चौडी बेड एवं नाली फसल बुवाई यंत्र द्वारा फसल बुवाई कर पारम्परिक बुवाई तकनीक की तुलना में 13.6% दाना एवं 8.0% भूसे में वृद्धि प्राप्त हुई (तालिका–7)। लम्बी अवधि की ग्वार की प्रजातियों को सामान्यतः शुष्क क्षेत्रों में सूखे का सामना करना पड़ता है अतः इस परिस्थिती से बचने हेतु सूखा सहनशील एवं शीघ्र पककर तैयार होने वाली प्रजाति आरजीसी–1003 को लगाने पर सूखे की स्थिती में पारम्परिक प्रजाति एचजी–365 की तुलना में 15.4% दाना एवं 13.5% भूसे की मात्रा अधिक उत्पन्न हुई।

तालिका 7: असामान्य जलवायु परिस्थिति में ग्वार की फसल पर तकनीकी विकल्पों का प्रभाव

कारक	तकनीक	दाना (क्वि./हे.)	भूसा (क्वि./हे.)	उत्पादन लागत (रू./हे.)	शुद्ध लाभ (रू./हे.)	लाभ लागत अनुपात
अधिक मृदा नमीं के कारण अधिक बढवार	पंक्ति में बुवाई (कृ.प.)	13.95	26.78	17,099	35,687	3.09
	चौडी बेड नाली पद्धति से बुवाई (उ.त.)	15.84	28.92	19,214	40,426	3.10
अक्समात तापक्रम बढने का प्रभाव	पारम्परिक प्रजाति = एच.जी.–365 (कृ.प.)	14.16	24.35	18,530	34,504	2.86
	सहनशील प्रजाति आरएसजी–1003 (उ.त.)	16.34	27.64	19,408	41,676	3.15
अधिक मृदा नमीं एवं आद्रता के कारण पत्ती झुलसा	तकनीक रहित (कृ.प.)	15.30	26.87	18,870	47,616	3.04
	क्रांन्तिक अवस्था पर कोपर आक्सी क्लोराइड दर 0.3% का छिड़काव 10 दिन अन्तराल पर पुनः छिड़काव (उ.त.)	17.86	31.56	19,420	58,527	3.45
अधिक मृदा नमी के कारण सर्कोस्पोरा बीमारी	तकनीक रहित (कृ.प.)	15.82	27.74	19,615	39,721	3.02
	मेनकोजेव दर 20 ग्राम/लीटर पानी की दर से छिड़काव (उ.त.)	18.15	31.28	20,890	47,061	3.03

कृ.प. = कृषक पद्धति, उ.त. = उन्नत तकनीक

जैविक कारकों में ग्वार की फसल में अधिक नमीं की स्थिति में पत्ती झुलसा रोग की समस्या बढ जाती है अतः इस स्थिति से निपटने के लिए बीमारी की क्रान्तिक अवस्था पर कोपर आक्सी क्लोराइड का 0.3% का घोल 10 से 12 दिन के अन्तराल पर छिड़काव कर 16.7% दाना एवं 17.5% भूसे के उत्पादन में वृद्धि दर्ज की गई (तालिका–7)। अधिक नमीं की स्थिती में सर्कोस्पोरा की समस्या भी देखने को मिलती है अतः एसी स्थिती में मेनकोजेव 2 ग्राम/लीटर का छिड़काव कर 14.7% दाना एवं 12.8% भूसे के उत्पादन में कृषक पद्धति

की तुलना में अधिक प्राप्त हुई। फसल को उगने से पकने की अवस्था में जलवायु कारकों से उत्पन्न समस्याओं को नवीन सुझाई गई तकनीकों से प्रबन्धन करने पर अधिक शुद्ध लाभ एवं लाभ लागत अनुपात प्राप्त होता है। जलवायुई कारको के प्रबन्धन में सर्वाधिक अतिरिक्त शुद्ध लाभ कृषक पद्धति की तुलना में पत्ती झुलसा के प्रबन्धन से प्राप्त हुआ था।

राजमा

राजमा की उचित बढवार एवं उत्पादन हेतु 16.7 से 22.0^{0} सेन्टीग्रेट के मध्य तापक्रम उचित रहता है। राजमा उत्पादित क्षेत्रों में फसल की अवस्था में कम तापमान कभी–कभी उत्पादन को प्रभावित करता है अतः कम तापमान सहनशील प्रजाति उत्कर्ष लगाने पर पारम्परिक प्रजाति रेखा की तुलना में 37.2% अधिक दाना एवं 32.2% भूसा प्राप्त हुआ था (तालिका–8)। इसी प्रकार राजमा की फसल में पाले का प्रकोप भी देश के मध्य व उत्तरी भाग में कभी–कभी होता है अतः पाले के प्रभाव से बचने हेतु 25 दिसम्बर के उपरान्त 15 दिवस के अन्तराल पर 0.1% सल्फ्यूरिक अम्ल का छिड़काव कर पाले के प्रभाव के वर्षो में उत्पादन में 34.3% दाना एवं 36.3% भूसे की मात्रा कृषक पद्धति की तुलना में अधिक प्राप्त हुई। राजमा की फसल में सिंचाई के उपरान्त असमयिक वर्षा अथवा बाढ पद्धति से सिंचाई की स्थिती में अधिक मृदा नमीं होने के कारण फूल गिरने की समस्या हो जाती है। अनुसंधान में देखा गया है कि सिंचाई जल कुल वाष्पीकरण अनुपात 0.6 पर करने पर सर्वाधिक 29.7% दाना एवं 31.0% भूसे की मात्रा कृषक पद्धति से सिंचाई की तुलना में प्राप्त हुई।

तालिका 8: असामान्य जलवायु परिस्थिति में राजमा की फसल पर तकनीकी विकल्पों का प्रभाव

कारक	तकनीक	दाना (क्वि./हे.)	भूसा (क्वि./हे.)	उत्पादन लागत (रू./हे.)	शुद्ध लाभ (रू./हे.)	लाभ लागत अनुपात
कम तापक्रम प्रभाव	स्थानीय पुरानी प्रजाति रेखा (कृ.प.)	10.47	19.9	26,500	61,240	3.31
	प्रतिरोधी किस्म उत्कर्ष (उ.त.)	14.37	26.3	27,730	91,490	4.18
पाले का प्रभाव	तकनीक रहित (कृ.प.)	9.37	16.8	28,730	50,010	2.77
	सल्फ्यूरिक अम्ल का छिड़काव (उ.त.)	12.58	22.9	28,310	75,860	3.58
अधिक मृदा नमी से फूल का गिरना	बाढ़ सिंचाई पद्धति (कृ.प.)	12.18	23.1	27,436	74,065	3.70
	आईडब्लू/सीपीई 0.6 अनुपात पर सिंचाई(उ.त.)	13.62	25.7	26,836	86,573	4.23
अधिक मृदा नमी से मोजेक विषाणु रोग	पारम्परिक प्रजाति रेखा (कृ.प.)	10.01	18.4	26,915	56,845	2.80
	प्रतिरोधी किस्म – आई.पी.आर. 96–4 (उ.त.)	12.94	24.1	28,520	79,820	3.80

कृ.प. = कृषक पद्धति, उ.त. = उन्नत तकनीक

जैविक कारकों में मोजेक विषाणु रोग अधिक नमी की स्थिति में अधिक नुकसान पंहुचाता है अतः इस बीमारी से बचने हेतु राजमा की प्रतिरोधी किस्म आईपीआर 96–4 प्रयोग करने पर पारम्परिक किस्म रेखा की तुलना में 29.7% अधिक दाना एवं 31.0% भूसा प्राप्त किया जा सकता है (तालिका–8)। जलवायुई कारकों के प्रभाव से बचने हेतु उपयुक्त तकनीकों में सर्वाधिक अतिरिक्त शुद्ध लाभ कम तापक्रम से प्रतिरोधी किस्म उत्कर्ष के प्रयोग करने पर रू. 30,250/हे. पारम्परिक प्रजाति के प्रयोग की तुलना में प्राप्त हुई। प्रयोगों में देखा गया कि उपयुक्त तकनीकों का समय पर प्रयोग करने पर अधिक शुद्ध लाभ लागत अनुपात प्राप्त होता है।

निष्कर्ष

जलवायु विविधिता और जलवायु परिवर्तनशीलता आशाजनक उत्पादन में स्थिरता को प्रभावित करते है परिणाम स्वरूप राष्ट्रीय खाध्य सुरक्षा प्रभावित होती है। फसल की अवस्था के समय जलवायु में परिवर्तनशीलता से होन वाले नकारात्मक प्रभाव से बचने की तकनीकों को अपनाकर उत्पादन में स्थिरता लाई जा सकती है। जलवायु परिवर्तन का दलहनीं फसलों में अस्थाई जल मग्नता, सूखा, अधिक उष्मा, पाला, कीट व्याधियों के प्रकोप के दुष्परिणामों से दलहनीं फसलों का उत्पादन बहुत अधिक प्रभावित होता है अतः इन दुष्परिणामों से बचने हेतु सहनशील/प्रतिरोधी किस्में, फसल बुवाई एवं प्रबन्धन की तकनीकों में थोड़ा सा बदलाव, जल प्रबन्धन तकनीकें अपनाना, मौसम के पूर्वानुमान की भविश्यवाणी के आधार पर कार्य दलहन के उत्पादन बढाकर स्थाइत्व लाया जा सकता है। देश के कुछ भागों में उपरोक्त तकनीकों में से बहुत सी तकनीकें उन्नतशील कृषकों द्वारा अपनाई भी जा रही है। लेकिन इसके और अधिक नवीन तकनीकों के माध्यम से प्रदर्शन प्रचार प्रसार कर बड़े स्तर पर प्रत्येक कृषक को अपनाने की आवश्यकता जिससे देश के दलहन उत्पादन को बढाकर देश के आदिकाल से चले आ रहे मानव की प्रोटीन की दलहन से पूर्ति के सपने को साकार किया जा सकता है।

भविष्य की रणनीति

1. क्षेत्र विशेष में होने वाले जलवायु समबन्धी कारकों को पहचानकर प्राथमिकता के आधार पर अनुसंधान कर कृषकों द्वारा अपनाने योग्य तकनीकी विकाश करने की आवश्यकता है।
2. जलवायु में हो रहे परिवर्तन के कारण उत्पन्न हो रहे नवीन कीट व्याधियां के नियंत्रण पर अनुसंधान में प्रगति लाने की आवश्यकता है।
3. सूखा, जलमग्न, ऊष्मा, भण्डारण, फसल कटाई एवं कटाई उपरान्त होने वाले नुकसान के प्रभाव को कम करने वाली प्रजातियों के विकास की आवश्यकता है।
4. अधिक आदान प्रयोग पर अधिक उत्पादन एवं कम समय में पककर तैयार होने वाली प्रजातियों के विकास की आवश्यकता है।

5. दलहनीं फसलों को सामान्यतः वर्षा आधारित क्षेत्रों में उगाया जाता है अतः क्षेत्रों में वर्षा जल प्रबन्धन की स्थानीय विशिष्ठ तकनीकों के विकास की कृषक सहभागिता के आधार पर प्रमुखता दी जानी चाहिए जिससे जल उत्पादकता बढाई जा सके।

संदर्भ

बासू, पी.एस. 2015. एनवायरमेंट एण्ड पल्स, हेण्ड बुक. पेज न. 48–53.

बेक, ई.एच., फेटिग, एस., कनाके, सी., हर्टिग, के., और भट्टाराई, टी. 2007. स्पेसिफिक एण्ड अनस्पेसिफिक रिस्पोन्सेस ऑफ प्लान्ट्स टू कोल्ड एण्ड ड्रोट स्ट्रेस. जर्नल और बायोसाइंसेस, 32: 501–510.

दत्ता, एस.के. और सिंह, बी.बी. 2015. प्रोडक्शन एण्ड प्रोडक्टीविटी ऑफ पल्सेसः इंडियन पर्सपेक्टिव्स. पल्स हेण्ड बुक. पेज न. 34–37.

एफ.ए.ओ.एस.टी.ए.टी. 2009. ऑनलाइन इन्टरएक्टिव डाटाबेस ऑन एग्रीकल्चर, एफ.ए.ओ.एस.टी.ए.टी.

इबा, के. 2002. एक्लीमेटिव रिस्पोन्स टू टेम्परेचर स्ट्रेस इन हायर प्लांटसः एप्रोच ऑफ जेने इंजीनीरिंग फोर टेम्परेचर टोलेरेन्स. एनुअल रिव्यू ऑफ प्लांट बायोलोजी, 53: 225–245.

इनबासेकर, के. 2014. पल्सेस प्रोडक्शन इन इंडियाः चेलेन्जेस एण्ड स्ट्रेटीजीस. इकोनोमिक अफेयर्स, 59(3): 403–414.

आईपीसीसी. 2012. मेनेजिंग द रिस्क ऑफ एक्सट्रीम इवेंट एण्ड डिसास्टर्स टू एडवान्स क्लाइमेट चेन्ज एडोप्सन. इन सी.बी. फील्ड, वी. बरोस, टी.एफ. स्टोकर, डी. क्विन, डी.जे. डोक्कन, के. एल. एबी, एम.डी. मस्तराण्ड्रि, के.जे. मच, जी.के. प्लान्टर, एस.के. एलेन, एम. टिगनोर, एण्ड पी.एम. मिडग्ले (एडिट) ए स्पेशल रिपोर्ट ऑफ वर्किंग ग्रुप I एण्ड II ऑफ द इन्टरगवरमेन्टल पेनल ऑन क्लाइमेट चेन्ज (पेज 582). केम्ब्रिजः केम्ब्रिज यूनिवर्सिटी प्रेस.

कर्ल, टी आर., कुकला, जी., राजावायीव, वी. एन., चेन्जरी, एम.जे., क्यूअले, आर.जी., हेइम, आर.आर.जे., इस्टरलिंग, डी.आर., एण्ड फू, सी.बी. 1991. ग्लोबल वार्मिंगः एवीडेन्स फोर एसीमेट्रिक डीउरनल टेम्परेचर चेन्ज. जियोफिजिकल रिसर्च लेटर्स, 18: 2253–2256.

ओरटिज, आर., सायरे, के.डी., गोवाएरट, बी., गुप्ता, आर., सुब्बाराव, जी. वी., बन, टी. और रिनोल्डस, एम. 2008. क्लाइमेट चेन्जः केन व्हीट बीट द हीट? एग्रीकल्चर, इकोसिस्टम एण्ड इनवायरमेंट, 126: 46–58

प्रहराज, सी.एस. एण्ड सिंह, उम्मेद. 2015. पल्सेस फोर फूड सिक्योरिटी ऑफ इंडिया. पल्स हेण्ड बुक. पेज 82–84.

रेड्डी, ए. अमरेन्दर. 2009. पल्सेस प्रोडक्शन टेक्नोलॉजीः स्टेटश एण्ड वे फॉरवर्ड. इकोनोमिक एण्ड पोलीटीकल वीकली, 52: 73–80.

सेररानो, आर., मुलेट, जे. एम., रायोस, जी., मारक्यूज, जे.ए.एफ. आई., लेउबे, एम.पी., मेन्डीजाबाल, आई., मोन्टेसीनोस, सी. 1999. ए ग्लीमप्से ऑफ द मेकेनिसम ऑफ आयन होमिओस्टेसिस डयूरिंग साल्ट स्ट्रेस. जर्नल ऑफ एक्सपेरीमेन्टल बोटनी, 50, 1023–1036.

5

दलहनों के माध्यम से फसल विविधीकरण

बाबूजी गंगवार, वी. के. सिंह एवं वाय. पी. सिंह

छोटी जोत के आकार के खेत भारतीय कृषि की विशेषता है। वर्ष 1950–51 के दौरान औसतन जोत का आकार 1.21 हे. था जो कि वर्ष 2030 में घटकर 0.68 हे. रह जायेगा। देश की कुल घरेलू आय में योगदान वर्ष 1980 में 38% था जोकि क्रमश: घटकर वर्ष 2000 में 29% और वर्ष 2010–11 में घटकर 15% रह गया। इसी प्रकार वर्ष 1999–2000 में प्रति व्यक्ति कृषि योग्य भूमि की 0.15 हे. थी जो कि वर्ष 2020 में घटकर 0.11 हे. रह जाऐगी। एक अनुमान के अनुसार, वर्ष 2020 में लगभग 150 करोड़ जनसंख्या के भरण पोषण हेतु 345 मिलियन टन खाद्यान्न की आवश्यकता होगी। वर्ष 2020 में छोटे और सीमांत कृषकों की संख्या लगभग 90% होगी साथ ही कृषि भूमि के विस्तार की कोई सम्भावना नहीं है। उपरोक्त स्थितियों एवं वैश्वीकरण व्यापार स्पर्धा, परिस्थिकी, जलवायु, सामाजिक न्याय और रोजगार आदि की स्पर्धा का सामना करने हेतु एक कुशल कृषि उत्पादन पद्धति की आवश्यकता है। पर्याप्त सिंचाई उपलब्ध क्षेत्रों में अधिक उपज क्षमता वाली प्रमुख अनाज, तिलहनीं फसलों का प्रतिस्थापन कर दलहनीं फसल की खेती की जगह अनाज एवं तिलहनी फसल प्रणाली में अर्न्तवर्ती फसल के रुप में अल्प अवधि दलहनीं का समावेश उच्च उत्पादन, आर्थिक लाभ के साथ मृदा की उर्वरक क्षमता भी बनाये रखने में सहायता प्राप्त होगी। इसलिए सिंचित क्षेत्रों में दलहन आधारित फसल संघनता के माध्यम से काफी हद तक उत्पादन में अतिरिक्त वृद्धि कर अतिरिक्त लाभ ले सकते है।

मृदा उपयोगिता क्षमता का विकास कर उत्पादन में वृद्धि और मृदा उर्वरता क्षमता बनाये रखने हेतु अल्प अवधि की दलहन फसले एवं उनकी प्रजातियों से बढती हुई जनसंख्या की खाद्यान्न की आपूर्ति एवं प्रोटीन की भविष्य की आवश्यकताओं को पूरा करने के लिए एक महत्वपूर्ण विकल्प के रुप में माना जा सकता है। यादव एवं सहयोगियों (1996) के अनुसार फसल प्रणाली निदेशालय, मोदीपुरम द्वारा कुल 30 प्रकार की फसल प्रणाली की पहचान की गई है। अनाज उत्पादन आधारित फसल प्रणालीं देश के अधिकांश क्षेत्रों में पहले से ही उगाई जा रही है। यह फसल प्रणाली उत्पादन एवं मृदा की उर्वरक क्षमता बनाये रखने में लम्बे समय तक सक्षम नहीं हो सकती अत: इन फसल प्रणालियों में दलहनीं फसलों का

समावेश कर करोडों मानव एवं पशुधन की प्रोटीन की आवश्यकता की पूर्ति एवं मृदा में नत्रजन स्थरीकरण कर मृदा की रासायनिक, भौतिक एवं जैविक क्षमताओं को बढाया जा सकता है। दलहनीं फसलें प्राकृतिक संसाधन प्रबन्धन, पर्यावरण सुरक्षा, फसल विविधीकरण और एक व्यवहारिक कृषि हेतु उन्नत फसलें है। दलहनीं फसलों की अल्प अवधि की किस्मों की उपलब्धता के साथ उन्नत तकनीकों का समावेस मौजूदा फसल प्रणाली में समावेस कर अधिक उत्पादन एवं लाभ की बेहतर संभावना है। गन्ना, केला, कपास, ज्वार आदि फसलों की लाइनें अधिक अन्तर पर लगाई जाती है अतः इन फसलों में अर्न्तवर्ती फसल के रुप में शीघ्र पकने वाली दलहनीं फसलों की बेहतर सम्भावनायें है। ड्रिप सिंचाई के माध्यम से दलहनीं फसलों का सस्य उद्यानिकी में समावेश की काफी गुंजाइश है। नवीन संभावित क्षेत्रों में दलहनीं फसलों का फसल प्रणाली में समावेश के साथ साथ अर्न्तवर्ती फसल प्रणाली के माध्यम से देश को दलहन उत्पादन में आत्मनिर्भर बनाने के साथ साथ मृदा के स्वास्थ्य को बनाये रखने में मदद मिलेगी। फसल पद्धति में दलहनीं फसलों को सम्मिलित कर फसल प्रणालियां शोध कर्ताओं, योजनाकारों, विस्तार कार्यकर्ताओं एवं कृषकों हेतु सुझाई जा रहे है जो कि निम्न प्रकार है।

भारत में प्रमुख फसल प्रणाली

देश में विविधि प्रकार की जलवायु और मृदायें पाई जाती है जो कि विविध प्रकार की खेती से देश की बढती जनसंख्या की खाद्य, चारा, रेशा और वित्त समबन्धी आवश्यकताओं को पूरा करने की क्षमता रखती है। प्रचलित फसल प्रणाली प्रौद्योकियों हेतु आदानों की समय पर आपूर्ति द्वारा कृषक कृषि उत्पादन कर अपने परिवार की आवश्यकताओं की पूर्ति कर सम्पन्नता की ओर बढना इस बात को इंगित करता है कि कृषक नवीनतम तकनीकों को अपनाकर सरकारी नीतियों का लाभ उठा रहे है। यादव और राव (2001) के अनुसार प्राथमिक एवं द्वितियक महत्व की 250 से अधिक फसल प्रणालीं देश में प्रचलित है जिनमें से तीस फसल प्रणाली प्राथमिकता के आधार पर अतिमहत्वपूर्ण है जो कि निम्न प्रकार है: धान–गेहूं, धान–धान, धान–चना, धान–सरसों, धान–मूंगफली, धान–ज्वार, बाजरा–गेहूं, बाजरा–चना, बाजरा–सरसों, बाजरा–ज्वार, कपास–गेहूं, कपास–चना, कपास–ज्वार, कपास–कुसुम, कपास–मूंगफली, मक्का–गेहूं, मक्का–चना, गन्ना–गेहूं, सोयाबीन–गेहूं, सोयाबीन–चना, ज्वार–ज्वार, मूंगफली–गेहूं, ज्वार–मूंगफली, मूंगफली–चावल, ज्वार–गेहूँ, ज्वार–चना, अरहर–ज्वार, मूंगफली–मूंगफली, ज्वार–धान और मूंगफली–ज्वार। जबकि देश में 10 सर्वाधिक लोकप्रिय फसल प्रणाली अनाज–अनाज आधारित है (तालिका–1)। इनमें धान–गेहॅू (9.85 मिलियन हे.) और धान–धान (5.89 मिलियन हे.) महत्वपूर्ण है। इनके द्वारा कुल खाधान्न की 52.3% की पूर्ति की जाती है।

तालिका 1: भारत वर्ष में प्रचलित मुख्य फसल प्रणालियाँ

फसल पद्धति	क्षेत्रफल (मिलियन हे.)
धान–गेहूँ	9.85
धान–धान	5.89
बाजरा–गेहूँ	2.26
सोयाबीन–गेहूँ	2.23
मक्का–गेहूँ	1.86
धान–शाक भाजी	1.24
कपास–गेहूँ	1.09
धान–मूंगफली	1.02
गन्ना–गेहूँ	0.97
धान–परती	4.42

देश के वर्षा आधारित क्षेत्रों में फसल प्रणालीं एवं अर्न्तवर्ती फसलों में काफी विविधता है जबकि निश्चित सिंचाई के क्षेत्रों में धान–गेहूँ फसल प्रणाली में आदान उपयोग पर निश्चित उत्पादन प्राप्त होता हैं। मध्य भारत (मध्य प्रदेश और महाराष्ट्र) में, दलहनीं फसलों के साथ बाजरा, ज्वार, मक्का तथा तिलहन फसलों के साथ खरीफ में अर्न्तवर्ती फसल में बोई जाती है। मक्का + अरहर, मक्का + उड़द अथवा मूंग, ज्वार + अरहर, बाजरा + अरहर, बाजरा + मूंग अथवा उड़द, मूंगफली + अरहर, कपास + मूंग अथवा उड़द, कपास + अरहर, आदि लोकप्रिय फसल प्रणालियॉ है। रबी के मौसम में चना फसल एकल फसल के रुप में वर्षा आधारित फसल के रुप में उगाया जाता हैं और साथ ही चने में अलसी, कुसुम, धनिया आदि के साथ अर्न्तवर्ती फसल प्रणाली के तहत उगाया जाता हैं।

दलहन के माध्यम से फसल विविधीकरण।

आधुनिक कृषि तकनीक को अपनाने के साथ, देश खाद्यान्न उत्पादन में आत्मनिर्भर बन गया है हालांकि, कुछ परिस्थितिक असंतुलन हाल के दिनों के दौरान देखने को मिल रहा है। उदाहरण के लिए, वर्तमान में धान और गेहूं का हिस्सा कुल कृषि योग्य क्षेत्र का 46% है। जबकि दलहनीं फसलों का क्षेत्र लगातार घट रहा है (तिमसिना और कोनोर, 2001)। धान और गेहूँ की फसल के क्षेत्र में विस्तार के कारण कई नई गंभीर समस्या पैदा हुई है। वह इस प्रकार हैं:

1. भूमिगत जल के अत्यधिक उपयोग करने से जल उपयोग दक्षता में कमीं तथा भूमिगत जल में निंरतर गिरावट।
2. मृदा के स्वास्थ्य में गिरावट।
3. विविध प्रकार के खरपतवार वनस्पतियाँ, कीट एवं रोगों का संक्रमण।
4. ऊर्जा (रसायन, बिजली या डीजल) का अंधाधुंध प्रयोग।
5. अन्य सुरक्षात्मक भोजन और उच्च गुणवत्ता वाली फसलों की उपलब्धता में कमी।
6. पारिस्थितिकी तंत्र में प्रदूषण

बदलते हुए परिदृष्य में आगामी दो दशकों में खाद्यान्न की आवश्यकता की पूर्ति और प्राकृतिक संसाधन प्रबन्धन के निर्धारण की आवश्यकता है। भविष्य की कृषि पद्धति में खाधान्न की आवश्यकता, खाद्यान्न की गुणवत्ता, पर्यावरण संरक्षण, संसाधन स्थिरता और लाभप्रद पद्धतियॉ बनाने की आवश्यकता है। इसलिए केवल अनाज फसल आधारित फसल प्रणाली के स्थान पर अनाज फसल आधारित फसल प्रजातियों में दलहन, तिलहन, सब्जी, फल और फूल का समावेस विश्व व्यापी बाजार को देखते हुए आवश्यक है। दलहन के अलावा तिलहन सब्जी, फल, फूल आदि को फसल प्रणालियों में सम्मिलित किया जाना अति आवश्यक है क्योंकि आज विश्व व्यापार में इन जिन्शों की मांग निरन्तर बढ रही है। इसलिए अधिक उत्पादकता, उपज स्थाइत्व, अधिक लाभ देने वाली फसल प्रणालियों को सम्मिलित कर वर्तमान फसल प्रणालियों में बदलाव लाने की आवश्यकता है। आज विश्व स्तर पर मांग, शहरीकरण, व्यक्तिगत आय में बढोत्तरी के कारण इन फसल प्रणालियों के साथ पशुपालन, बकरीपालन, सुअरपालन, मुर्गीपालन, मधुमक्खीपालन, आदि को खेती के साथ सम्मिलित किया जाना समय की मांग है।

फसल विविधीकरण के आधार संसाधन जैसे जमीन, पानी और फसलों तथा अन्य प्राकृतिक संसाधनों का सही उपयोग का रोजगार, सामाजिक आर्थिक संरक्षण एवं अन्य क्षेत्रों में बढोत्तरी की जा सकती है। उदाहरण के तौर पर धान–गेहूँ फसल प्रणाली के स्थान पर दलहनीं फसल को प्रणाली में उपयोग से दलहनीं फसल वातावरण की नत्रजन को मृदा में स्थिर कर जड़े जमीन के कणों को बांध कर रख सकती है तथा मृदा की उर्वरा शक्ति बढाकर, दलहन मृदा घनत्व को कम करती है (द्विवेदी एवं सहयोगी, 2003)। इस कारण से दलहनों के बाद खाद्यान्न फसल लेने पर उनकी उपज में वृद्धि मोदीपुरम में किये गये परीक्षणों में देखी गई है। फसल प्रणाली निदेशालय, मोदीपुरम में किए गये प्रयोगों के आधार पर धान–गेहूँ फसल प्रणाली के स्थान पर अरहर–गेहॅू फसल प्रणाली से 78 से 89 सेन्टीमीटर/हे. पानी बचाया जा सकता है।

फसल प्रणाली में दलहनीं फसलों का वर्तमान परिदृष्य

पंरपरागत रुप से दलहन फसल आधारित फसल प्रणाली को महत्वपूर्ण माना गया है क्योंकि दलहनीं फसलें प्रोटीन और वायुमंडलीय नाइट्रोजन को स्थिर कर मृदा की उर्वरता में सुधार करने की क्षमता का एक महत्वपूर्ण श्रोत के रुप में लोकप्रिय है। सिंचाई की बढती हुई सुविधायें और वर्ष 1960 से बढते अकार्वनिक उर्वरकों के प्रयोग के कारण अधिक उपजाऊ मृदाओं से दलहन फसलों के स्थान पर खाद्यय फसलों को अधिक बढ़ावा दिया गया। उदाहरण के तौर पर वर्ष 1960 और 1970 के मध्य भारत वर्ष में गंगा के मैदानी इलाकों में धान–गेहॅू फसल प्रणाली को अधिक बढावा मिला। धान और गेहॅू की नवीन तकनीकों के द्वारा काफी हद तक कृषि का परिदृष्य बदल गया और कृषि उत्पादन में वृद्धि करने में काफी हद तक योगदान दिया है। समय बीतने के साथ, धान–गेहॅू की उत्पादकता बनाये रखने के लिए रासायनिक उर्वरकों और सिंचाई के अत्यधिक उपयोग से मृदा की

उर्वरता में एक असन्तुलन पैदा हो गया है। पोषक तत्वों का असन्तुलन भारत वर्ष के अधिकांशत: धान–गेहँ उत्पादक क्षेत्रों में उत्पन्न हो रहा है। मृदा में उत्पन्न हो रहे पोषक तत्वों के असन्तुलन के कारण धान–गेहूँ फसल प्रणाली के उत्पादन की स्थिरता बनाये रखना एक चुनौती बनता जा रहा है। धान–गेहूँ फसल प्रणाली में दलहनीं फसल का समावेश उत्पादन में स्थिरता बनाये रखने में महत्वपूर्ण योगदान दे सकता है (अहलावत एवं सहयोगी, 1998; यादव एवं सहयोगी, 1998)।

महत्वपूर्ण दलहनीं फसलों में उड़द, मूंग, चना, मसूर, मटर और अरहर प्रमुख है। अन्य खाध्य फसलों की तुलना में दलहनीं फसलों का उत्पादन अधिक जोखिम भरा होता है। पिछले एक दशक में दलहनीं फसलों का 10 लाख हे. क्षेत्र अन्य फसलों द्वारा प्रतिस्थापित किया गया है। दलहनीं फसलों के क्षेत्रफल में गिरावट मुख्य रुप से धान–गेहूँ फसल चक्र द्वारा अपेक्षाकृत अधिक लाभ देने के कारण आई है। अधिकांश दलहनीं फसलों की औसत उपज 550 से 600 कि.ग्रा./हे. होती है। कग उत्पादन के कई कारण है इनमें मुख्य रुप से जैविक और अजैविक कारक प्रमुख है। अधिकांश दलहनीं फसलों के पौधे विपरीत परिस्थितियों में जीवित रहने में सक्षम नहीं होते और अधिक आदान प्रयोग करने पर अनुकूल उपज देने में भी असफल रहते है। जबकि धान व गेहूँ उच्च आदान प्रयोग पर अधिक उपज देने में सक्षम पाये गये है। धान व गेहूँ का बाजार की कीमत में उतार चढाव कम होता है जबकि दलहनों की कीमत में उतार चढाव अधिक होता है। दलहनीं फसलों की कटाई से पूर्व काफी हानि होने की संभावना रहती है। कृषकों को हाल ही में विकसित एवं अनुशंसित किस्मों की जानकरी नहीं होती है। दलहनीं फसलों की नवीनतम सफल तकनीकों का प्रचार प्रसार काफी हद तक उत्पादन बढाने और अधिक लाभ प्रद बनाने के लिए आवश्यक है। बहुत सी दलहनीं फसलों की उन्नत किस्मों एवं अधिक समर्थन मूल्य द्वारा क्षेत्रफल में वृद्धि की जा सकती है। दलहनीं फसलों के उत्पादन के साथ क्रम में लगाई गई खाद्यान्न फसलों की उपज में वृद्धि सर्वविदित है साथ ही दलहनीं फसले नत्रजन स्थरीकरण कर उत्पादन लागत को भी कम करती है।

दलहनीं फसलों को ग्रीष्म ऋतु में धान की फसल लगाने से पूर्व भी उगाया जाता हैं। दलहन के अवशेषों को चारे अथवा हरी खाद के रुप में भी कभी–कभी उपयोग किया जाता है। हमारे देश में लगभग 44 मिलियन हे. क्षेत्रफल में धान की खेती की जाती है इसमें से 17.4 मिलियन हे. वर्षा आधारित एकल फसल लगाई जाती है। इन क्षेत्रों में लगाई गई फसल से 0.8 से 1.2 टन प्रति हे. उपज प्राप्त होती है। स्पष्ट है कि धान की फसल से जिन क्षेत्रों में निराशाजन उत्पादन प्राप्त हो रहा है उन क्षेत्रों में फसल व्यवस्था में बदलाव लाकर एक आकर्षक और सार्थक लाभकारी फसल पद्धति लाने की आवश्यकता है। अत: सघन फसल प्रणाली में शीघ्र पकने वाली फसलें एवं उनकी प्रजातियों का समावेष कर उपलब्ध संसाधन के आधार पर लाभप्रद बनाना ही एक विकल्प है। फसल प्रणाली सामाजिक, आर्थिक, पर्यावरणीय, प्रभावी भूमि उपयोग एवं रोजगारोन्मुखी होनी चाहिए। पूर्व अनुभवों के आधार पर देखा गया है कि जिन क्षेत्रों में नवीन फसलों को कृषकों ने शीघ्र उपनाया

है उसका मुख्य कारण कृषकों की अधिक उत्पादन लाभ एवं उत्पादन तकनीक के साथ नवीन प्रजातियों की उपलब्धता रही है। इसके बहुत ही अच्छे उदाहरण इस प्रकार है पंजाब और हरियाणा में धान, पश्चिम बंगाल में गेहूँ, गुजरात में मूंगफली, मध्य प्रदेश में सोयाबीन, पश्चिमी उत्तर प्रदेश में अल्प अवधि की अरहर के क्षेत्र में निरंतर वृद्धि हुई है। दलहन फसल को धान की फसल क्रम में प्रतिस्थापित करने हेतु धान परती पद्धति में राजमा, मूंग की फसल को उत्तर भारत में बसन्त मौसम में एवं सर्दियों के मौसम में पूर्वी एवं दक्षिणी क्षेत्र में सफलता पूर्वक उगाया जा सकता है।

दलहनीं फसलों के माध्यम से विविधीकरण के अवसर

फसल विविधीकरण की रणनीति में उपलब्ध संसाधन, स्थानीय आवश्यकतायें, सामाजिक आर्थिक संबन्ध और आर्थिक दृष्टिकोण के आधार पर बनाई जानी चाहिऐ। सभी फसल प्रणालियों पर अखिल भरतीय समन्वित फसल प्रणाली परियोजना द्वारा विभिन्न कृषि जलवायु में दलहन फसल (अर्न्तवर्ती, वैकल्पिक, रिले, हरे चारे अथवा हरीखाद की फसल) लगाने से अधिक उपज, लाभ और मृदा उर्वरता पर लाभदायक परिणाम देखने को मिले है। दलहनीं फसलों का फसल पद्धति क्रम में समावेस का मार्ग निम्न प्रकार है।

ग्रीष्म त्रिृतु के मौसम की फसलः दलहन

अनाज की फसलों के क्षेत्रफल घटाये विना अनाज की फसल आधारित फसल प्रणाली में दो फसलो के मध्य मिलने वाले समय में दलहनीं फसल का समावेस व्यवहारिक तकनीक है। धान – गेहूँ फसल प्रणाली मध्यम अवधि की धान की प्रजाति का देश के उत्तर–पूर्वी मैदानी क्षेत्रों में धान एवं गेहूँ के मध्य दलहन फसल लेने की कोई गुन्जाइश नहीं रहती है। हालांकि इस फसल प्रणाली में गेहूँ की कटाई और धान की रुपाई के मध्य अल्प अवधि (60 से 70 दिवस) की दलहन की फसल सफलतापूर्वक ली जा सकती है। अखिल भारतीय समन्वित फसल प्रणाली अनुसंधान केन्द्र, मसोधा, बनारस और लुधियाना में धान–गेहूँ फसल प्रणाली में मूंग की फसल के समावेस से कुल उत्पादन और शुद्ध लाभ अधिक प्राप्त हुआ। सिंह एवं शर्मा (2002) द्वारा धान गेहूँ फसल प्रणाली में मूंग के समावेस से आगामी धान की फसल से अधिक उपज प्राप्त हुई। अखिल भारतीय समन्वित फसल प्रणाली अनुसंधान में दलहनीं फसल के समावेस से उपज, शुद्ध लाभ में वृद्धि के परिणाम तालिका–2 में दर्शाये गये हैं। सिंह एवं सहयोगियों (1993) ने कई वर्षो तक पूर्वी उत्तर प्रदेश में किए अनुसंधान में पाया कि धान–गेहूँ फसल प्रणाली में दलहन फसल मूंग के समावेश से अधिक उपज, शुद्ध लाभ लगातार प्राप्त हुआ। जबकि धान–गेहूँ फसल प्रणाली में गेहूँ के स्थान पर चना लगाने पर कुल उत्पादन एवं शुद्ध लाभ कम प्राप्त हुआ (तालिका–3)। मूंग की फसल की फली तोडने के पश्चात फसल अथवा अवशेषों को मिश्रित करने के उपरान्त धान व गेहूँ की अधिक उपज एवं शुद्ध लाभ प्राप्त हुआ। साथ ही मृदा धनत्व और पी एच मान में गिरावट और कार्वनिक पदार्थ में वृद्वि धान की फसल की कटाई के उपरान्त दर्ज की गई (सक्सेना और यादव, 1998) (तालिका–4)।

तालिका 2: धान आधारित फसल प्रणाली में दलहन के समावेष का उपज और आर्थिक विवरण (7 वर्षो का औसत)

फसल पद्धति	उपज (टन/हे.)			धान के समतुल्य उपज (टन/हे.)	शुद्ध लाभ (रु/हे./वर्ष)	स्थिरता सूंचकांक
	खरीफ	रबी	जायद			
धान–गेहूँ	4.11	3.76	-	12.52	1495	0.35
धान–गेहूँ–मूंग	4.04	3.88	0.87	16.92	2063	0.64
धान–संरसों–मूंग	4.05	1.58	0.72	17.09	2257	0.70
धान–चना	4.16	1.32	0.88	-	924	0.33

स्रोत– सिंह एवं सहयोगी (1993)

तालिका 3: दलहन फसल आधारित संभावित फसल प्रणाली

फसल पद्धति खरीफ–रबी–जायद	धान उत्पादन क्षमता (टन/हे./वर्ष)	पद्धति उत्पादकता (कि.ग्रा./है./दिन)	शुद्ध लाभ (रु./हे./वर्ष)	पद्धति लाभ (रु./हे./दिन)
उत्तर प्रदेश, हरयाणा के पश्चिमी क्षेत्र				
बाजरा–गेहूँ	7.40	20.3	5505	15.1
बाजरा–आलू–मूंग	13.75	37.7	15247	41.8
उत्तर प्रदेश के दक्षिणी पश्चिमी अर्धशुष्क क्षेत्र विचपुरी				
बाजरा–गेहूँ	7.83	21.4	7405	20.3
बाजरा–गेहूँ–मूंग	9.51	26.1	10238	28.0
पूर्वी और दक्षिणी उडीसा के तटीय क्षेत्र (भुवनेश्वर)				
धान–मूंगफली	9.05	24.8	22675	62.1
धान–मूंगफली–धान	14.12	38.7	42521	116.5
धान–टमाटर–धान	18.77	51.4	51653	141.5
पंजाब का मध्य क्षेत्र (लुधियाना)				
धान–गेहूँ	10.95	30.0	12044	33.0
धान–गोभी संरसों–मूंग	12.21	33.4	28438	77.9
उत्तराखण्ड का भावर और तराई क्षेत्र (पंतनगर)				
धान–गेहूँ	11.92	32.7	23390	64.1
धान–गेहूँ–मूंग	13.84	37.9	34709	95.1
उत्तर प्रदेश के विध्यान के मैदानी क्षेत्र (बनारस)				
धान–गेहूँ	8.48	23.2	11781	32.3
धान–आलू–मूंग	11.99	32.8	22735	62.3
दक्षिण विहार की जलोढ मृदाओं का मैदानी क्षेत्र				
धान–गेहूँ	7.70	21.1	14075	38.6
धान–अलसी–मूंग	11.16	30.6	27887	76.4
धान–आलू–मूंग	15.92	43.6	28557	78.2
धान–मक्का–मूंग	11.96	32.8	29929	82.0
आसाम के ब्रह्मपुत्र घाटी क्षेत्र (जोरहट)				
धान–धान	8.05	22.1	29517	80.9
धान–राजमा–धान	18.11	49.6	73813	202.2

अगले पृष्ठ पर

फसल पद्धति खरीफ–रबी–जायद	धान उत्पादन क्षमता (टन/हे./वर्ष)	पद्धति उत्पादकता (कि.ग्रा./है./दिन)	शुद्ध लाभ (रु./हे./वर्ष)	पद्धति लाभ (रु./हे./दिन)
महाराष्ट्र के उत्तरी भाग का समुद्री तटीय क्षेत्र (करजत, महाराष्ट्र)				
धान–धान	7.17	19.6	6422	17.6
धान–संरसों–चवला	10.19	27.9	26137	71.6
धान–सूरजमुखी–चवला	8.59	23.5	13889	38.1
धान–तरबूज–चवला	10.48	28.7	24165	66.2
हिमांचल प्रदेश के मध्य पहाडी का उपआद्र क्षेत्र (पालमपुर)				
मक्का–गेहूँ	6.61	18.11	13069	35.81
मक्का–मटर–आलू	11.92	32.67	14484	39.68
मक्का–मटर–राजमा	11.38	31.19	16998	46.57
मक्का–सब्जी मटर–आलू	9.26	25.37	19073	45.92

मूंग, उड़द ग्रीष्म त्रिृतु के मौसम की महत्वपूर्ण दलहनीं फसले है। इन फसलों को बसन्त त्रिृतु में भी आलू की खुदाई, गन्ना व संरसों फसल की कटाई के उपरान्त बुवाई की जा सकती है। मूंग की अल्प अवधि एवं एक साथ पककर तैयार होने वाली प्रजातियॉ विकसित की जा चुकी है। इनकी फसल गेहूँ व धान के मध्य मिलने वाले समय में ग्रीष्म त्रिृतु के मौसम में खेती की जा सकती है। एक साथ परिपक्वता एवं अल्प अवधि (60 से 65 दिन) की किस्में जैसे पीडीएम–11, पीडीएम–54, एमएल–267, पीडीएम–139, पूसा विशाल, एसएमएल–668 पन्त मूंग–5, हम–2, पन्त मूंग–2, प्रजातियॉ फसल विविधीकरण के क्रम में गेहूँ की कटाई के तुरन्त वाद मूंग की फसल लेकर फसल सघनता बढाई जा सकती है। ग्रीष्मकालीन मूंग की खेती ग्रीष्म त्रिृतु के मौसम में पंजाब, हरियाणा, राजस्थान, उत्तर प्रदेश, बिहार और पश्चिम बंगाल के सिंचित क्षेत्रो में बोई जा रही है। मूंग की फसल धान–परती क्षेत्र में रबी के मौसम में खेती धान–धान एकल फसल क्षेत्रों में ली जा सकती है। मोदीपुरम में हुए अनुशंन्धान के आधार पर ग्रीष्म त्रिृतु के मौसम में मूंग की फसल से उत्पादन लेने के उपरान्त अवशेषों को मृदा में मिश्रित करने पर धान–गेहूँ की फसल बेहतर हुई और मृदा की उर्वरता में सुधार हुआ। इस पद्धति से 0.5 से 1.0 टन/हे. दलहन की उपज प्राप्त होती है साथ ही मृदा में नत्रजन का स्थिरीकरण होने से नत्रजन के स्तर में वृद्धि होती है (गंगवार एवं सहयोगी, 2005)।

तालिका 4: ग्रीष्म त्रिृतु के मौसम की फसल मूंग का तीन वर्ष पश्चात धान–गेहूँ (धान–गेहूँ फसल प्रणाली) फसल उत्पादन एवं मृदा गुणों पर प्रभाव।

फसल प्रणाली	दानों की उपज (टन/हे.)		मृदा घनत्व (ग्राम/सेमी^{3})	पी एच	मृदा कार्वनिक कार्बन (%)
	खरीफ	रबी			
धान–गेहूँ	4.20	4.10	14.0	7.83	0.36
धान–गेहूँ–मूंग	5.09	4.46	13.2	7.70	0.44

मूँग की फली तोडने के उपरानत जीवांश पदार्थ का मृदा में मिश्रण

स्रोत– सक्सेना और यादव (1998)

फसल विविधीकरण में दलहनीं फसल मसूर को अन्तरवर्ती फसल के रुप में शुरुआत की जा सकती है। ऊँचे स्थानों की मृदाओं पर मटर की फसल को मक्का, बाजरा, ज्वार के क्रम में उगाया जा सकता है। मटर की कुछ अधिक उत्पादन देने वाली सफेद रोली प्रतिरोधी किस्में जैसे, मालवीय मटर–2, केपीएमआर–400, केएफपीडी–103, मालवीय मटर–15, जेपी–885, डीडीआर–23 और पत्त मटर–5 अधिक उपज देने वाली प्रजातियॉ है। इन किस्मों को अपनाने से अधिक उत्पादन एवं शुद्ध लाभ अधिक प्राप्त होता है।

अरहर की अतिशीघ्र पकने वाली प्रजातियाँ जैसे उपास–120, मानक, पारस, एएच–201, पूसा–992, पन्त ए–3, पूसा अगेती, आईसीपीएल–88039, आदि प्रजातियॉ तापमान में बदलाव और तापक्रम को सहन कर लेती है। अतः इन्हे ग्रीष्म त्रिृतु एवं रबी के मौसम में फसल प्रणाली में शामिल कर सकते है। अरहर में अनाज आधारित फसल प्रणाली में 4 से 5 सिंचाई उपलब्ध होने पर गेहूँ एवं 3 से 4 सिंचाई उपलब्ध होने पर जौ की फसल लगा सकते है। सामान्यतः अरहर–गेहूँ फसल प्रणाली अधिक लोकप्रिय है। जिन क्षेत्रों में सिंचित क्षेत्र बढ रहा हैं उन क्षेत्रों में शीघ्र पकने वाली प्रजातियों की सघन प्रणाली की खेती की जा सकती है। रिले फसल प्रणाली में चने की फसल की खेती की जा सकती है। पूर्वी उत्तर प्रदेश, उत्तरी बिहार, महाराष्ट्र के विदर्भ क्षेत्र और उडीसा में रबी के मौसम में राजमा की खेती की जा सकती है। राजमा की उपयुक्त प्रजातियों में उदय, एचयूआर–15, एचयूआर–137, अम्बर, उत्कर्ष और अरुन प्रजातियॉ प्रमुख है।

दलहन आधारित सघन कृषि प्रणाली में धान– सरसों उठी हुई पटटी पर बुआई नाली में सिंचाई (एफ. आई. आर. बी.)–मूंग (एफ. आई. आर. बी.), अरहर (एफ. आई. आर. बी. –गेहूँ (एफ. आई. आर. बी.) की तुलना में धान–गेहूँ (एफ. आई. आर. बी.)–मूंग (एफ. आई. आर. बी.)– प्रणाली से अधिक शुद्ध लाभ (रु. 54,000 से 61,000 / हे.) प्राप्त होता है। जबकि पारम्परिक तकनीक से धान–गेहूँ फसल प्रणाली द्वारा गंगा के मैदानी इलाकों में शुद्ध लाभ अपेक्षाकृत कम (रु. 49,500 / हे.) प्राप्त हुआ। इसी प्रकार गंगा के ऊपरी मैदानी क्षेत्रों में धान–गेहूँ प्रणाली को सघन बनाने के लिए दलहन की फसल का समावेश करने पर 8 से 25% अधिक शुद्ध लाभ प्राप्त हुआ (गंगावार एवं सहयोगी, 2005)।

शीघ्र बढवार वाली दलहनीं फसल का ग्रीष्म ऋतु के मौसम में फसल प्रणाली में समावेश से मृदा के भौतिक और रासायनिक गुणों में सुधार होता है। फसल प्रणाली अनुसंधान निदेशालय, मोदीपुरम में हाल ही में हुए प्रयोगों के अनुसार ग्रीष्म त्रिृतु के मौसम में लोबिया का धान–गेहूँ फसल प्रणाली में समावेश द्वारा नत्रजन और फास्फोरस तत्वों की उपयोग दक्षता में सराहनीय वृद्धि देखी गई (तालिका–5)। द्विवेदी एवं साथियों (2003) के अनुसार नाइट्रेट नत्रजन का स्तर धान–गेहूँ फसल प्रणाली में लोबिया को ग्रीष्म त्रिृतु के मौसम में चारे के रुप में उगाने पर मृदा की ऊपर की सतह में अधिक पाया गया जबकि मृदा की नीचे के सतह में उपलब्धता का स्तर कम देखा गया।

तालिका 5: धान–गेहूँ फसल पद्धति में ग्रीष्म ऋितु के मौसम की लोबिया एवं पोषक तत्व प्रयोग का नत्रजन और फास्फोरस की उपयोगिता क्षमता पर प्रभाव।

नत्रजन एवं फास्फोरस उर्वरक (कि.ग्रा/हे.)	धान		गेहूँ	
	ग्रीष्म ऋितु में परती	ग्रीष्म ऋितु की फसल लोबिया	ग्रीष्म ऋितु में परती	ग्रीष्म ऋितु की फसल लोबिया
नत्रजन उपयोगिता क्षमता (%)				
नत्रजन–120+ फास्फोरस–0	34.8	35.3	54.5	38.3
नत्रजन–120+ फास्फोरस–26	36.4	41.2	54.5	61.7
फास्फोरस उपयोग क्षमता (%)				
नत्रजन–0+ फास्फोरस–26	11.6	15.6	11.2	12.6
नत्रजन–120+ फास्फोरस–26	22.7	25.0	27.9	30.4

स्रोत– द्विवेदी एवं सहयोगी (2003)

अन्तरवर्ती फसल के रुप में: दलहन

अन्तवरर्ती फसल पद्धति सीमित मृदा नमी में अधिक उत्पादन एवं आय प्रदान करने का एक महत्वपूर्ण तकनीक है। देश की ऊपरी क्षेत्र की मृदाओं में अरहर, मूंग, उड़द और सोयाबीन, धान की सीधी बुबाई तकनीक में अन्तवरती फसल एक आदर्श पद्धति हो सकती है। पानी की कमी एवं विपरीत मौसम की स्थिति में अनाज फसल प्रणाली फसल पद्धति में दलहनीं फसल की अन्तवरर्ती फसल के प्रयोग से कुल उत्पादन में वृद्धि के साथ संसाधनों का सदउपयोग, मुख्य रुप से नत्रजन के उपयोग में कमी कर महत्वपूर्ण भूमिका निभा सकते है। अखिल भारतीय समन्वित फसल प्रणाली अनुसंधान द्वारा बहुत से दलहन फसल आधारित फसल प्रणालियों की पहचान और मानकीकरण किया गया है जो कि अधिक लाभकारी है। इनमें से कुछ लाभदायक अन्तवरती फसल प्रणाली मक्का+उड़द पालमपुर, रांची और बासवाडा, मक्का+लोबिया करजत, ज्वार+अरहर इन्दौर, अरहर+मूंग बिचपुरी एवं हनुमानगढ और धान+सोयाबीन कल्यानी एवं जबलपुर क्षेत्रों हेतु उपयुक्त पाये गये है। विभिन्न अन्तवरती फसलों का कृषकों के खेतों पर मूल्यांकन में कृषकों द्वारा एकल फसल की तुलना में अधिक (15–200%) लाभकारी पाया गया (तालिका–6)। अन्तवरती फसल प्रणाली में पोषक तत्वों का प्रयोग सिफारिश के आधार पर प्रयोग करने पर अधिक लाभदायक होता है।

अन्तवरती फसल की सफलता फसल का चयन, बुआई की विधि, फसल ज्यामिति, पोषक तत्व और जल प्रबन्धन पर निर्भर करता है। बहुत सी दलहनीं फसलें जैसे अरहर, मूंग, उड़द और मूगफली ऊपरी क्षेत्र की मृदाओं में धान की शीधी बुआई तकनीक में बेहतर रहती है। अनाज फसल आधारित दलहनीं फसलों की अन्तवरती पद्धति की क्षमताओं का अभी तक पूरा दोहन नही हुआ है। धान/गेहूँ और दलहनीं फसलों की मृदा नमी, मृदा वायु संचारण और फसल की बढवार की प्रकृति अर्न्तवर्ती फसल पद्धति की आवश्यकता के अनुसार भिन्न भिन्न होती हैं अतः देश के गंगा के मैदानी इलाकों में दलहनों के अन्तवरती

फसल उत्पादन की बहुत ही सीमित गुजाइंश है। जबकि ऊँचे स्थानों की मृदाओं में धान की सीधी बोनी क्षेत्रों में अरहर, मूंग और उड़द की अन्तवरती फसल उत्पादन की गुंजाइश है (लाल और सिंह, 1990)। व्यवस्थित रुप में की गई अन्तवरती फसल प्रणाली से उत्पादन, कुल लाभ में बढोत्तरी, संसाधनों एवं मृदा की उपयोग क्षमता में वृद्धि होती है। मंडल और सिन्हा (1993) के अनुसार पश्चिम बंगाल की नई जलोढ मृदा के क्षेत्रों में धान–गेहूँ फसल प्रणाली के क्षेत्रों में दलहनीं फसलों का समावेश अधिक लाभकारी पाया गया है। साथ ही उन्होने पाया कि गेहूँ की फसल में दलहन की अन्तवरती फसल उगाने से उत्पादन में वृद्धि और अधिक आर्थिक लाभ केवल गेहूँ की फसल की तुलना में अधिक प्राप्त होता है।

तालिका 6: कृषकों के खेतों पर अन्तरवर्ती पद्धति का प्रभाव।

अन्तरवर्ती फसल पद्धति	जिला	एकल फसल की तुलना में अतिरिक्त लाभ (%)
अरहर–मूंगफली	सिंगभूम	199
	संगरुर	50
	मयूरभंज	69
अरहर+उड़द	अलीगढ	42
अरहर+मक्का	घाजीपुर	11
अरहर+बाजरा	घाजीपुर	20
ज्वार+अरहर	वर्धा	100
	बिदार और बेल्लारी	103
मूंगफली+उड़द	तिरूचिरापल्ली, पुदुक्कोट्टई और दक्षिण अरकोट	35
	चेंगलपट्टु	25
मूंगफली+मूंग	सलेम	10
मक्का+उड़द	बिलासपुर और हमीरपुर	53
	गजियाबाद	30
	डूंगरपुर	38
चना+संरसों	डूंगरपुर और झुंझुनू	12
	रोहतक और जींद	36

स्रोत– प्रगति प्रतिवेदन अखिल भारतीय समन्वित फसल प्रणाली अनुसंधान परियोजना

देश के उत्तर प्रदेश, राजस्थान, हरयाणा, पंजाब और बिहार राज्यों के कुछ भागों में अरहर के साथ बाजरा एवं मक्का की मिश्रित खेती भी लाभदायक रहती हैं। मिश्रित खेती हेतु अरहर की बहार, अमर, सरद, पूसा–9, एमए–3 और नरेन्द्र अरहर प्रजातियों की खेती की जा सकती है। खरीफ के मौसम में ज्वार और मक्का के साथ मूंग और उड़द की खेती मिश्रित फसल के रुप में सफलता पूर्वक कर सकते है। खरीफ की फसल कटाई के उपरान्त शीघ्र परिपक्व होने वाली मटर, अलसी और जौ आदि की खेती की जा सकती है। अन्तरवर्ती फसल के रुप में राजमा और आलू, मूँग, उड़द, चना और मसूर की खेती गन्ना फसल के साथ खेती सिंचित क्षेत्रों में की जा सकती है।

वर्षा आधारित परिस्थिति के क्षेत्रों में मटर को सरसों और अलसी के साथ मिश्रित फसल के रुप में उगाया जाता है लेकिन इससे कुल उत्पादन कम मिल पाता है। मसूर की फसल को वर्षा आधारित क्षेत्रों में सरसों, मटर और अलसी के साथ मिश्रित खेती के रुप में उगाया जाता है। मसूर की नवीन प्रजातियों में पन्त एल–406, डीपीएल–15, डीपीएल–62, आईपीएल–81, के–75, एल–4076 प्रमुख है जिनसे फसल सघनता बढाकर अधिक उत्पादन एवं शुद्ध लाभ लिया जा सकता है। अरहर की फसल की बढवार में काफी विशमतायें है अतः यह फसल अंन्तरवर्ती फसल हेतु उपयुक्त है क्योकि इस फसल के साथ अंतवर्तीय फसल को प्रकाश, जगह और संसाधनों का कुशल उपयेाग करने में एक दूसरी फसल का प्रतिकूल प्रभाव नहीं पडता। अंन्तरवर्ती फसल में अरहर की फसल के साथ ज्वार, मक्का, बाजरा, रागी, वर्षा आधारित धान, कोदों कुटकी महत्वपूर्ण फसलें है। दलहनों में मूंगफली, धान, मूंग, उड़द, सोयाबीन एवं फलियों वाली फसल को बोया जा सकता है। अरहर की अन्तरवर्ती फसल में शीघ्र पकने वाली दलहनीं (मूंग, उड़द, लोबिया, आदि) फसलें अरहर की फसल के क्षेत्र में लोकप्रिय है। देश के उत्तरी क्षेत्रों में इस अन्तरवर्ती क्रम से कृषक 4 से 5 क्विंटल/हे. अतिरिक्त दलहन विना किसी अतिरिक्त आदान प्रयोग ले रहे है। अरहर+मूगफली, अरहर+सोयाबीन और अरहर+तिल की अन्तरवर्ती फसले देश में आमतोर पर ली जा रही है। जबकि अरहर+मूंगफली देश के उत्तरी व दक्षिणी क्षेत्र में, अरहर+ सोयाबीन मध्य क्षेत्र में अन्तरवर्ती फसल प्रचलित है। मूंगफली+अरहर को 6:1 पक्ति में लगाने पर मूंगफली की एकल फसल के बराबर एवं अरहर का 90% उत्पादन प्राप्त होता है। उत्तरी बिहार में मूंग व उड़द की फसल को मिश्रित फसल के रुप में बसंत ऋितु में बोया जाता है। राजस्थान और हरयाणा राज्यों में शीघ्र पकने वाली मूंग की प्रजातियों को बाजरा और तिल की फसल के साथ मिश्रित फसल के रुप में खरीफ के मौसम में उगाया जाता है। रबी के मौसम में मसूर, मटर, खेसरी को एकल फसल के रुप में उगाया जाता है। उड़ीसा, पश्चिम बंगाल के तटीय क्षेत्रों में मूंग और उड़द की रबी के मौसम में खेती की जाती है।

देश के मध्य क्षेत्र महाराष्ट्र, मध्य प्रदेश, राजस्थान के कुछ भाग और उत्तर प्रदेश के बुंदेलखण्ड क्षेत्र में मिश्रित और अन्तरवर्ती फसल प्रणाली के रुप में ज्वार, कपास और मूंगफली की खेती की जाती है। इस प्रणाली में अरहर की मध्यम अवधि में पकने वाली प्रजातियॉ आईसीपीएल–87, एकेटी–8811, आशा (आईसीपीएल–87119), बीएसएमआर–736, बीएसएमआर–853, मारुति और जेकेएम–7 बहुत ही लोकप्रिय है। इसी प्रकार मूंग और उड़द की फसल को मिश्रित और अन्तरवर्ती फसल पद्धति में ज्वार, मक्का, कपास, और बाजरा की फसल को उगाया जाता है। मूंग की पीडीएम–11 (बसन्त ऋितु हेतु), बीएम–4, हम–1 (बसन्त ऋितु हेतु) और पूसा–9531 और उड़द की प्रजाति टीपीयू–4, आरबीयू 38 और केयू 96–3 सामान्य खेती हेतु बेहतर है। अन्तरवर्ती क्रम में अरहर के साथ उड़द की खेती से शुद्ध लाभ में बढोत्तरी होती है। अरहर–गेहूॅ फसल प्रणाली में अरहर की फसल में अन्तरवर्ती फसल के रुप में मूंग, उड़द, लोबिया आदि की अधिक सम्भावनायें है। अल्प अवधि की अरहर की फसल में दलहन फसल की अन्तरवर्ती फसल से अधिक लाभ लिया जा

सकता है। विभिन्न कृषि परिस्थितिकी क्षेत्रों हेतु महत्वपूर्ण फसल पद्धतियॉ तालिका–7 में दी गई है (सिंह एवं सहयोगी, 2000)।

तालिका 7: वर्षा आधारित विभिन्न जलवायु क्षेत्रों में अन्तरवर्ती फसल

कृषि जलवायु	क्षेत्र	क्षेत्र अन्तरवर्ती फसल	पक्ति अनुपात
6.3	अकोला	ज्वार+अरहर, कपास+मूंग / लोबिया, कपास+अरहर, अरहर+मूंग	2:1, 2:1, 2:1, 1:1
5.2	इन्दौर	मक्का+सोयाबीन, सोयाबीन+अरहर	2:2, 2:2
4.2	अर्जिआ	मक्का+उड़द, मूंगफली+तिल	1 / 2:1,6:2
2.4	राजकोट	मूंगफली+अरंडी, मूंगफली+अरहर	3:1, 2 / 4:1
4.4	झांसी	ज्वार+अरहर, बाजरा+चारा दलहन	2:1, 1:1
10.3	रीवा	ज्वार+अरहर, सोयाबीन+अरहर	2:1, 4:2
3	बीजापुर	बाजरा+अरहर, सूर्यमुखी+अरहर, चना+कुशुम	1:1, 2:2, 2 / 3:1
6.1	सोलापुर	बाजरा+अरहर, सूर्यमुखी+अरहर बजरा+मोठ, चना+कुशुम	2:1, 2:1 / 2, 2 / 3:1, 3:1
8.1	कोवीलपटी	ज्वार+उड़द, ज्वार+लोबिया, कपास+उड़द	2:1, 2:1, 2:2
3	अनंतपुर	मूंगफली+अरहर	5:1
7.3	हैदराबाद	ज्वार+अरहर, अरण्डी+ग्वार	3:1, 2:2
8.2	बैंगलोर	रागी+अरहर, मूंगफली+अरहर	8:1, 8:2
12.1	फुलबानी	धान+अरहर, मक्का+अरहर अरहर+गाजर	3 / 4:1, 2:1, 2:1
12.3	रांची	मक्का+अरहर, धान+अरहर, मूंगफली+अरहर	1:1, 3:1, 3:1
23	हिसार	बाजरा+उड़द / मूंग	2:1, 1:1
2.1	जोधपुर	बाजरा+मूंग / लोबिया	1:2, 1:2
2.3	दंतीवाडा	बाजरा+मूंग, ग्वार+मूंग, बाजरा+ग्वार	1:3, 2:1, 3:1
4.3/9.2	वारानसी	मक्का+उड़द, अरहर+उड़द, अरहर+तिल, धान+अरहर	1:1, 1:1, 1:1, 3:1

स्रोत– सिंह एवं साथी (2000)

हालांकि, सफल अन्तरवर्ती फसल के लिए उपयुक्त किस्मों और पक्ति अनुपात का चयन महत्वपूर्ण होता है। वेड पर बुबाई हेतु कुछ महत्वपूर्ण आधुनिक बुवाई के यंत्र जिनके माध्यम से विभिन्न फसलों को अन्तरवर्ती क्रम में बुवाई की जा सकती है। जैसे मल्टी क्रोप जीरो टिल सीड ड्रिल, मल्टी क्रोप वेड प्लान्टर आधुनिक यंत्र बाजार में उपलब्ध है इन यंत्रों से अन्तरवर्ती फसले सफलता पूर्वक लगाई जा सकती है। इस पद्धति से धान की फसल उत्पादन के क्षेत्रों में वेड पर अन्तरवर्ती फसल लगाई जा सकती है।

फसल में बदलाव कर दलहन

धान–गेहूँ फसल प्रणाली जो कि देश की प्रमुख फसल प्रणाली है। इस फसल प्रणाली का प्रतिस्थापन विभिन्न कृषि परिस्थितिकी जलवायु पर निर्भर करता है। भारत वर्ष के गंगा के मैदानी इलाके एवं अन्य क्षेत्रों में जल स्तर में गिरावट एक गंभीर चिन्ता का विषय है यहाँ धान की फसल को प्रतिस्थापन कर शीघ्र पकने वाली अरहर की प्रजातियों की बहुत संम्भावनाऐं है। इसी प्रकार देश के पूर्वी राज्यों में अधिक तापक्रम के कारण रबी के मौसम में गेहूँ का अधिक उत्पादन नहीं मिल पाता ऐसी स्थिति में गेहूँ के स्थान पर चना, मसूर,

मटर, अथवा मूंगफली की अधिक संम्भावना है। गहन अध्ययनों के आधार पर धान–गेहूँ फसल प्रणाली की तुलना धान–दलहन अथवा दलहन–गेहूँ फसल प्रणाली पर आखिल भारतीय समन्वित फसल प्रणाली अनुसंधान परियोजानाओं में देश के विभिन्न जलवायु क्षेत्रों में अध्ययन किया गया। अध्ययनों में देखा गया कि सन्तुलित पोषक तत्व प्रयोग कर कुल उत्पादन एवं लाभ दलहन फसल आधारित फसल प्रणाली से गैर दलहन फसल प्रणाली की तुलना में लिया जा सकता है। देश के तराई क्षेत्र में अध्ययन के अनुसार धान–गेहूँ फसल प्रणाली में धान लगाने से पूर्व मक्का+लोबिया चारे हेतु लगाने पर कुल वार्षिक उपज, ऊर्जा उत्पादन और शुद्ध लाभ अधिक लिया जा सकता है (तालिका–8)। गेहूँ की फसल का चने की फसल द्वारा प्रतिस्थापन से भी अधिक लाभ मिलता है। द्विफसली पद्धति में खरीफ अथवा रबी के मौसम में दलहनीं फसल से अनाज वाली फसल द्वारा विविधीकरण से बेहतर लाभ होता है।

तलिका 8: फसल पद्धति में दलहनीं फसल के समावेश का फसल प्रणाली का उत्पादन, ऊर्जा उत्पादन और आर्थिक विवरण (पंतनगर, उत्तराखण्ड)।

फसल प्रणाली	फसल पद्धति उत्पादन		रासायनिक ऊर्जा तुल्यांक	आर्थिक विवरण (रू./हे.)	
	धान के समतुलय उपज (टन/हे.)	उत्पादन क्षमता	(किलो कैलोरी 10^{-4} है.)	कुल आय	शुद्ध लाभ
गेहूँ–धान	10.3	28.28	3533	48302	32188
चना–धान	10.8	29.79	3132	49203	35467
गेहूँ–मक्का+ लोबिया (चारा)–धान	13.4	36.74	5051	61682	40793
चना–मक्का+ लोबिया (चारा)–धान	13.9	38.09	4865	62503	43992
क्रान्तिक अन्तर 5%	0.5	6.64	333	3803	2955

श्रोत– सिंह और शर्मा (2002)

लुधियाना (पंजाब) में सिंह एवं सहयोगियों (1996) द्वारा किए अनुसंधान के आधार पर धान का प्रतिस्थापन अरहर के द्वारा एवं गेहूँ का प्रतिस्थापान मटर से कर धान एवं गेहूँ हेतु अनुसंशित रासायनिक उर्वरक का 25% प्रयोग की सिफारिश की गई (तालिका–7)। अध्ययन में धान–गेहूँ फसल प्रणाली में धान–दलहन पद्धति में पन्तनगर में मसूर, वनारस और कानपुर में चना, भुवनेश्वर में उड़द की फसल में अनुशंसित पोषक तत्वों का प्रयोग कर धान–गेहूँ की तुलना में सभी अनुसंधान क्षेत्रों में अधिक कुल उत्पादन एवं शुद्ध लाभ प्राप्त हुआ (हेगडे, 1992) (तालिका–8)। सिंह एवं वर्मा (1999) के द्वारा किए गये अनुसंधान के आधार पर तराई क्षेत्र में धान–दलहन फसल प्रणाली में दलहनीं फसलों में चने की फसल द्वारा मसूर एवं मटर से अधिक शुद्ध लाभ प्राप्त हुआ। मृदा एवं आर्थिक लाभांश की दृष्टि से दलहनीं फसले अनाज वाली फसल की तुलना में बेहतर शिद्ध हुई है जबकि अनाज वाली फसलों की तुलना में कुल उपज कम प्राप्त होती है। इसलिए अधिक उपज देने वाली दलहनीं फसलों की प्रणालियों के विकास की आवश्यकता है।

धान अथवा गेहूँ के तुलना में दलहनीं फसलें उगाने से मृदा में कार्वनिक कार्वन, खनिज नत्रजन और उपलब्ध फास्फोरस स्तर में बढोत्तरी देखी गई (यादव एवं सहयोगी, 2003; सिंह एवं सहयोगी, 2005)। द्विवेदी एवं सहयोगियों (2003) के अनुसार धान–गेहूँ फसल प्रणाली में गेहूँ के स्थान पर लुधियाना में मटर, पन्तनगर में मसूर, कानपुर में चना, भुवनेश्वर में उड़द एवं छिपलिमाँ में मूगफली की फसल लगाने से मृदा में कार्बनिक कार्बन और उपलब्ध पोषक तत्व नत्रजन, फास्फोरस, पोटास की मात्रा में धान–गेहूँ फसल प्रणाली की तुलना में बढोत्तरी दर्ज की गई। धान–गेहूँ फसल प्रणाली में पडलिंग के प्रभाव से मृदा कठोर हो जाती है। इस कठोरता को दलहनीं फसल के समावेस से कम किया जा सकता है। आकडों के आधार पर धान–गेहूँ की फसल की खेती तीन वर्ष तक करने के उपरान्त मृदा घनत्व में बढोत्तरी देखी गई। दूसरी ओर अल्प अवधि की अरहर की फसल लेने से पडलिंग के प्रभाव को कम किया जा सकता है। दूसरे शब्दों में कह सकते है कि दलहन फसल के समावेस से गेहूँ और धान की फसल की जड़ों का विकास बढाया जा सकता है।

परती भूमि एवं नये क्षेत्रों में दलहन फसलें

दलहनीं फसलों के संभावित क्षेत्रों में धान–परती क्षेत्र, जलग्रहण क्षेत्रों में सुधार की गई मृदाऐं, कम लाभकारी फसलों के स्थान पर सघन कृषि प्रणाली में दलहन फसलों की खेती की अपार संम्भावनायें है। धान की उत्पादकता बनाये रखने और बढाने हेतु दलहनीं फसलों का धान आधारित फसल प्रणाली में कृष्णा, गोदावरी, काबेरी आदि नदियों के डेल्टा क्षेत्र एवं प्रायद्वीप में समावेस की काफी संम्भावनाये है। इन नये स्थानों पर अतिशीघ्र पकने वाली दलहनीं फसलो के समावेस की आवश्यकता है। धान–परती क्षेत्र देश में लगभग 15 मिलियन हे. है। इन क्षेत्रों में उपयुक्त दलहनीं फसलें जैसे चना, मूंग, उड़द, आदि फसलों की खेती की तुरन्त आरम्भ करने की आवश्यकता है। आध्रं प्रदेश में उड़द की सफेद फफूंद रोली रोग प्रतिरोधी किस्म एलबीजी–17 प्रजाति का काफी क्षेत्र में वृद्धि हुई दलहनों के संदर्भ में नई संभावना के क्षेत्रों के समबन्ध में अहलावत एवं सहयोगीयों ने वर्ष 2004 में विस्तार में चर्चा की है।

बुंदेलखण्ड एवं देश के अन्य क्षेत्रों में कृषक धान की मेडों को खाली छोड देते है दलहन की सघनता बढाने हेतु कृषक इन क्षेत्रों में धान के खेतों की मेडों का उपयोग दलहन फसल अरहर लगाकर सफलतापूर्वक उत्पादन ले सकते है। अरहर की फसल डिवलिंग द्वारा नयी एवं पुरानी मेढों पर सफलता पूर्वक कर सकते है। बस्तर के पठारी क्षेत्रों में धान+उड़द 2:1 पंक्ति में औसतन धान तथा उड़द की उपज क्रमशः 2.4 टन तथा 0.25 टन/हे. प्राप्त की जा सकती है। इसी प्रकार धान+अरहर की 3:1 पक्ति में फसल लगाने से धान की 1 टन और अरहर की 0.6 टन उपज/हे. वर्षा आधारित क्षेत्रों में प्राप्त की जा सकती है। इसके अलावा वर्षा आधारित क्षेत्रों में वर्षा जल का उचित संचयन तकनीक द्वारा आवश्यकता पडने पर रबी के मौसम में पूरक सिंचाई की जा सकती है और फसल सघनता 100 से 200% तक दलहन फसल उगाकर बढाई जा सकती है।

अल्प अवधि की किस्मों के विकास और सिंचाई सुविधाओं में वृद्धि के क्षेत्रों में पूर्ववर्ती फसल की कटाई के उपरान्त शीघ्र पकने वाली अरहर की प्रजातियों की बुआई कर दोहरी फसल लेकर फसल सघनता बढाई जा सकती है। हाल ही में अल्प अवधि रोग प्रतिरोधी और अधिक उत्पादन लेने की तकनीकों का विकास एवं फसल प्रजातियों की पहचान कर लोकप्रिय बनाया जा रहा है। इन फसल प्रणालियों में अरहर–गेहूँ धान/मक्का–गेहूँ–मूंग, मक्का–आलू/सरसों–मूंग/उड़द उत्तर पश्चिमी मैदानी इलाकों में धान–चना/मसूर, मक्का–अरहर, उत्तर पूर्वी क्षेत्रों और दक्षिण प्रायद्वीप हेतु धान–उड़द और ज्वार–चना प्रमुख है। चने की अल्प अवधि की हरी फली हेतु किस्मों का विकास खाद्यान्न फसलों के उत्पादन एवं क्षेत्रफल को कम किए बिना सितम्बर से दिसम्बर के मध्य दलहन का अतिरिक्त उत्पादन के नये अवसर प्राप्त हो सकते है। अली ने वर्ष 2004 में दलहनीं फसलों हेतु नवीन क्षेत्रों को वर्णित किया है। एक अनुमान के अनुसार फसल विविधीकरण कर फसल प्रणाली में बदलाव और फसल प्रणाली में अधिक फसले लगाकर 2.5 मिलियन हे. अतिरिक्त क्षेत्रफल बढाया जा सकता हैं। इस प्रकार शीघ्र ही उत्पादन के राष्ट्रीय स्तर को बढाया जा सकता है। विभिन्न क्षेत्रों में किए गये कई वर्षो के प्रयोगों के आधार पर क्षेत्र विशेष हेतु दलहनीं फसलों एवं अन्य उच्च मूल्य की फसलों को शामिल कर उपयोगी फसल प्रजातिया तालिका 9 में प्रस्तुत की गई है।

तालिका 9: दलहनों के संम्भावित क्षेत्र

फसल पद्धति	संम्भावित क्षेत्र	संम्भावित क्षेत्रफल (मिलियन हे.)	उपयुक्त प्रजातियाँ
अरहर–गेहूँ	हरयाणा, पंजाब, उत्तर पश्चिमी उत्तर प्रदेश और उत्तरी राजस्थान	1	उपास–120, मानक, पूसा–33, एएल–15, एएल–201
मक्का–रबी अरहर	मध्य एवं पूर्वी उत्तर प्रदेश, उत्तरी बिहार, पश्चिम बंगाल, असम	0.3	पूसा–9, शरद
मक्का–आलू/ संरसों+मूंग/उड़द	पंजाब, हरयाणा और पश्चिमी उत्तर प्रदेश	1	मूँगः पंत मूंग–2, पीडीएम–11, हम–2, एसएमएल–668, पूसा विशाल उड़दः पीडीयू–1, नरेन्द्र उड़द–1, उत्तरा
बसन्त ऋतु गन्ना+ मूंग/उड़द	पूर्वी उत्तर प्रदेश, बिहार, पश्चिम बंगाल	0.15	मूँगः पंत मूंग–2, पीडीएम–11, नरेन्द्र, मूंग–1 उड़दः पीडीयू–1, पंत यू–19, टार्म–1, पूसा–9072
धान–मूंग	उड़ीसा, कर्नाटका के कुछ हिस्से, तमिलनाडू, आन्ध्रप्रदेश	0.35	टार्म–1, पूसा–9072
धान–उड़द	आन्ध्रपद्रेश का समुद्र क्षेत्र, कर्नाटका, तमिलनाडू	0.35	एलबीजी–17, एलबीजी–402
धान–गेहूँ–मूंग	पश्चिमी उत्तर प्रदेश, हरयाणा, पंजाब	0.1	पंत मूंग–2, नरेन्द्र मूंग–1, पीडीएम–193, हम–2
मक्का–राजमा–मूंग	मध्य एवं पूर्वी उत्तर प्रदेश, उत्तरी बिहार	0.07	मूँगः पंत मूंग–2, पीडीएम–11, हिम–2 राजमा : हुर–137, हुर–15, पीडीआर–14, अम्बर
राजगा।आजू	पूर्वी एवं मध्य उत्तर प्रदेश	0.03	पीडीआर–14, अम्बर

स्रोत– अली (2004)

भविष्य की रणनीति

1. कृषकों पर जोत के आकार, उपलब्ध संसाधनों की उपलब्धता के आधार पर विविध कृषि परिस्थितियों के लिये विविध तकनीकों के विकास की आवश्यकता है। संसाधनों को परिलक्षित करने में उपलब्ध भूमि एवं जल संसाधनों तक ही सीमित नहीं किया जाना चाहिए वल्कि आवश्यक अन्य कारक अर्थात समाजिक–आर्थिक स्थिति, घरेलू आवश्यकताओं, बाजार का बुनियादी ढांचा, आदानों की आपूर्ति शामिल होना चाहिए।
2. आगामी वर्षो की कोई निश्चित तकनीकी नहीं हो सकती है क्योकि प्रकृति में परिवर्तनशीलता के आधार पर वांछनीय तकनीकों की आवष्यकता होती है। अतः विभिन्न क्षेत्रों की जलवायु में परिवर्तनशीलता के आधार पर दलहन की तकनीक में विविधता हो सकती है।
3. सघन अर्न्तवर्ती फसल प्रणाली हेतु सिंचित और वर्षा आधारित क्षेत्रों में उचित जल प्रबन्धन रणनीति का अध्ययन किया जाना चाहिए। इन स्थितियों के तहत दलहन आधारित फसल प्रणाली के माध्यम से उपलब्ध विभिन्न प्रकार की मृदा और पर्यावरणीय कारकों की सम्पूर्ण क्षमता के दोहन की तकनीक विकसित की जानी चाहिए।
4. क्षेत्र विशेष के आधार पर मौजूदा संसाधनों एवं क्षेत्र में उपलब्ध संसाधनों की उपलब्धता का दृष्टिकोण रखते हुए रणनीति बनाने की आवश्यकता है। स्थान विशेष के लिए रणनीति, कम अवधि की किस्मों से विविधीकरण कर लाभ लिया जा सकता है।
5. फसल विविधीकरण पर अनुसंधान प्रक्षेत्र के वजाय कृषकों के खेतो पर उसी वातावरण में कृषकों को भागीदार किया जाना चाहिए। इस कार्य में विभिन्न फसल वैज्ञानिकों की टीम योजना बनाने से अन्तिम निष्कर्ष पर पहुचने तक शामिल करना चाहिए।
6. फसल बोने से पूर्व विक्रय दर की भविष्यवाणी एवं भंडारण की उचित व्यवस्था दलहन फसल को फसल प्रणाली में शामिल करने के अतिरिक्त अवसर प्रदान कर सकती है।
7. अनाज फसल आधारित फसल प्रणाली में दलहन उत्पादन हेतु विशेष क्षेत्रों एवं उत्पादन बढाने की व्यवहारिक जानकारी का संस्लेषण किया जाना चाहिए।
8. धान–गेहूँ फसल प्रणाली में दलहनो के समावेश का रासायनिक (पोषक तत्वों की गतिशीलता), मृदा की भौतिक और जैविक स्वास्थ्य, जमीन में पौधों द्वारा छोडे गये विशैले–रसायनों का खरपतवार की गतिशीलता के प्रभाव का अध्ययन करने की आवश्यकता है।
9. एक साथ फलने और परिपक्वता के लिए मूंग की बेहतर शीघ्र पकने और रोग प्रतिरोधी किस्में विशेष रुप से धान–गेहूँ प्रणाली के लिए विकसित करने की आवश्यकता है जो ग्रीष्म त्रिृतु में खती के लिए लोकप्रिय हो।

10. भूमि की उपयोग दक्षता बढाने के लिए अल्म अवधि की दलहन अथवा बहुत ही अल्प अवधि की दलहन पर ध्यान केन्द्रित किया जाना चाहिए ताकि उनका उपयोग फसल उत्पादकता बढाने के साथ ही दो या तीन फसल लेना संभव हो। अल्प अवधि में उच्च तापक्रम सहन, अधिक उपज, शीघ्र पकने वाली नई दलहनीं फसलों की किस्मों का विकास हो।
11. आधुनिक संसाधन संरक्षण तकनीक में बुवाई तकनीक में बदलाव लाकर नाली में सिंचाई एवं बेड पर बुवाई कर विभिन्न फसल प्रणालियों के व्यापक मूल्यांकन करने की आवश्यकता है।

संदर्भ

अहलावत, आई.पी.एस., अली, एम., यादव, आर. एल., राव, जे.वी.डी. के. के., रीगो, टी.जे. और सिंह, आर. पी. 1998. बायोलोजीकल नाइट्रोजन फिक्सेसन एण्ड रेसीडुअल इफेक्ट ऑफ समर एण्ड रेनी सीजन ग्रेन लेग्यूम इन राइस एण्ड व्हीट क्रोपिंग सिंस्टम ऑफ द इंडो–गंगेटिक प्लेन इनः रेसीडुअल इफेक्ट ऑफ लेग्यूम इन राइस एण्ड व्हीट क्रोपिंग सिस्टम ऑफ द इंडो–गंगेटिक प्लेन (एडिटेडः राव जे.वी.डी.के.के., सी. जोहन्सन एण्ड रीगो टी.जे.), ऑक्सफोर्ड एण्ड आई.बी.एच. पब्लीशिंग क. प्रा. लि. पीपी 31–54.

अहलावत, आई.पी.एस., गंगवार बी. और गंगइआह बी., 2004 पोटेन्शियल पल्स बेस्ड क्रोपिंग सिस्टम फोर न्यू निचेस. इन: पल्सेस इन न्यू प्रोसपेक्टिव (एडिट्स: अली, एम., सिंह, बी.बी., कुमार, एस. एण्ड धर वी.) आई.एस. पी.आर.डी., कानपुर पीपी 260–270.

ऐ.आई.सी.आर.पी–सी.एस. रिपोर्टस. प्रोजक्ट डायरेक्टोरेट फोर क्रोपिंग सिस्टम रिसर्च मोदीपुरम, मेरठ, इंडिया (1984–2000).

अली, एम., 2004. रोल ऑफ पल्सेस इन क्रोप डाइवर्सीफिकेशन इन: पल्सेस इन न्यू प्रोसपेक्टिव (एडीटर: अली, एम. सिंह, बी. बी., कुमार, एस. एण्ड धार, वी.) आई.एस.पी.आर.डी., कानपुर पीपी 245–259.

दिवेद्वी, बी.एस., शुक्ला, के., सिंह, वी.के. एण्ड यादव, आर.एल., 2003. इम्प्रूविंग नाइट्रोजन एण्ड फास्फोरस यूज एफीसिएन्सी थ्रो इन्क्लूजन ऑफ फोरेज काऊपी इन द राइस–व्हीट सिस्टम इन द इंडो–गंगेटिक प्लेन ऑफ इंडिया. फील्ड क्रोप्स रिसर्च 80: 167–193.

गंगवार, बी., त्रिपाठी, एस.सी., सिंह, जे.पी., कुमार, रवी, सिंह, आर.एम. एण्ड समुई, आर.सी., 2005. डाइवर्सीफिकेसन एण्ड रिसोर्स मेनेजमेंट ऑफ राइस–व्हीट सिस्टम. रिसर्च बुलेटिन न. 05/1. पी. डी. सी. एस. आर., मोदीपुरम: पीपी. 1–68.

हेगडे, डी.एम., 1992. क्रोपिंग सिस्टम रिसर्च हाइलाइट्स इन: कोरडीनेटर्स रिपोर्ट, 20वी वर्कशाप, तमिल नाडू एग्रीकल्चुरल यूनीवर्सिटी कोयम्बटूर, 1–4 जून 1992. मोदीपुरम, मेरठ 250 110, इंडिया: प्रोजेक्ट डायरेक्टोरेट ऑफ क्रोपिंग सिस्टम रिसर्च पीपी. 21–22.

लाल, एस. एण्ड सिंह, एम.पी., 1990. पल्सेस इन राइस बेस्ड सीक्वेन्स, इंडियन फारमिंग 39 (4): 10–12.

मंडल, जी.के. एण्ड सिन्हा, ए.सी., 1993. सस्टेनेविलटी ऑफ राइस–व्हीट सिक्वेसियल क्रोपिंग थ्रो इन्ट्रोडक्शन ऑफ लेग्यूम क्रोप्स एण्ड ग्रीन मेन्योर क्रोप्स इन द सिस्टम. ओरयजा 20: 260–262

सक्सेना, ऐ. और यादव डी.एस., 1998. इफेक्ट ऑफ समर ग्रीन ग्राम ऑन राइस–व्हीट सिस्टम. इंडियन जर्नल ऑफ एग्रीकल्चरल साइंसेस 68: 583–586.

सिंह, एच.पी., वेंकटेस्वरलू, बी., विट्टल, के.पी.आर. और रामचन्द्रन, के., 2000. मेनेजमेंट ऑफ रेनफेड एग्रो–इकोसिस्टम इनः नेचुरल रिसोर्स मेनेजमेंट फोर एग्रीकल्चरल प्रोडक्शन इन इंडिया (एडिट. यादव, जे.एस.पी. एण्ड सिंह, जी.बी.) इंडियन सोसायटी ऑफ सोइल सांइस, नई दिल्ली पीपी. 669–774.

सिंह, एम.पी., वर्मा, एस.सी. और सिंह, आर.पी., 1993. इफेक्ट ऑफ राइस–बेस्ड सिक्वेन्सियल ऑन यील्ड एण्ड इकोनोमिक सस्टेन्बिलटी अन्डर इर्रीगेटेड कन्डीशन ऑफ ईस्टर्न उत्तर प्रदेश. एनाल्स ऑफ एग्रीकल्चुरल रिसर्च 14: 237–239.

सिंह, एन.बी. और वर्मा, के.के., 1999. इम्पेक्ट ऑफ सिलेक्टेड रबी क्रॉप्स ऑन प्रोडक्टिविटी एण्ड नाइट्रोजन इकोनोमी इन राइस–बेस्ड क्रोपिंग सिस्टम. ओरयजा 36:89–91.

सिंह, आर., राना, डी.एस., भण्डारी, ए.एल. और बरार, आर.एस., 1996. इन्फ्लूएन्स ऑफ लेग्युम बेस्ड क्रोपिंग सिस्टम ऑन क्रोप यील्ड एण्ड न्यूट्रीएन्ट अटेक इन टिपिक उस्टोच्रेप्ट अपटेक. इंडियन जर्नल ऑफ एग्रीकल्चरल साइंसेस 66:7–10.

सिंह. वी.के. और दिवेद्वी, बी.एस., 2006. यील्ड एण्ड एन यूज एफीसिऐन्सी इन व्हीट एण्ड सोइल फर्टीलिटी स्टेट्स एस इनफ्लूएन्सड बाई सबस्टीट्यूसन ऑफ राइस विध पिजन पी इन राइस–व्हीट क्रोपिंग सिस्टम. आस्ट्रेलियन जर्नल ऑफ एक्सपेरीमेन्टल एग्रीकल्चर 46: 1185–1194.

सिंह. वी.के और शर्मा, बी.बी., 2002. इकोनोमिक इवेलूऐशन ऑफ राइस बेस्ड क्रोपिंग सिस्टम इन फुटहिल्स ऑफ हिमालयास, इंडियन जर्नल ऑफ एग्रोनोमी 47(1):12–19.

सिंह, वी.के., दिवेद्वी, बी.एस. शुक्ला, चौहान, वाय.एस. और यादव, आर.एल., 2005. डायवर्सीफीकेषन ऑफ राइस विथ पिजन पी इन अ राइस–व्हीट क्रोपिंग सिस्टम ऑन अ टिपिक अस्टोच्रेप्टः इफेक्ट ऑन सॉइल फर्टीलिटी, यील्ड एण्ड न्यूट्रीएन्ट यूज एफीसिऐन्सी. फील्ड क्रोप्स रिसर्च 92: 85–105.

तिमसिना, जे. और कोननोर, डी.जे., 2001. प्रोडक्टीविटी एण्ड मेनेजमेन्ट ऑफ राइस–व्हीट क्रोपिंग सिस्टम इसूस एण्ड चेलेन्ज्स, फील्ड क्राप रिसर्च 69: 93–132.

यादव, आर.एल., 1996. इन्टेन्सिव क्रोपिंग सिस्टम इनवोल्विंग पल्सेस. (इन) स्पेशल ग्रुप गींटिग ऑन कोनस्ट्रेन्ट्स एण्ड ओपोरचुनीट्स इन पल्सेस प्रोडक्शन. मेनेजमेंट आप्सन एण्ड रिसर्चेबल इसू (12–13 मार्च 1996) आई. ए. आर. आई., नई दिल्ली, इंडिया.

यादव, आर.एल., सिंह, वी.के., दिवेद्वी, बी.एस. और शुक्ला, ए.के., 2003. व्हीट प्रोडक्टीविटी एण्ड एन यूज एफीसिऐन्सी एस इनफ्लूएन्सड बाई इनक्लूजन ऑफ काऊपी एस ए ग्रेन लेगुम इन राइस–व्हीट सिस्टम. जर्नल ऑफ एग्रीकल्चरल साइंसेस (केमब्रिज) 141: 213–220.

यादव, आर.एल. और राव, ए.वी.एम.एस., 2001. एटलस ऑफ क्रोपिंग सिस्टम इन इंडिया. पी.डी.सी.एस.आर. बुलेटन नं. 2001–2, पी.डी.सी.एस.आर., मोदीपुरम, पीपी. 96.

यादव, आर.एल., दिवेद्वी, बी.एस., गंगवार, के.एस. और प्रसाद, के., 1998. ओवरव्यू एण्ड प्रोसपेक्टस फोर इनहेन्सिंग रेसीडुल बेनीफिट्स ऑफ लेग्यूम्स इन राइस एण्ड व्हीट क्रोपिंग सिस्टम इन इंडिया. इनः रेसीडुल इफेक्ट ऑफ लेगुम्स इन राइस एण्ड व्हीट क्रोपिंग सिस्टम ऑफ द इंडो–गंगेटिक प्लेन (इडिटः राव जे. पी.डी.के.के., सी. जोहान्सन सी. एण्ड रेगो टी.जे.), ऑक्सफोर्ड एण्ड आई.बी.एच पब्लीशिंग को.प्रा.लि. पीपी. 207–226.

6

जैविक प्रणाली से दलहन उत्पादन

एस. एस. पाल एवं वाय. पी. सिंह

विगत शताब्दी के मध्य से विश्व के देशों में रसायनों पर आधारित खेती की शुरुआत हुई परन्तु इसके बेहतर परिणाम आज देखने को नही मिल रहे है अतः अब एक पर्यावरण के अनुकूल वैकल्पिक कृषि प्रणाली की आवश्यकता महसूस की जा रही है। हमारे पूर्वजों द्वारा खेती करने की जो तकनीकें अपनाई गई थी वह पर्यावरण के लिए कम नुकसानदायक थी। अब वैज्ञानिकों एवं कृषकों द्वारा पर्यावरण हितैसी, मानव जाति के कल्याण, जीवन के अस्तित्व के अनुकूल और गैर परम्परागत ऊर्जा श्रोतों का कम उपयोग होने वाली विभिन्न कृषि पद्धतियों पर विचार करना आरम्भ किया है। ऐसी बहुत सी कृषि पद्धतियॉ विशेषज्ञों और कृषकों द्वारा विकसित की गई है। इन पद्धतियों से जैविक खेती को विश्व के वैज्ञानिक दृष्टिकोण को व्यापक रुप से अपनाया है और बेहतर माना गया है। जैविक खेती का मतलब खेती में जैविक सम्बन्ध से है। प्रकृति जैविक सम्बन्धों का मतलब किसी देखी गई वस्तु का न विगडना है। प्रकृति में सब कुछ एक दूसरे से जुडा हुआ है इसलिए जैविक खेती कृषि क्षेत्र में गैर रासायनिक नही है। इसी प्रकार मृदा और मृदा सूक्ष्म जीवाणु और अपशिष्ट उत्पाद, पौधे और पशुवर्ग इनमें से बडे पशु और मनुष्य के बीच, कृषि और तकनीकी के बीच, मृदा, पानी और वातावरण के बीच आदि का परस्पर सह सम्बन्ध जैविक खेती का आधार है। जबकि कुल आपसी सम्बन्धों को समझना जैविक खेती की सफलता के लिए काफी नही है। प्रत्येक स्थानीय पहलुओं को समझना और इनके आपस के बहुत से रिश्ते भी बहुत महत्तवपूर्ण हैं (पाल, 2006)।

भारतीय कृषि ने खाद्यान उत्पादन एवं उत्पादकता बढाने में सफलता प्राप्त की है। खाद्यान उत्पादन में देश में वृद्धि हुई, परन्तु दलहन उत्पादन में आशाजनक वृद्धि नहीं हुई साथ ही संसाधनों में गिरावट की व्यापक समस्यायें उत्पन्न हुई है। विगत वर्षो से दलहनों का उत्पादन स्थिर बना हुआ है, अतः भारतीय शाकाहारियों की आजीविका और पोषक सुरक्षा सुनिश्चित करने हेतु उपयुक्त तकनीकी प्रबन्धन से दलहन उत्पादन बढाने की आवश्यकता है। इसलिए आगामी समय में प्राक्रतिक संसाधनों का संरक्षण कर समन्वित रुप से दलहन का उत्पादन बढाकर कृषकों की आजीविका में सुधार करने की आवश्यकता है।

दलहन मुख्य रुप से शाकाहारी भारतियों के आहार में प्रोटीन की आवश्यकता का प्रमुख स्त्रोत हैं और दलहनीं फसलों की पारम्परिक तकनीक से खेती होती चली आरही हैं कृषि विभाग और सहकारिता के सांख्यकी के आकड़ों के अनुसार 23 मिलियन हे. क्षेत्र में दलहन उत्पादन किया जा रहा है जो कि विश्व के कुल क्षेत्रफल का 35% है।

विगत वर्षो में दलहन का वार्षिक उत्पादन 14 से 18 मिलियन टन हुआ भारत आज दलहन उत्पादन में विश्व में प्रमुख स्थान रखता है। दलहन को विशेष महत्व मिलने के उपरान्त भी दलहनीं फसलों के क्षेत्र विस्तार के प्रयासों को सफलता नहीं मिल सकी है।

लम्बे समय से दलहनीं फसलों की खेती वर्षा आधारित क्षेत्रों में होती आ रही है। सिंचाई का विस्तार एवं विकास होने के कारण दलहनीं फसलों की खेती अपेक्षाक्रत कम उत्पादक मृदाओं में हो रही है परिणामस्वरुप उत्पादकता एवं उत्पादन कम हो रहा है। दलहन प्रोटीन का मुख्य श्रोत एवं आहार में शामिल होने के महत्व को जानते हुए भी ग्रामीण क्षेत्रों में खपत वॉछित स्तर से कम होती जा रही है। भारत के ग्रामीण क्षेत्रों में दाल प्रोटीन का प्रमुख श्रोत है। इसकी उपलब्धता में गिरावट, विकास में कई असमानताओं का कारण है जो कि बहुत ही दुर्भाग्य पूर्ण है। पहाडी क्षेत्रों में दलहनीं फसलें पारम्परिक रुप से उगाई जाने वाली फसलें है और इन क्षेत्रों में अलग अलग परिस्थिति और विशाल विविधता है। यहाँ 16 प्रकार की दलहनीं फसलें है और इनकी बहुत सी प्रजातियां है। जलवायु विविधता और मृदा गुणवत्ता के कारण स्वाद भी अलग–अलग है। पहाडों पर उगाई जाने वाली दालों के अपने–अपने विशेष स्वाद के कारण मांग अधिक होती है। पहाडी क्षेत्रों की कृषि भूमि गुणवत्ता युक्त भूमि में नहीं मानी जाती और यहाँ पारम्परिक तकनीक से खेती की जा रही है। इस संदर्भ में यहाँ जैविक खेती एक बेहतर विकल्प है।

दलहनीं फसलों की जैविक खेती एवं वर्तमान परिदृष्य

भारत में जैविक कृषि विकास के तीन आयाम है जिन्हें अलग–अलग क्षेत्रों के कृषकों द्वारा अपनाया जा रहा है। प्रथम श्रेणी में वह जैविक कृषक है जिन क्षेत्रों में कोई आदन प्रयोग नही होते अथवा कम प्रयोग होते है एवं फसल के जीवन का आधार ही जैविक है और पारम्परिक तकनीकों से कार्य करते है। दूसरी श्रेणी में वह कृषक आते है जिनकी पारम्परिक तकनीक के कारण मृदा की उर्वरा शक्ति में गिरावट, खाध्य विषाक्तता और बढती लागत और घटता हुआ लाभ। तीसरी श्रेणी में वह कृषक आते है जो व्यवस्थित ढंग से उभरते बाजार के अवसर पर अधिक कीमत का लाभ उठा रहे है। सर्वाधिक संख्या प्रथम श्रेणी के कृषको की है जो पारम्परिक तकनीक से जेविक खेती करते है और उत्पाद को प्रमाणित नहीं कराते है। दूसरी श्रेणी में वे कृषक आते है जो तुलनात्मक रुप से उत्पाद का प्रमाणीकरण कराते है और नही भी कराते। तीसरी श्रेणी के कृषक वाणिज्यिक किसान जिनका जेविक खेती की तरफ ध्यान आकर्षित हो रहा है। आज जैविक खेती करने वाले कृषकों के सम्पूर्ण ऑकडे उपलब्ध है। जैविक खेती 42,000 हे. में वर्ष 2003–04 में प्रारम्भ हुई। जैविक कृषि में पिछले 5 वर्षो के दौरान लगभग 20 गुना वृद्धि हुई है। मार्च 2010 तक

4.48 मिलियन हे. से अधिक क्षेत्रफल जैविक खेती के अन्तरगत लिया जा चुका है। इसमें से 1.08 मिलियन हे. खेती के रुप में लिया गया है और शेष 3.4 मिलियन हे. जंगली क्षेत्रों के अन्तरगत है जहाँ से उत्पादों को एकत्रित किया जाता है। वर्षवार जैविक खेती का क्षेत्र तालिका–1 में दिया गया है। जैविक परियोजनाओं की उत्पादन स्थिति, मात्रा, उत्पादन निर्यात की स्थिति, निर्यात से आय आदि के आंकडे तालिका–2 में दर्शाए गये है। जैविक उत्पादको के आयात की स्थिति तालिका–3 में दर्शाई गई है।

तालिका 1: कार्बनिक प्रबन्धन के अर्न्तगत क्षेत्र विस्तार

कृ.स.	वर्ष	कार्बनिक प्रबन्धन के अन्तर्गत क्षेत्रफल (हेक्टेयर)
1.	2003–04	42,000
2.	2004–05	76,000
3.	2005–06	1,73,000
4.	2006–07	5,38,000
5.	2007–08	8,65,000
6.	2008–09	12,07,000
7.	2009–10	10,85,648
8.	2013–14	47,20,000

स्रोतः यादव (2009) और एपीडा (2013–14)

तालिका 2: समस्त जैविक उत्पादन परियोजनायें, प्रसंस्करण, गुणवत्ता युक्त उत्पाद निर्यातक मात्रा और निर्यात मूल्य (2008–09)

क्र.स.	घटक	मात्रा
1.	कार्बनिक प्रमाणीकरण प्रक्रिया के अन्तरगत क्षेत्रफल (हे.)	
	सम्पूर्ण कार्बनिक	7,57978.71
	रूपान्तरण में	3,27669.74
	कुल	10,85648.45
2.	कार्बनिक प्रमाणीकरण प्रक्रिया के अन्तरगत कृषक (संख्या)	
	सम्पूर्ण कार्बनिक	3,51,297
	रूपान्तरण में	2,46,576
	कुल	5,97,873
3.	आपरेटर की संख्या	2,099
4.	प्रसस्करण इकाइयों की संख्या	427
5.	उत्पादन समूहों की संख्या	919
6.	कुल निर्यातक	253
7.	कुल उत्पादन (मेट्रिक टन)	18,11,111
8.	कुल निर्यात की मात्रा (मेट्रिक टन)	53,918
9.	निर्यात (डॉलर में)	116.09 मिलियन
10.	निर्यात (रूपयो में)	591 करोड़

स्रोतः यादव (2009)

तालिका 3: महत्वपूर्ण जिन्सों का कार्बनिक प्रबन्धन के अर्न्तगत उत्पादन (2008–09)

क्र. स.	जिन्स	उत्पादन मात्रा (मिलियन टन)		
		जैविक	रूपान्तरण	कुल
1.	धान	44,335	32,354	76,690
2.	गेहूँ	6,892	15,364	22,560
3.	अन्य अनाज / मोटे अनाज	67,333	63,985	1,31,318
4.	दलहन	17,560	16,785	34,345
5.	तिलहन सोयाबीन सहित	16,385	59,647	2,22,832
6.	कपास (कच्ची कपास बीज)	2,84,832	86,906	3,71,740
7.	मसाले	17,419	20,084	37,504
8.	चाय / काफी	16,506	10,838	27,344
9.	फल और सब्जियॉ	1,94,505	5,38,073	7,32,579
10.	जडी बूटी और मसाला फसलें	1,29,543	58,767	1,88,310
11.	अन्य विविध फसलें	8,001	25,235	33,236

स्रोतः यादव (2009)

गुणवत्ता सुनिश्चत करने के लिए देश के निर्यात, आयात और घरेलू बाजार हेतु उत्पादों के प्रमाणीकरण हेतु अंर्तराष्ट्रीय स्तर पर अनुशंसित प्रमाणीकरण की प्रक्रिया को अपनाया गया है। जैविक उत्पादन पर राष्ट्रीय अनुशंसित तथा कार्यक्रम (एनपीओपी) नियामक तंत्र को परिभाषित करता है और निर्यात और घरेलू बाजार के लिए दो अलग अलग अधिनियमों के तहत नियंत्रित किया जाता हैं जो विदेश व्यापार विकास और नियम अधिनियम के तहत जैविक उत्पादन पर राष्ट्रीय कार्यक्रम बनाये गये है जो कि निर्यात की आवश्यकताओं को पूरा करता है। जैविक उत्पादन पर राष्ट्रीय कार्यक्रम अधिनियम कर अधिसूचना यूरोपीय संध और स्वीडन के अधिनियम के समतुल्य है। जैविक उत्पादन पर राष्ट्रीय कार्यक्रम अधिनियमों को संयुक्त राज्य के कृषि विभाग द्वारा मान्य किए गये है। जैविक उत्पादन पर राष्ट्रीय कार्यक्रम अधिनियम के तहत किसी भी भारतीय मान्यता प्राप्त प्रमाणीकरण एजेंसी द्वारा प्रमाणित उत्पाद को अन्य किसी एजेंसी के द्वारा प्रमाणीकरण की आवश्यकता नहीं है। ऐसे प्रमाणित उत्पादों को युरोप, स्वीडन और अमेरिका में निर्यात किया जा सकता है। आयात और धरेलू बाजार की आवश्यकताओं को देखने के लिए भी जैविक उत्पादन और राष्ट्रीय कार्यक्रम अधिनियम कृषि ग्रेडिंग चिन्हित और प्रमाणन अधिनियम (एपीजीएमसी) के तहत ही अधिसूचित किया गया है। जैविक उत्पादन पर राष्ट्रीय कार्यक्रम (एनपीओपी) विदेश व्यापार विकास और नियमन अधिनियम के तहत है। विदेश व्यापार और नियमन अधिनियम कृषि और प्रसंस्करण खाद्यपदार्थ निर्यात विकास प्राधिकरण (एपीडा) अधिनियम के अर्न्तगत कार्य करता है एवं एपीडा भारत सरकार के वाणिज्य मंत्रालय के अधीन कार्य करता है, एवं जैविक उत्पादन पर राष्ट्रीय कार्यक्रम कृषि उत्पाद ग्रेडिंग चिन्हित और प्रमाणन अधिनियम जो कि कृषि विपणन सलाहकार कृषि मंत्रालय के अधीन है। प्रमाणीकरण और निरीक्षण एंजेन्सी की सहायता एक राष्ट्रीय मान्यता प्राप्त निकाय द्वारा की जा रही है। अठारह मान्यता प्राप्त ऐजन्सियां प्रमााणीकरण की प्रक्रिया के कार्य को देख रही है इनमें

से 14 निजी क्षेत्र की है और शेष 4 सर्वाजनिक क्षेत्र के तहत है। कुल 2099 आपरेटर में से 427 संसाधिक करने के यंत्र (प्रोसेसर) और 753 व्यक्तिगत कृषक, कुल 919 उत्पादक समूह है एवं इसमें कुल 5,97,873 कृषक सामिल है जो कि अधिकांशतः छोटे और सीमांन्त जोत के कृषक है, दुनिया के कुल जैविक उत्पादकों में आधी संख्या भारतीयों की है (तालिका–4)। भारत में अधिकांश छोटी जोत वाले कृषक है इसलिए इनकी संख्या अधिक है।

तालिका 4: विभिन्न फसलों का जैविक उत्पादन में अनुमानित क्षेत्रफल (2008–09)

क्र. स.	जिन्स	उत्पादन मात्रा (मिलियन टन)		
		जैविक	रूपान्तरण	कुल
1.	धान	18,134	9,766	27,900
2.	गेहूँ	4,056	7,192	11,284
3.	अन्य अनाज / मोटे अनाज	26,184	37,678	63,862
4.	दलहन	12,023	17,617	29,640
5.	तिलहन सोयाबीन सहित	91,849	87,307	1,79,156
6.	कपास	2,59,699	93,299	3,52,998
7.	मसाले	6,507	23,291	29,798
8.	चाय / कॉफी	12,711	12,465	25,716
9.	फल और सब्जी	1,28,879	41,176	1,70,055
10.	जडी बूटी और औशधीय पौधे	32,313	10,690	43,003
11.	अन्य विविध फसलें	27,995	28,306	56,301
12.	फसलों का विवरण अनउपलब्ध	19,812	1,98,110	2,17,922
	कुल क्षेत्र	6,40,162	5,66,897	12,07,059

स्रोतः यादव (2009)

दलहनों को जैविक में सम्मिलत करने की कुछ प्रजातियाँ

वर्षा आधारित और सिंचित क्षेत्रों में अधिक उपज देने वाली, कम अवधि की किस्मों के विकास, नवीन फसल जैविक पद्धतियों से अधिक उत्पादन एव लाभ देने वाली तकनीकें विकसित की गई है जो कि कृषकों के मध्य प्रचलित हो रही है स्थानीय स्तर के लिए बेहतर प्रजातियां एवं फसल प्रणालियां जो कि क्षेत्रीय स्तर पर तैयार जैविक खाद जैसे गौबर, वर्मीकम्पोस्ट, हरी खाद आदि और साथ ही जैव उर्वरकों और प्राक्रतिक खनिज जैसे रॉक फास्फेट, पाइराइट, जिप्सम आदि से पोषक तत्वों की पूर्ति की जा सके चयन कर तकनीके प्रयोग करनी चाहिए। महत्वपूर्ण फसल प्रणाली में धान–गेहूँ–मूंग और धान–मूंग–चना देरी से बोई जाने वाली प्रजाति जो कि पंजाब, हरियाणा, दिल्ली, मध्य और पश्चिमी उत्तर प्रदेश, बिहार और पश्चिम बंगाल के लिए लाभकारी है। दलहनीं फसलों को अन्तरवर्ती फसल के रुप में समावेष मोटे अनाज वाली फसल (ज्वार, बाजरा, मक्का, आदि) तिलहन (अरंडी, मूंगफली, कुसुम, अलसी और सरसों) रेशो वाली फसल (कपास) और व्यापारिक फसलों (गन्ना, सूरजमुखी) की बहुत गुंजाइस है। दलहन फसल को समावेश कर उन्नतशील अन्तरवर्ती फसल अरहर+सोयाबीन (2:4 / 2:6) मध्य प्रदेश और बुंदेलखंड क्षेत्र के लिए, इसी

प्रकार अरहर+मूंगफली (1:2) गुजरात के सौराष्ट्र क्षेत्र और कर्नाटक, अरहर+उड़द/मूंग (1:1) उत्तर प्रदेश, विहार, महाराष्ट्र, गुजरात और तमिलनाडू, अरहर+ज्वार (1:1) बुंदेलखंड क्षेत्र, मध्य प्रदेश, चना+संरसों (4/6:2) राजस्थान, उत्तर प्रदेश, हरियाणा और मध्य प्रदेश, चना+अलसी (2/4:1) बुन्देलखंड, मध्य प्रदेश और महाराष्ट्र, चना+कुसुम/धनियां (2/4:1), महाराष्ट्र, कर्नाटक, तमिलनाडू, मसूर+संरसों/अलसी (4:2/4:1) दलहनीं फसलों को बढावा देने में बुन्देलखंड, उत्तर प्रदेश और मध्य प्रदेश, गन्ना (बसंत ऋतु)+उड़द/मूंग (1:2) उत्तर प्रदेश और विहार, सूरजमुखी (बसंत ऋतु)+उड़द/मूंग (2:6) पंजाब, हरियाणा और बिहार, आलू+राजमा (3:2) उत्तर प्रदेश के मध्य और पूर्वी क्षेत्र और बिहार हेतु शिफारिस की गई है। इन उन्नतशील अन्तरवर्ती फसल के माध्यम से 1 से 1.5 मिलियन हे. क्षेत्र दलहन के अन्तरगत आ सकेगा।

जैविक प्रणाली के तहत दलहनीं फसलों में पोषक तत्व प्रबंधन

कार्बनिक खाद (कम्पोस्ट) और दलहन उत्पादन: जैविक कृषि प्रणाली के लिए प्रक्षेत्र जैव उत्पादों का जैव रुपान्तरण तकनीक द्वारा कार्बनिक खाद में बदलने की सिफारिश की गई है। भारत में फसल/कृषि अवशेषों का विशाल भंडार है और यदि इसे सही तरीके से उपयोग किया जाये तो वर्ष 2025 तक इससे 7.25 मिलियन टन पोषक तत्व प्राप्त हो सकेंगे (तालिका–5)। यह कार्बनिक खादें सूक्ष्म पोषक तत्वों का भी बहुत महत्वपूर्ण श्रोत है (तालिका–6)। साथ ही यह मृदा सुधारक के रूप में मृदा के भौतिक एवं जैविक गुणों में भी सुधार करती है। जिससे फसलों को रोगों से लडनें की शक्ति मिलती है। एक अनुसंधान अध्ययन के अनुसार वर्षा आधारित क्षेत्रों में उड़द की फसल की सूखा सहन करने की शक्ति भी है (मुथुवेल एवं सहयोगी, 1985) साथ ही मृदा में नमी और पोषक तत्वों की उपलब्धता भी बढाती है। शुष्क क्षेत्रों की मृदाओं में कार्बनिक पदार्थ शीघ्र अपघटित होने के साथ फसल अवशेषों के कम मात्रा में मिलने के कारण कार्बनिक पदार्थों का स्तर भी कम होता है। मृदाओं में कार्बनिक खादों का प्रयाग मृदा की जल धारण क्षमता और उर्वरा शक्ति बढ़ानें के लिए आवश्यक है (वेंकटेश्वरलू, 1987)। बहुत से अनुसंधानकर्ताओं के द्वारा अनुसंधानों में सिद्ध हो चुका है कि इन खादों के प्रयोग से मृदा उर्वरता का स्तर, भैतिक गुणों में सुधार, मृदा में नमी के भंडारण और उत्पादन में भी बढोत्तरी होती है। कार्बनिक खाद का 5 टन/हे. की दर से मृदा में प्रयोग करने से चने की फसल की उपज में सार्थक वृद्धि कार्बनिक खाद रहित खेत की तुलना में हुई (पवार एवं सहयोगी, 2009)।

समृद्ध कार्बनिक खाद: समृद्ध कार्बनिक खाद दलहनीं फसलों के लिए बहुत अच्छा श्रोत है। समृद्ध खाद में फसल की आवश्यकता के अनुरुप फास्फोरस को कार्बनिक खाद बनाने से पूर्व एरोबिक वातावरण में पूर्णतः विघटन के पश्चात फसल में प्रयोग किया जा सकता है। रॉक फास्फेट एक खनिज है और इसे अम्लीय मृदा में फसल बुआई के साथ और उदासीन एवं क्षारीय मृदाओं में कार्बनिक खाद वनाने के साथ अपघटित कर प्रयोग कर सकते है। फास्फोरस से समृद्ध कार्बनिक खाद मृदा में प्रयोग करने से मृदा में अघुलनशील

फास्फोरस घुलनशील रूप में धीरे–धीरे परिवर्तित होता है साथ ही हयूमीफिकेशन की क्रिया से मृदा में स्थरीकरण भी कम होता है (हरिसुदन एवं सहयोगी, 2009)। फास्फोरस समृद्ध कार्बनिक खाद का प्रयोग मूंगफली की फसल में किया गया साथ ही इस प्रयोग किये गये फास्फोरस के प्रभाव को आगामी फसल चना में भी देखा गया परिणामस्वरुप दोनों फसलों की उपज में नियंत्रक की तुलना में वृद्धि हुई (परसुरन और मनी, 2003)।

अवशेष प्रबन्धन: फसल अवशेषों का अपघटन के पश्चात् कार्बन जैविक खाद के रुप में मृदा में मिल जाता है। यह विघटन पर निर्भर करता है। अवशेषों का अपघटन फसल के प्रकार अवशेषों की मात्रा, मृदा में मिलाने की गहराई, मृदा सूक्ष्मजीव और समय पर निर्भर करता है। फसल अवशेषों के मृदा में अपघटन से मृदा में आंशिक रोग नियंत्रण में भी लाभ मिलता है। मृदा में फसल अवशेषों के विघटन की विधि, फसल प्रणाली, जुताई से रोग जनक की कमी, जीवित रहने की क्षमता में कमीं, पेथोजन का जीवित रहने का आधार खत्म हो जाता है साथ ही अन्य लाभदायक अन्य सूक्ष्म जीवों की संख्या में कमी होने से रोग जनको की संख्या में कमी हो जाती है। मृदा जनित पेथोजन जैसे कोचिलिओबोलुस सटाइवस की अधिकता से अनाज की फसलों में गलन, सड़न रोग होता है इसे फसल अवशेष प्रबन्धन से रोका जा सकता है पेथोजन और सूक्ष्म जीवों द्वारा जैविक पदार्थों को अपघटन कराकर दलहनीं फसलों से जैविक उत्पाद लिया जा सकता है।

जुताई: खेत की जुताई का मतलब मृदा को उलट–पुलट करना है। परम्परागत जुताई से तात्पर्य मृदा कणों को एक अथवा अधिक जुताई कर उलट–पुलट कर बीज बुआई हेतु तैयार करना जबकि कम जुताई का तात्पर्य एक अथवा दो जुताई कर मृदा को कम से कम उलट–पुलट करना। कम जुताई करने से मृदा में जीवांश पदार्थ की मात्रा बढती जिससे कार्बन मृदा में अधिक जमा होने लगता है (लुपवयी एवं सहयोगी, 1999)। जुताई करने से फसल अवशेष हट जाते है जिससे फसलों में बीमारी की समस्या कम हो जाती है। अर्धशुष्क वातावरण में गेहूँ का भूसा अधिक विघटित होता है। जब इसमें से कुछ हटा लिया जाता है अथवा कुछ अंश जला दिया जाता है। फसल अवशेष जलाने वाले क्षेत्रों में गहन जुताई की प्रथा है साथ ही फास्फोरस युक्त उर्वरकों का अधिक प्रयोग होता है तथा इन छेत्रों में जड गलन की भी समस्या अधिक रहती है। कम जुताई पद्धति में, कुल नत्रजन कार्बनिक पदार्थ और डी–नाइट्रीफिकेशन की प्रक्रिया बढती है (रूसल और सल्लन्स, 1940)।

कम्पोस्ट: मृदा में कम्पोस्ट के प्रयोग से फसलों पर रोगों का प्रभाव कम होता है साथ ही ग्रीन हाउस उत्पादन प्रणाली में ऐसे ही परिणाम देखने को मिले है (होइतिन्क एवं सहयोगी, 1993; होइतिन्क और फही, 1986)। कम्पोस्ट खाद जैव नियंत्रण के रुप में भी प्रभावी पाया गया है हॉलांकि अभी और अनुसंधान करने की आवश्यकता है इसमें प्रयोग का सही समय निश्चित करने की आवष्यकता है जिससे बीमारियों को और अधिक दवाया जा सके। कम्पोस्ट में उपस्थिति रसायनों का सांद्रण कम्पोस्ट की उपयोगिता को बढाता है अधिक मात्रा में एसीटिक, प्रोपिओनिक, आइसोव्यटिरिक, व्यूटिरिक और आइसोवलरिक अम्ल ताजे कम्पोस्ट में पाये जाते है (डे व्लीस्चवेर एवं सहयोगी, 1981)। ताजे कम्पोस्ट में 4 माह तक

वाष्पशील फेटी एसिड का स्तर अधिक रहता है ताजे कम्पोस्ट में वाष्पशील एसीटिक एसिड जैसे एसीटिक, प्रोपिओनिक और एन–व्यूटरिक अम्ल अधिक होने के कारण संरसों की बढवार में रुकावट देखी गई।

हरी खाद की अवायवीय किण्वन से बहुत से उपउत्पाद उत्पन्न होते है (लिंच,1978)। गेहूँ के भूसे से अवायवीय अपघटन के पश्चात फाइटो टोक्सिटी भी एसीटिक एसिड एवं सूक्ष्म जीवाणुओ द्वारा उत्पन्न होती हैं (लिंच,1978)। इसी तरह मृदा में कार्बनिक पदार्थ की अधिक मात्रा मिलने पर अवायवीय स्थिति में फ्यूजेरियम ऑक्सिस्पोरम, फ्यूजेरियम स्पिसीज, अस्परागी कोहन, राइजोक्टोनिया सोलनी और वी. डहलिया सूक्ष्म जीवाणुओं का अपघटन का कार्य कम करते है। इस प्रकार बहुत से अध्ययनों से पता चलता है कि मृदा में कार्बनिक पदार्थ मिलाने से फसलों में लगने वाले रोग में कमीं आती है। जैविक रुप से रोगों को कम करने में 4–डायसेटिल फ्लोरो ग्लूसिनोल एन्टीवायोटिक का कार्य करता है यह तत्व फ्लोरोसेन्ट स्टेन द्वारा उत्पादित किया जाता है (राइजमेकर और वेलर, 1988)। इस प्रकार फसलों में रोगों के अपघटन की दमनकारी नीति में कार्बनिक पदार्थ महत्वपूर्ण भूमिका निभा सकते है। साथ ही अभी इस पर और कार्य करने की आवश्यकता है कार्बनिक रुप से पोषक तत्व प्रबन्धन वाली मृदा में जड गलन रोग की समस्या कम होती है साथ ही फाइटोफ्थोरो पेरासिटिका द्वारा भी फसल की जडों का संक्रमण कम हो जाता है। इसका प्रभाव भी कम होता है (वन ब्रगेन, 1995)। पौधों की जड़ों का हमेशा सूक्ष्म जीवों एवं पोषक तत्वों के साथ निकट सहयोंग रहता है। जीवाणुओं द्वारा फसल की जडों के आसपास एक विशेष किस्म का श्राव उत्पन्न करते रहते है इस क्रिया को राहिजोडिपोजीशन कहा जाता है। यह सूक्ष्म जीवाणु अपनी गतिविधि द्वारा फसलों हेतु मृदा में पोषक तत्व प्रदान करते रहते है इस क्रिया को हैट्रोटोफिक कहा जाता है। इन सूक्ष्म जीवाणुओं की उपलब्धता मृदा में बने रहना बहुत ही आवश्यक है जिससे मृदा स्वास्थ एवं पोषक तत्वों का चक्र चलता रहे तथा फसलों की उत्पादकता बनी रहे। हालॉकि मृदा से पोषक तत्वों का फसलों द्वारा अवशोषण और मृदा क्षरण द्वारा तत्वों की कमी आती है अतः मृदा क्षरण को रोकने और पोषक तत्वों का रासायनिक उर्वरकों के माध्यम से प्रयोग न करते हुए उत्पादन को बनाये रखने हेतु एक दीर्घकालिक रणनीति बनाने की आवश्यकता होती है। जैविक खाद, कम्पोस्ट, जैव उर्वरक का क्षेत्र विशेष के अनुसार जैविक कृषि प्रणाली में प्रयोग किया जाता है। जैसा कि पहले तालिका–5 में कहा जा चुका है कि वर्ष 2010 में जैविक श्रोतो से लगभग 6.24 मिलियन टन पोषक तत्वों का फसलों में प्रयोग किया गया है। जबकि वर्ष 2025 में जैविक खेती में 7.25 मिलियन टन तत्वों का जैविक श्रोतों द्वारा उपयोग का अनुमान लगाया गया है।

तालिका 5: विभिन्न जैविक श्रोतों में विनियम योग्य अनुमानित तत्व

साधन	वर्ष	
	2010	2025
उत्पन्न करने वाले		
मानव जनसंख्या (मिलियन)	1120	1300
पशुओं की संख्या (मिलियन)	537	596
संसाधन (विचरणीय पदार्थ)		
मानव मल मूत्र (सूखा) (मिलियन टन)	15	17
पशु गोबर (सूखा) (मिलियन टन)	119	128
फसल अवशेष (मिलियन टन)	112	162
तत्व (उत्पादन क्षमता)		
(नत्रजन + फास्फोरस +पोटास)		
मानव मल मूत्र (मिलियन टन)	2.24	2.60
पशुओं का गोबर (मिलियन टन)	7.00	7.54
फसल अवषेश (मिलियन टन)	7.10	20.27
तत्व		
मानवमल मूत्र (मिलियन टन)	1.80	2.10
पशुओं का गोबर (मिलियन टन)	2.10	2.26
फसल अवषेश (मिलियन टन)	2.34	3.36
(कुल)	6.24	7.25

उपयोग हेतु गोबर – 30%, मलमूत्र – 80%, फसल अवशेष – 33% श्रोतः टंडन (1997)

केंचुआ पालन और वर्मीकम्पोस्टः जैविक पदार्थो का केंचुओं द्वारा अपघटित उत्पाद को वर्मीकम्पोस्ट के रुप में जाना जाता है। जैविक पदार्थ को केंचुओं के द्वारा उपयोग किया जाता है और इसके पश्चात् उनके द्वारा पाचन क्रिया के माध्यम से कणिकाओं के रूप में उत्सर्जित होने वाला पदार्थ वर्मीकम्पोस्ट होता है। वर्मीकम्पोस्ट एक ऐसा कार्बनिक खाद है जो पौधों के पोषण के लिए धनी होता है। इरामें नत्रजन 2 से 3%, फास्फोरस 1.55 से 2.25%, पोटेशियम 1.85 से 2.25% साथ में सूक्ष्म पोषक तत्व तथा लाभदायक जीवाणुओं से नत्रजन स्थरीकरण, जीवाणु, माइकोराइजल फंजाई और फसल वर्धक होर्मोन भी पाये जाते है। वर्मीकम्पोस्ट और कम्पोस्ट खाद में पाये जाने वाले पोषक तत्वों की मात्रा तालिका–6, 7 व 8 में दी गई है काले और बानों (1986) के अनुसार केंचुओं द्वारा उत्सर्जित पदार्थ में 7.37% नत्रजन, 19.5% फास्फोरस पेन्टाऑक्साइड के रुप में पाया जाता है। केचुओं के पाचन तंत्र में करोड़ों की संख्या में सूक्ष्म जीवाणु होते है जो कि अपघटन का कार्य करते है वह केंचुओं के उत्सर्जित पदार्थ में सम्मिलित होते है वह सूक्ष्म जीव मृदा में भी पोषक तत्वों की उपलब्धता बढानें में मदद करते है। इस तरह के केंचुओं के द्वारा उत्सर्जित पदार्थ वर्मीकम्पोस्ट में सडोमोनास, म्यूकर, पइनिवेसिलस, अजोरकस, बुखोंल्डेरिया, स्पाइरोप्लाज्म, अकेलीजीन्स, और एसीडोवेक्टीरियम नाम के सूक्ष्म जीव पाये जाते है जो कि विभिन्न पदार्थ के जैविकों के अपघटन की क्षमता रखते है (सिंगलटन, 2003)।

तालिका 6: कार्बनिक और जैविक साधनों की क्षमता और पादप सूक्ष्म पोषक तत्व

संसाधन का नाम	वार्षिक क्षमता (मिलियन टन) गोबर	कार्बनिक खाद उपलब्ध	जस्ता	लोहा	कापर	मेग्नीज	बोरोन	कुल
पशु	744.57	89.35	1824.18	10.42	215.92	16.38	14.15	2170.40
भैंस	258.02	28.38	647.64	4.13	79.99	7.74	5.42	773.30
बकरी और भेड	12.23	1.77	39.74	0.26	4.59	0.51	0.31	47.18
सुअर	4.60	0.69	12.26	0.10	4.60	0.26	0.16	18.07
मुर्गी	3.40	0.54	11.58	0.09	1.32	0.23	0.15	13.91
अन्य पशुधन	6.02	0.69	15.74	0.11	1.87	0.14	0.15	18.74
मानव सम्बधित	30.38	3.65	79.60	1.70	7.93	3.04	0.82	96.74
फसल अवशेष	100.00	3.60	20.30	2.30	8.80	0.21	0.15	35.36
जंगली कूडा	15.00	0.30	1.55	0.18	0.68	0.02	0.01	2.74
जलकुम्भी	3.00	0.29	11.69	0.26	0.45	0.15	0.07	12.91
ग्रामीण कम्पोस्ट	226.00	27.73	12.60	11.30	54.47	10.40	4.75	127.25
शहरी कम्पोस्ट	6.00	0.69	15.25	0.33	1.54	0.29	0.15	18.25
गंदे नाले का मैला	0.30	0.18	2.37	0.08	0.11	0.01	0.01	2.76
कुल	1409.5	153.86	2704.54	31.26	382.27	39.38	26.30	3337.61

स्रोतः परोदा (1997)

तालिका 7: वर्मीकम्पोस्ट और एफ.वाय.एम. में औसतन द्वितीयक और सूक्ष्म तत्व

तत्व	वर्मीकम्पोस्ट	एफ वाय एम
केल्शियम (%)	0.44	0.91
मेग्नीशियम (%)	0.15	0.91
लोहा (पी पी एम)	175.2	146.5
मेग्नीज (पी पी एम)	96.51	69.0
जस्ता (पी पी एम)	24.43	14.5
कॉपर (पी पी एम)	4.89	2.6

स्रोतः छोंकर एवं सहयोगी (2004)

केंचुए कोइलोमिक नामक तरल पदार्थ का उत्सर्जन करते है इनमें जीवाणुरोधी गुण होते है जोकि रोग जनको की वृद्धि रोक देते है (पियरे एवं सहयोगी, 1982)। मृदा में केंचुओं की बहुत बडी संख्या में श्रृंखला पाई जाती है यह सार्थक रुप से भूमि एवं मृदा की गुणवत्ता में सुधार करते है जिससे फसलों की बढवार और उत्पादकता में वृद्धि होती है (बोकोस्की और स्चीफर, 1997)। उपजाऊ मृदा में लगभग 50,000 तक केंचुओं की संख्या पाई जाती है। केंचुओं की मृदा में उपयुक्त संख्या होने पर वर्ष भर में 12 टन/हे. की दर से कार्बनिक पदार्थ का उपयोग किया जाता है साथ ही 18 टन मृदा को नीचे से ऊपरी सतह पर ले आते है (भावलकर और भावलकर, 1993)। केंचुओं द्वारा 20 से 40 कि.ग्रा. नत्रजन/हे./वर्ष नत्रजन में योगदान के साथ अन्य खनिज तत्व और पौधें को वृद्धि वर्धक हार्मोन प्रदान करते है जिससे पौधें की 30 से 200% तक बढवार होती है। केंचुओं द्वारा कुल उपलब्ध जैविक

पदार्थ में से एक चौथाई ह्यूमस परिवर्तित कर दिया जाता है। हयूमिक अम्ल पौधें की वृद्धि में बहुत अच्छा प्रभाव डालते है (अतियेह एवं सहयोगी, 2002)। केंचुओं द्वारा निर्मित वर्मीकम्पोस्ट के प्रयोग से मृदा को अमोनिया, नाइट्रेट, नाइट्रोजन, फास्फोरस, मैग्नीशियम और अन्य सूक्ष्म जीव तत्व और नत्रजन स्थिरीकरण के सूक्ष्म जीवाणु उपलब्ध होते है। यह पहले से सिद्ध हो चुका है कि वर्मीकम्पोस्ट में अकार्बनिक फास्फोरस पानी में घुलनशील योगिक सतही मृदा की तुलना में अधिक पाये जाते है। ग्राफ (1970) एवं सार्वल और स्येर्स (1976) के अनुसार वर्मीकम्पोस्ट में विनिमेय फास्फोरस मृदा की नीचे की सतह की तुलना में लगभग तीन गुना ज्यादा होते है। वर्मीकम्पोस्ट में केंचुआ द्वारा आंशिक रुप से फोस्फेटेज एन्जाइम और फास्फोरस घोलक सूक्ष्म जीवाणु भी उत्सर्जित किया जाता है। नेल्सन (1965) और टोमटी एवं सहयागी (1987) के अनुसार वृद्धि वर्धक हार्मोन जिब्रेलिन भी उत्सर्जित किया जाता है।

तालिका 8: वर्मीकम्पोस्ट और अन्य कम्पोस्ट खादों में औसतन मुख्य पोषक तत्व

अवयव	कम्पोस्ट खाद में तत्व (शुष्क भार %)		
	नत्रजन	फास्फोरस पेन्टा आक्साइड	पोटेशियम डाइ आक्साइड
वर्मीकम्पोस्ट	1.6	2.2	0.7
ग्रामीण कम्पोस्ट	1.2	1.1	1.5
शहरी कम्पोस्ट	1.2	1.9	1.5
धान के भूसे का कम्पोस्ट	0.9	2.1	0.9
मक्के के डंठलों का कम्पोस्ट	1.1	1.3	1.0
कपास के वेकार अवशेष का कम्पोस्ट	1.6	1.1	1.5
जल कुम्भी	2.0	1.0	2.3
मुर्गी खाद	2.9	2.9	2.4
अरन्डी	5.8	1.8	1.0
कपास के बीज	3.9	1.8	1.6
नीम	5.2	1.0	1.4
तिल	4.8	1.8	1.3
सरसों	5.1	1.8	1.0
अलसी	5.5	1.4	1.2
सूर्य मुखी	4.8	1.4	1.2

स्रोतः छोंकर एवं सहयोगी (2004)

जैविक दलहन उत्पादन हेतु फास्फोरस की पूर्ति

दलहनीं फसलों के जैविक उत्पादन हेतु फसल को फास्फोरस की आपूर्ति करने पर टिकाऊ उत्पादन निर्भर करता है। जैविक उत्पादन के लिए पोषक तत्व आदानों की पूर्ति हेतु कार्बनिक श्रोत (फसल अवशेष, कम्पोस्ट, खाद, आदि) और गैर प्रशंस्कृत खनिज श्रोत (रॉकफास्फेट, चूना, जिप्सम, आदि) से पूर्ति की जा सकती है। फसल कटाई के उपरान्त मृदा में उपलब्ध फास्फोरस की कमी हो जाती है। अतः फसल की बुआई के समय फास्फोरस

के प्रयोग की आवश्यकता होती है। बहुत से अध्ययनों में देखा गया है कि जैविक खेती के प्रक्षेत्रों पर फास्फोरस का फसलों द्वारा उपयोग और प्रयोग पर खर्च कुल जैविक खेती के खर्च में से फास्फोरस के खर्च का अनुपात कम होता है। यह योगिक मृदा एन्जाइम द्वारा अकार्बनिक रुप में परिवर्तित किए जाते है तत्पश्चात फसलों द्वारा बढवार हेतु उपयोग किए जाते है। फोस्फेटेज एन्जाइम मृदा सूक्ष्म जीवाणुओं माइकोराहिजल फन्जाई अथवा पौधों की जडों के द्वारा श्रवित किए जाते है। कुछ कार्बनिक फास्फोरस योगिक कुछ वर्षो तक मृदा में उपलब्ध रहते है जबकि कुछ योगिक कुछ दिनों अथवा सप्ताह में परिवर्तित कर दिए जाते है। अध्ययनों में देखा गया है कि जैविक रुप से प्रबन्धन किए गये फार्मो की मृदाओं में जीवांश पदार्थ की मात्रा में वुद्धि हुई है। जबकि लम्बे समय के अध्ययनों से यह भी देखा गया है कि जीवांश पदार्थ के वृद्धि में अधिक अन्तर नही आता जीवांश पदार्थ में वृद्धि होना कई कारकों पर निर्भर करता है इनमें जुताई की गहनता, खादों का प्रयोग, फसल अवशेषों का मृदा में प्रयोग, मृदा को ढकने वाली फसल और मौसमीं कारकों पर निर्भर करता है। मृदा कार्बनिक पदार्थ में विभिन्न प्रकार के जैविक फास्फोरस के योगिक जैसे इनोसिटोल, फास्फोरस, न्यूक्लिक अम्ल और फास्फो लिपिड पाये जाते है। फास्फोरस घोलक वैक्टीरिया मृदा में फास्फोरस एवं प्रयोग किये गये फास्फोरस को घुलनशील रुप में परिवर्तित कराने में अहम भूमिका निभाते है फास्फोरस फसलों के बेहतर विकास हेतु प्रारम्भिक अवस्था में आवश्यक होता है। इस तत्व के प्रयोग से फसलों में कल्लों की संख्या, फूल, फली और दाने बनने के लिए आवश्यक होता है। देश की अधिकांश मृदाओं में फास्फोरस तत्व की कमी है अतः इसे फास्फोरस धारी उर्वरकों द्वारा प्रयोग किया जाता है। इस तत्व की फसलों द्वारा कम उपयोगिता (<30%) होने के कारण भी अम्लीय मृदाओं में आयरन फास्फेट और एल्युमिनियम फास्फेट एवं क्षारिय मृदाओं में केल्शियम फास्फेट और मैग्नीशियम फास्फेट के रुप में मृदा में स्थिर हो जाता है। इस संदर्भ में फास्फोरस घोलक जैव उर्वरक स्थिर फास्फोरस एवं प्रयोग किए गये फास्फोरस की उपलब्धता बढाने में महत्व पूर्ण भूमिका अदा करते है।

मृदा में आवश्यक फास्फो वेक्टीरिया जैसे बेसिलस, मेगाट्रियम, पोलीमिक्सा, स्यूडोमोनास, स्ट्रेटा, माइक्रोकोकस, स्ट्रेप्टोमाइसिन में उपलब्ध रहते है इन वैक्टीरियाओं कि संख्या मृदा की अपेक्षा पौधों के जड़ क्षेत्र में अधिक होती है। नटराजन और गुनसंकरन (1991) ने अनुंसंधान में देखा कि फास्फो वेक्टीरिया का सोयाबीन, मटर, राजमा और मूंगफली की फसल में सकारात्मक प्रभाव पडता है। राष्ट्रीय दलहन अनुसंधान केन्द्र वमबान में किए गये अनुसंधानों में देखा कि फास्फोरस रॉक फास्फेट के साथ फास्फो–वेक्टीरिया का प्रयोग मूंग और उड़द की फसल में प्रयोग से इन फसलों की उपज में वृद्धि दर्ज की गई।

नत्रजन और फास्फोरस दोनों ही मुख्य पोषक तत्व है इन पोषक तत्वों के साथ नत्रजन स्थिरीकरण एवं फास्फोरस घोलक जैव उर्वरक प्रयोग केवल पोषक तत्व की तुलना में अधिक लाभप्रद रहते है। नटराजन और गुनसंकरन (1991) के अनुसार सोयाबीन की फसल में राइजोवियम एवं फास्फेरस घोलक सूक्ष्म जीवाणुओं का प्रयोग लाभप्रद रहा। कोयम्बटूर

में हुऐ अनुसंधान के अनुसार फसल की अनुशंसित 50% नत्रजन और फास्फोरस मात्रा के साथ राइजोवियम एवं फोस्फोरस घोलक जैव उर्वरक के प्रयोग का उपज पर प्रभाव 100% नत्रजन व फारस्फोरस्र प्रयोग के समकक्ष रहा। इसी प्रकार के परिणाम राष्ट्रीय दलहन अनुसंधान केन्द्र, वामबन में उड़द की प्रजाति वामबन–1 और कुल्थी की फसल पर प्राप्त हुए (प्रभाकरन, 1999)। उपरोक्त परिणामों से स्पष्ट है कि अधिक उत्पादन हेतु नत्रजन व फास्फोरस के प्रयोग के साथ राइजोवियम और फास्फोरस घोलक जैव उर्वरक के प्रयोग से दलहनों से जैविक रुप से अधिक उपज प्राप्त की जा सकती है।

आवरण फसल: फसल प्रणाली में आवरण फसल लगाने के कई लाभ है खरपतवारों की संख्या में कमी इनमें से एक प्रमुख लाभ है। आवरण फसल को अन्तरवर्ती फसल के रुप में लगाने पर यह मल्च का भी काम करती है। मुख्य फसलों के बीच मिलने वाले खाली समय में आवरण फसल लगाकर खरपतवार कम करने के साथ अन्य लाभ भी लिए जा सकते है। आवरण फसल में चारे की दलहनीं फसलें और चारे की घास के साथ में अनाज की फसले सम्मिलित कर सकते है।

जैविक कृषकों हेतु आवरण फसल मृदा उर्वरता और मृदा प्रबन्धन हेतु एक महत्वपूर्ण रणनीति के रुप में है आवरण फसल मृदा में पोषक तत्व बनाये रखने के साथ मृदा क्षरण को भी रोकती है। आवरण फसल मृदा अथवा परिस्थितिकी तंत्र गें सुधार के साथ अधिक आय, मृदा में नत्रजन के स्तर में सुधार, खरपतवार एवं बीमारियों का प्रकोप भी कम करती है। साथ ही आवरण फसल की गलत प्रजाति का चयन एवं प्रबन्धन का नकारात्मक प्रभाव देखने को मिलता है। आवरण फसल अनेक प्रकार से लाभप्रद है। इनमें नत्रजन, जैविक पदार्थ एवं मृदा संरचना में सुधार, मृदा क्षरण में कमी एवं नियंत्रण, पोषक तत्व प्रबन्धन, परपरागण करने वाले श्रोतों, मल्च के द्वारा मृदा में नमी और सुक्ष्म जीवाणुओं का संरक्षण आदि प्रमुख है।

आमतौर पर आवरण फसल का चयन कृषक की स्थिति और उत्पादन लक्ष्य पर आधारित होती है। उदाहरण के लिए यदि आवरण फसल का उद्‌देश्य की जानकारी है। तब इस स्थिति में जैविक नत्रजन स्थिरीरण हेतु कृषक को दलहनीं फसल का चयन करना चाहिए। यदि आवरण फसल का प्रयोग मल्च के रुप में प्रयोग कर खरपतवार प्रबन्धन अथवा मृदा गुणवत्ता के सुधार के रुप में करना हो तब आवरण फसल के रुप में खाद्यान्न अथवा ज्वार के साथ सूडान घास को लगा सकते है। दोनो चारे वाली आवरण फसलें फास्फोरस को मृदा में मिलाकर आगामी फसल हेतु फास्फोरस की पूर्ति की जा सकती है। आवरण फसल की कुछ फसल अपने सघन जड़ विन्यास से मृदा के नीचे स्तर पर फास्फोरस का संचय आगामी नकदी फसलों हेतु कर सकती है। इसी क्रम में आवरण फसल की कुछ किस्में जडों के माध्यम से फास्फोरस का अधिक मात्रा में मृदा से ग्रहण कर फसल के वानस्पतिक भाग में सचंय करतीं है। जिसका मृदा में अपघटन के द्वारा फास्फोरस उपलब्ध रहता है नेल्सन और मिकेल्स (2008) ने अनुसंधान में पाया कि कुछ आवरण फसलें माइकोराहिजल फंगस हेतु बेहतर होस्ट है अतः अधिक माइकोराहिजल फंगस की संख्या से मृदा में पहले

से स्थिर फास्फोरस को अधिक मात्रा में उपलब्ध कराया जा सकता है। इसी प्रकार बहुत सी आवरण फसलों हेतु जैविक खेती हेतु फसलों को फास्फोरस उपलब्ध कराने की क्षमता है। अनुसंधानों में यह भी देखा गया है कि दलहनीं आवरण फसल घास कुल की आवरण फसल से अधिक फास्फोरस उपलब्ध कराती है। परन्तु दलहनीं फसलों में भी आपस में फास्फोरस उपलब्ध कराने की अलग अलग क्षमता होती है। साथ में यह भी देखा गया है कि आवरण फसल से फास्फोरस उपलब्ध कराने के प्रयास के वाबजूद फास्फोरस की आपूर्ति हेतु फास्फोरस का पूरक रुप से प्रयोग आवश्यक है इसका मुख्य कारण यह भी है कि फास्फोरस का आवरण और जैविक रुप से प्रयोग कर लगाई गई फसल द्वारा फास्फोरस का मृदा द्वारा अवशोषण कर लिया जाता है। साथ ही यह आवरण फसले केवल मृदा में स्थिर फास्फोरस की ही उपलब्धता बढाती है। फास्फोरस का मृदा में संतुलन वनाये रखने हेतु पूर्व फसल द्वारा कुल प्रतिस्थापित फास्फोरस की कुल मात्रा के बराबर मृदा में प्रयोग आवश्यक है।

माइकोराहिजल कवक: मृदा में फास्फोरस की उपलब्धता अथवा फसलों द्वारा अधिक मात्रा में अवशोषण माइकोराहिजल कवक की कॉलोनी की संख्या पर निर्भर करता है। फसल एवं माइकोराहिजल कवक का सहजीवी सम्बन्ध होता है फसलों की जडे इन्हे ऊर्जा (कार्बोहाइड्रेट) प्रदान करती है और यह फसल को अधिक मात्रा में पोषक तत्व उपलब्ध कराती है। बहुत से जैविक फसल उत्पादक, आवरण फसले और फसल प्रणाली का माइकोराहिजल कवक का बेहतर सहसम्बन्ध बनाकर रखते है। जबकि आमतोर पर खरपतवार नियंत्रण हेतु खेतों की जुताई माइकोराहिजल तंत्र को कमजोर करती है जिससे फसल को पोषक तत्वों की उपलब्धता में कमी हो जाती है। जबकि मृदा में माइकोराहिजल कवक फास्फोरस की कमी वाली मृदा में अधिक फास्फोरस उपलब्ध कराती है। इसी प्रकार आवरण फसल अलग से फास्फोरस उपलब्ध नही कराती जबकि मृदा में उपलब्ध संसाधनों कों फसल को बेहतर रुप से उपलब्ध कराती है। माइकोराहिजल कवक वाणिज्य व्यवसायिक रुप से विभिन्न श्रोतो में उपलब्ध है इनके माध्यम से भी विशेष परिस्थितियों में पोषक तत्वों की आपूर्ति की जा सकती है (गोसलिंगा एवं सहयोगी, 2006)।

रॉक फास्फेट: रॉक फास्फेट (एपेटाइट) फास्फोरस युक्त खनिज विश्व स्तर पर उपलब्ध है इससे फास्फोरस की पूर्ति जैविक फसलों के उत्पादन में की जा सकती है। रॉक फास्फेट विश्व स्तर पर 80% उत्पादन दो प्रकार (अवसादी और आग्नेय) की चट्टानों से निकाला जाता है। रॉक फास्फेट के भूगर्भिक मूल के वर्जन के अनुसार कणों का आकार, खनिज प्रकार एवं रासायनिक गुण भिन्न–भिन्न पाये जाते है। कुछ रॉक फास्फेट कठोर चट्टान के रुप में एवं कुछ मुलायम मृदा कोलाइड के रुप में पाये जाते है। इसके गठन की भिन्नता रॉक फास्फेट के गठन में पाये जाने वाले कार्बोनेट एवं फ्लोराइड तत्व की उपलब्धता पर निर्भर करती हैं इनके गुणों की भिन्नता के कारण बहुत से रॉक फास्फेट फास्फोरस के बेहतर श्रोत होते है। इन श्रोतों से फास्फोरस को आवरण फसल में प्रयोग करने पर मृदा के गुणों में सुधार, मृदा क्षरण में कमी, आगामी फसल हेतु पोषक तत्वों की बेहतर उपलब्धता की जा सकती है।

वनस्पति खादः यह खाद फास्फोरस के लिए बेहतर श्रोत है। वनस्पति खाद में 75% कुल फास्फोरस अकार्बनिक योगिक के रुप में पाई जाती है। अतः वानस्पतिक खाद को जैविक पदार्थ के रुप में माना गया हैं वानस्पतिक खाद द्वारा जैविक कृषि में फसल की आवश्यकता के अनुरुप मृदा जॉच के आधार पर प्रयोग करने से फसल की 70% तक फास्फोरस की आपूर्ति हो जाती है। वानस्पतिक खाद में फास्फोरस की मात्रा बनाये गये फसल अवशेष पर निर्भर करती है और यह भिन्न–भिन्न खादों में भिन्न–भिन्न होती है। नत्रजन की पूर्ति यदि जैविक खादों द्वारा की जाती है इस परिस्थिति में फसल की मॉग के अनुसार फास्फोरस 3 से 5 गुना अधिक हो जाती है। प्राथामिक रुप से लम्बे समय तक नत्रजन की आपूर्ति करते रहने पर मृदा में फास्फोरस अधिक मात्रा का संग्रह हो जाता हैं साथ ही भूमि जल एवं पर्यावरण के लिए चिंता का विषय बन सकता है।

अस्थि चूर्णः अस्थि चूर्ण खाद पशुओं की हड्डियों को पीस कर बनाया जाता है। इसे भी फास्फोरस के श्रोत के रुप में पहले से प्रयोग किया जाता रहा है। अस्थि चूर्ण हड्डियों से भाप के माध्यम से पशुओं के ऊतको को अलग कर वनाया जाता है। अस्थि चूर्ण में फास्फोरस प्राथमिक मिनरल कैल्शियम डेका हाइड्रोक्सीऐपेटाइट के रूप में रहता है जोकि रॉकफास्फेट में पाये जाने वाले फास्फोरस से अधिक घुलनशील होता है लेकिन पारम्परिक फास्फोरस उर्वरक से कम घुलनशील होता है। अस्थि चूर्ण के कण बारीक होने की स्थिति में अम्लीय मृदा में अधिक घुलनशील होते है। इस तकनीक से प्रयोग किया जाये तो अधिक प्रभावी होता है। जैविक खेती में अस्थि चूर्ण को ऊष्मा से उपचार के पश्चात प्रयोग किया जा सकता है।

जैविक दलहन उत्पादन प्रणाली सें नत्रजन की पूर्ति

प्राचीन काल से ही दलहनीं फसलें खेती में नत्रजन पूर्ति हेतु एक महत्वपूर्ण घटक रही है। जैविक खेती की दृष्टि से दलहनीं फसलों द्वारा जैविक नत्रजन स्थिरीकरण सहजीव पद्धति से किया जाता है जोकि महंगे और अधिक ऊर्जावान नत्रजनधारी रासायनिक उर्वरकों का विकल्प है। नत्रजनधारी उर्वरकों का अधिक और बढता हुआ कृषि में उपयोग के अतिरिक्त विश्व भर में दलहनीं फसलों द्वारा नत्रजन स्थरीकरण बड़ी मात्रा में होता है। वैश्विक आधार पर दलहनीं फसलें एवं राइजोवियम जीवाणुओं के सहजीव समबन्ध द्वारा वातावरणीय नत्रजन से 70 मिलियन टन अमोनिया के रुप में स्थिर की जाती है। इसमें लगभग 40% जैविक नत्रजन मृदा में उपलब्ध रहती है (बर्नस और हार्डी, 1975)। दलहनीं फसलें नत्रजन स्थिरीकरण द्वारा मृदा उर्वरता को बढाती है। विभिन्न दलहनीं फसलों द्वारा नत्रजन स्थिरीकरण की मात्रा तालिका–9 में दी गई है।

तालिका 9: विभिन्न दलहनीं फसलों द्वारा अनुमानित नत्रजन स्थिरीकरण

फसल	नत्रजन स्थरीकरण कि.ग्रा. / हे.
उड़द	119-140
चना	23-97
ग्वार	378-196
लोबिया	9-125
मूंग	50-66
अरहर	4-200
सोयाबीन	49-450

स्रोतः पीओपल्स एवं सहयोगी. (1995)

विभिन्न दलहनीं फसलों के लिए भिन्न–भिन्न महत्वपूर्ण नत्रजन स्थरीकरण के उपभेदों की पहचान की गई है। उपभेदों का चयन का मानदण्ड जैसे अम्लीय, क्षरीय, लवणीय, नाइट्रेट और भारी धातुओं की अधिकता रखने में भिन्न–भिन्न मृदा के आधार पर करना चाहिए। राइजोवियम की बडे मात्रा में वृद्धि हेतु किण्वन अथवा रोटरी सेकर के माध्यम को प्रयोग किया जाता है। जैव उर्वरक के औद्योगिक रुप से उत्पादन हेतु किण्वन विधि काम में ली जाती है। आवश्यकता के अनुरुप 5 से 1000 लीटर की कल्चर वेसल्स का प्रयोग किण्वन हेतु किया जा सकता है।

जैविक रुप से नत्रजन स्थरीकरण सहजीवी माध्यम से सभी प्रकार की मृदा परिस्थिति प्रणाली में किया जा सकता है। सभी प्रकार की दलहनीं फसलों से नत्रजन स्थरीकरण की रणनीतियां उपलब्ध है।

बेहतर प्रबन्धन तकनीक द्वारा मृदा में राइजोवियम जीवाणुओं की संख्या बढाई जा सकती है। दलहनीं फसलों की नाइट्रेट आयन की संवेदनशीलता को कम करना अथवा दलहनीं फसलों की बढवार की क्षमता विकास दलहनीं फसलों का जैव उर्वरकों के माध्यम से नत्रजन प्रवन्धन कर उत्पादन की रणनीति के सुझाव दिए गये है। सहजीवी नत्रजन स्थरीकरण को प्रभावी बनाने में निम्न वाधायें महत्वपूर्ण है।

- जैव उर्वरक की गुणवत्ता।
- विस्तार कर्मचारियों और कृषकों को टीकाकरण की प्रोधोगिकी के ज्ञान की कमी।
- जैव उर्वरकों की वितरण प्रणाली को प्रभावी बनाना।
- सहजीवी नत्रजन स्थरीकरण की नीति तैयार की जानी चाहिए।

जैव उर्वरकों को सफल वनाने हेतु उत्पादन के ठोस प्रयास कर बेहतर वितरण एवं प्रदर्शन की आवश्यकता है। जैव उर्वरकों के लाभ के वारे में कृषकों को शिक्षित करने की भी आवश्यकता है।

भविष्य के कार्यो को प्राथमिकता

जैविक कृषि पद्धति में क्षेत्रफल और दलहनीं फसलों के उत्पादन में वृद्धि करने के लिए क्षेत्र विशेष हेतु विशिष्ट फसल और फसल प्रणाली जैविक पद्धति प्रणाली की जरुरतों को

ध्यान में रखकर करना चाहिए। जैविक खेती में ध्यान देने के लिए मुख्य विन्दु निम्न प्रकार है।–

- धान–गेहूँ फसल प्रणाली के क्षेत्र में अधिक उत्पादन देने वाली दलहनीं फसल की किस्म लगाकर अनाज वाली फसल का प्रतिस्थापन।
- दो फसलों के मध्य में मिलने वाले समय में दलहनीं फसल की शीघ्र पकने वाली प्रजाति को उगाना।
- रोग और कीट प्रतिरोधी क़िस्मों का विकास और कीट व रोग प्रबन्धन के लिए प्रभावी जैविक मोड्यूल का विकास।
- भंडारण नुकसान को कम करने और बाजार की जानकारी और बुनियादी ढांचे में सुधार।
- माँग और आपूर्ति के बीच अन्तर को पूरा करने के लिए बाजार का मूल्य एवं न्यूनतम समर्थन मूल्य के अन्तर को कम करना।
- जैविक प्रणालियों में एक महत्वपूर्ण भूमिका निभाने के लिए अधिक नत्रजन स्थरीकरण करने वाली प्रजातियों का विकास के बीच समन्वय स्थापित करने हेतु कृषकों की अनुसंधान में भागीदारी को प्रोत्साहन देना।
- क्षेत्र विशेष के आधार पर द्वितीय और सूक्ष्म तत्वों के विवेक पूर्ण उपयोग तथा जैविक खादों और जैव उर्वरकों पर अनुसंधान किए जाने चाहिए।
- क्षेत्र में पाये जाने वाले उपभेदों के राइजोवियम और फास्फोरस घुलनशील जैव उर्वरक विकसित किए जाने चाहिए।
- मृदा व कृषि जलवायु की परिस्थितियों के अनुसार क्षेत्र विशेष के लिए दबाव रिंचाई प्रणाली जैसे ड्रिप और स्प्रिंकलर आदि पर अनुसंधान किया जाना चाहिए।

संदर्भ

अतीयह, आर.एम., ली एडवर्ड, सी.ए., एरानकोन, एन.क्यू. और मेटागजर, जे.डी., 2002. द इनफ्लूएन्स ऑफ ह्यूमिक एसिड्स डेराइव्ड फ्रोम अर्थवार्म–प्रोसेस्ड ऑरगेनिक वेस्ट्स ऑन प्लांट ग्रोथ; बायोरिसोर्स टेक्नोलॉजी, 84: 7–14.

भावलकर, वी.यू. और भावलकर, यू.एस., 1993. वर्मीकल्चरः द बायो–न्यूट्रीशन सिस्टम; नेशनल सेमीनार ऑन इण्डीजीनियस टेक्नोलॉजी फोर सस्टेनेबल एग्रीकल्चर, आई.ए.आर.आई., नई दिल्ली, मार्च 23–24, पीपीः 1–8.

बोनकोवस्की, एम. और सचाफेर, एम., 1997. इन्ट्रेक्शन्स बिटवीन अर्थवार्मस एण्ड सोइल प्रोटोजोआः ए ट्रोपिक कम्पोनेन्ट इन द सोइल फूड वे जे. ऑफ सोइल बायोलॉजी एण्ड बायोकेमेस्ट्री, 291: 499–502.

बर्नस्, आर.सी. और हार्डे, आर. डब्लू. एफ. 1975 इनः नाइट्रोजन फिक्सेसन इन बैक्टीरिया एण्ड हाइयर प्लांटस. न्यू योर्कः स्प्रिन्जर–वेरलग.

चनिसक, वी., काटयामा, ए., हिराई, एम. एफ., मोरी, एस. और कुबोता, एच., 1983. इफेक्ट ऑफ कम्पोस्ट मेच्योरिटी ऑन ग्रोथ ऑफ कोमातसुना (ब्रासिका रापा) इन नेऊबाउर्स पोर्ट. II. ग्रोथ इनहिविटर फेक्टर्स एण्ड असेसमेन्ट ऑफ डिग्री ऑफ मेच्योरिटी बाय ओ.आर.जी.–सी/ओ.आर.जी.–एन रेसियो ऑफ वाटर एक्सट्रेक्ट. सोइल सांइ. प्लांट न्यूट्री. 29: 251–259.

छोंकर, पी.के. और दिवेद्वी बी.एस., 2004. ओरगेनिक फारमिंग एण्ड इट्स इम्प्लीकेशन इन इंडियन फूड सिक्योरिटी, फर्टीलाइज़र न्यूज, 49: 15–38.

डे. व्लीस्चवेर, डी., वरदोनक, ओ. और वेन असचे, पी., 1981. फायटोटोक्सीसिटी ऑफ रिफ्यूज कम्पोस्ट बायो साइकल, 2: 44–46.

दोरन, जे. डब्लू., 1980. सोइल माइक्रोबियल एण्ड बायोकेमीकल चेन्जस एसोसिऐटेड विथ रेड्रयूस्ड टिलेज. सोइल सांइ. अमे. ज., 44: 765–771.

गोसलिंगा, पी., होडगब, ए.जी., गुडलासक और बेंन्डिग, जी. डी., 2006. अरबसकुलर मायकोराहिजल फंगी एण्ड ओरगेनिक फारमिंग. एग्रीकल्चर, इकोसिस्टम एण्ड इनवायरमेन्ट, 113:17–35.

ग्राफ ओ., 1970. फोस्फोरस कन्टेन्ट्स ऑफ अर्थवार्म्स कास्टस (इन जर्मन), लेण्डबऊफोरचुंग वोलकेनरोडे, 20 : 33–36

हरीसूदन, सी., लाढ़ा, के.आर., सुब्बियन, पी., वेदयानाथन, आर. और मानीवनन, वी., 2009. न्यूट्रीएन्ट मेनेजमेन्ट फोर रेनफेड पल्सेस– ए रिव्यू. एग्रिक. रिव., 30: 224–228

होइटिंक, एच.ए.जे., बोइहम, एम.जे., और हेदर, वाय. 1993. मेकेनिस्म ऑफ सप्रेसन्स ऑफ सोइल बोर्न प्लांट पाथोजन्स इन कम्पोस्ट–अमेन्डेड सबट्रेट्स इनः होइटिन्क, एच.ए.जे., कीनर, एच.एम. (एडिट) साइंस.

होइटिंक, एच.ए.जे. और फाय, पी.सी. 1986 बेसिस फोर द कन्ट्रोल ऑफ सोइलबोर्न प्लांट पेथोजन्स विथ कम्पोस्ट. एनुअल रिव्यू पायटोपेथोल. 24:93–114.

काले, आर.डी. और बानो, के., 1986. फील्ड ट्राइल विथ वर्मीकम्पोस्ट. एन ऑरगेरिक फर्टीलाइजर; इन प्रोस. ऑफ नेशनल सेमीनार ऑन 'ऑरगेनिक वेस्ट यूटीलाइजेशन बाय वर्मीकम्पोस्टिंग'. जी.के.वी.के. एग्रीकल्चर यूनिर्वसिटी, बेंगलोर, इंडिया.

केन्डी, ए.सी., और स्मिथ, के.एल. 1995., सोइल माइक्रोबियल डाइवरसिटी एण्ड द सस्टेनेबिलटी ऑफ एग्रीकल्चरल सोइल्स. प्लांट सोइल, 170: 75–86.

लुपवायी, एन.जेड., राइस, डब्लू. ए. और क्लायटोन, जी.डब्लू., 1999. सोइल माइक्रोबियल बायोमास एण्ड कार्बन डाइऑक्साइड फलक्स अन्डर व्हीट एस इनफ्लूएन्सड वाय टिलेज एण्ड क्रोप रोटेशन. कनेडियन जे. सोइल साइ. 79: 273–280.

लिन्च, वी.एम. 1977. फाइटोटोक्सिटी ऑफ एसिटिक एसिड प्रोड्रयूस्ड इन द एनाइरोबिक डीकम्पोजीशन ऑफ व्हीट स्ट्रा. ज. एप्लाइड वेक्टीरिओलोजी अपील. बेक्टीरियल, 42: 81–87.

लिन्च, वी.एम., 1978 प्रोडक्शन एण्ड फाइटोटोक्सिटी ऑफ एसिटिक एसिड प्रोडयूस्ड इन एनाएरोबिक सोइल कन्टेनिंग प्लांट रेसीडयूस. सोइल बायोल. बायो केमिस्ट्री. 10: 131–135.

नटराजन, एन. और गुनासेकरन, एस. 1991. कोइनोकुलेन्ट्स फोर सोयबीन एवस्ट्रेक्ट. XXXI. एनुअल कोन्फ. एएमआइ., टी.एन.ए.यू., कोयम्बटूर. पी. 127.

नेलशन, आर.एल., 1965. प्रसेन्स ऑफ प्लांट ग्रोथ सवस्टेन्सेस इन अर्थवार्म, डिमोन्सट्रेटेड बाय द पेपर क्रोमाटोग्राफी एण्ड पी टेस्ट, नेचर, 208: 1113–1114.

नेल्शन, एन. और मिक्केलशन, आर., 2008. मीटिंग द फोस्फोरस रिक्वायरमेंट ऑन ऑर्गेरिक फार्म. बेटर क्रॉप्स. 92: 12–14.

पाल, एस.एस., 2006. स्कोप ऑफ ऑरगेनिक फारमिंग इन इंडिया–ए रिव्यू, ज. फारमिंग सिस्टम रिसर्च एण्ड डेवलेपमेन्ट, 12:1–12.

पारसूरामन, पी. और मनी, ए.के., 2003. ग्रोथ, यील्ड एण्ड इकोनोमिक्स ऑफ राइस (ओरयजा सटाइवा). फिंगर मिलेट (इलिउसिन कोराकाना) क्रोप सीक्वेन्स एज इनफ्लूऐन्सेड एस इन्फ्लुइन्सेड बाय कोइर पिथ एण्ड फार्मयार्ड मेन्योर विध एण्ड विधाउट इनऑरगेनिक फर्टीलाइजर्स. इंडियन ज. ऑफ एग्रोनॉमी. 48: 12–15.

परोदा, आर.एस., 1997. कीनोट एड्रेस इन एफ.ए.ओ.–आई.एफ.एफ.सी इन्टरनेशनल सेमीनार ऑन आई.पी.एन.एस. फोर सुस्टेनबल डेवलपमेन्ट. नवम्बर 25–27, विज्ञान भवन, नई दिल्ली.

पीपुल्स, एम.बी., हेरीडज, डी.एफ. और लाधा, जे.के., 1995. बायोलोजीकल नाइट्रोजन फिक्सेसनः एन एफीसिएन्ट सोर्स ऑफ नाइट्रोजन फोर सुस्टेनबल एग्रीकल्चरल प्रोडक्शन. प्लांट एण्ड सोइल, 174: 3–28.

पीइरे, वी., फिलिप, आर., मार्गनेराइट, एल. और सी पाइरीट, 1982. एन्टी बेक्टीरियल एक्टीविटी ऑफ द हेमोलयटिक सिस्टम फ्रोम द अर्थवर्म अइसीनिया फीटिडा अन्ड्रेई. इनवरर्टब्रट पथोलॉजी, 40:21–27.

प्रभाकरन., 1999. राइजोबीयल इनोकुलेन्टस फोर प्रोब्लम सोइल. इनः रीजन ऐडवांस इन माइक्रोबियल इनोकुलेन्ट. डिपा. ऑफ एग्रिक. माइकोवायोलाजी, तमिल नाडू एग्रीक. यूनी. कोयम्बटूर, इंडिया, पी.18.

राइजमेकर्स, जे.एम. और वेलर, डी.एम., 1988 नेचुरल प्लांट प्रोटेक्शन बाय 2,4– डाइसिटिलफ्लोरो–ग्लूसीनोल–प्रोड्रयूसिंग इस्यू स्पिसीज डोमोनस इन टेक–आल डिकलाइन सोइल्स. मोल. प्लांट–माइक्रोब इन्टरेक्ट, 11: 144–152.

रसेल, आर.सी. और सल्लन्स, बी.जी., 1940. द इफैक्ट ऑफ फोस्फेटिक फर्टीलाइजर्स ऑन कॉमन रूट रोट. साइ. एग्रीक., 21: 44–51.

सार्पले, ए. एन. और सयेर्स, जे.के., 1976. पोटेन्शियल रोल ऑफ अर्थवार्म्स कास्ट फोर फोस्फोरस इनरिचमेंट ऑफ रन–ऑफ वाटर्स. सोइल बायोलॉजी एण्ड बायोकेमेस्ट्री, 8: 341–346.

सिंगलटन, डी.आर., हेनड्रिक्स, बी.एफ., कोलेमन, डी.सी. एण्ड वाइटमेन, डब्लू. बी. 2003. आईडेन्टीफिकेशन ऑफ अनकल्चर्ड बेक्टीरिया टाइटली एसोसिएटेड विध द इन्टेस्टाइन ऑफ द अर्थवार्म्स लूमरीकुसरूबेलस. सोइल बायोलॉजी एण्ड बायोकेमिस्ट्री, 35: 1547–1555.

टंडन, एच.एल.एस, 1997. ऑरर्गेनिक रिसोर्सः एन असेसमेन्ट ऑफ पोटेंशियल सप्लाईस, देयर कन्ट्रीबूशन टू एग्रीकल्चरल प्रोडक्टिविटी एण्ड पोलिसी इसूस फोर इंडियन एग्रीकल्चरल फोर 2000 टू 2025. इन. प्लांट नीड्स सप्लाई, एफिसिएन्सी एण्ड पोलिसी, नेशनल अकेडमी ऑफ एग्रीकल्चरल साइंसेस, नई दिल्ली. पी. 15–28.

टोमटी, वी., ग्रापपेली, ए. और गल्ली, ई., 1987. द प्रीसेन्स ऑफ ग्रोथ रेगूलेटर्स इन अर्थवर्म्स–वर्कड वेस्ट. इन प्रोसीडिंग ऑफ इन्टरनेशनल सिम्पोसियम ऑन 'अर्थवर्म्स'; इटली; 31 मार्च–5 अप्रैल, 1985; पीपीः 423–436.

वेन बुगेन, ए.एच.सी., 1995. प्लांट डीसीस सिविअरिटी इन हाइ–इनपुट कम्पेअर्ड टू रिड्रयूस्ड–इनपुट एण्ड ऑर्गेनिक फार्मिंग सिस्टम. प्लांट डिस. 79:976–984.

वेन्कटेस्वरलू, बी., 1997. वाटर स्ट्रेस एण्ड बायोलॉजीकल नाइट्रोजन फिक्सेसन इन लेग्यूम. एडिट ज. ड्राईलेण्ड एग्रिक. रिस. डव., 12: 51–53.

यादव, ए.के., 2009. ऑर्गेनिक एग्रीकल्चर कॉन्सेप्ट, सिनेरियो एण्ड प्रेक्टिस, नेशनल सेन्टर ऑफ ऑर्गेनिक फार्मिंग, डिपार्टमेंट ऑफ एग्रीकल्चर एण्ड कोऑपरेशन, मिनिस्ट्री ऑफ एग्रीकल्चर, गवर्मेंट ऑफ इंडिया; पीपी 7–11.

7

दलहनीं फसलों का फसल प्रणाली में समावेश

वी. के. सिंह एवं वाय. पी. सिंह

देश में प्रचलित खाद्यान की कुल तीस फसल प्रणाली है जो कि मुख्यतः अनाज की फसलों पर आधारित है। फसल प्रणालियों का राष्ट्र के खाद्यान की पूर्ति में महत्वपूर्ण योगदान है। वास्तविक रूप में विगत तीन दशकों के दौरान अनाज आधारित फसल प्रणालियों के कारण खाद्यान फसल प्रणाली की उत्पादकता को बनाये रखने की अब आशंका हो गई है एवं आने वाली पीढी हेतु खाद्यान संकट पैदा हो रहा है। अब आने वाले समय में इन खाद्यान फसल आधारित फसल प्रणाली की स्थिरता खतरे में है। दूसरी बडी चुनौती मृदा स्वास्थ को बनाये रखने के साथ प्रति इकाई क्षेत्र से अधिक उत्पादन लेना है। अनाज की फसलों पर आधारित फसल प्रणाली की लगातार खेती करने से मृदा की उर्वरता में गिरावट आ रही है परिणामस्वरूप लगाई जाने वाली फसल से उत्पादन कम मिल रहा है। उदाहरण के लिए अनाज की फसल आधारित फसल प्रणाली धान–गेंहूँ से धान की फसल से 7 टन/हे. और गेहूँ की फसल से 4 टन/हे. उपज प्राप्त हुई और इन फसलों के द्वारा 315 कि.ग्रा. नत्रजन, 28 कि.ग्रा. फास्फोरस और 333 कि.ग्रा. पोटास/हे. साथ ही सूक्ष्म पोषक तत्वों की मात्रा भी ग्रहण की गई (हेगडे और द्विवेदी, 1992)। देश के कई राज्यों में उक्त तत्वों की पूर्ति हेतु रासायनिक उर्वरक प्रयोग किए जाते है। मृदा में रासायनिक उर्वरकों का अधिक प्रयोग आर्थिक एवं पर्यावरण के दृष्टिकोण से लाभकारी नही होता। अतः पोषक तत्वों के प्रबन्धन की सही रणनीति में जिन क्षेत्रों में रासायनिक उर्वरक अधिक प्रयोग हो रहे है उन क्षेत्रों की फसल प्रणाली में दलहनीं फसल के समावेश तथा साथ ही पोषक तत्वों का समन्वित प्रयोग की बहुत ही आवश्यकता है। दलहनीं फसले नत्रजन स्थिरीकरण करती है जिससे फसल प्रणाली में अनाज वाली फसल की नत्रजन की पूर्ति आगामी फसल हेतु कुछ हद तक हो जाती है। मृदा की परिस्थिकी के अनुसार फसल प्रणाली में दलहनीं फसल का समावेश कर फसल विविधीकरण किया जा सकता है। भारतीय कृषि अनुसंधान परिषद की अखिल भारतीय समन्वित खेती की परियोजना में फसल प्रणाली में दलहनीं फसल के समावेश से लगाई गई फसलों की पैदावार में लगातार सुधार हुआ है। फसल प्रणाली में दलहनीं फसलों के समावेश से नत्रजन स्थिरीकरण के साथ मृदा में पोषक तत्वों

की उपलब्धता बढती है साथ ही मृदा संरचना में सुधार माइक्रोराहिजल की कोलोनी निर्माण तथा फसल में बीमारी का प्रकोप भी कम होता है (वानी एवं सहयोगी, 1995)। अंर्तवर्तीय फसल में अनाज वाली फसल के साथ दलहनीं फसल लगाने से कुल उत्पादन बढने के साथ मृदा स्वास्थ में भी सुधार होता है। देश के विभिन्न जलवायु क्षेत्रों हेतु बेहतर फसल प्रणाली की पहचान हेतु अखिल भारतीय समन्वित खेती परियोजनाओं द्वारा अनुसंधान किए जा रहे है। दलहनीं फसल आधारित फसल प्रणाली हेतु पोषक तत्व प्रबन्धन पर अनुसंधानकर्ताओं के दृष्टिकोण निम्न प्रकार है।

प्रमुख फसल प्रणाली और उपज अन्तराल

किसी भी क्षेत्र विषेश की फसल प्रणाली क्षेत्र के प्राकृतिक संसाधन, कृषि स्थितिकी और क्षेत्र के सामाजिक–आर्थिक स्थिति पर निर्भर करती है। यादव और राव (2001) ने फसलों के प्राथमिक, द्वितियक महत्व और प्रसार के अनुसार द्विफसली 250 फसल प्रणालियों को सूचीवद्ध किया था। जबकि देश की 10 शीर्ष लोकप्रिय फसल प्रणाली जोकि अनाज वाली फसलों पर आधारित धान–गेहूँ (10 मिलियन हे.), धान–धान (5.9 मिलियन हे.) की कुल खाद्यान में हिस्सेदारी लगभग 52.3% है। देश की विभिन्न कृषि जलवायु क्षेत्रों की फसलों की उत्पादकता बढाने पर प्रकाश डाला गया जिसमें काफी भिन्नता पाई गई है। देश में फसलों की उत्पादकता और उत्पादन क्षमता में 50 से 100% का अन्तर पाया गया। कृषि प्रणाली अनुसंधान परियोजना निदेशालय, मादीपुरम द्वारा वृद्धि समतुल्य उपज के संदर्भ में विभिन्न कृषि क्षेत्रवार उपज क्षमता का अध्ययन किया गया। अधिक उत्पादकता धान–गेहूँ प्रणाली द्वारा 8.46 से 11.04 टन/हे., मक्का–गेहूँ द्वारा 8.61 से 11.35 टन/हे. और बाजरा–गेहूँ से 5.84 से 7.46 टन/हे. उपज गंगा के समतल तलहटी क्षेत्रों में प्राप्त हुई। जबकि उत्तरी हिमालय के क्षेत्रों में धान–गेहूँ की फसल प्रणाली से 4.72 से 8.73 टन/हे. और मक्का–गेहूँ प्रणाली से 4.35 से 9.34 टन/हे. उत्पादन प्राप्त होता है।

विभिन्न फसल प्रणाली के लिए वृद्धि समतुल्य उपज का अन्तर का आंकलन विभिन्न कृषि जलवायु क्षेत्रों में 0.88 से 7.54 टन/हे. पाया गया। फसल प्रणाली की अनुसंधान प्रक्षेत्रों की कुल उपज और राज्यों के औसत में काफी अन्तर पाया जाता है (गिल एवं सहयोगी, 2008)। इस अन्तर को कम करने के लिए फसल प्रणाली के लिए सबसे महत्वपूर्ण कुशल कृषि प्रबन्धन को अपनाना होगा। फसल प्रणाली के उत्पादन के अन्तर को कम करने के लिए सबसे बेहतर विकल्प में पोषक तत्व प्रबन्धन है इसके द्वारा उत्पादन अन्तर को 50% तक कम कर सकते है (तिवारी, 2002)। इन तथ्यों के आधार पर फसल प्रणाली की कुल उत्पादकता बढाने के लिए पोषक तत्वों का एकीक्रत और सन्तुलित विधि से प्रयोग की सलाह दी जाती है।

अस्थिर मुद्दों के समाधान में दलहनीं फसलों की भूमिका

हरित क्रान्ति के पश्चात आई उत्पादन में गिरावट के प्रमुख कारणों में मृदा में कार्बनिक पदार्थ की गिरावट के साथ मृदा में उपलब्ध पोषक तत्वों की भी कमी है (द्विवेदी और

सहयोगी, 2006)। गंगा के मैदानी इलाकों में सर्वेक्षण में पाया गया कि इन क्षेत्रों में कृषक विगत वर्षो में रासायनिक उर्वरकों का प्रयोग धीरे धीरे बढा रहे है परन्तु उत्पादन मे कोई वृद्धि नही हो रही है (द्विवेदी और सहयोगी, 2001)। उत्पादन में वृद्धि न होने के पीछे समन्वित कारणों में पोषक तत्वों का मृदा से निरंतर दोहन, मृदा में जैविक श्रोतों का कम प्रयोग, उर्वरकों का असन्तुलित प्रयोग और मृदा में कार्बनिक पदार्थ का गिरता स्तर प्रमुख है। उदाहरण के लिए धान–गेहूँ प्रणाली का क्षेत्रफल इस समय लगभग 46% है और दलहनीं फसलों एवं अन्य फसलों के क्षेत्रफल में गिरावट हो रही है (तिमसिना एवं कोनोर, 2001)। धान और गेहूँ की फसल के क्षेत्र में विस्तार के कारण नई नई समस्यायें आ रही है। इनमें मुख्य रूप से जमीन से अधिक पानी का उपयोग, मृदा की निचली सतह का कठोर होना, धान के बाद लगाने वाली फसल का बेहतर प्रबन्धन न होना, मृदा स्वास्थ्य में गिरावट, खरपतवार, कीटों और रोगों के संक्रमण में वृद्धि, ऊर्जा का अधिक उपयोग तथा वातावरण प्रदूशित होना प्रमुख है।

इसलिए अनाज फसल आधारित पद्धति में एक बड़े बदलाव की आशा की जा रही है। अनाज–दलहनीं फसल पद्धति बेहतर पोषक तत्व उपयोग दक्षता के साथ–साथ यह फसल पद्धति लाभप्रद भी होनी चाहिए। साथ ही मृदा में कार्बनिक पदार्थ में वृद्धि के साथ बढती हुई जनसंख्या की खाद्यान की समस्याओं को दूर करने की विशेषता हो एवं दलहनीं फसलों पर आधारित फसल प्रणाली की पद्धति पर आधारित हो। दलहनीं फसल आधारित फसल प्रणाली के लाभ निम्न प्रकार है (i) पोषक तत्वों की उपयोगिता की दक्षता बढती है (ii) पोषक तत्वों की उपलब्धता साथ ही लाभदायक सूक्ष्म लाभदायक जीवाणुओं की संख्या में वृद्धि (iii) मृदा की भौतिक स्थिति में सुधार एवं पोषक तत्वों की उपलब्धता में वृद्धि (iv) नाइट्रेट–नत्रजन के रिसाव की कमी हो जाती है तथा (v) खरपतवारों की संख्या में भी कमी हो जाती है।

फसल प्रणाली में दलहनीं फसलों को सम्मिलित कर पोषक तत्व प्रबन्धन रणनीति

अनाज–दलहन फसल आधारित फसल प्रणाली दीर्घकालीन उत्पादकता को बनाए रखने में मदद करती है। दलहनीं फसलें मृदा उर्वरक क्षमता बढाने तथा वायुमंडलीय नत्रजन को पौधों को उपलब्ध कराने की क्षमता के कारण ऐतिहासिक काल से जाना जाता है। फसल और उसकी अवधि के आधार पर दलहनीं फसल 26 से 200 कि.ग्रा. नत्रजन/ हे. मृदा में स्थापित कर सकती है। प्रमुख दलहनीं फसलों के क्षेत्र का सर्वेक्षण कर पाया कि दलहनीं फसलें देश में सालाना अनुमानतः 1.14 मिलियन टन नत्रजन मृदा में स्थापित करती है। इसके अतिरिक्त दलहनीं और हरी खाद की फसलें जीवांश पदार्थ के रूप में भी नत्रजन को मृदा में स्थापन में महत्वपूर्ण योगदान देती है। दलहनीं फसलें 35–59 किलो नत्रजन/हे. राइजोवियम की मदद से वायुमंडलीय नत्रजन लेकर जडों के माध्यम से आगामी फसल के लिए मृदा में उपयोग हेतु छोड देती है (तालिका–1)। जबकि सोयाबीन की फसल की नत्रजन स्थरीकरण की क्षमता कम होती है इसलिए इस फसल का अलग से 40–60 कि.

ग्रा./हे. नत्रजन की आवश्यकता पड़ती है। राजमा की फसल में कम मात्रा में नोडयूल बनने के कारण फसल जब मैदानी इलाकों में उगाई जाती है तब इस फसल को 100–120 किलो नत्रजन/हे. अतिरिक्त प्रयोग करना पडता है। समन्वित पोषक तत्व प्रबन्धन के समबन्ध में यह जानना बहुत आवश्यक है कि दलहनीं फसल द्वारा आगामी फसल हेतु कितनी मात्रा में नत्रजन मृदा में छोड़ा गया है। दलहनीं फसलों द्वारा 25–100 कि.ग्रा./हे. नत्रजन वहा की स्थिति तथा विशिष्ट क्षेत्र की मृदा पर निर्भर करता है। इस प्रकार दलहनीं फसलों की विभिन्न फसल प्रणालियों का उल्लेख नीचे किया गया है।

तालिका 1: भारत वर्ष की मुख्य दलहनीं फसलों द्वारा नत्रजन स्थरीकरण

फसल	जैविक नत्रजन स्थरीकरण (कि.ग्रा./हे.)	मृदा में नत्रजन (कि.ग्रा./हे.)	जैविक नत्रजन स्थरीकरण का राष्ट्रीय स्तर पर योगदान (मिलियन टन)
चना	36–63	50.3	0.37
मसूर	35–100	34.5	0.10
मूंग	50–55	–	0.20
अरहर	68–200	59.4	0.27
मटर	46	38.3	0.33
उड़द	51	–	0.17

स्रोत– ब्रहम प्रकाश एवं सहयोगी (2004), सिंह एवं सहयोगी (1981)

ग्रीष्म त्रिृतु में दलहनीं फसल अन्तरवर्ती/कैच फसल

दलहन फसल आधारित प्रणाली में, दो फसलों के मध्य मिलने वाली अवधि के दौरान अन्तवरर्ती अथवा एकल दलहनीं फसल शामिल कर अनाज वाली फसलों का क्षेत्रफल घटाये बिना अधिक उत्पादन लिया जा सकता है। देश के उत्तर पूर्वी क्षेत्रों में धान–गेहूँ फसल प्रणाली में मध्यम अवधि अथवा कम अवधि की धान की फसल कटाई के उपरान्त गेहूँ की मध्यम अथवा कम अवधि की प्रजाति लगाने पर भी धान व गेहूँ के मध्य इतना समय नही मिलता है कि 60 से 70 दिन की अवधि में पकने वाली मूंग की फसल लगाई जा सके। सिंह और शर्मा (2002) के द्वारा किए गये अध्ययन में देश के तराई क्षेत्रों में देखा गया कि धान–गेहूँ फसल चक्र में गेहूँ की कटाई के उपरान्त मूंग की फसल लगाकर अधिक उपज एवं शुद्ध लाभ लिया जा सकता है। सिंह एवं उनके सहयोगियों ने वर्ष 1993 किए गये अनुसंधान के अनुसार कई वर्षो तक पूर्वी उत्तर प्रदेश में धान–गेहूँ फसल प्रणाली में दलहनीं फसल को शामिल कर प्रभाव का अध्ययन किया परिणामों में उपज में बढोत्तरी के साथ शुद्ध लाभ में भी बढोत्तरी पाई गई। अनुसंधान के अनुसार मूंग और उड़द ग्रीष्म त्रिृतु के मौसम की महत्वपूर्ण फसले पाई गई है। मोदीपुरम में किये गये अनुसंधान में पाया गया कि मूंग की फली तोडने के पश्चात खड़ी फसल के अवशेषों को खेत में मिलाने पर उत्पादकता को बनाए रखने और मृदा की उर्वरता में सुधार लाने के लिए बेहतर पाया गया। इस प्रकार की तकनीक से दलहनीं फसलों की 0.5 से 1.00 टन/हे. अतिरिक्त उपज लेने के साथ

ही साथ मृदा में नत्रजन की उपलब्धता में सुधार के साथ–साथ अनाज फसलों के उत्पादन में भी बढोत्तरी हुई (सिंह एवं मिश्रा, 2010)।

धान–गेहूँ फसल प्रणाली में मोदीपुरम में किए गये अध्ययनों में देखा कि गेहूं की कटाई के उपरान्त चारे की दलहनीं फसल लगाने पर भी नत्रजन व फास्फोरस की उपयोगिता भी बढती है। इस अनुसंधान में यह भी देखा कि मृदा की निचली सतह की तुलना में ऊपरी सतह में नाइट्रेट नाइट्रोजन की उपलब्धता बढ जाती है इस बढी हुई नाइट्रोजन का उपयोग आगामी फसल के द्वारा कर लिया जाता है (चित्र–1)।

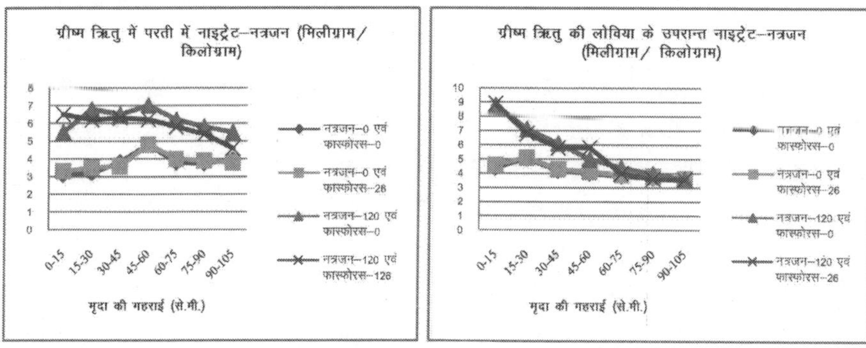

नाइट्रेट–नाइट्रोजन तत्व (मिलीग्राम/कि.ग्रा.) ग्रीष्म त्रितु में लोविया नाइट्रेट–नाइट्रोजन (मिलीग्राम/कि.ग्रा)

चित्र 1: धान–गेहूँ फसल चक्र में गेहूँ की फसल में नत्रजन और फास्फोरस (कि.ग्रा./हे.) प्रयोग का गेहूँ की फसल के उपरान्त परती एवं लोविया फसल के उपरान्त मृदा में नाइट्रेट–नत्रजन पर प्रभाव

अन्तरवर्ती फसलों के रूप में दलहन: अन्तरवर्ती फसल द्वारा मृदा में सीमित नमी होने पर भी उत्पादन में स्थिरता और आय में वृद्धि की महत्वपूर्ण तकनीक है। इस तरह अरहर, उड़द, मूंग और सोयाबीन के रूप में दलहनीं फसल ऊचे क्षेत्रों में धान की सीधी वोनी के लिए आदर्श अन्तरवर्ती फसले है जिन्हे बोने से अतिरिक्त लाभ मिलाता है।

पानी की कमी वाले क्षेत्रों तथा विपरित मौसम परिस्थितियों के तहत दलहन फसल आधारित प्रणाली कुल उत्पादकता बढाने के साथ–साथ संशाधनों, मुख्य रूप से नत्रजन उर्वरकों के उपयोग को कम करने में एक महत्वपूर्ण भूमिका निभाते है। अखिल भारतीय अनुसंधान समन्वित खेती पद्धति परियोजना के तहत पालमपुर, रॉची और बांसवाडा में हुए अनुसंधान के अनुसार मक्का+उड़द अन्तावर्ती फसल, करजात में मक्का+धान, इन्दोर में ज्वार+अरहर, विचपुरी और हनुमानगढ में अरहर+मूंग और जबलपुर और कल्यानी में धान+सोयाबीन महत्वपूर्ण एवं लाभकारी फसल प्रणाली पाई गई उपरोक्त अन्तरवर्ती फसलों का कृषकों के खेतों पर मूल्यांकन किया गया मूल्यांकन में एकल फसल की तुलना में अन्तरवर्ती फसलों से 15 से 200% तक अधिक लाभकारी पाया गया। अन्तरवर्ती फसलों की सफलता फसलों एवं इनकी किस्मों, रोपण विधि फसल ज्यामिति, पोषक तत्व और जल प्रबन्धन आदि पर निर्भर करता है। आमतौर पर दोनों घटक फसलों का उत्पादन सिफारिश

की गई उर्वरकों की मात्रा पर निर्भर करता है, साथ ही अधिक से अधिक लाभ एक विविध अन्तरवर्ती प्रणाली से प्राप्त किया जा सकता है। अरहर की फसल के साथ अन्तरवर्ती फसल के रूप में मूंग, उड़द, लोबिया का प्रयोग कर अरहर–गेहूॅ की सघनता को बढाकर अधिक लाभकारी बनाया जा सकता है। जबकि कम अवधि की अरहर के साथ दलहनीं अन्तरवर्ती फसल अधिक लाभकारी होती है। आधुनिक खेती उपकरणों जैसे रिजवेड सीड कम फर्टीलाइजर ड्रिल, न्यूमेंट्रिक सीड ड्रिल, पंच प्लान्टर सीड ड्रिल मशीनों के विकास के साथ अन्तरवर्ती फसलों की बोनी के लिए आशाजनक विकल्प बन सकते है। धान–गेहूँ फसल प्रणाली में धान की सीधी बोनी अथवा वेड नाली पद्धति में लगाने पर दलहनीं फसलों को सम्मलित किया जाना लाभकारी पाया गया है।

फसल प्रतिस्थापन के रूप में दलहनः धान या गेहूॅ के प्रतिस्थापन बडे पैमाने पर विभिन्न कृषि पारिस्थितिकी में अनुभव के आधार पर किया जा रहा है। प्राकृतिक संसाधनों के प्रभाव के उदाहरण के लिए जिन क्षेत्रों में जल स्तर गिरता जा रहा है जोकि चिंता का विषय बना हुआ है उन क्षेत्रों में धान की फसल की जगह गंगा के मैदानी इलाकों में अरहर की फसल ली जा सकती है। भारत के पूर्वी भाग के जलवायु की विपरीत परिस्थितियों के कारण विशेषकर अधिक तापमान से गेंहूॅ की कम उत्पादकता प्राप्त होती है। अतः गेहूॅ के स्थान पर चना, मसूर, मटर या मूंगफली के साथ प्रतिस्थापित किया जा सकता है। वास्तव में दलहनीं फसलों की पत्ती जड और तना आदि के समावेष के कारण तथा जैविक नत्रजन स्थरीकरण के माध्यम से पोषक तत्वों की रीसाइक्लिंग होने से फसलों को अधिक पोषक तत्व प्राप्त होते है। अखिल भारतीय समन्वित खेती पद्धति अनुसंधान परियोजनाओं के व्यापक अनुसंधनों में धान–गेहूँ की फसल प्रणाली की तुलना में धान–दलहन अथवा दलहन–गेहूॅ के फसल में नत्रजन, फास्फोरस व पोटास का प्रयोग सिफारिश के अनुासर प्रयोग करने से कुल उत्पादकता और लाभ अधिक प्राप्त हुआ। अनाज फसल आधारित फसल क्रम में विविधता लाने हेतु खरीफ या रबी में अनाज फसल के साथ दलहनीं फसल लगाने के कारण आशाजनक परिणाम प्राप्त हुए है (सिंह और शर्मा, 2002)। देश के विभिन्न भागों से प्राप्त रिपोर्ट के आधार पर धान–गेहूँ फसल प्रणाली में एक विकल्प फसल के रूप में दलहनीं फसल का समावेश करने पर 30 से 40 कि.ग्रा./हे. नत्रजन की बचत के साथ–साथ फसल की उत्पादकता में वृद्धि हुई। पंतनगर में अनाज की फसल प्रतिस्थापन कर दलहनीं फसल का समावेश मृदा में कार्बन और उपलब्ध फास्फोरस पर सकारात्मक प्रभाव तालिका–3 में दिया गया है। इसके विपरीत, उपलब्ध पोटाश आमतौर पर विभिन्न प्रकार की फसलों के द्वारा मृदा से ग्रहण किया गया। मृदा में उपलब्ध पोटाश में लगभग 8% की गिरावट दर्ज की गई (तालिका–3)।

तलिका 3: विभिन्न फसल क्रम में दो वर्ष के उपरान्त कार्बनिक पदार्थ, उपलब्ध फास्फोरस व पोटेशियम में परिवर्तन

फसल क्रम	आरम्भ के स्तर की तुलना में परिवर्तन % में		
	कार्बनिक कार्बन	उपलब्ध फास्फोरस	उपलब्ध पोटेशियम
दो फसल क्रम			
गेहूँ–धान	1.1	15.5	–7.8
चना–धान	4.5	45.5	–1.3
मसूर–धान	4.5	23.8	–4.9
मटर–धान	2.2	34.5	–2.2
तीन फसल क्रम			
गेहूँ–चारा फसल–धान	1.1	28.7	–4.1
चना–चारा फसल–धान	0	41.9	–2.9
मसूर–चारा फसल–धान	0	39.7	–4.0
मटर–चारा फसल–धान	1.1	41.9	–3.7

स्रोतः सिंह एवं सहयोगी (2002)

दलहनीं फसल नत्रजन मृदा में छोडने के साथ मृदा की भौतिक दशा में सुधार, फंफूद, जनित रोगों में कमी, अनाज फसलों के लगने वाले कीड़े व रोगो को कम करना, भूमि की निचली सतह से पोषक तत्व ग्रहण करना, खरपतवारों को नियंत्रण करना तथा जमीन में विशैले रसायनों को कम कर फसल उत्पादन में वृद्धि करती है। शीघ्र बढने वाले चारे की दलहनीं फसलें मृदा के भौतिक और रासायनिक गुणों में सुधार पोषक तत्वों की रीसाइक्लिंग दलहनीं फराल के लाभ की अपेक्षाकृत कम सुधार हुआ (तालिका–4)। कृषि प्रणाली अनुसंधान परियोजना निदेशालय, मोदीपुरम में द्विवेदी और सहयोगियों (2003) द्वारा धान–गेहूॅ फसल प्रणाली में ग्रीष्म ऋतु के मौसम में लोबिया (चारा) की फसल के समावेश द्वारा नत्रजन व फास्फोरस उर्वरकों की दक्षता में सराहनीय वृद्धि देखी गई। इसके अलावा धान–गेहूँ प्रणाली के तहत ग्रीष्म ऋतु के दौरान चारा फसल के रूप में लोबिया का समावेश भी मृदा की गहरी सतह से नाइट्रेट नत्रजन को ग्रहण कर मृदा की ऊपरी सतह पर उपलब्धता में वृद्धि करता है जिसका आगामी फसल को लाभ मिलता है। चारे की दलहनीं फसलों पर किए गये बहुत से प्रयोगों में देखा गया है कि आगामी लगाई गई फसलों की मांग के अनुसार नत्रजन प्रयोग करने पर आगामी अनाज वाली फसलों को दलहनीं चारा फसल द्वारा 35 से 120 कि.ग्रा. नत्रजन उपलब्ध कराने में सक्षम पाई गई।

तालिका 4: धान–गेहूँ और अरहर–गेहूँ के फसल चक्रो के तीन वर्ष के उपरान्त मृदा घनत्व का विभिन्न मृदा सतह में परिवर्तन

मृदा गहराई (सेन्टी मीटर)	मृदा घनत्व (मेगा ग्राम/मीटर)		% में प्रारम्भिक की तुलना में परिवर्तन	
	धान–गेहूँ क्रम	अरहर–गेहूँ क्रम	धान–गेहूँ क्रम	अरहर–गेहूँ क्रम
0–15	1.50±0.013@	1.42±0.009	+5.4	–4.2
15–30	1.58±0.011	1.46±0.010	+3.3	–4.8
30–45	1.62±0.012	1.49±0.016	+3.8	–4.7
45–60	1.60±0.010	1.52±0.011	+1.9	–3.2
60–75	1.62±0.014	1.59±0.018	+0.6	–0.1
75–90	1.62±0.013	1.61±0.020	–0.1	–0.2
90–105	1.64±0.016	1.64±0.015	–0.1	–0.1

@ औसत और स्टेन्डर्ड इरर का औसत

स्रोत–सिंह एवं द्विवेदी (2006)

हरीखाद के रूप में दलहन: गोबर का घरेलू उपयोग किये जाने के कारण यह कम मात्रा में उपलब्ध हो पाता है। अतः देशी खाद सीमित मात्रा में उपलब्ध हो पाता है इस परिस्थिति में विशेष रूप से धान–गेहूँ प्रणाली में ग्रीष्म ऋितु के मौसम में खाली खेतों के दौरान हरी खाद के रूप में दलहनीं फसल का प्रयोग लगाई जाने वाली फसलों की उत्पादकता में वृद्धि का एक बेहतर विकल्प है। अखिल भारतीय समान्वित खेती पद्धति परियोजना के परिणामों के आधार पर धान–गेहूँ, धान–धान, धान–मक्का, मक्का–गेहूँ, बाजरा–गेहूँ और ज्वार–गेहूँ फसल चक्र में दलहनीं फसल को हरीखाद के रूप में प्रयोग से 20–50% नत्रजन की बचत की जा सकती है (तालिका–5)। हरी खाद के रूप में दलहनीं फसल के समावेश के कारण धान–गेहूँ प्रणाली में 40–60 कि.ग्रा. यूरिया/हे. आगामी धान की फसल को प्राप्त हो जाती है। धान–गेहूँ फसल प्रणाली में गेहूँ की कटाई के उपरान्त ग्रीष्म ऋितु के मौसम में एक हरी खाद की फसल को शामिल किए जाने पर 23.8 से 27.4 टन/हे. हरा जीवांश पदार्थ के माध्यम से पोषक तत्वों की अतिरिक्त मात्रा का समावेश मृदा में किया जा सकता है मूंग की हरी खाद से 25.4 से 28.5 टन/हे. जीवांश पदार्थ उपलब्ध होता है (सिंह एवं सहयोगी, 2002) (तालिका–6)। वानी एवं सहयोगियों (2001) के अनुसार हरीखाद के प्रयोग से मृदा में पोषक तत्वों की उपलब्धता एवं बढोत्तरी बुरेष एवं दत्ता (1991) और यादव एवं सहयोगी (1998) के अनुसार जड विकास और नत्रजन की उपयोग क्षमता में वृद्धि कर अंततः अनाज आधारित उत्पादन प्रणाली से अधिक से अधिक उत्पादकता में बढोत्तरी हो जाती है।

पिछले दो दशकों के दौरान धान–गेहूँ, मक्का–गेहूँ फसल प्रणाली में हरी खाद के विभिन्न पहलुओं पर व्यापक अध्ययन के बाद कुछ व्यावहारिक रूप से महत्वपूर्ण निष्कर्ष के साथ पंजाब की जलोढ़ मिट्टी पर किए गये प्रयोगों के परिणाम इस प्रकार प्राप्त हुऐ। (i) ढेंचा अन्य हरी खादों की तुलना में अधिक लाभकारी पाया गया। (ii) हरी खाद की नत्रजन दक्षता धान की फसल में यूरिया की नत्रजन दक्षता के बराबर थी। (iii) हरी खाद

के प्रयोग का लाभ मक्का–गेहूँ प्रणाली की तुलना में धान–गेहूँ में अधिक था (iv) धान रोपाई से दो सप्ताह पहले खेत में हरी खाद मिलाने की तुलना में रोपाई के एक दिन पहले मिलाई गई हरी खाद की बेहतर दक्षता पाई गई (सिंह एवं सहयोगी, 1993)। ग्रीष्म ऋितु के मौसम में हरी खाद लेने पर एक फसल का नुकसान हो जाता है। इस नुकसान से बचने के लिए मूंग की फसल ग्रीष्म ऋितु के मौसम में लगाई जा सकती है और पकने पर फली तोडने के उपरान्त जीवांश पदार्थ को खेत में मिलाया जा सकता है। सिंह एवं मिश्रा (2010) के अनुसार हरी खाद की ढैचा की फसल के विकल्प के रूप में मूंग की फसल से 0.8 से 1.2 टन/हे. उपज ले सकते है साथ ही हरी खाद हेतु जीवांश पदार्थ मिल जाता है।

तालिका 5: अखिल भारतीय समान्वित कृषि पद्धति परियोजना में हरीखाद और रासायनिक उर्वरकों के समन्वित प्रयोग का अनाज आधारित फसल पद्धति का उत्पादकता पर प्रभाव (वर्ष 2005–06 से 2009–10 के मध्य का औसत)

उपचार		उपज (किलोग्राम/हे.)		
खरीफ	रबी	खरीफ	रबी	धान के समतुल्य उपज
धान–गेहूँ		**लुधियाना**		
100% एन. पी. के.	100% एन. पी. के.	5361	4639	10315
50% एन. पी. के. + 50% एन. (हरी खाद)	100% एन. पी. के.	6027	4780	11132
75% एन. पी. के.+25% एन. (हरी खाद)	75% एन. पी. के.	6069	4401	10796
		बनारस		
100% एन. पी. के.	100% एन. पी. के.	4496	3360	8084
50% एन. पी. के.+50% एन. (हरी खाद)	100% एन. पी. के.	4759	3512	8510
75% एन. पी. के.+25% एन. (हरी खाद)	75% एन. पी. के.	4625.2	3275	8123
		कल्यानी		
100% एन. पी. के.	100% एन. पी. के.	3904	3021	7131
50% एन. पी. के.+50% एन. (हरी खाद)	100% एन. पी. के.	4065	3527	7831
75% एन. पी. के.+25% एन. (हरी खाद)	75% एन. पी. के.	4230	3257	7708
धान–धान		**राजेन्द्र नगर**		
100% एन. पी. के.	100% एन. पी. के.	4744	5166	9909
50% एन. पी. के.+50% एन. (हरी खाद)	100% एन. पी. के.	4865	5433	10299
75% एन. पी. के.+25% एन. (हरी खाद)	75% एन. पी. के.	4969	5292	10241
		छिपलिमा		
100% एन. पी. के.	100% एन. पी. के.	5335	5517	10852
50% एन. पी. के.+50% एन. (हरी खाद)	100% एन. पी. के.	6046	6061	12108
		भुवनेश्वर		
100% एन. पी. के.	100% एन. पी. के.	5358	5919	11277
50% एन. पी. के.+50% एन. (हरी खाद)	100% एन. पी. के.	6081	6737	12818
75% एन. पी. के.+25% एन. (हरी खाद)	75% एन. पी. के.	5871	6129	12000
		करनाल		
100% एन. पी. के.	100% एन. पी. के.	4661	4432	9431
50% एन. पी. के.+50% एन. (हरी खाद)	100% एन. पी. के.	4993	4494	9488

अगले पृष्ठ पर

उपचार		उपज (किलोग्राम/हे.)		
खरीफ	रबी	खरीफ	रबी	धान के समतुल्य उपज
75% एन. पी. के.+25% एन. (हरी खाद)	75% एन. पी. के.	4970	4441	9411
धान–सरसों		**रूद्रपुर**		
100% एन. पी. के.	100% एन. पी. के.	4869	810	6308
50% एन. पी. के.+50% एन. (हरी खाद)	100% एन. पी. के.	5371	815	6818
मक्का–गेहूँ		**रांची**		
100% एन. पी. के.	100% एन. पी. के.	4849	5157	9462
50% एन. पी. के.+50% एन. (हरी खाद)	100% एन. पी. के.	5517	5806	10700
75% एन. पी. के.+25% एन. (हरी खाद)	75% एन. पी. के.	5095	5257	9469
धान–मक्का		**कथलगेरे**		
100% एन. पी. के.	100% एन. पी. के.	6590	4372	10156
50% एन. पी. के.+50% एन. (हरी खाद)	100% एन. पी. के.	6459	468	10280
बाजरा–गेहूँ		**एस. के. नगर**		
100% एन. पी. के.	100% एन. पी. के.	1071	2305	2753
50% एन. पी. के.+50% एन. (हरी खाद)	100% एन. पी. के.	1453	2940	3583
75% एन. पी. के.+25% एन. (हरी खाद)	75% एन. पी. के.	1530	2994	3690
		हिसार		
100% एन. पी. के.	100% एन. पी. के.	3557	5852	7674
50% एन. पी. के.+50% एन. (हरी खाद)	100% एन. पी. के.	3715	5999	7922
		जूनागढ		
100% एन. पी. के.	100% एन. पी. के.	1450	3325	3895
50% एन. पी. के.+50% एन. (हरी खाद)	100	1585	3643	4264
75% एन. पी. के.+25% एन. (हरी खाद)	75% एन. पी. के.	1507	3351	3962
ज्वार–गेहूँ		**रांची**		
100% एन. पी. के.	100% एन. पी. के.	2850	3437	5570
50% एन. पी. के.+50% एन. (हरी खाद)	100% एन. पी. के.	2854	3458	5591

स्रोतः– अखिल भारतीय समन्वित कृषि पद्धति परियोजना प्रगति प्रतिवेदन (2005–10), एन–नत्रजन, पी–फास्फोरस, पी–पोटास

तालिका 6: हरीखाद और दलहन फसलों के अवशेषों का मृदा में प्रयोग का धान–गेहूँ की फसल पर तुलानात्मक प्रभाव

उपचार	उपज (टन/हे.)		
	धान	गेहूँ	कुल
फैजावाद (3 वर्षो का औसत)			
हरीखाद	5.14	4.91	10.05
मूंग फसल अवशेष	5.15	4.79	9.94
परती	4.7	4.55	9.25
छिपलिमा (2 वर्षो का औसत)			
हरीखाद	4.19	2.21	6.40
मूंग फसल अवशेष	4.16	2.12	6.29

अगले पृष्ठ पर

उपचार	उपज (टन/हे.)		
	धान	गेहूँ	कुल
पालमपुर (2 वर्षो का औसत)			
हरीखाद	4.82	2.76	7.58
मूंग फसल अवशेष	5.00	3.07	8.07
खरगपुर (2 वर्षो का औसत)			
हरीखाद	3.65	2.96	6.61
मूंग फसल अवशेष	3.86	2.94	6.80

स्रोतः– हंगडे (1992)

ब्रेक फसल के रूप में दलहनः ब्रेक फसल के रूप में दलहनीं चारे की फसल से 40 से 90 टन/हे. हरा चारा प्राप्त किया जा सकता है। धान–गेहूँ और अन्य प्रमुख फसल प्रणाली में दलहनीं फसल को शामिल करने से लाभ मिलता है। धान एवं गेहूँ दोनो खाध्यान की प्रमुख फसले है और धान–गेहूँ के क्षेत्र से अन्य फसल प्रणाली द्वारा प्रतिस्थापन करना उचित प्रतीत नही होता। इस स्थिति में धान–गेहूँ फसल प्रणाली में दलहन का समावेश बेहतर विकल्प है। मोदीपुरम में किए गए अध्ययनों से पता चला है कि धान–गेहूँ प्रणाली के तहत दो से तीन वर्ष के अन्तराल पर लोबिया या बरसीम की एक ब्रेक फसल के रूप में लेने पर पाया गया कि धान से खरपतवार (घास कुल) और गेहूँ की फसल में गेंहू का मामा (फेलेरिस माइनर) खरपतवारों की संख्या में काफी कमी पाई गई। इसके अतिरिक्त धान–गेहूँ फसल प्रणाली की उत्पादकता में वृद्धि के साथ–साथ दीर्घकालिक स्थिरता देखी गई (तालिका–7)।

तालिका 7: दलहनीं फसल द्वारा धान–गेहूँ फसल क्रम को तोड़ने का खरपतवारों पर प्रभाव।

फसल क्रम को ताडने वाली फसल (प्रत्येक 3 वर्ष में धान–गेहूँ)	% खरपतवारों में कमी		
	फसल क्रम तोडने से पूर्व	फसल क्रम तोडने के एक वर्ष पश्चात	फसल क्रम को तोडने के 2 वर्ष पश्चात
गेहूँ के स्थान पर बरसीम	1	94	62
धान के स्थान पर लोबिया	0	84	59

स्रोतः– सिंह और मिश्रा (2010)

बहुउद्देशीय दलहनीं झाड़ियाँ: ऐसे खेती योग्य क्षेत्र जिनमें कृषक को हरीखाद की फसल उगाने हेतु खेत खाली नही मिल पाते ऐसी स्थिति में हेज के रूप मेडों पर बारहमासी फलीदार पेड जैसे ग्लिसरिन्डिया, केसुरिना, ल्यूसिनिया, ढेंचा लगाकर उनकी पत्तियॉ अथवा जीवांश पदार्थ फसल लगाने से पूर्व मृदा में मिलाकर नत्रजन के श्रोत के रूप में प्रयोग कर सकते है (कुन्डू एवं सहयोगी, 1991)। हरी पत्तियों को हरी खाद के रूप में धान की रूपाई से पूर्व मिलाने पर देशी खाद की तुलना में अधिक नत्रजन प्राप्त होती है (चटर्जी एवं सहयोगी, 1979)। बारहमासी एवं इसके अतिरिक्त बहुउद्देशीय दलहनीं झाडियों से पशुओं

के लिए पोष्टिक चारा प्राप्त होता है। इन सभी लाभों को देखते हुए ऊपरी क्षेत्र की मृदाओं, सीमान्त भूमियों के क्षेत्रों में अपनाने की आवश्यकता है।

आधुनिक तकनीकों के माध्यम से दलहनीं फसलों के लाभ का दोहन

अल्प अवधि की अरहर में यूरिया छिडकाव: अल्प अवधि की अरहर की किस्मों के परिपक्व होने तक पत्ते हरे रहते है अतः यूरिया का 10% का छिडकाव करने से पत्ते गिरकर रबी में बोये जाने वाले गेहूँ फसल को अवशिष्ट के रूप में लाभ पहुचाते है। जबकि पत्तों के गिरने से अरहर को कोई हानि नही होती है। मोदीपुरम में किये गये प्रयोग में 10% यूरिया का उपयोग अल्प अवधि की अरहर की किस्म आईसीपीएल–88039 पर छिडकाव करने पर अधिक पत्तियों का जीवांश पदार्थ मिलने पर गेहूँ की उपज में 29% वृद्धि (चित्र–2) के साथ 21% अतिरिक्त शुद्ध लाभ प्राप्त हुआ।

मृदा में अरहर की पत्तियॉ के मिलाने पर 40–60 कि.ग्रा. नत्रजन/हे. गेहूँ की फसल में बचाई जा सकती है। यदि यह पद्धति किसानों द्वारा अपनाई जाती है तो नत्रजन की बचत के अलावा यह पर्यावरण के अनुकूल तकनीक है तथा गेहूँ फसल प्रणाली की स्थिरता के साथ–साथ गेहूँ की अतिरिक्त उपज का अधिक लाभ प्राप्त होता है।

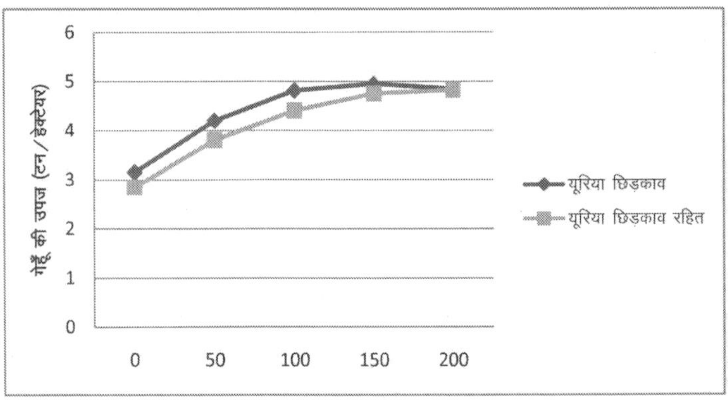

चित्र 2: अरहर की फसल पर यूरिया के पर्णीय छिड़काव एवं गेहूँ की उपज पर नत्रजन के विभिन्न स्तरों का प्रभाव (चौहान एवं सहयोगी, 2004)

प्राकृतिक संसाधन प्रबन्धन तकनीकी में दलहनीं फसलों का समावेष: भारत वर्ष में गंगा के मैदानी क्षेत्रों में अरहर–गेहूँ फसल प्रणाली एवं अन्य दलहनीं फसलों में खरीफ मौसम के अस्थाई जल भराव के कारण पौधों की संख्या कम रह जाती है। इस कारण से दलहनीं फसलों की उपज कम मिल पाती है। विगत दलहनीं फसल अच्छी न होने के कारण मृदा में नत्रजन व जीवांश पदार्थ कम मिल पाने के कारण आगामी गेहूँ की फसल की उपज भी कम मिल पाती है। स्थाई रूप से वेड पर बुवाई एवं नाली में सिंचाई जो कि ब्रोड़ वेड़ फरो सीड कम फर्टीलाइजर सीड ड्रिल ट्रेक्टर चलित मशीन द्वारा की जाती है। इस आधुनिक यंत्र द्वारा मोदीपुरम स्थित फसल प्रणाली निदेशालय में हुऐ अनुसंधान में देखा कि

इस यंत्र से वर्षा के मौसम में लगाई जाने वाली अरहर की फसल में फफूंद जनित उखटा रोग का कम प्रकोप हुआ साथ ही पौधो की बेहतर संख्या (चित्र–3), अधिक उत्पादन पौधों का विकास अच्छा होने की वजह से मृदा में अधिक जीवांश पदार्थ साथ ही नत्रजन स्थरीकरण समतल भूमि पर लगाई गई अरहर की फसल की तुलना में अधिक हुआ। साथ ही इसी स्थाई बेड पर इसी यंत्र द्वारा गेहूँ की बुवाई की गई इसके परिणाम बहुत ही आशाजनक रहे। सिंह एवं सहयोगी (2009) के अनुसार बेड पर अरहर की बुवाई से मृदा में अधिक जीवांश पदार्थ मिलने के कारण नत्रजन, फास्फोरस की उपलब्धता बढने से आगामी गेहूँ की फसल द्वारा इन पोषक तत्वों की उपयोगिता समतल भूमि पर बुवाई की तुलना में बढी। इस पद्धति से अरहर–गेहूँ की फसल लगाने से नाइट्रेट नत्रजन का गहराई में रिसाव कम हुआ साथ ही सिंचाई जल की उपयोगिता बढी अधिक उत्पादकता होने के कारण सिंचाई जल उपयोगिता बढी। अधिक आर्थिक लाभ और उत्पादन में ऊर्जा की कम आवष्यकता हुई। यह तकनीक देश के बहुत से क्षेत्रों में जहां सिंचाई जल की उपलब्धता कम है तथा साथ ही गिरते जल स्तर के क्षेत्रों हेतु बहुत ही लाभकारी एवं साथ ही दलहनीं फसले अधिक मृदा नमीं के कारण बीमारी अथवा गल कर खत्म हो जाती है। इन स्थितियों हेतु चौड़ी बेड पर बुवाई एवं नाली पद्धति से खेती करना बहुत ही लाभकारी है।

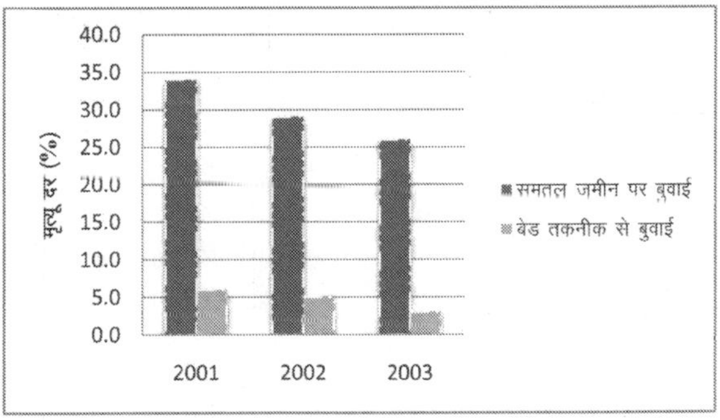

चित्र 3: अरहर की विभिन्न बुवाई तकनीकों का पौधो की मृत्यू दर (%) पर प्रभाव (सिंह एवं सहयोगी, 2009)

निष्कर्ष

देश के विभिन्न प्रकृति के जलवायुई क्षेत्रों में दलहनीं फसले जेविक रूप से नत्रजन स्थरीकरण, मृदा में कम उपलब्ध नत्रजन वाले क्षेत्रों में महत्वपूर्ण भूमिका निभाती है। दलहनीं फसले फसल विविधीकरण कार्यक्रम में एक फसल पद्धति प्रणाली को खत्म करने में भी प्रमुख भूमिका निभाती है। अध्ययनों में देखा गया है कि अनाज आधारित फसल प्रणाली में दलहन के समावेश से निश्चत रूप से अधिक शुद्ध लाभ मिलता है। देश में प्रमुख खाद्यान्न प्रणाली धान–गेहूँ फसल प्रणाली है। धान–गेहूँ फसल प्रणाली को इनके पारम्परिक क्षेत्रों से हटाना संभव नही है। अध्ययनों से ज्ञात हुआ है कि फसलों द्वारा हो रहे पोषक तत्वों के दोहन से मृदा में पोषक तत्वों की उपलब्धता कम होती जा रही है अतः इस फसल प्रणाली में दलहन फसल चारे अथवा दाने के उत्पादन हेतु समावेश से जैविक नत्रजन स्थरीकरण एवं अधिक जीवांश पदार्थ मृदा में एकत्र करने का लाभ लेना चाहिए।

संन्दर्भ

ए.आई.सी.आर.पी–आई.एफ.एस. रिपोर्टस., 2005–2010. प्रोजेक्ट डाइरेटोरेट फोर फार्मिंग सिस्टम रिसर्च मोदीपुरम, मेरठ, इंडिया.

ब्रह्मप्रकाश, जी.पी., गिरिश, एच.पी., नवी, वी. और हेगडे, एस. वी., 2004. बायोलॉजीकल नाइट्रोजन फिक्सेसन इन पल्स क्रॉप. इनः पल्सस इन न्यू प्रोसपेक्टिव (एडिट एम. अली, बी.बी. सिंह, शिव कुमार और विश्व धर). इंडिया सोसाइटी ऑफ पल्सेस रिसर्च एण्ड डेवलपमेन्ट. कानपुर. पीपी. 271–286.

बुरेश, आर.जे. और डे–दत्ता, एस.के., 1991 नाइट्रोजन डाइनामिक्स एण्ड मेनेजमेन्ट इन राइस–लेग्यूम क्रॉपिंग सिस्टम. एडवान्सस इन एग्रोनॉमी, 45: 1–59.

चटर्जी, बी.एन., सिंह, के. आई., पाल, ए., और मेटी, एस. 1979. ऑरगेनिक मेन्योर एस सब्सटीटूशन ऑफ फोर केमीकल फर्टीलाइजर्स फोर हाई यील्डिंग राइस वेराइटीस. इंडियन जर्नल ऑफ एग्रीकल्चरल साइंसेस, 49: 188–192.

चौहान वाय. एस., अप्पहुन, ए., सिंह वी. के. और दिवेद्वी, बी.एस., 2004. फोलिअर स्प्रे ऑफ कन्सन्ट्रेटड यूरिया एट मच्योरिटी ऑफ पिजिअन पी टू इट्स डीफोलिएशन एण्ड इन्क्रीस इट्स रेसीडुअल वेनीफिट टू व्हीट. फील्ड क्रॉप रिसर्च, 116, 127–139.

दिवेद्वी, बी.एस., शुक्ला, ए.के., सिंह, वी.के., यादव, आर.एल., 2001. रिजल्टस ऑफ पार्टी सिपेटरी डाइग्नोसिस ऑफ कॉन्सट्रेन्टस एण्ड अपोचुनिटी (पीडीसीओ) बेसड ट्रायल्स फ्रोम द स्टेट ऑफ उत्तर प्रदेश. इनः ए. सुब्बा राव, एस. श्रीवास्तव (एडिट), डेवलपमेंट ऑफ फार्मस' रिसोर्स–बेस्ड इंटीग्रेटेड प्लांट न्यूट्रिएन्ट सप्लाई सिस्टमः एक्सपीरिएन्स ऑफ एफ.ए.ओ.–आई.सी.ए.आर.–इफको कोलाबोरेटिव प्रोजक्ट एण्ड ए.आई. सी.आर.पी ऑन सोइल टेस्ट क्रॉप रेस्पोन्स कोरीलेशन, भोपालः इंडियन इस्टीट्रयूट ऑफ सोइल सांइस. पीपी. 50–75.

दिवेद्वी, बी. एस., सिंह, डी, चोनकर, पी. के., साहू, आर.एन., शर्मा, एस.के. और तिवारी, के. एन., 2006. सोइल फर्टीलिटी इवेलुएशन–ए पोटेन्शियल टूल फोर बेलेन्शड यूज ऑफ फर्टीलाइजर, पीपी. 1–66, आई.ए.आर. आई. नई दिल्ली–पी.पी.आई.–पी.पी.आई.सी, इंडिया प्रोग्राम, गुड़गाँव, इंडिया.

दिवेद्वी, बी.एस., शुक्ला, अरविन्द के., सिंह, वी.के. और यादव, आर.एल., 2003. इम्प्रूविंग नाइट्रोजन एण्ड फोस्फोरस यूज एफीसिएन्सी थ्रो इन्क्लूजन ऑफ फोरेज काऊपी इन द राइस–व्हीट सिस्टम इन द इंडो–गंगेटिक प्लेन्स ऑफ इंडिया. फील्ड क्रॉप रिसर्च, 80:167–193.

गिल, एम.एस., शुक्ला, अरविन्द, के. और पान्डे, पी.एस., 2008. यील्ड, न्यूट्रिएन्ट रिसपोन्स एण्ड इकोनोमिक एनालाइसिस ऑफ इम्पोरटेन्ट क्रापिंग सिस्टम इन इंडिया. इंडियन जर्नल ऑफ फर्टीलाइजर्स, 4 (4): 11–48.

हेगडे, डी.एम. और दिवेद्वी, बी. एस., 1992. न्यूट्रिएन्ट मेनेजमेंट इन राइस–व्हीट क्रोपिंग सिस्टम इन इंडिया., फर्टीलाइजर न्यूज, 37: 27–41.

हेगडे, डी.एम., 1992 क्रोपिंग सिस्टम रिसर्च हाईलाइट्स. इनः कोरडीनेटर्स रिपोर्ट, 20वी वर्कशॉप, तमिलनाडू एग्रीकल्चर यूनीवर्सटी कोइम्बटूर, 1–4 जून 1992. मोदीपुरम, मेरठ 250110, इंडियाः प्रोजेक्ट डायक्टोरेट ऑफ क्रापिंग सिस्टम रिसर्च, पीपी. 21–22.

कुन्डू, डी.के., राव, के.वी., और पिल्लई, के.जी., 1991. एग्रोनोमिक एफिसिएन्सी ऑफ ग्रीन मेन्योर एण्ड यूरिया नाइट्रोजन इन वेट लेण्ड राइस एज इनफ्लूएन्सड बाय सीजनल कण्डीशन्स. इंडियन जर्नल ऑफ एग्रीकल्चरल साइंसेस, 61:422–424.

सिंह, एम.पी., वर्मा, एस.सी. और सिंह, आर.पी., 1993. इफेक्ट ऑफ राइस बेस्ड सीक्वेन्सस ऑन यील्ड एण्ड इकोनोमिक सुस्टेनेबिलिटी अन्डर इर्रीगेटेड कन्डीशनस ऑफ ईस्टर्न उत्तर प्रदेश. एनल्स ऑफ एग्रीकल्चरल रिसर्च, 14: 237–239.

सिंह., वी.के. और दिवेद्वी, बी.एस., 2006. यील्ड एण्ड एन. यूज इफिसिएन्सी इन व्हीट, एण्ड सोइल फर्टीलिटी स्टेटस एस इनफ्लुएन्सड बाय सब्सटीट्रयूशन ऑफ राइस विध पिजअन पी इन ए राइस–व्हीट क्रापिंग सिस्टम. ऑस्ट्रेलियन जर्नल ऑफ एक्सपेरीमेन्टल एग्रीकल्चर, 46:1105–1194.

सिंह, वी.के. और शर्मा, बी.बी., 2002. इकोनोमिक इवेलुएशन ऑफ राइस बेस्ड क्रॉपिंग सिस्टम इन फुटहिल्स ऑफ हिमालयास. इंडियन जर्नल ऑफ एग्रोनॉमी, 47 (1): 12–19.

सिंह, वी.के., दिवेद्वी, बी.एस., शुक्ला, के., और मिश्रा, आर.पी., 2009. परमानेंन्ट रिज बेड प्लांटिंग ऑफ द पिजअन पी–व्हीट सिस्टम ऑन ए टिपिक अस्टोच्रेप्टः इफेक्ट ऑन सोइल फर्टीलिटी, यील्ड, वाटर एण्ड न्यूट्रिएन्ट यूज एफीसिएन्सी. फील्ड क्रोप रिसर्च, 116: 127–139.

सिंह, वी.के., शर्मा, बी.बी. और दिवेद्वी बी.एस., 2002. द इम्पेक्ट ऑफ डाइवरसीफिकेशन ऑफ ए राइस–व्हीट क्रोपिंग सिस्टम ऑन प्रोडक्टिविटी एण्ड सोइल फर्टीलिटी. जर्नल ऑफ एग्रीकल्चुरल साइंसेस, केमब्रिज, 139: 405–412.

सिंह, आर.सी., फरोदा, ए.एस., और लाल, एस., 1981. पल्सेस इन एड ऑफ सोइल नाइट्रोजन इकोनॉमी. इंडियन फार्मिंग, 30: 3–4.

सिंह, वी.के. और मिश्रा, आर.पी., 2010., इन्टीग्रेटेड न्यूट्रीएन्ट मेनेजमेन्ट इन ट्रान्सप्लान्टेड राइस–व्हीट सिस्टम पी.डी. सी.एस.आर. एनुअल रिपोर्ट 2007–2008, पीपी. 44–50, पी.डी.सी.एस.आर. मोदीपुरम, मेरठ, इंडिया.

तिमसिना, जे. और कॉन्नोर, डी.जे., 2001. प्रोडक्टिविटी एण्ड मेनेजमेन्ट ऑफ राइस–व्हीट क्रॉपिंग सिस्टम इसूस एण्ड चेलेन्जस. फील्ड क्रॉप्स रिसर्च, 69: 93–132.

तिवारी, के.एन., 2002. न्यूट्रिएन्ट मेनेजमेंट इसूस एण्ड स्ट्रेटजीस. फर्टीलाइजर न्यूज, .47 (8):23–30, 33–40 एवं 43–49.

वानी, एस. पी., रूपेला, ओ.पी. और ली, के.के., 1995. सुस्टेनेबल एग्रीकल्चर इन द सेमी–एरिड ट्रोपिक थ्रो बायोलॉजीकल नाइट्रोजन फिक्सेसन इन ग्रेन लेग्यूम. प्लांट एण्ड सोइल, 174: 29–49.

यादव, आर.एल., और राव, ए.वी.एम.एस., 2001. एटलस ऑफ क्रॉपिंग सिस्टम इन इंडिया. पी.डी.सी.एस.आर. बुलेटन न. 2001–2, पी.डी.सी.एस.आर., मोदीपुरम, पीपी. 96.

यादव, आर.एल., दिवेद्वी, बी.एस., गंगवार, के.एस. और प्रसाद के., 1998. ओवरव्यू एण्ड प्रोस्पेक्टस फोर इनहेन्सिंग रेसीडुअल बेनीफिट्स ऑफ लेग्यूम इन राइस एण्ड व्हीट क्रोपिंग सिस्टम इन इंडिया. इनः रेसीडुअल इफेक्ट ऑफ लेग्यूम इन राइस एण्ड व्हीट क्रोपिंग सिस्टम ऑफ द इंडो–गंगेटिक प्लेन (इडिटरः राव जे.वी.डी.के. के.,सी. जोहान्सन सी. एण्ड रीगो टी.जे.), ऑक्सफोर्ड एण्ड आई.बी.एच. पब्लीशिंग क.प्रा.लि. पीपी 207–226.

8

जुताई प्रबन्धन एवं फसल स्थापना की रणनीतियॉ

वाय.पी. सिंह एवं के.के. सिंह

खेत की तैयारी फसल की वृद्धि, विकास एवं उपज के लिए महत्वपूर्ण है। जुताई का मुख्य उद्देश्य खरपतवारों को नष्ट करना, नमी को संचित करना, पोषक तत्व, हवा और पानी का आसान प्रवाह, जड़ों का गहराई में आसान प्रवेश, फसल अवशेषों को जमीन में मिलाना तथा मृदा को भुरभुरी करना, आदि है (हेर्मवन और बोमके, 1997, बेनगक एवं सहयोगी, 2006)। जुताई द्वारा मृदा को फसल लगाने योग्य बनाने की तकनीकें पहले से विकसित है। हालॉकि फसल लगाने हेतु जुताई की संख्या, मृदा के भौतिक, रासायनिक व जैविक गुणों के संदर्भ में बेहतर तकनीक के बारे में कम ही ध्यान दिया गया है। फसल बुआई हेतु खेत की तैयारी का प्रभाव मृदा कणों के समुच्य (एग्रीगेशन) पर पड़ता है फलतः मृदा संरध्रता में भी भिन्नता हो जाती है साथ ही मृदा के कणों के समुच्य का सीधा प्रभाव मृदा तापक्रम, जलधारण क्षमता, ऑक्सीजन की उपलब्धता और मृदा की शक्ति पर पड़ता है। एक अनुसंधान समीक्षा में ब्राउनेक और डेक्सटेर (1989) के पूर्व में किए गये अनुसंधान के अनुसार मृदा कणों के समुच्य का प्रभाव मृदा की भोतिक एवं रासायनिक गुणों को प्रभावित करते हैं साथ ही मृदा से बीज उगाने हेतु खेत की तैयारी किस प्रकार की हो, मृदा का वातावरण, जड़ों के विकास को भी प्रभावित करता है। उपरोक्त सभी कारक खेत की तैयारी पर निर्भर करते हैं। सचजोनिंग और रासमुसेन, (2000) ने पाया कि खेती करने की तकनीकें मृदा सतह पर काफी प्रभाव डालती है जिसका परिणाम मृदा रंध्रावकाश प्रभावित होने से हवा व पानी का आवागमन प्रभावित होता है। मृदा के भौतिक गुणों और पौधों की जड़ प्रणाली प्रक्रिया के मध्य महत्वपूर्ण संबन्ध होता है जोकि साथ ही यह बीज रोपण तकनीक से प्रभावित होते हैं (अवधवाल और थिरस्टीन, 1985; अउबरटोट एवं सहयोगी, 1999; डेक्सटर, 2004)।

निसंन्देह फसल स्थापना सफल उत्पादन के लिए विशेष महत्वपूर्ण है (ब्लेक एवं सहयोगी, 2003)। हालांकि विभिन्न फसलों की स्थापना हेतु भिन्न–भिन्न भौतिक गुणों की आवश्यकता होती है। मृदा प्रतिरोधी शक्ति जड़ों की वृद्धि और विकास पर प्रभाव डालती है (बिनगम और बेनगक, 2003; क्लाक्र एवं सहयोगी, 2003)। जेकोबसेन और डेक्सटर

(1987) ने गेहूँ की फसल और मृदा के विभिन्न गुणों की माडलिंग कर पाया कि मृदा कणों को आपस में जोडने की शक्ति जैसे अंकुरण के लिए 3.0 मेगा पास्कल (एम पीए) से कम, जड़ों की बढवार हेतु <2.3 एम पीए और जड़ों के उगने के लिए <0.8 एम पीए, तक प्रभाव नहीं पड़ता। खेती करने की तकनीक से निर्मित मृदा के भौतिक गुणों के वातावरण से पौधों की बढ़वार प्रभावित होती है। डेक्सटर (1986) के अनुसार जड़ों का व्यवहार मृदा रंध्रावकास के आकार पर निर्भर करता है यदि मृदा की ऊपरी सतह पर रंध्रावकाश की संख्या बडी है इस स्थिति में नीचे की मृदा सतह रंध्रावकाश से जुड़ाव होता है। क्वासनिकोव (1928) के अनुसार गेहूँ, जौ और जई की अधिक पैदावार बीजरोपण के समय 1 से 2 और 2 से 3 मिली मीटर आकार में मृदा कणों के मध्य जगह होने पर प्राप्त होती है। हाओकन्सन एवं सहयोगियों (2002) के अनुसार 4% अंकुरण और 2% उत्पादन में वृद्धि अनाज वाली फसलों की बुआई के उपरान्त रोलिंग करने से होती है। पर्दो एवं सहयोगियों (2000) के अनुसार पौधों की जड़ों का मृदा में वितरण और पौधों द्वारा मृदा जल का उपयोग मृदा की भौतिक दशा पर निर्भर करता है। हाल ही के अध्ययनों से पता चला है कि >250 के पीए, मेट्रिक क्षमता पर मृदा का प्रभावी तनाव और मृदा कणों का आपस में जुडाव क्षमता का पौधों की जडों के विकास पर विपरीत प्रभाव पड़ता है (व्हाले एवं सहयोगी, 2005)।

बहुत सी संसाधन संरक्षण प्रोद्योगिकियाँ यहाँ वर्णिति की जा रही हैं जो कि खाद्य सुरक्षा हेतु उत्पादन बढाने में सहायक के साथ ही प्राक्रतिक संसाधनों, सिंचाई जल का बेहतर उपयोग, सुरक्षित पर्यावरण और ग्रामीण कृषकों की आजीविका में बढोत्तरी होती है। विगत वर्षों में धान–गेहूँ फसल प्रणाली में संसाधन तकनीकों का विकास हुआ साथ ही इन तकनीकों को कृषकों द्वारा अपनाया भी गया। संशाधन संरक्षण तकनीकों में साधारण रुप से बुआई करना, फसल के बीजों की विना जुताई के फैलाकर बुआई, बिना जुताई के जमीन में विशेष यंत्रों द्वारा बुआई, कम जुताई और बेड पर बुआई आदि। यह तकनीकें कृषकों को कम खर्चे में अधिक उपज और आय देती है। संसाधन संरक्षण तकनीक ऐसी तकनीकी है जिनसे प्राक्रतिक संसाधनों की उपयोगिता बढती है। यह तकनीक कृषकों के बीच में लोकप्रिय हो रही है क्योंकि इन तकनीकों से कम खर्च में अधिक उत्पादन, वातावरण को महत्वपूर्ण लाभ और प्राक्रतिक संसाधनों का कुशल उपयोग होता है। अन्ततः परिणामस्वरुप अधिक लाभ, सस्ता भोजन और कृषकों की आजीविका में सुधार होता है फसल विविधीकरण द्वारा कम कृषि योग्य भूमि से अधिक अन्न उत्पादन साथ ही अन्य फसलों के लिए भूमि उपलब्धता में बढोत्तरी होती है।

संसाधन संरक्षण प्रौद्योगिकियों का विवरण

इस प्रकार की प्रौद्योगिकियों की कई तकनीकी विकसित की गई हैं एवं कृषकों को उपलब्ध कराई जा रही है इनमें से कुछ तकनीकियां शून्य जुताई एवं कम जुताई पर आधारित है। बेड पर बुआइ तकनीकों से जल उपयोगिता में वृद्धि और लाभ साथ ही इस तकनीक को कम जुताई अथवा स्थाई बेड़ पर बुआई से और अधिक लाभ होता है। लेजर

विधि से खेतों का समतलीकरण की तकनीक में शून्य जुताई पर बुआई अथवा वेड़ पर बुआई तकनीको को शामिल कर लिया जाय तो और अधिक लाभकारी हो जाता है।

शून्य जुताई: यह एक प्राकृतिक संसाधन प्रबन्धन की तकनीक है इसमें जीरो टिल सीड कम फर्टीलाइजर ड्रिल मशीन द्वारा बिना जुते हुए खेत में सीधी बुआई की जाती है (चित्र 1)। यह तकनीक अधिक उपज देती है साथ ही देश के उत्तर, पश्चिमी, पूर्वी क्षेत्रों में जहाँ ट्रेक्टर से खेती होती है एसे छेत्रों हेतु अधिक प्रांसगिक है। हालांकि जिन क्षेत्रों में दो पहिया ट्रेक्टर और बेलों से हो रही खेती हो रही है ऐसे क्षेत्रों में यंत्रों एवं तकनीक विकास की आवश्यकता है। इस बुआई तकनीक में उल्टी टी आकार के कूँड़ खोलने वाले उपकरण से कूड़ खोलकर खाद एवं बीज की बुआई एक साथ की जा सकती है। शून्य जुताई बुआई तकनीक में उल्टा टी आकार का सकरा कूड खोलकर खाद एवं मृदा पलटे बिना एक वार में प्रयोग कर बुआई की जाती है। इस प्रकार के यंत्र से उन क्षेत्रों में ही बुआई हो पाती है जिन क्षेत्रों में फसल की कटाई हाथों से की गई हो साथ ही मृदा सतह पर कूडा एवं खरपतवार कम हो। जिन क्षेत्रों में कम्वाइन मशीन से फसल की कटाई लोकप्रिय हो रही है उन क्षेत्रों में मृदा पर पड़े फसल अवशेष शून्य जुताई पर बुआई की मशीन जीरो टिल सीड कम फर्टीलाइजर ड्रिल द्वारा बुआई में बाधा उत्पन्न हो रही है। इन कम्वाईन से फसल कटाई वाले क्षेत्रों में कृषक जीरो टिल सीड ड्रिल या पारम्परिक विधि से बुआई करते है इरा परिस्थिति मे कृषक फसल अवशेषों को जलाकर खत्म करते हैं। इस फसल अवशेष को जलाने के कारण पर्यावरण एवं वायु प्रदूषण संबन्धित समस्यायें उत्पन्न हो रही है अतः इन फसल अवशेषों को जलाने के कार्य को बन्द करने की आवश्यकता है। अतः भविष्य में फसल अवशेष का प्रबन्धन कर जलाने की समस्या को दूर कर तकनीकी विकसित करने की आवश्यकता है। फसल अवशेषों से मृदा सतह पर मल्च के रुप में प्रयोग पर विचार करने की आवश्यकता है। फसल अवशेषों का मल्च कर उगाई जा रही फसल के परिणाम वताते है कि बोई गई फसल शीघ्र बढती है और विकास करती है नमी संरक्षित रहती है, मृदा कटाव में कमी, मृदा में पानी के रिसाव में कमी होने के कारण मृदा की जलधारण क्षमता बढ जाती है। शून्य जुताई पर बुआई से खेतों में पारम्परिक तकनीक की तुलना में खरपतवार कम उगते है। नीदानाशक के प्रयोग के उपरान्त भी शून्य जुताई पर बुवाई से खेतों में खरपतवारों की संख्या पारम्परिक तकनीक के तुलना में कम पाये गये। पारम्परिक तकनीक से लगाई गई फसल के दौरान भी खरपतवार अपनी प्रकृति के अनुसार उगकर फसल को प्रभावित करते है। जबकि शून्य जुताई से बुआई तकनीक में खरपतवारों के बीज मृदा के नीचे दवे होने के कारण नहीं उग पाते। शून्य जुताई पद्धति से फसल की शीघ्र बुआई पारम्परिक तकनीक की तुलना में अधिक उत्पादन देने का मुख्य कारण है। बहुत से प्रयोग के परिणामों से सुझाया जा चुका है कि फसल बुआई में देरी होने से उपज कम प्राप्त होती है। गंगा के मैदानी इलाके और हरयाणा में हूऐ बहुत से प्रयोग से सिद्ध हो चुका है कि शून्य जुताई से की गई बुआई पद्धति से गेहूँ की उपज में 4 से 500 कि.ग्रा./हे. तक की वृद्धि दर्ज की गई है उपज वृद्धि में मुख्य कारण में फसल की समय पर बुआई, खरपतवारों की संख्या

में कमीं, फसल की बेहतर वृद्धि एवं विकास। लगातार 14 वर्ष से शून्य जुताई पर बुआई पर किये गये प्रयोग में देखा गया है कि पारम्परिक जुताई की तुलना में कोई हानिकारक प्रभाव फसल पर नहीं हुआ।

चित्र 1: शून्य जुताई पर बुवाई यंत्र

कम जुताईः रोटरी टिल सीड कम फर्टीलाइजर ड्रिल यंत्र द्वारा जुताई एवं बुआई का कार्य एक साथ हो जाता है (चित्र 2)। इस यंत्र में रोटावेटर जुताई यंत्र लगा रहता है साथ में टाइन उर्वरक एवं बीज की बुआई वाक्स लगे रहते है। यह यंत्र मृदा के ऊपरी भाग को काट कर भुरभुरा बनाता है, साथ ही बीज प्रतिस्थापन मृदा की ऊपरी सतह पर होता है। अतः इस यंत्र से बुआई हेतु मृदा में पर्याप्त नमीं होने से अंकुरण अच्छा होता है। इस यंत्र द्वारा बुआई शीघ्र हो जाती है। बुआई एक ही गहराई पर होने के कारण अंकुरण बेहतर होता है साथ ही लागत भी कम आती है।

चित्र 2: रोटरी टिल सीड कम फर्टीलाइजर ड्रिल यंत्र

रिज बेड पद्धति से बुवाईः बेड पद्धति से बुआई तकनीक में फसल बेड के ऊपर लगाई जाती है (चित्र 3)। इस पद्धति से बुआई का क्षेत्रफल पिछले एक दशक से बढ रहा है। कृषक इस पद्धति को अपना रहे है क्योंकि इस पद्धति से खेती करने से सिंचाई के पानी का बेहतर प्रबन्धन पानी की बचत, बेहतर खरपतवार प्रबन्धन, यांत्रिक विधि से भी खरपतवार प्रबन्धन आसान, कम बीज दर, बेहतर फसल वृद्धि एवं विकास फसलों की जड़ों के विकास हेतु बेहतर वातावरण, जल निकास आसान, खरपतवार नाशियों पर कम निर्भरता, अनचाहे पौधों को निकालना एवं हाथ से निदाई गुणाई आसान तथा फसल कम गिरती है। मुख्य खरपतवार की प्रजातियॉ जो फसल को प्रभावित करती हैं खरपतवार नाशी से नियत्रिंत हो जाती है। प्रारम्भिक अवलोकन में देखा गया है कि बेड पर लगाई गई फसल में खरपतवार समतल भूमि पर लगाई गई फसल की तुलना में कम थे इसका मुख्य कारण बेड की ऊपरी सतह सूखी रहने के कारण खरपतवार कम उगते है। इस पद्धति से फसल की बुआई करने पर खरपतवार नियंत्रण का एक अतिरिक्त विकल्प भी है। बेड पर फसल लगाने से मृदा सतह का कुल क्षेत्रफल बढ जाता है परिणामस्वरुप फसल को अतिरिक्त प्रकाश मिलता है। पौधों के आधार के चारो ओर मृदा सूख जाती है जिससे पौधे सुद्रण रहते है। फसल के गिरने

चित्र 3: रिज फरो सीड कम फर्टीलाइजर ड्रिल

में कमी की वजह से उत्पादन पर सकारात्मक प्रभाव पडता है। स्थाई बेड पर खेती करने से अतिरिक्त लाभ प्राप्त होता है। सामान्यतः फसल अवशेषों को खेत से बाहर हटा दिया जाता है अथवा जला दिया जाता है। परन्तु स्थाई बेड पद्धति में फसल अवशेषों को पूर्व में लगाई गई बेड की नाली में एकत्रित कर दिया जाता है तथा स्थाई बेड पर फसल बुआई के उपरान्त पुरानी बेड अपने नये रुप में आ जाती हैं। रिज बेड सीड कम फर्टीलाइजर ड्रिल द्वारा बुआई से पोषक तत्वों की उपयोगिता बढ जाती है। क्योकि इस यंत्र द्वारा पोषक तत्वों का उपयोग बुआई के समय किया जाता है साथ ही नीम कोटेड सुपर ग्रेन्यूल यूरिया का प्रयोग भी बेहतर रहता है।

ब्रोड बेड बुआई तकनीकः अनाज और दलहनीं फसलों कों अन्तरवर्ती क्रम में शून्य जुताई पर बुआई तकनीक की व्यापक संभावनायें हैं। इस पद्धति में भी बेड की चौडाई एवं पंक्ति से पंक्ति की दूरी कम जादा की जा सकती है। बेड बुआई यंत्र की बेड की चौड़ाई कम या अधिक रखने की व्यवस्था एक बेड पर दो से तीन लाइन की बुआई की जा सकती है (चित्र 4)। सामान्यतः दलहनीं फसलों की एक बेड पर दो लाईन में बुआई ठीक रहती हैं। फसल से अधिक उत्पादन लेने में मुख्यतः दो वाधायें आती हैं इनमें खरपतवार और फसल का गिरना यह दोनो बेड पर फसल लगाने से कम हो जाती है। इस पद्धति से खेती करने पर सकारात्मक परिणाम प्राप्त हुऐ है।

चित्र 4: चौड़ी बेड पर बुवाई एवं नाली में सिंचाई बुवाई यंत्र

उत्पादकता पर संसाधन संरक्षण प्रोद्योगिकियों का प्रभाव

विभिन्न जुताई पद्धतियों के तहत दलहनों की धान आधारित फसल प्रणाली की गहनता विभिन्न जुताई तकनीको में धान आधारित फसल प्रणाली में दलहन के समावेस से उत्पादकता एवं लाभप्रद प्रभाव के उपचार संयोजन बनाये गये वह निम्न है। $टी_1$=धान–गेहूँ

(शून्य जुताई)– मूँग (शून्य जुताई), टी$_2$=धान–मटर (शून्य जुताई)– मूँग (शून्य जुताई), टी$_3$= धान–गेहूँ (शून्य जुताई)– धान (शून्य जुताई), टी$_4$=धान–गेहूँ (पारम्परिक तकनीक)– मूँग (पारम्परिक तकनीक), टी$_5$=धान–मटर (पारम्परिक तकनीक)– मूँग (पारम्परिक तकनीक), टी$_6$=धान–गेहूँ (पारम्परिक तकनीक)–लोविया (पारम्परिक तकनीक), टी$_7$=धान–गेहूँ (बेड तकनीक)–मूँग (बेड तकनीक), टी$_8$=धान–मटर (बेड तकनीक)– मूँग (बेड तकनीक), टी$_9$= धान–गेहूँ (बेड तकनीक)– लोविया (बेड तकनीक) और टी$_{10}$=धान–गेहूँ (पारम्परिक तकनीक) का मूल्यांकन किया गया था।

रबी मौसम के उपरान्त और ग्रीष्म त्रिृतु के मौसम में परम्परागत पद्धति से जुताई कर फसलें लगाई गई इनमें खरीफ के मौसम में धान की पैदावार 5.25 टन/हे. प्राप्त हुई जबकि रबी और ग्रीष्म त्रिृतु के मौसम में जिन खेतों में बेड और शून्य जुताई पद्धति में फसले लगाई गई उनमें धान की पैदावार क्रमशः 6 और 19% पारम्परिक जुताई पद्धति की तुलना में अधिक प्राप्त हुई। पारम्परिक जुताई तकनीक धान– मटर–मूँग फसल प्रणाली पद्धति में धान के पैदावार सर्वाधिक 5.38 टन/हे. तत्पश्चात 5.29 टन/हे. धान–गेहूँ–लोविया में, जबकि धान–गेहूँ, फसल पद्धति में 5.08 टन/हे. धान की उपज प्राप्त हुई। धान–मटर–मूँग फसल पद्धति में 4% धान की अधिक उपज धान–गेहूँ–मूँग और धान–गेहूँ–लोविया फसल पद्धति की तुलना में प्राप्त हुई।

गेहूँ की फसल की उपज शून्य जुताई पद्धति में 5.82 टन/हे. प्राप्त हुई जो कि क्रमशः 5.5 और 1.7% पारम्परिक और बेड तकनीक से उगाई गई फसल से अधिक थी। धान–गेहूँ–मूंग (शून्य जुताई) फसल प्रणाली में गेहूँ की सर्वाधिक उपज 5.88 टन/हे. प्राप्त हुई एवं धान–गेहूँ–लोविया (शून्य जुताई) फसल प्रणाली में 5.77 टन/हे. प्राप्त हुई जबकि केवल 5.38 टन/हे. धान–गेहूँ फसल प्रणाली में गेहूँ की उपज प्राप्त हुई। धान–गेहूँ–मूंग फसल प्रणाली में गेहूँ की उपज 7.0 एवम् 1.5% अधिक धान–गेहूँ और धान–गेहूँ–लोविया फसल प्रणाली की तुलना में प्राप्त हुई।

धान– हरी फली हेतु मटर (बेड तकनीक)– मूंग (बेड तकनीक) फसल प्रणाली में मटर की हरी फली की पैदावार 5.12 टन/हे. जो कि 108 एवं 75% धान– हरी फली हेतु मटर (शून्य जुताई)–मूंग (शून्य जुताई) एवं–पारम्परिक तकनीक में धान–हरी फली हेतु मटर–मूंग फसल प्रणाली की तुलना में अधिक थी। बेड पद्धति में लगाई गई मूंग की फसल का उत्पादन 0.73 टन/हे. प्राप्त हुआ जो कि 41 और 58% पारम्परिक और शून्य जुताई पद्धति से अधिक प्राप्त हुआ। हरी फली हेतु मटर की फसल के पश्चात लगाई गई मूंग की उपज 0.64 टन/हे. प्राप्त हूई जो कि 48% अधिक गेहूँ की फसल के उपरान्त लगाने वाली मूंग की तुलना में थी। बेड तकनीक से लगाई गई लोबिया की उपज 2.23 टन/हे. प्राप्त हुई जोकि 78 और 27% शून्य जुताई और पारम्परिक विधि से लगाई गई लोबिया से अधिक थी। धान–हरी फली हेतु मटर (बेड तकनीक)–मूंग (बेड तकनीक) फसल प्रणाली द्वारा धान के समकक्ष पद्धति की उपज 16.4 टन/हे. जबकि 16.3 टन/हे. धान–गेहूँ (बेड तकनीक)–लोविया (बेड तकनीक), 15.9 टन/हे. धान–गेहूँ–लोविया पारम्परिक तकनीक

पद्धति और 11.9 टन/हे. धान–गेहूँ पारम्परिक तकनीक में प्राप्त हुई (चित्र–5)। धान–हरी फली हेतु मटर (बेड)– मूंग (बेड) प्रणाली पद्धति से अधिकतम शुद्ध लाभ (रु. 95,354/हे) और लाभ लागत अनुपात (3.15) प्राप्त हुआ तत्पश्चात क्रमशः धान–गेहूँ (बेड)–लोविया पद्धति में रु. 81,948/हे. और 2.46, धान–गेहूँ–लोविया पारम्परिक पद्धति में 76,909/हे. और 2.32 एवं धान–गेहूँ पारम्परिक फसल प्रणाली में रू. 28,900/हे. और 1.16: प्राप्त हुआ (चित्र–6)। धान–हरी फली हेतु मटर–मूंग (बेड) फसल पद्धति के तीन वर्ष उपरान्त मृदा में कार्बनिक कार्बन, मृदा कणों का समुच्य, उपलब्ध नत्रजन, फास्फोरस, पोटाश का स्तर अन्य फसल प्रणालियों की तुलना में अधिक था (चित्र 7 व 8)।

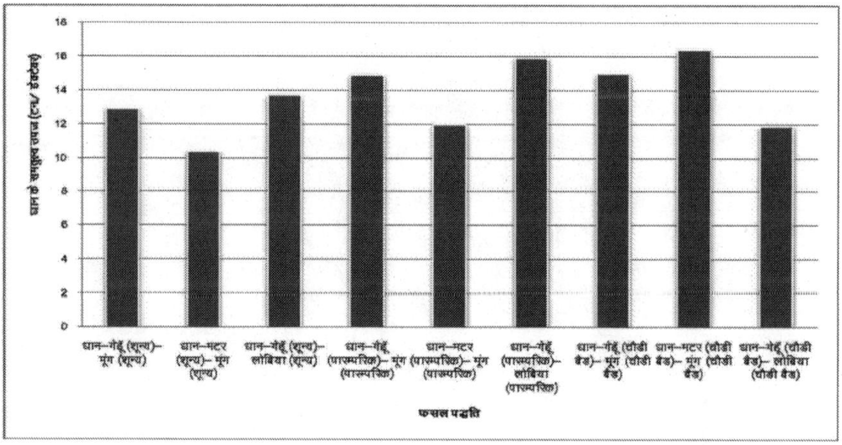

चित्र 5: जुताई एवं फसल पद्धति का धान के समतुल्य उपज पर प्रभाव

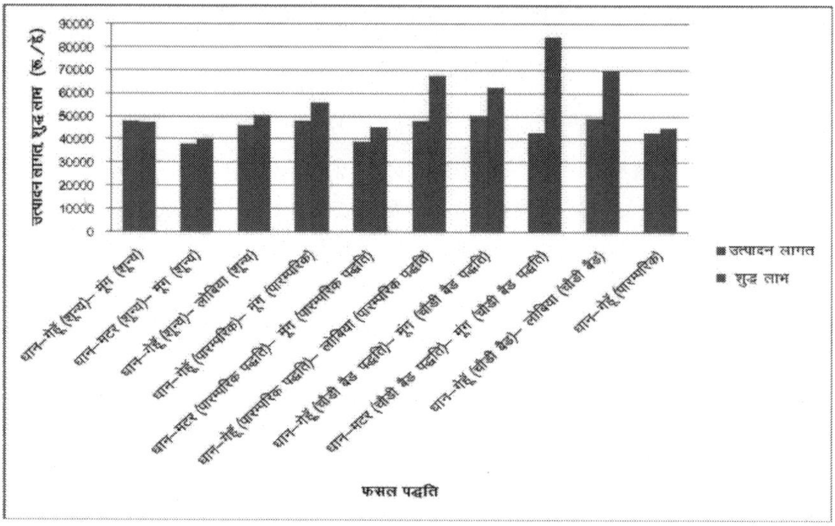

चित्र 6: जुताई एवं फसल पद्धति का उत्पादन लागत और शुद्ध लाभ पर प्रभाव

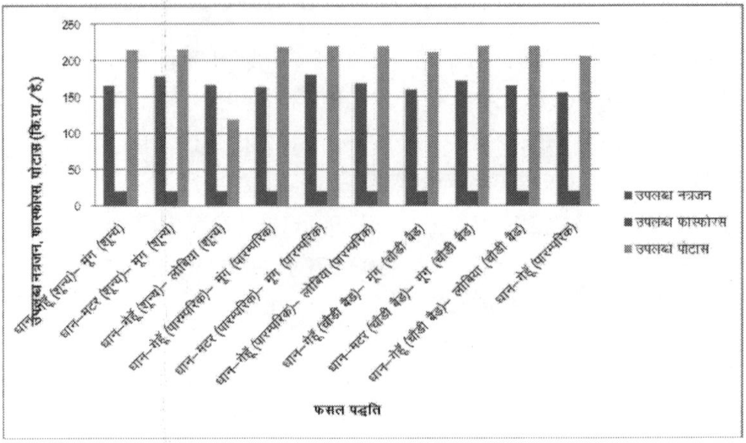

चित्र 7: जुताई एवं फसल पद्धति का कार्बनिक पदार्थ और औसत वजन व्यास समुच्च पर प्रभाव

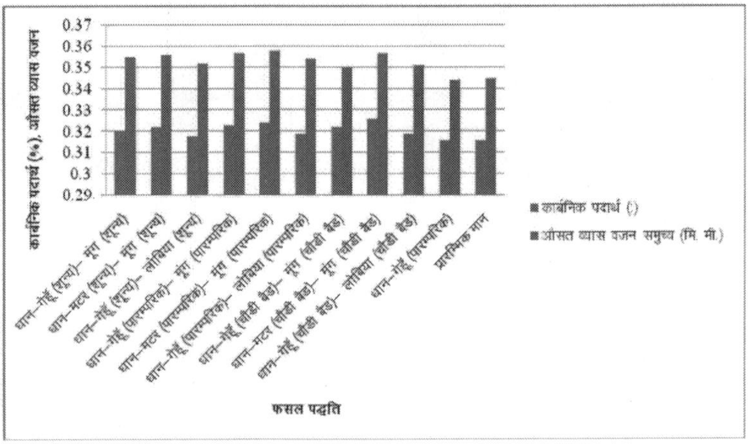

चित्र 8: जुताई एवं फसल पद्धति का मृदा में उपलब्ध नत्रजन, फास्फोरस और पोटास पर प्रभाव

फसल प्रणाली के प्रबन्धन और भूमि विन्यास के माध्यम से संसाधन संरक्षण: खरीफ के मौसम में अन्तरवर्ती फसल पद्धति में चौड़ी बेड पर अरहर+उड़द और नाली में ढेंचा की उपज धान के समतुल्य सर्वाधिक 6.88 टन/हे. प्राप्त हुई जबकि अरहर की बुवाई बेड + ढेंचा की फसल नाली में करने पर 6.38 टन/हेक्टयर, केवल अरहर बेड पर लगाने पर 5.12 टन/हे. जबकि सबसे कम धान के समतुल्य मक्का को बेड पद्धति में लगाने पर 2.33 टन/हे. प्राप्त हुई (चित्र–9)। रबी के मौसम में रिज पर फली हेतु मटर और नाली में गेहूॅं लगाने पर समतुल्य उपज सर्वाधिक 10.12 टन/हे. तत्पश्चात हरी फली हेतु मटर (चौडी बेड) + गेहूॅं (नाली में) पद्धति से 9.51 टन/हे. और हरी फली हेतु मटर बेड पर लगाने पर 7.86 टन/हे. जबकि सबसे कम उपज (4.72 टन/हे.) गेहूॅं+सरसों अन्तरवर्ती क्रम में प्राप्त हुई। ग्रीष्म ऋितु के मौसम में मूंग की फसल हरी फली हेतु मटर बेड पर रबी में लगाने पर धान के समतुल्य उपज 3.4 टन/हे. प्राप्त हुई।

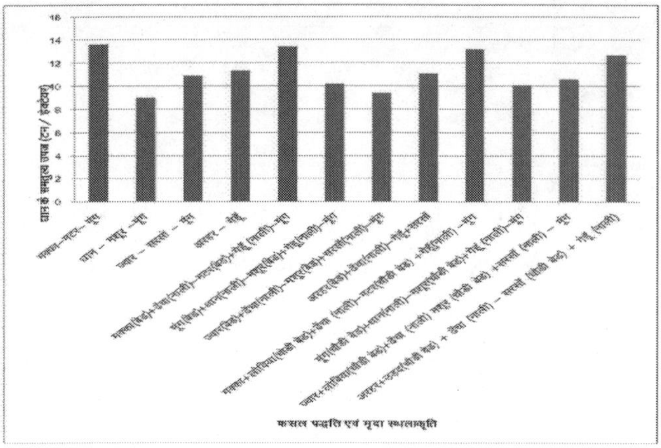

चित्र 9: मृदा स्थलाक्रति एवं फसल पद्धति का धान के समतुल्य उपज पर प्रभाव

दलहनीं फसल आधारित सघन प्रणाली में मक्का–हरी फली हेतु मटर–मूंग से सर्वाधिक धान के समतुल्य उपज 13.6 टन/हे. तत्पश्चात मक्का (बेड पद्धति)+ढैचा (नाली)–हरी फली हेतु मटर (बेड)+गेहूँ (नाली)–मूंग से 13.4 टन/हे. और मक्का+फली हेतु लोविया (बेड)+ढैचा (नाली में)– हरी फली हेतु मटर (चौडी बेड)+गेहूँ (नाली में)–मूंग से 13.2 टन/हे. प्राप्त हुई (चित्र–9)। मक्का– फली हेतु मटर–मूंग फसल प्रणाली द्वारा सर्वाधिक शुद्ध लाभ रु. 92,424/हे. ततपश्चात मक्का (बेड)+ढेचा (नाली)–हरी फली हेतु मटर (बेड)+गेहूँ (नाली में)–मूंग पद्धति से रु.87,806/हे. एवं मक्का+हरी फली हेतु लोविया (चौडी बेड)+ढैचा (नाली में)–हरी फली हेतु मटर (चौडी बेड)+गेहूँ (नाली में)–मूंग से रु.83,688/हे. प्राप्त हुआ (चित्र–10)। अरहर+उड़द (चौडी बेड)+ढैचा (नाली में)–गेहूँ+संरसों पद्धति द्वारा सबसे कम जल उपयोग किया गया (46 सेन्टीमीटर/हे.) (चित्र–11)। सभी फसल पद्धतियों में सिंचाई जल की बचत रेज्ड बेड और चौड़ी बेड़ पद्धति से क्रमशः 29.6 और 43.5% समतल भूमि पर फसल लगाकर पारम्परिक तकनीक से सिंचाई करने की तुलना में हुई।

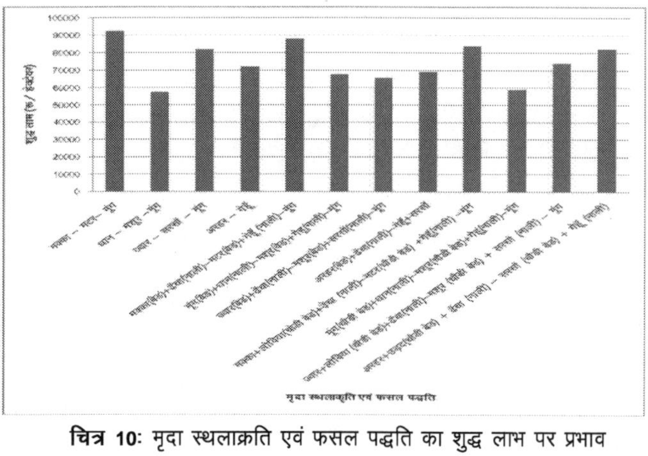

चित्र 10: मृदा स्थलाक्रति एवं फसल पद्धति का शुद्ध लाभ पर प्रभाव

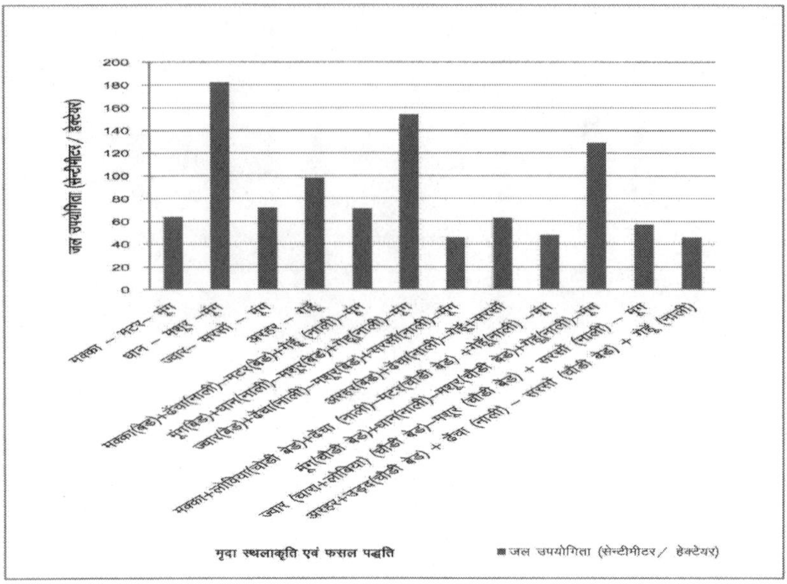

चित्र 11: मृदा स्थलाकृति एवं फसल पद्धति का जल उपयोगिता पर प्रभाव

संसाधन संरक्षण तकनीकों का संसाधनों के संरक्षण पर प्रभावः कृषक शीघ्रता से संशाधन संररक्षण की तकनीकी अपना रहे हैं। यदि छोटे स्तर के मशीनरी निर्माताओं पर संशाधन संरक्षण के उपकरणों की उपलब्धता हो जाय तो संशाधन संरक्षण तकनीकियों को क्षेत्रीय स्तर पर अपनाने में और अधिक मदद मिलेगी। संशाधन प्रबन्धन के जीरो टिल, स्ट्रिप और रोटरी और बेड प्लांन्टिग सीड कम फर्टीलाइजर ड्रिल के द्वारा 64 से 85% संशाधन जैसे समय, श्रम, लागत, डीजल और ऊर्जा की बचत की जा सकती है। कृषकों से भी प्रतिक्रिया लेने पर उनका भी कथन है कि इन यंत्रों से सिंचाई जल की बचत होती है। शून्य जुताई पर बुआई तकनीक में कृषकों से ली गई प्रतिक्रिया में उन्होने 25 से 30% पानी बचने की बात कहीं। उन्होनें बताया कि इस पद्धति से संरक्षित नमीं में बुआई होती है साथ ही साथ बिना जुती हुई मृदा में जुती हुई मृदा की तुलना में मृदा में पानी का रिसाव कम होता है। पूर्व की फसल काटने के उपरान्त संररक्षित नमी में बुआई से पलेवा की बचत तथा विना जुते खेतों में जुताई हुए खेतों की तुलना में पानी की मात्रा भी कम लगने से लगभग 10 सेन्टीमीटर (1 मिलियन लीटर/हे.) सिंचाई जल की बचत हो जाती है। इसके अतिरिक्त मृदा में जल मग्नता तथा पौधे पीले पड़ने की समस्या जो कि सामान्य जुताई की हुई भूमि में देखी जाती है। शून्य जुताई से बुआई पद्धति में पहली सिंचाई में कम पानी का प्रयोग होता है। फसल प्रणालियों में औसतन 29.6 और 43.5% पानी की बचत क्रमशः रिज बेड और चौड़ी बेड़ पद्धति से खेती करने पर समतल भूमि में खेती की तुलना में की जा सकती है।

कृषि में संसाधन संरक्षण प्रोद्योगिकियों का वातावरण पर प्रभावः शून्य एवं कम जुताई तकनीकियों की बहुत सी प्रोद्योगिकियाँ कृषकों द्वारा अपनायी जा रही है जिनका वातावरण पर सकारात्मक प्रभाव पडता है। शून्य जुताई पद्धति से एक हे. फसल लगाने पर लगभग 60 से 70 लीटर डीजल एवं लगभग 1 लाख लीटर सिंचाई जल की बचत होती है। एक लीटर डीजल जलने का कार्बन डाई ऑक्साइड में परिवर्तन करने पर देखे तो 2.6 कि.ग्रा. कार्बन डाई ऑक्साइड उत्पन्न होती है। इस प्रकार प्रति हेक्टयर शून्य जुताई पर बुआई की तुलना में सैधांतिक रुप से 2.5 क्विंटल कार्बन डाई ऑक्साइड/हे. की दर से भूमंण्डलीय तापक्रम वृद्धि को रोकने में योगदान देती है। इस प्रकार शून्य जुताई पर बुवाई के लाभ बडे क्षेत्र में दोहराये जा सकते हैं। शून्य जुताई पर बुआई 5 मिलियन हे. में करने से 5 विलियन क्यूविक मीटर पानी प्रति वर्ष बचाया जा सकता हैं इसके अतिरिक्त 0.5 विलियन लीटर डीजल (जुताई एवं सिंचाई खपत) बचाकर लगभग 1.3 मिलियन टन कार्बन डाई आक्साइड का उत्सर्जन कम किया जा सकता है। इस प्रकार शून्य जुताई पद्धति से खेती करने पर सिंचाई जल की बचत के साथ भूमण्डलीय तापक्रम वृद्धि को कम करने में मदद मिलेगी।

निष्कर्ष

बहुत सी ससांधन संरक्षण प्रौद्योगिकियाँ भिन्न–भिन्न फसल प्रणाली के उपयोग के लिए उपलब्ध है। यह प्रौद्योगिकियां अपनाने से कम लागत पर अधिक उत्पादन, जल उत्पादकता और प्राक्रतिक संसाधन की उपयोगिता में वृद्धि, पर्यावरण के लिए लाभ और कृषकों की आजीविका में वृद्धि होती है। इन तकनीकियों की सफलता कृषकों द्वारा अपनाने पर निर्भर करती है। बदलते पर्यावरण के मौसम में संरक्षित खेती में संसाधन संरक्षण प्रोद्योगिकी शामिल कर आगामी दशक में स्थायी खाद्य उत्पादन सुनिश्चित किया जा सकता है। कृषकों को अधिक जुताई की पारम्परिक मान्यताओं की मानसिकता पर काबू पाने की आवश्कता है साथ ही नवीन संरक्षित खेती की तकनीकियाँ जो अधिक लाभ दे रही है अपनाने की आवश्यकता है। प्राकृतिक संसाधनों का संरक्षण और कृषकों की आजीविका में सुधार करते हुए सतत वृद्धि से खाद्य उत्पादन कर भविष्य की बढती खाद्यान्न की मांग को पूरा करने के रुप में इन तकनीकों को क्रान्ति के रुप में देखा जा रहा है।

संदर्भ

अउबरटोट, जे.एन., डुर, सी., काईयू, के., रिचर्ड, जी., 1999. केरेक्टराइजेशन ऑफ सुगर बीट सीडबेड स्ट्रक्चर. सोइल साइ. सो. अमे. ज. 63: 1377–1384.

अवधवाल, एन.के., थिरस्टिन, जी.ई., 1985. सोइल क्रस्ट एण्ड इट्रस इम्पेक्ट ऑन क्रॉप इस्टाबिलिसमेन्टः ए रिव्यू सोइल टिलेज रिस. 5: 289–302.

बेनगफ, ए.जी., मुलिन्स, सी.ई., 1990. मेकेनिकल इम्पीडेन्स टू रूट ग्रोथः ए रिव्यू ऑफ एक्सपेरीमेन्टल टेक्नीक्स एण्ड रूट ग्रोथ रिस्पोन्स. जे. सोइल साइ. 41: 341–358.

बेनगफ, ए.जी., ब्रांसबाय, एम.एफ., हंस, जे., मेक्केन्ना, एस.जे., रॉबर्टस, टी.जे., वेलेन्टाइन, टी.ए., 2006. रूट रिस्पोन्स टू सोइल फिजिकल कन्डीशन्स; ग्रोथ डाइनामिक फ्रोम फील्ड टू सेल. ज. एक्सपे. बोट., 57 (2): 437–447.

बिंगम, आई.जे., बेनगफ, ए.जी., 2003. मोरफोलोजीकल प्लास्टीसिटी ऑफ व्हीट एण्ड बारले रूट्स इन रिस्पोन्स टू स्पशियल वेरीएशन इन सोइल स्ट्रेन्थ. प्लांट एण्ड सोइल, 250: 273–282.

ब्लेक, जे.जे., स्पिंक, जे.एच., डाइर, सी., 2003. फेक्टर्स अफेक्टिंग सीरियल इस्टाबिलिशमेन्ट एण्ड इट्स प्रीडिक्शन. एच.जी.सी.ए. रिसर्च रिव्यू, 51. एच.जी.सी.ए.

ब्राऊनेक, एम.वी., डेक्सटर, ए.आर., 1989. सोइल एग्रीगेशन इन द सीडबेडः ए रिव्यू. II-इफेक्ट ऑफ एग्रीगेट साइज्स ऑन प्लांट ग्रोथ. सोइल टिलेज रिस. 14: 281–298.

क्लार्क, एल.जे., व्हाल्लेय, डब्लू.आर., बाराक्लॉघ, पी.बी., 2003. हाउ डू रूट्स पेनीट्रेट स्ट्राँग सोइल. प्लांट एण्ड सोइल, 255: 93–104.

डेक्सटर, ए.आर., 1986. मोडल एक्सपेरीमेन्ट्स ऑन द बिहेवीयर ऑफ रूट्स एट द इण्टरफेस बिटवीन ए टिल्ड सीडबेड एण्ड कॉम्पेक्ट सबसोइल. 1. इफेक्ट ऑफ सीडबेड एग्रीगेट साइज एण्ड सबसोइल स्ट्रेन्थ ऑन व्हीट रूटस. प्लांट एण्ड सोइल 95:123–133.

डेक्सटर, ए.आर., 2004. सोइल फिजिकल क्वालिटी. पार्ट I- थ्योरी, इफेक्ट ऑफ सोइल टेक्सचर, डेन्सिटी एण्ड ऑरगेनिक मेटर एण्ड द इफेक्ट ऑन रूट ग्रोथ. जियोडरमा 120: 201–214.

हरमावन, बी., बोमके, ए.ए., 1997. इफेक्ट ऑफ विन्टर कवर क्रॉप्स एण्ड सक्सेसिव स्प्रिंग टिलेज ऑन सोइल एग्रीगेशन. सोइल टिलेज रिस. 44: 109–120.

हाकन्सन, आई., मायबेक, ए., इटाना, ए., 2002. ए रिव्यू ऑफ रिसर्च ऑन सीडबेड प्रीपरेशन फोर स्मॉल ग्रेन्स इन स्वीडन. सोइल टिलेज रिस. 64: 23–40.

जकोबसन, बी.एफ., डेक्सटर, ए.आर., 1987. इफेक्ट ऑफ सोइल स्ट्रक्चर ऑफ व्हीट रूट ग्रोथ, वाटर अपटेक एण्ड ग्रेन यील्ड. ए कम्प्यूटर सिमूलेटेड मोडल. सोइल टिलेज रिस. 10: 331–345.

क्वास्नीकोव, वी.वी., 1928. द स्ट्रक्चर ऑफ द सोइल एण्ड यील्ड. रूस. ज. एग्रिक साइंस 5: 459–482.

पारडो, ए., अमाटो, एम., चिरान्डा, एफ.क्यू., 2000. रिलेशनशिप बिटवीन सोइल स्ट्रक्चर, रूट डिस्ट्रीबूशन एण्ड वाटर अपटेक ऑफ चिकपी (साइसर अरिटिनुम एल.) प्लांट ग्रोथ एण्ड वाटर डिस्ट्रीबूशन. यूरो ज. एग्रोन. 13: 39–45.

सचजोन्निंग, पी., रासमुसेन, के.जे., 2000. सोइल स्ट्रेन्थ एण्ड सोइल पोर केरेक्टरिस्टिक्स फोर डायरेक्ट ड्रिल्ड एण्ड प्लगड सोइल्स. सोइल टिलेज रिस. 57: 69–82.

व्हाल्लेय, डब्लू.आर., लीड्स–हेरीसन, पी.बी., क्लाक्र, एल.जे., गोविंग, डी.जे.जी., 2005. यूज ऑफ इफेक्टिव स्ट्रेस टू प्रीडिक्ट द पेनीट्रोमीटर रसिस्टेन्ट ऑफ अनसेचुरेटेड एग्रीकल्चरल सोइल्स. सोइल टिलेज रिस. 84: 18–27.

9

समेकित पोषक तत्व प्रबन्धन

एन. रविशंकर, बाबूजी गंगवार, अनिल कुमार सिंह एवं वाय. पी. सिंह

समेकित पोषक तत्व प्रबन्धन एवं उपयुक्त फसल चक्र द्वारा कृषि से अधिक उत्पादन एवं लाभ लिया जा सकता है। सामान्यतः दलहनों की उत्पादकता स्थिर एवं कम प्राप्त हो रही है इसके प्रमुख कारणों में दलहनीं फसलों की खेती सीमान्त मृदाओं एवं अन्य फसलों की अपेक्षा बहुत कम आदान प्रयोग कर की जाती है। उत्पादन आदानों में अन्य फसलों की तरह उर्वरक प्रयोग दलहनीं फसलों के उत्पादन बढाने में महत्व पूर्ण भूमिका निभाते है। अधिक उपजाऊ मृदाओं में अनाज, तिलहन एवं सब्जी उत्पादन लेना बेहतर रहता है। कम व मध्यम उपजाऊ मृदाओं में दलहनीं फसलों का उत्पादन लेकर अधिक लाभ लिया जा सकता है। दलहनीं फसलें स्वयं के नत्रजन की पूर्ति के अतिरिक्त मृदा के नत्रजन के स्तर साथ ही मृदा की उर्वरा शक्ति को भी बढाती है। प्रयोगों के अनुसार चने की फसल 140 कि.ग्रा. नत्रजन/हे. तक स्थरीकरण (वायुमण्डलीय नत्रजन का परिवर्तन कर जैविक नत्रजन में परिवर्तन) करती है जो कि स्वयं की आवश्यकता के अतिरिक्त आगामी फसल को उपलब्ध होती है। रेडी, (2004) के अनुसार मृदा में नत्रजन का स्तर 20 से 60 कि.ग्रा./हे. तक की बढोत्तरी होती है। अनुसंधान के परिणामों से यह भी सिद्ध हो चुका है कि लम्बी अवधि की अरहर 40 सप्ताह में लगभग 200 कि.ग्रा. नत्रजन/हे. स्थरीकरण करती है साथ ही मृदा में कार्बनिक पदार्थ के स्तर को बढाने में भी मदद करती है।

फास्फोरस के प्रयोग की सिफारिश फसल वार अधिकांश देश के राज्यों द्वारा शिफारिसें की गई है जबकि पोटेशियम का प्रयोग सामान्यतः नहीं किया जाता। परिणामस्वरुप मृदा में पोषक तत्वों का असन्तुलन होने से उत्पादन कम मिलता है। गहन फसल प्रणाली में पोटेशियम की अधिक मात्रा फसलों द्वारा अवशोषित की जाती है जिससे मृदा में उपलब्ध पोटेशियम की कमी होती जा रही है। दलहनीं फसलों में चना और अरहर द्वारा क्रमशः 60 और 52 कि.ग्रा. पोटेशियम (पोटेशियम डाय आक्साइड)/टन उत्पादन (दानां) द्वारा अवशोषित किया जाता है। देश के विभिन्न परिस्थिति के क्षेत्रों में से प्राप्त जानकारी के माध्यम से सुझावों में देखा गया है कि समन्वित पोषक तत्व प्रबन्धन से दलहन उत्पादन बढाने की काफी संम्भावना है। समन्वित पोषक तत्व प्रबन्धन पद्धति से न केवल अकार्बनिक उर्वरक की सन्तुलित मात्रा में प्रयोग करने से बचत होती है बल्कि संन्तुलित उर्वरक प्रयोग से मृदा

स्वास्थ्य में सुधार और उत्पादकता में वृद्धि होती है साथ ही पूरक के रुप में नत्रजन स्थरीकरण होता है।

भारत में दलहन उत्पादन के मुख्य राज्य उत्तर प्रदेश राजस्थान, मध्य प्रदेश, महाराष्ट्र, बिहार, आंध्र प्रदेश, कर्नाटक, तमिलनाडू, उड़ीसा, पंजाब, झारखंड, हरियाणा और छत्तिसगढ़ है। इन प्रदेशों की मृदाओं में एक अथवा कई प्रकार के तत्वों की कमीं है पोषक तत्वों की मृदा में कमीं क्षेत्र विशेष में उगाई गई फसल, फसल संघनता, उगाने की विधियां एवं प्रबन्धन आदि पर निर्भर करती है। दलहनीं फसलों की खेती कृषक अधिकांशतः मध्य व कम उपजाऊ मृदाओं में करते है इन मृदाओं की उर्वरा शक्ति में बढोत्तरी दलहनीं फसल उगाने से होती है इस प्रकार का एहसास कृषकों ने भी किया है। अधिक उपज एवं बीमारी प्रतिरोधी किस्मों की उपलब्धता के बावजूद दलहनीं फसलों का उत्पादन स्थिर बना हुआ है इसका मुख्य कारण कृषकों के विचार में दलहनीं फसलों की खेती कम उपजाऊ मृदाओं एवं बिना उर्वरक प्रयोग से होती है। प्रोटीन को अधिकता दलहनीं फसलों में होने के कारण दलहनीं फसलों की प्रति इकाई अधिक ऊर्जा की आवश्यकता अनाज वाली फसलों की तुलना में होती है। इसलिए यह आश्चर्य की बात नहीं है कि भविष्य में विभिन्न प्रकार के तत्वों की कमी दलहन उत्पादन क्षेत्रों में महत्वपूर्ण बाधाओं के रुप में उभरेगी और इसे पोषक तत्व प्रबन्धन के साथ एकीक्रत फसल प्रबन्धन में रणनीति के माध्यम से दूर किया जा सकेगा।

पोषक तत्वों की कमीः अधिक उपज देने वाली प्रजातियों के साथ फसल सघनता के कारण मृदा में दिन प्रतिदिन पोषक तत्वों का दोहन हो रहा है। जिस प्रकार से खाध्यान उत्पादन बढा है उसी प्रकार से मृदा में पोषक तत्वों की कमी आई है। देश की सभी परिस्थितिकी क्षेत्रों एवं मृदाओं में नत्रजन व फास्फोरस की कमी होती जा रही है। दलहन उत्पादन के बहुत से क्षेत्रों में उपलब्ध नत्रजन की कमी हो गई है (तालिका–1)। इसके अतिरिक्त, सामान्यतः भारतीय मृदाओं में पोटेशियम के प्रयोग से उत्पादन पर्याप्त मात्रा में होने के वाबजूद भी पोटेशियम प्रयोग के परिणाम दिखाई देते है परन्तु फिर भी पोटेशियम युक्त उर्वरक के प्रयोग को गम्भीरता से नही लिया जा रहा है। वर्षा पर आधारित क्षेत्रों में कृषक और पोटेशियम युक्त उर्वरक के प्रयोग के प्रति और अधिक गंम्भीर नही है।

तलिका 1: भारत वर्ष के मुख्य दलहन उत्पादक राज्यों में उपलब्ध नत्रजन, फास्फोरस और पोटेशियम (%मृदा नमूनों में) का मृदा में स्तर

राज्य	नत्रजन			फास्फोरस			पोटेशियम		
	कम	मध्यम	उच्च	कम	मध्यम	उच्च	कम	मध्यम	उच्च
मध्य प्रदेश	40	41	19	39	38	23	10	32	58
उत्तर प्रदेश	80	15	5	71	26	3	12	55	33
महाराष्ट्र	67	26	7	76	12	12	8	18	74
आंध्रा प्रदेश	62	21	17	57	29	14	9	30	61
कर्नाटक	29	37	34	31	48	21	7	32	61
उडीसा	50	23	17	59	28	13	33	41	26
तमिलनाडु	75	16	9	24	41	35	12	36	52
पंजाब	41	51	8	29	49	22	6	48	46
भारत	63	26	11	42	38	20	13	37	50

स्रोतः गनेशमूर्ती व सहयोगी, 2003

सामान्यतः दलहनीं फसलों की सल्फर की आवश्यकता अन्य तत्वों की अपेक्षा अधिक होती है एवं यह भी देखा गया है कि दलहन उत्पादन क्षेत्रों की मृदाओं में उपलब्ध सल्फर तत्व की कमी है। सघन दलहन फसल आधारित फसल प्रणाली के क्षेत्रों में सल्फर तत्व को सस्य क्रियाओं में सम्मिलित किया जाना चाहिए। शूक्ष्म पोषक तत्वों में जस्ता, बोरोन और लोह तत्व की भारतीय मृदाओं में कमी है (तालिका 2)। दलहनीं फसलों की उन्नत प्रजातियों की क्षमता के अनुसार उत्पादन प्राप्त करने के लिए समन्वित पोषक तत्व प्रबन्धन गें कमी के क्षेत्रों में सूक्ष्म पोषक तत्वों का प्रयोग करना बहुत ही आवश्यक है।

तालिका 2: दलहन उत्पादन राज्यों की मृदा में उपलब्ध सूक्ष्म पोषक तत्वों का स्तर

राज्य	विश्लेषण किए गये कुल नमूनों की संख्या	% कमी से प्रभावित सूक्ष्म पोषक तत्व			
		जस्ता	लोहा	कोपर	मेग्नीज
आंध्र प्रदेश	5219	51	2	1	2
बिहार	17802	54	6	3	2
गुजरात	29532	24	8	4	4
हरयाणा	21598	61	20	2	4
मध्य प्रदेश	11204	63	3	1	3
पंजाब	15897	47	14	1	2
तमिलनाडू	19559	53	15	3	8
उत्तर प्रदेश	24425	45	6	1	3
कर्नाटक	24411	78	39	5	19

पोषक तत्व सन्तुलनः दलहनीं फसलें ऊर्जा से समृद्ध फसले है जो कि पोषक तत्वों की अधिक मात्रा मृदा से ग्रहण करती है। सामान्यतः नत्रजन 30 से 50 कि.ग्रा., फास्फोरस 2 से 7 कि.ग्रा., पोटेशियम 12 से 30 कि.ग्रा., केल्शियम 3 से 10 कि.ग्रा., मैग्नीशियम 1 से 5 कि.ग्रा., सल्फर 1 से 3 कि.ग्रा., मेग्नीज 200 से 500 ग्राम, बोरोन 5 ग्राम, कोपर 1 ग्राम

और मोलीब्डेनम 0.5 ग्राम एक टन जीवांश पदार्थ द्वारा ग्रहण किए जाते है (अहलावत और अली, 1993)। टंडन (1995) के अनुसार अरहर की फसल द्वारा 1.2 टन बीज उत्पादन हेतु 85 कि.ग्रा. नत्रजन, 8 कि.ग्रा. फास्फोरस, 16 कि.ग्रा. पोटेशियम, और 9 कि.ग्रा. सल्फर का उपयोग होता है जबकि चने का 1.5 टन बीज उत्पादन हेतु नत्रजन, फास्फोरस, पोटेशियम और सल्फर क्रमशः 91, 6, 49 और 13 कि.ग्रा./हे. उपयोग करते है। उपलब्ध जस्ता, बोरोन और लोह तत्व की कमीं भारतीय मृदाओं में देखी गई है।

विभिन्न मुख्य दलहनीं फसलों द्वारा अवशोषित पोषक तत्वों की मात्रा तालिका–3 में दी गई है। फसलों द्वारा पोषक तत्व ग्रहण करने में विभिन्नता है क्योकि विभिन्न फसलों की पकने की अवधि एवं उत्पादन क्षमता भिन्न–भिन्न होती है।

तालिका 3: विभिन्न मुख्य दलहनीं फसलों द्वारा पोषक तत्वों का अवशोषण

फसल	उपज (कि.ग्रा./हे)	कुल अवशोषण (कि.ग्रा./हे.)			
		नत्रजन	फास्फोरस	पोटेशियम	सल्फर
अरहर	1200	85	8	16	9
उड़द	890	70	6	50	5
मूंग	1000	106	21	90	6
सोयावीन	2500	125	43	101	22
चना	1500	91	6	49	13
मसूर	2000	114	13	36	6

स्रोतः गनेशमूर्ती एवं सहयोगी, 2003

पोषक तत्वों का फसल उत्पादन हेतु मृदा में प्रयोग एवं फसलों द्वारा अवशोषण में काफी भिन्नता है। परिणामों में देखा गया है कि दलहन फसल के द्वारा 197 हजार टन नत्रजन, 156 हजार टन फास्फोरस (फास्फोरस पेन्टा आक्साइड) और 6.6 हजार टन पोटास (पोटेसियम डाई आक्साइड) का प्रयोग किया जाता है जबकि फसलों द्वारा कुल लगभग 977.4 हजार टन मात्रा नत्रजन, फास्फोरस व पोटाश तत्वों की अवशोषित की जाती है एवं अवशोषण एवं प्रदाय किये जाने वाले तत्वों में अन्तर 710.07 हजार टन का है (तालिका–4)। फसलों द्वारा पोषक तत्वों की कमी महसूस की जाती है जिसका असर उत्पादन पर देखने को मिलता है। इस पर तत्काल ध्यान देने की आवश्यकता है अतः पोषक तत्वों का सन्तुलित प्रयोग कर उत्पादन बढाया जा सकता है।

तालिका 4: दलहन फसलों द्वारा पोषक तत्वों का अवशोषण, उपयोग और अन्तर (हजार मैट्रिक टन)

पोषक तत्व	अवशोषण	उपयोग	अन्तर
नत्रजन	592.24	197.4	-395.00
फास्फोरस	88.8	67.2	-21.60
पोटास	296.2	2.73	-293.47
कुल	977.4	267.33	-710.07

स्रोतः राव एवं हसां मोदी, 2009

नत्रजन स्थरीकरणः दलहनीं फसलों द्वारा राहिजोवियम के किस कुशल उपभेद द्वारा नत्रजन का स्थरीकरण किया जा रहा इस पर अध्ययन किया जाना चाहिए। गंगा यमुना के पठारी क्षेत्रों में अनुसंधान के प्रयोगों के माध्यम से देखा गगा है कि रबी मौसम की दलहनीं फसलों में चने की फसल में 19 से 63% और मसूर की फसल में 11 से 32% तक कृषकों के प्रक्षेत्रों पर उत्पादन बढाने की सम्भावना है। सवधिक नत्रजन स्थरीकरण की क्षमता 300 कि.ग्रा./हे. वाकला के पश्चात 244 कि.ग्रा./हे. मटर, 192 कि.ग्रा./हे. मसूर और चने की फसल द्वारा 144 कि.ग्रा./हे. तक नत्रजन स्थरीकरण किया जाता है (तालिका 5)।

तालिका 5: दलहनीं फसलों द्वारा नत्रजन स्थरीकरण

फसल	नत्रजन स्थरीकरण
अरहर	88-96
उड़द	95-98
मूंग	8-90
सोयाबीन	78-87
लोविया	54-70

उर्वरक खपतः मध्य प्रदेश में किए गए अध्ययनों में देखा गया है कि दलहनीं फसलों में बहुत कम मात्रा में उर्वरकों का प्रयोग किया जाता है। यहाँ पर चने की फसल में सर्वाधिक एवं सबसे कम अरहर की फसल में रासायनिक उर्वरकों का प्रयोग किया जाता है। दलहनीं फसलों में औसतन 15 से 25 कि.ग्रा. नत्रजन और 20 से 50 कि.ग्रा. फास्फोरस (फास्फोरस पेन्टाआक्साइड)/हे. की है जबकि राव एवं हंसा मोदी, (2009) ने पाया कि औसतन उर्वरकों का औसतन प्रयोग अरहर, मसूर, उड़द और चना फसल में मात्र क्रमशः 2.8, 6.4, 8.13 और 12.04 कि.ग्रा./हे. प्रयोग किए जाते है। अधिकांश दलहनीं फसलों में औसतन फास्फोरस 40 कि.ग्रा./हे. की दर से प्रयोग करने की सिफारिश की गई है। परन्तु सामान्यतः अधिकांश कृषकों द्वारा नगन्य अथवा बहुत कम मात्रा में पोषक तत्वों का प्रयोग किया जाता है।

उर्वरक आवश्यकताः मृदा नमीं एवं तापक्रम का उतार चढाव और खरीफ व ग्रीष्म ऋतु के मौसम में उगाई गई दलहनीं फसलों के समय मृदा के तापक्रम एवं नमी का उतार चढाव, मृदा में उपलब्ध नत्रजन मृदा में अपरिवर्तनशील एवं मृदा कणों में स्थिर हो जाती है। भारतीय

दलहन अनुसंधान संस्थान के विजन 2011 एवं 2030 के अनुसार वर्ष 2030 की मांग के अनुसार 32 मिलियन टन दलहन की आवश्यकता होगी और फसलों की मॉग के अनुसार उत्पादन हेतु 2.24 मिलियन टन नत्रजन, 0.25 मिलियन टन फास्फोरस, 1.18 मिलियन टन पोटेशियम, 0.36 मिलियन टन केल्शियम, 0.17 मिलियन टन मेग्नीशियम, 0.11 मिलियन टन सल्फर, 0.02 मिलियन टन मेग्नीज, 280 टन बोरोन, 56 टन कोपर और 28 टन मोलीब्डेनम की पूर्ति गोबर की खाद, प्रेसमड, संप्रद्ध, कम्पोस्ट, रासायनिक खाद आदि से करने की आवश्यकता होगी।

समेकित पोषक तत्व प्रबन्धन

दलहनीं फसलों को पूरक फसल के रुप में फसल प्रणाली में कृषकों द्वारा थोडी बहुत मात्रा में असन्तुलित अथवा बिना रासायनिक उर्वरक प्रयोग कर उगाया जाता है। परिणामस्वरुप दलहनीं फसलें मृदा में संचित पोषक तत्वों का उपयोग करती है जिससे दीर्घकालीन में विपरीत परिणाम देखने को मिलेंगे। प्रसार कार्यकर्ताओं एवं कृषकों द्वारा दलहनीं फसलों को कम पोषक तत्वों की आवश्यकता वाला माना है साथ ही देश में निर्मित एवं आयातित रासासयनिक उर्वरक की बढती कीमत व समय पर आपूर्ति न होने के कारण फसलों की आवश्यकता के अनुरूप प्रयोग नही किया जाता। रासायनिक, जैविक और कार्बनिक श्रोतों के कुशल प्रबन्धन द्वारा समन्वित प्रयोग फसल एवं फसल प्रणाली हेतु तत्वों की सन्तुलित एवं आवश्यक मात्रा में पूर्ति करता है जिससे उत्पादन में वृद्धि के साथ मृदा स्वास्थ्य में भी बढोत्तरी होती है। एकीक्रत पोषक तत्व प्रबन्धन उत्पादकता को बढाकर प्रति इकाई शुद्ध लाभ एवं प्रयोग किए गये तत्वों की उपयोगिता को भी बढाता है।

संतुलित पोषक तत्व प्रयोगः पूर्व से प्रायः यह माना गया है कि दलहनीं फसलें अपने वृद्धि एवं विकास हेतु पूर्व में उगाई गई फसलों हेतु मृदा में प्रयोग किए गये रासायनिक उर्वरकों का शेष बचे भाग से पूर्ति कर लेती है। अनुसंधान परिणामों में यह देखा गया है कि फास्फोरस, पोटेशियम के साथ नत्रजनधारी उर्वरक प्रयोग करने से उत्पादन बढाने के साथ अतिरिक्त लाभ और नत्रजन स्थरीकरण भी बढता है। कृषक प्रक्षेत्रों पर हुए प्रयोगों में देखा गया है कि उड़द की फसल में उपज में वृद्धि नत्रजन, फास्फोरस व पोटेशियम के प्रयोग से 47.7% केवल नत्रजन प्रयोग की तुलना में 20% वृद्धि केवल नत्रजन व फास्फोरस की तुलना में एवं 22.7% वृद्धि नत्रजन व पोटेसियम की तुलना में प्राप्त हुई। नत्रजन के साथ फास्फोरस के प्रयोग से दलहनीं फसलों की उपज में बढोत्तरी 23% उड़द में, 20% मूंग में, 27% चना में और 20% सोयाबीन में हुई। विभिन्न दलहनीं फसलों हेतु नत्रजन, फास्फोरस, पोटास की संस्तुत मात्रा प्रयोग करने से उड़द, मूंग, चना और सोयाबीन से क्रमशः 582, 954, 1603 और 2170 कि.ग्रा. उपज/हे. प्राप्त हंई जोकि 88, 74, 85 और 75% नियंत्रक की उपज से अधिक थी। इसी प्रकार दलहनीं फसलों पर कृषक प्रक्षेत्रों पर किए गए अनुसंधान से प्राप्त हुई उपज का मृदा में पहले से उपलब्ध पोषक तत्वों के अतिरिक्त पोषक तत्व प्रयोग को आशिंक उत्पादकता कारणों की गणना की गई। परिणामों

के आधार पर उड़द की फसल पर नत्रजन का आंशिक उत्पादकता कारक द्वारा 28.7 कि. ग्रा./कि.ग्रा. नत्रजन अतिरिक्त प्रयोग से मृदा में उपलब्ध नत्रजन + सुझाई गई मात्रा प्रयोग के साथ फास्फोरस के प्रयोग से प्राप्त हुई । नत्रजन, फास्फोरस व पोटास को सन्तुलित मात्रा में प्रयोग से उड़द, मूंग, चना और सोयाबीन की उत्पादन दक्षता में क्रमशः 43, 38, 43 एवं 42% की वृद्धि केवल नत्रजन प्रयोग की तुलना में हुई। परिणामों से सिद्ध होता है कि पोषक तत्वों के सन्तुलित प्रयोग से दलहन फसलों की उत्पादकता अधिक रहती है। परिणामों से देखा गया कि यह प्रभाव सर्वाधिक सोयाबीन (22.2%) के पश्चात चना (16.8%), उड़द (16.6%) और मूंग (16.4%) की फसल पर रहे। पोषक तत्वों की उपयोगिता भी नत्रजन, फास्फोरस व पोटाश के सन्तुलित प्रयोग से अधिक रही (चित्र 1)। पोषक तत्वों के सन्तुलित प्रयोग से उनकी उपयोगिता का प्रभाव सोयाबीन व चने की फसल में उड़द और मूंग की तुलना में अधिक रहा।

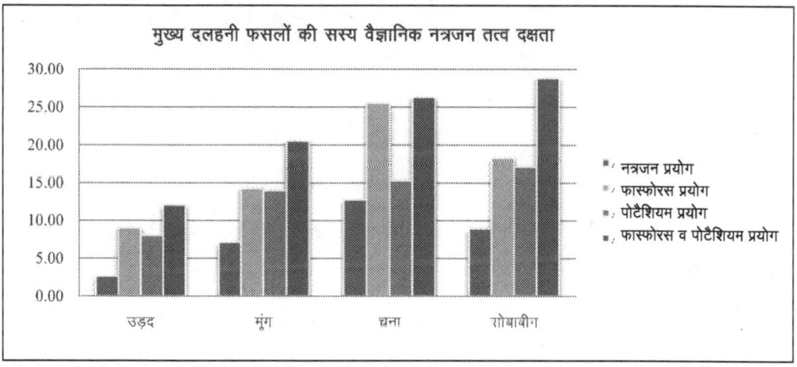

चित्र 1: विभिन्न दलहनीं फसलों में नत्रजन, फास्फोरस व पोटास तत्व प्रयोग का नत्रजन की दक्षता (%) पर प्रभाव

कृषक प्रक्षेत्रों पर हुए प्रयोगों से भी सिद्ध हो चुका है कि पोषक तत्वों के सन्तुलित प्रयोग से दलहनीं फसलों के उत्पादन में वृद्धि होती है। देश के बहुत से क्षेत्रों में आरही द्वतियक एवं सूक्ष्म पोषक तत्वों की कमी के क्षेत्रों को चिन्हित कर दलहन की भविष्य में बढती मांग को देखते हुए वृद्धि दर को बनाये रखने हेतु कार्बनिक, अकार्बनिक और जैविक उर्वरको का समन्वित प्रयोग आवश्यक है। दलहनीं फसल एवं दलहन आधारित अन्तरवर्ती फसलों से ईष्टतम उपज एवं गुणवत्ता प्राप्त करने हेतु पोषक तत्वों के विभिन्न समन्वित श्रोतो का वैज्ञानिक विधि से अधिक प्रभावी बनाने की आवश्यकता है।

जैविक खादः प्राचीन काल से ही दलहनीं फसलों की खेती मध्यम से कम उपजाऊ मृदा, कम नमी वाले क्षेत्रों में की जाती रही है एवं आज भी दलहनीं फसलों को सर्वाधिक बारानी क्षेत्रों (लगभग 87%) में ही उगाया जाता है (अमरेन्द्र रेडी, 2009)। वर्षा आधारित क्षेत्रों में दलहनीं फसलों की खेती में पोषक तत्वों के समन्वित प्रबन्धन में कार्बनिक खाद का उपयोग करने पर पोषक तत्वों एवं जल की उपयोगिता क्षमता बढ जाती है। कार्बनिक खादों हेतु उपलब्ध सामाग्री में कृषक प्रक्षेत्रों पर उपलब्ध हरे व सूखे फसल अवशेष जानवरों से प्राप्त अनउपयोगी अवशेष का जैविक विघटन हेतु उपलब्ध रहते है। इन अवशेषों को मृदा में

मिलाने पर अवशेषों का विघटन सूक्ष्म जीवाणुओं द्वारा होता है। कार्बनिक अवशेषों में उपलब्ध पोषक तत्व विधटन के माध्यम से मृदा में मुख्य पोषक तत्वों के साथ द्वितियक एवं सूक्ष्म पोषक तत्वों की उपलब्धता को बढाते है। इस विघटन से मृदा को फसल उत्पादन हेतु ऐसे तत्व भी प्राप्त होते है जो मृदा में प्रयोग किए जाने वाले रासासयनिक उर्वरकों से भी प्राप्त नही होते। कार्बनिक खादों से मृदा में प्राप्त नत्रजन, फास्फोरस व पोटास से फसल की सम्पूर्ण आवश्यकता की पूर्ति नही होती। इसलिए समन्वित पोषक तत्व प्रबन्धन में कार्बनिक खाद के साथ रसायनिक उर्वरकों का प्रयोग किया जाता है। एक समय में 10 से 12 टन कार्बनिक खाद प्रति हे. प्रयोग करनी चाहिए। मध्य प्रदेश के रायसेन, भोपाल, रीवा, और सतना जिलों में समन्वित प्रयोगो में पाया कि दलहनीं फसलों की पैदावार बढाने के साथ रसायनिक खादों पर होने वाले खर्च में भी बचत हुई। प्रयोगों में पाया कि खरीफ के मौसम में सोयाबीन की फसल में 75% नत्रजन, फास्फोरस व पोटाश + 25 टन कार्बनिक खाद + बीज उपचार (राहिजोवियम + फास्फोरस घोलन जैव उर्वरक) कर उत्पादन लिया गया तदउपरान्त रबी मौसम में 50–75% नत्रजन, फास्फोरस व पोटास का प्रयोग कर चना/मसूर संररक्षिप्त नमी में ली गई परिणाम स्वरुप 13.5 से 25% अधिक पैदावार चने की प्राप्त हंई एवं 20.7 से 28.3% मसूर की पैदावार पारम्परिक पद्धति की तुलना में अधिक प्राप्त हुई (तालिका–6)।

तालिका 6: पोषक तत्व प्रबन्धन और नमी संररक्षण की उन्नत तकनीकों का कृषक पद्धति की तुलना में दलहन फसल की उपज (टन/हे.) पर प्रभाव

उपचार	भोपाल और राइसेन	रीवा और सतना	
	चना	मसूर	चना
समन्वित पोषक तत्व प्रबन्धन	1.3 (13.5)	1.1 (20.7)	3.3 (31.0)
समन्वित पोषक तत्व प्रबन्धन + नमी संरक्षण	2.4 (25.0)	1.3 (28.3)	4.6 (42.7)

कोष्ठक में दानों की उपज वृद्धि प्रतिशत में कृषक पद्धति की तुलना में बढोत्तरी

पोषक तत्वों एवं मृदा नमी के उचित प्रबन्धन से चने की फसल से 14,000 रुपये का भोपाल एवं राइसेन जिलों में 7,500 रुपये का मसूर और 15,000 रुपये का चने में रीवा और सतना मध्य प्रदेश के जिलों में अतिरिक्त लाभ प्रति हे. प्राप्त हुआ। अनुसंधान के अधार पर देखा गया कि शुष्क क्षेत्रों में कार्बनिक खादों के प्रयोग से मृदा उर्वरता के स्तर में सुधार के साथ ही मृदा की जल धारण क्षमता की वृद्धि भी होती है। कार्बनिक खाद व रासायनिक उर्वरकों को शामिल कर विवेक पूर्ण उपयोग करने से मृदा में पोषक तत्वों के स्तर में बढोत्तरी के साथ पोषक तत्वों की उपयोगिता बढने से उत्पादन एवं आर्थिक लाभ में वृद्धि होती है। कार्बनिक खादों के साथ रासायनिक उर्वरक प्रयोग से मृदा का उर्वरता का स्तर के साथ भौतिक एवं जैविक दशाओं में भी सुधार होता है। जैविक खाद और रारायनिक उर्वरकों का धान की फसल एवं अवशिष्ट प्रभाव चने की फसल पर तालिका–7 में दिया गया हे।

परिणामों से स्पष्ट है कि धान की सर्वाधिक उपज (5.3 टन/हे.) नीम की खली के पश्चात ढैंचा की हरीखाद (4.9 टन/हे.) से प्राप्त हुई। कार्बनिक खादों का अवशिष्ट प्रभाव धान के उपरान्त चना की पैदावार पर भी हुआ। कार्बनिक खादों के विभिन्न श्रोतों का प्रभाव देखने पर स्पष्ट होता है कि चने की फसल पर अवशिष्ट सर्वाधिक प्रभाव हुआ।

तालिका 7: कार्बनिक खादों और रासायनिक उर्वरकों का धान और चने की फसल पर प्रयोग से उपज एवं आर्थिकी पर प्रभाव

उपचार	उपज (टन/ हे.)		आर्थिकी (दोनों फसलों का औसत)		
	धान की फसल पर प्रभाव	चने की फसल पर अवषिष्ट प्रभाव	शुद्ध लाभ (रू/ हे0)	लाभः लागत अनुपात	अतिरिक्त लाभ रू./अतिरिक्त खर्च रू.
गियंत्रण	3.2	1.1	10790	0.75	–
ढेचा	4.9	1.5	19985	1.27	4.15
सनई	3.9	1.4	14660	0.96	1.72
मुर्गी खाद	4.5	1.7	20435	1.36	5.36
गोबर की खाद	3.7	1.2	13050	0.80	0.90
नाडेप कम्पोस्ट	3.9	1.4	15210	0.94	1.26
नीम की खली	5.3	1.4	2055	1.05	0.58
नत्रजनः फास्फोरसः	4.6	1.2	16055	0.97	3.63
पोटास, दर 80:50:30					
कि.ग्रा./हे.	0.4	0.1	–	–	–
क्रातिक अन्तर – 5%	0.4	0.1	–	–	–

स्रोतः सिंह एवं सहयोगी (1999)

जिप्सम/पाइराइट/चूना एजेंटः जिप्सम, पाइराइट या रोंक फास्फेट पोषक तत्वों के सस्ते श्रोत है। इनके प्रयोग से दलहनीं फसलों की पैदावार के साथ गुणवत्ता में बढोत्तरी होती है। देश के अधिकांश कृषक सल्फर रहित डाई अमोनियम फास्फेट उर्वरक का प्रयोग करते है अतः फसलों में जिप्सम के प्रयोग पर विशेष ध्यान देने की आवश्यकता है। जिप्सम देश में उपलब्ध सस्ता खनिज है परन्तु इसके परिवहन में अधिक लागत एवं कृषकों को स्थानीय उपलब्धता कम होने के कारण फसलोत्पादन में प्रयोग में बाधक है।

बैक्टीरियल एर्जेटः राहिजोबियम कल्चर और फास्फोरस घुलनशील जैव उर्वरक के बैक्टीरिया फसल के आदान का कार्य करते है। राहिजोवियम जैव उर्वरक दलहनीं एवं अन्य फलीदार फसलों हेतु बहुत ही सस्ते आदान में से एक है। राहिजोवियम कल्चर से बीज उपचार करने पर सहजीवी गतिविधि के माध्यम से वायुमन्डलीय नत्रजन की उपलब्धता बढाते है। मूंगफली और सोयाबीन की खेती जिन क्षेत्रों में नई शुरुआत हो रही है उन क्षेत्रों के लिए बीज उपचार विशेष लाभप्रद रहता है। फास्फोरस घोलक जैव उर्वरक मृदा में फास्फोरस की उपलब्धता बढाने हेतु साथ ही सभी फसलों के लिए सस्ता आदान है इसके उपयोग से 20% तक फास्फोरस की बचत की जा सकती है। जैव उर्वरक के उपयोग हेतु

कुछ सावधानियों की शिफारिस की गई है। जैव उर्वरक विश्वसनीय स्त्रोतों से प्राप्त करें साथ ही यह पुराना नहीं होना चाहिए तथा उपयोंग से पूर्व समाप्ति की तारिख की जॉच की जानी चाहिए। आई एस आई अथवा बी आई एस मानक वाला ही जैव उर्वरक उपयोग किया जाना चाहिए। जैव उर्वरकों को भंडारण एवं परिवहन में अधिक प्रकाश व गर्मी से दूर रखा जाना चाहिए साथ ही अन्य किसी दूषित स्थानों में नहीं रखना चाहिए। फसल हेतु विशिष्ट कल्चर उपयोग से पूर्व निश्चित करले कि यह उपयोग में लाई गई फसल के लिए है अथवा नहीं। कल्चर से बीज उपचार के 24 घन्टों के अन्दर फसल की बुवाई कर देनी चाहिए। बीज को उपचारित करने से पूर्व बीज को धूप अथवा अधिक तापक्रम पर नहीं रखना चाहिए। जहां तक सम्भव हो कम तापक्रम पर उपचारित बीज अथवा कल्चर को रखना चाहिए। उपचारित बीज में बैक्टीरिया की मृत्यु दर कम करने हेतु बीज की बुवाई सुबह अथवा शाम को करनी चाहिए। कल्चर की परत बीज पर चढाने हेतु बीज उपचारित करने हेतु चावल का स्टार्च अथवा गुड़ के घोल का प्रयोग करना चाहिए। बहुत से कीट नाशक बैक्टीरिया की मृत्यु दर को बढाते है, बैक्टीरिया की मृत्यु दर कम करने हेतु कम नुकसान पहुँचाने वाले फंजीसाइडस एवं कीटनाशक प्रयोग करने चाहिए। यदि इस प्रकार के रयायन प्रयोग में लाये जा रहे है तो इस स्थिति में उपयोग किए जा रहे जैव उर्वरक की मात्रा दोगुनी कर देनी चाहिए। सुपर फास्फेट के साथ जैव उर्वरक को प्रयोग नही करना चाहिए क्योकि सुपर फास्फेट की अम्लीय प्रकृति बैक्टीरिया को खत्म कर देती है। फास्फोरस घुलनशील जैव उर्वरक अम्लीय अथवा क्षारीय मृदाओं में प्रयोग करने हेतु बीज पर बुआई से पूर्व केल्शियम कार्बोनेट अथवा जिप्सम की परत चढा कर बीज की बुआई करना चाहिए। जिन क्षत्रों में दलहनीं फसल पहली बार बोई जा रही हो वहां कल्चर का प्रयोग अवश्य किया जाना चाहिए साथ ही इन क्षेत्रों में जैव उर्वरकों को लगातार दो से तीन साल तक उपयोग करना चाहिए। धान–परती फसल चक्र वाले क्षेत्रों में जैव उर्वरक प्रयोग करना बहुत ही लाभप्रद रहता है। धान की फसल में जल मग्नता के कारण राहिजोवियम के बैक्टीरिया खत्म हो जाते है। फास्फोंरस घुलनशील एवं राहिजोवियम जैव उर्वरक को मिलाकर प्रयोग कर सकते है। जैव उर्वरकों को समान मात्रा में मिलाना चाहिए और ऊपर सुझाये गये बिन्दुओं के अनुसार प्रयोग करना चाहिए। फास्फोंरस घुलनशील जैव उर्वरकों का अम्लीय मृदाओं में अधिक प्रभाव देखने को मिला है। प्रयोगों से यह भी सिद्ध हो चुका है कि जिंक सल्फेट के प्रयोग से धान की फसल में नत्रजन, फास्फोरस व पोटेशियम का अधिक अवशोषण हुआ। उड़द की फसल में 5 कि.ग्रा. जस्ता + 1.5 किलो ग्राम बोरोन + 0.5 किलो ग्राम मोलीब्डेनम + 40 किलो ग्राम सल्फर/ हे. प्रयोग से मृदा में फसल कटाई के बाद मृदा में उपलब्ध पोषक तत्वों की मात्रा अधिक थी। नागराजन और बालचन्द्र (2001) के अनुसार मूंग व उड़द की फसल में राहिजोवियम के प्रयोग से पौधें का कुल जीवांश, जडों में नोड्यूल की संख्या और उत्पादन में नियंत्रण की तुलना में वृद्धि हुई। उड़द की फसल में फूल की अवस्था से पूर्व 2% यूरिया, फली में दाना भरते समय 2% यूरिया का छिडकाव एवं 4% डाइअमोनियम फास्फेट का छिड़काव फूल आने से पूर्व क्रमशः 40.2, 34.2 एवं 31.1%

पैदावार को बढाता है (तालिका–8)। केवल 50 कि.ग्रा. फास्फोरस/हे. और साथ में वाम से टीकारण करने से उत्पादन में 45.5% तक नियंत्रण की तुलना में वृद्धि देखी गई है। फसल बुआई के आरम्भ में 20 कि.ग्रा. नत्रजन/हे. प्रयोग करने से भी फसल के विकास एवं पैदावार पर सकारात्मक प्रभाव पडता है।

तालिका 8: विभिन्न उर्वरकों के उपचार का उड़द की फसल पर प्रभाव

उपचार	बीज उत्पादन (कि०ग्रा०/हे०)	लाभ लागत अनुपात
नियंत्रक	719	-
राहिजोवियम टीकाकरण (0.5 कि०ग्रा०/हे०)	802	20.7
वाम (5 कि०ग्रा०/हे०)	779	12
राहिजोवियम+ वाम	820	11.2
50 कि.ग्रा. फास्फोरस/हे०	962	2.6
वाम + 50 कि.ग्रा. फास्फोरस/हे०	1039	3.2
20 कि.ग्रा. नत्रजन/ हे० बुआई के समय	955	10.6
यूरिया छिडकाव (2%) फूल आने से पूर्व	1204	71.3
यूरिया छिडकाव (2%) फली भरते समय	1043	40.5
डाइअमोनियम फास्फेट (4%) फूल आने से पूर्व	1043	40.5
क्रान्तिक अन्तराल 5%	235	-

स्रोतः राजू और नागेस्वर रेडी (1999)

उचित कीट और पोषक तत्व प्रबन्धन किसी भी फसल के उत्पादन बढाने के लिए बहुत ही महत्वपूर्ण होते है। दलहनीं फसलों में सल्फर, जस्ता और फास्फोरस के प्रयोग से कुल जीवांश पदार्थ एवं पैदावार में बढोत्तरी होती है। वर्तमान में दलहन के कुल क्षेत्रफल का लगभग 15% क्षेत्रफल सिंचित है जबकि खाद्यान फसलों का 45% क्षेत्रफल सिंचित है। नियंत्रण एवं क्रमबद्ध सिंचाई से उत्पादन में बढोत्तरी होती है। दलहनीं फसलों की सिंचाई आवश्यकता अन्य फसलों की तुलना में कम है अतः स्प्रिंकलर विधि द्वारा सिचाई लाभप्रद रहती है।

फास्फोरस और पोटेशियम की आवश्यकताः उत्तर प्रदेश का एक अध्ययन

भारत वर्ष में उत्तर प्रदेश एक मुख्य दलहन उत्पादक राज्य है। यहां कुल क्षेत्रफल का 12% क्षेत्र एवं 21.6 मिलियन हे. में दलहन की खेती की जाती है जिससे देश के कुल दलहन उत्पादन का 18% उत्पादन प्राप्त होता है। उत्तर प्रदेश में दलहन की उत्पादकता देश की औसत उत्पादकता (609 कि.ग्रा./हे.) से 45% अधिक है। हालांकि अनुसंधान केन्द्रों पर हुए अनुसंधान से ज्ञात हुआ है कि यहॉ भी दलहन उत्पादन बढाने का बहुत अवसर है। एक क्षेत्र विशेष हेतु पोषक तत्व प्रबन्धन मूल्याकंन की प्रथम रणनीति (श्रंखला–अ), और नत्रजन, फास्फोरस व पोटेशियम के साथ सल्फर और मेग्नीशियम का प्रयोग कर द्वितिय रणनीती (श्रंखला–ब) बनाई गई जिसके परिणाम निम्न प्रकार है।

श्रंखला अः– दलहनीं फसलों में पर्याप्त और सन्तुलित उर्वरक प्रयोग से उत्पादन में काफी वृद्धि हुई। क्षेत्र विशेष हेतु चने की फसल में नत्रजन, फास्फोरस, पोटेशियम, सल्फर, जिंक सल्फेट, मेग्नीज सल्फेट और बोरेक्स का प्रयोग क्रमशः 30, 60, 90, 40, 20, 10 और 5 कि.

ग्रा./हे. प्रयोग करने से 4.07 टन/हे. उपज प्राप्त हुई। जबकि पोषक तत्व प्रबन्धन हेतु राज्य की अनुसंशा के अनुसार नत्रजन फास्फोरस व पोटाश क्रमशः 20, 60, 30 किलोगांम/हे. प्रयोग करने से क्षेत्र विशेष हेतु पोषक तत्व प्रबन्धन की तुलना में 41% कम उपज प्राप्त हुई। चने की फसल में जैविक नत्रजन स्थरीकरण हेतु नोड्रयूल प्रति पौधा, ताजा वजन, सूखा वजन, नत्रजन का स्तर और लेघाइमोग्लोविन की मात्रा क्रमशः 39, 11, 12, 34 और 11% की बढोत्तरी राज्य की पोषक तत्व प्रबन्धन की शिफारिस की तुलना में क्षेत्र विशेष हेतु किए गये पोषक तत्व प्रयोग से प्राप्त हुई।

श्रंखला बः चना, मटर, और मसूर की उपज नत्रजन, फास्फोरस, पोटेशियम, सल्फर व मेग्नीज क्रमशः 15, 60, 40, 40 व 20 कि.ग्रा./हे. प्रयोग करने से उत्पादन में 57, 60 और 34% अधिक उपज केवल नत्रजन प्रयोग की तुलना में प्राप्त हुई। दलहनीं फसलों में पर्याप्त एवं संतुलित मात्रा में पोषक तत्व प्रयोग करने से उत्पादन बढाने की पर्याप्त क्षमता है अतः वर्तमान में की गई उत्तर प्रदेश हेतु शिफारिसों में संसोधन कर द्वितीय एवं सूक्ष्म पोषक तत्वों को शामिल करने पर विचार करना चाहिए।

समन्वित पोषक तत्व के आचरणः चने की फसल को 15 से 20 कि.ग्रा. नत्रजन और लगभग 50 से 60 कि.ग्रा. फास्फोरस (फास्फोरस पेन्टा आक्साइड) की आवश्यकता होती है और जब दलहनीं फसल को मिश्रित खेती में उगाया जाता है इस दशा में फसल की पोषक तत्वो की आवश्यकता मुख्य फसल के अनुरुप होती है। सामान्यतः 70 से 80 कि. ग्रा. डाइअमोनियम फास्फेट का प्रयोग एक हे. की नत्रजन व फास्फोरस की पूर्ति हेतु पर्याप्त रहता है। मालीब्डेनम भी उत्पादन को बढाने में मदद करता है। लाल मृदाओं में लैट्रराइट मृदाओं की तुलना में फास्फोरस का प्रभाव अधिक देखने को मिलता है। पोटेशियम युक्त उर्वरकों का प्रयोग मृदा जॉच के आधार पर करना चाहिए। किसी कारण से मृदा जॉच की सुविधा उपलब्ध नही है तब इस स्थिति में 30 से 40 कि.ग्रा. पोटेशियम का प्रयोग करना चाहिए। उर्वरको को बुआई के समय बीज से 5 से 7 सेन्टीमीटर नीचे प्रयोग करना चाहिए। सल्फर की 20 कि.ग्रा. मात्रा प्रति हे. प्रयोग करने से 226 कि.ग्रा./हे. अतिरिक्त उपज प्रयोग होती है। पोषक तत्व उपयोग दक्षता 11.3 कि.ग्रा. दाने/हे./किलो ग्राम सल्फर प्रयोग करने से प्राप्त होती है। सल्फर के प्रयोग हेतु जिप्सम उपयुक्त श्रोत है उसके पश्चात सिंगल सुपर फास्फेट बेहतर रहता है।

सामान्यतः मूंग की खेती बिना उर्वरक प्रयोग के की जाती है जबकि प्रयोगों में देखा गया है कि मूंग की फसल में पोषक तत्व प्रबन्धन से काफी हद तक उपज बढाई जा सकती है। राहिजोवियम कल्चर से उपचारित कर मूंग की खेती करने से बेहतर परिणाम मिलते है पोषक तत्वों के प्रयोग से ग्रीष्म त्रिृतु के मौसम की फसल में बेहतर परिणाम प्राप्त हुए है। वर्षा त्रिृतु की फसल की तुलना में मूंग की फसल में 10 से 20 कि.ग्रा. नत्रजन की प्रारम्भिक स्तर पर प्रति हे. आवश्यकता रहती है। मूंग की फसल में फास्फोरस प्रयोग से बेहतर परिणाम प्राप्त हुए है। मूंग की फसल में 80 कि.ग्रा. फास्फोरस प्रति हे. प्रयोग करने से सर्वाधिक उपज प्राप्त हुई है। उपलब्ध पोटेशियम की मात्रा जिन मृदाओं में अधिक है

इस स्थिति में पोटेशियम युक्त उर्वरक प्रयोग का प्रभाव नगन्य रहता है। ऐसी मृदाओं में 100 कि.ग्रा. डाइअमोनियम फास्फेट/हे. की सिफारिश की जाती है। रसायनिक उर्वरकों की सम्पूर्ण मात्रा बुंआई के समय बीज से नीचे प्रयोग की जानी चाहिए।

चने की फसल सामान्यतः कम कार्बनिक खाद एवं रासायनिक उर्वरक प्रयोग कर उगाई जाती है परिणाम स्वरुप उत्पादन भी कम मिलता है। देश के कुछ राज्य जैसे मध्य प्रदेश और महाराष्ट्र में सामान्यतः देखा गया है कि पूर्व में लगाई फसल में उर्वरकों का उपयोग किया गया है तब इस स्थिति में चने की फसल में किसी प्रकार के उर्वरकों का प्रयोग नही किया जाता है। आंध्र प्रदेश की काली मृदाओं, पश्चिम बंगाल और गुजरात की बलुई मृदाओं में क्रमशः 10, 4 और 5 बैलगाडी कार्बनिक खाद प्रति हे. प्रयोग की जाती है। फसल के विकास एवं बढवार के अनुसार चने की फसल द्वारा 60 से 145 कि.ग्रा. नत्रजन ग्रहण किया जाता है। मृदा में पोषक तत्वों एवं कार्बनिक पदार्थ का स्तर कम है तब इस स्थिति में 15 से 25 कि.ग्रा. नत्रजन/हे. प्रयोग करना चाहिए। फसल स्वयं की नत्रजन की पूर्ति सामान्यतः नत्रजन स्थरीकरण से पूरा कर लेती है। जिन क्षेत्रों की फसल में नोड्रयूल न होने पर नत्रजन स्थरीकरण नहीं हो पाता उन क्षेत्रों हेतु नत्रजन की मात्रा बढा देनी चाहिए। नत्रजन का मृदा में प्रयोग व पर्णीय छिडकाव, नत्रजन स्थरीकरण को कम कर देता है। फास्फोरस का अवशोषण चने की फसल द्वारा 5 से 10 कि.ग्रा./हे. होता है यद्धपि यह फसल की वृद्धि एवं विकास पर निर्भर करता है। यदि मृदा की फास्फोरस स्थरीकरण की क्षमता अधिक है इस स्थिती में फास्फोरस प्रयोग का फसल पर प्रभाव कम होता है। इस परिस्थिति में फसल मृदा से फास्फोरस ग्रहण करती है। फास्फोरस के रासायनिक श्रोत डाइअमोनिगम फास्फेट व सुपर फास्फेट लगभग एक जैसे प्रभावी पाये गये है। सामान्यतः चने की फसल में फास्फोरस युक्त उर्वरक प्रयोग से आंध्र प्रदेश, बिहार, मैसूर, पंजाब, उत्तर प्रदेश, पश्चिम बंगाल और गुजरात राज्यों में पैदावार में वृद्धि हुई । फास्फोरस तत्व के प्रयोग से फसल की वानस्पतिक वृद्धि, बीज बनना, बीज आकार लेकिन फसल के फूल आने का समय और पकने की अवधि नहीं बढती है। चने की फसल को जब अधिक पी०एच० मान एवं कैल्शियम कार्बोनेट से समृद्ध मृदा में उगाने पर लोह तत्व की कमीं के लक्षण फसल पर दिखाई देने लगते है। लोह तत्व की कमीं को पूरा करने के लिए 0.5% फेरस सल्फेट का छिडकाव 50 से 60 दिन की फसल पर करने से लोह तत्व की कमी को पूरा किया जा सकता है। जस्ते की कमीं को पूरा करनें हेतु 0.5% जिंक सल्फेट का घोल अथवा 25 कि. ग्रा. जिंक सल्फेट/हे. बुआई के समय प्रयोग करने से जस्ते की कमी को पूरा किया जा सकता है। मोलीब्डेनम के प्रयोग से उत्पादन में बढोत्तरी होती है। कॉपर, मेग्नीज और जस्ते को संयुक्त रुप से प्रयोग करने से भी फसल पर अनुकूल प्रभाव पडता है।

अरहर की फसल की बुवाई के समय जैव उर्वरक से उपचार अथवा गोली बनाकर प्रयोग करने से उत्पादन में वृद्धि होती है। उपयुक्त बैक्टीरिया युक्त राहिजोवियम से टीकाकरण करने पर फसल की बढवार होती है एवं उत्पादन बढता हैं। अरहर की फसल की बुवाई राहिजोवियम जीवाणु के बिना उपचार के बोने पर भी फसल की जड़े प्राकृतिक

रुप से मृदा में उपलब्ध बैक्टीरियाओं द्वारा कुछ अथवा नगन्य मात्रा में नत्रजन स्थरीकरण करते हैं। फास्फोरस तत्व को सन्तुलित मात्रा में प्रयोग करने से उत्पादन में सकारात्मक रुप से बढोत्तरी होती है। भारतीय मृदाओं में फास्फोरस तत्व के प्रयोग से उत्पादन पर सकारात्मक प्रभाव पडता है जबकि कुछ क्षेत्रों में अत्यधिक प्रभाव पडता है। अरहर की फसल की बुआई यदि जून माह में की जाती है तो 40 कि.ग्रा. फास्फोरस तक प्रयोग करने पर उत्पादन में वृद्धि होती हैं जबकि मध्य अप्रैल में बुआई की जाती है तब इस स्थिति में 60 कि.ग्रा. तक फास्फोरस का उपज पर प्रभाव देखने को मिलता है जबकि और अधिक फास्फोरस की मात्रा बढाई जाती है तो उपज में वृद्धि नहीं होती। सामान्यतः पोटेशियम तत्व के प्रयोग से उत्पादन नही बढता यदि पोटेशियम तत्व का प्रयोग मृदा में उपलब्ध पोटेशियम की कमी के क्षेत्रों में किया जाता है तव इस स्थिति में उपज में वृद्धि होती है। अरहर की फसल हेतु 20 कि.ग्रा. नत्रजन + 40 कि.ग्रा. फास्फोरस की सिफारिश के साथ 20 कि.ग्रा. पोटेशियम/हे. की शिफरिस की जाती है। अरहर की फसल जस्ते की कमी के प्रति संवेदनशील होती है। मृदा में उपयोग हेतु 20 से 25 कि.ग्रा. जिंक सल्फेट अथवा 0.5% जिंक सल्फेट को 0.05% चूने के साथ घोल बनाकर छिडकाव करने पर जस्ते की कमी को पूरा किया जा सकता है।

क्षेत्र विशेष हेतु समन्वित पोषक तत्व प्रबन्धनः विभिन्न दलहनीं फसल एवं फसल पद्धति हेतु समन्वित पोषक तत्व प्रबन्धन के विकल्प अर्धशुष्क एवं उपआद्र क्षेत्रो हेतु तालिका–9 में दिए गये है। सामान्यतः दलहन उत्पादन हेतु देश के विभिन्न क्षेत्रों में जैविक श्रोतों में कम्पोस्ट, स्लरी, नीम की खली, गन्ने की प्रेसमंड, कार्बनिक खाद का प्रयोग किया जाता है। जैविक श्रोतों की मात्रा मृदा के उर्वरा स्तर के आधार पर प्रयोग किया जाता है। राहिजोवियम और वाम का प्रयोग समन्वित पोषक तत्व प्रबन्धन में चुनिन्दा क्षेत्रों में किया जाता है। अखिल भारतीय समन्वित शुष्क खेती परियोजना द्वारा संचालित समन्वित पोषक तत्व प्रबन्धन परियोजना के परिणामों के अनुसार पोषक तत्वों की पूर्ति 50% कार्बनिक एवं अकार्बनिक श्रोतों द्वारा संयुक्त रुप से करने पर वर्षा आधारित क्षेत्रों में दलहनीं फसलों की उत्पादकता, गुणवत्ता के साथ मृदा उर्वरता में वृद्धि होती है। कार्बनिक एवं अकार्बनिक श्रोतो द्वारा पोषक तत्वों का एकीक्रत प्रबन्धन से अन्तरवर्ती फसलों की उत्पादकता में सतत वृद्धि होती है साथ ही उत्पादन लागत भी कम होती है (तालिका–10)। राहिजोवियम कल्चर से बीज उपचार करने पर दलहनीं फसलों की नाईट्रोजन स्थरीकरण की क्षमता बढती है। जिससे फसल की 80 से 90% नत्रजन की आवश्यकता की पूर्ति होती है। साथ ही आगामी फसल हेतु 30 से 40 कि.ग्रा. नत्रजन की आपूर्ति हो जाती है (सिंह और द्विवेदी, 2006)। कानपुर में हुए प्रयोगों के अनुसार दलहनीं फसलों का राहिजोवियम, जैव उर्वरक द्वारा टीकाकरण करने से वर्षा आधारित एवं सिंचित क्षेत्रों में नत्रजन, फास्फोरस और सल्फर की आधी मात्रा बचाई जा सकती है (टीएआर–आईवीएलपी, 2005)।

तालिका 9: अर्द्धशुष्क एवं उपआद्र क्षेत्रों हेतु दलहन एवं दलहन आधारित फसल प्रणाली हेतु समन्वित पोषक तत्व प्रबन्धन

क्षेत्र	फसल/फसल पद्धति	मृदा प्रकार	समन्वित पोषक तत्व प्रबन्धन तकनीक	संदर्भ
1. अर्द्धशुष्क				
नई दिल्ली	अरहर	बलुई दोमट	40 कि.ग्रा. फास्फोरस/हे०+ फास्फोरस घुलनशील जैव उर्वरक + वाम	प्रमोद कुमार एवं सहयोगी, (2012)
	अरहर+मूंग	बलुई दोमट		
मोदीपुरम (उ.प्र.)	ज्वार–चना	बलुई दोमट	6 टन सडा गोबर की खाद+50% रसायनिक उर्वरक की संस्तुत की गई मात्रा/हे.	गंगवार और सिंह, (1992)
अरजिआ (राजस्थान)	मक्का+अरहर	चिकनी दुमट	गोबर के खाद के साथ 50% नत्रजन की सुझाई गई मात्रा	एनोनिमस, (1994)
जयपुर (राजस्थान)	मूंग	बलुई दुमट	30 कि.ग्रा. सल्फर/हे.	प्रजापति एवं साथी, (2012)
जूनागढ (गुजरात)	चना	मध्यम काली	20 कि. ग्रा. नत्रजन+ 40 कि. ग्रा फास्फोरस/हे. + राहिजोवियम से उपचार	वदाविआ एवं साथी, (1991)
इन्दोर (मध्य प्रदेश)	सेयाबीन– गेहूँ	काली मृदा	50% नत्रजन की मात्रा गोवर की खाद द्वारा	राव और सिंह, (1993)
अकोला (महाराष्ट्र)	मूंग, उड़द और मूंगफली	काली मृदा	राहिजोवियम इनोकुलेशन + मोलीब्डेनम 4 ग्राम/किलो बीज उपचार + 50% नत्रजन और फास्फोरस की मात्रा यूरिया और सिंगल सुपर फास्फेट द्वारा	दातेराव एवं साथी, (1992)
	सोयाबीन	काली मृदा		
सिकंदरावाद (आंध्र प्रदेश)	धान–चना– मूंगफली	बलुई दोमट	100% नत्रजन फास्फोरस, पोटास+ राहिजोवियम एवं फास्फोरस घुलनशील जैव उर्वरक 2 कि०ग्रा०/हे०	चंद्रकार एवं साथी, (1983)
मरतेरु (आंध्र प्रदेश)	उड़द	काली मृदा	50 कि. ग्रा. फास्फोरस/है.+ वाम से टीकाकरण	राजू और नागेस्वर रेडी, (1999)
कोइम्बटूर (तमिलनाडू)	उड़द	काली मृदा	75% फास्फोरस तुनिसिया राक फास्फेट द्वारा + वर्मीकम्पोस्ट 2 टन/हे. +फोस्फोबैक्टीरिया 2 कि. ग्रा./हे.	थियागेस्वरी और पेरुमल, (2000)

अगले पृष्ठ पर

क्षेत्र	फसल/फसल पद्धति	मृदा प्रकार	समन्वित पोषक तत्व प्रबन्धन तकनीक	संदर्भ
पुदुकोट्टी (तमिलनाडु)	उड़द	अम्लीय मृदाऐं	जैविक स्लरी 5टन/हे० + राहिजोवियम	नगाराजन और बालचंद्र, (2001)
	मूंग	अम्लीय मृदाऐं	कम्पोस्ट 5 टन/हे० + राहिजोवियम	
रायपुर (छत्तिसगढ)	सोयाबीन	काली मृदा	30 कि. ग्रा. फास्फोरस/हे. रोकफास्फेट द्वारा + फास्फोरस घुलनशील जैव उर्वरक+ राहिजोवियम+ वाम	सरावगी व साथी, (2012)
2. उप आद्र				
बनारस (उ० प्र०)	धान–मसूर	बलुई दुमट मृदा	50% नत्रजन गोवर के खाद द्वारा+ 50% नत्रजन यूरिया द्वारा धान फसल में	सिंह एवं साथी, (2001)
सीहोर (मध्य प्रदेश)	अरहर और उड़द	काली मृदा	गेवर का खाद अथवा सुगर प्रेसमड 5टन/हे०+ राहिजोवियम कल्चर	नामदेव एवं गुप्ता, 1992
	सोयाबीन	काली मृदा	गोवर का खाद 6टन/हे० अथवा सुगर प्रेसमड 5टन/हे०+ राहिजोवियम कल्चर	
भोपाल (मध्य प्रदेश)	सोयाबीन– गेहूँ	काली मृदा	गोवर का खाद 8टन/हे० +12,15 और 3 कि.ग्रा. नत्रजन फास्फोरस और जस्ता/हे० सोयाबीन हेतु एवं 90 और 22 कि.ग्रा/हे. नत्रजन, और फास्फोरस गेहूँ हेतु	एनोनिमस, (1995)
उद्यमसिंहनगर (उत्तराखंड)	सोयाबीन	चिकनी दुमट	22 कि.ग्रा. नत्रजन+ 5टन गोवर का खाद अथवा 25 कि.ग्रा. नत्रजन+ 1टन नीम की खली/हे०	सक्सेना एवं साथी, (2001)
वापतल (आंध्र प्रदेश)	सोयाबीन	बलुई दोमट	वायोगेस स्लरी 15टन+ 50 कि.ग्रा. नत्रजन यूरिया द्वारा/हे०	वरुना और रेडी, (1999)

तालिका 10: समन्वित पोषक तत्व प्रबन्धन का उत्पादन एवं अन्तवर्ती पद्धति में दलहनी फसलों पर प्रभाव

केन्द्र	फसल/फसल प्रणाली	पोषक तत्व प्रबन्धन	उपज (कि०ग्रा०/हे०)		टिकाऊ उपज सूचकांक	
			मुख्य फसल	अन्तरवर्ती फसल	मुख्य फसल	अन्तरवर्ती फसल
फैजाबाद	मक्का + अरहर (5)	100% सुझाई गई नत्रजन की मात्रा	1224	1068	0.38	0.33
		50% सुझाई गई नत्रजन की मात्रा	948	718	0.25	0.16
फूलबनी	अरहर + धान (5)	45 कि.ग्रा. नत्रजन/हे० (यूरिया द्वारा)	606	1576	0.17	0.52
		20कि.ग्रा. नत्रजन गोवर के खाद द्वारा+ 25कि.ग्रा. नत्रजन/हे० (यूरिया द्वारा)	785	1585	0.26	0.52
रॉंची	धान + उड़द (3)	40 कि.ग्रा. नत्रजन/हे० (यूरिया द्वारा)	1944	820	0.74	0.73
		15 कि.ग्रा. नत्रजन कम्पोस्ट द्वारा + 20 कि.ग्रा. नत्रजन/हे० (यूरिया द्वारा)	1691	916	0.62	0.82
		100% अनुसंशित पोषक तत्व कार्बनिक खाद द्वारा	2547	618	0.30	0.14
	धान + मसूर (5)	50% नत्रजन यूरिया द्वारा+ 50% गोवर के खाद द्वारा	2701	903	0.33	0.31
		100% अनुसंशित उर्वरक रासायनिक खाद द्वारा	2285	962	0.24	0.22
		15 कि.ग्रा. नत्रजन हरी पत्तियों द्वारा+ 20 कि.ग्रा. नत्रजन यूरिया द्वारा	2274	728	0.21	0.26
बीजापुर	रबी ज्वार + चना (7)	100% अनुसंशित उर्वरक (रासायनिक) खाद द्वारा	1235	785	0.57	0.62
		15 कि.ग्रा. नत्रजन कम्पोस्ट+ 20 कि.ग्रा. नत्रजन/हे० यूरिया द्वारा	1354	872	0.65	0.69
बेलारी	रबी ज्वार + चना (7)	15 कि.ग्रा. नत्रजन हरी पत्तियों द्वारा+ 20 कि.ग्रा. नत्रजन/हे० यूरिया द्वारा	773	370	0.03	0.23
		15 कि.ग्रा. नत्रजन हरी पत्तियों द्वारा+ 10 कि.ग्रा. नत्रजन/हे० यूरिया	719	353	0.01	0.21

कोष्ठक में दी गई संख्या कुल प्रयोग वर्ष

श्रोतः रामकृष्ण एवं सहयोगी, 2007

द्वितियक एवं सूक्ष्म पोषक तत्वों का प्रबन्धनः फसलों के लिए द्वितियक और सूक्ष्म पोषक तत्वों का दलहनीं फसलों में प्रयोग आर्थिक रुप से लाभकारी है। दलहनीं फसलों में सल्फर एवं सूक्ष्म पोषक तत्व का प्रयोग प्रति किलों का दानों की उपज पर प्रभाव क्षेत्र एवं फसल विशेष पर अलग–अलग होता है। फैजावाद में सिल्टलोम मृदा में हुए प्रयोग में देखा गया कि 30 कि.ग्रा. सल्फर एवं 5 कि.ग्रा. जस्ता/हे. की दर से मूंग की फसल पर प्रयोग करने से सर्वाधिक उत्पादन एवं आर्थिक लाभ प्राप्त हुआ (तालिका–11)। अलाहाबाद की बलुई दुमट में हुए प्रयोग के अनुसार 30 कि.ग्रा. जिंक सल्फेट एवं 2 कि.ग्रा. बोरोन/हे. की दर से प्रयोग करने पर मूंग की उपज 1047 कि.ग्रा./हे. प्राप्त हुई और लाभ लागत अनुपात 1.88 रहा। जायद के मौसम में उगाई गई मूंग की फसल में 30 कि.ग्रा. सल्फर का प्रयोग सिंगल सुपर फास्फेट के माध्यम से प्रयोग करने पर सर्वाधिक शुद्ध लाभ प्राप्त हुआ (तालिका–12)। सर्वविदित है कि कार्बनिक, अकार्बनिक और जैव उर्वरकों को शामिल कर एकीकृत पोषक तत्व प्रबन्धन समय पर कर दलहनीं फसलों के लिए द्वितियक एवं सूक्ष्म पोषक तत्वों की आपूर्ति पर्याप्त मात्रा में की जा सकती है।

तालिका 11: जायद, मूंग की फसल पर सल्फर और जस्ते का उत्पादन और लाभ लागत पर प्रभाव

उपचार	उत्पादन (कि.ग्रा./हे.)	लाभ लागत अनुपात
सल्फर और जस्ता रहित	5.77	0.35
जस्ता 5 कि.ग्रा./हे.	7.3	0.44
सल्फर 15 कि.ग्रा./हे.	6.51	0.49
15 कि.ग्रा. सल्फर एवं 15 कि.ग्रा. जस्ता/हे.	8.8	0.69
30 कि.ग्रा. सल्फर/हे.	7.13	0.6
30 कि.ग्रा. सल्फर एवं 5 कि.ग्रा. जस्ता/हे.	10.19	0.92
45 कि.ग्रा. सल्फर/हे.	7.25	0.59
45 कि.ग्रा. सल्फर एवं 45 कि.ग्रा. जस्ता/हे.	10.27	0.9
क्रॉन्तिक अन्तर (पी=0.05)	0.88	-

स्रोतः मसूद अली और वेंकटेश, 2009

तलिका 12: जायद मूंग पर सल्फर प्रयोग का उत्पादन एवं शुद्ध लाभ पर प्रभाव

उपचार	उत्पादन (टन/हे०)	शुद्ध लाभ (रु०/हे०)
उर्वरक रहित	0.85	-
नत्रजन, फास्फोरस एवं पोटाश	1.41	5886
नत्रजन, फास्फोरस, पोटाश एवं सल्फर सिंगल सुपर फास्फेट द्वारा	1.67	9106
नत्रजन, फास्फोरस, पोटाश एवं सल्फर पोटेशियम डाइसल्फेट द्वारा	1.54	7367
नत्रजन, फास्फोरस, पोटाश एवं सल्फर तत्व द्वारा	1.55	7101

स्रोतः मसूद अली और वेंकटेश, 2009

निष्कर्ष

पोषक तत्वों का असन्तुलन दलहनीं फसलों का उत्पादन बढाने में एक अजैविक मुख्य कारक है। नत्रजन स्थरीकरण द्वारा दलहनीं फसले स्वयं की आवश्यकता का 80 से 90% भाग पूरा कर लेती है। इसलिए 15 से 25 कि.ग्रा. नत्रजन/हे. बुवाई के समय आवश्यक रहती है जबकि धान– चना का उगती हुई फसल प्रणाली में चना की फसल की नत्रजन की पूर्ति हेतु बुआई के समय 30 से 40 कि.ग्रा. नत्रजन की आवश्यकता पडती है। दलहन उत्पादन क्षेत्र में मृदा में उपलब्ध फास्फोरस की कमीं सर्वविदित है अतः मृदा में फास्फोरस के स्तर के आधार पर 20 से 60 किलाग्राम फास्फोरस की आवश्यकता रहती है पोटेशियम की आवश्यकता दलहनीं फसलों को क्षेत्र विशेष के आधार पर रहती है। सल्फर की पूर्ति 20 से 30 कि.ग्रा. सल्फर/हे. की दर से बुवाई के समय प्रयोग कर आवश्यकता की पूर्ति की जा सकता है। दलहन उत्पादन के बहुत से क्षेत्रों में जस्ता, बोरोन, मालीब्डेनम और लोह तत्व की पूर्ति कर अधिक उत्पादन लिया जा सकता है। बोरोन एवं फास्फेटिक उर्वरको का बुआई के समय बीज के नीचे 4 से 5 सेन्टीमीटर समान मात्रा में प्रयोग एवं जैव उर्वरकों से बीज उपचार कर बुआई कर मृदा में उपलब्ध प्राक्रतिक फास्फोरस तत्व की उपयोगिता बढ जाती है। फसल पर सूक्ष्म पोषक तत्वों का पर्णीय छिड़काव भी काफी उपयोगी रहता है। पोषक तत्वों की फसल की आवश्यकता एवं प्रयोग विधि, प्राक्रतिक रूप से पोषक तत्वों की आपूर्ति, मृदा नमी और प्रजाति पर निर्भर करती है। फसलों की पोषक तत्वो की बढती मॉग को देखते हुए बहुत आवश्यक है कि पोषक तत्वों के अन्य श्रोत जैसे कार्बनिक पदार्थ और जैव उर्वरक आधारित पोषक प्रबन्धन का उत्पादकता को टिकाऊ रखते हुए पर्यावरण को भी अनुकूल बनाया जा सकता है। उपरोक्त लिखित उपायो को अपनाते हुए देश में 37 मिलियन टन दलहन उत्पादन की पूर्ण क्षमता है। देश की दलहन उत्पादन क्षमता को प्राप्त करने हेतु एकीक्रत पोषक तत्व प्रबन्धन पर ध्यान केन्द्रित करने की तत्काल आवश्यकता है।

दलहन उत्पादन बढाने हेतु भविष्य की मांग

दलहनीं फसलों पर अनुसंधान करने योग्य निम्नलिखित बिन्दु शीघ्र शामिल करना चाहिए।

- दलहनीं फसलों की एसी प्रजातियों की पहचान एवं विकास करने की आवश्यकता है जो कि कम मृदा नमीं में अधिक मात्रा में पोषक तत्वों के उपयोग की अधिक क्षमता रखती हों।
- ऐसी फसल पद्धति का विकास जो कि प्राथमिक, द्वितियक एवं सूक्ष्म पोषक तत्वों की मांग फसल अवशेषों, जैविक स्थरी करण आदि को पूरा कर सके।
- समन्वित पोषक तत्व प्रबन्धन द्वारा ऐसी पद्धति का विकास जो दलहनीं फसल की विशेष अवस्था पर पोषक तत्व की मांग जैविक श्रोतों द्वारा हो सके।
- ऐसे उर्वरकों का मूल्यांकन जो मृदा में तत्वों का संतुलन बना सकें।
- प्राथमिक, द्वितियक एवं सूक्ष्म पोषक तत्वों की मांग के आधार पर समय पर पूर्ति।

- फसल एवं कृषि पद्धति में पोषक तत्वों का सीधा एवं आगामी फसलों पर कुल प्रभाव का सही मूल्यांकन।
- दलहन फसल उत्पादन में कम कीमत के उर्वरकों के प्रभाव मूल्यांकन हो जिनसे सन्तुलित पोषक तत्वों का प्रयोग किया जा सके।

संदर्भ

अहलावत, आई.पी.एस. और अली, एम., 1993. इनः फर्टीलाइजर मेनेजमेंट इन फूड क्रॉप्स (एडिट. एच.एल.एस. टंडन). पीपी. 114–138.

अमरेन्दर रेड्डी, ए., 2009. पल्सेस प्रोडक्शन टेक्नोलॉजीः स्टेटस एण्ड वे फोरवर्ड, इकोनोमिक एण्ड पोलीटीकल वीकली 44 (52): 73–80.

अनोनिमस. 1995. स्टेटस ऑफ सेन्टर–स्टेट कॉरडीनेशन इन एग्रीकल्चरल रिसर्च, एजूकेशन एण्ड एक्सटेन्शन इन रीजन VII एजेन्डा नोट्स XVI मींटिग, 21–22 नवम्बर 1997, पणजी, गोवा, आई.सी.ए.आर., नई दिल्ली, पीपी. 142

अनोनिमस., 1994 रिसर्च हाइलाइट्स. डाइरेक्टोरेट ऑफ रिसर्च, राजस्थान एग्रीकल्चुरल यूनिवर्सटी, बीकानेर. पीपी. 73–74.

चन्द्राकर, बी.एस., सिंह, के. और राम, जी., 1983. इन्फ्लूएन्स ऑफ ब्लू ग्रीन एल्गी ऑन राइस एण्ड इट्स रेसीडुअल इफेक्ट ऑन यील्ड ऑफ ब्लेकग्राम. ओराजया 20: 69–71.

डातेराव, एस.एच., विनय बाबू, बी., हनवान्टे, पी.आर. और सोलन्के, वी.एम., 1992 द इफेक्ट ऑफ बायोफर्टीलाइजर (राइजोबियम) इन काम्बीनेशन विथ मोलीबिडनम ऑन यील्ड एण्ड नाइट्रोजन इकोनॉमी इन खरीफ लेग्युम्स. पी.के.वी. रिसर्च जर्नल 16(1): 137–139.

गनेशमूर्ति, ए.एन., ए. सुब्बाराव और टी.आर. रूपा., 2003. इन्टीग्रेटेड न्यूट्रिएन्ट मेनेजमेंट इन पल्स बेस्ड क्रॉपिंग सिस्टम इनः पल्सेस इन न्यू पर्सपेक्टिव (एडिटः मसूद अली, बी.बी. सिंह, शिवकुमार और विवाधार), इंडियन सोसायटी ऑफ पल्सेस रिसर्च एण्ड डेवलपमेन्ट, कानपुर पीपीः 287–300.

गंगवार, के.एस. और योगेन्द्र, सिंह., 1992. इंटीग्रेटेड न्यूट्रिएन्ट मेनेजमेंट इन फोडर सोरघम (सोरघम वाइकोलोर)–ग्राम (साइसर एराइटिनम) क्रॉपिंग सीक्वेन्स अन्डर ड्राईलेण्ड कण्डीशन्स. इंडियन जर्नल ऑफ एग्रोनॉमी 37 (1): 107–109.

मसूद, अली और वेंकटेश, एम.एस., 2009. इम्प्रूविंग यील्ड एण्ड क्वालिटी ऑफ पल्सेस थ्रो सेकेण्डरी एण्ड माइक्रोन्यूट्रिएन्ट, इंडियन जर्नल ऑफ फर्टीलाइजर 5(4): 117–123.

नागराजन, पी. और बालाचन्द्र, डी., 2001. इनफ्लूएन्स ऑफ राइजोबियम एण्ड ऑरगेनिक अमेन्डमेन्ट्स ऑन नोड्र्यूलेशन एण्ड ग्रेन ऑफ ब्लेकग्राम एण्ड ग्रीनग्राम इन एसिड सोइल. मद्रास एग्रीकल्चरल जर्नल 88 (10–12): 703–705.

नामदेव, एस.एल. और गुप्ता, एस.सी., 1992. इनः नेशनल सेमीनार ऑन आरगेंनिक फारमिंग (एडिटः एम.एम. राय एण्ड एल.एन. वर्मा), रवी प्रिटिंग प्रेस, जबलपुर. पीपी. 151–161.

प्रजापत, के., शिवरान, ए.सी., चौधरी, जी.एल. और एच.आर., चौधरी., 2012. इनफ्लूएन्स ऑफ प्लांटिग पेटर्न एण्ड सल्फर ऑन मूंगबीन (विगना रेडीएटा) एण्ड सीसेम (सीसेम इण्डीकम) इण्टरक्रॉपिंग अण्डर सेमी एरिड रीजन ऑफ राजस्थान. इंडियन जर्नल ऑफ एग्रीनॉमी 57 (1): 89–91.

कुमार, प्रमोद, राना, के.एस. और राना डी.एस. 2012. इफेक्ट ऑफ प्लांटिंग सिस्टम एण्ड फोस्फोरस विथ वायो फर्टीलाइजर ऑन द परफोरमेंस ऑफ द सोल एण्ड इंण्टर क्राप्ड पिजिअन पी (केजेनस केजन) अण्डर रेनफेड कण्डीशन. इंडियन जर्नल ऑफ एग्रोनॉमी 57(2): 127–132.

राजू, आर.ए और नागेश्वरा रेड्डी, एम. 1999. इफेक्ट ऑफ बायोफर्टीलाइजर एण्ड इनओरगेनिक न्यूट्रीशन ऑन ब्लैकग्राम (फेसिओलस मुन्गो) ग्रोन इन राइस फेलो, इंडियन जर्नल ऑफ एग्रोनॉमी 44(4): 782–786.

रामा कृष्णा रेड्डी, वाय.एस. सुब्बा, जी., रविन्द्र चेरी, जी. और प्रसाद, वाय.जी., 2009. इम्प्रूविंग प्रोडक्टिविटी ऑफ ग्रेन लग्युम्स अण्डर मोइस्चर स्ट्रेस कन्डीशन इनः लेग्युम्स फोर इकोलोजीकल सुस्टेनेबलिटी (एडिट मसूद अली, संजीव गुप्ता, पी.एस. बाबू और नाइमुद्दीन), इंडियन सोसाइटी ऑफ पल्सेस रिसर्च एण्ड डेवलपमेन्ट, आई.आई.पी.आर., कानपुर, इंडिया, पीपी. 92–117.

राव, सी.आर. और हंसा मोदी., 2009. पोटेन्शियल फोर इन्हेन्सिंग द प्रोडक्टीविटी ऑफ पल्सेस. इंडियन जर्नल ऑफ फर्टीलाइजर 5(2): 41–41, 47–50 एण्ड 67.

राव, यू.एम.बी. और सिंह, एस.पी., 1993. क्रोप रिस्पोन्स टू ऑरगेनिक सोर्स ऑफ न्यूट्रिएन्ट इन ड्राईलेण्ड कन्डीशन. पीपी 287–304. इनः रीसेन्ट एडवान्स इन ड्राईलेण्ड एग्रीकल्चर (एडिट, एल.एल. सोमानी), साइंटफिक पब्लीशर, जोधपुर, इंडिया.

रेड्डी, ए.ए., 2004: ''कन्जप्सन पेटर्न, ट्रेड एण्ड प्रोडक्शन पोटेन्शियल ऑफ पल्सेस'', इकोनोमिक एण्ड पोलिटीकल वीकली, 30 अक्टूबर, पीपी 4854–60.

सरावगी, एस.के., श्रीकान्त चिताले, अलोक तिवारी और सन्दीप भोई., 2012. इफेक्ट ऑफ फोस्फोरस एप्लीकेशन अलोन्ग विथ पी.एस.बी., राइजोबियम एण्ड वाम ऑन पी फ्रेक्शन एण्ड प्रोडक्टिविटी ऑफ सोयाबीन (ग्लिासीन मेक्स). इंडियन जर्नल ऑफ एग्रोनॉमी 57(1):55–60.

सक्सेना, एस.सी., मनरल, एच.एस. और चंदेल, ए.एस., 2001. इफेक्ट ऑफ आरर्गेनिक सोर्स ऑफ न्यूट्रीशन ऑन सोयाबीन (ग्लिासीन मेक्स). इंडियन जर्नल ऑफ एग्रोनॉमी 46(1):135–140.

सिंह, जी.आर., परिहार, एस.एस. और चाउरे, एन.के., 1999. डायरेक्ट एण्ड रेसीडुअल इफेक्ट ऑफ ऑरर्गेनिक मेन्योर ऑन राइस (ओरायजा सटाइवा)– ग्राम (साइसर अरीइटीनम) क्रॉपिंग सीक्वेन्स. इन्टरनेशनल जर्नल ऑफ ट्रोपीकल एग्रीकल्चर 17 (1–4): 195–198.

सिंह, एस.के., वर्मा, एस.सी. और सिंह आर, पी., 2001. इफेक्ट ऑफ इन्टीग्रेटेड न्यूट्रिएन्ट मेनेजमेन्ट ऑन यील्ड, न्यूट्रिएन्ट अपटेक एण्ड चेलेन्जेज इन सोइल फर्टिलिटी अन्डर राइस (ओराइजा सटाइवा)– लेन्टिल (लीन्स कुलीनेरिस) क्रॉपिंग सिस्टम. इंडियन जर्नल ऑफ एग्रोनॉमी 46 (2): 191–197.

सिंह, वी.के. और दिवेद्वी, बी.एस., 2006. यील्ड एण्ड एन यूज एफीसिऐन्सी इन व्हीट एण्ड सोइल फर्टिलिटी स्टेटस एस इनफ्लूऐन्सड बाय सब्सटीट्रयूशन ऑफ राइस विथ पिजन पी इन ए राइस–व्हीट क्रॉपिंग सिस्टम. आस्ट्रेलियन जर्नल ऑफ एक्सपेरीमेन्टल एग्रीकल्चर 46:1185–1194.

टंडन, एच.एल.एस. 1995. सल्फर फर्टीलाइजर फोर इंडियन एग्रीकल्चर–ए गाइडबुक (द्वितीय एडीशन), फर्टीलाइजर डेवलपमेन्ट एण्ड कंसुलटेशन ऑर्गेनाइजेशन, नई दिल्ली. पीपी. 101.

टी.ए.आर.–आई.वी.एल.पी. 2005. टेक्नोलॉजी असेसमेंट एण्ड रिफाइनमेंट थ्रो इन्सटीट्यूट विलेज लिंकेज प्रोग्राम 9 कम्पलीशन रिपोर्ट, 1999–2004. एग्रो इकोसिस्टम्स डायरेक्टोरेट (रेनफेड), एन.ए.टी.पी., क्रीडा, हैदराबाद. पीपी 74–78.

थियागेस्वरी और पेरूमल, आर., 2000. चेन्जस इन अवेलेबल फोस्फोरस एण्ड ग्रेन यील्ड ऑफ ब्लैक ग्राम (विगना मुन्गो) अन्डर इन्टीग्रेटेड न्यूट्रिएन्ट मेनेजमेन्ट इन इन्सेप्टीसो. एग्रोपेडोलॉजी, 10: 40–43.

वाडीविया, ए.टी., कलारिया, के.के., पटेल, जे.सी. और बलधा, एन.एम., 1991. इन्फ्लुएन्स ऑफ आरर्गेनिक, इनऑरगेनिक एण्ड बायोफर्टीलाइजर ऑन ग्रोथ, यील्ड एण्ड नोडूलेशन ऑफ चिकपी. इंडियन जर्नल ऑफ एग्रोनॉमी, 36: 263–264.

वरूना, वी एण्ड रेड्डी, एस.एन., 1999. इन्फ्लूएन्स ऑफ इन्टीग्रेटेड सप्लाई ऑफ नाइट्रोजन थ्रो आरगेनिक एण्ड इनआरगेरिक सोर्स ऑन ग्रोथ, न्यूट्रिएन्ट अपटेक एण्ड यील्ड ऑफ सोयाबीन. जर्नल ऑफ ऑयल सीड्स रिसर्च 16 (2): 337–339.

विजन, 2030–2011. इंडियन इन्सटीट्यूट ऑफ पल्सेस रिसर्च (आई.सी.ए.आर), कानपुर पीपी. 42.

10

एकीकृत जल प्रबन्धन

वाय. पी. सिंह, एस. के. अम्बस्ट, राजवीर सिंह एवं अश्वनी कुमार

भारत वर्ष में दलहनीं फसलों की खेती सीमांत एवं कम उपजाऊ मृदाओं में वर्षा आधारित क्षेत्रों में की जाती है। देश का कुल 90% दलहन उत्पादन 97 मिलियन हे. वर्षा आधारित क्षेत्रों से आता है। वर्तमान में देश के कुल क्षेत्रफल का 85% दलहन क्षेत्र एवं उत्पादन मध्य प्रदेश, महाराष्ट्र, उत्तर प्रदेश और राजस्थान राज्यों से आता है। दलहनीं फसले देश के विभिन्न जलवायु क्षेत्रों में आमतौर पर कुछ समय के लिए अपने बढवार के दौरान मृदा नमी की कमी का सामना करती है इसलिए दलहनीं फसलों के उत्पादन को प्रभावित करने वाले अजैविक कारकों में सूखा सर्वाधिक प्रभावित करने वाला कारक है (अली और मिश्रा, 2000)। इसलिए दलहनीं फसलों के उत्पादन एवं आय बढाने तथा कुपोषण कम करने की तत्काल आवश्यकता है। वर्षा आधारित कृषि के क्षेत्रों में दलहन की उत्पादकता जलवायु और मृदा समबन्धी बाधाओं के कारण कम और अस्थिर बनी हुई है (स्विन्दले, 1982)। जिन वर्षा आधारित क्षेत्रों में पानी का एक मात्र श्रोत वर्षा जल है उन क्षेत्रों में दलहनीं फसलों का उत्पादन मृदा में उपलब्ध नमी पर आधारित होता है। वर्षा आधारित क्षेत्रों में मृदा की नमी बनाये रखने के लिए वर्षा का अधिक से अधिक संरक्षण करने पर ध्यान केन्द्रित करना चाहिए (राव, 1997) लेकिन बहुत ही दुर्भाग्यपूर्ण है कि वर्षा आधारित क्षेत्रों में कृषक नमीं संरक्षण की किसी भी तकनीक का प्रयोग नहीं करते जबकि नमी संरक्षण के प्रबन्धन की बहुत सी तकनीकें देश में उपलब्ध हैं।

दलहनीं फसलों की उत्पादकता में परिवर्तन विभिन्न अजैविक कारकों के प्रभाव के प्रति दलहनीं फसलों की प्रजातियों की संवेदनशीलता है। दलहनीं फसलों के उत्पादन को प्रभावित करने वाले मुख्य अजैविक तनाव में मृदा नमी (सूखा और जल मग्नता) वर्षा आधारित क्षेत्रों में महत्वपूर्ण कारक है। दलहनीं फसलों पर होने वाला कम अथवा अधिक नुकसान फसल की स्थिति, स्थान और मौसम पर निर्भर करता है। जल मग्नता की तुलना में मृदा में नमी की कमी, सूखे की स्थिति सामान्यतः खरीफ और रबी दोनो मौसम के दौरान होती है। सूखे की स्थिति में दलहनीं फसलों की जडों में नोड्रयूल का निर्माण और नत्रजन स्थरीकरण दोनो ही प्रभावित होते है। दलहनीं फसले सामान्य तौर पर दो प्रकार का सूखे

का सामना करती है एक वर्षा रुक जाने की बजह से मृदा में संरक्षित नमी की कमी और दूसरा फसल की बढवार के आखरी अवस्था में मृदा में संरक्षित नमी के खत्म हो जाने के कारण। सामन्यतः खरीफ की दलहनीं फसलों के साथ वर्षात समय–समय पर रूक जाने के कारण एवं देरी से वोई गई फसल को आखिर में नमी की कमी का सामना करना पड़ता है एवं कभी–कभी दलहनीं फसलों में जलमग्नता और बाढ के कारण पानी के दबाव से व्यापक नुकसान अथवा फसल का विनास हो जाता है। दलहनीं फसलों में अस्थाई अथवा लगातार पानी भरा रहने के कारण फसल एवं जडों की वृद्धि एवं विकास रुक जाता है परिणामस्वरुप उत्पादन भी कम मिलपाता है। ट्रन्गा एवं सहयोगियों (1985) के अनुसार मूँग की फसल मे तीन दिन तक विभिन्न अवस्थाओं में लगातार पानी भरे रहने से उत्पादन फूल आने की अवस्था पर 82%, फली बनते समय 60%, दाना बनते समय 40% और फली पकते समय में 17% तक नुकसान हो जाता है। लगातार तीन दिन तक दलहनीं फसलों में पानी भरे रहने के कारण जडों के नोड्रयूल में लेघमोग्लोविन समाप्त हो जाता है परिणामस्वरूप नत्रजन स्थरीकरण नहीं हो पाता।

दलहनीं फसलों में जल प्रबन्धन के विकल्प

दलहनीं फसलें मुख्य रुप से वर्षा आधारित परिस्थितियों में उगाई जाती है अतः सिंचाई का उत्पादन पर बहुत अच्छा प्रभाव होता है। वर्ष 1993 से 1998 के दौरान चना, मटर, अरहर और राजमा की फसल के प्रथम पक्ति प्रदर्शनों में सिंचाई करने से औसतन 28.4, 22.5, 9.6 और 83.5% वृद्धि हुई (टीएमओपी, 2000)। वर्तमान में दलहन फसलों के अर्न्तगत 15% क्षेत्रफल सिंचित है जबकि अन्य खाध्यान फसलों के अर्न्तगत 46% क्षेत्रफल सिंचित है गैर दलहन परम्परागत क्षेत्रों के तहत सिंचित क्षेत्रों में सिंचाई की सुविधायें उपलब्ध है वहॉ दलहन आधारित फसल पद्धतियों की बेहतर संभावनायें है। ग्रीष्म त्रिृतु की अरहर+मूंग–गेहूँ पद्धति उत्तर प्रदेश, पंजाब, हरयाणा और राजस्थान के सिंचित क्षेत्रों में, रबी के मौसम में अरहर की खेती उडीसा, बिहार, आंध्र प्रदेश, छत्तिसगढ, तमिलनाडू, कर्नाटक और पश्चिम बंगाल राज्यों में, बसन्त एवं ग्रीष्म त्रिृतु के मौसम में उत्तरी एवं दक्षिणी भारत में रबी के मौसम में मूंग की खेती, देश के उत्तर पूर्वी मैदानी इलाकों में राजमा एवं ग्रीष्म त्रिृतु में लोविया की फसल की देश के कई राज्यों में संभावनायें है। धान–परती क्षेत्रों में उतेरा पद्धति से उड़द की फसल देश के राज्य उडीसा, असम, पश्चिम बंगाल, महाराष्ट्र और आंध्र प्रदेश में उगाई जा सकती है। देश के जिन क्षेत्रों में सिंचित क्षेत्र की बढोत्तरी हो रही है उन क्षेत्रों में भविष्य में दलहनीं फसलों का क्षेत्रफल बढाने की पूर्ण संभावनायें है। महत्वपूर्ण दलहनीं फसलों की सिंचाई जल की आवष्यकता आई.डब्लू./सी.पी.ई. (सिंचाई जल/कुल वात्पोत्सर्जन) अनुपात और क्रान्तिक अवस्था के आधार पर तालिका–1 और 2 में दी गई है।

तालिका 1: भारत वर्ष के विभिन्न क्षेत्रों की दलहनीं फसलों हेतु आई. डब्ल्यू./सी.पी.ई अनुपात के आधार पर आवष्यक सिंचाई संख्या, उपज एवं सिंचाई जल मांग

फसल/क्षेत्र/जलवायु क्षेत्र	मृदा प्रकार	सिंचाई संख्या (गहराई, से.मी.)	उपयुक्त आई.डब्लू./सी.पी.ई. अनुपात	उपज (टन/है.)	सिचांई जल मांग (से. मी.)
खरीफ अरहर					
मुरैना, म.प्र.	रेतीली दुमट	3 (7.5)	0.90	2.00	22.5
कोटा, राजस्थान	चिकनी मृदा	4 (6)	0.80	1.45	24.0
नबसारी, गुजरात	चिकनी मृदा	2 (8)	0.60	2.06	16.3
राहुरी, महाराष्ट्र	चिकनी	6 (7)	0.80	4.35	42.0
ग्रीष्म ऋितु की मूंग					
पंतनगर, उत्तरान्चल	चिकनी दोमट	5 (6)	0.60	1.42	30.0
भवानी सागर, तमिलनाडू	गाद दोमट	5 (4)	0.60	1.32	22.0
खरीफ मूंग					
धरवाड, कर्नाटक	चिकनी मृदा	1 (6)	0.60	1.32	6.0
ग्रीष्म ऋितु की उड़द					
भवानी सागर, तमिलनाडू	रेतीली दोमट	4 (9)	0.60	1.14	36.0
चलकुडी, केरला	गाद दोमट	5 (3)	0.75	0.65	15.0
राजमा					
पूसा, बिहार	रेतीली दोमट	2 (6)	0.80	1.19	12.0
फैजावाद, उत्तर प्रदेश	गाद दोमट	3 (5)	0.70	1.56	15.0
मसूर					
पूसा, बिहार	रेतीली दोमट	2 (6)	0.60	1.60	12.0
जबलपुर, म.प्र.	चिकनी दोमट	3 (7.5)	0.60	1.62	22.5

स्रोतः वार्षिक प्रतिवेदन, अ.भा.स. सिंचाई जल प्रबन्धन परियोजना (1990–2009) और यादव एवं सहयोगी (2000)

दलहनीं फसलों की सिंचाई जल की आवश्यकता आमतौर पर विभिन्न कृषि जलवायु और विभिन्न मृदाओं की स्थिति के कारण अलग अलग रहती है। यहॉ तक कि एक ही क्षेत्र में विभिन्न प्रजातियों का प्रचलन, सिंचाई की विधियां, सिंचाई दक्षता, सिंचाई क्रम, पोषक तत्व, खरपतवार प्रबन्धन और अन्य कृषि क्रियाओं के कारण फसलों की पानी की आश्यकता अलग अलग होती है। एक ही तरह की दलहन की प्रजाति को अलग अलग मौसम में लगाने पर भी फसल की पानी की आवश्यकता भी मौसम के साथ बदल जाती है। इस प्रकार बहुत से कारकों के कारण दलहनीं फसलों की पानी की आवश्यकता में बदलाव होता है। दलहनीं फसलों में सिंचाई क्रम लागू कर पानी की आवश्यकता को समय पर पूरा कर अधिक उत्पादन लिया जा सकता है। अखिल भारतीय समन्वित सिंचाई जल प्रबन्धन परियोजनाओं द्वारा अनुसंधानों के माध्यम से देश में उगाई जाने वाली भिन्न–भिन्न दलहनीं फसलों हेतु सिंचाई क्रम निर्धारित किये है। दलहनीं फसलों की पानी की आवश्यकता निष्कर्षो के माध्यम से क्षेत्र विशेष, मौसम आधारित विभिन्न पद्धति और सिंचाई क्रम सुझाये गये है। बहुत से शोधकर्ताओं ने विभिन्न कृषि जलवायु क्षेत्रों, मौसम और पानी की उपलब्धता के आधार पर विभिन्न दलहनीं फसलों हेतु बेहतर सिंचाई प्रबन्धन हेतु कार्य किए है। दलहनीं फसलों

में सिंचाई के समय के अतिरिक्त सिचाई की गहराई भी एक महत्वपूर्ण पहलू होता है। अधिक मात्रा में सिंचाई जल का प्रयोग करने पर मृदा में अवायवी स्थिति का निर्माण हो जाता है परिणामस्वरूप उपस्थित नत्रजन स्थरीकरण करने वाले राइजोवियम एवं अन्य सूक्ष्म जीवाणुओं हेतु अवायवीय स्थिति उत्पन्न हो जाती है। जल मग्नता के कारण मृदा के रंध्रावकाशों में पानी भर जाता है और वायु मृदा में अन्दर नहीं जा पाती इस कारण से दलहनीं फसलों की सम्पूर्ण जडों पर उपस्थित नोड्रयूल की वृद्धि एवं विकास पर विपरीत प्रभाव पड़ता है।

तालिका 2: मुख्य दलहनीं फसलों के विभिन्न क्षेत्रों हेतु फसल अवस्था पर आधारित, सिंचाई संख्या एवं गहराई, उपज एवं सिंचाई की जल माँग

फसल / क्षेत्र / जलवायु क्षेत्र	मृदा प्रकार	सिंचाई (गहराई, से.मी.)	बढवार अवस्था	उपज (टन / है.)	सिचांई जल आवश्यकता (से.मी.)
खरीफ अरहर					
मुरैना, म.प्र.	रेतीली दोमट	2 (7)	बढवार एवं दाना बनते समय	1.11	14.0
फैजावाद, उत्तर प्रदेश	गाद दोमट	1 (6)	शाखा बनते समय	1.78	6.0
परभनी, महाराष्ट्र	काली चिकनी	3 (6)	बढ़वार फूल एवं फली बनते समय	1.64	18.0
श्रीगंगानगर, राजस्थान	दोमट	3 (6)	बढवार, फली एवं दाने भरते समय	1.24	18.0
चना					
श्रीगंगानगर, राजस्थान	दोमट	2 (6)	बढवार, दाने भरते समय	2.06	12.0
परभनी, महाराष्ट्र	मध्यम काली	2 (6)	फूल आने, दाने भरते समय	0.98	12.0
दिल्ली	रेतीली दोमट	1(6)	फली बनते समय	2.20	6.0
मुरैना, म.प्र.	रेतीली दोमट	1 (7)	दाने भरते समय	2.68	7.0
कोटा, राजस्थान	चिकनी	1 (6)	फूल आने के समय	2.41	6.0
राहुरी, महाराष्ट्र	काली चिकनी	2 (8)	शाखा एवं फूल आने के समय	2.82	16.0
हिसार, हरयाणा	काली चिकनी	1 (7)	फली बनते समय	2.43	7.0
नबसारी, गुजरात	चिकनी दोमट	3 (7)	साखायें, फूल एवं दाने भरते समय	2.01	21.0
पवारखेडा, म.प्र.	चिकनी दोमट	3 (6)	साखायें, फूल एवं दाने बनते समय	1.90	18.0
मसूर					
दिल्ली	रेतीली दोमट	2 (7)	साखायें एवं फूल बनते समय	3.40	14.0
पन्तनगर, उत्तराखण्ड	रेतीली दोमट	2 (6)	बढवार एवं फली बनते समय	2.20	12.0
लुधियाना, पंजाब	रेतीली दोमट	2 (7)	बढवार एवं फूल बनते समय	1.99	14.0

श्रोतः वार्षिक प्रतिवेदन, अ.भा.स. जल प्रबन्धन परियोजना (1990–2009) एवं यादव एवं सहयोगी (2000)

चना

चने की फसल संरक्षित नमी से अधिकांश पानी की आवश्यकता को पूरा कर लेती है। चने की फसल 150 सेन्टीमीटर की गहराई तक से नमी का अवशोषण कर लेती है (सिंह

और भूषण, 1979) लेकिन अधिकांश नमी का अवशोषण फसल द्वारा शीर्ष प्रोफाइल (60 से. मी. गहराई तक) से किया जाता है जहॉ फसल की अधिकांश जड़ें रहती है (गुप्ता एवं अग्रवाल, 1977)। मृदा प्रोफाइल से अधिक मात्रा में नमी का फसल द्वारा अवशोषण फसल प्रबन्धन की बेहतर तकनीकों से प्रोत्साहित किया जा सकता है उदाहरण के लिए गहरी एवं अधिक गहरी जडों वाली प्रजातियों का प्रयोग कर नमी के अवशोषण को बढाया जा सकता है। काली मृदाओं में 30 से 100 कि.ग्रा./हे. डाय अमोनियम फास्फेट (डी.ए.पी.) का प्रयोग करने की स्थिति में चने की फसल में दो वार सिंचाई करने पर फसल से अधिक उत्पादन प्राप्त होता है (बिहारी एवं सहयोगी, 1993)। जिन मृदाओं में उपलब्ध फास्फोरस का स्तर कम है उन मृदाओं में फास्फोरस के प्रयोग को महत्व दिया जाना चाहिए (सिंह और भूषण, 1979)।

भारतीय उपमहाद्वीप के जिन क्षेत्रों में मृदा की जल धारण क्षमता कम है, फसल के मौसम में वर्षा नहीं होती और वाष्पीकरण अधिक होता है ऐसे क्षेत्रों में चने की फसल सिंचित परिस्थितियों में की जाती है। सक्सेना एवं यादव (1976) और सक्सेना (1980) के अध्ययन के अनुसार चने की फसल में अतिरिक्त सिंचाई प्रभाव को अध्ययन में देखा गया कि जिन क्षेत्रो में वाष्पीकरण अधिक होता है उदाहरण के लिए हैदराबाद के क्षेत्रों में अतिरिक्त सिंचाई करने पर उत्पादन दो गुना हो गया। दूसरी ओर ऐसे क्षेत्र जहां फसल के मौसम में वाष्पीकरण कम होता है ऐसे क्षेत्र जैसे हिसार एवं मुरैना में अतिरिक्त सिंचाई करने पर फसल की बढवार अधिक होने के कारण फसल गिर गई और उत्पादन भी कम प्राप्त हुआ। सक्सेना (1984) के अनुसार फसल की क्रान्तिक अवस्था पर मृदा में नमी का अभाव होने के कारण सिंचाई करने पर चने की फसल का पर्याप्त उत्पादन बढ जाता है। फूल आने की अन्तिम अवस्था और फली में दाने बनने के समय चने की फसल संवेदनशील होती है। फसल की बढवार और विकास के समय अधिक तापक्रम वाले क्षेत्रों में हल्की सिंचाई से मृदा व फसल का तापक्रम कम हो जाने से नोड्यूल निर्माण और नत्रजन स्थरीकरण अधिक होता है (इक्रीसेट, 1981)। इस प्रकार की परिस्थिति भारत के प्रायद्वीपीय क्षेत्रों में कभी कभी उत्पन्न हो जाती है। फसल की सिंचाई की अवश्यकता फसल के विकास के समय दिनों की लम्बाई और तापमान में बदलाव एवं बुवाई की तिथि के अनुसार भिन्न–भिन्न हो सकती है। फैजावाद (उत्तर प्रदेश) में रेतीली मृदाओं में चने की फसल की शीघ्र बुवाई (30 सितम्बर) की स्थिति में आई. डब्लू./ सी. पी. ई. अनुपात 0.2 और 0.4 पर सिंचाई करने पर समान उपज प्राप्त हुई जबकि देरी से बुवाई (30 नबम्वर) करने पर 0.4 आई. डब्लू./सी. पी. ई. अनुपात से 0.2 आई. डब्लू./सी. पी. ई. की तुलना में अधिक उत्पादन प्राप्त हुआ (सिंह और दीक्षित, 1992)।

मसूर

शीत ऋतु (रबी) के मौसम में मसूर की फसल मुख्य रुप से मध्य प्रदेश, उत्तर प्रदेश, बिहार, पश्चिम बंगाल, उडीसा, हरियाणा, राजस्थान, असम और पंजाब के राज्यों के निचले

स्तर की मृदा में वर्षा के मौसम में जल भराव और सीमांत भूमि पर उगाई जाती है। मसूर की फसल संरक्षित मृदा नमी में वर्षा की समाप्ति के उपरान्त उगाई जाती है अतः सिंचाई की आवश्यकता मृदा में संरक्षित नमी पर निर्भर करती है। मृदा में नमीं का संरक्षण पिछले मौसम में होने वाली वर्षा, मृदा गहराई एवं बनावट पर आधारित होता है। रेतीली दुमट मृदाओं की जल धारण क्षमता कम होती है। इन मृदाओं में सिंचाई के सकारात्मक परिणाम प्राप्त होते है। सामान्यतः मसूर की फसल में एक से तीन सिंचाईयों की आवश्यकता होती है। फसल में फूल बनने की अवस्था फसल की क्रान्तिक अवस्था होती है। हालाँकि अधिक पानी की मात्रा फसल के लिए संवेदनशील होती है। वारीक कण विन्यास वाली मृदा की जल पारगम्य क्षमता कम होती है। ऊचे नीचे खेत, अस्थाई जल भराव फसल के विकास और उत्पादन पर गंभीर नुकसान पहुचाते है। समतल मृदा में 0.1% का ढलान, जल निकास एवं सिचाई की उचित व्यवस्था मसूर की सफल खेती हेतु आवश्यकता होती है।

फसल की आरम्भिक अवस्था में अधिक तापक्रम साथ में मृदा में लवणीयता की समस्या वाले क्षेत्रों में हल्की एवं वार–वार सिंचाईयों की आवश्यकता होती है। फसल व मृदा को पर्याप्त हवादार बनाये रखने के लिए उठी हुई लाइन में बुवाई एवं नाली में (रिज फरो पद्धति) सिंचाई पद्धति सामान्य मृदाओं हेतु बेहतर रहती है। लवणीय मृदाओं में फसल बुवाई हेतु रिज फरो पद्धति में लाइन के उठे हुए भाग के किनारे पर बुवाई करनी चाहिए। कम सिंचाई उपलब्धता एवं मृदा में लवणीयता होने की स्थिति में भी एक लाइन छोडकर दूसरी लाइन में सिंचाई (स्किप फरो) पद्धति भी बेहतर रहती है। मसूर की फसल से सर्वाधिक उपज प्राप्त करने के लिए 70 कि.ग्रा. फास्फोरस (फास्फोरस पेन्टा आक्साइड)/हे. प्रयोग के साथ 0.6 आई. डब्लू./सी. पी. ई. अनुपात पर सिंचाई करने पर सर्वाधिक उपज 1547 कि.ग्रा. /हे. प्राप्त हुई जोकि नियंत्रक प्लाट से 70% अधिक थी (वेंकटेश्वरलू और अहलावत, 1993)।

मटर

मटर की फसल से अधिक उत्पादन प्राप्त करने के लिए मुख्यतः वानस्पतिक वृद्धि, फूल आने का समय और फली में दाने बनते समय की अवस्थायें, क्रान्तिक मानी जाती है। इन अवस्थाओं पर मृदा में नमीं की कमीं होने पर उत्पादन पर विपरीत प्रभाव पडता है। मटर की फसल के दौरान मृदा में उपयुक्त नमीं रहने पर सर्वाधिक उपज, कुल जल उपयोग (261 मि. मी) और जल उपयोगिता सर्वाधिक देखी गई तत्पश्चात उपज, कुल जल उपयोग और जल उपयोगिता फसल बढवार के समय मृदा में कम नमीं होने पर प्राप्त हुई (कस्तूरीक्रिस्ना और अहलावत, 1999)। कोटा में हुए अनुसंधान के अनुसार काली मृदाओं में मटर की फसल में एक सिंचाई फूल अथवा फली बनते समय करने पर बेहतर परिणाम साखाये बनते समय सिंचाई की तुलना में प्राप्त हुऐ (भाटिया, 2000)। इस फसल में फूल आने की अवस्था में नमी कम होने पर प्रभाव पडता है और फली में दाने भरते समय मृदा में नमीं कम होने की स्थिति में उत्पादन कम हो जाता है। सिंह एवं सहयोगियों (1978) के अनुसार मटर की

फसल में फूल आने से पूर्व सिंचाई करने पर 62% उत्पादन में वृद्धि नियंत्रक प्लाट की तुलना में प्राप्त हुई। अली (1990) के अनुसंधान के अनुसार मटर की फसल में बुबाई के समय 20 कि.ग्रा. नत्रजन+40 कि.ग्रा. फास्फोरस (फास्फोरस पेन्टा आक्साइड)/हे. प्रयोग कर दो सिंचाई पहली साखायें बनते समय और दूसरी फली बनने की अवस्था में करने पर अधिक उपज 10 कि.ग्रा. नत्रजन/हे.+ 20 कि.ग्रा. फास्फोरस (फास्फोरस पेन्टा आक्साइड)/हे. एवं समान सिंचाई करने (दो सिंचाई) की तुलना में प्राप्त हुई।

अरहर

अरहर की फसल सामान्यतः वर्षा आधारित मानसून के मौसम में उगाई जाती है। इसकी खेती 600 से 1400 मिलीमीटर औसत वार्षिक वर्षा के क्षेत्रों में की जाती है। यह फसल एक गहरी जड वाली फसल है अतः यह मृदा की नीचे की सतहों से नमी अवशोषित करने में सक्षम है। अरहर की फसल की जल की उपयोगिता विभिन्न प्रजातियों एवं कृषि जलवायु परिस्थितिकी के साथ बदलती रहती है। इस फसल की लम्बी अवधि की प्रजातियॉ अल्प अवधि की तुलना में अधिक पानी का उपयोग करती है। अग्रवाल एवं सहयोगियों (1997) के अनुसार अरहर की फसल को अपने जीवन चक्र के दौरान हिसार में 406 मिली मीटर, श्रीगंगानगर में 416 मिली मीटर, और पंतनगर में 491 मिली मीटर पानी की आवश्यकता पडी। अरहर की फसल को वर्षा के मौसम के दौरान वर्षा के अभाव में अथवा लम्बी अवधि की प्रजातियों को वर्षा समाप्ती के पश्चात सिंचाई की आवश्यकता पडती है।

देश के विभिन्न जलवायु द्रष्टिकोण के आधार पर सिंचाई (आई. डब्लू./सी.पी.ई.) मुरैना केन्द्र पर रेतीली दोमट मृदाओं में 7.5 सेन्टी मीटर गहरी तीन सिंचाई आई. डब्लू./सी.पी.ई. अनुपात 0.9 पर करने सर्वाधिक उपज (2.33 टन/हे.) प्राप्त हुई और देरी से बुवाई की स्थिति में सिंचाईयों के प्रभाव से उपज में गिरावट देखी गई। इन परिणामों के विपरीत राहुरी महाराष्ट्र में हुए अनुसंधान के अनुसार 10 सिंचाईयॉ 6 सेन्टीमीटर गहरी आई. डब्लू./सी.पी.ई. 0.75 अनुपात के अनुसार करने पर सर्वाधिक उपज (4.34 टन/हे.) प्राप्त हुई एवं कुल पानी की आवश्यकता 600 मिली मीटर हुई (इक्रीसेट, 1997)। नवसारी, गुजरात और कोटा, राजस्थान में वारीक कण विन्यास वाली मृदा पर हुए अनुसंधान के अनुसार आई. डब्लू./सी.पी.ई. 0.6 अनुपात के अनुसार क्रमशः 2 और 4 सिंचाई की आवश्यकता होती है। सामान्यतः सिंचाई क्रम क्रान्तिक अवस्थाओं के आधार पर कम पानी की आवश्यकता होती है और उत्पादन आई. डब्ल्यू./सी.पी.ई. अनुपात के समान प्राप्त होता है।

श्रीगंगानगर (राजस्थान) में हुए अनुसंधान के अनुसार अरहर की फसल में दो सिंचाइया साखायें बनते समय और फूल आने की अवस्था की तुलना 125 मिली मीटर पानी वाष्पीकरण होने पर सिंचाई करने पर समानान्तर उपज प्राप्त हुई (अग्रवाल एवं सहयोगी, 1997)। इसके अतिरिक्त नई दिल्ली में बलुई दोमट मृदाओं में दो सिंचाई फूल आने से पूर्व एवं फूल आने की अवस्था पर करने से 25.9% उपज में वृद्धि नियंत्रक प्लाट की तुलना में प्राप्त हुई । राना और मल्होत्रा (1989) के अनुसार अरहर की शीघ्र बुवाई (5 मई) करने पर देरी से बुवाई

(25 मई) की तुलना में अधिक उत्पादन फसल में पहली सिंचाई 2 अथवा 3 सप्ताह पर करने पर प्राप्त हुई। राव एवं सहयोगियों (1983) के अनुसार अरहर की फसल में विभिन्न चरणों में सिंचाई का प्रभाव मध्यम अवधि की फसल पर लम्बी अवधि की तुलना में अधिक हुआ जबकि बुवाई में देरी करने पर नियंत्रण और सिंचित दोनों ही स्थिति में पैदावार कम प्राप्त हुई।

काली मृदा (वर्टीसोल) में समान्यतः मृदा की निचली सतहों में नमी उपलब्ध रहती है। अरहर की फसल में सिंचाई अथवा देरी से हुई कम वर्षा की स्थिति में मृदा की ऊपरी सतह नम हो जाती है और फसल की ऊपर की मृदा सतह पर उपलब्ध जडें नमीं का अवशोषण कर लेती है। इस प्रकार की स्थिति में काली मृदा में दरारे देरी से पडती है और उत्पादन भी अधिक प्राप्त होता है। वर्षा समाप्त की स्थिति में फूल अथवा फली बनने की स्थिति में काली मृदा में दरारें बनना कम नमी की स्थिति में प्रारम्भ हो जाती है जिससे फसल की जडे टूट जाती है और उत्पादन प्रभावित होता है।

नवसारी (गुजरात) में हुए प्रयोग के अनुसार 0.3 आई. डब्ल्यू./सी.पी.ई. अनुपात पर सिंचाई करने पर अधिक उत्पादन एवं 0.6 आई. डब्ल्यू./सी.पी.ई. अनुपात पर सिंचाई करने पर जीवांश पदार्थ की अधिक उपज प्राप्त हुई। परिणाम से सिद्ध होता है कि अरहर की फसल में बिना सिंचाई के वानस्पतिक वृद्धि मृदा में नमी कम होने के कारण प्रभावित होती है एवं 0.6 आई. डब्ल्यू./सी.पी.ई. अनुपात पर सिचाई करने पर वानस्पतिक वृद्धि बिना सिंचाई की तुलना में अधिक हुई। कुल पानी का उपयोग नियंत्रक प्लाट में 89.0 मिली मीटर से बढकर 0.6 आई. डब्ल्यू./सी.पी.ई. अनुपात पर सिंचाई करने की स्थिति में 323.5 मिली मीटर हुआ। कुल पानी की खपत पारम्परिक जुताई प्लांट में 212.5 मिली मीटर और गहरी जुताई के प्लांट में 201.0 मिली मीटर दर्ज की गई। इसके विपरीत खन्धा (गुजरात) में शर्दी के मौसम में अरहर में सिंचाई की संख्या बढाने पर देखा गया कि 0.5 आई. डब्ल्यू./सी.पी.ई. अनुपात पर सिंचाई करने पर 1.87 टन/हे. उपज एवं 0.9 आई. डब्ल्यू./सी.पी.ई. अनुपात पर सिंचाई करने पर 2.44 टन/हे. उपज प्राप्त हुई और कुल पानी की आवश्यकता भी 320 मिली मीटर से बढकर 480 मिली मीटर अंकित की गई (पटेल और पटेल, 2000)।

मूंग

मूंग की फसल 2.5 से 3.0 माह में पककर तैयार हो जाती है एवं उत्तर भारत में यह ग्रीष्म और खरीफ के मौसम और दक्षिण भारत में रबी के मौसम में उगाई जाती है। खरीफ (वर्षात) के मौसम में इस फसल को सिंचाई की आवश्यकता नहीं होती वर्षात के मौसम में यदि लम्बे समय तक सूखे की स्थिती रहने पर ही सिंचाई की आवश्यकता होती है। लेकिन रबी एवं जायद (ग्रीष्म) के मौसम में इस फसल को सिंचाई की आवश्यकता होती है। वर्मा और राव (1975) के अनुसार मृदा में 50% तक नमी बनी रहने पर सर्वाधिक शुष्क भार, प्रोटीन स्तर और नत्रजन स्थरीकरण अधिक मात्रा में होता है। अग्रवाल एवं सहयोगियों (1997) के अनुसार ग्रीष्म ऋितु के मौसम में दिल्ली और कानपुर की स्थिति में दो सिंचाइयों की आवश्यकता होती है और हिसार (हरयाणा) और श्रीगंगानगर (राजस्थान) के क्षेत्रो में तीन सिंचाइयों की आवश्यकता होती है।

सिंचाई जब आई. डब्ल्यू./सी.पी.ई. अनुपात पर निर्धारित कर करने पर धारवाड (कर्नाटक) की स्थिति में खरीफ के मौसम में कोई प्रभाव देखने को नहीं मिला क्योकि फसल की अवधि के दौरान 14.9 सेन्टीमीटर वर्षा हुई थी (अ. भा. स. सिंचाई प्रबन्धन परियोजना, 1997)। बुबाई हेतु एक सिंचाई (8 सेन्टी मीटर) तत्पश्चात फसल को एक सिंचाई (6 सेन्टी मीटर) और आई. डब्ल्यू./सी.पी.ई. 0.4 अनुपात पर करने पर उत्पादन 1.44 टन/हे. प्राप्त हुआ जो कि सामान्य सिंचाई की तुलना में उत्पादन समानान्तर प्राप्त हुआ। इसी प्रकार हिसार (हरयाणा) और दिल्ली में ग्रीष्म त्रिृतु के मौसम में आई. डब्ल्यू./सी.पी.ई. अनुपात 0.4 और कुल वाष्पीकरण 300 मिली मीटर होने पर सिंचाई करने पर अधिक उपज प्राप्त की जा सकती है। मूंग की फसल में 300 मिली मीटर कुल वाष्पीकरण होने पर सिंचाई करने की स्थिति में 200 मिली मीटर कुल वाष्पीकरण पर सिंचाई करने की तुलना में 75 मिली मीटर सिंचाई जल की बचत, 41% अधिक उपज प्राप्त हुई। पन्नू एवं सिंह (1993) के अध्ययन के अनुसार फूल आने की अवस्था में मृदा में हल्की नमी का तनाव होने की स्थिति में मूंग की फसल में फूल और फली अधिक बनते है तथा उत्पादन सुचकांक अधिक रहता है। यादव एवं सहयोगियों (2000) द्वारा श्रीगंगानगर में किए अध्ययनों के अनुसार मूंग की फसल में ग्रीष्म त्रिृतु के मौसम में तीन सिंचाई और वर्षा न होने की स्थिति में दो सिंचाई खरीफ के मौसम में करने की सिफरिश की गई थी। मोहन्ती एवं शर्मा (1985) के अनुसार मृदा में नमी न होने की स्थिति में फूल आने से पूर्व (30 दिन) एक सिंचाई अथवा दो सिंचाई की स्थिति में फूल आने से पूर्व पहली एवं दाने भरते समय दूसरी सिंचाई मृदा में उपलब्ध कम नमी की स्थिति में करने से अधिक उपज प्राप्त होती है। नवसारी (गुजरात) में मूंग की फसल की प्रजाति के–851 की उपज आई. डब्ल्यू./सी.पी.ई. 0.75 अनुपात पर सर्वाधिक उपज प्राप्त हुई जबकि यह उपज 0.6 आई. डब्ल्यू./सी.पी.ई. के समानान्तर थी। दाभी एवं सहयोगियों (1888) के अनुसार सिंचाई क्रम में 0.75 आई. डब्ल्यू./सी.पी.ई. अनुपात में 6 सिंचाई करने पर कुल 304 मिली मीटर पानी का उपयोग हुआ जबकि सर्वाधिक जल उपयोगिता 3.69 कि.ग्रा./हे./मिली मीटर 0.45 आई. डब्ल्यू./सी.पी.ई. अनुपात पर प्राप्त हुई। नई दिल्ली में हुए प्रयोग के अनुसार काली पोलिथीन की मल्च विछाने पर मूंग की फसल में कुल 238 मिली मीटर पानी का उपयोग हुआ जब कि विना मल्च के 312 मिली मीटर उपयेाग हुआ। यदि पानी के ह्रास को देखे तो 0 से 30 सेन्टी मीटर ऊपर की मृदा में 40–50% ह्रास हुआ जबकि बुवाई से फूल आने तक कुल 60 से 70% ह्रास हुआ (गुप्ता एवं सहयोगी, 1998)।

भटिया और चौधरी (1977) के अनुसार दिल्ली की बलुई दुमट मृदा में हुए प्रयोग के अनुसार मूंग की फसल की प्रजाति पूसा वैसाखी और टाइप–1 में दो सिंचाई (140 मिली मीटर) मृदा प्रोफाइल में 50% नमी की मात्रा जड़ क्षेत्र में कम होने की स्थिति में की गई जोकि फसल बुवाई हेतु सिंचाई के अतिरिक्त थी करने पर सर्वाधिक उपज प्राप्त हुई। जम्मू में मूंग की ग्रीष्म त्रिृतु की फसल में 15 दिन के अन्तराल पर 5 सिंचाई से 3 और 4 सिचाई की तुलना में अधिक उपज प्राप्त हुई। मूंग की फसल में 5 सिंचाई करने पर फसल की वृद्धि

एवं विकास अधिक होने से अधिक उपज प्राप्त हुई साथ ही कुल सिंचाई जल उपयोग (35.06 सेन्टीमीटर) भी अधिक हुआ। पुन्नू और सिंह (1999) के अनुसार मूंग की फसल में तीन सिंचाई करने की स्थिति में सर्वाधिक जल उपयोगिता 3.06 कि.ग्रा./हे./मिली मीटर अंकित की गई। पाल और जाना (1991) के अनुसार मूंग की फसल में 60 कि.ग्रा. फास्फोरस का प्रयोग कर फसल की बुवाई बीज उपचार कर करने एवं दो सिंचाई करने पर सर्वाधिक उपज 2122 कि.ग्रा./हे. प्राप्त हुई।

उड़द

उड़द की फसल मुख्य रुप से वर्षा आधारित क्षेत्रों में बोई जाती है। उड़द की फसल खरीफ एवं ग्रीष्म त्रिृतु के मौसम में मृदा में नमी कम होने की स्थिति में सिंचाई का प्रभाव देखने को मिलता है। भवानी सागर में खरीफ के मौसम में बलुई दुमट मृदा में बोई गई उड़द की फसल में 4 सेन्टी मीटर आई. डब्ल्यू./सी.पी.ई. 0.6 अनुपात के अनुसार कुल 8 सिंचाई की गई परिणामस्वरुप 1.08 टन/हे. उपज प्राप्त हुई। लेकिन इसी तरह की स्थिति में चलकुडी अनुसंधान केन्द्र पर 0.75 आई. डब्ल्यू./सी.पी.ई. के अनुपात पर 3 सेन्टीमीटर गहरी पॉच सिंचाई करने पर सबसे अधिक उपज प्राप्त हुई जबकि दोनो स्थानों पर फसल बुवाई हेतु बुवाई से पूर्व सिंचाई कर फसल वोई गई थी।

राजमा

राजमा की फसल खरीफ के मौसम में उगाई जाती है। इस फसल की नई प्रजातियां रबी मौसम में खेती करने के लिए भी विकसित की गई है। रबी के मौसम में कीट व्याधियों का प्रकोप कम होता है साथ ही अधिक वर्षा का प्रतिकूल प्रभाव भी नहीं होता। राजमा की फसल एक उथली जड वाली फसल है और अधिक पानी की आपूर्ति के वातावरण में संवेदनशील है। राजमा की अच्छी फसल कम पानी की आपूर्ति में हो जाती है। हल्की सिंचाई करने की इस फसल हेतु सिफारिश की गई है जबकि अत्यधिक पानी फसल को मिलने पर बढवार अधिक हो जाती है साथ ही फसल पकने में समय भी अधिक लगता है। पूसा में हुये प्रयोग के अनुसार बलुई दोमट मृदा में आई. डब्ल्यू./सी.पी.ई. 0.8 अनुपात पर राजमा की फसल में दो सिंचाई 6 सेन्टी मीटर गहरी साथ में बुवाई हेतु एक पलेवा 6 सेन्टी मीटर गहरा करने पर अधिकतम उपज (1.19 टन/हे. प्राप्त) हुई। इसी प्रकार फैजाबाद (उ.प्र.) में दोमट मृदाओं में आई. डब्ल्यू./सी.पी.ई. 0.7 अनुपात के अनुसार 5 सेन्टी मीटर गहरी तीन सिंचाई करने पर सर्वाधिक उपज 1.52 टन/हे. प्राप्त हुई। धर (1998) के अनुसार पन्तनगर में हुए प्रयोग के आधार पर 0.6 आई. डब्ल्यू./सी.पी.ई. के आधार पर दो सिंचाई से सर्वाधिक उपज राजमा की प्राप्त हुई जबकि 0.4 आई. डब्ल्यू./सी.पी.ई. के आधार पर सर्वाधिक सिंचाई जल उपयोगिता (74.2 कि.ग्रा./हे./सेन्टीमीटर) दर्ज की गई। चार सिंचाई क्रमशः 25, 50, 75 और 100 दिन के अन्तराल पर करने पर सर्वाधिक भूसे की उपज प्राप्त हुई जबकि दानों की उपज दो सिंचाई की तुलना में कम प्राप्त हुई। सर्दी के मौसम में राजमा की फसल पूसा (बिहार) में लगाई गई इस फसल में दो

सिंचाई करने पर सर्वाधिक उपज प्राप्त हुई। भाटिया (2000) के अनुसार पूसा (बिहार) में तीन सिंचाई 6 सेन्टीमीटर गहरी 25, 50 और 75 दिन के पश्चात अथवा 0.8 आई. डब्ल्यू./सी.पी.ई. अनुपात पर करने पर 1.29 टन दानों का उत्पादन/हेक्टयर प्राप्त हुआ। इसी प्रकार फैजावाद (उत्तर प्रदेश) में दोमट मृदा में तीन सिंचाई 5 सेन्टी मीटर गहरी 0.7 आई. डब्ल्यू./सी.पी.ई. अनुपात पर करने पर 1.52 टन/हे. उपज प्राप्त हुई। राहुरी (महाराष्ट्र) में वर्षात के मौसम की फसल में दो सिंचाई साखायें एवं फूल की अवस्था में करने पर सर्वाधिक उपज प्राप्त हुई जबकि राजमा की फसल में फूल आने की अवस्था और 75 मिली मीटर कुल वाष्पीकरण पर सिंचाई करने पर उपज समानान्तर रही। सिंचाई जल का ह्रास सिंचाई की संख्या बढने की स्थिति में अधिक होता है जबकि सिंचाई जल की उपयोगिता एक सिंचाई फूल आने की अवस्था पर करने पर अधिक हुई। वानी एवं सहयोगियों (1998) के अनुसार राजमा की फसल में 120 कि.ग्रा. नत्रजन/हे. और 75 मिली मीटर वाष्पीकरण पर सिंचाई करने पर सर्वाधिक उपज प्राप्त हुई। पवारखेडा (मध्यप्रदेश) में राजमा की फसल पर तवा कमान्ड क्षेत्र में रबी के मौसम में लगातार तीन वर्ष तक हुए अनुसंधान के अनुसार 20 दिन के अन्तराल पर सिंचाई एवं 120 कि.ग्रा. नत्रजन/हे. का प्रयोग कर सर्वाधिक उपज (8.75 क्विंटल/हे.) और शुद्ध लाभ (रु. 34, 129/हे.) प्राप्त हुआ। अतः राजमा की फसल में 120 कि.ग्रा. नत्रजन/हे. और 20, 40, 60 और 80 दिन के अन्तराल पर सिचाई की अनुसंशा की गई। जम्मू में वर्ष 2009 में 5 सेन्टीमीटर गहरी 15 दिन के अन्तराल पर सिंचाई करने पर सर्वाधिक उपज (0.945 टन/हे.) प्राप्त हुई। लाइनों के मध्य में धान का भूसा 3 टन/हे. की मल्च का प्रयोग बुंवाई के 20 दिन पश्चात सिचाई करने पर सर्वाधिक जल उपयोगिता दर्ज की गई। पॉच सिंचाई अर्थात पहली सिंचाई 3 सेन्टी मीटर बुवाई के सप्ताह के अन्दर, 5 सेन्टी मीटर तीसरे और पॉचवे सप्ताह और 6 सेन्टी मीटर 7 वें और 10 वें सप्ताह बुवाई के उपरान्त करने पर फसल की पानी की आवश्यकता की पूर्ती की जा सकती है (वार्षिक प्रतिवेदन एआईसीआरपी– डब्लू एम, 2010)।

दलहनीं फसल उत्पादन हेतु स्प्रिंकलर सिंचाई

देश की विभिन्न कृषि परिस्थितिकी क्षेत्रों में दलहनीं फसलों की स्प्रिंकरल सिंचाई पद्धति की बहुत अधिक संभावनायें है। देश की सभी कमांड क्षेत्रों में गुरुत्वाकर्षण प्रवाह प्रणाली के माध्यम से सिंचाई का आम तरीका है। यह तकनीक कम पानी चाहने वाली फसले जैसे ज्वार, बाजरा और दलहनीं फसलों के क्षेत्रों में आरम्भ की जाय तो आर्थिक रुप से लाभ प्रद रहेगी। कम पानी के क्षेत्र हेतु एक अनुमान के अनुसार इस प्रकार के सी. ए. डी. परियोजना के क्षेत्र 20 मिलीयन हे. में से लगभग 50% (10 मिलियन हे.) क्षेत्र स्प्रिंकलर सिंचाई के अन्तर्गत लिया जा सकता है (ऐनोनिमस, 1998)। इस प्रकार दलहन उत्पादन को स्प्रिंकलर सिंचाई के अर्न्तगत लेकर उत्पादन बढाया जा सकता है।

स्प्रिंकलर सिंचाई पर क्षेत्र विशेष के आधार पर सिंचाई के पानी की बचत, लेआउट, कार्य तकनीकि, उत्पादन आदि पर विभिन्न फसलों पर अनुसंधान हुए है। स्प्रिंकलर सिंचाई पद्धति पर अनुसंधान सामान्यतः अनाज और अन्य फसलों पर अधिक हुए जबकि दलहनीं

फसलों पर बहुत कम कार्य हुआ है। दलहनीं फसलों में मात्र चना एवं मूंग पर ही फब्बारा सिंचाई पर कार्य हुए है (चित्र 1)। माने और अइयर (2007) ने हिसार में हुए अनुसंधान के अनुसार चने की फसल में फव्वारा विधि से सिंचाई करने पर सतही सिंचाई की तुलना में 51% उपज वृद्धि एवं 56% सिंचाई जल की बचत हुई। इसी प्रकार एस के नगर में हुए अनुसंधान के अनुसार चने की फसल में 0.75 आई. डब्ल्यू./सी.पी.ई. अनुपात के आधार पर स्प्रिंकलर से सिंचाई करने पर सतही सिंचाई की तुलना में 31% उपज वृद्धि हुई और 11% सिंचाई जल की बचत हुई जबकि व्यारा (गुजरात) में अनुसंधान के अनुसार चने की उपज में 57% की वृद्धि एवं 69% सिंचाई जल की बचत दर्ज की गई (एनोनिमस, 1998)। इसके अतिरिक्त नवसारी (गुजरात) में हुए अनुसंधान के अनुसार ग्रीष्म त्रिृतु के मौसम में लोबिया की फसल में आई. डब्ल्यू./सी.पी.ई. 1.0 अनुपात पर फव्वारा विधि से सिंचाई करने पर 3% की उपज वृद्धि हुई और 19% पानी की बचत हुई (एनोनिमस, 1998)। स्प्रिंकलर विधि से मूंग की फसल में सिंचाई करने पर अकोला (महाराष्ट्र) में हुये अनुसंधान के अनुसार 69% उपज वृद्धि दर्ज की गई (एनोनिमस, 2009)। अखिल भारतीय समन्वित जल प्रबन्धन अनुसंधान परियोजनाओं में हुए अनुसंधान के अनुसार स्प्रिंकलर सिंचाई पद्धति से दलहनीं फसलों की 15 से 37% तक उपज वृद्धि और 10 से 51% सिंचाई जल की बचत हुई। पन्तनगर में हुए अनुसंधान के अनुसार मटर की फसल में फव्वारा विधि से सिंचाई करने पर 4% उपज वृद्धि एवं 55% जल उपयोगिता क्षमता में वृद्धि दर्ज की गई। अनुसंधान के परिणाम के अनुसार तराई क्षेत्र में धान–मटर फसल प्रणाली ऊचे से गहरे मृदा जल स्तर के क्षेत्र में अधिक लाभप्रद है। धान की फसल की कटाई के उपरान्त मृदा में अधिक मात्रा में नमी रहती है अतः कटाई उपरान्त मटर की बुवाई मध्य अक्टूबर से मध्य नबम्बर के बीच में करने के उपरान्त दो हल्की सिंचाई स्प्रिंकलर के माध्यम से करने की सिफारिश अनुसंधान के माध्यम से की गई है। श्रीगंगानगर (राजस्थान) में हुए अनुसंधान के अनुसार चने की फसल में आई. डब्ल्यू./सी.पी.ई. 0.6 अनुपात के अनुसार स्प्रिंकलर से सिंचाई करने पर अधिक उत्पादन (2.11 टन/हे) सिंचाई जल उपयोग क्षमता 8.62 कि./है./मिलीमीटर जबकि सतही सिंचाई में उपयोग क्षमता मात्र 6.4 कि.ग्रा./हे./मिली मीटर दर्ज की गई। अनुसंधान के परिणामो के आधार पर चने की फसल में 60 मि.मी. सिंचाई स्प्रिंकलर के द्वारा बुवाई के 60 और 110 दिन के अन्तराल पर करने पर अधिक उपज और 26% सिंचाई जल की बचत हुई

चित्र 1: चने की फसल में स्प्रिंकलर सिंचाई

(वार्षिक प्रतिवेदन, एआईसीआरपी – डब्लूएम, 2010)। दलहनीं फसलों में स्प्रिंकलर पद्धति द्वारा सिंचाई करने की महत्व पूर्ण संम्भावना है। राष्ट्रीय दलहन विकास कार्यक्रम के तहत स्प्रिंकलर सेट साथ में आवश्यक आदान एवं प्रोद्योगिकी प्रदान कर उत्पादन बढाने की बेहतर गुंजाइश है।

दलहनीं फसलों में कुशल जल प्रबन्धन

दलहनीं फसलें मुख्यतः वर्षा आधारित परिस्थितिकी में उगाई जाती है, हालांकि इन फसलों पर सिंचाई का बेहतर प्रभाव देखने को मिलता है। सिंचाई जल का दलहनीं फसलों में विवेकपूर्ण उपयोग उत्पादन में बढोत्तरी करता है एवं दलहनीं फसलों की प्रति व्यक्ति उपलब्धता बढाने के लिए रणनीतिक योजना बनाकर दलहनों के उत्पादन में बढोत्तरी लाने की आवश्यकता हैं। दलहनीं फसलों का लगातार उत्पादन बढाने के लिए निम्न विन्दुओं को ध्यान में रखकर अपनाने की आवश्यकता है।

1. **सिंचाई क्षेत्रों में दलहनीं फसलों का समावेशः** सिंचित क्षेत्रों मे दलहनीं फसलों का एकल फसल पद्धति में अथवा अर्न्तवर्ती फसल के रुप में समावेश किया जाना चाहिए। उदाहरण के लिए उत्तर प्रदेश, पंजाब, हरयाणा, और राजस्थान राज्यों के क्षेत्रों में ग्रीष्म ऋितु के मौसम में अरहर+मूंग–गेहूँ क्रम का समावेश; उत्तर भारत में बशन्त और ग्रीष्म ऋितु के मौसम में खाली क्षेत्रों और दक्षिण भारत में रबी के मौसम में मूंग की फसल का समावेश। शीघ्र पकने वाली प्रजातियों का खरीफ एवं रबी के मौसम में रिले पद्धति और अन्तरवर्ती फसल के रुप में खेती करने से उपलब्ध कृषि भूमि का अधिक सदउपयोग हो सकेगा। देश के गंगा के मैदानी क्षेत्रों में अल्प अवधि की अरहर आधारित फसल प्रणाली के माध्यम से विविधीकरण के प्रयास किए जाने चाहिए।
2. **दलहनीं फसलों में दबाव विधि से सिंचाईः** सामान्यतः सिंचाई दबाव के माध्यम से जैसे स्प्रिंकलर गेहूँ, बाजरा, ज्वार, मूंगफली, सब्जियों हेतु बहुत उपयुक्त रहती है एवं सूक्ष्म (ड्रिप) सिंचाई प्रणाली जैसे गन्ना, कपास, सब्जी और फल वाले पौधों हेतु उपयुक्त रहती है। हाल ही मे हुए अनुसंधानों के माध्यम से दलहनीं फसल (चना, मटर, आदि) स्प्रिंकलर से सिंचाई करना बहुत लाभप्रद पाया गया है और सूक्ष्म सिंचाई के माध्यम से दलहन की फसल जेसे मूंग, उड़द और राजमा को अन्तरवर्ती फसल जैसे कपास, गन्ना और बागानों में लाभदायक रहता है। विभिन्न फसल प्रजातियों में दलहनीं फसलों का समावेश कर सूक्ष्म सिंचाई पद्धतियों से सिंचाई का लाभदायक प्रभाव देखने को मिले है। अनुसंधान के माध्यम से अरहर की फसल में ड्रिप सिंचाई का समय निर्धारण एवं मानकीकरण किया जा चुका है। अतः अरहर की फसल को फसल प्रणाली में सम्मिलित कर ड्रिप सिंचाई के माध्यम से बेहतर फसल ली जा सकती है। अतः दलहनीं फसलों को सूक्ष्म सिंचाई के अर्न्तगत लेने के प्रयास किए जाने चाहिए।
3. **व्यापक दूरी पर लगाई जाने वाली फसलों के मध्य अन्तरवर्ती फसलः** व्यापक दूरी पर लगाई जाने वाली फसलें जैसे कपास, गन्ना और अन्य उद्यानकी फसलों

के मध्य दलहनीं फसलों को अन्तरवर्ती फसल के रुप में लगाये जाने के प्रयास किए जाने चाहिए। उदाहरण के लिए शरद ऋितु में गन्ने की फसल में राजमा अन्तरवर्ती फसल के रुप में ली जा सकती है। गन्ने की फसल में पोषक तत्वों के प्रयोग से अन्तरवर्ती फसल से भी अधिक उपज ली जा सकती है साथ ही दलहनीं फसल का सकारात्मक प्रभाव गन्ने की फसल पर भी देखने को मिलेगा। इसके अतिरिक्त राजमा की फसल पकने के उपरान्त फसल के पत्ते, टहनियॉ एवं जडों के माध्यम से मृदा में कार्वनिक पदार्थ की मात्रा में वृद्धि होने से मृदा की उर्वरा शक्ति में भी वृद्धि होगी। इसी तरह परभनी (महाराष्ट्र) में कपास की फसल ड्रिप सिंचाई पद्धति से करने पर मूंग की अन्तरवर्ती फसल लगाना लाभप्रद और कारगर साबित हुआ है। बगीचों में खरीफ के मौसम में मूंग, उड़द, अरहर, मोठ और रबी के मौसम में चना, मटर, मसूर अन्तरवर्ती फसल के रुप में उगाकर अधिक उत्पादन और मृदा की उर्वरा शक्ति बढाई जा सकती है। राष्ट्रीय बागवानी मिशन के माध्यम से बागवानी को बढावा दिया जा रहा हैं अतः ऐसे क्षेत्रो में दलहन की अन्तरवर्ती फसल लगाने की काफी गुंजाइश है। इसलिए अन्तरवर्ती फसल प्रणाली के माध्यम से भूमि की उपयोग दक्षता बढाकर कुल उत्पादन एवं अधिक आर्थिक लाभ लेकर घरेलू आर्थिक स्थिति में सुधार और पोषण सुरक्षा सुनिश्चित की जा सकती है। व्यापक दूरी पर लगाई जाने वानी फसलों के मध्य अन्तरवर्ती फसल लगाये जाने के बेहतर प्रयास किये जाने चाहिए।

4. **धान–परती क्षेत्रों में दलहनीं फसलों का समावेशः** धान–परती क्षेत्रों में संरक्षित नमी में धान की फसल कटाई के उपरान्त दलहनीं फसल लगाने के अधिक प्रयास किए जाने चाहिए। देश के धान फसल कटाई के उपरान्त खाली छोडे जाने वाले खेतों में दलहनीं फसल को प्रोत्साहन देकर क्षेत्रफल बढाने की संभावनायें है। धान–परती फसल के क्षेत्रों में रबी के मौसम में दलहन फसल लगाने पर विशेष ध्यान दिया जाना चाहिए। ऊचे स्थानों की धान की फसल को प्रतिस्थापन कर अधिक आय हेतु दलहनीं फसल लगाने का बेहतर विकल्प है। हल्की संररचना वाली मृदाओं पर मूंग, उड़द, लोविया आदि को बढावा दिया जाना चाहिए। इसी प्रकार दलहनीं फसलों को कमान्ड क्षेत्र, कुछ अन्य क्षेत्रों में वर्षात के मौसम में पानी भर जाता है तथा रबी मौसम में खाली हो जाते है ऐसे क्षेत्रों में बेहतर फसल प्रबन्धन कर अधिक उत्पादन लिया जा सकता है। इसी तरह हीराकुण्ड कमान्ड क्षेत्र में धान लगाने से पूर्व राजमा की फसल लगाकर उत्पादन और क्षेत्रफल बढाया जा सकता है। इसके अतिरिक्त रबी के मौसम में आन्ध्र प्रदेश, छत्तीसगढ, उडीसा, तमिलनाडू, कर्नाटक और पश्चिम बंगाल में अरहर की फसल लगानी चाहिए। उतेरा फसल के रुप में धान–परती क्षेत्र जैसे उडीसा, असाम, पश्चिम बंगाल, महाराष्ट्र और आन्ध्र प्रदेश में उड़द की फसल लगानी चाहिए। धान की फसल के पारंम्परिक क्षेत्रों में खेतों की मेडों और खाई, वॉध, सेतु के किनारे डिबलिंग या अन्य उपयुक्त विधि से अरहर की फसल लगानी चाहिए।

5. **उच्च वर्षा वाले क्षेत्रों में अतिरिक्त सिंचाई की उपलब्धता कराना:** देश के विभिन्न परिस्थितिकी क्षेत्र जिनमें 1000 मिली मीटर से अधिक वर्षा होती है। एसे क्षेत्रों में वर्षा जल का संचयन कर वर्षा की समाप्ति के पश्चात रबी के मौसम में चना, मटर, राजमा, आदि फसलों की सिंचाई की जा सकती है। इस प्रकार वर्षा जल के बहते पानी का संचय कर शुष्क क्षेत्रों में लगाई गई फसलों में सिचाई को प्रोत्साहित करना चाहिए।
6. **अर्द्ध शुष्क क्षेत्रों में बहते हुए पानी का प्रबन्धन:** वर्षा के बहते पानी को राजस्थान में नदी/टान्का/खादिन, महाराष्ट्र में भन्डारस, मध्य प्रदेश और उत्तर प्रदेश में बन्धिस तालाव और बिहार में अहार्स में रोकना चाहिए। दक्षिण पूर्वी राजस्थान, गुजरात, महाराष्ट्र, मध्य प्रदेश और गुजरात के पठारी क्षेत्रों में बहते वर्षा के पानी को एनीकट, चेकेडम और परकोलेशन टेंक बनाकर भण्डारण करना चाहिए। रबी के मौसम में दलहन फसल आधारित अन्तरवर्ती फसल जैसे गेहॅू+चना, गेहॅू+मसूर, संरसों+चना, इन क्षेत्रों के लिए उपयुक्त हें इन्हें लगाकर संचित पानी से सिंचाई की जानी चाहिए।
7. **उच्च वर्षा वाले क्षेत्रों हेतु उथली एवं गहरी क्यारी तकनीक:** देश के केन्द्रीय पठारी क्षेत्रों की काली मृदाओं (वर्टीसोल) के उच्च वर्षा के क्षेत्र (मध्य प्रदेश, महाराष्ट्र, छत्तिसगढ और उडीसा राज्य) उथली एवं गहरी संरचना की क्यारी बनाकर दलहनीं फसलों की खेती की जा सकती है। मृदा की संररचना में परिवर्तित कर उथली क्यारी में सोयाबीन, अरहर, मूंग, उड़द की फसल एवं गहरी क्यारी में धान की फसल की खेती की जा सकती है और इसी प्रकार रबी के मौसम में उथली क्यारी में चना एवं गहरी क्यारी में गेहॅू की फसल ली जा सकती है।
8. **शुष्क एवं अर्ध शुष्क क्षेत्रों में नमी संरक्षण:** देश के शुष्क एवं अर्धशुष्क क्षेत्रों में ग्रीष्म त्रिृतु के मौसम में समतलीकरण कर मेंडबन्दी एवं मोल्डवोर्ड प्लाऊ से गहरी जुताई कर वर्षा जल को संचय किया जा सकता है। मृदा समतलीकरण हेतु लेजर किरणों से चलने वाला यंत्र लेजर लेवलर मृदा समतलीकरण हेतु बहुत ही बेहतर रहता है। इस यंत्र से मृदा समतलीकरण करने से 15 प्रतिशत तक पारम्परिक तकनीक से समतलीकरण की तुलना में सिंचाई जल की बचत की जा सकती है (चित्र 2)। इस प्रकार वर्षा जल को संरक्षित कर संरक्षित नमी में रबी के मौसम में चना, मसूर आदि दलहनीं फसलों की खेती पर प्रदर्शन आदि लगाकर तकनीके प्रदर्शित की जानी चाहिए।

चित्र 2: लेजर लेवलर द्वारा समतलीकरण

9. **जल को यथास्थान पर संरक्षण की कुशल प्रोद्योगिकी का प्रदर्शनः** जल संरक्षण की तकनीक क्षेत्र विशेष एवं मृदा प्रकार के आधार पर भिन्न–भिन्न हो सकती है जैसे मध्यम वर्षा एवं मध्यम मृदा के आन्ध्र प्रदेश एवं कर्नाटक के क्षेत्र के लिए मृदा की कूड नाली (रिज फरो) पद्धति, मध्य प्रदेश के मालवा क्षेत्र के लिए हवेली पद्धति, महाराष्ट्र प्रदेश में बहुमूल्य वर्षा जल को इन सीटू माध्यम से संरक्षण और विभिन्न अर्न्तवर्ती फसल पद्धति (अरन्डी+अरहर / चना / सोयाबीन, आदि) लगाकर संरक्षण किया जा सकता है।
10. **चौडी वेड नाली पद्धतिः** देश के अधिकांश शुष्क एवं अर्धशुष्क क्षेत्रों हेतु चौडी बेड एवं कूड पद्धति जल संरक्षण हेतु अत्यधिक महत्वपूर्ण है। इस पद्धति से मक्का+अरहर, ज्वार+अरहर और सोयाबीन+अरहर खरीफ के मौसम में और देश की काली (वर्टी सोल) के क्षेत्र में मक्का+चना, ज्वार+चना रबी के मौसम में फसल उत्पादन कर जल संरक्षण किया जा सकता है।
11. **उच्च जल उपयोग दक्षता बढाने हेतु बेहतर प्रशिक्षणः** पानी की प्रत्येक बूंद का दलहनीं फसलों में उपयुक्त तकतीकों के माध्यम से सिंचाई में प्रयोग कर पानी की उपयोग क्षमता विकास पर बेहतर प्रशिक्षणों का आयोजन जिससे कृषक कम सिंचाई के पानी से अधिक से अधिक उत्पादन ले सके।

भविष्य के विचारणीय विन्दुः दलहनीं फसलों की जल उपयोगिता क्षमता बढाने के लिए जल प्रबन्धन की तकनीक विकास मे जैविक, पर्यावरण और प्रबन्धन कारकों के आपसी प्रभाव को ध्यान में रखकर किया जाना चाहिए। दलहनीं फसलों में जल प्रबन्धन स्थान विशेष और मौसम आधारित होता है। इसलिए विभिन्न कृषि जलवायु क्षेत्रों के कृषकों के खेतों पर मौसम आधारित सिंचाई तकनीकों का प्रदर्शन करने की आवश्यकता है। देश की वर्ष 2020 की दलहन की आवश्यकता लगभग 37 मिलियन टन की है इसकी प्राप्ति हेतु एकीक्रत दृष्टिकोण के मुददों पर केन्द्रित होकर समाधान की आवश्यकता है। दलहनों के अधिक उत्पादकता हेतु कुछ महत्वपूर्ण बिन्दु इस प्रकार है।

- दलहनीं फसलों से अधिक उत्पादन हेतु जैव प्रोद्योगिकी के साथ जेनेटिक इंजिनियरिंग के माध्यम से प्रजाति विकास की आवश्यकता है जो अधिक आदान एवं सिंचाई की बेहतर प्रतिक्रिया दे सकें। जिस प्रकार से अनाज की फसलें अपना प्रभाव दिखाती है।
- दलहनीं फसलों को सिंचित क्षेत्रों में समावेस की आवश्यकता है। उदाहरण के लिए गंगा के मैदानी इलाकों में अल्प अवधि की अरहर फसल आधारित फसल प्रणाली से विविधिता लाई जा सकती है।
- दलहनीं फसलों से उच्च उत्पादकता हेतु फब्बारा सिंचाई से शुरुआत करने की एक विशाल गुजाइश है। अन्य फसलों की तुलना में दलहनीं फसलों की सिंचाई की कम आवश्यकता होती है अतः स्प्रिंकलर सिंचाई के माध्यम से कुशलता पूर्वक सिंचाई की जा सकती है।

- सूक्ष्म सिंचाई प्रणाली के माध्यम से सिंचाई करने से जल उपयोग दक्षता को बढाया जा सकता है साथ ही अधिक उत्पादन लिया जा सकता है। अतः उचित रणनीत और योजना बनाकर क्षेत्र विस्तार के बेहतर प्रयास किये जाने चाहिए। राष्ट्रीय बागवानी मिशन के तहत लगाये गये नए बगीचों में दलहन फसल को बढावा देने को प्रोत्साहन दिया जाना चाहिए।
- धान–परती क्षेत्रों में धान की फसल कटाई के उपरान्त संरक्षित नमीं में दलहनीं फसलों की खेती रबी के मौसम में करने के चहुमुखी प्रयास किए जाने चाहिए। पूर्वी भारत में धान–परती क्षेत्र (लगभग 12 लाख हे.) रबी के मौसम में परती छोड दिया जाता है अतः इस क्षेत्र को केन्द्रित कर दलहनीं फसल लगाने की आवश्यकता है।
- देश के एसे ऊपरी क्षेत्र जहाँ पानी कम ठहरता है ऐसे क्षेत्रों में धान की फसल की जगह दलहनीं फसलों की खेती की जानी चाहिए जिससे कृषकों को अधिक शुद्ध लाभ प्राप्त होता है इसी प्रकार नहरी एवं जलाशयी क्षेत्रों में भी दलहनीं फसलों को बढावा देने की आवश्यकता है।
- जल ग्रहण क्षेत्रों में संसाधन संरक्षण एवं फसलों की उपज वृद्धि हेतु दलहनीं फसलों की खेती की बेहतर सम्भावना है।
- संसाधन संरक्षण एवं फसल उत्पादन वृद्धि हेतु वाटरशेड प्रबन्धन एक बेहतर तकनीक है अतः इन क्षेत्रों में अधिक से अधिक दलहनीं फसलों का क्षेत्रफल बढाने की आवश्यकता है।
- जल प्रबन्धन तकनीकों में उचित सिंचाई क्रम, सिंचाई की उचित विधि और उत्पादन आदानों का विवेकपूर्ण उपयोग कर कृषकों के खेतों पर प्रदर्शन आयोजित किए जाने की आवश्यकता है।

संदर्भ

एनोनिमस, 2009. द हिन्दू सर्वे ऑफ इंडियन एग्रीकल्चर, चेन्नई, इंडिया.

एनोनिमस, 1998. स्प्रिंकलर इर्रीगेशन इन इंडिया. इंडियन नेशनल कमेटी ऑन इर्रीगेशन एण्ड ड्रेनेज (आई.एन.सी.आई.डी), नई दिल्ली.

अग्रवाल, एम.सी., धिन्दवाल, ए.एस., जेसवाल, सी.एस., प्रभाकर, ए. और ऊजला, एम.एस. 1997. स्टेटस ऑफ रिसर्च ऑन एग्रीकल्चर वाटर मेनेजमेंट ऑफ नार्थन रीजन. एनुअल रिपोर्ट ऑफ डायरेक्टोरेट ऑफ वाटर मेनेजमेंट रिसर्च (आई.सी.ए.आर.), पटना. पीपी. 23–25.

ए.आई.सी.आर.पी.डब्लू.एम. (ऑल इंडिया कोर्डीनेटेड रिसर्च प्रोजेक्ट ऑन वॉटर मेनेजमेंट). एनुअल रिपोर्टस फोर द ईयर 1991–92 टू 2009–2010.

अली एम. और मिश्रा, जे.पी. 2000. न्यूट्रिएन्ट मेनेजमेन्ट इन पल्सेस एण्ड पल्स बेस्ड क्रॉपिंग सिस्टम. फर्टीलाइजर न्यूज, 45 (4): 61–69.

अली, एम., 1990. कन्सोलीडेटेड रिपोर्ट ऑन खरीफ/रबी/समर पल्सेस एग्रोनॉमी. ऑल इंडिया कोरर्डीनेटेड पल्स इम्प्रूवमेंट प्रोजेक्ट, डायरेक्टोरेट ऑफ पल्सेस रिसर्च. आई.आई.पी.आर., कानपुर, पीपी. 43, 179 एण्ड 183.

भाटिया, पी.सी. और चौधरी, एस.एल., 1977. एनुअल रिपोर्ट ऑफ ऑल इंडिया कोर्डीनेटेड पल्स इम्प्रूवमेंट प्रोजक्ट, आई.ए.आर.आई., नई दिल्ली, पीपी.10–11.

भाटिया, आर.के., 2000. इर्रीगेशन सिडूयल्स फोर पल्सेस इन इंडिया. इन एक्सटेन्डेड समरीस ऑफ इन्टरनेशनल कॉन्फ्रेन्स ऑन मैनेजिंग नेचुरल रिसोर्स, आई.ए.आर.आई., फरवरी. 14–18, 2000, नई दिल्ली, पीपी. 508–509.

बिहारी, बी., कुशवाहा, एच.एस. और वेदय, एम.एस. 1993 रिस्पोन्स ऑफ चिकपी (साइसर एराटिनम) टू इर्रीगेशन एण्ड फर्टीलाइजेशन. इंडियन जर्नल ऑफ एग्रोनॉमी 37: 110 111.

दाभी, बी.एम., पटेल, जे. सी., पटेल, एच.सी. और राज. वी.सी., 1998. सिडयूलिंग ऑफ इर्रीगेशन इन समर ग्रीनग्राम (फेसिओलस रेडिएटस एल.) अन्डर वर्टीसोल्स ऑफ साऊथ गुजरात. इन एक्सटेन्डेड समरीस ऑफ 1वी इन्टरनेशनल एग्रोनॉमी काँग्रेस ऑन एग्रोनॉमी, इनवायरमेंट एण्ड फूड सिक्योरिटी, नवम्बर 23–27, 1998, इंडियन सोसायटी ऑफ एग्रोनॉमी, नई दिल्ली, पीपी. 142.

धार, एस., 1998. इफेक्ट ऑफ इर्रीगेशन सिडूयल्स ऑन मोइस्चर एक्सट्रेक्सन पेटर्न, वाटर यूज एफीसिएन्सी एण्ड प्रोडक्टिविटी ऑफ राजमा (फेसिआलस वुलगेरिस एल.). इन एक्सटेन्डेड समरीस ऑफ 1वी इन्टरनेशनल एग्रोनॉमी काँग्रेस ऑन एग्रोनॉमी, इनवायरमेंट एण्ड फुड सिक्योरिटी, इंडियन सोसायटी ऑफ एग्रोनॉमी, नई दिल्ली, नवम्बर 23–27, पीपी. 270–271.

गुप्ता, आर.के. और अग्रवाल, जी.जी., 1977. कंजम्पटिव यूज ऑफ वाटर बाय ग्राम एण्ड लिनसीड. इंडियन जर्नल ऑफ एग्रीकल्चर साइंसेस, 47: 22–26.

गुप्ता, वी.के., गर्ग, आर.एन. और सिंह, जी., 1998. सोइल मोइस्चर डिस्ट्रीब्यूशन इन सॉइल मूंग बीन एण्ड मस्टर्ड क्रॉप एस अफेक्टेड बाय मल्चेस एण्ड रिज सोइंग. इन एक्टेन्डेड समरीस ऑफ 1वी इन्टरनेशनल एग्रोनॉमी काँग्रेस ऑन एग्रोनॉमी, इनवायरमेंट एण्ड फूड सिक्योरटी, इंडियन सोसायटी ऑफ एग्रोनॉमी, नई दिल्ली, नवम्बर 23–27, 1998, पीपी. 224.

आई.सी.आर.आई.एस.ए.टी. (इन्टरनेशनल क्रॉप्स रिसर्च इन्सटीट्रयूट फोर द सेमी–एरिड ट्रोपिक्स), 1981. एनुअल रिपोर्ट 1979–80 ऑफ आई.सी.आर.आई.एस.ए.टी., पतनचेरूः आई.सी.आर.आई.एस.ए.टी., पीपी. 81–82.

आई.सी.आर.आई.एस.ए.टी. (इन्टरनेशनल क्रॉप्स रिसर्च इन्सटीटयूट फोर द सेमी–एरिड ट्रोपिक्स), 1983. एनुअल रिपोर्टस फोर 1978–83 ऑफ आई.सी.आर.आई.एस.ए.टी., आई.सी.आर.आई.एस.ए.टी., पतनचेरू. पीपी. 34–36.

कस्तूरीकृष्ना, एस. और अहलावत, आई.पी.एस., 1999. ग्रोथ एण्ड यील्ड रिस्पोन्स ऑफ पी (पाइसम सटाइवम) टू मोइस्चर स्ट्रेस, फोस्फोरस, सल्फर एण्ड जिंक फर्टीलाइजर. इंडियन जर्नल ऑफ एग्रोनॉमी, 44: 588–596.

माने, एम.एस. और अयारे, बी.एल., 2007. प्रिंसीपल्स ऑफ स्प्रिंकलर इर्रीगेशन. जैन ब्रदर्स, नई दिल्ली.

मोहन्ती, आर.एन और शर्मा, जे.पी. 1985. इफेक्ट ऑफ इर्रीगेशन ऑन ग्रोथ एण्ड यील्ड ऑफ समर ग्रीनग्राम. इंडियन जर्नल ऑफ एग्रोनॉमी, 30: 386–388.

पाल. ए.के. और जाना, पी.के., 1991. इफेक्ट ऑफ फोस्फोरस, राइजोबियम इनोकुलेशन एण्ड इर्रीगेशन ऑन ग्रोथ, यील्ड एण्ड डब्लू.यू.ई. ऑफ समर ग्रीनग्राम (फोंसेओलुस रेडिअटस). इंडियन जर्नल ऑफ एग्रोनॉमी 36: 536–540.

पन्नू, आर.के. और सिंह, डी.पी., 1993. इफेक्ट ऑफ इर्रीगेशन ऑन वाटर यूज, वाटर यूज एफिसिऐन्सी, ग्रोथ एण्ड यील्ड ऑफ मूंग बीन. फील्ड क्रॉप्स रिसर्च, 31:87–100.

पटेल, डी.बी. और पटेल, सी.एल., 2000 इफेक्ट ऑफ इर्रीगेशन एण्ड प्लांटिग जियोमेटरी ऑन ग्रोथ एण्ड यील्ड ऑफ विन्टर पिजिअन पी (केजनस केजन). इन एक्सटेन्डेड समरीस ऑफ नेशनल सिम्पोसियम ऑन एग्रोनॉमीः चेलेन्जेस एण्ड स्ट्रेटजीस फोर द न्यू मिलेनियम, जूनागढ़ः जी.ए.यू. नवम्बर, 15–18, 2000, पी. 145.

राना, के. एस. और मल्होत्रा ओ.पी., 1989. रिस्पोन्स ऑफ समर पिजिअनपी टू इर्रीगेशन एण्ड डेट ऑफ सोइंग, इंडियन जर्नल ऑफ एग्रोनॉमी, 34: 249–250.

राव, आई., मधूसूदन, वी.एन., वेंकटरत्नम, एन., फरिस, डी. जी. और शेलड्राके, ए.आर., 1983. रिस्पोन्स टू एर्रीगेशन इन पोस्ट रेनी–सीजन पिजन पी. इन्टरनेशनल पीजनपी न्यूजलेटर, 2:35–236.

राव एस.एन., 1997. वाटरशेड डेवलपमेंन्ट नीड्स न्यू लुक. द हिन्दू बिजनस लाइन डेटेड 20/03/1997.

सक्सेना, एम.सी., 1980. रीसेन्ट एडवान्स इन चिक पी एग्रोनॉमी. इन प्रोसीडिंग ऑफ द इन्टरनेशनल वर्कशॉप ऑन चिक पी इम्प्रूवमेंट. पतनचेरूः आई.सी.आर.आई.एस.ए.टी. फरबरी 28–मार्च 2, 1979, पीपी. 96–98.

सक्सेना, एम.सी., 1984. एग्रोनॉमिक स्टडीस ऑन विन्टर चिकपी. इन प्रोसीडिंग्स ऑफ द वर्कशॉप ऑन एसकोचिटा झुलसा एण्ड विंटर सोइंग ऑफ चिकपी (एडि. एस.सी. सक्सेना एण्ड के.बी. सिंह), अलेप्पोः आई.सी.ए.आर. डी.ए. पीपी., 123–137.

सक्सेना, एम.सी. और यादव, डी.एस., 1976. सम एग्रोनोमिक कन्सीडरेशन ऑफ पिजिअन पी एण्ड चिकपी. इन प्रोसीडिंग्स ऑफ इन्टरनेशनल वर्क्शॉप ऑन ग्रेन लेगयूम्स, पतनचेरूः आई.सी.आर.आई.एस.ए.टी. पीपी. 31. 62.

सिंह, जी और भूषण, एल.एस., 1979. वाटर यूज, वाटर यूज एफीसिऐन्सी एण्ड यील्ड ऑफ ड्राई लेण्ड चिकपी एस इन्फ्लूएन्सड बाय पी–फर्टीलाइजेशन एण्ड स्टोर्ड सोइल मोइस्चर एण्ड क्रॉप सीजन रेनफॉल. एग्रीकल्चरल वाटर मेनेजमेंट, 2, 299–305.

सिंह, के.पी., शर्मा, एच.सी. और सिंह, टी., 1978. रिस्पोन्स ऑफ पी टी–163 टू इर्रीगेशन. इंडियन जर्नल ऑफ एग्रोनॉमी, 23:739–743.

सिंह, वी.के. और दीक्षित, आर.एस., 1992. इफेक्ट ऑफ मोइस्चर रीजिम एण्ड सोइंग डेट ऑन चिक पी. इंडियन जर्नल ऑफ एग्रोनॉमी, 23 : 98–101.

स्वीन्दले, एल.डी., 1982. डिस्ट्रीब्यूशन एण्ड यूज ऑफ अरेबल सोइल्स इन द सेमीएरिड ट्रॉपिक्स. इनः मेनेजिंग सोइल रिसोर्स ट्रान्जेक्शन ऑफ द 21वीं इन्टरनेशनल क्रॉग्रेस ऑफ सोइल साइंस. 8–16 फरबरी, 1982. आई.ए.आर.आई., नई दिल्ली, इंडिया. पीपी. 67–100.

टी.एम.ओ.पी. (टेक्नोलॉजी मिशन ऑन ऑइलसीड एण्ड पल्सेस), 2000. ट्रान्सफर ऑफ टेक्नोलॉजी. इन एक्सपर्ट कमेटी रिपोर्ट ऑन पल्सेस, डिपार्टमेंट ऑफ एग्रीकल्चर एण्ड कोऑपरेशन, मिनिस्ट्री ऑफ एग्रीकल्चर. नई दिल्लीः पीपी. 47–50.

ट्रंग, बी.सी., योसिदा, एस. और कोबायाशी, वाय., 1985. इनफ्लूएन्स ऑफ एक्सेस सोइल मोइस्चर ऑन द नाइट्रोजन न्यूट्रीशन एण्ड ग्रेन प्रोडक्टिविटी ऑफ मूंग बीन. जापानीस जर्नल ऑफ क्रॉप साइंस, 54:79–83.

वर्मा. ए.के. एण्ड राव, एन.एस.एस., 1975. इफेक्ट ऑफ डिफरेंट लेवल्स ऑफ सोइल मोइस्चर ऑन ग्रोथ, यील्ड एण्ड सम फिजयोलॉजीकल एक्सपेक्टस ऑफ नोड्रयूलेशन इन ग्रीनग्राम. इंडियन जर्नल ऑफ एग्रीकल्चरल साइंसेस, 45, 11–16.

वेंकटेस्वरलू, यू. एण्ड अहलावत, आई.पी.एस., 1993. इफेक्ट ऑफ मॉइस्चर रीजिम, सीड रेट एण्ड फोस्फोरस फर्टीलाइजर्स ऑन ग्रोथ, यील्ड एट्रीब्यूट्स एण्ड यील्ड ऑफ लेट सोन लेन्टिल (लीन्स कुलीनेरिस). इंडियन जर्नल ऑफ एग्रोनॉमी, 38: 236–243.

वानी, ए.जी. तुम्बरे, ए.डी. और धोन्डे, एम.बी., 1998. रिस्पोन्स ऑफ रेनी सीजन फ्रेंचबीन (फेसिओलस बलगेरिस) टू इर्रीगेशन रीजिम्स एण्ड नाइट्रोजन. इंडियन जर्नल ऑफ एग्रोनॉमी, 43: 694–699.

यादव, आर.एल., सिंह, एस.आर., प्रसाद, के., दिवेद्वी, बी.एस., बत्ता, आर.के., सिंह, ए.के. पाटिल, एन.जी. और चौधरी, एस.के., 2000. मेनेजमेंट ऑफ इर्रीगेटेड एग्रो–इकोसिस्टम. इन नेचुरल रिसोर्स मेनेजमेंट फोर एग्रीकल्चर प्रोडक्शन इन इंडिया (एडिट जे.एस.पी. यादव एण्ड जी.बी. सिंह), इंडियन सोसाइटी ऑफ सोइल साइंस. नई दिल्लीः पीपी. 775–870.

11

खरपतवार प्रबन्धन

अनिल दीक्षित, सन्दीप सिंह तोमर और जनमेजय शर्मा

दलहन का प्रतीकात्मक नामकरण ''पल्स'' (पी = पीपुल, यू = अमब्रेला, एल = लाइवस्टोक, एस = सोइल और ई = इनर्जी) से सिद्ध होता है कि दलहनीं फसले मनुष्यों हेतु ऊर्जा का मुख्य स्रोत है। दलहन से मनुष्य को प्रोटीन मिलता है पशुधन हेतु पोष्टिक हरा चारा और मृदा में नत्रजन स्थरीकरण के माध्यम से मृदा की उर्वरा शक्ति को बढावा मिलता है। दलहनों के इन गुणों के कारण भारतीय कृषि एवं खाद्य व्यवस्था में दलहन अनूठा स्थान प्राप्त कर ऊँचे स्थान पर है। दलहनीं फसलों को फसल विविधीकरण में शामिल कर उत्पादन में आ रही गिरावट को कम करना, आदानों की उपयोग क्षमता को बढाना, प्राक्रतिक संसाधनों का समुचित उपयोग तथा उत्पादन लागत को कम किया जा सकता है। दलहनीं फसलें गहन फसल प्रणाली में अन्तरवर्ती, दो फसल उगाने के मध्य में मिलने वाले समय के बीच में खेती एवं रिले (फसल कटने से पूर्व बुआई) फसल पद्धति की हिस्सा बनती जा रही है जिससे कृषकों को अधिक आय और संसाधनों के कुशल उपयोग को बढावा मिलेगा। देश के विभिन्न भागों में दलहनीं फसलों की उत्पादन की क्षमता से कम उत्पादन मिलता है, इसके मुख्य कारणों का विषलेषण कर पाया कि दलहन की खेती में कीट व्याधियों से प्रतिरोधी किस्मों का अभाव, अनउपजाऊ मृदाओं में खेती, कीट व्याधि एवं खरपतवारों का सही प्रबन्धन न होना, मौसम में बदलाव, आदि प्रमुख विन्दु है।

दलहन उत्पादन में विभिन्न आदानों के योगदान का विश्लेषण अखिल भारतीय समन्वित दलहन सुधार परियोजनाओं द्वारा किया गया है। अली एवं लाल (1989) ने खरीफ दलहन में पाया कि खरपतवार प्रबन्ध सर्वाधिक महत्वपूर्ण आदान है इसके उपरान्त उर्वरक, कीट एवं रोग नियंत्रण आते है। खरपतवार प्रबन्धन की कमीं के कारण खरीफ में 30 से 40% एवं रबी में 25% तक उत्पादन में कमीं हो जाती है। भारत में विश्व की 17% आवादी निवास करती है आवादी के हिसाब से विश्व का दूसरा राष्ट्र है और इस आवादी के भरण पोषण हेतु विश्व की मात्र 2.3% भूमि है। भारतीय कृषि के सामने बढती हुई आबादी एवं घटती हुई कृषि योग्य भूमि एक बहुत बडी चुनौती है। खाद्यान की दृष्टि से वर्ष 2020 तक खाद्यान की मॉग लगभग 300 मिलियन टन होगी, इसमें 112 मिलियन टन चाबल, 82 मिलियन टन

गेहूँ, 39 मिलियन टन मोटे अनाज, 28 मिलियन टन दलहन की होगी। वर्ष 2009–10 का उत्पादन एवं वर्ष 2020 की माँग का अन्तर तालिका–1 में दिया गया है।

तालिका 1: खाद्यान की आवश्यकता एवं अन्तराल (मिलियन टन)

खाद्यान	वर्ष 2020 की आवश्यकता	वर्ष 2008–09 का उत्पादन	आवश्यक अन्तराल
धान	112	97	15
गेहूँ	95	93	2
दलहन	28	16	12
तिलहन	35	31	4
मोटे अनाज	39	37	2

भारत की प्रमुख दलहन

दलहनीं फसलों में अरहर (केजेनस कजान), मूँग (विग्ना मुंगो), उड़द(विग्ना रेडिएटा), और लोविया (विग्ना अनगुइकुलाटा) आमतोर पर वर्षात (खरीफ) के मौसम में बोये जाते है। चना (साइसर एराइटिनम), मटर (पाइसम सटाइवम), मसूर (लीन्स कुलिनेरिस) चटरी मटरी अथवा खेसरी अथवा बटूरा अथवा लेथाइरस (लिथियम सटाइवम) और राजमा (फेसिआलस वुल्गेरिस), सिंचित एवं असिंचिंत परिस्थितियों में रबी के मौसम में बोई जाती है। जबकि मूँग, उड़द, तथा लोविया उत्तर भारत में राई–सरंसों तथा आलू की फसल के पश्चात् ग्रीष्म काल में भी बोई जाती है। कुछ दलहनीं फसलें जैसे मूंग, मसूर, लेथाइरस, और उड़द की फसल को उतेरा के रुप में मध्य प्रदेश, छत्तीसगढ़ और आंध्र प्रदेश के धान– परती क्षेत्रों में बोई जाती है।

खरपतवार व वनस्पतियां

दलहनीं फसलें लम्बे समय से विभिन्न कृषि पारिस्थितिकी में उगाई जाती है। खरपतवार वनस्पतियों की प्रकृति एवं उनकी सघनता काफी हद तक भिन्न–भिन्न होती है। वर्षात के दिनों में देश के अर्धशुष्क क्षेत्रों में कारपेड घास (ट्रिएन्थिमा मोनोगिना), सघनता से पाई जाती है। इसके उपरान्त कनकउआ (कोमेलिना बेंघालेंसिस), और लेसुआ (डिगेरा अरवेन्सिस), पाई जाती है। घास कुल में सांवा (इफाइनोक्लोआ कोलोना), खरमकरा (डेक्टीलोक्टेनियम इजिप्टियम), तकरी/क्रोपुट घास (डिजिटेरिया सेन्गुइनेलिस), गिन्नी (पेनिकम मेक्सिमम), खरीफ फसलों में हानी पहुँचाती है। वर्षात् (खरीफ) एवं ग्रीष्म (जायद) ऋितु के मौसम में मोथा (साइप्रस रोटन्डस) दलहनीं फसलों में काफी नुकसान पहुँचाता है इसकी जडों में कंद होने की वजह से यह मृदा में लम्बे समय तक जीवित रहता है। साथ ही कांस (सेक्रम स्पोन्टेनिअम) और जंगली ज्वार (सोरघम टेलीपेन्स) हल्की संरचना वाली मृदा में इनकी काफी मात्रा में कंद होने की बजह से फसल कों लम्बे समय तक नुकसान पहुंचाते रहते है। देश की वर्षा आधारित हल्की संरचना वाली मृदा में सरवली/सफेद मुर्गा (सिलोसिआ अर्जेन्टिआ) दलहनीं फसलों में काफी नुकसान पहुचाते है। रबी के मौसम गें

सिंचित क्षेत्रों में बथुआ (चिनोपोडियम एल्वम), अफरी (फ्यूमेरिआ पार्विफ्लोरा) अकरी (विसिया हिरस्यूटा) काफी मात्रा में पाये जाते है। देश के उत्तरी भाग में वर्षा आधारित क्षेत्रों के चना एवं मसूर उगाने वाले क्षेत्रों में प्याजी (अस्फोडिलस टेनूइफोलिअस) काफी मात्रा में उगता है। यह पोषक तत्वों, प्रकाश एवं मृदा नमी के लिए फसल के साथ प्रतिस्पर्धा करतीं है। उत्तर प्रदेश के जालोन क्षेत्र में कटेली (कार्थेमस ओक्सीकान्था) अपने काटे दार प्रकृति के कारण मटर की फसल में फसल की कटाई एवं गहाई में काफी परेशानी पैदा करती है। मटर एवं मसूर की फसल के पौधों पर हिरनखुरी (कोनवोल्वुलुस अर्वेन्सिस) के पौधे चढ कर जाल बना लेते है जिससे काफी नुकसान होता है। गुल्ली डंडा (फेलेरिस माइनर) एवं जंगली जई (एवीना लूडोविसिआना) रबी की दलहनीं फसल में सिंचित क्षेत्रों में नुकसान पहुॅचाते है। अमरवेल (कुसकुटा प्रजाति) महत्वपूर्ण परिजीवी खरपतवार है और यह तटीय आंध्र प्रदेश, तमिलनाडु और मध्य प्रदेश के कुछ भागों में धान के बाद लगाई गई मूंग व उड़द की फसल कों काफी क्षति पहुचाती है। इसके प्रकोप का प्रभाव चना व मसूर की फसल में काफी हो रहा है।

दलहनीं फसलों के अधिकांश क्षेत्र वर्षा पर आधारित है। खरपतवार फसल के साथ पोषक तत्वों, मृदा नमी, सूर्य की रोशनी, जगह हेतु स्पर्धा करते है और फसल के उत्पादन को काफी प्रभावित करते है। यह प्रभाव विभिन्न फसलों पर भिन्न–भिन्न होता है (तालिका–2)। सामान्यतः खरपतवारों का प्रकोप वर्षा के मौसम में सर्वाधिक होता है।

खरपतवार सामान्यतः खेतों में फसल उगने के साथ साथ उगते है लेकिन खरपतवार विपरीत पतिस्थितियों में भी तेजी से वृद्धि एवं विकास करते है परिणाम स्वरुप ये फसल को दबा लेते है। खरपतवार फसल के साथ पोषक तत्वों, मृदा नमी, सूर्य के प्रकाश एवं जगह के लिए स्पर्धा के साथ मृदा में विशैले रसायन भी छोडते है जिससे फसल की बढवार एवं विकास पर विपरीत प्रभाव पडता है।

दलहनीं फसलों में खरपतवार फसल के साथ उगते है और उगते ही प्रारम्भिक अवस्था से ही फसल से कडी प्रतिस्पर्धा करते है। खरपतवारों को पूरे समय खेत से निकालते रहना निश्चित रुप से उत्पादन को बढाता है परन्तु अधिक लाभकारी नहीं होता। निश्चित समय पर खरपतवार फसल से निकालना बहुत ही महत्वपूर्ण होता है। अतः फसल से खरपतवार निकालने की क्रांतिक अवस्था का निर्धारण उत्पादन बढाने के साथ–साथ आर्थिक रुप से लाभकारी होता है। खरपतवारों एवं फसल की सक्रिय स्पर्धा की स्थिति के समय की जानकारी अति आवश्यक होती है जिससे समय पर खरपतवार फसल से खत्म कर अधिक उत्पादन एवं लाभ लिया जा सके (तालिका–2)। खरपतवारों का फसल से प्रतिस्पर्धा का समय निकलने के पश्चात यह फसल को अधिक नुकसान नहीं पहुचाते परन्तु खरपतवार के बीज बनने से रोकने हेतु इन्हे बीज बनने से पूर्व निकाल कर खत्म कर देना चाहिए।

तालिका 2: विभिन्न दलहनीं फसलों हेतु खरपतवार निकालने की क्रॉतिक अवस्था एवं उत्पादन में कमी

फसल	क्रान्तिक अवस्था दिनों में (बुआई के पश्चात)	उत्पादन में कमी (%)
अरहर	15-60	20-40
मूँग	15-30	25-50
उड़द	15-30	30-50
लोविया	15-45	15-30
चना	30-60	15-25
मटर	30-45	20-30
मसूर	30-60	20-30
राजमा	30-60	15-30
वाकला	30-60	40-75

खरपतवार प्रबन्धन की विधियॉं

खरपतवार प्रबन्धन हेतु आर्थिक, पर्यावरणीय और सामाजिक बातों के पारस्परिक प्रभाव के ध्यान में रखते हुए कर्षण क्रियाओं, यांत्रिक, जैविक, पारिस्थितिकी और रसायनिक विधि द्वारा एकीकृत प्रबन्धन करना चाहिए। देश की विभिन्न परिस्थिकी क्षेत्रों की उत्पादन विधियों में खरपतवार प्रबन्धन की विभिन्न विधियों में कर्षण क्रियायें, बचाव, यात्रिंक, रासायनिक आदि का विवरण निम्न प्रकार है।

बचाव हेतु सावधानियॉं

यह सर्वमान्य सत्य है कि बचाव उपचार से उत्तम होता है इसलिए निरोधी उपाय अवश्य करना चाहिए इससे खरपतवारों को आने से रोका जा सकता है। इसमें खरपतवारों के बीजों से रहित शुद्ध बीज उपयोग, खरपतवार के जीवित बीज रहित सडे गले गोबर की कम्पोस्ट खाद का उपयोग, नहरी सिंचाई नालियों, मेड व जल निकास कि नाली खरपतवार रहित हो, खेतों में पशुओं का आवागमन रोकना, अन्य स्थानों से लाई हुई पौध, बुआई एवं जुताई के कृषि यंत्रों की सफाई एवं चोकसी बढाकर नये क्षेत्रों से आने वाले खरपतवारों को पूर्ण रुप से रोकना आदि प्रमुख है। ग्रीष्म ऋतु के मौसम में गहरी जुताई कर सूर्य की ऊर्जा से खरपतवारों को खत्म करना आदि प्रमुख है।

कर्षण क्रियायें

कृषि क्षेत्र में हुई महत्वपूर्ण प्रगति के बावजूद, विश्व के बहुत से क्षेत्रों में खरपतवार प्रबन्धन श्रमिकों एवं यांत्रिक विधियों द्वारा किया जा रहा है। खरपतवार प्रबन्धन हेतु कर्षण क्रियायें श्रमिकों एवं मशीनों द्वारा की जाती है। कर्षण क्रियाओं से खरपतवार प्रबन्धन का प्रभाव स्पष्ट देखने को मिलता है (तालिका–3)। यह विधि खरपतवार प्रबन्धन हेतु बहुत अनुकूल है इसका प्रभाव फसल पर बेहतर देखने को मिलता है। यह विधि पर्यावरण हितेसी एवं महगे खरपतवार नाशकों का एक विकल्प है। इस विधि में विभिन्न प्रकार की सस्य क्रियायें अपनाकर खरपतवार को नियंत्रित किया जाता है। जैसे फसल चक्र, सही समय

पर सही विधि से बोनी, मृदा व बीज उपचार, शीघ्र बढने वाली फसलों का चुनाव, जैविक व रासायनिक खादों की सही मात्रा, ग्रीष्म कालीन गहरी जुताई, अच्छे अंकुरण वालें बीजों की सही मात्रा आदि।

तालिका 3: कर्षण क्रियाओं का बर्गीकरण एवं उनका एकीक्रत खरपतवार प्रबन्धन का प्रभाव एवं उदाहरण (बारबूरी, 2001)

कर्षण क्रियायें	प्रभाव	उदाहरण
फसल चक्र	खरपतवारों की संख्या में कमी, मृदा उर्वरता का बढना	शीत और ग्रीष्म ऋतु की फसल में बदलाब
प्रारम्भिक जुताई	खरपतवारों की संख्या में कमी, प्रक्षेत्र रोग रहित	गहरी जुताई, अधिक जुताई संख्या का कम जुताई में परिवर्तन
बीज शैया की तैयारी	खरपतवारों की संख्या में कमी, अच्छी फसल	गलत/घिसीपिटी बीज शैया तैयार करने की तकनीक में बदलाव
खेती	खरपतवारों की संख्या में कमी	फसल उगने के बाद निराई गुणाई, फसल की जड़ों पर हो यंत्र द्वारा मिट्टी चढाना
फसल से मृदा को ढकना	खरपतवारों की संख्या में कमी	हरी खाद अथवा मल्च, फसल की दो लाइनों के बीच में मृदा ढकने वाली फसल उगाना
अन्तरवर्ती फसल	खरपतवारों की संख्या में कमी, फसलों की आपसी प्रतिस्पर्धा में कमी, निश्चित लाभ, मृदा उर्वरता में बढोत्तरी	मृदा पर फैलने वाली फसल जीवंत मल्च का काम करती है, अर्न्तवर्ती फसल से अधिक मुनाफा
ऊष्मीय उपचार	खरपतवारों में कमी, कीट व्याधि नियंत्रण	फसल उगने से पूर्व या उगने के उपरान्त स्थानीय ऊष्मीय उपचार से नियंत्रण
मृदा पर पलवार विछाकर /मृदा में सूर्य की रोशनी से उपचार	खरपतवारों की संख्या में कमी	मृदा पर काली अथवा पारदर्शी प्लास्टिक सीट विछाना
फसल प्रजातियां	फसल के संघर्ष बढाने की क्षमता	ऐसी प्रजाति का चुनाव जो शीघ्र उगती हो, वढवार अधिक प्रारम्भिक अवस्था में तथा मृदा सतह को ढकती हो
बुआई/ रुपाई	फसल की संघर्ष करने की क्षमता बढाती हो	प्रत्यारोपण का प्रयोग, अधिक पौधों का प्रयोग, दो लाइनों के माध्य की दूरी कम, देरी से बुआई अथवा रुपाई
उर्वरक	खरपतवारों में कमी, फसल में संघर्ष करने की क्षमता में बढोत्तरी	उर्वरक का बीज के नीचे प्रयोग, धीरे–धीरे उपलब्ध होने वाले कार्बनिक उर्वरक और सुधारक
सिंचाई	खरपतवारों की संख्या में कमी, फसल में संघर्ष करने की क्षमता में बढोत्तरी	सूक्ष्म सिंचाई पद्धति, सिंचाई के पानी को जड़ क्षेत्र में प्रयोग

यॉत्रिक विधियाँ

इस विधि में खरपतवार नियंत्रण हेतु हस्त चलित विभिन्न औजार एवं उपकरणों के प्रयोग किए जाते है। अन्तः सस्य क्रियाओं द्वारा खरपतवारों को प्रारम्भ में हस्त चलित हो

अथवा निराई गुणाई द्वारा खत्म कर फसल की वृद्धि एवं विकास हेतु उपयुक्त वातावरण बनता है। हस्त चालित औजार अथवा उपकरणों द्वारा दलहनीं फसलों में एक अथवा दो वार कर्षण क्रियायें कर आसानी से बहुत से खरपतवार सन्तोषजनक रूप से खत्म किए जा सकते है। जबकि हाथ से एक अथवा दो वार निराई गुणाई करने से वारहमासी खरपतवार जैसे मोथा (साइप्रस रोटन्डस) और दूव (साइनोडोन डेक्टाइलोन) पुनः अंकुरित हो जाते है इसलिए खत्म नहीं होते। यांत्रिक विधि से खरपतवार नियंत्रण करने में जलवायु और मृदा प्रकार महत्वपूर्ण भूमिका निभाते है। फसल लगाने से पूर्व खरपतवारों को आरम्भिक अवस्था में पहचान कर जुताई द्वारा खत्म किए जा सकते है। यॉंत्रिक विधि से खरपतवार नियंत्रण की सफलता खरपतवार की स्थिति, जलवायु एवं फसल ज्यामिती पर निर्भर करती है। लाइनों में बोई गई फसल में हाथ से चलाये जाने वाले औजारों से आसानी से खरपतवार फसल से अलग किए जा सकते है। खरपतवार उगने की स्थिति में वार–वार निराई गुणाई की क्रियायें करने से उगे हुए खरपतवार खत्म होने के साथ मृदा की अन्दर की सतह से उग रहे खरपतवार खत्म हो जाते है साथ ही मृदा में नमी भी संरक्षित बनी रहती है। कोई भी विधि जो फसल की बढवार को बढावा देती है करने से खरपतवार के प्रसार में कमी आती है।

अन्तरवर्ती फसल पद्धति द्वारा खरपतवार प्रबन्धन

देश के बहुत से क्षेत्रों में अन्तरवर्ती फसल में खरपतवार का प्रबन्धन एक मुख्य समस्या है अतः एसी अन्तरवर्ती फसलों की खोज की जाये जो खरपतवारों का विकास रोक सके साथ ही साथ बेहतर वृद्धि एवं विकास कर सके। मूडी और शेठी (1981) के अनुसार अन्तरवर्ती फसलों की प्रजातियों का चयन फसल घनत्व, अन्तरवर्ती फसलों के माध्य अनुपात, मृदा उर्वरता, मृदा में नमी का स्तर, स्थानीय व्यवस्था आदि खरपतवारों की वृद्धि एवं विकास रोकने को प्रभावित करती है। खरपतवारों के नियंत्रण से अन्तरवर्ती फसल उत्पादन में वृद्धि के साथ आगामी फसलों को भी लाभ मिलता है। मूडी (1977) ने अनुसंधान में देखा कि अन्तरवर्ती फसल में लोविया लगाने से खरपतवारों की संख्या कम हो जाती है।

अभी तक बहुत ही कम खरपतवार नाशियों की सिफारिश अर्न्तवर्ती फसल हेतु की गई है क्योंकि अन्तरवर्ती फसल में चौडी पत्ती वाले खरपतवारों को खत्म करने हेतु खरपतवार नाशी प्रयोग करने पर अन्तरवर्ती फसल को भी नुकसान होता है। अन्तरवर्ती फसल क्रम में खरपतवार प्रबन्धन हेतु ऐसी फसलों का चुनाव करें जो खरपतवारों को रोकें साथ ही खरपतवार नाशी का प्रयोग व निराई गुणाई आसानी से की जा सके। खरपतवारों की विविधता को देखते हुए ऐसी परिस्थितियों में केवल एक विधि द्वारा वांछित स्तर तक खरपतवार नियंत्रण नही किया जा सकता। खरपतवार नाशी का पूरक के रुप में कम मात्रा में प्रयोग किया जाना चाहिए। अन्तरवर्ती फसल पद्धति मेँ यांत्रिक, रासायनिक एवं शस्य क्रियाओं की एकीकृत विधि से खरपतवार नियंत्रण की दक्षता बढाई जा सकती है। सस्यक्रियाओं और

रासायनिक विधियों को संयुक्त रुप से प्रयोग कर खरपतवार प्रभावी रुप से नियंत्रण किए जा सकते है।

चने की फसल में बथुआ एक मुख्य खरपतवार है इसे फसल की बुवाई में देरी कर कम किया जा सकता है (तालिका–4)। खरपतवार नाशियों में 1.5 कि.ग्रा. पेन्डामिथिलिन सक्रिय तत्व का प्रयोग बहुत प्रभावशाली माना गया है। चना व मसूर की देरी से बोई गई फसल में पहली निराई गुणाई 45 से 60 दिन की फसल अवस्था करने पर 30 दिन पर की गई निराई गुणाई से अधिक प्रभावी रही थी। मटर की फसल में 25% बीज दर बढाने से खरपतवारों के प्रभाव को कम किया जा सकता है (सिंह एवं सहयोगी, 2001)।

अन्तरवर्ती फसल को प्रतिस्पर्धा के रुप में फसल लगाने से मृदा सतह पर छाया रहती है एवं खरपतवारों का विकास रुक जाता है अतः अन्तरवर्ती फसल खरपतवार प्रबन्धन में एक उपकरण के रुप में अवसर प्रदान करती है (राव एवं शेट्टी, 1976)। अल्प अवधि और शीघ्र बढने वाली अन्तरवर्ती फसल के साथ लम्बी अवधि एवं लम्बी बढने वाली फसल उगाने से खरपतवार के प्रभाव को प्रभावी ढंग से कम किया जा सकता है।

अरहर की फसल धीमी बढवार वाली फसल है एवं दूरी पर लगाई जाने के कारण सामान्यतः कम अवधि की फसल ज्वार, मूंग, उड़द, लोविया, तिल आदि को अन्तरवर्ती फसल के रुप में उगाया जाता है ज्वार+अरहर अन्तरवर्ती फसल के रुप में कर्नाटक, महाराष्ट्र और आंध्र प्रदेश में बडे क्षेत्र में उगाया जाता है और इस अन्तरवर्ती फसल क्रम से खरपतवार के प्रभाव को कम किया जा सकता है। साथ ही दूरी पर की गई अरहर के खाली स्थान का भी सही उपयोग होता है।

अरहर के साथ सोयाबीन, उड़द (अहलावत एवं सहयोगी, 1982) और लोविया (राव एवं शेट्टी, 1976) की अन्तरवर्ती फसल से खरपतवार की सघनता कम हुई तथा शुष्क भार में 45 से 50% तक की कमी हुई। अरहर की दो लाइनों के साथ तीन लाइन सोयाबीन (2:3) और अरहर की एक लाइन साथ में सोयाबीन की दो लाइन (1:2) की अन्तरवर्ती फसल लगाने से फसल उत्पादन गुणाँक में बढोत्तरी एवं खरपतवार के शुष्क भार में केवल अरहर और सोयाबीन की फसल की तुलना में काफी कमी दर्ज की गई। अरहर के साथ अन्तरवर्ती फसल क्रम में क्रमशः मूंग, बाजरा और तिल की खेती से वारानी क्षेत्रों में खरपतवारों की संख्या में क्रमशः 36.9, 50.8, और 36.6% की कमी देखी गई (तालिका–5)।

तालिका 4: चने की फसल पर बुवाई का समय एवं खरपतवार नियंत्रण का खरपतवारों के शुष्क भार और उपज पर प्रभाव।

खरपतवार नियंत्रण के उपचार	मात्रा (कि.ग्रा. सक्रिय तत्व/हे.)	खरपतवारों का शुष्क भार (ग्राम/वर्ग मीटर)			उपज(कि.ग्रा./हे)			
		5 नवम्बर	20 नवम्बर	5 दिसम्बर	5 नवम्बर	20 नवम्बर	5 दिसम्बर	औसत
फ्लूक्लोरलिन	1	54.1	41.3	35.9	1192	1308	1055	1185
फ्लूक्लोरलिन	1.5	36.7	31.7	21.6	1387	1507	1189	1361
पेन्डिमेथलीन	1	42	34.8	30.5	1247	1293	1031	1190
पेन्डिमेथलीन	1.5	26.8	23.6	15.3	1438	1577	1327	1447
मेट्रीब्यूजन	0.25	50.9	41.3	35.6	1048	1132	980	1053
मेट्रीब्यूजन	0.5	32.1	28.4	32.2	1256	1310	1076	1211
खरपतवार रहित	-	0		0	1590	1729	1354	1558
खरपतवार सहित	-	140.7	116	89.3	481	631	427	513
औसत	-	-	-	-	1205	1311	1055	-

क्रॉन्तिक अन्तर (5%)खरपतवार नियंत्रण हेतु–44,बुआई की तिथि हेतु–81

तालिका 5: अरहर की एकल व अन्तरवर्ती फसल का खरपतवारों के शुष्क भार एवं प्रभाव में कमीं पर प्रभाव।

अर्न्तवर्ती फसल पद्धति	खरपतवारों का शुष्क भार (कि. ग्रा./हे.)	खरपतवार के प्रभाव में कमी (%)
अरहर	2672	–
अरहर+मूंग (1:2)	1684	36.9
अरहर+ बाजरा (1:2)	1314	50.8
अरहर+तिल(1:2)	1694	36.6

स्रोतः सिह एवं सहयोगी (2001)

शाकनासियों का उपयोग

खरपतवार नियंत्रण श्रमिकों/यॉत्रिक विधि द्वारा बहुत प्रभावी होता है परन्तु इसमें कुछ बाधायें आती है जैसे कार्य की अधिकता के कारण श्रमिकों की अनुपलब्धता, उच्च श्रम लागत और वर्षात के मौसम में प्रतिकूल वातावरण आदि। इस दशा में शाकनाशियों का प्रयोग लाभप्रद और किफायती रहता है। शाकनाशियों का दलहनीं फसलों में प्रयोग करते समय कुछ बातों का ध्यान रखना चाहिए जैसे शाकनाशी मृदा में उपलब्ध लाभकारी सूक्ष्म जीवाणु जो मृदा की उर्वरा शक्ति में बढोत्तरी और नत्रजन स्थरीकरण करने वाले सूक्ष्म जीवाणुओं के लिये हानिकारक न हो साथ ही मृदा में किसी भी प्रकार के नुकसान पहुचाने वाले अवशेष न छोड़े। अखिल भारतीय समन्वित खरपतवार नियंत्रण अनुशंसाधन परियोजना केन्द्रों और देश के अन्य हिस्सों में किए गए शोध के आधार पर कुछ शाकनाशी विभिन्न दलहन फसल प्रणाली गें रचनात्मक प्रभाती और किफायती पाये गये है जिन्हें तालिका–6 में दिया गया है।

तालिका 6: विभिन्न दलहनीं फसलों हेतु उपयोगी खरपतवार नाशी

खरपतवार नाशी	मात्रा (सक्रिय तत्व कि. ग्रा./हे.)	फसल	नियंत्रण होने वाले खरपतवार
फसल बुवाई से पूर्व			
फ्लूक्लोरेलिन	0.75–1.0	सभी दलहन	चौडी पत्ती वाले
ट्राइफ्लूरेलिन	0.75–1.0	सभी दलहन	खरपतवार और घास चौडी पत्ती वाले खरपतवार और घास
फसल उगने से पूर्व			
एलाक्लोर	1.5–2.0	वर्षात के मौसम की दलहन	सभी प्रकार की घास
लिनूरोन	1.0–1.5	चना, मटर, मशूर	चौडी पत्ती वाले खरपतवार और घास
मेटोलाक्लोर	1.0	अरहर, मूँग, उड़द	सभी प्रकार की घास
मेट्रीव्यूजन	0.50–0.75	मटर	चौडी पत्ती वाले खरपतवार और घास
आक्सीफ्लोरफेन	0.10–0.20	मूँग,उड़द	चौडी पत्ती वाले
पेन्डिमेथालीन	1.0	सभी दलहन	चौडी पत्ती वाले खरपतवार और घास
फसल उगने के उपरान्त			
क्लोडीनेफोप–प्रोपेरजिल	0.060	चना, मटर,मसूर, संरसों	सभी प्रकार की घास
क्वीजेलोफोप इथाइल	0.050	चना, मटर,मसूर, संरसों	सभी प्रकार की घास
इमेजाथापर	0.10	उड़द, मूँग और अरहर	चौडी पत्ती वाले खरपतवार और घास
मेट्रिव्यूजन	0.3–0.5	मटर	चौडी पत्ती वाले खरपतवार और घास

खरपतवारों के नियंत्रण हेतु किस्मों का विकास

पौध प्रजनको द्वारा अभी तक कई बीमारी प्रतिरोधी, अधिक उत्पादन एवं गुणवत्ता, सूखा सहनशिल किस्मों का विकास किया है किन्तु खरपतवारों से स्पर्धा करने एवं शाकनाशीयों के लिए प्रतिरोधी या सहनशील अथवा मृदा में विषैला पदार्थ छोडकर खरपतवारों को नष्ट कर सकने वाली प्रजातियों का विकास नही किया है। भविष्य में इस ओर कार्य करने की आवश्यकता है।

एकीकृत खरपतवार प्रबन्धन

एकीकृत खरपतवार प्रबन्धन से उच्च स्थिरता फसल उत्पादन सूचकॉक प्राप्त किया जा सकता है। एकीकृत प्रबन्धन प्रणाली में कर्षण क्रियाओं, जैविक एवं यात्रिक विधियों का प्रभावी, भरोसेमंद तथा व्यवहारिक प्रबन्धन कर खरपतवार नियंत्रण कर खेती करनी चाहिए। एकीक्रत खरपतवार प्रबन्धन से पर्यावरण की सुरक्षा और गुणवत्ता में सुधार लाने के अलावा आर्थिक नुकसान में कमी, मानव स्वास्थ्य की छति, वनस्पति और जीब की छमताओं की छति

के जोखिम में कमीं एवं उत्पादन में बढोत्तरी के लिए महत्वपूर्ण है। एकीक्रत रासायनिक+यांत्रिक/ कर्षण क्रियाओं द्वारा खरपतवार प्रबन्धन सभी दलहनीं फसलों एवं अन्तरवर्ती फसल पद्धति में बहुत अधिक प्रभावी पाया गया है। पेन्डामिथिलीन 0.750 से 1.0 कि.ग्रा./हे. के साथ एक निराई गुणाई फसल की 30 से 45 दिन की अवस्था पर खरपतवार प्रबन्धन हेतु चना, अरहर, मूँग, उड़द, मटर और मसूर की फसल हेतु बहुत प्रभावी पाया गया है। अन्तरवर्ती फसल में अरहर की फसल की लाइनों के बीच दाने व चारे वाली फसलें जैसे मूँग, उड़द और लोविया (हरा चारा) की फसल लगाने से अतिरिक्त उपज के अलावा खरपतवार की समस्या को भी कम कर देता है (कुमार एवं सिंह, 2010)।

परजीवी खरपतवारों का नियंत्रण

परजीवी खरपतवार नाशी में अमरवेल (कस्कुटा प्रजाति) दलहनीं फसलों (चना, मूँग, उड़द, और मसूर) एवं तिलहनी फसलों (नाइजर और अल्सी) पर इसके प्रभाव को देखा गया है। तटीय आंध्र प्रदेश, तमिलनाडू एवं मध्य प्रदेश के कुछ हिस्सों में धान–मूंग/ उड़द फसल पद्धति में काफी नुकसान पहुँचाता है। इसका प्रकोप अन्य दलहनीं फसलें जैसे मसूर, चना, अरहर में भी होता है। फसल चक्र अपनाकर अमरबेल का प्रभावी रुप में नियंत्रण किया जा सकता है। जिन पोषक फसलों से अमरबेल पोषक तत्व ग्रहण करती है उनके स्थान पर ऐसी फसलों की खेती की जानी चाहिए जिससे पोषक तत्व ग्रहण नहीं कर सके। ऐसी स्थिति में फसल उगने पर अमरबेल के अंकुरण के पश्चात पौधे खत्म हो जाते है। दलहनीं फसलों में पेन्डिमिथिलीन 1 कि.ग्रा./हे. का अंकुरण पूर्व प्रयोग अमरबेल के प्रकोप को कम करने में प्रभावी पाया गया है।

भविष्य का दृष्टिकोण

दलहनीं फसलों की अधिक उपज और संकर किस्मों से अधिक उत्पादन प्राप्त करने हेतु अधिक उर्वरकों एवं सिंचाई की आवश्यकता के कारण खरपतवारों की समस्या में भी वृद्धि हुई है। साथ ही समय के साथ खरपतवार प्रबन्धन की तकनीकों में काफी हद तक बदलाव आया है। खरपतवार प्रबन्धन में श्रमिको अथवा यात्रिंक विधि से खरपतवार खत्म करने की वजाय शाकनाशी के प्रयोग से नियंत्रण करने में बढोत्तरी हुई है। खरपतवारनाशी बेहतर ढंग से परजीवी और प्रकृति में बारहमासी खरपतवारों के नियंत्रण के साथ – साथ फसल के पौधों की समान दिखने वाले खरपतवारों को आसानी से खत्म किया जा सकता है। खरपतवार नाशियों के प्रयोग से श्रम व समय की बचत, कम लागत, मानवीय कठिन कार्य पर प्रभावी नियंत्रण किया जा सकता है। आने वाले समय में श्रमिकों की कमी एवं महंगाई के कारण शाकनाशियों का प्रयोग और बढेगा। साथ ही प्रसार गतिविधियों के माध्यम से शाकनाशीयों के सफल प्रयोग की जागरुकता कृषकों में आने से दिन प्रति दिन प्रयोग बढ रहा है। ऐसी स्थिति में कृषकों को खरपतवार नाशियों के सुरक्षित उपयोग हेतु और अधिक शिक्षित करने की आवश्यकता है।

शाकनाशी की उपयुक्त मात्रा प्रयोग करने से फसल एवं वातावरण पर कोई नकारात्मक प्रभाव नही पडता है। हॉलांकि शाकनाशी के संम्भावित नकारात्मक प्रभाव की आशंका यदि हो तब इस स्थिति में खरपतवारों के समन्वित प्रयोग में बदलाव की रणनीति की आवश्यकता होती है। खरपतवारों का जैब नियंत्रण एजेंटों के माध्यम से प्रबन्धन (कीट पतंगे, रोग जनको के कारण) और खरपतवार प्रतिरोधी फसल के माध्यम से खरपतवार को खत्म करने की भविश्य की आवश्यकता दिखाई देती है। खरपतवार प्रबन्धन हेतु रसायन, जैव प्रोद्योगिकी एवं क्षेत्रीय प्रबन्धन रणनीति भी बहुत महत्वपूर्ण है। खरपतवार प्रबन्धन में जैव प्रोद्योगिकी नियंत्रण की विधियों में फसल के प्रभाव से अधिक उत्पादन के साथ फसल द्वारा खरपतवार प्रबन्धन जिससे फसल खरपतवार की बढवार को रोक सके तथा फसल अवशेषों अथवा जडों द्वारा की गई प्रतिक्रिया में खरपतवार को उगने से रोकना आदि पर और अधिक कार्य करने की आवश्यकता है लेकिन दशकों से हो रहे गहन कार्यों के बावजूद ठोस प्रगति नहीं हो पाई है।

पूरी संम्भावना है कि भविष्य में भी शाकनाशीयों को और अधिक प्रभावी बनाकर प्रयोग में लाया जायेगा। दलहनीं फसलों में शाकनाशीयों का समन्वित प्रबन्धन से और अधिक प्रभावी बनाने पर कार्य करने की आवश्यकता हे सर्वश्रेष्ठ प्रयासों के बावजूद विकसित देश भी बहुत से कारणों से शाकनाशीयों की खपत को कम नहीं कर सके। जैव प्राद्योगिकी के माध्यम से शाकनाशियों के प्रति दलहनीं फसलों की प्रतिरोधी क्षमता और अधिक बढाने की आवश्यकता है।

सामान्यतः यह देखा गया है कि प्रोद्योगिकी हानिकारक नहीं होती यह प्रयोगकर्ता पर निर्भर करता है। इजराइल के खरपतवार वैज्ञानिक जोनाथन ग्रेसेल का कथन है कि हल से जुताई रचनात्मक अथवा विंध्वसक हो सकती है यह निर्भर करता है कि जुताई ढाल की ओर की जा रही है अथवा ढाल के विपरीत।

संदर्भ

अली, एम. और लाल, एस., 1989. प्रायोरिटी इनपुट्स इन पल्स प्रोडक्शन. फर्टीलाइजर न्यूज. 34 (11): 17–21.

अहलावत, आई.पी.एस., सिंह, ए. और मोहता, एन.के., 1982. स्टडीस ऑन वीड कन्ट्रोल इन सोलिड एण्ड मिक्सड स्टेण्डस ऑफ पिजअन पी एण्ड सोयाबीनः इंडियन जर्नल ऑफ एग्रोनॉमी 27: 191–194.

बारबूरी, पी., 2001. वीड मेनेंजमेंट इन ऑर्गेनिक एग्रीकल्चरः आर वी एड्रेसिंग द राइट इसू? वीड रिस. 42: 177–93.

कुमार एन. और सिंह, के.के., 2010. वीड मेनेजमेंट इन पल्सेसः व्हाय, व्हेन एण्ड हाउ. इंडियन फार्मिंग, जुलाई 2010. पीपी. 9–12.

मूडी, के., 1977. वीड कन्ट्रोल इन मल्टीपल क्रॉपिंग. इन प्रोसीडिग्स ऑफ द सिम्पोसियम ऑन क्रॉपिंग सिस्टम रिसर्च एण्ड डेवलपमेन्ट फोर द एशियन राइस फार्मर्स, आई.आर.आर.आई, फिलीपिंस. सितम्बर, 1996. पीपी. 281–294.

मूडी, के. और शेट्टी, एस.वी.आर., 1981. वीड मेनेजमेंट इन इन्टरक्रॉपिंग सिस्टम्स. इन प्रोसीडिंग्स ऑफ इन्टरनेशनल वर्कशॉप ऑन इन्टरक्रॉपिंग. इक्रीसेट, हैदराबाद. पीपी. 229–237.

राव, एम.आर. और शेट्टी, एस.वी.आर., 1976. सम बायोलॉजीकल आसपेक्ट्स ऑफ इन्टरक्रॉपिंग सिस्टम्स ऑन क्रॉप्स वीड बेलेन्स इंडियन जर्नल ऑफ वीड साइंस. 8: 32–43.

सिंह, एन.पी., साहू, जे.पी., शर्मा, बी.बी. और सिंह, वी.के., 2001. इन्टीग्रेटेड वीड मेनेजमेंट इन पी. एनुअल रिपोर्ट ऑफ रिसर्च ऑन रबी जी.बी.पी.यू.ए. एण्ड टी., पंतनगर, पल्सेस, 2000–2001.

12

समेकित नाशी जीव प्रबन्धन

ओ.पी. शर्मा, जे.सी. गुप्ता, अशोक सिंह यादव, ओ.एम. बोम्बावाले एवं ओमपाल सिंह

विगत वर्षो से राष्ट्रीय खाद्य सुरक्षा को ध्यान में रखते हुए केन्द्र शासन खाध्य उत्पादन एवं संरक्षण में अपनी भूमिका निभा रहा है परन्तु फिर भी विगत कुछ वर्षो से दलहनों का अभाव होता चला जा रहा है। बढ़ती हुई जनसंख्या एवं दलहन की मांग को देखते हुए इस ओर विषेश ध्यान नही दिया तो यह एक गंभीर चुनौती का विषय बन जायेगा। वैज्ञानिक द्रष्टिकोण से विगत 40 वर्षो से प्रारम्भ किये गये कार्यों में यह देखा गया है कि दाल वाली फसलों से अधिक उत्पादन लेने के लिए समेकित नाशी जीव प्रबन्धन बहुत ही अधिक महत्वपूर्ण है क्योंकि समेकित नाशी जीव प्रबन्धन में कीट व्याधि, प्रतिरोधी किस्मों का प्रयोग, अन्तरवर्ती फसल एवं फसल चक्रों का प्रयोग, फफूंद व कीटनाशकों का सन्तुलित उपयोग एवं प्राक्रतिक शिकारी कीटों (कृषि मित्र कीट) को संरक्षण प्राप्त हो जाता है जो कि कीट प्रबन्धन में बहुत कारगर सावित होता है। देश में पारम्परिक कृषि एवं अवधारणा द्वारा समेकित नाशी जीव प्रबन्धन की तकनीकियों को अपनाने में काफी संर्घष किया लेकिन अब तेजी से आगे आने वाले विश्व व्यापार संगठन नीतियों के कारण इसे नजर अन्दाज नहीं किया जा सकता। वास्तव में मृदा की उत्पादकता वरकरार रखने के लिए कृषि कार्यों में बहुत अधिक बदलाव करने की आवश्यकता है। भारत 25% हिस्सेदारी के साथ वैश्विक दलहन उत्पादन में प्रथम स्थान पर है। देश के कुल उत्पादन में सर्वाधिक हिस्सेदारी चने की 39% तत्पश्चात अरहर की 21% है। देश में दलहन की खेती लगभग 23.63 मिलियन हे. क्षेत्रफल में होती है तथा देश की कुल 70% दालों का उत्पादन महाराष्ट्र (20%), मध्य प्रदेश (17%), राजस्थान (11%), उत्तर प्रदेश (11%), आन्ध्र प्रदेश (11%) राज्यों में होता है।

देश में दालों की कमी को देखते हुए घरेलू आवश्यकता की पूर्ति हेतु प्रति वर्ष 1.5 से 2.8 मिलियन टन दालों का आयात करना पडता है। इन बातों को ध्यान में रखते हुए साथ ही जलवायु परिवर्तन एवं फसल पद्धतियों में हो रहे बदलाव के कारण सर्वप्रथम दो महत्वपूर्ण दलहनीं फसलें जैसे चना एवं अरहर की फसलों को सर्वप्रथम समेकित नाशी जीव प्रबन्धन में शामिल किया गया। यह इसलिए भी आवश्यक था क्योंकि जलवायु परिवर्तन

एवं फसल पद्धति में आ रहे वदलाव के कारण कृषि का समग्र दृष्टिकोण बदल रहा है। हमें इन दोंनों महत्वपूर्ण (चना एवं अरहर) फसलों से अधिक उत्पादन लेने को ध्यान में रखते हुए समेकित नाशी जीव प्रबन्धन का देश में सर्वप्रथम लागू किया गया, जिससे कि कीट व्याधियों के प्रबन्धन में मदद मिली।

दलहनीं फसलों की कुछ अद्वितीय विषेशताओं के कारण भारतीय अर्थव्यवस्था में इन फसलों का अपना विशेष महत्व है क्योंकि ये वायुमण्डल की नाइट्रोजन को राइजोवियम की सहजीविता के द्वारा जमीन में संरक्षित कर महत्वपूर्ण कार्य करती हैं। इनकी जड़ें दूसरी फसलों की तुलना में अधिक गहराई तक जाती हैं इसलिए कम नमी वाले क्षेत्रों में भी अधिक उत्पादन देती है। इसलिए हमारे देश के किसान इन फसलों को विशम परिस्थितियों में भी बोना पसन्द करते हैं क्योंकि ये दूसरी फसलों की तुलना में अधिक सूखे की स्थिती में भी अच्छा उत्पादन देने में सक्षम हैं। अनाजों से तीन गुना अधिक प्रोटीन होने के कारण (20–30%) ये मानव आहार के लिए बहुत ही महत्वपूर्ण हैं तथा फसल कटाई के पहले एवं कटाई के उपरान्त कीट एवं रोग प्रबन्धन में अनाज की फसलों की तुलना में दालों में अधिक तकनीकी का उपयोग नही करना पड़ता है।

दलहनों की कम पैदावार के प्रमुख कारक

भारत में दालों की कम पैदावार के प्रमुख कारण इस प्रकार हैः–

(1) परिस्थितिकी कारक (2) दलहनों का सही उत्पादन एवं संरक्षण तकनीकी का अभाव (3) सही दलहन फसल कटाई एवं कटाई उपरान्त बेहतर तकनीकी का अभाव (4) बुनियादी अनुसंधान में विश्वास की कमी (5) किसानों को गुणवत्ता के बीजों की अपर्याप्त आपूर्ती और (6) सामाजिक आर्थिक बाधायें तथा अधिक उत्पादन प्राप्त करने में कीट व्याधियों तथा विषाणु रोगों का फसलों में फैलाव आदि बहुत बड़ी समस्या एवं रुकावट हैं।

फसलोत्पादन में बहुत से कीट व्याधियों द्वारा छति पहुँचाई जाती है। दलहनीं फसलें कीट व्याधियों के प्रति, प्रतिरोधी होने पर भी इन फसलों के उत्पादन में बहुत अधिक नुकसान पहुंचाते हैं। इनमें से प्रमुख दलहनीं फसलों पर लगने वाली कीट व्याधियों में चने में जड़ सड़न, कालर रॉट, बेसकुलर उखटा, एरिअल झुलसा, ग्रेमोल्ड एवं अरहर में वेसकुलर उखटा, तने का झुलसा, स्टेरिलिटी विषाणु रोग, मूंग, उड़द व लोविया में पीतशिरा विषाणु रोग, चूर्णिल आसिता सरकोस्पोरा पत्ती धब्बा और मटर में मृदुरोमिल आसिता प्रमुख है।

कृषकों के द्वारा रोग एवं बीमारी के प्रति प्रतिकूल क्षमता रखने वाली कुछ इस प्रकार की प्रजातियाँ बड़े पैमाने पर अपनाई गई जिनसे स्थिर एवं बेहतर उत्पादन प्राप्त हुआ तथा उत्पादन में बढोत्तरी हुई। स्थिर एवं बेहतर उत्पादन, प्रजनन कार्यक्रम में कीट व्याधि एवं रोग प्रतिरोधी प्रजातियों का विकास कार्यक्रम में शामिल करने पर प्राप्त हुआ। इस प्रकार के कार्यक्रमों को और अधिक महत्वपूर्ण एवं लोकप्रिय बनाकर कई रोग बीमारी प्रतिरोधिता के साथ नई किस्मों के विकास करने की तत्काल और आवश्यक है।

दलहनीं फसलें बढ़वार की बहुत सी अवस्थाओं से लेकर भण्डारण तक बहुत से कीटों के प्रकोप का शिकार होता है। कीटों का प्रकोप अगर फूल एवं फली बनने की अवस्था पर

होता है तब यह आर्थिक रूप से अधिक महत्व पूर्ण होता है उदाहरण के लिए फली छेदक कीट से इस अवस्था में फसल को बहुत हानि होती है। जैसे चने में फली छेदक (चने की इल्ली) का प्रकोप अधिकांश कीट फूल एवं फली बनने की अवस्था में ही प्रकोप करते हैं तथा फसलों को बहुत अधिक नुकसान पंहुचाते हैं। वैसे तो नई–नई प्रजातियों के अपनाने से किसानों को बहुत अधिक सफलता प्राप्त हुई है परन्तु आवश्यकता के अनुरूप नहीं है। अतः और अधिक व बेहतर प्रजातियों के विकसित करने की आवश्यकता है लेकिन यह एक बहुत लम्बी तकनीक है, फसलों के नुकसान को कम करने के लिए तथा फसल सुरक्षा के लिए कई पौध संरक्षण/कीट नाषक/जैविक पौध संरक्षण तकनीकें हैं जोकि तत्काल फसल को हो रहे नुकसान को कम कर सकते हैं परन्तु ये पूरी तरह से नुकसान को कम नहीं कर पाते अतः फसल प्रबन्धन में कई नई तकनीकी आवश्यकताओं की जरुरत पड़ी क्योंकि लगातार कीट नाशकों के प्रयोग से कीटों में प्रतिरोधी क्षमताओं को जन्म दे दिया। इस लिए हमें तत्काल समेकित नाशी जीव कीट प्रबन्धन की आवश्यकता पड़ी इन बातों को ध्यान में रखते हुए अब देश में कीट नाषकों एव जैविक कीट नाषकों का बहुत ही सोच समझकर उपयोग किए जाने की आवश्यकता है साथ ही उपयुक्त फसल पद्धति को भी दाल वाली फसलों में अधिक उत्पादन हेतु अपनाया गया है।

प्रमुख रोग एवं कीट द्वारा हानि

दलहनी फसलों में यह कहना अत्यन्त ही कठिन होगा कि कीट व्याधियों द्वारा फसलों को कितना नुकसान होता है क्योंकि इन फसलों में नुकसान की भरपाई करने की क्षमता है तथा फली अवस्था में भी नुकसान की भरपाई देखी गई है। औसतन 30 से 80% तक कीट व्याधियों द्वारा दलहनीं फसलों में नुकसान देखा गया है जो लगभग 4,000 से 5,000 करोड़ के आसपास है (अस्थाना एवं सहयोगी,1997)। चना एव अरहर की फसलें क्रमशः 60 एवं 50% तक कीटों के प्रभाव को झेलते हुए खड़ी रहती है तथा उपज पर भी कोई नकारात्मक प्रभाव नहीं पडता है। दलहनीं फसलों में फली छेदक, हेलीकोवर्पा अर्मीजेरा के द्वारा देश के वारह चना उत्पादक राज्यों में 4.2 से 39.7% तक नुकसान होता है जबकि राष्ट्रीय स्तर पर 29.2% तक ओसत क्षति देखी गई इसी प्रकार अरहर फसल में भी 50% से भी अधिक तक नुकसान देखा गया है। बिहार एवं आध्रं प्रदेश में क्रमशः 34.7 एव 28.7% तक चने की फसल को नुकसान होता है। इसी प्रकार दलहनीं फसलों को जड़ सड़न, कालर राट, उखटा, पत्ती झुलसा, ग्रेमोल्ड, स्टेरिलिटी विषाणु रोग, उड़द मूंग में पीतशिरा विषाणु रोग, चुर्णिल आसिता सरफोस्पोरा पत्ती छव्वा रोग, मृदरोमिल आमित नुकसान पहुंचाने में प्रमुख हैं (कृष्णमूर्ति राव और मूर्थी, 1983; राव एवं सहयोगी, 1990)। चने की फसल में विभिन्न कीट व्याधियों द्वारा अनुमानित छति निम्नानुसार है–

1. चना का फली छेदक – 10–90%
2. चना का कट वार्म – 5–30%
3. दीमक – 5–15%

4. चना का सेमीलूपर – 0–10%
5. उखटा/ जड़सड़न रोग – 20–25%
6. चने का एस्कोकाइटा झुलसारोग – 5–10%
7. चना का वोटराइटिस रोग – 5–10%

दलहनीं फसलों के प्रमुख कीट एवं रोग

देश के विभिन्न क्षेत्रों में दलहनीं फसलों में लगने वाले मुख्य कीट एवं बीमारियाँ तालिका–1 में दी गई है। श्रीवास्तव (1964) द्वारा दलहनीं फसलों में 150 कीटों के वारें में समीक्षा की जिसमें उन्होनें 25 प्रमुख हानिकारक कीटों के बारे में बताया। तत्पश्चात दलहनीं फसलों के कीट व्याधियों के एक अध्ययन में लाल एवं सहयोगियों (1985) ने विभिन्न फसलों में नुकसान पहुंचाने वाले कीटों की संख्या के बारे में बताया इनमें से लगभग 200 कीट प्रजातियाँ अरहर की फसल में 60 प्रजातियों मूँग एवं उड़द की फसल पर एवं 24 प्रजातियाँ चना एवं मसूर की फसल पर नुकसान पंहुचाती हैं। धालीवाल और अरोरा (1996) के अनुसार कुछ और फसलों में लगने वाले आर्थिक महत्व के कीट इस प्रकार हैं।

फसल	कीट
मटर	1. पोडवग (क्लेवीग्राला जिवोसा)
	2. स्पाइनोला
	3. लीफ वेवर्स
	4. लीफ वाइन्डर
	5. लीफमाइनर–क्रोमेटोमिआ होर्टीकोला
	6. सेमीलूपर–थिसेनोप्लासिआ ओर चिलसिआ
मूंग	1. ग्लेरुसाइड वीटल– मदुरासिया ओब्स कुरैला
	2. जैसिड – इमोइसका केरी
अरहर	1. पत्ती लपेटक (एक्सलेटिस एटोमोसा)
	2 फली छेदक (मेलनोग्रोमिजा ओवटुसा)
उड़द	1. हेयरी केटरपिलर
	2. सफेद मक्खी– वेमोसिया टवेसी
लोविया	1. लीफमाइनर–ऐक्रोसर्कोस्पफ्रीओस्पोरा
	2. नीली तितली– यूक्राइसोप्स सिनेजस
	3. लम्पिडस बोइटिकस
	4. एपीलेचना वीटल्स
	5. एपीलेचना दोंदी केस्टिगमा
चना	1. गुजहिया बीवल (टेनीमेकस इंडिकस)
	2. होलोट्राइचिया इंशुलेरिस

धालीवाल और अरोरा (1996) एवं शनोवर एवं सहयोगियों (1999) के अनुसार कुछ कीट एक या एक से अधिक फसलों को काफी हानि पहुचाते हैं जैसे कट वार्म, हेयरी केटरपिलर, फली छेदक, फली चूसक कीट, फल मक्खी, आदि कीट श्रीलंका, दक्षिण भारत, बियतनाम, मध्य भारत एवं पूर्वी भारत में कभी–कभी बहुत अधिक नुकसान पहुचाते हैं।

तालिका 1: देश के विभिन्न क्षेत्रों की चना, अरहर, मूंग और उड़द की फसल की कीट एवं रोग व्याधियाँ

क्षेत्र	कीट व्याधियाँ	बीमारी
चना		
उत्तर पूर्वी मैदानी क्षेत्र	एग्रोटिस इप्सिलोन, औटोग्रफा प्रजाति और हेलीकोवर्पा अर्मीजेरा	फ्यूजेरियम आक्सीस्पोरम, राइजोक्टोनिया सोलनाई, राइजोक्टोनिया बटाटिकोला, एस्कोकाइटा रबी और बोट्राइटिस सिनेरिआ
उत्तर पश्चिमी मैदानी क्षेत्र	ओडोन्टोटर्मेस, हेलीकोवर्पा अर्मीजेरा और एग्रोटिस निग्रसिगमा	एस्कोकाइटा रबी, बोट्राइटिस सिनेरिआ और फ्यूजेरियम आक्सीस्पोरम
मध्य क्षेत्र	ओडोन्टोटमेस, एफिस क्रेरिसवोरा और हेलीकोवर्पा अर्मीजेरा	फ्यूजेरियम आक्सीस्पोरम, राइजोक्टोनिया सोलनाई, राइजोक्टोनिया वटाटिकोला
दक्षिण क्षेत्र	हेलीकोवर्पा अर्मीजेरा	फ्यूजेरियम आक्सीस्पोरम, राइजोक्टोनिया सोलनाई, राइजोक्टोनिया बटाटिकोला
अरहर		
उत्तर पूर्वी मैदानी क्षेत्र	हेलीकोवर्पा अर्मिजेरा, गेरूका टेस्टुलेटिस, मेरूका ओबटुसा, एपिओन प्रजाति, ग्रेफोलिटा क्रिटिका, लेम्पेडिस बोइटिकस मिलोब्रिस पुस्टुलाटा, मेलनोग्रोमिजा ओवटुसा, क्लोबिग्रेला गिब्वोसा और एक्सलेस्टिस एटोमोसा	फ्यूजेरियम उडम, स्टेरिलिटी मोजेक, फाइटोप्थोरा ड्रेचिसलेरी, प्रजाति केजेनि, अल्टरनेरिया अल्टरनाटा, अल्टरनेरिया टेनुइसिमा
उत्तर पश्चिमी मैदानी क्षेत्र	हेलीकोवर्पा अमीजेरा, मरूका टेस्टुलेटिस, ग्रेफोलिटा क्रिटिका, मरूका पुस्टुलाटा, लेम्पिडिस बोइटिकस, एम्सिलेस्टिस एटोमोसा और क्लेविग्रेला गिव्वोसा	फ्यूजेरियम उडम, अल्टरनेरिया अल्टरनाटा और अल्टरनेरिया टेनुइसिमा
मध्य क्षेत्र	हेलीकोवर्पा अर्मीजेरा, क्लेविग्रेला गिव्वोसा, लेपीडिस बोइटिकस और ग्रेफोलिटा क्रिटिका	फ्यूजेरियम उडम और स्टेरिलिटी मोजेक
दक्षिण क्षेत्र	हेलीकोवर्पा अर्मीजेरा, मरूका टेस्टुलेटिस, मिलोब्रिस पुस्तुलाटा और तनाओटिग्नोइड स्पिसीज	फ्यूजेरियम उडम और स्टेरिलिटी मोजेक
मूंग और उड़द		
उत्तर पूर्वी मैदानी क्षेत्र	मूंगः इम्पोअस्का केरी, बेमेसिआ टाबासी, ओफियामिया फेसिओलिन, मदुरासिया टेस्टुलेटिस उडदः दिआक्रिसिआ ओबालिक्वा अमरास्का मोरी, बेमेसिआ टबासी	मूंग का पीतशिरा विषाणु रोग सकोस्पोरा केन्सिन्स, मेक्रोफोमिना फेसिओलिना
उत्तर पश्चिमी मैदानी क्षेत्र	मूंग और उड़दः केलिओथ्रिप्स इन्डिकस, इम्पोस्का केरी, बेमेसिया टबासी, मदुरासिया ओवस्कुरेला, मदुरासिया टेस्टुलेटिस	मूंग का पीतशिरा विषाणु रोग
मध्य क्षेत्र	मूंग और उड़दः केलिओथ्रिप्स इंन्डिकस, इम्पोस्का केरी, बेमेसिआ टबासी, मदुरासिया ओवस्कुरेला, मदुरासिया टेस्टुलेटिस	मूंग का पीतशिरा विषाणु रोग सर्कोस्पोरा स्पिसीज, मेक्रोफोमिना फेसिओलिना
दक्षिणी क्षेत्र	मूंग और उड़दः इम्पोस्का केरी, बेमेसिआ टबासी, मदुरासिया ओवटुसा, मदुरासिया टेस्टुलेटिस	मूंग का पीतशिरा विषाणु रोग, इरीसाइफी पोलीगोनी, मेक्रोफोमिना फेसिओलिना

वर्तमान परिपेक्ष में कीट प्रबन्धन के विकल्प

कुछ वर्ष पहले (2002–2007) ट्रान्सजैनिक कपास आने के बाद हेलीकोवर्पा (चने की इल्ली) का प्रकोप काफी कम हुआ लेकिन 2008 एवं 2009 के उपरान्त अरहर एवं चना की फसल पर इस कीट का दोबारा काफी प्रकोप दिखाई दिया तथा फसल को अत्यधिक नुकसान हुआ। वैज्ञानिकों द्वारा विकसित की गई रोग प्रतिरोधी प्रजातियों द्वारा रोगों के प्रकोप तो कम हुऐ ही साथ–साथ समेकित नाशी जीव प्रबन्धन का दाल वाली फसलों पर काफी अनुकूल असर हुआ। जब चने की इल्ली के लिए बहुत अधिक रोधी प्रजातियों के अभाव में कुछ कीट नाशकों के अंन्धाधुन्ध प्रयोग से कीटों में प्रतिरोधी क्षमता का होना पाया गया। इस परिस्थिती में एक साथ एक से अधिक तकनीकों को अपना कर कीट नियंत्रण करना उचित एवं आर्थिक महत्व से भी ठीक एवं उपयुक्त लगा, ऐसा करने से दलहन उगाने वाले स्थानों पर चने की इल्ली का प्रकोप धीरे धीरे कम होने लगा तथा पेस्टीसाइडस के प्रयोग भी कम दिखाई देने लगा। लेकिन इस प्रकार के प्रयोग से जहाँ हेलीकोबर्पा का प्रकोप तो कम हुआ परन्तु कुछ दूसरे कीटों जैसे फली छेदक कीट एवं थ्रिप्स, माहू, आदि का प्रकोप अधिक दिखाई देने लगा। उखटा, स्टेरिलिटी विषाणु रोग, थ्रिप्स द्वारा जहाँ फूलों का अधिक झड़ना देखा गया साथ में इनका प्रकोप भी अधिक दिखाई दिया। साथ ही साथ यह भी देखने में आया कि ट्राइकोडर्मा विरिडी से बीजोपचार करने पर रोगों का प्रभाव तो कम हुआ साथ ही साथ फसल में पौधों की संख्या बढ़ी एवं फसल का स्वास्थ्य एवं बढ़वार भी बेहतर हुई। लेकिन कहीं कहीं यह भी देखने में आया कि स्टेरिलिटी विषाणु रोग के कारण खराब हुए पौधों में चूर्णिल आसिता नामक रोग के लक्षण भी दिखाई देने लगे मध्य भारत में बदलते मोसम के कारण कही–कहीं सरकोस्पोरा पत्ती धब्बा रोग का फैलाव हुआ तथा 70% तक फूल झड गये।

चने की इल्ली का ठीक एवं कारगर नियंत्रण करने के लिए समेकित नाशी जीव प्रबन्धन बड़ा ही उपयुक्त सावित हुआ है परन्तु हमारे देश में मात्र 4% एकीकृत नाशी जीव प्रबन्धन ही लागू हो पाया है। अभी इसके और अधिक प्रचार प्रसार को बढ़ाने की आवश्यता है। इसके अलावा एनपीव्ही वायरस द्वारा इल्ली का बहुत अधिक व बेहतर तरह से प्रबन्धन किया जा सकता है साथ ही साथ नीम एवं नीम से बने रसायनों द्वारा भी इसका नियंत्रण बहुत ही आसानी से एवं अच्छी तरह से किया जा सकता है। एक तकनीक के साथ अगर अन्य तकनीकों द्वारा इल्ली का नियंत्रण किया जाय तो हम काफी कुछ हासिल कर सकते है तथा समेकित नाशीजीव प्रबन्धन द्वारा हमें बहुत अच्छे परिणाम प्राप्त हो सकते है अतः इनकी हमें नितान्त आवश्यकता है। दक्षिण महाराष्ट्र में कपास उगाने वाले किसानों की सफलता की कहानी के पीछे समेकित नाशीजीव प्रबन्धन के साथ–साथ एक छिड़काव रासायनिक कीट नाशक (क्लोरपायरीफोस, स्पाक्र, मेच, इण्डोसल्फान, कारटप हाइड्रोक्लोराइड, ऐसीफेट, ईथोंफेनप्रोक्स, कराटे, कूराक्रोन एवं ईथीयान) का छिड़काव करने पर परिणाम बेहतर पाये गये हैं। इस तकनीकी द्वारा कीट प्रबन्धन किया जा सकता है तथा देश के कई हिस्सों में इसे आसानी से अपनाया गया। इस तकनीक की एक बात और सामने आई

कि परम्परागत कीट व्याधि नियंत्रण की तुलना में पेस्टीसाइड का 25% ही उपयोग होने लगा तथा इस तकनीक से 4.79 लाभ लागत अनुपात रहा जबकि परम्परागत तकनीक का 2.37 ही था।

कई राज्यों ने इस तकनीकी के परिणामों को जाना तथा उन्हें एकत्रित कर अपनी–अपनी बेवसाइड पर डाला तथा कृषक एवं कृषि विकास में जुडे जन समुदाय का ध्यान इस और आकर्षित किया। यहां इण्डोनेसिया का उदाहरण इस कार्य के लिए काफी महत्वपूर्ण है कि इस देश ने धान उत्पादक किसानों को पेस्टीसाइडस पर मिलने वाली सरकारी अनुदान को खत्म कर दिया तथा जीवधारियों की परिस्थितियों को अनुकूल वातावरण देकर उनको बढाने के काम को महत्व दिया। इस तकनीक द्वारा पेस्टीसाइडस का प्रयोग तो कम हुआ ही साथ ही साथ कीट व्याधि भी कम हुए और प्रेडेटर्स एवं पेरासाइटोइड्स को बढने का अनुकूल वातावरण मिला जिससे 60% तक उपज में बढोत्तरी हुई, इस प्रकार नाशी जीव प्रबन्धन सफल हुआ तथा एक मॉडल के रुप में कई देशों में अपनाया गया।

भारत वर्ष में राष्ट्रीय समेकित नाशी जीव प्रबन्धन केन्द्र (एन.सी.आई.पी.एम.) की स्थापना वर्ष 1988 में की गई। इस केन्द्र के अथक प्रयासों के द्वारा समेकित नाशी जीव प्रबन्धन की कई तकनीकियों का विकास हुआ तथा केन्द्र ने एक महत्वपूर्ण स्थान प्राप्त किया। इसी परिपेक्ष में कपास आधारित फसल पद्धति में इस केन्द्र द्वारा काफी प्रयास किये तथा वर्षा आधरित क्षेत्रों में प्राकृतिक रुप से मोजूद प्रीडेटर्स एवं पेरासाइटाइडस को बढावा मिला एवं जैव विविधिता का विशेष रुप से उपयोग किया जाने लगा। फसल पद्धति में जब थोडा बदलाव किया जैसे धनिंया या मसूर की फसल को उगाया गया तव जमीन में प्रीडेटर्स, पेरासाइटाड्स एवं सूक्ष्म जीवाष्म की बढोत्तरी हुई तथा वहां उनके फैलने फूलने का अवसर मिला क्योकि यहां पेस्टीसाइडस का कम से कम प्रयोग हुआ साथ ही साथ नीम एवं नीम आधारित जैविक कीटनाशकों का प्रयोग किया गया। फलस्वरुप रोग मुक्त मृदा या जमीन का क्षेत्र बढता गया एवं स्थानीय लोगों को रोजगार के अवसर भी मिलेने शुरु हुऐ एवं स्थनीय स्तर पर उपलब्ध जैव विविधिता का भी उपयोग होने लगा तथा अतिरिक्त आय भी प्राप्त होने लगी। इस अनुभव का सीधा फायदा इस तकनीकी से हुआ तथा राष्ट्रीय समेकित नाशी जीव प्रबन्धन केन्द्र ने इस अनुभव का फायदा उठाते हुए एक बहुत बड़े क्षेत्र में चना एवं अरहर के प्रदर्शन लगवाये। प्रदर्शनो में लगभग 20,000 हे. में चना तथा 16,000 हे. में अरहर का दलहनीं फसल के रुप में कृषि विभाग के माध्यम से कई राज्यों में लगवाये जिससे यह तकनीक अधिक लोकप्रिय हुई।

समेकित नाशी जीव प्रबन्धन

कर्षण विधियाँ

फसल उत्पादन में कर्षण क्रियाओं का अपना अलग ही महत्व है तथा इनके द्वारा ऐसा वातावरण निर्मित होता है जिससे कीट व्याधियाँ कम पनपती हैं। बरानी खेती एवं अन्तरवर्तीय फसलों के रुप में दाल वाली फसलें अधिक मात्रा में अपने देश में उगाई जाती हैं तथा

विपरीत मोसम परिस्थितियों में भी सुरक्षित मानी जाती है तथा ये कम से कम संसाधनों में अधिकतम पैदावार देने में सक्षम रही। वर्षो से हो रहे अनुसंधान कार्यो के माध्यम से दलहनीं फसलों की फसल पद्धतियों में बदलाव कर देखा गया तथा कुछ आवश्यक फसल चक्र अपनाये गये जैसे अरहर–गेहूँ, धान–चना/मसूर, अरहर/धान–गेहूँ–मूंग आदि एवं अन्तरवर्ती फसलों के रुप में चना के साथ संरसों 4:1, मूंग के साथ सूरजमुखी 6:2, चना के साथ अलसी 4:2, आलू के साथ राजमा 3:2, अरहर के साथ उड़द 2:1 के अनुपात में लगाये गये एवं उपयुक्त रहे तथा अधिकतम पैदावार देने मे भी सक्षम रहे। मूंग एवं उड़द की अन्तरवर्ती फसल मोटे अनाजों के साथ एवं बसन्त ऋतु में सूरजमुखी एवं गन्ने की फसल के साथ बहुत ही उपयुक्त पाये गये तथा अधिकतम पैदावार प्राप्त हुई। जब दलहनीं फसलों के पहले ज्वार की फसल बोई जाती है तब इनकी जडों से एलीलोरसायन का रिसाब होता है यानी जड़े इस रसायन को जमीन में छोड़ती है जिससे भूमिजनित रोग फ्यूजेरियम जो दलहनीं फसलों में उखटा रोग उत्पन्न करता है को आगे बढ़ने से रोकता है।

ग्रीष्मकालीन दलहनीं फसलों के बाद जब धान की फसल बोई जाती है तब अधिक उपज प्राप्त होती है तथा उनमें नत्रजन का प्रयोग भी कम होता है क्योंकि दलहनीं फसलें नत्रजन स्थरीकरण करती हैं जबकि खाली छोड़े गये खेतों में धान की फसल बोने पर लागत अधिक आती है। दलहनीं फसलों की खेती के बाद धान की फसल लगाने पर दलहनीं फसल द्वारा किए गये नत्रजन स्थरीकरण का लाभ अनाज वाली फसल को मिलजाता है एवं उत्पादन के साथ ही साथ लाभ में बढोत्तरी होती है (कुमार एवं सिंह, 2009)।

सस्य क्रियाओं द्वारा कीट नियंत्रण में कीटों की जैविक गतिविधियों एवं उनके विकास के बारे में पता चलता है तथा बरानी क्षेत्रों की दलहनीं फसलों में सस्य क्रियाओं का कीट व्याधि नियंत्रण पर प्रभाव में कोई सीधा समवन्ध दिखाई नहीं देता। बुआई के समय में बदलाव का सीधा असर पौधें की संख्या पर पड़ता है क्योंकि शीघ्र बोई गई फसल अधिकतम नमी का उपयोग करती हे तथा ऐसे खेतों में पौधों की अच्छी संख्या दिखाई देती है। जब चना की फसल अक्टूबर माह में बोई जाती है तब कम से कम फलियों मे नुकसान देखने को मिलता है तथा अधिकतम फलियों की संख्या एवं उपज प्राप्त होती है। अनुशंसित फफूँद नाषीयों द्वारा बीजोपचार करने से सूक्ष्म जीवों की क्रियायें क्षीर्ण होती हैं शुरूआती फसल अवस्था में बीजोपचार, बीज को मृदा जनित, बीमारियाँ एवं फसल की उगने की अवस्था में काटकर खाने वाले कीटों से सुरक्षा प्रदान होती है साथ ही इस विधि में खर्च भी कम आता है। जिन क्षेत्रों में दीमक एवं कुतरकर खाने वाले कीट जैसे कटवर्म आदि के लिए 8 मिली लीटर क्लोरोपाइरीफास दवा प्रतिकिलो बीज की दर से बीजोपचार करने से बीज का बचाव हो जाता है तथा इसी दवा की 4% धूल 25 किग्रा/हे. खेत की बुवाई से पहले मिला दी जाये तो भूमि जनित कीटों का प्रकोप खत्म हो जाता है।

फसल बुआई के समय अगर यह ध्यान रखा जाय कि फसल अनुसंशित दूरी पर वोई गई है तो कीट एवं रोगों का फैलाव रुकता है। चना फसल के साथ अगर सरसों, गेहूँ, जौ, अलसी, कुसुम एवं ज्वार को अर्न्तवर्ती फसल के रुप में लगाने पर चने की फसल की फलियों

को नुकसान कम होता है। जबकि ज्वार तथा मौटे अनाज वाली फसलों को लगाने पर कीट व्याधियों द्वारा अधिक नुकसान नहीं होता बल्कि चना फसल पर इल्ली का प्रकोप भी कम होता है। इसी तरह अगर चना के साथ धनिंया या अलसी की अर्न्तवर्ती फसल लगाई जाय तो चना की इल्ली का प्रकोप कम होता है तथा फलियों को भी कम नुकसान होता है। अन्तरवर्ती फसल के रूप में गेंदा की फसल लगाई जाय तब इस स्थिति में गेंदा की फसल पर प्राकृतिक मित्र कीटों को सहारा मिलता है तथा दलहनीं फसल पर नुकसान पंहुचाने वाले कीटों का जैविक नियंत्रण किया जा सकता है। जिन खेतों में वार वार दलहनीं फसलें ली जाती हैं वहां अगर दो तीन साल तक गहरी जुताई की जाय तो चना की इल्ली तथा जड़ सड़न, उखटा, आदि बीमारियां भी कम हो जाती हैं।

किस्म प्रतिरोधकता

प्रतिरोधी किस्मों का प्रयोग कर कीट/रोग प्रबन्धन, सामान्यतः बहुत ही प्रचलित है तथा इस तकनीक का उपयोग आसानी से अधिक से अधिक क्षेत्र में किया जा सकता है। अरहर एवं चना फसल के प्रमुख कीट जैसे चने की फसल का फली छेदक कीट आदि के लिये बहुत अच्छी प्रतिरोधक किस्मों का विकास किया गया है। जिन क्षेत्रों में चनें की फसल का क्षेत्र अधिक है उन क्षेत्रों के लिए बहुत सारी फली छेदक कीट प्रतिरोधी प्रजातियां या जीनोटाइप या जैव दृव्यों का विकास किया गया लेकिन इनमें उखटा (फ्यूजेरियम उखटा) रोग का प्रकोप बहुत अधिक पाया गया। उत्तर भारत में कई ऐसी प्रजातियो का विकास हुआ एवं उन्हें ठण्डे मौसम में उगाने पर यह देखा गया कि फसल में फली छेदक कीट का प्रकोप काफी कम था। अरहर की फसल में फली छेदक मक्खी उन किस्मों की तरफ कम आकर्षित देखी गई जिनमें एक साथ पुष्पावस्था एवं फली निर्माण (डिटर्मिनेट) होता है जबकि चना फसल का जिनमें एक साथ फूल एवं फली निर्माण होता है जबकि ठीक इसके विपरीत पुष्पक्रम (इनडिटर्मिनेट) वाली फसल का फली छेदक कीट से कम हानि होती है। कीटों की प्रतिरोधकता, कीट नाशकों के विभिन्न समूह एवं किस्मों की आपस में क्रिया प्रतिक्रिया पर बहुत अधिक अनुसंधान कार्य नहीं किया गया। नये नये रोग एवं कीटों का दलहनीं फसलों पर प्रकोप देखा गया तथा कीटों के परिदृष्य में भी बदलाव देखने में आया एवं नये कीटों के फसल पर उदय दिखाई दिया है। कुछ कीट व्याधियों से प्रतिरोधी प्रजातियाँ तालिका–2 में दी गई है।

तालिका 2: दलहनीं फसलों की सहनशील/प्रतिरोधी किस्में

प्रजाति	प्रतिरोधी	क्षेत्र हेतु अनुशंसित
चना		
अवरोधी	उखटा	उत्तर पश्चिमी मैदानी क्षेत्र
भारती	उखटा और जड़सडन	समस्त क्षेत्र
सी–235	एस्कोकाइटा झुलसा	उत्तर पश्चिमी मैदानी क्षेत्र
पूसा–209	हेलीकोवर्पा	उत्तर और मध्य क्षेत्र
आईसीसीबी 88–510	हेलीकोवर्पा	उत्तर और मध्य क्षेत्र

अगले पृष्ठ पर

प्रजाति	प्रतिरोधी	क्षेत्र हेतु अनुशंसित
जेजी 89–2	हेलीकोवर्पा	उत्तर और मध्य क्षेत्र
पीडीजी 90–2ई	हेलीकोवर्पा	उत्तरी पहाड़ी क्षेत्र
आईसीसी–506	हेलीकोवर्पा	बिहार, मध्य प्रदेश, महाराष्ट्र
आईसीसीबी–7	हेलीकोवर्पा	महाराष्ट्र
दुलिया	हेलीकोवर्पा	महाराष्ट और आंध्रप्रदेश का उत्तरी तिलंगाना क्षेत्र
एच–355	उखटा और जड़सड़न	मध्य प्रदेश, महाराष्ट्र और राजस्थान
पीडीई–5	हेलीकोवर्पा	महाराष्ट्र और आंध्रप्रदेश का उत्तरी तिलंगाना क्षेत्र
पीबीजी–1	एस्कोकाइटा झुलसा	उत्तरी और मध्य क्षेत्र
जीएनजी–469	एस्कोकाइटा झुलसा	समस्त क्षेत्र
जीएनजी–663	मरूका टेस्टुलेलिस	महाराष्ट्र और आंध्रप्रदेश का उत्तरी तिलंगाना क्षेत्र का उत्तरी भाग और मध्य क्षेत्र
गौरब	एस्कोकाइटा झुलसा	उत्तर और मध्य क्षेत्र
एकेजी–33	हेलीकोवर्पा	महाराष्ट्र और आंध्रप्रदेश का उत्तरी तिलंगाना क्षेत्र का उत्तरी भाग और मध्य क्षेत्र
जे जी–315	हेलीकोवर्पा	उत्तर और मध्य भारत
जे जी–74	हेलीकोवर्पा, उखटा	मध्य भारत
अरहर		
आईसीपीएल–1	हेलीकोवर्पा	गुजरात, महाराष्ट्र और आंध्रप्रदेश
आईसीपीएल–269	हेलीकोवर्पा	महाराष्ट्र और आंध्र प्रदेश के तिलंगाना क्षेत्र का उत्तरी भाग
आईसीपीएल–372	फल मक्खी	उत्तर प्रदेश, पश्चिम बंगाल, आंध्र प्रदेश, तमिलनाडू और गुजरात
आईसीपीएल–329	फल मक्खी	उत्तर प्रदेश, पश्चिम बंगाल, आंध्र प्रदेश, तमिलनाडू और गुजरात
मारूती, आईसीपीएल–8863	उखटा	देश के मध्य और दक्षिणी भाग
आईसीपीएल–85066	फल मक्खी	गुजरात, महाराष्ट्र और आंध्र प्रदेश
हाइब्रिड 2–सी	हेलीकोवर्पा	मध्य प्रदेश, कर्नाटक और आंध्र प्रदेश
बीडीएन 1–2	हेलीकोवर्पा, उखटा	मध्य प्रदेश, कर्नाटक और आंध्र प्रदेश
बहार	फली छेदक, स्टेरिलिटी मोजेक	मध्य भारत
बिरसा अरहर–1	उखटा	मध्य और पूर्वी क्षेत्र
पीडीए 89–2ई एण्ड 92–3ई	फल मक्खी	उत्तर प्रदेश, महाराष्ट्र और मध्य प्रदेश
पीडीए 93–1 ई	हेलीकोवर्पा	उत्तर प्रदेश, महाराष्ट्र और मध्य प्रदेश
पीडीए 88–2 ई	फल मक्खी	उडीसा, महाराष्ट्र और मध्य प्रदेश
एमए 91–2	फल मक्खी	उडीसा, महाराष्ट्र और मध्य प्रदेश
मुक्ता	फल मक्खी	उत्तर प्रदेश, पश्चिम बंगाल, आंध्र प्रदेश, तमिलनाडू और गुजरात
माल–9	नीमेटोड	उत्तर प्रदेश, बिहार
उपास–120	हेलीकोवर्पा	उत्तर प्रदेश, महाराष्ट्र और मध्य प्रदेश
जेए –3 और जेए –4	हेलीकोवर्पा	मध्य भारत
री 11	उखटा	समस्त क्षेत्र
विसाखा टीटी–6	उखटा	मध्य भारत

अगले पृष्ठ पर

प्रजाति	प्रतिरोधी	क्षेत्र हेतु अनुशंसित
अमर	स्टेरिलिटी मोजेक	उत्तरांचल एवं उत्तर प्रदेश
मूंग		
टार्म–1	पीतशिरा विषाणु, चूर्णिल आसिता	दक्षिण पश्चिमी उत्तर प्रदेश, मध्य प्रदेश, महाराष्ट्र, गुजरात
पीडीएम–54	पीतशिरा विषाणु	आंध्रप्रदेश, कर्नाटक और तमिलनाडू
पूसा–9072	पीतशिरा विषाणु	आंध्रप्रदेश, कर्नाटक और तमिलनाडू
पूसा–9531 एवं पी–12	सफेद मक्खी एवं जेसिड	पश्चिमी उत्तर प्रदेश, दिल्ली
पीडीएम–11	पीतशिरा विषाणु	पूर्वी उत्तर प्रदेश, बिहार, पश्चिम बंगाल, उड़ीसा, दक्षिण पश्चिमी उत्तर प्रदेश, मध्य प्रदेश, महाराष्ट्र और गुजरात
एमएल–337	पीतशिरा विषाणु	पूर्वी उत्तर प्रदेश, बिहार, पश्चिम बंगाल, उड़ीसा, पंजाब, हरयाणा, राजस्थान, दिल्ली, पश्चिमी उत्तर प्रदेश, मध्य प्रदेश, महाराष्ट्र और गुजरात
पीडीएम–54 और पीडी एम–84–139	पीतशिरा विषाणु	पूर्वी उत्तर प्रदेश, बिहार, पश्चिम बंगाल और उड़ीसा
पन्त मूंग–3	पीतशिरा विषाणु	पंजाब, हरयाणा, राजस्थान, दिल्ली और पश्चिमी उत्तर प्रदेश
मम–2	पीतशिरा विषाणु	पंजाब, हरयाणा, राजस्थान, दिल्ली और पश्चिमी उत्तर प्रदेश
एमएच 88–111	पीतशिरा विषाणु	पंजाब, हरयाणा, राजस्थान, दिल्ली और पश्चिमी उत्तर प्रदेश
उड़द		
पीडीयू–1 और पीडीगू– 88–3	पीतशिरा विषाणु	पूर्वी उत्तर प्रदेश, बिहार, पश्चिम बंगाल, उड़ीसा, पंजाब, हरयाणा, राजस्थान, दिल्ली, पश्चिमी उत्तर प्रदेश, दक्षिण पश्चिमी उत्तर प्रदेश, मध्य प्रदेश, महाराष्ट्र और गुजरात
डब्लूबीयू – 108	पीतशिरा विषाणु	पंजाब, हरयाणा, राजस्थान, दिल्ली और पश्चिमी उत्तर प्रदेश
मटर		
एचयूडीपी–11, एचयूडीपी–12, पीएम–6, जैपी–8	चूर्णिल आसिता एवं रतुआ	उत्तरप्रदेश, बिहार, पश्चिम बंगाल, आसाम, उत्तरांचल
चटरी मटरपी–28, वायो आर–208	चूर्णिल आसिता	मध्यप्रदेश, छत्तीसगढ, बिहार

भौतिक नियंत्रण

भौतिक नियंत्रण कीटों के प्रकोंप से फसल को बचाने का आसान एवं साधारण तरीका है तथा काफी पहले इस तरह का नियंत्रण परम्परागत खेती करने वाले किसान किया करते थे। इस प्रकार के नियंत्रण में कीटों का हाथों द्वारा पकड़ कर नियंत्रण किया जाता है या खेती में न्यूक्लीयर पोली हेड्रोसिस वायरस का छिड़काव कर दिया जाता है या तो हेलीकोवर्पा की मरी हुई इल्ली एकत्रित कर उनको पीस कर घोल बनाकर छिड़काव कर दिया जाता है। कभी–कभी खेतों में इस तरह की दूसरी फसल की कतार बोई जाती है

जिससे कीट दूसरी तरफ प्रकोप न कर सके या कुछ इस तरह के खरपतवार जो फसल को नुकसान नहीं पहुचा रहें हो को लगाया जाता है जिससे कीट फसल को नुकसान न पहुचाए, खेत में डोरा, हेन्ड हो, व्हील हो, खुरपी से निराई गुड़ाई, बखर चलाना आदि कार्यों के करने से कीटों का नियंत्रण किया जा सकता है। खेतों में टी आकार की डण्डी लगाने से चिड़ियां या पक्षी, कीटों का नियंत्रण करने लगते हैं, यह एक प्रचलित पुराना कीट नियंत्रण आज भी काफी लोकप्रिय है। प्रकाश प्रपंच का प्रयोग करने से भी कीटों का आसानी से नियंत्रण होता है।

वयस्क हेलीकोवर्पा आर्मीजेरा की शुरुआत का पता फैरोमेन ट्रेप से आसानी से लगाया जा सकता है इससे यह पता चलता है कि वयस्क नर कीट की खेतों में शुरुआत हो रही है या नहीं। फैरोमोन ट्रेप 5 से 10/हे. के हिसाब से खेतों में लगाकर वयस्क नर कीट का पता लगाया जा सकता है। आर्थिक हानिकारक अवस्था का स्तर जानने हेतु 5 से 6 मोथ/फैरोमोन ट्रेप में यदि एकत्रित होते है तो यह अवश्यक हो जाता है कि अब आगे की कीट प्रबन्धन की कार्यवाही आरम्भ कर देना चाहिए।

जैविक कीट नियंत्रण

जैविक कीट नियंत्रण में वह सारे कीट/व्याधियों के शत्रु कीट, जीवाणु, विषाणु एवं नीमेटोड आते है, जो जैविक होते है जैसे नीमेटोड जावाणु, विषाणु, प्रीडेटर्स, पेरासाइटोइड, फफूंद आदि। समेकित नाशी जीव प्रबन्धन कार्यक्रम के अर्न्तगत स्थानीय प्राकृतिक जैविक शत्रुओं का कीट के विरुद्ध उपयोग किया जाता हैं और स्थानीय प्राकृतिक ऐजेन्टस को इसमें शामिल किया गया है। बहुत सारे प्राकृतिक ऐनीमीज इस प्रकार के कीट प्रबन्धन में बड़े ही महत्वपूर्ण एवं प्रभावशील पाये गये हैं (तालिका–3)। इस प्रकार के ऐनीमीज में या जैविक कीट नाशियों में हानिकारक कीटों/रोगों को हानिकारक स्तर तक पहुँचने से रोकते हैं या रोकने में सक्षम होते हैं तथा मूलरुप से इनकी क्रियाशीलता खत्म नही होती है। ज्यादातर अनुसंधान कार्य हेलीकोवर्पा आर्मीजेरा पर ही केन्द्रित किये गये हैं जबकि दूसरे हानिकारक कीटों पर भी ध्यान आकर्षित करना आवश्यक है। बहुत सारे बायोऐजेन्ट (रोग/कीटों को खत्म करने वाले जैविक कीटनाशक) जो वायलोजीकल या जैविक कीटनाशक के रुप में उपयोग किये जाते हैं तथा फसलों में लगने वाले पेस्ट प्रबन्धन में लाभ के लिये उपयोग किये जाते हैं लेकिन यहाँ यह आवश्यक हो जाता है कि व्यापारिक रुप में जब तक इनकी कीमत कम नहीं होगी तब तक ये उपयोगकर्ता की पहॅुच से दूर रहेंगे अतः इनकी कीमत कम करने की आवश्यकता है। यहां यह भी आवश्यक है कि इन वायोऐजेन्टस की गुणवत्ता बहुत बेहतर होनी चाहिए तथा ये स्थानीय बाजारों में आसानी से उपलब्ध होने चाहिए।

तालिका 3: फसलो पर प्राकृतिक रुप से आने वाले प्रीडेटर्स और पैरासाइटाइडस

फसल	पेस्ट	प्रकृतिक शत्रु	अवस्था
अरहर	हेलीकोवरपा आर्मीजेरा	ऐस्परजीलस नाइजर	लार्वी अवस्था
		ऐस्परजीलस फलेनस	लार्वी अवस्था
		कोपीडोसोमा फ्लोरीडेनम	लार्वी अवस्था
	मेलेनाग्रोमाइजा ओवट्रयूस	यूडेरस ऐग्रोमाइजी	लार्वी / प्यूपल अवस्था
		ऐरीटोमा प्रजाति	लार्वी / प्यूपल अवस्था
		यूडेरस प्रजाति	लार्वी / प्यूपल अवस्था
		ओरमिरस ओरिएन्टेलिस	लार्वी / प्यूपल अवस्था
	यूकोस्मा	ऐपेन्टेलिस टेरीगामी	लार्वी / प्यूपल अवस्था
	क्लेवीग्रैला गिब्बोसा	ग्रेयोन प्रजाति	अन्डा
	नेजारा विरीडुेला	ग्रेयोन प्रजाति	अन्डा
चना	हेलीकोवर्पा आर्मीजेरा	केम्पोलेटिस क्लोराइडी	लार्वी अवस्था
		ऐपेन्टेलिस रुफीक्रस	लार्वी अवस्था
		ब्रेकोन (हेब्रोब्रेकोन) हेवीटर	लार्वी अवस्था
		कारसीलिया इलोटा	लार्वी अवस्था
		न्यूक्लीयर पोलीहाइड्रोसिस बायरस (एचएएनपीवी)	लार्वी अवस्था
	आटोग्राफी निग्रिसिगना	प्राकृतिक रूप की पहचान नहीं की गई	लार्वी अवस्था
		पैरासाइट	लार्वी अवस्था
मूंग एवं उड़द	हेलीकोवर्पा आर्मीजेरा	स्पाइडर्स और लेसाविंग्स	अण्डा
		ट्राइकोग्रामा प्रजाति पेरासाइट बास्पस	अण्डा
		माइक्रोप्लाइटिस और नेटीलिया (बास्पस)	इल्ली अवस्था
		टेचिनिड मक्खी	इल्ली अवस्था
	मिरिडस	बेयूवेरिया	वयस्क अवस्था
	लूपर्स	ब्रेकोनिड वास्पस	लार्वी अवस्था
	स्पोडोपटेरा लिटूरा	हेलीकोवर्पा जैसा	
	नेजारा विरिडुला	त्रिसोलकस वेसीलिस	अण्डा
		ट्राइकोपोडा जियाकोमेली	लार्वी / वयस्क अवस्था

सूक्ष्म जीवीय नियंत्रण

लेपीडोप्टेरस पेस्ट के विरुध फसलों पर न्यूक्लियो पोलीहाइड्रोसिस वायरस एवं वेसीलस थ्रोन्जेन्सिस जीवाणु के छिड़काव का प्रभावकारी नियंत्रण देखा गया है। चना फसल पर 250 एल ई एवं अरहर पर 500 एल ई अकेला या 0.1% टिनोपाल मिलाकर / हे. की दर से छिड़काव करने से बहुत अच्छे परिणाम प्राप्त होते हैं एवं अल्ट्रावायलेट रेडियेशन से भी फसल सुरक्षित रहती हैं। बेसीलस थ्रोन्जेन्सिस जीवाणुओं का छिड़काव 1.0 से 1.5 कि.ग्रा. हें. की दर से करने पर अच्छे परिणाम प्राप्त होते हैं। शाम के वक्त छिड़काव करने से बेहतर परिणाम प्राप्त होते हैं।

रासायनिक नियंत्रण

पेस्ट या नाशीजीव जब अन्य विधियों द्वारा नियत्रित नहीं होते हैं एवं फसल पर आर्थिक हानिकारक अवस्था से आगे निकल जाते है एसी स्थिती में रासायनिक कीट नियत्रंण का उपयोग किया जाता है समेंकित नाशीजीव प्रबन्धन कार्यक्रम को अगर सही समय पर उपयुक्त मोसम या वातावरण में लागू किया जाय तब इसके परिणाम बहुत अच्छे प्राप्त होते है एवं कीटनाशकों का लक्षहीन सूक्ष्म जीवों पर भी कोई नकारात्मक प्रभाव नहीं पडता है। कीटनाशकों के बहुत सारे समूह मुख्य पेस्ट के विरुद्ध प्रभावशील पाये गये है (तालिका–4)। जब कभी नाशीजीवों पर पेस्टीसाइड्स की प्रतिरोधकता दिखाई देती है या कभी–कभी दुवारा बीमारी या कीट प्रकोप बहुत तेजी से आता है तब अकेले कीटनाशी का प्रभाव उतना कारगर या प्रभावशाली नहीं होता जितना दो या दो से अधिक नीम आधारित कीट नाशक, जैविक कीटनाशक जैसे वेसीलस थ्रोन्जेन्सिस, न्यूक्लियोपोली हाइड्रोसिस वायरस आदि के एक साथ मिलाकर छिड़काव करने से नाशीजीव या पेस्ट की जनसंख्या वृद्धि एक दम रुक जाती है एवं नियंत्रित हो जाती है। आजकल बाजार में कम लागत एवं अच्छे असरकारक कीटनाशक उपलब्ध हैं तथा इस प्रकार के छिड़काव यंत्र भी उपलब्ध हैं जो कम से कम पानी का उपयोग करते हुए अधिक से अधिक फसल क्षेत्र में छिड़काव करते हैं। अब वातावरण को कम प्रदूषित करने वाले पेस्टी साइड भी बाजार में उपलब्ध हो गये हैं लेकिन जितनी गति से उनका प्रयोग होना चाहिए वह नही हो पा रहा हैं। पेस्टीसाइड को पौधों पर फैलाने अथवा चिपकाने वाले रासायनों के साथ प्रयोग करने पर अच्छे परिणाम प्राप्त होते है तथा इनकी कम मात्रा भी लगती है। अगर पेस्टीसाइड का प्रयोग चने की इल्ली के फली में घुसने के पहले किया जाय जो अच्छे परिणाम प्राप्त होते हैं।

तालिका 4: दलहनीं फसलों में सामान्यतः प्रयोग होने वाले कीटनाशक

कीट व्याधियों के नाम	सिफारिस किए गए कीटनाशक	मात्रा
1. हेलीकोवर्पा फली छेदक	प्रोफेनोफोस 50 ईसी	2.0 एम एल / लीटर
	मेथोमिल 40 एसपी	0.6 एम एल / लीटर
	थाइओडिकार्व 75 डब्लूपी	0.6 एम एल / लीटर
	इन्डोक्साकार्व 14.5 एससी	0.3 एम एल / लीटर
	स्पाइनोसेड 45 एससी	0.1 एम एल / लीटर
	इमामेक्टिन बेन्जोएट 5 एसजी	0.2 ग्राम / लीटर
	फ्लूबेन्डियामाइड 480 एससी	0.1 एम एल / लीटर
	रिनेक्सीपिर 20 एससी	0.15 एम एल / लीटर
	नोवालुरोन 10 ईसी	0.75 एम एल / लीटर
	क्लोरोपाइरीफोस 20 ईसी	2.5 एम एल / लीटर
	क्विनोलफोस 25 ईसी	2.0 एम एल / लीटर
	एसीफेट 75 एसपी	1.0 ग्राम / लीटर
	एचए एनपीवी दर 250 से 500 एल ई / हे.	1.0 एम एल / लीटर
	नीम तेल 3000 पी पी एम	20 एम एल / लीटर

अगले पृष्ठ पर

कीट व्याधियों के नाम	सिफारिश किए गए कीटनाशक	मात्रा
	एनएसकेई 5%	50 ग्राम/लीटर
2. स्पोटेड फली छेदक	प्रोफेनफोस 50 ईसी + डीडीवीपी 76 ईसी	2.0 एम एल + 0.5 एम एल/लीटर
	मिथोमिल 40 एसपी + डीडीवीपी 76 ईसी	0.6 एम एल + 0.5 एम एल/लीटर
	थाइडोकार्व 75 डब्लूपी + डीडीवीपी 76 ईसी	0.6 एम एल + 0.5 एम एल/लीटर
	एनएसकेई 5% + डीडीवीपी 76 ईसी	50 ग्राम + 0.5 एम एल/लीटर
3. फल मक्खी	एसीफेट 75 एसपी + जगेरी (1%)	1.0 ग्राम+10 ग्राम/लीटर
	इमिडाक्लोप्रिड 17.5 एसएल + जगेरी (1%)	0.2 एम एल/लीटर + 10 ग्राम/लीटर
	थाओमेथोक्साम 25 डब्लूजी + जगेरी (1%)	0.3 एम एल + 10 ग्राम /लीटर
	थाइओडिकार्व 75 एस पी + जगेरी (1%)	0.6 एम एल + 10 ग्राम /लीटर
4. स्पोडोप्टेरा लुटूरा	हेलीकोवर्पा जैसे कीटनाशक प्रयोग कर नियंत्रण	
5. फली के रस चूसक बग	एसीफेट 75 एसपी	1.0 ग्राम/लीटर
	मिथोमिल 40 एसपी	0.6 ग्राम/लीटर
	क्विनोलफोस 25 ईसी	2.0 एम एल/लीटर
	क्लोर पाइरिफोस 20 ईसी	2.5 एम एल/लीटर
6. प्लम मोथ	एसीफेट 75 एसपी	1.0 ग्राम/लीटर
	मिथोमिल 40 एसपी	0.6 ग्राम/लीटर
	क्विनोलफोस 25 ईसी	2.0 एम एल/लीटर
	क्लोर पाइरिफोस 20 ईसी	2.5 एम एल/लीटर
7. डीफोलिएटर्स	एसीफेट 75 एसपी	1.0 ग्राम/लीटर
	मिथोमिल 40 एसपी	0.6 ग्राम/लीटर
	क्विनोलफोस 25 ईसी	2.0 एम एल/लीटर
	क्लोर पाइरिफोस 20 ईसी	2.5 एम एल/लीटर
8. पत्ती लपेटक	एसीफेट 75 एसपी	1.0 ग्राम/लीटर
	मिथोमिल 40 एसपी	0.6 ग्राम/लीटर
	क्विनोलफोस 25 ईसी	2.0 एम एल/लीटर
	क्लोर पाइरिफोस 20 ईसी	2.5 एम एल/लीटर
9. इरियोफिड माइट	डिकोफोल 18.5 ईसी	2.5 एम एल/लीटर
	आक्सीडेमेटोन मिथाइल 25 ईसी	2.0 एम एल/लीटर
	डाइमिथोएट 30 ईसी	1.7 एम एल/लीटर
10. दो धब्बे वाला स्पाइडर माइट	डिकोफोल 18.5 ईसी	2.5 एम एल/लीटर
	आक्सीडेमेटोन मिथाइल 25 ईसी	2.0 एम एल/लीटर
	डाइमिथोएट 30 ईसी	1.7 एम एल/लीटर
11. एफिड (मांहू)	डाइमिथोएट 30 ईसी	1.7 एम एल/लीटर
	एसीफेट 75 एसपी	1.0 ग्राम/लीटर
	क्विनोलफोस 25 ईसी	2.0 एम एल/लीटर
12. काव बग	डाइमिथोएट 30 ईसी	1.7 एम एल/लीटर
	एसीफेट 75 एसपी	1.0 ग्राम/लीटर
	क्विनोलफोस 25 ईसी	2.0 एम एल/लीटर
13. स्केल कीट	डाइमिथोएट 30 ईसी	1.7 एम एल/लीटर
	एसीफेट 75 एसपी	1.0 ग्राम/लीटर
	क्विनोलफोस 25 ईसी	2.0 एम एल/लीटर

अगले पृष्ठ पर

कीट व्याधियों के नाम	सिफारिश किए गए कीटनाशक	मात्रा
14. थ्रिप्स	डाइमिथोएट 30 ईसी	1.7 एम एल/लीटर
	एसीफेट 75 एसपी	1.0 ग्राम/लीटर
	क्विनोलफोस 25 ईसी	2.0 एम एल/लीटर
15. ब्लिस्टर बीटल	एसीफेट 75 एसपी	1.0 ग्राम/लीटर
	मिथोमिल 40 एसपी	0.6 ग्राम/लीटर
	क्विनोलफोस 25 ईसी	2.0 एम एल/लीटर
	क्लोरपाइरीफोस 20 ईसी	2.5 एम एल/लीटर
16. नीली तितली	एसीफेट 75 एसपी	1.0 ग्राम/लीटर
	मिथोमिल 40 एसपी	0.6 ग्राम/लीटर
	क्विनोलफोस 25 ईसी	2.0 एम एल/लीटर
	क्लोरपाइरीफोस 20 ईसी	2.5 एम एल/लीटर
17. दीमक	क्लोरपाइरिफोस 20 ईसी का मृदा प्रयोग	5 एम एल/लीटर
18. एस वीविल	क्लोरपाइरीफोस 20 ईसी	2.5 एम एल/लीटर
बीमारियाँ		
1. फ्यूजेरियम उखटा	ट्राइकोडर्मा हर्जेनियम/ट्राइकोडर्मा विरिडी	बीज उपचार दर 10 ग्राम/ किलो
	कार्बन्डाजिम 50 डब्लू पी +	बीज उपचार दर 1+3 ग्राम/किलो
	थीरम 80 डब्लू पी	बीज 1.0 ग्राम/लीटर पानी
	कार्बनडेजिम 50 डब्लू पी द्वारा क्षेत्र चिन्हित कर ड्रेचिंग	
2. फाइटोप्थोरा झुलसा	मेटालेक्सिल 35 डब्लू एस से बीज उपचार	बीज उपचार दर 6 ग्राम/कि.ग्रा.
3. बेक्टीरियल पत्ती धब्बा और तने का केन्कर	स्ट्रेप्टोसाइक्लिन	0.25 ग्राम/लीटर
4. स्टेरिलिटी मोजेक वायरस	डिकोफोल 18.5 ईसी	2.5 एम एल/लीटर
	ओक्सीडेमेटोन मिथाइल 25 ईसी	2.0 एम एल/लीटर
	डाइमिथोएट 30 ईसी	1.7 एम एल/लीटर
5. सर्कोस्पोरा पन्ती धब्बा	मेन्कोजेब 75 डब्लू पी	2.0 ग्राम/लीटर
	कार्बान्डिजिम 50 डब्लू पी	1.0 ग्राम/लीटर
6. अल्टरनेरिया झुलसा /पत्ती धब्बा	मेन्कोजेब 75 डब्लू पी	2.0 ग्राम/लीटर
	कार्बान्डिजिम 50 डब्लू पी	1.0 ग्राम/लीटर
7. चूर्णिल आसिता	सल्फर 80 डब्लू पी	4.0 ग्राम/लीटर
	ट्राइकोडर्मा 25 डब्लू पी	1.0 ग्राम/लीटर
	कार्बन्डिज्म 50 डब्लू पी	1.0 ग्राम/लीटर
	बेसिल्स सबटेलिस	
8. फोलियर रस्ट	मेन्कोजेब 75 डब्लू पी	2.0 ग्राम/लीटर
9. सोफ्ट रोट	प्रभावित क्षेत्र पहचान कर कार्बन्डाजिम 50 डब्लू पी से मृदा उपचार	1.0 ग्राम/लीटर
10. पीतशिरा विषाणु	डाइमिथोएट 30 ई सी	1.7 एम एल/लीटर
	एसीफेट 75 एस पी	1.0 ग्राम/लीटर
	क्विनोलफोस 25 ई सी	2.0 एम एल/लीटर
भण्डारण के कीट		
1. ब्रूचेड	ट्राइजोफोस 40 ई सी (फसल कटाइ के समय)	2.0 एम एल/लीटर
	सरसों अथवा नारियल तेल की परत	10 एम एल/कि.ग्रा. बीज

समेकित नाशीजीव प्रबन्धन तकनीकी हस्तान्तरण नीति निर्धारण एवं रुकावटें

हेलीकोबर्पा के विरुद्ध पायरीथ्रोइड दवाओं के अधिक प्रयोग करने पर उसमें कीट प्रतिरोधकता आने पर अच्छे परिणाम प्राप्त नहीं हुए तथा कीटों को आर्थिक हानि स्तर से कम रखने के लिए अलग अलग कारगर कीट नाशकों का प्रयोग करना लाभकारी पाया गया है। बुन्देलखण्ड एवं बिहार के कुछ भागों में दलहनीं फसल को बुवाई के बाद फसल की जल माँग को भगवान भरोसे छोड़ देते हैं तथा कई वार यह भी देखने में आता है कि पानी की अनुउपलब्धता के कारण या पानी की कमी के करण रासायनों का प्रयोग भी नही किया जाता है। समेकित नाशी जीव प्रबन्धन को किसानों द्वारा अंगीकृत किये जाने में कुछ कठिनाईयां देखी गई हैं जैसे बाजार में आसानी से फेरोमेनट्रेप्स, जैविक कीटनाशी आदि का उपलब्ध न होना, तथा इनका समय से उपयोग न हो पाना इनके अलावा कुछ और भी कारण है जैसे–

1. समेकित नाशी जीव प्रबन्धन तकनीक केवल कुछ कीटों के लिए ही उपलब्ध हे कुछ ऐसे रासायनिक मिश्रण एवं तकनीकी का क्षेत्रों में परीक्षण नही किया गया है जो एक से अधिक कीटों पर प्रभावी हों।
2. समेकित नाशी जीव प्रबन्धन तकनीकी के अर्न्तगत मुख्य रुप से प्रतिरोधक किस्मों एवं जैविक कीटनाशकों को ही अपनाया जाता है। लेकिन रासायनिक कीटनाशकों की तुलना में सभी क्षेत्रों में विश्वास के साथ नहीं अपनाया गया है क्योकि रासायनिक कीटनाशकों के प्रयोग के शीघ्र परिणाम प्राप्त होते हैं।
3. आई. पी. एम. आदान जैसे राइजोवियम कल्चर, फेरोमेनट्रेप्स, हेलीकोवर्पा न्यू न्यूक्लिओं पोली हाइड्रोसिस वायरस आदि का आसानी से न मिल पाना अथवा स्थानीय स्तर पर सही तरीके से भण्डारण न करपाना। उपयोग कर्ता के मन में गुणवत्ता को लेकर विश्वास का अभाव होना। अच्छी गुणवत्ता, हल्केब्रान्ड, कम गुणवत्ता वाले जैविक कीट नाशीयों की जॉच की शासकीय स्तर पर बुनियादी ढाँचे की कमी का होना आदि।
4. अब यह महसूस किया जाने लगा है कि अच्छी सामर्थ्य के जैविक कीटनाशकों की अत्यन्त आवश्यकता है और इसी पर इनका उपयोग तथा विकास निर्भर है। ट्राइकोडर्मा एवं ग्लीओं क्लोडियम जैसे जैविक कीटनाशको का कृषकों के खेतों पर प्रदर्शन लगाये गये लेकिन ये जैविक कीटनाशक कृषकों को आसानी से उपलब्ध नही हो पाये। अब इन जैविक कीटनाशकों की वैज्ञानिक तरीकों से निरीक्षण, जांच पड़ताल एवं आगे बढाने की जरुरत है तथा यह भी जांच की जरुरत है कि ये सही ढंग से नियंत्रण कर पा रहे हैं या नहीं नई संम्भवनाओं को तलासने की जरुरत है कि इनका उपयोग कहां पर कितना किया जा सकता है पोनगेमियाँ, महुआ एवं पामारोजा तेल को जैविक कीटनाशक के रुप में उपयोग करने पर वैज्ञानिक तरीका निकाला जाना चाहिए।

5. जैविक कीटनाशको, जैविक उर्वरको की सही कीमत की कोई रुप रेखा या अधिनियम का न होना।
6. देश में अच्छे प्रकार के जैविक कीटनाशकों का उत्पादन आरम्भ हो गया है लेकिन उनकी उचित कीमत न होने के कारण उपयोग कर्ता पुरानी दवाओं का प्रयोग करते हैं जिनका वातावरण पर विपरीत प्रभाव पड़ता है एवं पूरा लाभ भी नही मिलता।

कीट व्याधि के समबन्ध में अवधारणा है कि जैव प्रोद्योगिकी द्वारा प्रबन्ध नहीं किया जा सकता। वास्तव में जैव प्रोद्योगिकी और समेकित नाशीजीव प्रबन्धन का आपस में सह समबन्ध है तथा जैव प्रोद्योगिकी के द्वारा प्रबन्धन के बेहतर परिणाम प्राप्त हो सकते है। समेकित नाशी जीव प्रबन्धन के क्षेत्र में और अधिक अनुसंधान, विकास, तकनीकी हस्तांतरण, शिक्षा और प्रशिक्षणों की आवश्यकता है। तकनीकी को क्षेत्रीय स्तर पर अनुसंधान एवं कृषकों की सहभागिता से प्रदर्षनों पर जोर देना चाहिए। स्वयं सेवी संस्थाओं, निजी क्षेत्र की कीट नाशक बनाने वाले उद्योग एवं उनके तंत्र के माध्यम से शिक्षा एवं बड़े क्षेत्र में प्रचार प्रसार किया जाना चाहिए। समेकित नाशीजीव प्रबन्धन ज्ञान पर आधारित तकनीकी है अतः ग्रामीण युवाओं, स्वयं सहायता समूहों और कृषि प्रसार अधिकारियों के अधिक ध्यान देने की आवश्यकता है।

सन्दर्भ

अस्ठाना, ए.एन., लाल, एस.एस. और विश्व धार, 1997. करन्ट प्रोबल्म इन पल्स क्रॉप एण्ड फ्यूचर नीड्स. इनः नेशनल सेमीनार ऑन प्लांट प्रोटेक्शन टूवर्डस सस्टेनबिलटी, दिस. 22–24. प्लांट प्रोटेक्शन एशोसिएसन ऑफ इंडिया, हैदराबाद, पीपी. 1–3.

धालीवाल, जी.एस. और अरोरा, आर., 1996. चेन्जिंग स्टेटस ऑफ इन्सेक्ट पेस्टस एण्ड देयर मेनेजमेंट स्ट्रेटीजीस. इनः चेन्जिंग सेनेरियो ऑफ इंडियन एग्रीकल्चर. के.एस. गिल, जी.एस. धालीवाल एण्ड बी.एस. हंसरा एडिट, कॉमनवेल्थ पब्लीशर्स, नई दिल्ली.

कृष्णमूर्ति, राव, बी.एच. और मूर्ति, के.एस.आर.के. (एडिट) 1983. प्रोशीडिंग नेशनल सेमीनार क्रॉप लोसेस ड्रयू टू इन्सेक्ट पेस्टस. इंडियन जे. इन्टमोलोजी (स्पेशल इसू. वोल I एण्ड II), हैदराबाद.

कुमार, शिव और सिंह, मोहन, 2009. 25 ईयर्श ऑफ पल्सेस रिसर्च एट आई.आई.पी.आर. (1984–2009). इंडियन इन्सटीट्रयूट ऑफ पल्सेस रिसर्च. पीपी. 211.

लाल, एस.एस., यादव सी.पी. और डियास, सी.ए.आर. 1985. असेसमेंट ऑफ क्रॉप लोसेस कोस्ड बाय हेलीकोवरवा अरमींजेरा, एफ.ए.ओ. प्लांट प्रोटेक्शन बुलेटन 33:27–35.

रामचन्द्रा राव, जी.जी., राघावेष, जी. और नागालीनगम, बी., 1990. इफेक्ट ऑफ बोटानिकल्स ऑन सर्टेन बिहेविअर रिसपोन्स एण्ड ऑन ग्रोथ इनहिविशन ऑफ टोबेको केटरपिलर स्पोडोप्टेटेरा लीटूरा. इनः प्रोसिडिंग्स ऑफ नेषनल सिमपोसियम ऑन प्रोब्लम एण्ड प्रोस्पेक्टस ऑफ बोटेनीकल पेस्टीसाइडस इन इन्टीग्रेटेड पेस्ट मेनेजमेंट, सी.टी.आर.आई., राजामुन्दरी, ए.पी., इंडिया. पीपी. 12

शानोवर, टी.जी. और रोमेइस, जे. 1999. इन्सेक्ट पेस्टस ऑफ पिजअन पी एण्ड देयर मेनेंजमेंट. एनुअल रिव्यू ऑफ इंटमेलोजी 44: 77–96.

श्रीवास्तव, बी.के. 1964. पेस्टस ऑफ पल्स क्रॉप्स. इन इंटमोलोजी इन इंडिया (एडिट) एन.सी. पंत सिल्वर जुबली नम्बर ऑफ इंडियन ज. इन्टोमोलोजी. वोल. 83–91.

13

दलहन फसल कटाई उपरान्त होने वाली हानियाँ, मूल्य संबर्धन एवं प्रबन्धन

सुधीर सिंह, आर. टी. पाटिल, एवं दत्तात्रेय एम. कदम

दलहन लाइसिन की अधिकता वाले प्रोटीन पदार्थ का मुख्य श्रोत है जो कि अनाजों में पाई जाने वाली मीथियोनिन की अधिकता वाली प्रोटीन की सम्पूरक होती है। दलहन कुल की फसले भारतीय खाध्य पदार्थो में महत्वपूर्ण स्थान रखती है एवं देश की बहुसंख्यक जनसंख्या के लिए प्रोटीन का प्राथमिक श्रोत है। कई प्रकार की दलहन जैसे मटर, मसूर, उड़द, अरहर, मूंग, चना एवं सेम आदि की खेती विभिन्न जलवायु की परिस्थिति में हो रही है और भारत की पहचान विश्व में दाल उत्पादन के उभरते केन्द्र के रुप में वन रही है एवं वर्तमान में विश्व के कुल दलहन उत्पादन का लगभग 25% दलहन का उत्पादन हो रहा है। देश में वर्तमान में दालो का आयात लगभग 3 से 5 मिलियन टन प्रति वर्ष होता है जबकि उत्पादन लगभग 17.15 मिलियन टन के आस पास हो रहा है। दलहनीं फसल की कटाई एवं भन्डारण के समय होने वाली हानिया डी एम आई (2002) के अनुसार निम्नलिखित तालिका क्रमांक 1, 2 व 3 में दर्शाया गया है।

तालिका 1: दलहन फसल कटाई उपरान्त हानि (%)

दलहन फसल	गहाई	ओसाई (विनोइंग)	खेत से गहाई के स्थान तक	गहाई स्थान से भण्डार गृह तक	भण्डार गृह	कुल
अरहर	0.61	0.43	0.58	0.23	0.35	2.20
चना	0.77	0.78	0.81	0.82	0.56	3.74
मूंग	0.63	0.61	0.67	0.19	0.29	2.38
उड़द	0.65	0.62	0.70	0.30	0.30	2.46
मसूर	2.21	1.01	2.20	0.64	0.64	7.14

तलिका 2: भारतीय कृषि अनुसंधान परिषद (2007) के अनुसार दलहन फसल के उपरान्त कार्य प्रणाली में क्षति

दलहन फसल	कटाई	एकत्रीकरण	गहाई	ओसाई (विनोइंग)	सुखाना	डिब्बा बंदी	यातायात	कुल
अरहर	0.5	0.4	0.7	1.0	0.5	0.2	0.1	3.4
चना	0.7	0.6	0.8	0.4	0.6	0.2	0.2	3.4
उड़द	1.1	1.0	1.6	0.3	0.5	0.2	0.1	5.0
मूंग	0.9	0.6	1.6	0.3	0.3	0.1	0.2	4.1

तालिका 3: भारतीय कृषि अनुसंधान परिषद (2007) के अध्ययन प्रतिवेदन के अनुसार दलहनीं फसलों की कटाई के उपरान्त कुल क्षति

दलहनीं फसलें	खेती के कार्य के दौरान क्षति	भण्डारण में क्षति	कुल क्षति
अरहर	3.4	2.0	5.4
चना	3.4	0.9	4.3
उड़द	5.0	1.1	6.1
मूंग	4.1	1.4	5.5

दलहनों की प्रोटीन

दालो में उनके भार के अनुसार 17 से 25% तक प्रोटीन की मात्रा होती है। दालो में प्रोटीन की मात्रा अनाज की तुलना में लगभग तीन गुनी तथा मांस व अण्डे से अधिक होती है। दालों में वसा व चर्बी कम मात्रा में होती है। दालें थायमिन, नियासिन, केल्शियम व लोह तत्व के अच्छे श्रोत होती है। सूखी दालों में ऐस्कोर्विक अम्ल बहुत कम मात्रा में पाया जाता है लेकिन जब दालों को पानी में भिगोया जाता है, उनके अंकुरण के समय एस्कोर्विक अम्ल उपलब्ध हो जाता है।

मानव एवं अन्य एकल आमाशय वाले पशु दालों से प्रोटीन प्राप्त कर लेते है। दालों में मुख्य रुप से ग्लोकोलीन प्रोटीन होती है जबकि दालों की कुछ प्रजातियों में एल्बूमिन भी पाई जाती है। प्रोटीन की गुणवत्ता, प्रोटीन को बनाने वाले अमीनों अम्लों पर निर्भर करती है। दालों का प्रोटीन दक्षता अनुपात 0.7 से 2.1 के मध्य होती है जोकि अंडो व दूध की प्रोटीन की तुलना में कम होती है। दालों को पकाने से उनमें मौजूद प्रोटीन की बढोत्तरी हो जाती है। दालों में लाइसिन की अधिकता होती है जबकि सल्फर युक्त अमीनो अम्लो की कमी होती है। चूंकि अनाजों में लाइसिन कम मात्रा में पाया जाता है अतः जब इन्हे दालों के साथ मिलाया जाता है तब भोजन की प्रोटीन दक्षता अनुपात बढ जाता है। मानव सही गुणवत्ता की प्रोटीन अनाज व दालों को मिलाकर बनाऐ गऐ भोजन से प्राप्त करता है जो कि आसानी से पच भी जाती है।

एक सामान्य धारणा यह है कि एकल आमाशयी प्राणियों में दालों को पचाना कठिन होता है। कई अध्ययनों में यह देखा गया है कि बेहतर ढंग से पकाई गई दालों की पाचकता 90% तक होती है। दालो से उदर–वायु भी बनती है। दालों में लगभग 60% कार्बोहाइड्रेड

जोकि मुख्य रुप से स्टार्च के रुप में होता है, और सामान्यतः अच्छी तरह से अवशोषित एवं उपयोग हो जाता है सामान्य दाल में वसा की मात्रा 1 से 2% के मध्य होती है।

दालो की मिलिंग प्रक्रिया

दाल मिलिंग एक महत्वपूर्ण कृषि आधारित उधोग है एवं भारत में धान व गेहूॅ की मिलिंग के पश्चात सबसे महत्वपूर्ण कृषि आधारित उधोग है। धान व गेहूॅ की मिलिंग के विपरीत दलहनीं फसलों से दाल बनाने की प्रक्रिया अनोखी एवं देश में स्वयं विकसित की गई है। ऐसा इसलिए है क्योकि दलहनीं फसलों की एक बहुत बडी मात्रा (10 मिलियन टन से ज्यादा) का उपभोग देश में दाल के रुप में कर लिया जाता है (छिलका रहित टूटे हुऐ दाने)। दलहनीं फसलों से छिलका निकालने की प्रकिया मुख्य रुप से उनकी आक्रति, बनावट, पकाने की गुणवत्ता, स्वाद व पचाने की गुणवत्ता को बढाने के लिए की जाती है। छिलका हटी हुई दाले भंडारण के समय कीडे बीमारी से प्रभावित नही होती है। परन्तु दलहनीं फसलों के साबुत दाने कीडे, बीमारी के प्रभाव के प्रति अधिक संवेदनशील होते है। देश में लगभग 10,000 दाल मिल है और इनमें से 8 से 10% ही ग्रामीण इलाकों में स्थित है जहॉ कि दलहन अत्यधिक मात्रा में पैदा की जाती है। अनुमान के मुताबिक किसानों द्वारा दलहनीं फसलों की लगभग 30% मात्रा स्वयं के पास बचाकर रखली जाती है और इस मात्रा से दाल पारम्परिक विधियों द्वारा ग्रामीण क्षेत्रों में बनाई जाती है (तालिका–4)। ग्रामीण क्षत्रों में कई छोटी दाल मिलें है जिनसें लगभग 1 से 5 क्विंटल/दिन दाल का उत्पादन या तो किराया लेकर या स्वयं के व्यवसाय के रुप में किया जाता है। परन्तु बडे आधुनिक मिल संयंत्रों के उदय के कारण छोटे दाल मिल उत्पादन इस व्यवसाय से बाहर हो गये है क्योंकि उनके द्वारा पैदा किया गया उत्पाद गुणवत्ता व मात्रा दोनों में, बडे संयंत्रों द्वारा उत्पादित उत्पाद की तुलना में निम्न होता है। इसी कारण बाजार में मिलने वाली दाल पूरी तरह से इन बडी दाल मिलो द्वारा भेजी जा रही है।

दलहनीं फसलों के दानों में लगभग 10 से 16% तक छिलका होता है अतः इनसें लगभग 84 से 90% तक दाल प्राप्त की जा सकती है परन्तु वास्तविकता में लगभग 70 से 80% तक दाल प्राप्त होती है। दाल के दानों से दाल की अधिक मात्रा प्राप्त करना आवश्यक है क्योंकि दालों के किनारे के भाग में प्रोटीन की अधिक मात्रा पाई जाती है इससे दालों की गुणवत्ता में भी सुधार आयेगा। दलहनीं फसलों की लगभग 70% मात्रा की मिलिंग व्यवसायिक दाल मिलों में हो रही है। दाल मिलिंग की परम्परागत तरीको मे अधिक समय व श्रम लगता है साथ ही प्राप्त होने वाली दाल की मात्रा भी कम होती है जबकि व्यवसायिक दाल मिलो में परम्परागत दाल मिलों से उन्नत तकनीक का प्रयोग होता है। उपलब्ध व्यवसायिक दाल मिलों से दाल की कम प्राप्ति (65 से 72%) तथा मिलिंग के दौरान दाल की हानि अधिक होती है। मिलिंग के दौरान लगभग 15 से 20% दालों की हानि होती है जो लगभग 1.5 लाख टन के बराबर होती है। मिलिंग के दौरान होने वाली हानि की लागत भी तैयार दाल की लागत में जुड जाती है। दलहनीं फसलों से फसल उत्पाद तथा

तैयार दाल के दामों में काफी अंतर होता है क्योकि दोनों के मध्य में विचौलिए की भूमिका होती है जिसके कारण उत्पादक और उपभोक्ता दोनों को हानि होती है और बिचौलिए एक अच्छा मुनाफा कमाते है। वर्तमान में किसान को उत्पादक के साथ ही प्रोसेसर के रुप में बदलने की बहुत आवश्यकता है जिससे कि वे मुल्य संवर्धन के द्वारा अपनीं आमदनी को बढा सके। आधुनिक तथा छोटे स्तर की प्रोसेसिंग इकाईयॉ मिलिंग में होने वाली हानियॉ तथा किसान की आय बढाने में सहायक हो सकती है।

प्रक्रिया की रुपरेखा

दलहनीं फसलों की मिलिंग से आशय उनका छिलका निकालना तथा दानों को दो बराबर भागो में बॉटनें से होता है। कुछ दलहनीं फसलों के अंदर का गूदा छिलके से बहुत मजबूती से जूडा रहता है। जिसके कारण इन दलहनीं फसलों से प्राप्त दानों से छिलका निकालना बहुत कठिन होता है। छिलके को ढीला करने के लिए इन्हे पहले तेल से उपचारित एवं वारीवारी से सुखया/गीला किया जाता है। यह दानों से छिलका निकालने एवं दानो को तोडनें में सहायक होता है। जिसके कारण दालों के टुकडे एवं चूरे के रुप में अधिक हानि होती है। परिणामस्वरुप परम्परागत दाल मिलो से दाल (टूटे दानों) की प्राप्ति केवल 65 से 70% होती है जबकि उससे लगभग 82 से 85% (टूटे दानों) दाल की प्राप्ति की जा सकती है (तालिका 4)।

तालिका 4: देश में दाल मिलों का स्तर

राज्य	मिल का प्रकार	क्षमता (क्विंटल/दिन)	देश में उपयोग किए जाने वाली मशीनरी का प्रकार	प्रसंस्कृत दाल
आन्ध्र प्रदेश	बडी	100 से 200	ग्रेडर्स, रोलर्स, खडी चक्की	उड़द, मूंग, अरहर
	छोटी	15 से 30	खडी चक्की (प्लेट मिल), एसपिरेटर रोलर	
बिहार	बडी	150	ग्रेडर्स, रोलर, खडी चक्की	मसूर, खेसरी
गुजरात	बडी	200 से 300	चिकना अथवा मुलायम और असमतल रेतीली रोलर, वर्गीकृत आकार, फाडने वाला प्रभाव	अरहर
	छोटी	15 से 20	रेतीला रोलर और पत्थर चक्की	
हरियाणा	बडी	300 से 500	बर्गीकृत आकार, खंदक वाला रोलर, छिलका हटाने वाली डिस्क और मिश्रण साथ में स्वच्छ करना एवं चमकाना	अरहर, चना, मटर
मध्य प्रदेश	मध्यम	10 से 80	आगरा टाइप दाल मिल रोलर, आकार वर्गीकृत,	अरहर, मूंग, उड़द

अगले पृष्ठ पर

राज्य	मिल का प्रकार	क्षमता (क्विंटल/दिन)	देश में उपयोग किए जाने वाली मशीनरी का प्रकार	प्रसंस्कृत दाल
			मिलाना, खडी प्लेट मिल और चमकाना	
महाराष्ट्र	बडी	10 से 20	प्रायः आधुनिक (रोलर और चक्की) यांत्रिक सुखाने की मशीन	सभी प्रकार की दालें
	छोटी	1.0 से 1.5	संयुक्त कस्रन पत्थर और क्षैतिज चक्की, भूसी निकालने वाला यंत्र सी एफ टी आर आई द्वारा डिजाइन किया हुआ	
उडीसा	छोटी	10 से 15	कस्रन पत्थर, रोलर, आकार वर्गीकरण और चमकने वाला यंत्र	मूंग, उड़द, कुल्थी
राजस्थान	बडी	100	कस्रन पत्थर, छिलका हटाने हेतु डिस्क, छलनी रील नुमा यंत्र	मूंग, चना, मोठ
	छोटी	15 से 20		
तमिलनाडू	बडी	50 से 100	कस्रन पत्थर, छलनी रीलनुमा, पानी मिलाने एवं चमकने वाला यंत्र	चना, मूंग, अरहर, कुल्थी
	छोटी	5 से 20	तस्तरी नुमा मिल, छलनी रील नुमा, ग्रेडर और नमी शोषक	
उत्तर प्रदेश	बडी	20 से 50	आगरा टाइप मशीनरी, डिस्क द्वारा दानों की छिलाई, खडा प्लेटनुमा मिल, पतला रोलर	चना, मूंग, मटर, अरहर, मसूर, उड़द
	छोटी	1 से 2	खडी प्लेट नुमा कानपुर टाइप मिल, गडगडाहट करने वाले मिल	
पश्चिम बंगाल	बडी से छोटी	2 से 50	कस्रन परत चढा रोलर, वेल उनाकार सफाई यंत्र, ग्रेडिंग एवं दाल चमकाने वाली इकाई	उड़द, मसूर, मटर, चना, खेसरी

दाल मिलिंग इकाई की विभिन्न प्रक्रियाऐ (अरहर)

दानो की सफाई व श्रेणीकरण: इस प्रक्रिया के अन्तरगत दाल मिल को प्राप्त हुए दानों की पहले सफाई की जाती है इसके उपरान्त उनका श्रेणीकरण किया जाता है। सफाई के दौरान दानों में मौजूदा विभिन्न कार्बनिक व अकार्बनिक अशुद्धियों को हवा के बहाव व विभिन्न स्क्रीनों के माध्यम से हटाया जाता है कीचड एवं पत्थरों को हटाने के लिए डीस्टोनर का प्रयोग किया जाता है। साफ किऐ हुऐ दानों को उनके आकार के हिसाब से रोल ग्रेडर के द्वारा श्रेणी वद्ध किया जाता है (चित्र–1)। दालों में अशुद्धियों से एक तो

चित्र 1: कम कीमत का दानो की सफाई व श्रेणीकरण यंत्र

दाल की गुणवत्ता खराब होती है साथ ही मिलिंग मशीनों को भी नुकसान पहुचता है।

दानों को तैयार करना: दानों के गूदे एवं छिलको के मध्य गोंद की एक परत बहुत सी दलहनीं फसलों में हाती है गोंद की इस परत के पतले या मोटे होने पर ही गूदे का छिलके से जुडाव निर्धारित होता है। गोंद की प्रकृति गूदे के छिलके से जुडाव को प्रभावित करती है जबकि इसकी मात्रा तैयार प्रक्रिया के समय व मात्रा को प्रभावित करती है। तैयारी प्रक्रिया का मुख्य उद्देश्य गूदे व छिलके के प्रथककरण में सहायता करना व जिसके फलस्वरुप मिलिंग में होने वाली हानि को कम करना होता है। तैयारी की प्रक्रिया कई विधियों द्वारा की जाती है। इसकी कोई मानकीक्रत विधि नही है। दालों की तैयारी प्रक्रिया हेतु पानी द्वारा उपचार, गर्म पानी द्वारा उपचार, नमक एवं रसायनों का उपयोग तथा केवल गर्मी का भी उपयोग किया जाता है। अपर्याप्त तैयारी प्रक्रिया के कारण छिलके का गूदे से प्रथककरण नहीं हो पाता है उसे अधिक रगडने वाले वल से पूरा प्रथकरण किया जाता है जिसके परिणामस्वरुप मिलिंग होने पर टूटे दाने एवं चूरे के रुप में अधिक हानि होती है और प्राप्त होने वाली दाल की मात्रा कम होती है।

दानों से छिलके निकालना व तोडना: तैयार किऐ हुऐ दानों को रगडने वाले वल के प्रयोग से छिलका निकाला जाता है व गूदे को दो बराबर भगो में तोडा जाता है। दानों से छिलके निकालने व उसे दो बराबर भागों में तोडना दो अलग अलग प्रक्रियाऐ होती है। लेकिन ये दोनों प्रक्रियाऐ किसी भी दाल मिलिंग इकाई की सबसे महत्वपूर्ण व मुख्य प्रक्रियाऐ होती है। छिलका निकालने की प्रक्रिया सामान्यतः रगडने व घूमने वाले पट्टे द्वारा की जाती है। कुछ दलहनीं मिलिंग इकाइयों में लंम्ववत पत्थर की चक्की का उपयोग छिलके निकालने व गूदे को तोडने में होता है। छिलका रहित तथा गीले दाने को तोडने के लिए लंम्ववत डिस्क मिल का उपयोग होता है अथवा दानों को पर्याप्त ऊॅचाई से कठोर या सीमेन्टेड सतह पर गिराया जाता है या अभिकेन्द्री बल का भी उपयोग किया जाता है कठोर सतह पर गिरने के कारण छिलका रहित दाने टूट जाते है।

दालों पर पोलिश करना: यह प्रक्रिया दाल में वॉछनीय चमक व शोभा बढ़ाने के लिए की जाती है इस प्रक्रिया के लिए पहले से निर्धारित खाध्य तेल व पानी दाल में मिलाया जाता है और इस मिश्रण को एक स्क्रू कन्वेयर से गुजारा जाता है। पानी और तेल के कारण मिलिंग की हुई दालों में वॉछनीय रंग व चमक आ जाती है।

दालों का श्रेणीकरण: दालों का श्रेणीकरण मुख्यतः उनके आकार व मजबूती के आधार पर होता है। यह प्रथककरण मुख्यतः घूमने वाले व्हील ग्रेडर द्वारा होता है जिसमे पर्दे में अलग अलग साइज के खांचे बने होते है विभिन्न आकारों की दाले पर्दे के छेदों से गिरकर संबंधित खॅाचों में जमा हो जाती है। श्रेणीकृत दालों को अलग अलग वैगों में ग्रेड के अनुसार पैक कर दिया जाता है।

घरेलू स्तर की प्रक्रिया

पूर्वी भारत में बारी बारी से भिगोना एवं धूप में सुखाने की विधि उपयोग की जाती है। दलहनीं फसलों को पानी में 6 से 8 घंटे के लिए भिगोया जाता है उसके बाद पानी निकालने

के बाद उन्हे पतली सतह के रुप में धूप में दो दिन के लिए सुखाया जाता है। सुखाई हुई दालों को हाथ से चलने वाली पत्थर की चक्की से पीसा जाता है। इस प्रक्रिया को दो बार करने पर लगभग 80 से 90% छिलके निकल जाते है। एक महिला लगभग 5 किलो/घंटा की दर से दाल बना लेती है।

मध्य व उत्तर भारत में जहां सूखी विधि से मिलिंग की जाती है दलहनीं फसलों को खाध्य तेल के साथ मिलाकर धूप में 1 या 2 दिन तक सुखाते है। उसके बाद दानों को हल्का नम किया जाता है। इसके बाद इसका ढेर बनाकर कुछ घंटों के लिए छोड देते है उसके पश्चात हाथ से चलने वाली पत्थर की चक्की से पिसाई की जाती है। एक श्रमिक उक्त विधि से 8 घंटो में लगभग 30 से 40 कि.ग्रा. दाल बना लेता है।

दक्षिण भारत में गीली दाल पिसाई की अलग विधि प्रचलित है। इसमें दानो को कुछ घंटो के लिए पानी में डाल दिया जाता है इसके बाद पानी निकाल दिया जाता है तथा लाल मिट्‌टी दानों में मिला दी जाती है इसके पश्चात दानों को पतली परत के रुप में धूप में 2 दिन सुखया जाता है इस प्रकार तैयार दानों को मैनुअल चक्की द्वारा पीसा जाता है इसमे छिलका निकलना व दानों का टूटना दोनो एक साथ होते है उपरोक्त सभी विधियों में छिलका फटककर निकाला जाता है।

सूखी विधि द्वारा तैयार दाल अच्छी तरह से पकती है जबकि गीली विधि द्वारा तैयार दाल का स्वाद अच्छा होता है लेकिन पकने में अधिक समय लगता है। घरेलू एवं ग्रामीण स्तर की विधियों द्वारा प्रसंस्करण पर्याप्त मात्रा में नही होता है प्रसंस्करण की इन विधियों से दाल कम वन पाती है, दानें अधिक टूटते है एवं दानों का पाउडर अधिक बन जाता है। इसके अलावा इन विधियों गें समय अधिक लगता है और जो दाल बनती है उसमें पूरी तरह से छिलके नही निकल पाते है साथ ही दाल के किनारे भी टूट जाते है।

व्यवसायिक स्तर की विधियां

गीली मिलिंग विधियांः तुलनात्मक रुप से छोटी इकाईयों में यह विधि अपनाई जाती है यह विधि मुख्यतः दक्षिण भारत में प्रयोग होती है।

इस विधि की मिलिंग की गुणवत्ता औसत रुप से अच्छी पाई गई है और इसमें दाल की प्राप्ति लगभग 72% होती है। दाल को पकाने का समय मुख्यतः दाल बनाने के समय पानी में डुबोने के समय पर निर्भर करता है। मिलिंग के दौरान जितनी अधिक देर तक दानो को पानी में डुबोते है उतनी ही अच्छी मात्रा में दानों से छिलके निकलते है परन्तु प्राप्त होने वाली दाल पकने में अधिक समय लेती है। लाल मिट्‌टी से उपचार करने पर उनमें पीला कलर आता है। इसके साथ ही दाने हल्के खुरच भी जाते है। जिससे गूदे से छिलका निकलने में सहायता मिलती है। दाल मिलिंग की गीली विधि में अधिक श्रम की आवश्यकता होती है साथ ही प्रक्रिया में लगने वाला 4 से 5 दिन का लम्वा समय इस विधि का प्रमुख लक्षण है। छः से सात टन का एक बैच इस विधि द्वारा प्रसंशक्रित किया जा सकता है।

सामान्य अरहर दाने

↓

छलनी द्वारा सफाई, अशुद्धियों को निकालना आदि

↓

सीमेंन्ट की बनी टंकियो में 4 से 12 घंटो तक भिगोना, पानी निकालना

↓

लाल मिट्टी मिलाकर पेस्ट बना लेना एवं कुल मात्रा का 2 से 3% वजन की दर से दानों में मिलाना एवं उसके बाद दानों को ढेर बनाकर 16 घंटो के लिए छोडना

↓

पतली परत के रुप में फैलाकर 2 से 4 दिन में धूप में सुखाना, रात में ढेर बनाकर रखना ताकि दानों की गर्मी अंदर बनी रहे

↓

दानो से छिलका निकालना व तोडना ऐमरी कोटेड वर्टीकल चक्की द्वारा इससे लगभग 95 से 98% दानों से छिलका निकल जाता है और वे टूट जाते है

↓

छिलके, चूरी, चुनी व छोटे टूटे दाने गोटा छलनी द्वारा श्रेणीक्रत हो जाते है।

↓

अरहर दाल

सूखी मिलिंग विधि

दलहनीं फसलों की मिलिंग की यह विधि मुख्य रुप से मध्य व उत्तर भारत में अपनाई जाती है।

सामान्य अरहर दाने

↓

छलनी द्वारा सफाई व श्रेणीकरण → अशुद्धियों को हटाना

↓

ऐमरी रोलर द्वारा दानों को रगडना या उनमें गडडे बनना → चुनी, चूरा

↓

दानें जिसके छिलके में दरारे हो को खाध्य तेल जैसे अल्सी के तेल की 1.5 से 2 कि०ग्रा०/टन की दर से मिलाना एंगर मिक्सर में और इस मिश्रण को 12 घंटे के लिए छोड देना

↓

तेल लगे हुऐ दानों को 5 से 10 से०मी० मोटी परत बनाकर धूप में सुखाना, रात में ढेर बनाना, 2 से 4 दिन सुखाने के बाद 3 से 5% पानी का छिडकाव कर रात भर ढेर बनाकर रखना

↓

पहले रोलर द्वारा पीसना, लगभग 40 से 50% दानों से छिलके इस प्रकिया में निकल जाते है

↓

दाल प्रथककरण छलनी द्वारा छानना → छिलके, चुनी, दानों के टुकडे

↓

छिलका रहित पूरा दाना
↓
धूप में सुखाना तथा पानी मिलाना
↓
दानो से छिलको को निकालना तथा दूसरे रोलर में तोडना
↓
छानना
↓
प्रथम श्रेणी की दाल

दाल मिलिंग की सूखी विधियों में एक क्षेत्र से दूसरे क्षेत्र में काफी विविधता होती है। ऐसा देखा गया है कि दालों के प्रसंस्करण में खाद्य तेलो की मात्रा 150 से 500 ग्राम प्रति 100 किलो दानों के लिए हाती है तेल का अकेला व्यय ही कुल प्रंसस्करण लागत का लगभग 38% होता है। दाल मिलिंग विधियों की ऊर्जा आवश्यकता भी अधिक होती है। रोलर मिल में वार–वार छिलके निकालने की प्रक्रिया तथा श्रेणीकरण एवं पोलिस प्रति इकाई दाल प्रसंस्करण पर ऊर्जा का अधिक उपभोग होता है।

मध्य भारत (जबलपुर क्षेत्र) में दाल मिलिंग

अरहर दाने
↓
छलनी से छानना, सफाई → अशुद्धियां एवं गंदगी आदि
↓
कार्वोरेन्डम रोलर द्वारा दानों को खुरचना → चुनी, छोटे टूटे दाने
↓
अलसी तेल का मिलाना दर 150 मिलीलीटर/100किग्रा. दाने, रातभर रखना
↓
10 घंटे के लिए धूप में सुखाना
↓
कार्बोरेन्डम रोलर से 2 से 4 वार निकालना
↓
सफाई → रेत, चुनी, छोटे टूटे दाने
↓
दाने तथा गोटा
↓
अल्सी के तेल को ओगर द्वारा मिलाना
↓
दर 100 मिलीलीटर तेल/100 किग्रा. दाने एवं पानी की दर 250 मिलीलीटर/100 किलो दाना, पूरी रात रखना
↓
एक इंच मोटाई की पतली परत बनाकर 10घंटे के लिए सुखाना
↓
सेलर (बुर्र मिल)
↓
एस्पिरेटरी विधि द्वारा दानों को तोडना एवं सफाई
↓
अरहर दाल

सी.एफ.टी.आर.आई. दाल मिलिंग तकनीकी

इस विधि में छिलको को ढीला करने के लिए तेल व पानी नही मिलाया जाता है। ऐसा दावा किया जाता है कि इस विधि से दाल की औसत प्राप्ति 80% तक होती है। साथ ही कम समय व कम प्रसंस्करण लागत आती है। साफ व श्रेणीकृत दानों को तैयार करने के बाद एल.एस.यू. ड्रायर जिससे 120^0 सेन्टीग्रेड की गर्म हवा होती है से दो बार गुजारा जाता है दानों को गर्म उष्मा के द्वारा उपचारित किया जाता है। ड्रायर से प्रत्येक बार निकालने के बाद दानों को 6 घंटे रखकर टेम्परिंग बिन में कठोर किया जाता है। सी.एफ.टी.आर.आई. का प्रवाह चित्र नीचे दिया गया है।

अरहर दाने

↓

घूमने वाले रील क्लीनर से सफाई करना

↓

तैयारी से पहले–दानो की तैयारी के लिए दानों को एल. एस. यू. ड्रायर जिसमें 120^0 सेन्टीग्रेड की गर्म हवा होती है, से दो बार गुजारा जाता है प्रत्येक बार निकालने के बाद दानों को 6 घंटे ठंडा किया जाता है

↓

छिलका निकालनाः रोलर मशीन द्वारा बिना छिलके के दानों में पानी मिलाना

↓

गुच्छे तोडनाः कुछ भीगे हुऐ दाने गुच्छे बना लेते है इन्हे चंप ब्रेकर में डालकर तोडा जाता है

↓

तैयारी एवं तोडनाः बिना छिलके के दानों को एल. एस. डी. ड्रायर में भेजा जाता है और कुछ घंटे के लिए गर्म हवा के सम्पर्क में छोड दिया जाता है। गर्म और सूखे छिलका रहित दानों को ऐमरी रोलर द्वारा तोडा जाता है।

↓

श्रेणीकरण → छोटे टूटे दाने

↓

अरहर दाल

सी. एफ. टी. आर. आई. विधि में ड्रायर को चलाने के लिए अधिक विद्युत भार की आवश्यकता होती है।

पंतनगर दाल मिलिंग तकनीक

इस प्रक्रिया में अरहर दानों को साफ व श्रेणीवद्ध करने के बाद, दानों को खुरचने के लिए ऐमरी रोलर से गुजारा जाता है गड्ढे युक्त या खुरचे हुऐ दानों को 6% सोडियम बाइकार्बोनेट विलयन के साथ मिलाया जाता है उपचारित दानों को 4घंटे के लिए छाया में सुखाया जाता है। उपचारित दानों को धूप में सुखाया जाता है अब दानों में लगभग 9.5% नमी रह जाती है। इस प्रकार तैयार दानो को कंसेन्ट्रिक सिलेण्डर रोलर मिल से पीसा जाता है। मिलिंग के उत्पादो को ब्लोअर, साइक्लोन सेपरेटर व रील ग्रेडर के माध्यम से साफ व श्रेणीवद्ध किया जाता है। इस विधि से 80% दाल की प्राप्ति ज्ञात हुई है। दाल मिलिंग के चरण निम्न प्रकार है।

अरहर के दाने
↓
सफाई
↓
श्रेणीकरण
↓
6% सोडियम बाई कार्बोनेट बिलयन में 1 घंटे के लिए भिगोना
↓
ठंडा करना
↓
सुखाना
↓
मिलाना
कंसेन्ट्रिक डवल सिलेण्डर मशीन से मिलिंग करना→चूरा
↓ → छिलका + बारीक चूरा साइक्लोन सेपरेटर
बेलनाकार पर्दे से प्रथककरण
↓

↓	↓	↓	↓
छिलका रहित पूरा दाना	छिलका युक्त पूरा दाना	टूटी दाल	टूटे हुऐ दाने

छिलका युक्त पूरा दाना
↓
तोडना
↙ ↘
दाल टूटे दाने

पंतनगर विधि और सी.एफ.टी.आर.आई. की विधि में दाल की प्राप्ति व दानों से छिलका निकालने की मात्रा लगभग बराबर होती है। यह विध मौसम पर निर्भर नही करती साथ ही एक बार में छिलका निकालने पर उच्च दक्षता (97% से ऊपर) होती है इस विधि में कम ऊर्जा 45 किलो वाट/टन जबकि सी.एफ.टी.आर.आई., विधि में 85 किलो वाट/टन व परम्परागत में 60 किलो वाट/टन ऊर्जा की आवश्यकता होती है।

सी.आई.ए.ई. विधि

खाध्य तेलों से उपचार करने की जरुरत को खत्म करने के लिए इस विधि को विकसित किया गया है। पहले अरहर, मूंग या चने की सफाई व श्रेणीकरण किया जाता है। दानों को सी. आई. ए. ई. द्वारा विकसित रोलर में गड्डे बनाने या खुरचने के लिए डाला जाता है। इस प्रक्रिया के दौरान दानों के छिलके पर दरारे बन जाती है दरारों युक्त दानों की सफाई की जाती है। दानों को सामान्य तापक्रम पर पानी में, अरहर को 30 मिनट, चने व मूंग को लगभग 1 घंटे तक भिगोया जाता है उसके उपरान्त पानी निकाल दिया जाता है तथा दानों को तब तक सुखाया जाता है जब तक 9 से 10% नमी रह जाऐ। इस प्रकार तैयार किऐ गऐ दानों को छिलके निकालने व दानों को तोडने के लिए पुनः रोलर मिल में डाला जाता है दानों से छिलका निकालने व तोडने के लिए खुरचने वाले रोलर की परिधि गति 13.5 से 14.0 एम/एस रखने पर सर्वाधिक दाल वनाने की मिल की क्षमता देखी गई है।

उपचार के पहले के कारक जो दाल प्राप्ति को प्रभावित करते है

पानी: अरहर दानों को पानी में डालना, छिलके व गूदे को बॉधने वाले गोंद की पकड को ढीला करता है नमी की अधिकता छिलके को ढीला करने में सहायता करता है। दाल बनाने हेतु गाँव स्तर पर पानी में भिगोने का समय 2 से 14 घंटे के मध्य होता है। बडी दाल मिलो में दानों में नमी की मात्रा बढाने के लिए पानी का छिडकाव किया जाता है या वारी वारी से दानों को गीला करना व सुखाया जाता है।

तेल: तेल से उपचार करने से तेल अरहर दानों के छिलके से होता हुआ गूदे तक पहुच जाता है और सूर्य की हल्की गर्मी मिलने पर गूदा छिलके से अलग हो जाता है दानों का तेल से कई दिनो तक उपचार करने पर छिलके पूरी तरह निकल जाते है।

रसायन: दानों को उपचार से पहले सोडियम बाईकार्बोनेट, कैल्शियम हाइड्रोक्साइड, सोडियम कार्बोनेट एवं सोडियम क्लोराइड आदि का उपयोग देखा गया है। दानों को 6% सोडियम बाईकार्बोनेट विलयन से उपचार सबसे अधिक प्रभावी पाया गया है जिससे 78% तक दाल की प्राप्ति होती है।

गर्म करना: दानों से छिलका निकालने की यह दक्ष विधि है। परंपरागत विधियों में दानों को रेत में 100–125^0 सेन्टीग्रेड पर 5 से 10 मिनट के लिए भूना जाता है। दानों की तैयारी (अरहर दाने) एक बंद चेम्बर में, जिसमें गर्म हवा (120–180^0 सेन्टीग्रेड) होती है, में उपचरित किया जाता है और जिसमें दाने 70–95^0 सेन्टीग्रेड तापमान से गुजरते है गर्मी को कांउटर करेन्ट तकनीक से स्थानान्तरित किया जाता है। तैयारी करने वाले चेम्बर में गर्म हवा बीजों के मध्य से गुजरने के बाद ऊपर की तरफ बढती है जबकि बीज अपने भार के कारण नीचे बढते है।

मिलिंग से प्राप्त दाल के गुणवत्ता मानक

मिलिंग से प्राप्त दाल के गुणवत्ता मानक तालिका 5 व 6 में नीचे दिऐ गऐ है।

तालिका 5: मिलिंग से प्राप्त दाल के गुणवत्ता मानक

गुणवत्ता लक्षण	दाल बनाने में उच्चतम स्तर				
	अरहर	मूंग	उड़द	चना	मसूर
नमी (%)	14	14	14	16	14
बाहरी पदार्थ (%)	2	2	2	2	2
अन्य खाध्य दाने(%)	0.5	4	4	4	2
क्षति ग्रस्त दाने (%)	5	5	5	5	5
घुन लगे दाने (%)	3	3	3	3	3
यूरिक अम्ल (मि०ग्रा०/कि०ग्रा०)	100	100	100	100	100
कवक विष एफ्लाटोक्सिन सहित (मि०ग्रा०/कि०ग्रा०)	30	30	30	30	30
चूहो के वाल और मलमूत्र (संख्या/कि०ग्रा०)	5	5	5	5	5
कुल वाहय पदार्थ, अन्य खाध्य दाने व क्षतिग्रस्त दाने (%)	6	8	8	7	7

स्रोतः एनोनिमस (2006)

दलहनीं फसलों का कटाई उपरान्त प्रबन्धन

वर्तमान में दलहनीं फसलों का प्रसंस्करण एक साथ चलने वाली प्रक्रिया है। जिससे अधिक मात्रा में सामान को संभालना पडता है, इसे लगातार चलने वाली प्रसंस्करण प्रक्रिया के माध्यम से काम किया जा सकता है। दाल उधोग में धूप में सुखाने की प्रक्रिया सामान्यतः अपनाई जाती है जो कि भरोसेमंद नहीं होती और वारिष के दिनो में मिल को बंद रखना पडता है। इसी कारण आर्थिक रुप से सही और भरोसेमंद यात्रिंक सुखाने वाले यंत्र की आवश्यकता है जिसके लिए बैच कम बिन टाइप दाल ड्रायर व्यावसायिक रुप से उपलब्ध है। दाल की फसले अपने उगने वाले मौसम में ही पैदा की जाती है। लेकिन मिलो को साल भर (300 दिन) चलाना होता है। इसलिए उन्नत बाजार प्रणाली में जहॉ से मिलिंग करने हेतु साफ व श्रेणीकृत कच्चा माल प्राप्त होता रहे जिससे, दाल की प्रसंस्करण लागत कम हो सकती है। दाल मिलिंग के दौरान मिल में बहुत अधिक मात्रा में धूल पैदा होती है इसलिए धूल का संग्रहण व निस्तांतरण करने वाले यंत्रों का विकास व उपयोग आवश्यक है क्योकि बंद स्थान पर दाल मिल के अंदर बनने वाली धूल से प्रदूषण होता है साथ ही कार्य करने वाले श्रमिको के लिए खतरनाक होती है। निष्कर्ष के रुप में मिलिंग प्रक्रिया व यत्रों के मानकीकरण तथा मिलिंग तकनीक व मशीनों के लिए मानक बनाने की आवश्यकता है (तालिका–6)।

तालिका 6: अरहर में आहार संबंधी तत्व

क्र.स.	घटक	हरे दाने	पके दाने	दाल
1.	प्रोटीन (%)	21.0	18.8	24.6
2.	पाच्य प्रोटीन (%)	66.8	58.5	60.5
3.	ट्रिप्सिन अवरोधक (मि.ग्रा./ली.)	2.8	9.9	13.5
4.	स्टार्च (%)	48.4	53.0	57.6
5.	पाच्य स्टार्च (%)	53.0	36.2	-
6.	एमाइलेस (मि.ग्रा./ली.)	17.3	26.9	-
7.	घुलनशील सर्करा (%)	5.1	3.1	5.2
8.	वादी गुणांक (ग्राम/100 ग्राम घुलनशील सर्करा)	10.3	53.3	-
9.	कच्चा रेशा (%)	8.2	6.6	1.2
10.	वशा (%)	2.3	1.9	1.6
खनिज और सूक्ष्म तत्व (मि.ग्रा./100 ग्रा. शुष्क पदार्थ)				
1.	केल्शियम	94.6	120.8	16.3
2.	मैग्नीशियम	113.7	122.0	78.9
3.	कोपर	1.4	1.3	1.3
4.	लोहा	4.6	3.9	2.9
5.	जस्ता	2.5	2.3	3.0
विटामिन (मि.ग्रा./100 ग्रा. ताजा वजन खाध्य भाग में)				
1.	केरोटीन (विटामिन ए/100 ग्रा.)	469.0		
2.	थायामिन (विटामिन बी 1)	0.3		
3.	राइबोफ्लेविन (विटामिन बी 2)	0.3		
4.	नायसिन	3.0		
5.	एसकोर्विक अम्ल (विटामिन सी)	25.0		

स्रोतः– श्रीवास्तव एवं सहयोगी (1998)

दलहनीं फसलों के प्रसंस्करण में दाल की प्राप्ति को प्रभावित करने वाले कारक

सैधान्तिक रुप से दलहनीं फसलों के दानों में गूदे की मात्रा दाने के 87 से 89% के मध्य होती है लेकिन व्यवहारिक रूप में यह प्राप्त करना संभव नही होता है। दाल की कम प्राप्ति के लिए जिम्मेदार कुछ कारक नीचे दिऐ गऐ है।

अ. **दानें के पैरामीटर के गुण**– (i) दाने का प्रकार (ii) दलहनीं फसल की प्रजाति या दाने का स्ट्रेन (iii) रासासनिक घटक (iv) दाने के एंडोस्पर्म मे नमी की मात्रा (v) दाने की संरचना (vi) दाने का आकार बडा, छोटा (vii) छिलके की सतही संरचना (viii) गोंद की परत की मोटाई।

ब. **मशीनों के पैरामीटर**– (i) रोलर का आकार (ii) रोलर की परिधीय गति (iii) खुरचने वाले पदार्थ की संरचना (iv) खुरचने वाले पदार्थ की कठोरता (v) रोलर व केज के मध्य निस्तारण (vi) रोलर का झुकाव (vii) आउटलेट की स्थिति।

सावधानियॉ

कटाई उपरान्त प्रबन्धन एवं दालों के प्रसंस्करण से पहले कुछ सामान्य सावधानियॉ रखना चाहिए।

- दलहनीं फसलों की फलियों को परिपक्वता की सही अवस्था पर फलियों को तोडना अथवा फसल कटाई करनी चाहिऐ। उदाहरण फसल की फलियों की तुडाई अथवा फसल की कटाई तव करना चाहिऐ जब 80% फलियॉ परिपक्व हो गई हो (पीली पड गई हो)।
- मौसम की अनुकूल परिस्थितियों में तुडाई करनी चाहिऐ।
- कटाई और फटकना सीमेन्ट के फर्श (पक्का) पर करना चाहिऐ।
- बाजार से अच्छी कीमत लेने के लिए दलहन के दाने का श्रेणीकरण करने के बाद बाजार में बेचना चाहिऐ।
- भंडारण की सही व वैज्ञानिक विधि का उपयोग करना चाहिऐ।
- उत्पादन की सही पैंकिग करना चाहिऐ जिससे कि परिवहन के दौरान गुणवत्ता व मात्रा सही रहे।

छिलका निकालते समय पोषक तत्वो की हानि

दानों से छिलका निकालते समय गूदे की वाहरी परत खराब हो जाती है। जिससे लगभग 10% कम उत्पाद प्राप्त होता है जो कि पाउडर के रुप में प्राप्त होता है। गूदे का वाहरी भाग प्रोटीन, सुगर, फाइवर व मिनरल का अच्छा श्रोत है जबकि स्टार्च कम मात्रा में होता है। इसके साथ साथ कैल्शियम (20%) एवं आयरन (30%) की अच्छी मात्रा वाहरी परत के साथ निकल जाती है लेकिन इसके कारण प्रोटीन की गुणवत्ता व अमीनों अम्ल प्रभावित नहीं होते है। कटाई उपरान्त मूल्य प्रसंस्करण श्रंखला तक पंहुचने को यदि प्रति 100 इकाई में देखा जाय तो उसमें से 9 इकाई बीज, 14 इकाई पूरे दाने के रुप में, लगभग

9.5 इकाई कटाई, परिवहन, प्राथमिक प्रसंस्करण व भंडारण के रुप में नष्ट हो जाती है। इसलिए 100 इकाई में से केवल 67.5 इकाई उत्पादन ही मिलिंग के लिए उपलब्ध हो पाता है और मिलिंग के दौरान हानि के बाद, 62.5 इकाई खाध्य श्रंखला के लिए उपयोग होती है शेष 37.5 इकाई मूल्य संवर्धन श्रंखला से वाहर चला जाता है।

दलहनीं फसलों के मूल्य संबर्धित उत्पाद

भुनी हुई दाले या दालों के फूले बनानाः भुने हुऐ या फूला बनाने के बाद चना व मटर का देश (भारत) में नास्ते के रुप में काफी प्रयोग होता है। चना अथवा मटर को 15 से 20 मिनट के लिए पानी में भिगोते है। इसके बाद पानी को निकालने के उपरान्त दानों को बंद वर्तन में बंद कर एक समान नमी होने तक रखते है। भीगे हुऐ दानों को गर्म लोहे के वर्तन में जिसमें रेत भरी रहती है तथा 190 से 200^0 सेन्टीग्रेड तापमान रहता है में 60 से 80 सेकेन्ड के लिए गर्म किया जाता है जिससे दाने फूल जाते है तथा छिलका टूट जाता है। दानों को सही फुलाने के लिए, दाने टूटने से पहले पर्याप्त तापक्रम होना चाहिए जिससे कि दानों की सतह न जले साथ ही जलवाष्प का इतना दवाब हो कि पूरी तरह जलवाष्प के रुप में उडने से पहले दाना टूट जाऐ। दानों में नमी की मात्रा का फूलने पर काफी प्रभाव पडता है करनेल जो कि अधिक सूखे होते है सही प्रकार से नहीं फूलते है।

दालों को भूननाः दलहनीं फसलें जैसे बंगाली चना व मटर को बहुत अच्छे उत्पाद बनाने के लिए भूना जाता है बंगाली चने को गीले कपडे में अच्छे से बॉधकर रात भर रखा जाता है तब उन्हे भूना जाता है मटर को लगभग 5 मिनट पानी में भिगोने के बाद धूप में 15 मिनट आंशिक रुप से सुखाने के बाद भूना जाता है हल्दी व नमक पाउडर कभी कभी पानी में मिलाया जाता है या दानों के ऊपर हल्दी व नमक का पेस्ट बनाकर पतली परत के रुप में लगाया जाता है इसके बाद उन्हे भूना जाता है। भूनने की प्रक्रिया एक गर्म वर्तन में जिसमें 190 से 200^0 सेन्टीग्रेड की गर्म रेत भरी होती है यह 60 से 80 सेकन्ड के लिए की जाती है भुने हुऐ बंगाली चने ग्रामीण क्षेत्रों में एक पोषक नास्ते के रूप में प्रयोग किए जाते है। जो कि बच्चो में प्रोटीन व ऊर्जा कुपोषण को दूर करने में सहायता करते है।

पापड का निर्माणः पापड जिन्हे आपलम या पापडम के नाम से दक्षिण भारत में जाना जाता है एक पतले वेफर जैसे उत्पाद होते है। सामान्यतः गोल होते है जिन्हे वेलन द्वारा अनाज के आटे में क्षार, खाद्य तेल व अन्य चिपचिपे पदार्थ मिलाकर तैयार किया जाता है। इन्हे सामान्यतः तले या भुने हुऐ रुप में उपयोग किया जाता है पापड बनाने के मुख्य चरण नीचे दिऐ जा रहे है।

सभी अवयवों (पानी को छोडकर) को अच्छी तरह से मिलाया जाता है बनाऐ हुऐ आटे को अच्छी तरह दवाने के बाद लगभग 15 ग्राम की गोलियों के रुप में बनाकर 0.08 से०मी० मोटाई तक दवाकर तथा 8 से 9 से०मी० व्यास का पापड बनाया जाता है पापड को 10 मिनट के लिए धूप में अथवा छाया में सुखया जाता है जिससे कि उनमें नमी की मात्रा 14% से कम रह जाऐ। इसके बाद पोलीथीन पाउच में पैक किया जाता है।

तुरन्त तैयार होने वाला बडा व वाजी मिश्रण बनानाः बडा व वाजी बिना किणवन के तैयार होने वाले पारम्परिक नास्ते वाले उत्पाद होते है। तुरन्त तैयार होने वाले बडा व वाजी मिश्रण सामान्यतः बंगाल चना, चना, गेहूँ व धान के आटे से बनाऐ जाते है। इनको तलने से पोषण गुणवत्ता बढ़ जाती है तथा नमीं के उड़ने से शीघ्र खराब नही होते है। बंगाल चना, काला चना, चना तथा धान को अलग अलग पीसा जाता है। पिसे हुऐ बंगाली चने को बी एस – 14 छलने से छाना जाता है तथा बाकी को बी एस–36 छलने से छाना जाता है इसके पश्चात पिसे हुऐ आटे को पुनः अलग केविनेट में 80^0 सेन्टीग्रेड तापमान पर दो घंटे के लिए सुखाया जाता है ठंडा करने के बाद हवाबंद वर्तनों में उपयोग करने से पहले तक भंडारित किया जाता है। पिसे हुऐ बंगाली चने की दाल को मैदा के साथ मिलाया जाता है फिर काले चने की दाल के आटे व चावल के साथ मिलाया जाता है इसके उपरान्त नमक साइट्रिक अम्ल व सोडियम बाईकार्बोनेट डालने के उपरान्त अच्छी तरह मिलाया जाता है।

दलहनों को खाने के उपरान्त क्रियाशीलताः दलहनीं फसलो में पाऐ जाने वाली पोषकता प्रयोगकर्ता द्वारा उपयोग करने में एक सकारात्मक गुण प्रदान करती है। दालो का निम्न ग्लाइसीमिक इंडेक्स होता है क्योकि दालों में अमाइलेज की निम्न मात्रा होती है। दाल का भोजन लेने के बाद ग्लूकोज व इंसुलिन की संवेदना कम दर्ज की गई है क्योकि दालों को निम्न गलाईसेमिक इंडेक्स होता है। दलहन घुलनशील रेशे के स्त्रोत होने के कारण रक्त में ग्लूकोज व कोलेस्टेरोल के स्तर को कम करती है। दालों में निम्न इमाइलेज की मात्रा होती है तथा प्रतिरोधी स्टार्च होता है जोकि स्वास्थ को बनाने के कार्य करने में मदद करती है। दलहनों में लोह तत्व की मात्रा की अधिकता होती है पोषण में लोह तत्व की कमी से एनीमिक की समस्या हो जाती है अधिक एनीमिक होने तथा साथ में विटामिन बी की कमी होने पर सीलियक बीमारी हो जाती है। दलहन सीलीयक बीमारी से पीडित मनुष्यों के लिए स्वस्थ करने का विकल्प होती है। दानों के ग्लूटिन रहित अन्य विकल्पों की तुलना में दालों में खाध्य रेशे, प्रोटीन, आयरन व अन्य खनिज व विटामिन के बहुत अच्छे स्त्रोत होती है।

दाल मिलिंग के उपउत्पादो से टेनिन ऐसिल हाइड्रोलेज (टेनेस) का उत्पादनः टेनेस का उत्पादन अरहर के छिलके से ठोस अवस्था में किणवन द्वारा किया जाता है जो कि विभिन्न उद्योगों जैसे तुरन्त तैयार होने वाली चाय बनने में, बीयर, फलों के जूस, कोफी के स्वाद वाले सोफ्ट ड्रिंक व अंगूर की वाइन बनाने में अत्यन्त महत्वपूर्ण होता है इसके अलावा गेलिक अम्ल जो कि टेनिक अम्ल को पानी से विघटन से बनता है दवा उद्योग का एक आवश्यक रसायन होता है पूरे विश्व में द्वितियक कृषि पर अधिक जोर दिया जा रहा है जो कि वेकार पदार्थो का मूल्य संबंर्धित उत्पाद बनाने में प्रयोग करना होता है जिसके अच्छे आर्थिक लाभ प्राप्त होते है। जैव प्रौद्योगिकी के उदय के बाद वैश्विक स्तर पर ऐसे प्रयास किऐ जा रहे है जिससे कृषि आधारित उद्योगों के बचे हुऐ पदार्थो का अधिकतम उपयोग कर एवं मूल्य संबर्धन कर एंजाइम, कार्बनिक अम्ल, जैव सक्रिय द्वितियक मेटावोलइट्स एवं एक कोशीय प्रोटीन आदि का उत्पादन किया जा सके। ठोस अवस्था किणवन में गीले ठोस सवस्ट्रेट पर सूक्ष्म जीवों की वृद्धि बिना वहते हुऐ स्वतंत्र पानी में की

जाती है तथा यह सूक्ष्म जीवों से मूल्य संबर्धित उत्पाद विशेषकर एंजाइम व द्वितियक उत्पाद प्राप्त करने का एक वैकल्पिक उत्पादन तंत्र होता है। टेनेस का अधिकतम उत्पादन 35^0 सेन्टीग्रेड तापमान पर 96 घंटे इन्क्यूवेट करने पर 43 यू./ग्रा./मिनट पाया गया है। इन्कूवेशन के समय सवस्ट्रेट से टेनिन की मात्रा कम होती जाती है। ऐसपरजिलस नाइजर द्वारा बनाऐ गऐ टेनेस की विशेष गतिविधि 43 यू/ग्रा/मिनट अस्थिर रुप में होती है (पेरानथमन एवं सहयोगी, 2009)।

नास्ते के खाध्य पदार्थः दालों के बने नास्ते दक्षिण पूर्व ऐशिया में काफी लोकप्रिय है। दालों पर आधारित नास्ते के नऐ खाध्य पदार्थ जैसे, चना चिप्स, फाफडा, विभिन्न आकार व व्यास के सेव, आलू भुजिया, खट्टा मीठा मिश्रण, मसाला चना दाल आदि बाजार में उतारे जा रहे है।

सी.आई.पी.एच.ई.टी. द्वारा अरहर की मिलिंग हेतु तैयारी पूर्व उपचार व गशीनरी का विकासः केन्द्रीय कटाई उपरान्त अभियांत्रिकी एवं तकनीकी संस्थान, लुधियाना द्वारा दलहनीं फसलों की मिलिंग हेतु मिलिंग पूर्व उपचार एवं मशीनरी के विकास एवं मानकीकरण करने हेतु प्रयोग किऐ गऐ है। जिससे दाल की अधिकतम मात्रा प्राप्त हो सकें। पानी का सामान्य छिडकाव और ऊष्मा का प्रयोग, पानी में भिगोने व धूप में सुखाने की तुलना में अधिक उपयुक्त पाया गया है। इसके कारण प्रोटीन की मात्रा में हल्की वृद्धि, पकने के समय में कमी (लगभग 30%) तथा छिलके के साथ पाउडर के रुप में गूदे की कम हानि होती है। मिलिंग से पूर्व अरहर का भाप से उपचार भी सही पाया गया है। दाल की अधिक प्राप्ति 60 सेकेण्डस तक पानी में भिगोने तथा 5 मिनिट तक भाप में कम दवाव 0.25 कि.ग्रा./वर्ग सेन्टी मीटर पर पाई गई। अरहर को पानी में धोने एव भाप के उपयोग समान दाव पर करने पर भाप के उपयोग का समय एवं दाल की प्राप्ति आपस में व्युत्क्रमानुपाती होते है।

तेलो के प्रकार के प्रभाव को सरसों तेल व कपास के बीज के तेल के उपयोग को अरहर के मिलिंग पूर्व उपचार हेतु आर एस एम के माध्यम से संतुलित किया गया 0.30% सरसों के तेल का उपयोग करने पर नमी की मात्रा 10.11% छिलके निकालने के 12.3 सेकेण्ड समय छिलका निकालने की दक्षता प्राप्त हुई है जबकि कपास बीज तेल के उपयोग 0.28% करने पर 9.84% एवं छिलका निकालने की दछता 11.86 सेकेण्ड प्राप्त हुई है। नमी की मात्रा का अरहर फसलों में छिलके में दरार पडने पर होने वाले प्रभाव का अध्ययन भी किया गया है। दरार पडने की क्षमता में लगभग 10% नमीं की मात्रा पर वृद्धि होती है तथा नमीं की मात्रा 10% से बढने पर इसमें कमी देखी गई। इस प्रकार का परिणाम छिलके एवं कार्वेरिण्डम के मध्य अधिक नमी होने पर कम घर्षण होने के कारण संम्भावित लगता है। इसलिए नमी की 10% मात्रा अरहर दाल में गड्ढ़े बनाने के लिए सर्वाधिक उपयुक्त पाई गई है।

ग्रेड I व ग्रेड II स्तर की दाल के लिए भैतिक रासायनिक गुणो जैसे– भैतिक विन्यास, घनत्व, गूदे की मात्रा, जर्म एवं वसा की मात्रा आदि के लिए वैकल्पिक गुणवत्ता मानको का विकास किया गया है।

सिंगल फीड कम्पोजिट मिनी अरहर दाल मिल

चूँकि स्वयं के उपयोग के लिए ग्रामीण स्तर पर दाल की मिलिंग कम हो गई है अतः दालों के टूटे दानों तथा छिलको की पशु आहार हेतु उपलब्धता भी कम हो गई है दाल मिलिंग एकल करने के बजाय छोटे स्तर के उद्योग के रुप में ग्रामीण स्तर पर की जाऐ तो इससे रोजगार एवं आमदनी दोनों को ग्रामीण स्तर पर कृषकों हेतु बढाया जा सकता है। इस प्रकार की गतिविधि को ग्रामीण स्तर पर बढावा देने पर छोटे स्तर की दाल मिलिंग इकाई जिसकी क्षमता लगभग 100 कि.ग्रा./घंटा की हो का विकास किया गया है। दाल मिल जो कि सी.एफ.टी.आर.आई, सी.आई.ऐ.ई, आदि आई.आई.पी.आर. एवं पी.के.वी. अकोला द्वारा विकसित की गई है आदि को चित्रों में दर्शाया गया है (चित्र 2 से 5)।

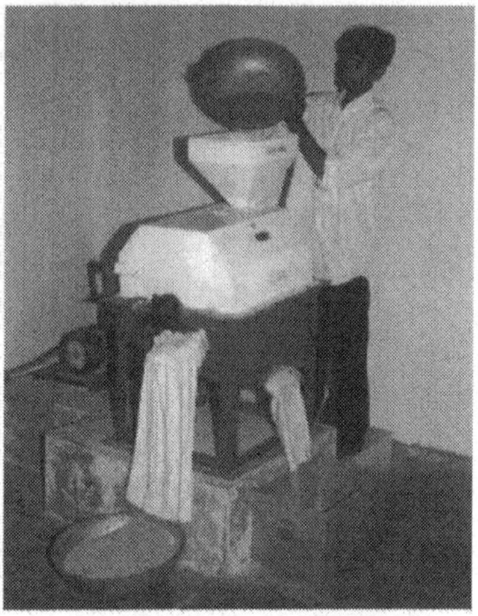

चित्र 2: सी.आई.ऐ.ई दाल मिल

चित्र 3: सी.एफ.टी.आर.आई दाल मिल

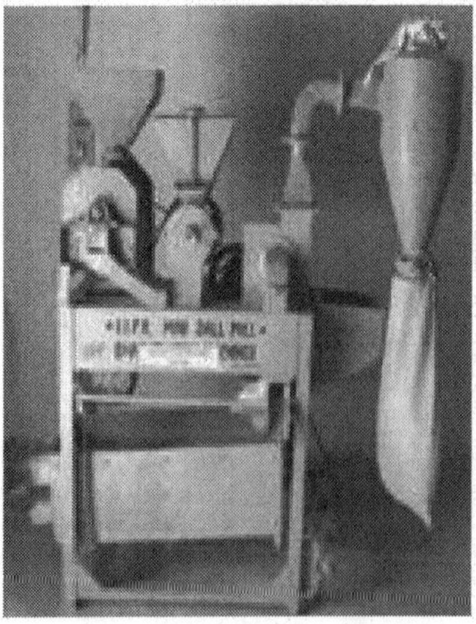

चित्र 4: आई.आई.पी.आर. दाल मिल

चित्र 5: पी.के.वी. अकोला दाल मिल

सभी मिलिंग इकाइयों में दानों को खुरचने वाला एक ही रोलर होता है इसलिए 100% छिलकें नही निकल पाते है। हालांकि इन मिलों द्वारा तैयार दाल देखने में व्यवसायिक मिलों द्वारा तैयार दाल से देखने में अच्छी नही होती परन्तु पकाने की गुणवत्ता व पोषक मान वेहतर होता है। चूँकि दाल से छिलके एकवार मिल से निकलने पर पूरी तरह नही निकल पाते है अतः इन छोटी मिलो में ऐसी व्यवस्था करने की आवश्यकता है जिससे कि दुवारा में छिलके निकाले जा सके। सी.आई.पी.एच.ई.टी. द्वारा अरहर दाल मिलिंग करने हेतु विकसित मशीन में छिलके निकालने हेतु खुरचने की विधि अपनाई जाती है। मशीन में फीड हापेर, बेलनाकार ऐमरी और कोनकेव जो कि हल्की इस्पात का बना होता है आदि भागों से मिलकर बनती है। मशीन में दो विशेष गुण होते है। एमरी जो कि तीन अलग श्रेणी के कार्वोरेण्डम व स्टोपर से मिलकर बनता है जोकि कोनकेव के अंदर होता है जिससे मशीन के अंदर घर्षण का समय बढ जाता है।

मिनी दाल मिल की मापः लंबाई 1000 मिलीमीटर, चौडाई 555 मिलीमीटर, ऊँचाई 1225 मिलीमीटर, खुरचने वाले पहिऐ की सतही परिमाप 1100 मिलीमीटर, यह 3 हार्स पावर मोटर द्वारा चलती है जो कि 1580 चक्कर/मिनट की दर से घूमती है तथा दाल मिल की शाफ्ट को 615 चक्कर/मिनट की दर से घुमाती है। मिनी दाल मिल की क्षमता 100 कि.ग्रा./घंटा होती है।

फीड होपरः एक विषम कोणीय फीड होपर जिसकी क्षमता लगभग 15 किलो होती है मशीन के ऊपरी भाग पर लगा रहता है। मशीन के वाहरी भाग पर एक दरवाजा लगा रहता है जिससे कि डाले जाने वाले दाने की मात्रा नियंत्रित की जाती है। उपचारित किऐ गऐ अरहर दानों को होपर में भरा जाता है मशीन चालू करने के बाद दाने वाले दरवाजे को खोल दिया जाता है जिससे कि दाने ऐयरी रोलर व कोनकेव के मध्य आ जाऐ।

ऐमरी रोलरः ऐमरी रोलर मशीन के अंदर फिट होता है यह हल्की इस्पात का वेलननुमा 75 सेन्टीमीटर लंबाई का होता है जिस पर ऐमरी परत रहती है। एमरी रोलर के प्रथम चेम्बर में पहले ग्रेड अ कार्वोरेण्डम, फिर ग्रेड ब और निकास द्वार पर ग्रेड स तृतीय चेम्बर परत रहती है एवं पर्दा गोलाकार होता है जिससे अरहर के छिलके निकलते है। रोलर की लम्बाई 25 सेन्टीमीटर होती है इसमें से एमरी की लम्बाई 18 सेन्टीमीटर रहती है मध्य भाग की लम्बाई एमरी ग्रेडर (24 सेन्टीमीटर) सहित 25 सेन्टीमीटर लम्बा रहता है अन्त में एमरी ग्रेडर 32 सेन्टीमीटर का लगा रहता है। दाल बनाने हेतु साबुत दाने रोलर के माध्यम से संयत्र में जाते है रोलर में एमरी सटी रहती है। एमरी 300 चक्कर/घंटे की रफ्तार की दर से घूमती है। इसे 3 हार्सपावर की 3 फेस की मोटर से चलाया जाता है। मोटर से रोलर को शक्ति वी– वेल्ट पुली से पहुँचती है। छिलका निकालने वाला रोलर जिसमें तीन अलग अलग श्रेणी के कोर्वोरेण्डम के फ्रेब्रीकेशन होते है कार्वोरेण्डम के ग्रेड्स 24 (0.3–0.5 मिलीमीटर), 30 (0. 22–0.49 मिलीमीटर) एवं 36 (0.16–0.25 मिलीमीटर) होते है।

तैयार अरहर दाल का बाजार मूल्य विना छिलके के पूरे टूटे हुऐ दानों के गुणो पर निर्भर करता है। वर्तमान में भरतीय वाजारों में श्रेणि II व श्रेणि I की दाल बेची जा रही है जो कि मुख्यतः मिलिंग करने वालो व दुकानदारो के लिए होती है। उपभोक्ता जो कि इन दालों

को खरीदता है वह अपने हिसाब से इनको देखता है कुछ उपभेक्ता पोलिश युक्त चमकती हुई दाल खरीदते है जबकि पोलिशिंग की हानियाँ जानते है बिना पोलिश की दाल खरीदते है। सी.आई.पी.एच.ई.टी. द्वारा विकसित दाल मिल व्यवसायिक ग्रेड की लगभग 73% दाल पैदा कर सकती है, जबकि एक रोलर वाली छोटी दाल मिल एक बार में 50% से कम दाल बनाती है।

संदर्भ

एनोनिमस, 2006. इकोनोमिक सर्वे, नेशनल इनफोर्मेटिक्स सेन्टर, मिनिस्ट्री ऑफ फायनेन्स, गवरमेन्ट ऑफ इंडिया.

डीएमआई, 2002. एस्टीमेशन ऑफ मारकेटेबल सरप्लस एण्ड पोस्ट हारवेस्ट लोसेस ऑफ फूड ग्रेन्स इन इंडिया. डायरेक्टोरेट ऑफ मारकीटिंग एण्ड इन्सपेक्शन (डी.एम.आई.), नागपुर, डिपार्टमेंट ऑफ एग्रीकल्चर एण्ड को–ओपरेशन, मिनिस्ट्री ऑफ एग्रीकल्चर, गवरमेंट ऑफ इंडिया.

पारनथामन, आर., आर. विद्यालक्ष्मी और के. अलगूसुन्दरम, 2009. प्रोडक्शन ऑफ टेनि एसिल हाइड्रोलस फ्रोम पल्स मिलिंग बाय–प्रोडक्टस यूजिंग सोलिड स्टेट फेरमेन्सन, अकेडेमिक जर्नल ऑफ प्लांट साइंसेस 2(3): 124–127.

श्रीवास्तव, एस.जे., डी.पी. मिश्रा और बी.पी. खरे, 1988. इफेक्ट ऑफ इन्सेक्ट इनफेसटेशन ऑन बायोकेमीकल कम्पोजीशन ऑफ पिजन पी (केजानस कजन एल) सीड्स स्टोर्ड इन मुड बिन. बुलेटन ऑफ ग्रेन टेकनॉल. 26(2): 120–125.

14

भारत में दलहन व्यापारः संभावनायें एवं नीतिगत मुददे

हरवीर सिंह, सुधीर सिंह एवं बाबुजी गंगवार

दलहनीं फसलें खाध्य प्रणालियों की सघनता बढाने का सबसे अच्छा विकल्प मानी जाती है। विभिन्न कृषि जलवायु क्षेत्रों में अखिल भारतीय परियोजनाओं के अंतरगत फसल चक्रो पर किऐ गऐ अध्ययनों से यह निष्कर्ष निकला है कि प्रचलित फसल चक्रो की उत्पादकता, ग्रीष्म त्रिृतु के मौसम में दलहनीं फसलों को शामिल करने पर या केच फसल के रुप में या अन्तरवर्ती प्रणाली में शामिल करने पर बढाई जा सकती है (गंगवार 2009)। इसके अतिरिक्त दलहनीं खाध्य फसलें विभिन्न फसल प्रणालियों में सम्मिलित करने पर फसलों की पोषक तत्व ग्रहण करने की क्षमता बढ जाती है जिससे केवल अनाज आधारित फसल प्रणाली की तुलना में अधिक उपज प्राप्त होती है जिससे कृषकों को कृषि पद्धति से अधिक आय प्राप्त होती है (गोउड एवं सहयोगी 2009)। दलहनीं फसलों में कई अच्छे गुण होते है जो कि उत्पादकता को बढाने, पोषक स्तर सुधारने व पर्यावरणीय लाभ को बढाते है। विश्व के अधिकांश देशों में ये द्वितीयक फसले मानी जाती है। वैश्विक स्तर पर दलहनीं फसलों का क्षेत्रफल कुल अनाज फसलों के क्षेत्रफल का 1/10 भाग है। दलहनीं फसलों के विविध एवं महत्वपूर्ण कार्यो में जैसे कृषि पद्धतियों में महत्व, गरीब जनसंख्या के भोजन में महत्व दालों के वैश्विक व्यापार परिदृष्य, उत्पादन एवं भारत में व्यापार के अवसर इसके साथ ही भारत में दालों के उत्पादन व व्यापार के मुख्य पहलुओं एवं भविष्य की चुनौतियों के बारे में इस अध्याय में प्रकाश डाला गया है।

वैश्विक उत्पादन परिदृष्य

वर्ष 1990 के दशक के मध्य में दलहनों का वैश्विक उत्पादन 55 मिलियन टन से थोडा ज्यादा था। हालांकि उत्पादन में उतार चढाव जो कि मुख्यतः मौसम परिवर्तन के कारण होता है। विश्व का दलहन का उत्पादन हाल के वर्षो में लगभग 64 मिलियन टन तक बढ चुका है। दलहनों के वैश्विक उत्पादन में लगभग 76% उत्पादन विकासशील देशो का है। ऐशिया महाद्वीप में विश्व का लगभग 50% दालों का उत्पादन होता है। भारत में दलहनीं फसलों की खेती सघन रुप से होने के कारण लगभग 1/4 भाग (23%) वैश्विक दलहन का

उत्पादन करता है और इसके उपरान्त सर्वाधिक उत्पादन कनाड़ा द्वारा किया जाता है। (चित्र–1) दक्षिण अमेरिका में ब्राजील दालों का सबसे बडा उत्पादक है जबकि अफ्रीका महाद्वीप में दलहन उत्पादन में नाईजीरिया सबसे आगे है।

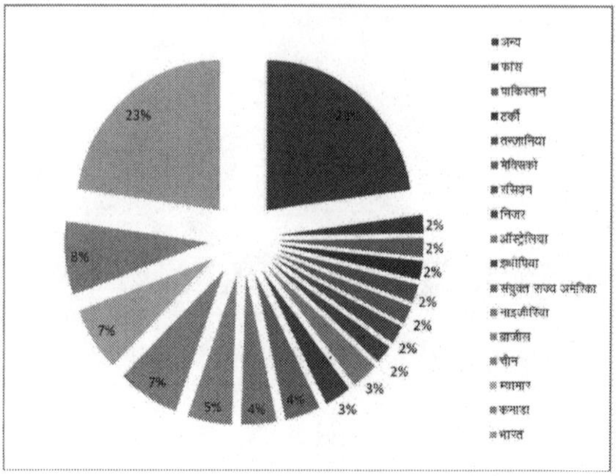

चित्र 1: विश्व स्तर पर दलहन फसलों का उत्पादन वर्ष 2009
स्रोतः एफ ए ओ स्टेट, 2009

दलहन की खेती वैश्विक स्तर पर अनाज वाली फसलों के जितनी व्यापक नहीं है उसी प्रकार दालों का उपयोग एक प्रभावी मात्रा में मानव भोजन के रुप में कुछ देशों में ही केन्द्रित है। इन दोनों कारणों के कारण दलहनों का उत्पादन व व्यापार केवल कुछ देशों तक ही सीमित है। तालिका–1 को ध्यान से देखने पर पता चलता है कि दालों की उत्पादकता भारत में (नाइजीरिया को छोड़कर) सबसे कम है। दालों की औसत उत्पादकता वैश्विक स्तर पर 836 कि.ग्रा./हे. की तुलना में भारत की दलहनीं फसलों की उत्पादकता चीन के तुलना में 40% कम तथा वर्मा की तुलना में 29% कम है जबकि ये दोनों ही देश भारत के पड़ोसी देश है तथा विश्व के 10 बडे दलहन उत्पादक देशो में शामिल है।

तालिका 1: दलहन उत्पादन के शीर्ष दस देशों का उत्पादन परिद्रष्य (2009)

दस मुख्य देश	उत्पादन (हजार टन)	विश्व उत्पादन में हिस्सेदारी (%)	उपज (कि.ग्रा./है.)
भारत	14480	22.61	697
कनाडा	5185	8.10	1650
म्यामार	4406	6.88	1627
चीन	4331	6.76	762
ब्राजील	3514	5.49	906
नाइजीरिया	2412	3.77	428
संयुक्त राज्य अमेरिका	2267	3.54	4436
इथोपिया	1840	2.87	1004
आस्ट्रेलिया	1806	2.82	840
नाइजर	1571	2.45	840
अन्य	22234	34.70	N/a
विश्व	64050	100	836

स्रोतः एफ ए ओ स्टेट, 2009

दलहन उत्पादन में फसल की सघनता भिन्न भिन्न दलहनीं फसलों की उत्पादकता से अधिक साफ दिखाई देती है बजाऐ सभी दलहनीं फसलों के उत्पादन को जोडने पर। जो

तलिका 2: शीर्ष दस देशों का मुख्य दलहनों का उत्पादन

चना			अरहर			मसूर			मटर		
देश	उत्पादन (हजार टन)	उपज (कि.ग्रा/हे.)	देश	उत्पादन (हजार टन)	उपज (कि.ग्रा/हे.)	देश	उत्पादन (हजार टन)	उपज (कि.ग्रा/हे.)	देश	उत्पादन (हजार टन)	उपज (कि.ग्रा/हे.)
भारत	5124	792	भारत	2300	674	भारत	985	693	कनाडा	2276	1863
टर्की	623	959	म्यामार	484	940	कनाडा	612	1097	फ्रान्स	1650	4668
पाकिस्तान	549	573	केन्या	99	547	टर्की	548	1198	चीन	1353	1488
इरान	307	407	उगाड़ा	83	1000	नेपाल	152	830	रसीयनफेडरेशन	1187	1620
मेक्सिको	238	1598	मालवी	79	642	सीरिया	142	1073	भारत	800	1263
म्यामार	223	1098	तंजानीया	49	716	यूएसए	138	1321	उक्रेन	540	1761
इथोपिया	146	868	नेपाल	25	894	चीन	136	1513	जर्मनी	426	3118
आस्ट्रेलिया	143	923	डोमिनिकन रिपब्लिक	13	1000	इरान	121	495	यूएसए	348	2313
इराक	100	557	कोंगो	5	625	आस्ट्रेलिया	119	867	आस्ट्रेलिया	329	935
कनाडा	92	1080	हेती	3	401	बंग्लादेश	118	758	यूके	274	3613
विश्व	7993	771	विश्व	3152	708	विश्व	3265	869	विश्व	9193	10731

कि तालिका–2 में देखने पर परिलक्षित होता है जिसमें 4 मुख्य दलहनीं फसलों की उत्पादकता, उत्पादन व वैश्विक उत्पादन क्षमता विश्व के 10 मुख्य उत्पादक देशो के बारे में पता चलता है।

वैश्विक स्तर पर मटर का दलहनीं फसलों में सर्वाधिक उत्पादन हो रहा है जो कि कुल दलहन का लगभग 18% है इसके उपरान्त चने का स्थान आता है जो कि वैश्विक दलहन उत्पादन में विश्व में दूसरे स्थान पर है कुल दलहन उत्पादन में चने की 13% हिस्सेदारी है मसूर एवं अरहर क्रमशः तृतीय व चतुर्थ स्थान पर आते है। जिनका कुल दलहन में क्रमशः 5.6 व 5.4% हिस्सेदारी है। भारत अकेला ही अरहर का वैश्विक उत्पादन का लगभग 71% उत्पादन करता है तथा 64% वैश्विक उत्पादन का चना भारत में होता है तथा मसूर एवं मटर में हिस्सेदारी क्रमशः 30 व 7.5% है। मटर को छोड़कर जो कि मुख्यतः कनाडा व फ्रॉस द्वारा उत्पादित होती है भारत की दलहन उत्पादन में हिस्सेदारी, विश्व के 10 बडे दलहन देशो की तुलना में निश्चित रुप से अधिक है। केवल कनाडा, म्यामार, टर्की व पाकिस्तान को छोडकर जहॉ चना, अरहर व मसूर का उत्पादन 0.5 से 1.0 मिलियन टन के मध्य होता है इन दलहनीं फसलों का उत्पादन अन्य देशों में बहुत कम होता है।

वैश्विक व्यापार परिदृष्य

दलहन उत्पादन के लगभग 15% भाग का व्यापार वैश्विक स्तर पर होता है कुल दलहनीं फसलों का लगभग 9 मिलियन टन का व्यापार होता है व्यापार के असंग्रहित आंकडे बताते है कि कुल व्यापार का एक तिहाई भाग मटर का व्यापार होता है तथा इसके अतिरिक्त लगभग 31% व्यापार सूखी फलियो का होता है चनें में व्यापार का आंकडा लगभग 0.82 मिलियन टन तक है जबकि मसूर में लगभग 1 मिलयन टन तक का व्यापार होता है।

भारत दालों का सबसे बडा आयातक देश है जिसका कुल दलहनीं फसलों के आयात में लगभग 20% हिस्सा है पाकिस्तान और मिश्र इसके बाद आते है जो कि वैश्विक आयात का 4.3% हिस्सा रखते है। चौथे और पॉचवे स्थान पर बंग्लादेश व संयुक्त राज्य अमेरिका आते है (तालिका 3)। कनाडा और आस्ट्रेलिया विश्व के दो मुख्य बडे दलहन निर्यातक देश है और इसके बाद चीन, वर्मा, फ्रॉस, अमेरिका एवं तुर्की आते है। कनाडा की अकेले ही विश्व के दलहन निर्यात में एक तिहाई हिस्सेदारी है जिसमें मुख्यतः मटर व मसूर है कनाडा के मुख्य बाजार में भारत, बंग्लादेश, पाकिस्तान, मध्यपूर्व, उत्तरी अमेंरिका व लैटिन अमेंरिकी देश शामिल है।

तलिका 3: वर्ष 2001 से 2004 के मध्य दलहनों का निर्यात और आयात

दलहन	व्यापार बजन (हजार टन)	हिस्सेदारी (%)	मुख्य निर्यातक	हिस्सेदारी (%)	मुख्य आयातक	हिस्सेदारी (%)
मटर	2968	34.0	कनाडा	25.1	भारत	19.1
सूखी फलियाँ	2721	31.0	आस्ट्रेलिया	10.0	इजिप्ट	4.3
मसूर	1090	12.0	मयन्मार	11.1	पाकिस्तान	4.3
चना	822	9.0	चीन	9.1	बंग्लादेश	3.9
बाकला	561	6.0	फ्रांस	9.0	संयुक्त राज्य अमेरिका	2.7
			संयुक्त राज्य अमेरिका	6.4		
कुल दलहन	8730	100.0	विश्व	100.0	विश्व	100.0

स्रोतः एफ ए ओ स्टेट, 2006

भारत में दलहन उत्पादन के चलन

भारत में दलहनीं फसलों का उत्पादन विविधतापूर्ण विभिन्न जलवायु परिस्थितियों में किया जाता है हॉलांकि हाल ही के वर्षो में भारत की वैश्विक दलहन उत्पादन में हिस्सेदारी बढकर 27 से 28% तक हो गई है जो कि 2010–11 (18.24 मिलियन टन) में वम्पर पैदावार के कारण हुआ था जबकि उत्पादन वर्ष 2014–15 में घटकर 17.15 मिलियन टन रह गया। परम्परागत रुप से दलहनीं फसलों का उत्पादन 13.5 से 17.15 मिलियन टन के मध्य में विगत 10 वर्षो के दौरान रहा है। भारत में प्रोटीन व ऊर्जा के कुपोषण को मिटाने के लिए न्यूनतम 50 ग्राम दाल/व्यक्ति/दिन की आवश्यकता होती है। जबकि इसके अलावा अन्य प्रोटीन के श्रोत जैसे अनाज, दूध, मांसाहार, अण्डे की आवश्यकता होती है। देश की धरेलू दलहन की आवश्यकता वर्ष 2014–15 की 22.68 मिलियन टन की थी जबकि उत्पादन 17.15 मिलियन टन ही हुआ। पहली बार वर्ष 2010–11 में देश की दलहनीं फसलों का उत्पादन घेरेलू मॉग के आसपास पहुॅचा था और घरेलू माँग की पूर्ति के लिए पर्याप्त था। वर्ष 2010–11 में दालों के रिकार्ड उत्पादन करने में कई महत्वपूर्ण कारकों में से एक कारण अच्छी गुणवत्ता व उत्पादन क्षमता वाली प्रजातियों के बीजों की पर्याप्त उपलब्धता तथा दालों के दामों में सुधार (उदाहरण अरहर दाल के दामों में 30% बढोत्तरी) न्यूनतम समर्थन मूल्य (एम एस पी) के रुप में, जिससे कि दालों के उत्पादन में स्व निर्भरता के स्तर के पास पहॅुचने में महत्व पूर्ण भूमिका निभाई थी।

दलहनीं फसलों के क्षेत्र, उत्पादन व उत्पादकता के पूर्व के दीर्घकालिक दलहनों की उत्पादकता लगभग 600 किलो/हे. के आसपास घूम रही है। परन्तु इसमें उत्पादकता में अव नगन्य बढोत्तरी का चलन दिखाई दे रहा है और हाल के ऑकडे बताते है कि वर्ष 2010–11 में दलहनीं फसलों की उत्पादकता 697 किलो/हे० जो कि थोड़ी से बढ़कर वर्ष 2013–14 में 730 कि.ग्रा./हे. हो गई। फिर भी वर्तमान उत्पादकता वृद्धि बढती हुई जनसंख्या की भिन्न भिन्न जरुरतों को पूरा करने हेतु पर्याप्त नहीं है। विश्व की दलहन की उत्पादकता के औसत 910 कि.ग्रा./हे. से देश की उत्पादकता बहुत कम है।

भारत के लिए व्यापार के अवसर

निर्यात

हालांकि भारत विश्व के अन्य देशों से दालों का बडी मात्रा में आयात करता है साथ ही साथ एक रोचक तथ्य यह भी है कि भारत दालों की प्रसंस्करण करने वाला सबसे बडा देश है क्योकि दलहन निर्यात करने वाले देश जैसे म्यामार, कनाडा व आस्ट्रेलिया जैसे देशो के पास दालों के प्रसंस्करण की पर्याप्त सुविधाऐ नहीं है। फलतः यह है कि इन देशों में दालों का उपयोग भोजन के रुप में घरेलू उपभोग बहुत कम है इस कारण इन देशों में घरेलू प्रसंस्करण उद्योग विकसित नहीं हुऐ है। इस कारण भारत साबुत दालों का आयात कर प्रसंस्क्रित कर पुनः निर्यात करता है। दालों का निर्यात वर्ष 1992 में 0.34 लाख टन से बढकर 1.61 लाख टन तक वर्ष 2001–02 में पहुच गया तथा वर्ष 2005–06 में रिकार्ड बढकर 4.4 लाख टन तक पहुँच चुका था। परंतु दालों के निर्यात में निरंतर वृद्धि नहीं हो रही है। हाल के उपलब्ध ऑकडे को देखने पर पता चलता है कि दालों के निर्यात में लगभग 1.00 लाख टन से कम की (0.99 लाख टन) कमी वर्ष 2010–11 में हुई है जो कि दालों के निर्यात पर पावंदी (घरेलू बाजार में दालों के अधिक दाम) के कारण प्रतीत होती है। दाल उत्पादन के प्रतिशत के हिसाब से निर्यात में लगातार 1% की वृद्धि वर्ष 2010–11 से पूर्व के 10 वर्षो में हुई है। इन वर्षो में दलहन के निर्यात में 1 से 4% के बीच उतार चढाव आऐ थे (चित्र–2)। दालों की उपलब्धता व कीमत पर नियंत्रिण रखने के लिए केन्द्र सरकार द्वारा दालों के निर्यात पर प्रतिबंध केवल काबुली चने को छोडकर, एक वर्ष के लिए पुनः बढाकर 31 मार्च 2012 तक लागू कर दिया गया था। भारत वर्ष की घरेलू अधिक माँग को देखते हुए देश से दलहनो का निर्यात प्रतिबंधित कर दिया गया है।

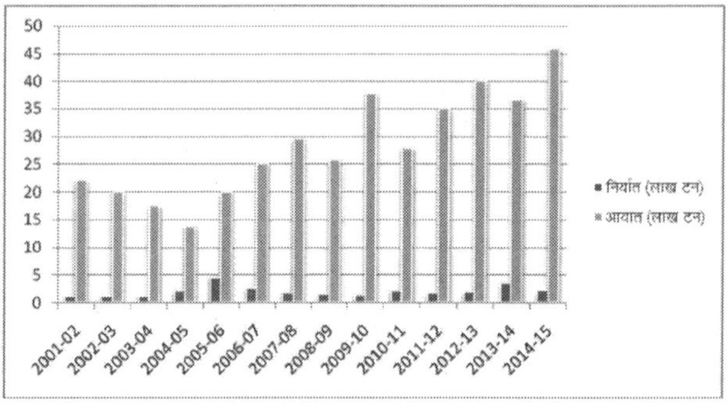

चित्र 2: भारत का दलहनों का निर्यात एवं आयात वर्ष 2001–02 से 2014–15 के मध्य (भारत सरकार के कृषि सांख्यकी आंकडो पर आधारित)

जिंस के अनुसार निर्यात

हालांकि भारत से दलहन के निर्यात को खुले निर्यात की लाइसेन्स (ओ जी एल) की श्रेणी में रखा गया है परन्तु भारत की पहली निर्यात आयात नीति में विगत पिछले तीन वर्षो से कावुली चने को छोडकर दालों के निर्यात पर प्रतिबंध है ताकि घरेलू मॉग की पूर्ति तथा

कीमत को नियंत्रित रखा जा सके। भारत में दालों का निर्यात वर्ष 2004–05 को तालिका–4 में देखा जा सकता है। निर्यात में बेहतर वृद्धि (68%) पिछले वर्षों की तुलना मे देखी गई जो कि 566 करोड रुपये थी। मसूर लगातार निर्यात में प्रभावशाली रहती है वर्ष 2004–05 में मसूर की निर्यात में 52.58% हिस्सेदारी कुल दलहन निर्यात मे रही है इसके बाद अन्य दलहन जैसे अन्य सूखी व छिलकायुक्त साबुत दाले (28.2%), तुअर (8.1%), सूखा व सावुत चना (6.3%) एव अन्य सूखी एवं छिलका युक्त दालें (3.03%)। विभिन्न दलहनों के निर्यात के चलन को इस अवधि में देखने पर पता चलता है (चित्र–2) कि मटर सूखी एवं छिलका युक्त को छोडकर अन्य सभी दलहनों में तेज वृद्धि देखी गई जैसे चना सूखा एवं छिलका युक्त में 565%, इसके उपरान्त सूखी व छिलका युक्त मसूर में 70.6%, तुअर में 61.2% एवं अन्य सूखी व छिलका युक्त सावुत दलहनों में 59.2% वृद्धि हुई।

वर्ष 2004–05 के पश्चात भारतीय दलहन निर्यात की दिशा में महत्वपूर्ण परिवर्तन आ चुका है (तालिका 5)। भारत से श्रीलंका को दलहनीं फसलों के निर्यात का हिस्सा जो कि वर्ष 2004–05 में 17.24% से घटकर लगभग आधा (9.35%) वर्ष 2010–11 में रह गया है ठीक इसी वर्ष में पाकिस्तान से दालों का निर्यात बढकर लगभग 9 गुना जो कि वर्ष 2004–05 में 3.8% से बढकर वर्ष 2010–11 में 31.7% हो गया। साथ ही साथ अल्जीरिया, तुर्की, टयूनीशिया एवं मिश्र, भारत से दलहन निर्यातक के मुख्य देशों के रुप में हाल ही के वर्षो में उभरे है।

तलिका 4: जिंस आधारित दलहनों का भारत वर्ष से निर्यात (करोड)

बाजार / प्रजाति	2003–04	2004–05	% परिवर्तन
बंग्लादेश			
मसूर (सूखी और साबुत)	120.37	153.64	27.64
सूखी और साबुत दलहनीं शब्जी की फली	2.07	4.51	117.87
अरहर	1.07	2.10	96.26
कुल	125.45	158.90	26.66
श्रीलंका			
सूखी और साबुत दलहनीं शब्जी फली	4.66	13.38	187.12
अरहर	0.91	6.52	616.48
मसूर सूखी और साबुत	4.61	6.07	31.67
अन्य सूखी और दलहनीं शब्जी फली के टुकडे	0.28	5.51	82.14
चना सूखा और साबुत	1.56	2.55	63.46
कुल	13.13	89.52	581.80
संयुक्त अरब अमीरात			
सूखी और साबुत दलहनीं शब्जी फली	10.22	22.39	119.08
मसूर (सूखा और साबुत)	5.52	9.12	65.62
अरहर	5.80	7.52	29.66
चना (सूखा और साबुत)	0.14	2.71	1835.7
सूखी और दलहनीं शब्जी फली के टुकडे	0.11	2.40	2081.8
कुल	23.25	44.19	90.06

अगले पृष्ठ पर

बाजार / प्रजाति	2003–04	2004–05	% परिवर्तन
संयुक्त राज्य अमेरिका			
सूखी और साबुत सब्जी फली	16.68	16.23	–2.70
सूखी और सब्जी फली के टुकडे	0.10	5.34	5240.0
अरहर	6.60	7.53	14.09
चना (सूखा और साबुत)	0.51	1.02	100.0
मसूर (सूखी और साबूत)	5.33	6.93	30.02
कुल	33.52	37.34	11.40
नेपाल			
सूखी और साबुत सब्जी फली	18.87	23.01	21.94
सूखी और सब्जी फली के टुकड़े	0.98	1.20	22.45
अरहर	2.12	4.85	128.77
मसूर (सूखी और साबूत)	9.58	4.18	–56.37
कुल	31.89	30.83	–3.32
कुल (सम्पूर्ण भारतवर्ष)	328.60	553.81	68.54

स्रोतः गांन्धी (2006)

तलिका 5: भारत वर्ष से दलहन निर्यात परिवर्तन परिद्रष्य वर्ष 2004–05 से 2010–11

देष		निर्यात में हिस्सेदारी	
		2004-05	2010-11
1.	पाकिस्तान	3.81	31.70
2.	अल्जीरिया	3.19	13.20
3.	टर्की	0.84	11.72
4.	श्रीलंका	17.24	9.35
5.	संयुक्त अरब अमीरात	8.06	7.68
6.	टयूनीशिया	0.36	4.05
7.	सऊदी अरबिया	4.77	3.08
8.	इजिप्ट	1.58	3.45
9.	पुर्तगाल	-	2.17
10.	कुवैत	3.56	1.87

स्रोतः सी एम आई ई प्रगति प्रतिवेदन (2011)

आयात

भारत सरकार द्वारा विगत लगभग 20 वर्षो से दालों के आयात पर कम ड्रयूटी लगाकर बिना किसी प्रतिबंध के आयात की अनुमति प्रदान की है। देश की आवश्यकता को देखते हुए भारत विश्व का सबसे बडा दाल आयातक देश है। भारत अपनीं आवश्यकता हेतु विभिन्न देश जैसे म्यानमार (काला चना व अरहर), कनाडा, आस्ट्रेलिया व अन्य देशों से दलहनों का आयात करता है (योगेश एवं सुखदेव, 2011)। ऐतिहासिक रुप से चना व मटर सबसे अधिक मात्रा में दलहनीं फसलों में आयात किऐ जाते है लेकिन हाल के वर्षो में मटर (हरी व पीली) अधिक महत्वपूर्ण हो गई है क्योकि इनके कम दाम व अधिक उपलब्धता रहती

है। उच्च गुणवत्ता के कावुली चने का आयात में हाल के वर्षो में अच्छी वृद्धि हुई है (यू एस डी ए, 2001)। विभिन्न दालों में जिनमें आयात का हिस्सा अधिक होता है जैसे देशी चना, अरहर, मूंग एवं राजमा आदि म्यामार से आती है। आयात ऐजेन्सियॉ पडोसी देशों से आयात को प्राथमिकता देती है (म्यामार, चीन) क्योंकि यहाँ से भिन्न भिन्न प्रजातियों की दलहन प्राप्त होती है। इनके गुण भारत में पैदा प्रजातियों जैसे होते है साथ ही एक उचित दर पर प्राप्त हो जाती है इसके अतिरिक्त परिवहन खर्चा व कम समय में माल की डिलीवरी भी देते है। कनाडा व आस्ट्रेलिया सूखी मटर व कावुली चने को भारतीय बाजार में मुख्य आपूर्तिकर्ता देश है दोनों देश भारत की कुल मटर आयात का 2/3 भाग की आपूर्ति करते है। कनाडा पीली एवं हरी मटर में विश्व का सबसे बडा उत्पादक व निर्यातक है (पल्स कनाडा, 2007)। विगत 30 वर्षों में प्रति व्यक्ति दाल के उपयोग में कमीं के बावजूद देश में दालों का पारम्परिक व्यंजनों में प्रयोग के कारण दालों का उपयोग मात्रा व मूल्य लगातार बढ रहा है। दालों की अभी भी भारतियों में अधिक मॉग है क्योकि दालें प्राचीन काल से इनके लिए प्रोटीन का महत्वपूर्ण स्त्रोत रही है।

आस्ट्रेलिया चना व मटर को कम कीमत में उपलब्ध कराने वाला देश है। अधिकांश कावुली चना मेक्सिकों, आस्ट्रेलिया, कनाडा, टर्की व ईरान से आयात होता है। देश में मसूर का आयात अधिकांशतः नेपाल व सीरिया से होता है सामान्यतः दालों का आयात वर्ष 1991 से 2015 (चित्र–2) की अवधि में बढा है इसी समयावधि में दालों की आयात की मात्रा 3.13 लाख टन से बढकर 45.85 लाख टन तक हो गई। दालों के आयात में नकारात्मक वार्षिक परिवर्तन कुल 17 वर्षो में से केवल 8 वर्षो में आऐ है तथा वह भी बहुत कम मात्रा में आऐ है। हालांकि दालों के आयात की मात्रा में वर्ष 2000 के मध्य में कमी आई थी परन्तु वर्ष 2014–15 में आयात बढकर 4.59 मिलयन टन रिकार्ड ऊँचाई तक पंहुच गया। मूल्य के हिसाब से देखने पर दालों के आयात में अधिकांश वर्षो में वृद्धि देखी गई केवल वर्ष 2002–03 से लेकर 2004–05 तक के समय को छोडकर। उसके बाद दालों के आयात का मुल्य लगातार बढकर वर्ष 2009–10 में 9700 करोड रुपये के आसपास पहुॅच गया। एक बात विशेष रुप से देखने योग्य हे कि हालांकि भारत द्वारा वर्ष 2010–11 में 3.5 मिलयन टन दालों का आयात किया गया परंतु आयात की कीमत (7,000 करोड) वर्ष 2009–10 की तुलना में कम रही है (चित्र–3)। इसका कारण दालों की देश में अधिक पैदावार रही है। जिसके कारण मानव उपभोग हेतु दालों

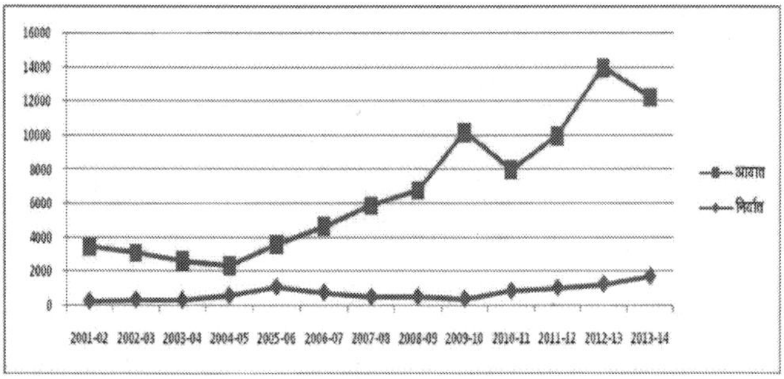

चित्र 3: भारत का वर्ष 2001–02 से 2013–14 के मध्य आयात व निर्यात पर व्यय (करोड़ रूपयें)

की पूर्ति हो सकी तथा कम मूल्य के दालों के आयात से फीड डिमांड आवश्यकता पूरी होने में सहायता मिली। इसलिए भारत से दालो का निर्यात कुल आयात का मात्र 4.2% भाग होता है और हाल के वर्षो में निर्यात के मूल्य व आयात के मध्य अन्तर बढा है जो कि एक चिन्ता का विषय है। यह स्पष्ट है कि विश्व के सबसे बडे दाल उत्पादक देश होने के बावजूद भी भारत दालों की बडी मात्रा का आयात अपनी घरेलू मॉग की पूर्ति हेतु करता है।

व्यवसाय प्रवन्धन हेतु विकल्प

वैश्विक दलहन परिद्रष्य से पता चलता है कि दालों का उत्पादन व व्यापार कुछ देशों तक ही केन्द्रित है। भारत न केवल दालों का सबसे बडा उत्पादक है बल्कि दालों का सबसे बडा आयातक भी है। वार्षिक रुप से विश्व में लगभग 9 मिलयन टन दालों का व्यापार होता है जिसमें से भारत लगभग 2 से 3 लाख टन के आसपास आयात करता है निर्यात पर प्रतिवंध व आयात हेतु देश में खुली छूट के बावजूद दालों के थोक मूल्य सूचकांक में अनाजो के थोक मूल्य सूचकांक की तुलना में तेजी से वृद्धि हुई है। यह एक चिंता का विषय है तथा इसके लिए एक ब्रहद रणनीति बनाने की आवश्यकता है जिसमें न केवल दालों के लिए बेहतर न्यूनतम समर्थन मूल्य एवं दालों के आयात की अवधि का समावेश हो बल्कि तकनीकी समर्थन दिया जाऐ जिससे कि जैविक व अजैविक तनाव का प्रबन्धन कर दलहनों का उत्पादन लगातार बढाया जाऐ एवं दलहनों के बाजार में बेचने हेतु बेहतर संस्थागत प्रबन्धन किया जाऐ।

भारत का दालों का व्यापर देश की अर्थव्यवस्था पर प्रभाव डाल रहा है विशेष रुप से दालो के आयात की खुली एवं छूटयुक्त नीति के कारण भारत में मांग एवं आपूर्ति के मध्य अन्तराल को भरने में सहायता मिल रही है क्योकि दालों के उत्पादन व क्षेत्रफल में एक स्थायित्व सा आ गया है साथ ही उत्पादन में बहुत धीमी वृद्धि एवं जनसंख्या में तेजी से बढोत्तरी हो रही है। दलहनों के आयातों के कारण विभिन्न प्रकार के दलहनीं जिन्शों की कीमत में तेजी से वृद्धि को रोकने मे सहायता मिलती है दालों के निर्यात के कारण प्रतिव्यक्ति अनाज की उपलब्धता में भी कमीं आई है। परन्तु दलहनों के निर्यात एवं दालों के पुनः निर्यात पर पावन्दी के कारण कुछ भारतीय दाल प्रसंस्करण इकाईयॉ बंद हो गई है। इसलिए दालों की कमी को हल करने के लिए अधिक व्यवहारिक सोच की आवश्यकता है। उदाहरण के लिए निर्यात पर पावन्दी केवल कमीं होने पर लगानी चाहिऐ, तथा ऐसी दालों के आयात व पुनः निर्यात को अनुमति देनी चाहिए जिनकी मांग अन्य देशों में खाध्यान के रुप में हो जिससे कि दाल प्रसंस्करण इकाईयों को जीवित रखा जा सके साथ ही सामान्य दालों की आवश्यकता की आपूर्ति आयात से की जा सकती है।

मुख्य चिन्ताये

उत्पादन गें स्थायित्व व जनसंख्या में वृद्धि के कारण भारत की निर्भरता घरेलू मांग की पूर्ति हेतु विश्व पर भविष्य में बढेगी। भारत सरकार दालों के निर्यात पर प्रतिबंध लगा चुकी है जिससे कि घरेलू मांग की पूर्ति की जा सके इसके साथ ही इस बात पर भी ध्यान दिया

गया है कि दलहनों का समर्थन मूल्य में 30% तक बढाऐ जा चुके है। दलहन की कीमत में वृद्धि एवं उत्पादन में सकारात्मक समबन्ध है। वर्ष 2010 में विश्व में लगभग 60 मिलियन टन दलहन का उत्पादन हुआ था। परन्तु मॉग के ऑकडो के आधार पर लगभग दो गुनी दालो के मांग (जैसे चना व अरहर) अफ्रीका एवं एशियाई देशों की है (राव एवं सहयोगी, 2010)। लेकिन मांग की पूर्ति करने के अवसर काफी सीमित है दलहन के उत्पादन के क्षेत्र में कुछ देश जैसे कनाडा व अमेरिका में कमीं आई है कनाडा जो कि विश्व का सबसे बडा मटर व मसूर का उत्पादक देश है उसमें दालों के उत्पादन क्षेत्र मे कमीं का एक कारण मौसम की अनुपयुक्त परिस्थितियॉ है। इनके अलावा कई अन्य कारण है जिससे दालों का उत्पादन, उपभोग व व्यापार प्रभावित होता है। उदाहरण के लिए खेती योग्य भूमि के उपयोग के लिए अन्य फसलों द्वारा प्रतिद्वंदिता तथा सरकार द्वारा किसानों को अधिक खाध्य सुरक्षा उपलब्ध कराने वाली फसलों (गेहूॅ व चावल) व जैव ऊर्जीय फसल (मक्का) को उगाने हेतु प्रोत्साहन देने के कारण दालों का उत्पादन और कम हो सकता है चूँकि उत्पादन घरेलू मांग से कम होने पर आयात में वृद्धि होगी। आयात की गई दालें न तो हमेशा सस्ती होती है न ही उपभेक्ताओ की इच्छानुसार रंग, स्वाद व पकने वाले लक्षणों युक्त होती है जैसा कि स्थानीय दालों में होता है आयात पर निर्भरता के कारण देशों में उपलब्धता का संकट बना रहता है जिसके कारण कई वार उपभेक्ताओ द्वारा खरीद एवं उपयोग पर नकारात्मक प्रभाव पडता है। इसके साथ ही शहरीकरण व आय में वृद्धि का पारम्परिक खाध्य पदार्थो की मांग पर हमेशा धनात्मक प्रभाव नहीं पडता है जिसमें कि दालें भी शामिल हो सकती है। शुरुआत में अधिक आय होने पर लोग मूलभूत भोज्य पदार्थ खरीदते है जिससे उनकी मांग गें वृद्धि होती है एक बार जव आय बढ जाती है तव लोगों की खाध्य आदतों में बदलाव आ जाता है और उनके नए तरीके बदल जाते है जिसके कारण वे कुछ हद तक परम्परागत खाध्य पदाथों से दूर हो जाते है जो कि मांग में कमी पैदा करने का एक कारण होता है (अकीवोडे एवं मरीडिया, 2011)।

इस प्रकार की परिस्थितियों में भारत न तो दालों के आयात पर अधिक निर्भर रह सकता है और माँग के अन्तराल की पूर्ति हेतु उत्पादन पर निर्भर रहना चाहिऐ। इसके स्थान पर आधार भूत व रणनीति आधारित अनुसंधान की आवश्यकता है जिससे कि जैविकीय व अजैविकीय तनाव की बाधाओं को दूर कर दलहन की उत्पादकता के अवरोध को दूर किया जा सके। इसके अतिरिक्त प्रयोगों में दाल की उत्पादकता व किसानों द्वारा दाल की उत्पादकता में जो अन्तर है उसको काफी हद तक कम किऐ जाने की संभावनाऐ उपलब्ध है। भारतीय दलहन अनुसंधान संस्थान, कानपुर द्वारा सफलता पूर्वक तकनीकी हस्तांतरण प्रदर्शनों के परिणामों से पता चला है कि विभिन्न दलहनीं फसलों के उच्च उत्पादन क्षमता वाली प्रजातियों तथा उन्नत फसल तकनीको के उपयोग द्वारा दलहनीं फसलों की उत्पादकता में लगभग 50% की वृद्धि की जा सकती है। फिर भी अच्छी गुणवत्ता के अधिक उत्पादन क्षमता वाली प्रजातियों के बीज, मजवूत तकनीकी समर्थन, अधिक समर्थन मूल्य तथा दलहन उत्पादन बढाने में सरकार की प्रभावशाली नीतियों के कारण देश में दलहन उत्पादन बढाने में अभी लम्बा रास्ता तय करना है।

चुनौतियों को पूरा करने के लिए कार्य योजना

कृषि एवं सहकारिता विभाग कृषि मंत्रालय भारत सरकार द्वारा कई कार्यक्रम चलाऐ जा चुके है जैसे राष्ट्रीय खाद्य सुरक्षा मिशन (एन एफ एस एम), कृषि तकनीकी प्रबन्धन ऐजेंसी (आत्मा) एवं राष्ट्रीय कृषि विकास योजना (आर के वी वाय) आदि। राष्ट्रीय कृषि विकास योजना का लक्ष्य कृषि के क्षेत्र में 4% की वार्षिक वृद्धि दर XI प्लान में प्राप्त करने की थी जो कि कृषि तथा कृषियोन्तर गतिविधियों के चहुमुखी विकास को आर्थिक जन भागीदारी, राज्यों को कृषि समबन्धी योजनाओं को लागू करने में अधिक लचीलापन व स्वायत्तता प्रदान करना, कृषि समबन्धी योजनाओं का जिले स्तर पर बनाना एवं राज्यों के कृषि जलवायु क्षेत्रों के अनुसार तकनीक एवं प्राक्रतिक संसाधनों की उपलब्धता, स्थानीय आवश्यकता के अनुसार फसल प्राथमिकताऐ राज्य योजनाओं में अधिक प्रदर्शित होनी चाहिए, साथ ही महत्वपूर्ण फसलों में उत्पादकता में अतंर पर विशेष ध्यान देकर किसानों को कृषि तथा कृषि अनुरूप गतिविधियों से अधिक आय प्राप्त हो, उपरोक्त सभी बातो पर ध्यान दिया जा रहा है। आर.के.बी.वाई. योजना के घटकों को अन्य के अतिरिक्त मुख्य खाध्य फसलें जैसे गेहूँ, धान, मोटे अनाज, लघु अनाज, दालें तथा तिलहनीं फसलों के समेकित विकास को शामिल किया गया है। राष्ट्रीय खाध्य सुरक्षा मिशन का लक्ष्य ग्यारहवी योजना (2011–12) के अंत तक धान, गेहूँ, व दलहनीं फसलों के उत्पादन में 10 मिलयन टन, 8 मिलयन टन व 2 मिलयन टन की वृद्धि करना है। योजनावद्ध प्रयासों के कारण दलहनीं फसलों के उत्पादन में लक्ष्य के अनुसार परिणाम 11 वीं योजना समाप्त होने के पहले ही प्राप्त हो चुके है। दलहनीं फसलों के उत्पादन बढाने के प्रयासों को समर्थन वर्ष 2011–12 के बजट में 300 करोड आर.के.बी.वाई. योजना में आवटंन होने से मिला है। जिससे कि 60,000 गॉवों में दलहनीं फसलो का समेकित विकास वर्ष 2011–12 में किया जा सका। उसके उपरान्त उचित हस्तक्षेप द्वारा आवंटित धन के प्रभावकारी उपयोग के लिए दिशा निर्देश तैयार किए गये जिससे कि दलहनीं फसलों के विकास के लिए (एन.एफ.एस.एम) राष्ट्रीय खाध्य सुरक्षा मिशन एवं राष्ट्रीय खाध्य सुरक्षा मिशन (आर.के.वी.वाय.) के अंतर्गत चल रहे कार्यक्रमों को पूरक समर्थन प्रदान किया जा सके तथा ऐसे संस्थानों को मजबूत किया जा सके जो कि दलहन उत्पादक किसानों को बाजार समबन्धी जानकारी प्रदान कर इन फसलों का सतत विकास कर सकें।

वर्तमान में दलहन के दामों में महॅगाई को रोकने के लिए कावुली चने को छोडकर अन्य फसलों के निर्यात पर वैन लगाया गया है तथा इनके आयात को ड्यूटी फ्री रखा गया है। दालों की कीमतों में सरकार से सहायता मिलने के कारण कृषक दलहन उत्पादन हेतु प्रोत्साहित हुऐ है। एन.एफ.एस.एम. दलहन फसलों के अंतर्गत सरकार द्वारा प्रजनन एवं अच्छी गुणवत्ता के बीज उत्पादन एवं प्रसार कार्यकर्ता एवं किसानों को प्रशिक्षण देने को पर्याप्त समर्थन दिया जा रहा है। केवल विगत वर्ष की अवधि के दौरान ही 240 प्रसार कार्यकर्ता तथा 2628 किसानों को दाल उत्पादन की उन्नत तकनीक एवं उनके बचाव हेतु प्रशिक्षित किया गया है। इस सभी प्रयासों के सम्मिलित प्रभावों ने ही देश में सर्वाधिक दाल

उत्पादन करने में मुख्य भूमिका निभाई है। लेकिन बढती हुई जनसंख्या को ध्यान में रखते हुऐ बढती हुई आमदनी एवं दालों से तैयार मुल्य संवर्धित उत्पादों की संम्भावना को देखते हुऐ इन प्रयासों को अधिक मजबूत किऐ जाने की आवश्यकता है। जिससे न केवल दाल उत्पादन में देश के लिए आत्म निर्भर की स्थिति आयेगी बल्कि दाल से तैयार मुल्य संवर्धित उत्पादों का निर्यात भी किया जा सकेगा। नाफेड जो कि भारत सरकार के कृषि मंत्रालय के अंतर्गत गठित एक अन्य सरकारी ऐजेन्सी है जो कि दालो के देश में सीधे निर्यात, आयात व संग्रहण में संलग्न है। इसकी अंर्तराष्ट्रीय व्यापार शाखा उक्त कार्य करने में लगातार अनुसंधान व अन्वेषण कार्यो में लगी हुई है। इस अनुभाग द्वारा नई बाजार व नई सामग्री के पहचान के लिए लगातार प्रयास किऐ जा रहे है। यह अनुभाग देश से दलहन जैसे मसूर, चना आदि के सीधे निर्यात व्यवसाय को प्रोत्साहन देने में भी संलग्न है यह दलहन के आयात को भी करती है।

देश में दलहनीं फसलों के विकास व अनुसंधान गें कई आई.सी.ए.आर. के अनुसंधान संस्थानों व विभिन्न राज्य कृषि विश्वविद्यालय लगे हुऐ है आई.सी.ए.आर. के अनुसंधान संस्थनो मे से भारतीय दलहन अनुसंधान संस्थान, कानपुर मुख्य है जो कि विभिन्न दलहन जैसे चना, अरहर, मूंग, उड़द व मसूर आदि में आधार भूत व व्यवहारिक अनुसंधान का कार्य मुख्य रुप से कर रहा है। संस्थान द्वारा दलहन के उत्पादन को बढावा देने के लिए उच्च उत्पादन क्षमता की प्रजातियों का विकास किया है। इसके अतिरिक्त भारतीय कृषि अनुसंधान संस्थान, नई दिल्ली द्वारा भी दलहन की उन्नत प्रजातियों का बडी संख्या में विकास किया गया है। इसी प्रकार कृषि प्रणाली निदेशालय, मोदीपुरम एवं साथ ही देश के विभिन्न क्षेत्रों में अखिल भारतीय समन्वित फसल पद्धति केन्द्र भी सक्रिय रुप से फसल चक्रो में दलहनीं फसलों को शामिल करने एवं वैकल्पिक फसल प्रणाली के विकास में सक्रिय रुप से कार्य कर रहे है जो कि दलहनों को अनुसंधान प्रक्षेत्र व कृषक प्रक्षेत्रो पर लगातार अनुसंधान कर रहे है आई.सी.ए.आर. व राज्य कृषि विश्व विद्यालयों के अनुसंधान व विकास के सम्मिलित प्रयासों के कारण ही दलहन के क्षेत्र में हरित क्रान्ति का मार्ग प्रशस्त हुआ है और भारतीय वैज्ञानिको के दल द्वारा हाल ही में अरहर फसल के जीनोम को डिकोड करने में सफलता प्राप्त हुई है जो कि भारत की दूसरे नंबर की सबसे महत्वपूर्ण दलहनीं फसल है। यह ऐसा पहला वानस्पतिक जीनोम है जो कि पूरी तरह से भारतीय संस्थानों के नेटवर्क द्वारा सरलीक्रत/श्रेणीक्रत किया गया है जो कि अरहर फसल में प्रजातियों के विकास हेतु महत्वपूर्ण जानकारी के श्रोत के रुप में काम आयेगा।

योजना एवं संस्थागत मुददे

दालों के व्यापार के पुर्ननिर्माण में कई महत्वपूर्ण आर्थिक, राजनैतिक व तकनीकी कारको का योगदान है (ऐंगवोला, 2003)। दालों के उत्पादन में स्थायित्व के कारण सरकार द्वारा दो तरफा रणनीति बनाई है जिससे कि दालों का उत्पादन बढाया जा सके व घरेलू मांग की पूर्ति की जा सके। इस तरह दलहनीं फसलों के उत्पादन को बढाने के लिए निश्चित लाभ या न्यूनतम समर्थन मुल्य के रुप में दिया जा रहा है दूसरी तरफ दालों के आयात को

स्वतंत्र अनुमति दी जा रही है जिससे घरेलू मांग की पूर्ति हो सके। परन्तु पूर्व में न्यूनतम समर्थन मूल्य की प्रकिया अधिक सफल नहीं रही है क्योकि सरकार द्वारा घोषित दाम हमेशा ही प्रचलित दामों से कम रहे है। दालों के उत्पादन व न्यूनतम समर्थन मूल्य की तालिका से एक रोचक तस्वीर उभरकर सामने आती है (तालिका–6)।

तालिका 6: दलहनों का न्यूनतम समर्थन मूल्य एवं भारत वर्ष में उत्पादन

वर्ष	उत्पादन (मिलियन टन)	न्यूनतम समर्थन मूल्य (रू. / क्विंटल)				
		चना	अरहर	मूंग	उड़द	मसूर
2000-01	11.08	1100	1200	1200	1200	1200
2001-02	13.37 (20.7)	1200 (9.1)	1320 (10.0)	1320 (10.0)	1320 (10.0)	1300 (8.3)
2002-03	11.13 (-16.8)	1220 (1.7)	1320 (0.0)	1330 (0.8)	1330 (0.8)	1320 (1.5)
2003-04	14.91 (34.0)	1400 (14.8)	1360 (3.0)	1370 (3.0)	1370 (3.0)	1500 (13.6)
2004-05	13.13 (-11.9)	1425 (1.8)	1390 (2.2)	1410 (2.9)	1410 (2.9)	1525 (1.7)
2005-06	13.39 (2.0)	1435 (0.7)	1400 (0.7)	1520 (7.8)	1520 (7.8)	1535 (0.7)
2006-07	14.2 (6.0)	1445 (0.7)	1410 (0.7)	1520 (0.0)	1520 (0.0)	1545 (0.7)
2007-08	14.76 (3.9)	1600 (10.7)	1550 (9.9)	1700 (11.8)	1700 (11.8)	1700 (10.0)
2008-09	14.57 (-1.3)	1730 (8.1)	2000 (29.0)	2520 (48.2)	2520 (48.2)	1870 (10.0)
2009-10	14.66 (0.6)	1760 (1.7)	2300 (15.0)	2760 (9.5)	2520 (0.0)	1870 (0.0)
2010-11	18.24 (24.4)	2100 (19.3)	3000 (30.4)	3170 (14.9)	2900 (15.1)	2250 (20.3)
2011-12	17.21 (-5.6)	2800 (33.3)	3200 (6.7)	3500 (10.4)	3300 (13.8)	2800 (24.4)

स्रोतः सी ए सी पी प्रगति प्रतिवेदन (पूर्व वर्षो की तुलना में परिवर्तन प्रतिशत में)

वर्ष 2000–01 से 2007–08 की समयावधि में दलहनीं फसलों का न्यूनतम समर्थन मूल्य बहुत थोडा बढाया गया (अधिकतम 11.8%) एवं कुछ वर्षो में कुछ दलहनीं फसलो के लिए यह एक समान भी रहा है। परिणामस्वरूप आश्चर्य चकित परिणाम देखने को मिले कि दलहनों का उत्पादन भी इन वर्षो में स्थिर रहा एवं उत्पादन लगभग 14 मिलयन टन के आसपास ही रहा है। वर्ष 2008–09 की अवधि में पहली वार मूंग, चना व अरहर के न्यूनतम समर्थन मूल्य में तुलनात्मक वृद्धि (29% से 48%) हुई। यह सर्वविदित है कि मूल्यों में उतार चढाव होता रहा है। इस कारण 2009–10 में कुल दलहन उत्पादन में बहुत थोडी सी वृद्धि हुई (14.6 मिलयन टन)। चूंकि दलहन उत्पादकों को बेहतर लाभ के लिए विभिन्न योजनाओं के अर्न्तगत समर्थन बना रहा अतः देश में 2010–11 में रिकार्ड दलहन उत्पादन 18.09 मिलयन टन हुआ। अतः निष्कर्ष निकाला जा सकता है कि दामो के समर्थन, आधारभूत संरचना व तकनीकी समर्थन के सही सम्मिश्र को बनाकर बनाई गई रणनीति से दलहन उत्पादन को और बढाया जा सकता है। दालों के घरेलू उपयोग व पोषण सुरक्षा के महत्व को ध्यान में रखते हुऐ सरकार द्वारा राष्ट्रीय दलहन मिशन बनाया गया है जिसने दलहनीं फसलो के घरेलू उत्पादन को बढावा देने में और सहयोग दिया।

भविष्य परिदृष्य

हालांकि हाल के वर्षो में दलहनों की रिकार्ड पैदावार हुई है परन्तु कुल मिलाकर ऐतिहासिक चलनो को देखने पर पता चलता है कि विश्व मे लगातार दलहनों के उत्पादन व उपभोग में कमीं आ रही है। यह चलन भारत में जो कि विश्व का सबसे बडा उत्पादक उपभोक्ता व आयातकर्ता देश है, में भी दिखाई दे रहा है। इस वात में कोई संदेह नही है कि दलहनों के उच्च व सतत उत्पादन बढाने की आवश्यकता है जिससे न केवल घरेलू मांग की पूर्ति होगी वल्कि अधिक उपलब्धता से मूल्य संबंर्धित दलहनीं उत्पादो के निर्यात से अधिक विदेशी मुद्रा का अर्जन भी किया जा सकता है। इस हेतु समेकित दृष्टिकोंण की आवश्यकता है जिसमें सभी मुददे जैसे तकनीक योजना, संस्थाओं का निर्माण व आधारभूत संरचना आदि पर बराबर ध्यान देने की आवश्यकता है साथ ही सरकार की धान, गेहूँ व अन्य कुछ फसलों के उत्पाद को क्रय कर भंडार की व्यवस्था है इस प्रकार की व्यवस्था दलहन फसलों के उत्पाद पर भी होनीं चाहिए। विशेष रूप से इस प्रकार के दृष्टिकोण से काम किया जाऐ जिसमें समय समय पर दलहनीं फसलों को उगाने हेतु अधिक क्षेत्र की उपलब्धता, दलहनों पर अनुसंधान हेतु जनता द्वारा निवेश एवं नऐ क्षेत्रों की पहचान तकनीको के लिए (जैसे जीनोम श्रेणीकरण) जिससे दलहनीं फसलों के लिए उच्च उत्पादन क्षमता वाली प्रजातियों का विकास किया जा सके। वर्तमान में प्रचलित कृषक पद्धितियों में किसानों की बाजार तक पहुँच, फसल बीमा एवं सही न्यूनतम समर्थन मूल्य आदि उपलब्ध करवाकर दलहनीं फसल उत्पादन को अधिक लाभकारी बनाया जा सकता है। दलहनीं फसल उत्पादन को बढावा देने के लिए सरकार के समेंकित प्रयासों जैसे राष्ट्रीय खाद्य सुरक्षा मिशन, राष्ट्रीय कृषि विकास योजना एवं दलहन गॉव बनाकर न केवल दलहन उत्पादन को बढावा देने में महत्वपूर्ण भूमिका निभाऐंगे बल्कि घरेलू मांग की पूर्ति करेंगे एवं दलहन व्यापार में उपलब्ध अवसरो का लाभ उठाने में भी सहयोग करेंगे।

संदर्भ

अकीबोडे, सितोऊ, और मारीडिया, एम. 2011, ग्लोबल एण्ड रीजनल ट्रेन्डस इन प्रोडक्शन, ट्रेड एण्ड कंन्जप्सन ऑफ फूड लेग्युम क्राप्स. रिपोर्ट सवमिटेड टू एस.पी.आई.ए.

एगबोला, फ्रांक, डब्लू., 2013. पल्स पोलिसी रिफोर्म इन इंडियाः इम्प्लीकेशन्स फोर ट्रेड, प्राइस एण्ड प्रोडक्शन, 1970–1999, पेपर प्रजेन्टेड एट द 47वी एनुअल क्रान्फ्रेन्स ऑफ द ऑस्ट्रेलियन एग्रीकल्चरल एण्ड रिसोर्स इकोनोमिक्स सोसाइटी, फ्रीमेन्टल, ऑस्ट्रेलिया, 11–14 फरबरी, 2013.

गॉधी, जी.पी., 2006. एक्सपोर्ट प्रोस्पेक्टस ऑफ पल्सेस फ्रॉम इंडिया, साइंस टेक इन्ट्रप्रेन्योर, अप्रैल 2006.

गंगवार बी, एन.बी. सिंह एण्ड गंगवार के.एस., 2009. क्रॉप इन्टेन्शीफिकेशन थ्रो लेग्यूम, इनः मसूद अली, संजीव गुप्ता, पी.एस. बासू, एन. नेमुद्दीन (एडिट), लेग्यूम फोर इकोलोजीकल सुस्टेनबिलटी, इंडियन सोसाइटी ऑफ पल्सेस रिसर्च एण्ड डेवलपमेंट, आई.आई.पी.आर., कानपुर, इंडिया, पी. 567

गोउडा, अली, इर्सकिन, हालिला, जोहान्सन, कुसमेनोग्लू, महमूद, मलिक, मेस्काइन, रहमान, सपकोटा और जोंग, 1999. ट्रेन्ड इन सपोर्ट इन सपोर्ट फोर रिसर्च एण्ड डेवलपमेंट ऑफ कूल सीजन फूड लेग्यूम इन द डेवलपिंग कन्ट्रीस, इनः लिंकिग रिसर्च एण्ड मारकेटिंग अपोरचुनिटीज फोर पल्सेस इन द 21वी सेन्चुरी, 1999.

पल्स कनाडा, 2007. कनाडा एण्ड द ग्लोबल पल्स इन्डस्ट्री, पोरटेज अवेन्यू, मिनीपिग, एम.बी.

राव, पार्थासारथी, बिरथल, पी.एस., भागवातुला, एस. और बनतीलन, एम.सी.एस. 2010, चिकपी एण्ड पिजन पी इकोनोमिक्स इन एशियाः फेक्टस, ट्रेन्डस एण्ड आउटलुक, पतनचेरू, आन्ध्र प्रदेश, इंडियाः इन्टरनेशन क्रॉप्स रिसर्च इन्सटीट्यूट फोर द सेमी–एरिड ट्रोपिक्स. पी. 76

टी.एम.ओ.पी. (टेक्नॉलॉजी मिशन ऑन आइलसीड्स एण्ड पल्सेस), 2000. एक्सपर्ट कमेटी रिपोर्ट ऑन पल्सेस, डी.ए. आर.ई., नई दिल्ली.

यू.एस.डी.ए., 2001, इंडिया ग्रेन एण्ड फीड शॉपिंग फोर पल्सेस, जी.ए.आई.एन. रिपोर्ट # आईएन1065, यूनाइटेड स्टेटस डिपार्टमेन्ट ऑफ एग्रीकल्चर, यू.एस.ए.

योगेश, वाय.बी. और वर्षा, एस. सुखदेवे, 2011, इमरर्जिंग चेलेन्जस एण्ड इसू ऑफ पल्सेस इम्पोर्टस इन इंडिया, एशियन जर्नल ऑफ मेनेजमेंट रिसर्च, 1(2): 539–549.

द्वितीय भागः दलहन फसल समबन्धी मुद्दे उत्पादन रणनीतियाँ एवं तकनीकें

15

अरहर

एन. डी. मजूमदार एवं देशराज

विश्व के कुल उत्पादन का लगभग 90 प्रतिशत अरहर का उत्पादन भारत में होता है। देश के राज्य जैसे कर्नाटक, आंध्र प्रदेश, तमिलनाडु, बिहार और उत्तर प्रदेश में कुल उत्पादन का 88% उत्पादन कर अरहर के बडे उत्पादक राज्य है। विगत तीन दशकों से अरहर के उत्पादन में वृद्धि लगभग स्थिर है अरहर का उत्पादन वर्ष 1970–75 में 1.75 मिलियन टन था वह बढकर वर्ष 2005–09 में 2.75 मिलियन टन/वर्ष हो गया। इसका मुख्य कारण क्षेत्रफल में वृद्धि है जबकि उत्पादकता 700 कि.ग्रा./हे. वर्ष 1970–75 में थी वह ही लगभग बनी हुई है (तालिका–1)। अरहर उगाने वाले पारम्परिक प्रदेश जैसे उत्तर प्रदेश व बिहार का क्षेत्रफल घटा है जबकि महाराष्ट्र, कर्नाटक, गुजरात, आंध्र प्रदेश व उडीसा में क्षेत्रफल बढा है। देश में अरहर की प्रजातियां 90 से 210 दिनों में पककर तैयार हो जातीं है अरहर के पकने की अवधि कुल वर्षा व वर्षा की अवधि पर निर्भर करती है। अरहर को केवल अरहर की एकल फसल, मिश्रित खेती, अन्तरवर्ती फसल एवं रिले फसल के रुप में उगाया जा सकता है। अरहर एक गहरी जड वाली फसल है और यह मृदा की सतह से लेकर गहराई तक से पोषक तत्व ग्रहण कर लेती है।

अरहर को देश के 4 से 13 कृषि जलवायु वर्षा आधारित और सीमान्त क्षेत्रों में उगाया जाता है जहाँ 500 से 1600 मिलीमीटर वार्षिक वर्षा होती है। अरहर की किस्मों को पकने की अवधि के अनुसार विभिन्न जलवायु क्षेत्रों की आवश्यकता अनुसार किस्मों का विकास किया गया है जैसे देश के कृषि जलवायुई क्षेत्र 4 से 8 के लिए 90 से 150 दिन में पकने वाली किस्मे इसी प्रकार कृषि जलवायु क्षेत्र 9 से 12 हेतु 151 से 200 दिन एवं कृषि जलवायु क्षेत्र 13 हेतु 180 से 260 दिनों में परिपक्व होने वाली किस्में उपयुक्त रहती है।

अरहर के उत्पादन एवं उत्पादकता में असमानता है उत्तर पश्चिमी पठार इलाकों में अरहर की उत्पादकता 1000 कि.ग्रा./हे. है जबकि दक्षिण अंचलों में 700 कि.ग्रा./हे. से भी कम है। अरहर की उत्पादकता मुख्य रुप से जलवायु पर निर्भर करती है। अरहर की फसल का क्षेत्रफल महाराष्ट्र, कर्नाटक, गुजरात, उड़ीसा व आंध्र प्रदेश में बढ रहा है जबकि

उत्तर प्रदेश, बिहार, राजस्थान, पंजाब एवं पश्चिमी बंगाल में कम हो रहा है। पश्चिमीं बंगाल, राजस्थान एवं मध्य प्रदेश का क्षेत्रफल अन्य राज्यों की अपेक्षा अधिक है (तालिका–2)। अरहर की उत्पादकता लगातार बढ़ रही जनसंख्या को देखते हुए और अधिक बढाना आज की आवश्यकता है।

अरहर का उत्पादन बढाने हेतु उन क्षेत्रों को चिन्हित कर विस्तार किया जाय जिन क्षेत्रों में रोग, कीट और अन्य अजैविक कारकों का प्रकोप कम होता है। देश के जिन क्षेत्रों में सिंचाई के साधन है उन क्षेत्रों में अरहर–गेहूँ फसल चक्र लेकर उत्पादन एवं शुद्ध लाभ बढाया जा सकता है। अरहर के उत्पादन पर प्रतिकूल प्रभाव के मुख्य कारण प्रतिकूल मौसम की स्थिति, नीतिगत मुद्दे, उपलब्ध आदानों की खराब गुणवत्ता व समय पर अनउपलब्धता बडे कारण है। अरहर के अधिक उत्पादन देने वाले राज्य जैसे उत्तर प्रदेश, बिहार, हरयाणा और बंगाल में उपरोक्त कारणों से कुल क्षेत्रफल में गिरावट हुई है जबकि महाराष्ट्र, कर्नाटक, गुजरात एवं आंध्र प्रदेश में क्षेत्रफल में बढावार हुई है। अरहर का उत्पादन बढाने हेतु अधिक उत्पादन देने वाली प्रजाति सुविधाजनक समय पर बेहतर प्रबन्धन से उत्पादन एवं उत्पादकता के स्तर को बढाया जा सकता है। देश के कुछ क्षेत्रों में उत्पादकता अधिक होती है परन्तु कुछ राज्यों में उत्पादकता स्थिर बनी हुई है। देश का कुल उत्पादन तो बढा है इसका मुख्य कारण क्षेत्रफल में वृद्धि है। तालिका–1 में स्पष्ट है कि देश में 65% भाग में उत्पादकता 700 कि.ग्रा./हे. से कम है जोकि कुल उत्पादन का 48% है। अन्य 33% क्षेत्र ऐसे है जहां से कुल उत्पादन का 47% आता है जबकि 5% उत्पादन ऐसे क्षेत्रों से आता है जहां की उत्पादकता 1300 कि.ग्रा./हे. है ऐसे क्षेत्रफल की मात्रा मात्र 2% है। अरहर की फसल वर्षा पर आधारित होने के कारण फसल कुल वर्षा एवं वितरण पर निर्भर करती है। उपरोक्त कारणों के अतिरिक्त इन क्षेत्रों का पर्यावरण और अनुवांशिकी पर्यावरणीय कारण भी सयुंक्त रुप से प्रभावित करते है। जिन क्षत्रों में लम्बी अवधि की अरहर की प्रजाति की खेती की जाती है चूंकि फसल की लम्बी अवधि होने के कारण जैविक व अजैविक कारक भी उत्पादन को अधिक प्रभावित करते है।

तालिका 1: भारत वर्ष में अरहर का क्षेत्रफल, उत्पादन एवं उत्पादकता

वर्ष	क्षेत्रफल (हजार हे.)	उत्पादन (हजार टन)	उत्पादकता (कि. ग्रा./हे.)
1970–75	2519	1747	695
1975–80	2645	1879	710
1980–85	3012	2254	746
1985–90	3350	2491	743
1990–95	3527	2341	663
1995–2000	3437	2444	710
2000–05	3470	2279	657
2005–10	3580	2748	710
2010–13	4020	2833	707

तलिका 2: विगत वर्षो में अरहर का क्षेत्रफल उत्पादन एवं उत्पादकता

राज्य	1970-75	1975-80	1980-85	1985-90	1990-95	1995-2000	2000-05	2005-10	2010-13
क्षेत्रफल (हजार हे.)									
भारत	2519	2645	3012	3350	3527	3437	3470	3580	4020
महाराष्ट्र	569	657	726	828	1026	1030	1061	1015	1142
उत्तर प्रदेश	536	524	512	506	514	459	382	456	323
मध्य प्रदेश	512	500	513	453	411	366	312	446	516
कर्नाटक	280	319	352	461	415	454	534	581	776
आन्ध्र प्रदेश	194	199	245	312	320	365	473	316	533
गुजरात	89	120	261	333	398	381	302	285	250
ओड़ीसा	52	60	110	144	163	142	131	133	136
बिहार	120	474	86	75	69	68	39	58	27
तमिलनाडू	84	77	105	124	105	87	51	39	40
हरयाणा	7	7	12	37	48	31	24	30	30
राजस्थान	30	38	31	22	24	30	20	20	21
पंजाब	3	7	25	28	11	14	8	8	7
पश्चिम बंगाल	26	24	23	8	4	3	4	5	11
उत्पादन (हजार टन)									
भारत	1747	1879	2254	2491	2341	2444	2279	2748	2833
उत्तर प्रदेश	614	692	697	657	549	517	418	362	337
महाराष्ट्र	298	371	431	533	529	674	712	633	920
मध्य प्रदेश	403	322	407	451	366	298	232	238	297
कर्नाटक	136	197	166	183	141	206	228	401	416
गुजरात	39	63	194	209	326	323	197	313	267
आन्ध्र प्रदेश	45	38	55	71	94	125	198	301	223
ओड़ीसा	1	4	25	26	10	12	7	7	13

अगले पृष्ठ पर

राज्य	1970-75	1975-80	1980-85	1985-90	1990-95	1995-2000	2000-05	2005-10	2010-13
बिहार	97	67	93	88	77	81	48	26	40
तमिलनाडू	37	43	50	92	63	63	32	25	30
हरयाणा	4	5	10	38	49	32	23	32	33
पश्चिम बंगाल	21	23	20	8	3	2	3	4	5
राजस्थान	13	14	13	10	12	23	11	13	14
पंजाब	1	4	25	26	10	12	7	7	8
उत्पादकता (कि.ग्रा./हे.)									
भारत	695	710	746	743	663	710	657	710	707
उत्तर प्रदेश	1143	1321	1357	1293	1073	1132	1089	961	1046
महाराष्ट्र	519	565	601	637	515	653	672	565	768
मध्य प्रदेश	787	644	794	997	886	815	741	737	568
कर्नाटक	477	612	467	400	348	450	423	674	534
गुजरात	443	519	747	623	769	838	665	1098	1073
आन्ध्र प्रदेश	233	190	225	235	295	337	419	609	418
ओड़ीसा	529	477	692	769	770	628	635	744	881
बिहार	796	710	1080	1170	1133	1204	1223	448	1500
तमिलनाडू	444	563	465	761	605	705	627	641	683
हरयाणा	560	807	862	1030	1002	977	928	1067	1575
पश्चिम बंगाल	811	954	870	1006	695	702	829	800	1100
राजस्थान	437	347	420	421	462	771	550	650	657
पंजाब	453	575	970	905	914	851	877	875	910

उत्तर प्रदेश व बिहार राज्य में विगत दशकों में लम्बी अवधि की अरहर की फसल को सम्पूर्ण रुप से प्रभावित किया जबकि दक्षिणी प्रदेशों में मौसम का फसल पर कोई प्रभाव नही पडा। उत्तर प्रदेश व बिहार में मौसम का प्रभाव व सिचाई की सुविधा होने की वजह से अरहर का क्षेत्रफल धान–गेहूॅ फसल चक्र में परिवर्तित हो गया। धान–गेहूॅ फसल चक्र में उत्तर प्रदेश के 45, बिहार के 30 जिले अरहर–गेहू की जगह धान–गेंहूॅ फसल चक्र में परिवर्तित हो गये। इन राज्यों में जिन क्षेत्रों में सिंचाई की सुविधा बढने से अरहर के स्थान पर धान गेहूॅ फसल चक्र में परिवर्तित हो गया है।

अरहर के कुछ क्षेत्रों में सिंचाई की सुविधा बढने से लवणीय/क्षरीयता भी बढी जिससे यह क्षेत्र अरहर की खेती के योग्य नहीं रहा साथ ही अरहर के दानों में प्रोटीन की अधिकता के कारण शीघ्र खराब हो जाते है साथ ही क्षेत्र में भण्डारण क्षमता का अभाव, विपणन हेतु व्यापारियों एवं दाल मिलों पर मुख्य रुप से निर्भरता आदि है। फसल को जैविक कारक भी नुकसान पहुॅचाते है इनमें नील गाय, खरपतवार, उखटा, मोजेक, झुलसा, फली छेदक, फल मक्खी और अजैविक कारकों में मुख्य रुप से कम तापक्रम, पाला आदि प्रमुख है। उपरोक्त जैविक एवं अजैविक कारकों से कृषक अरहर की फसल की खेती छोडकर अन्य फसलों की तरफ बढ रहे है। जबकि अरहर की फसल कृषकों को अधिक शुद्ध लाभ दे रही है साथ ही मृदा में नत्रजन स्थरीकरण, पन्तियों का मृदा में सडकर खाद एवं जडों की वृद्धि एवं विकास अधिक होने की वजह से मृदा को भुर भुरा बना देती है।

उत्पादन में बाधायें– उत्पादन में निम्न वाद्यायें आती है जो कि निम्न प्रकार है।

- फसल पकने में अधिक समय लेती है अतः पोषक तत्वों का ग्रहण लम्बे समय तक करती है।
- फसल पकनें में अधिक समय लगनें के कारण फसल उत्पादन सूचकॉक कम रहता है।

अनुवांशिक आधार

- संकीर्ण (जारी की किस्म), बडा (जर्मप्लाज्म)।

पारिस्थितिकी

- बारानी (वर्षा में देरी एवं असमानता), वातावरण का अनुकूल न होना।

संसाधन

- कृषकों द्वारा फसल में असमय एवं फसल मॉग से कम आदानों का प्रयोग।

जैविक कारक

- रोग (उखटा, स्टेरिलिटी मोजेक)।
- कीडे (फली छेदक, फल मक्खी)
- नए कीट के पुनरुत्थान, नील गाय, बंदर।

उत्पादन

- गुणवत्ता के बीज का अभाव।
- फसल क्षेत्र का क्षेत्रीय स्थानांतरण, सघन फसल प्रतियोगिता (अनाज, कपास, सूरजमुखी)।
- अनाज, कपास, आदि फसलों से तुलना।

प्रबंन्धन

- निम्न स्तर का फसल प्रबन्धन, समय पर निगरानी न करना, उत्पादन तकनीकों का कृषकों तक समय पर न पहुचना, प्रसस्करण एवं उत्पादन उपरान्त छति पूर्ति।

सामाजिक–आर्थिक

- कृषकों पर खेती योग्य जमीन की कमीं ।
- कमजोर आर्थिक स्थिति, कृषकों द्वारा जोखिम सहन करने की क्षमता का अभाव, उत्पादन मूल्य का उतार चढाव।

अरहर की फसल में कम उत्पादन के वाह्य एवं आन्तरिक कारकों में कम प्रकाश संस्लेशण, वाश्पोत्सर्जन, पोषक तत्वों का कम चलायमान, कम फलियों का निर्माण एवं परिस्थितिकी कारणों में वर्षा आधारित क्षेत्रों में अरहर की खेती साथ में विपरीत वातावरण और मृदा की परिस्थिती। उत्पादन को प्रभावित करने वाले कारक में बीजों की समय पर अनउपलब्धता, उन्नतशील प्रजातियों का अभाव, अरहर उत्पादन के क्षेत्रफल में कमी, मृदा उर्वरता में गिरावट प्रमुख है। कृषकों के पास आदान क्रय करने की असमर्थता एवं आवश्यकता से कम आदानों का प्रयोग। जैविक कारकों में कीट, व्याधियाँ एवं नील गाय प्रमुख है। बेहतर प्रोद्योगिकी हस्तांतरण के अभाव में फसल प्रबन्धन उचित न होने के कारण फसल कटाई के पहले एवं उपरान्त में फसल उत्पादन को अधिक नुकसान होने की संभावना रहती है। सामाजिक आर्थिक बाधाओं के अतिरिक्त कृषकों की कमजोर और सीमान्त आर्थिक स्थिती एवं सहकारिता का अभाव।

उपज अन्तराल एवं भविष्य की आवश्यकता

जनसंख्या वृद्धि अनुपात एवं 55 ग्राम/व्यक्ति/दिन की दर से दालों की खपत को ध्यान में रखते हुऐ 26.9 मिलियन टन दलहन की आवश्यकता और उत्पादन में औसतन 12.5% बीज एवं भण्डारण में छति हो जाती है इस प्रकार कुल 3.4 मिलियन टन दानों की छति होती है। इसलिए वर्ष 2025 तक देश की कुल आवश्यकता 29.43 मिलियन टन की है (तालिका–3)। देश में कुल पैदावार वर्ष 2006 में 13.39 मिलियन टन थी तथा वर्ष 2009 में यह बढकर 14.13 मिलियन टन हो गई। एक अनुमान के अनुसार वर्ष 2014 में 3.53 मिलियन टन दालों का आयात देश की आपूर्ति हेतु करना पड़ा था जिसकी अनुमानतः कीमत लगभग 10549 करोड रुपये है (तालिका 4)। प्रदर्शनों में देखा गया है कि सीघ्र पकने वाली प्रजातियों की उपज 10 से 15 क्विंटल/ हे., मध्यम अवधि की प्रजातियों की उपज लगभग

15 से 25 क्विंटल/हे. एवं देरी से पकने वाली प्रजातियों की उपज क्षमता 20 से 35 क्विंटल/हे. होती है। जब कि कृषक विभिन्न किस्मों की उपज क्षमता से कम उत्पादन ले पाते है। कृषक प्रक्षेत्रों पर उपज क्षमता बढाने हेतु उपयुक्त किस्म का चुनाव, उन्नत प्राधोगिकी एवं जैविक व अजैविक कारणों से होने वाले नुकसान को कम कर उत्पादन बढाया जा सकता है। एक अनुमान के अनुसार वर्ष 2008 से 2010 के मध्य प्रति वर्ष लगभग 1.22 मिलियन टन दालों का आयात करना पडा। देश में दालों की कमीं होने की वजह से दालो की कीमत 45 रु. प्रति किलो से बढकर 180रु./किलो तक हो गई। इसी प्रकार वर्ष 2015 में दालें खुदरा बाजार में 180रु./कि.ग्रा. तक विक्री हुई।

तलिका 3: अनुमानतः मॉग (मिलियन टन)

वर्ष	2008–09	2012	2017	2022	2025
अरहर	2.37	2.75	3.59	4.58	5.04
कुल दलहन	14.13	17.02	21.72	26.43	29.43

तलिका 4: दलहनों का उत्पादन एवं घरेलू आवश्यकता हेतु आयात

वर्ष	उत्पादन (मिलियन टन)	आयात	
		हजार टन	करोड रूपये
2000	13.42	252	358
2001	11.08	350	500
2002	13.37	2232	3163
2003	11.13	1995	2741
2004	14.91	1725	2288
2005	13.38	1312	1741
2006	13.39	1628	2347
2007	14.20	2271	3891
2008	14.76	2791	5278
2009	14.13	1222	6246
2010	14.26	3509	9813
2011	18.24	2698	7150
2012	17.09	3364	8931
2013	18.34	3839	12734
2014	19.25	3530	10549

अरहर का समायोजन कर फसल प्रणाली– शीघ्र व अतिशीघ्र पकने वाली किस्में फसल प्रणाली एवं सघन खेती में महत्वपूर्ण भूमिका निभाती है (चौहान एवं सहयोगी, 1999; नाम एवं सहयोगी, 1993)। राज्यवार फसल चक्र निम्न प्रकार है।

अरहर+ज्वार/मक्काः उत्तर प्रदेश, मध्य प्रदेश, महाराष्ट्र, गुजरात, आंध्र प्रदेश, कर्नाटक, तमिलनाडू।

अरहर+ज्वारः उत्तर प्रदेश, मध्य प्रदेश, महाराष्ट्र।

अरहर+मूंगफली: उत्तर प्रदेश, महाराष्ट्र, गुजरात, आंध्र प्रदेश, तमिलनाडू, राजस्थान
अरहर+कपास: महाराष्ट्र, आंध्र प्रदेश
अरहर+मूँग / उड़द: उत्तर प्रदेश, बिहार, मध्य प्रदेश, तमिलनाडू , आंध्र प्रदेश, गुजरात, हरयाणा, महाराष्ट्र, ।

उन्नत किस्में

राज्यवार उपयुक्त उन्नत किस्में निम्न प्रकार है–

1. **महाराष्ट्रः** बी.एम.आर.–736, बी.एस.एम.आर.–583, बी.डी.एन.–708, विपुल, आशा मारुती, बी.डी.एन.–2, आई.सी.पी.एल.–87, सी.–11, ए.के.टी.–8811, मारूथि, बीडीएन–71।
2. **कर्नाटकः** बी.आर.जी.–1, बी.आर.जी–.2, टी.एस.–3, टी.टी.बी.–7, बी.एस.एम. आर.–736, जी.सी. 11–39, डब्लू.आर.पी.–1, मारूथि।
3. **मध्य प्रदेशः** जे.के.एम.–7, जे.के.एम.–189, जे.ए.–4, एम.ए.–3, आशा, आई.सी.पी. एल.–87, आई.सी.पी.एल.–8863, पूसा–992।
4. **उत्तर प्रदेशः** उपास–120, एन.डी.ए.–1, एम.ए.एल.–13, बहार, पूसा–992, अमर, आजाद, एम.ए. 6, आई.सी.पी.एल.–87, आसीपीएल–86012, केपीएल–45, आई. सी.पी.एल–88039, एकेपीएच–2022 (हाइब्रिड)।
5. **आंध्र प्रदेशः** एल.आर. जी.–41, एल.आर. जी.–55, मारुथि, डब्लू.आर.जी.–27, लक्ष्मी (आई सी पी–85063), आशा, दुर्गा, एम आर जी–66।
6. **गुजरातः** बी.डी.एन.–2, बी.एस.एम.आर.–736, 853, जी.टी.एच.–1 (शंकर), बनास, जी.टी.–1, जी.टी.–100, आई.सी.एल.–87, जी टी –101।
7. **बिहारः** पूसा–9, शरद, बी.आर.–65, बहार, एन.डी.ए.–1, एन.डी.ए.–2, आईपीए–203।
8. **उड़ीसाः** लक्ष्मी, उपास 120, आशा, आईपीएच 09–5।
9. **तमिलनाडुः** आशा, मारुती, सी.ओ.–5, सी.ओ.–6, कोर्ग–9701, वमबान–1, वमबान–2।

अन्तरवर्ती फसल पद्धति में अधिक उत्पादन देने वाली मुख्य प्रजातियां जैसे– पंजाब हेतु प्रजाति पुसा–992, गुजरात हेतु जी.टी.–101, जे.के एम.–189, आशा, महराष्ट्र के लिए बी.एस.एम.आर.–853, दक्षिणी क्षेत्रों के लिए टी.टी.बी.–7, जे.के.एम.–186, सी.ओ.–6 और एल. आर. जी.–41 उपयोगी शिद्ध हुई है।

शाकभाजी हेतु अरहर

देश के दक्षिण एवं मध्य भाग में मटर के विकल्प के रुप में अरहर की हरी फलियां एवं दानो का प्रयोग शाकभाजी बनाने के उपयोग में लिया जाता है। अरहर की कुछ विशेष प्रजातियों के दाने मोटे, रंग, मिठास, प्रोटीन की मात्रा, रेशा आदि मुख्य गुण होने की बजह से शाकभाजी बनाने के काम में लिया जाता है। अरहर की फलियों से उपयुक्त कीमत लेने हेतु बाजार में शाकभाजी के अभाव के समय फलियां उपलब्ध कराने हेतु बुआई का समय बहुत ही महत्व रखता है। कुछ किस्मों के भैतिक गुण तालिका–5 में दिए गऐ है।

तालिका 5: द्वि उद्देशीय अरहर के दानों में तत्वों की मात्रा

विवरण	50% परिपक्वता पर बजन		सूखे दानों का बजन (ग्राम)	रेषे की उपलब्धता (%)	सुगर की उपलब्धता (%)	प्रोटीन की उपलब्धता (%)	कुल फीनोल उपलब्धता (%)
	हरी फली (कि.ग्रा.)	दाने (ग्राम)					
औसत श्रेणीबद्ध	4558	982	14.3	6.88	4.19	18.19	0.29
प्रजातियां श्रेणी	3995–5619	96–1989	12.0–16.7	6.56–7.19	3.86–4.44	17.48–19.40	0.26–0.33
(I–III)	बीआरजी 1–2	बी.एस.एम.आर.–846	बीआरजी–1	बीआरजी–1	बीआरजी–1	एसकेएनपी–9711	हाइब्रिड–3 सी
	(6770)	(3127)	(17.3)	(7.59)	(4.80)	(20.86)	(0.19)
	बीआरजी–1	बी.आर.जी. 1–2	बीआरजी–1–2	बीआरजी–1–2	बीआरजी–2	बीआरजी–1	बीएसएमआर–846
	(6708)	(2265)	(17.0)	(7.48)	(4.78)	(20.47)	(0.19)
	बीआरजी–2	पी.टी.वी. –607	हाइब्रिड–3 सी	हाइब्रिड–3 सी	बीआरजी 1–2	बीआरजी–2	पीटीवी–607
	(6319)	(2067)	(17.0)	(7.36)	(4.72)	(20.11)	(0.22)

कोष्ठक में किस्मों में उपलब्ध तत्व की मात्रा दी गई है।

सब्जी की फसल हेतु उगाने योग्य महत्वपूर्ण प्रजातियां बीआरजी–1, 2, हाइब्रिड–3 सी, बीएसएमआर–846, एसकेएनपी–9711 और पीटीवी–807 प्रमुख है। इन प्रजातियों से औसतन 4000 से 5600 कि.ग्रा. फलियों की प्रति हे. उपज प्राप्त हो सकती है। इन प्रजातियों का बीज का आकार बडे आकार का होता है (14–17 ग्राम/100 बीज), रेशे की मात्रा (5–6%), शर्करा (3.8–4.4%), प्रोटीन (17–19%), एवं फीनोल अम्ल की मात्रा कम (0.26–0.33%) पाई जाती है इसलिए इन प्रजातियों का उपयोग शाक भाजी हेतु किया जा सकता है। इन प्रजातियों की क्षेत्रीय उपयोगिता के आधार पर विकसित किया गया है। इनमें से कुछ प्रजातियां सब्जी उत्पादन हेतु फली के साथ पकने पर उत्पादन भी बेहतर देती है। इनमें बीआजी–1, बीजीआर–2, बीएसएमआर–846, हाइब्रिड–3 सी, एसकेएनपी–9711 प्रमुख है। उपभोक्ता के आधार पर सब्जी उत्पादन हेतु दाने का आकार एवं उसका रंग बहुत महत्व रखता है। क्षेत्रवार कुछ प्रजातियों के दानों का वजन तालिका–6 में दिया गया है।

तलिका 6: सब्जी एवं फसल पकने के उपरान्त उत्पादन हेतु विभिन्न क्षेत्रों हेतु किस्मों के 100 दानों का वजन

किस्में	बेंगलोर	एस.के. नगर	बदनापुर	कोइम्बटूर	राहुरी	औसत
बीआरजी–1	16.7	16.0	16.0	17.3	17.0	16.7
बीआरजी 1–2	16.3	12.9	15.9	14.7	16.0	15.2
बीआरजी– 2	12.7	11.0	12.9	11.7	15.0	12.7
पीटीवी–607	12.7	9.5	11.7	13.2	13.0	12.0
बीएसएमआर–846	15.3	13.6	14.1	14.8	14.0	14.4
हाइब्रिड–3 सी	16.3	12.3	14.1	14.0	17.0	14.7
औसत	15.0	12.6	14.2	14.3	15.3	-

अनुशंसित उत्पादन तकनीक

अरहर की फसल को आमतौर पर एक कम खर्चे की फसल के रुप में देखा जाता है। नवीनतम अनुसंधानों के आधार पर उत्पादन प्रोधोंगिकी क्षेत्र वार तालिका–7 में दी गई है।

कुछ विशिष्ट प्रबंधन रणनीति

शंकर अरहर: शंकर अरहर के लिए पक्ति से पक्ति की दूरी 75 से 90 सेन्टीमीटर के साथ पोषक तत्वों का प्रयोग कि.ग्रा./हे. में नत्रजन, फास्फोरस, पोटास, सल्फर व जस्ता क्रमशः 20, 60, 25, 20 व 15 की दर से प्रयोग करना चाहिए। अधिक उत्पादन लेने हेतु पोषक तत्वों का प्रयोग एवं साथ में सम्पूर्ण सस्य क्रियाओं को समय पर करने से फसल से अधिकतम उत्पादन ले सकते है (चौहान, 1990), और खनिज तत्वों द्वारा भी उत्पादन में बढोत्तरी होती है (जोहन्सन एवं सहयोगी, 1990)।

तलिका 7: विभिन्न क्षेत्रों हेतु अनुशंसित सस्य क्रियायें

बुआई का समय	बीज दर (कि./हे.) एवं दूरी (सेन्टीमीटर)	बीज उपचार	उर्वरक (कि./हे.)	सिंचाई	खरपतवार प्रबन्धन	फसल चक्र
उत्तर पश्चिमी पठार क्षेत्र (हरयाणा, पंजाब, दिल्ली, पश्चिमी उत्तर प्रदेश और उत्तर पश्चिमी राजस्थान)						
मई का दूसरा सप्ताह से जून का प्रथम सप्ताह	18 से 20 कि.ग्रा. 60 सेन्टीमीटर लाइन से लाइन एवं 20 सेन्टीमीटर पौधे से पौधा	राहिजोवियम कल्वर एक पेकेट 10 कि. बीज हेतु	20–नत्रजन, 40–फास्फोरस, 20–पोटेशियम, 20–सल्फर, 20–जिंकसल्फेट	वर्षा के अभाव में बुआई से पूर्व, फूल आते समय और फली बनते समय	बुवाई के 25 व 45 दिन अन्तराल पर निराई गुणाई अथवा पेन्डमेथिलिन 1.25 किलो. ग्राम सक्रिय तत्व /हे. तत्पश्चात 45 से 60 दिन की बुवाई उपरान्त एक निराई गुणाई	1. अरहर– गेहूँ फसल चक्र 2.मूंग/उड़द+अरहर अन्तरवर्ती की फसल (1:1 पक्ति)
उत्तर पूर्वी पठारी क्षेत्र (उत्तर प्रदेश का पूर्वी क्षेत्र, बिहार, पश्चिमी बंगाल, आसाम एवं झारखण्ड)						
सीघ्र पकने वाली प्रजाति (जून का प्रथम सप्ताह)	18 से 20 कि.ग्रा., 60 सेन्टीमीटर लाइन से लाइन एवं 20 सेन्टीमीटर पौधे से पौधा	राहिजोवियम कल्वर एक पेकेट 10 कि. बीज हेतु	20–नत्रजन, 40–फास्फोरस, 20–पोटेशियम, 20–सल्फर, 20–जिंकसल्फेट	फसल बोने हेतु पलेवा, वर्षा के अभाव में, 45 दिन की अवस्था पर पहली सिंचाई एवं 100 से 110 दिन की फसल में दूसरी सिंचाई	बुवाई के 25 व 45 दिन उपरान्त निराई गुणाई अथवा पेन्डमेथिलिन 1.25 किलो. ग्राम सक्रिय तत्व /हे. के छिडकाव उपरान्त	सीघ्र पकने वाली अरहर–गेहूँ फसल चक्र
देरी से पकने वाली प्रजाति (जुलाई का प्रथम सप्ताह)	12 से 15 कि.ग्रा., 75 सेन्टीमीटर लाइन से लाइन एवं 25 सेन्टीमीटर पौधे से पौधा				45 से 60 दिन बाद निराई गुणाई	लम्बी अवधि वाली अरहर+ ज्वार/मूंग/उड़द/तिल अन्तरवर्ती फसल हेतु
रबी की फसल हेतु सितम्बर का प्रथम	25 से 30 कि.ग्रा., 30 सेन्टीमीटर लाइन					

अगले पृष्ठ पर

बुआई का समय	बीज दर (कि./हे.) एवं दूरी (सेन्टीमीटर)	बीज उपचार	उर्वरक (कि./हे.)	सिंचाई	खरपतवार प्रबन्धन	फसल चक्र
सप्ताह	से लाइन एवं 10 सेन्टीमीटर पौधे से पौधा					
मध्य क्षेत्र (गुजरात, महाराष्ट्र, मध्य प्रदेश, राजस्थान, और छत्तिसगढ)						
वर्षा होने पर जुलाई का प्रथम सप्ताह	15 से 18 कि.ग्रा., 30 सेन्टीमीटर लाइन से लाइन एवं 10 सेन्टीमीटर पौधे से पौधा	–do–	20 नत्रजन, 40 फास्फोरस, 20 सल्फर	वर्षा न होने की स्थिति में फूल व फली बनते समय	–do–	अरहर+ मूँगफली (2:4), अरहर+ सोयाबीन (2:4), अरहर+ ज्वार (2:1) और अरहर+ उड़द (1:1)
दक्षिण क्षेत्र (आन्ध्र प्रदेश, कर्नाटक और उडीसा)						
जून का दूसरा सप्ताह एवं मानसून आने पर	-do-	-do-	-do-	-do-	-do-	अरहर + उड़द /मूंग/लोविया (1:1), अरहर + मूंगफली (4:2)

पोषक तत्व प्रबन्धनः राहिजोवियम, फास्फोरस बिलेयक व पौधे की बढवार करने वाले बेक्टीरिया (पीजीपीआर) युक्त जैव उर्वरक के साथ 2.5 टन सडी गोबर की खाद के प्रयोग करने से 50% तक रसायनिक उर्वरक की बचत की जा सकती है। युरिया, पोटेशियम क्लोराइड का पर्णीय छिडकाव एवं केल्सियम क्लोराइड और पोटेशियम क्लोराइड का पर्णीय छिडकाव एवं कैल्शियम क्लोराइड और पोटेशियम क्लोराइड और फास्फोरिक अम्ल को पानी में बीज को भिगोकर बुआई करने से फसल पर प्रतिकूल प्रभाव देखा गया है। सूक्ष्म पोषक तत्व जैसे जस्ता, बोरोन, मोलीब्डेनम और लोह तत्व से बीज उपचार कर बुआई करने का प्रभाव मृदा में बुआई के समय प्रयोग जैसा ही प्रभाव उत्पादन पर देखा गया है। जस्ता व बोरोन का प्रयोग जिंक सल्फेट व वोरेक्स के माध्यम में प्रयोग करने पर 35 से 39% तक फसल उत्पादन सूचकांक में बढत होती है। अरहर की फसल में 100 कि.ग्रा. डाइ अमोनियम फास्फेट के साथ 20 कि.ग्रा. सल्फर का प्रयोग उत्पादन को बढ़ाता है। केवल अरहर अथवा अन्तरवर्ती फसल उगाने से आगामी फसल हेतु नत्रजन के साथ फास्फोरस तत्व की उपलब्धता बढाता है।

अरहर–गेहूँ फसल चक्र में खरीफ के मौसम में केवल अरहर की फसल अथवा अरहर+ मूंग, अरहर+धान आदि अर्न्तवर्ती फसल में आगामी फसल में नत्रजन स्थरीकरण का लाभ नहीं मिल पाता क्योंकि अरहर की फसल लम्बी अवधि की होने के कारण नत्रजन स्थरीकरण को अरहर द्वारा उपयोग कर लिया जाता है। आगामी फसल की अरहर की फसल से फूल पत्ती गिरने से बनने वाले कार्वनिक पदार्थ का लाभ मिलता है।

वर्षा आधारित क्षेत्रों में वर्षा के दिनों में वर्षा के जल को संचय कर प्रगतिशील कृषक वर्षात के अभाव में फूल व फली बनते समय अरहर की क्रॅान्तिक अवस्था (फूल, फली बनते समय) में सिंचाई कर लेते है। साथ ही अरहर के जीवांश पदार्थ का वर्मी कम्पोस्ट बनाकर कृषि में प्रयोग कर अतिरिक्त लाभ प्राप्त कर लेते है।

वर्षा जल उपयोग

अरहर की अन्तरवर्ती फसल एवं वर्षा की अनिश्चितता वाले क्षेत्रों हेतु किस्मों का चयन किया गया है। ज्वार एवं अरहर के अन्तरवर्ती फसल हेतु कृषक ज्वार की मांग के अनुसार कृषक नत्रजन युक्त उर्वरक का अधिक मात्रा में उपयोग करते है। परिणाम स्वरुप ज्वार व अरहर की फसल की बढवार अधिक हो जाती है फलस्वरुप अरहर की फसल पर प्रतिकूल प्रभाव पडता है। इसलिए ज्वार व अरहर की अन्तरवर्ती फसल हेतु नत्रजन की मध्यम मात्रा (25 से 50 कि.ग्रा. नत्रजन/हे.) का उपयोग करना चाहिए। अनुसंधान के परिणामों के अनुसार लाल व काली मृदाओं पर ज्वार व अरहर की अन्तरवर्ती फसल पर हुए प्रयोगों में देखा गया कि अरहर द्वारा जो नत्रजन स्थरीकरण किया जाता है वह ज्वार की फसल द्वारा ग्रहण नहीं किया जाता। स्वयं अरहर द्वारा अवशोषित कर लिया जाता है अतः नत्रजन व फास्फोरस तत्वों के उपयोग का वर्षा आधारित क्षेत्रों हेतु सुझाव दिए गये है।

भारत वर्ष में अरहर को फसल चक्र में एवं अर्न्तवर्ती फसल के रुप में उगाया जाता है। अल्प अवधि की अरहर एवं दलहनीं फसलें जैसे मूंग, उड़द, धान, मूंगफली का लोकप्रिय अर्न्तवर्ती फसल पद्धति है। इनमें से अरहर+मूंगफली अन्तरवर्ती फसल पद्धति सबसे अधिक प्रचलित है। प्रयोगों में देखा गया है कि अरहर+मूंगफली की अन्तरवर्ती फसल 90 कि.ग्रा. फास्फोरस तक प्रयोग दोनों फसलो के उत्पादन को बढाता है। पद्धति आधरित क्षेत्र वार सस्य क्रियायें क्षेत्र वार पद्धतियां का प्रभाव निम्न प्रकार है:

सस्य क्रियायें	प्रभाव की तकनीकें
पौधों की संख्या	
*शीघ्र पकने वाली प्रजातियों की उचित पौधों की संख्या 25 से 33 पौधे/वर्ग मीटर *रबी फसल में अरहर के 22 पौधें/वर्गमीटर, लम्बी अवधि की अरहर हेतु 11 पौधे/वर्ग मीटर	*अरहर की फसल में प्रति हे. पौधें की उचित संख्या` होने पर पौधे सूर्य की उर्जा का सही उपयोग करते है जिससे प्रति इकाई क्षेत्रफल अधिक उपज प्राप्त होती है
अन्तरवर्ती फसल	
*अरहर+ ज्वार/ बाजरा/ तिल (2:1 और 2:4 पंक्ति अनुपात)	*एकल अरहर की तुलना में अर्न्तवर्ती पद्धति से अतिरिक्त पैदावार, अधिक लाभ
*अरहर + मूंग/उड़द/सोयाबीन/मक्का/मूंगफली *अरहर + ज्वार/तिल 2:1 पक्ति में और मिश्रित पद्धति	* केवल अरहर फसल की तुलना में उखटा रोग में 12 से 21% तक कमी हो जाती है।
*अरहर+ धान की अतिशीघ्र पकने वाली प्रजाति जबकि लम्बी अवधि की अरहर + धान (शीघ्र परिपक्व प्रजाति सी वी – नरेन्द्र 118 का 1:2 पंक्ति क्रम	*अन्तरवर्ती फसल में मक्का व बाजरा के पौधो पर चिडियों को बैठने से फली छेदक कीट से नुकसान 27% तक ही होती है जबकि अरहर की एकल फसल लेने पर नुकसान 49% तक हो जाता है।
*अरहर+ मक्का (2:1 पक्ति क्रम) एवं 5 टन एफ वाय एम/हे. प्रयोग	*अरहर की फसल की पैदावार में हल्की गिरावट आती है परन्तु कुल उत्पादन एवं शुद्ध लाभ एवं लागत अनुपात अधिक रहता है। *अन्तरवर्ती फसल पद्धति में अरहर की एकल फसल की तुलना में अधिक उपज, शुद्ध लाभ एवं प्रति रूपया खर्च करने पर अधिक आय प्राप्त होती है। *अन्तरवर्ती फसल से अतिरिक्त उत्पादन
उत्तर पश्चिमी पठारी क्षेत्र	
*अरहर (पारस, पूसा–992, ए एल –1455) + मूंग /उड़द/ सायाबीन/मूंगफली।	
मध्य क्षेत्र	
***अरहर** (आशा, जेके एम–7, 189, जी टी–101, बीएसएमआर–736, 853)+ मूंग/ उड़द/ सायाबीन/ मूंगफली।	
दक्षिण क्षेत्र	
*अरहर (टीटीबी–7, जेकेएम–189, एलआरजी–41) + मूंग/ उड़द/ सायाबीन/ मूंगफली/ राजमा।	* यूरिया का 2% छिड़काव बुआई के 15 एवं 45 दिन उपरान्त

सस्य क्रियायें	प्रभाव की तकनीकें
*अरहर+ ज्वार अथवा तिल 2:1 क्रम में पक्ति क्रम और मिश्रित रुप में उगाने से उखटा रोग का प्रकोप कम होता है।	*अन्तरवर्ती फसल लेने से अरहर की पैदावार में थोडी कमी आती है परन्तु शुद्ध लाभ अधिक मिलता है।
नाली मेड (रिज फरो) पद्धति	
* अरहर (नाली का उठा हुआ भाग) + धान (नाली में)। *अरहर (मेंड)+ अर्न्तवर्ती फसल (नाली के किनारे)। * अरहर (उठी हंई मेंड के किनारे)+ उड़द (2:2) (उठे हुए समतल भाग)।	*पौधों की संख्या क्षेत्रफल के हिसाब से निश्चित होना चाहिए। अरहर के बेहतर उत्पादन के साथ अन्तरवर्ती फसल से अतिरिक्त उत्पादन। *177 कि.ग्रा./हे. उत्पादन वृद्धि।
समन्वित पोषक तत्व प्रबन्धन	
*40 कि.ग्रा. नत्रजन, 22कि.ग्रा. फास्फोरस/हे.।	*रबी अरहर (शीत त्रृतु) उत्पादन में 25% वृद्धि।
* 20 कि.ग्रा. सल्फर जिप्सम अथवा सिंगल सुपर फास्फेट द्वारा ।	*रबी अरहर में मोलीब्डेनम का कोई प्रभाव नहीं।
* 1 कि.ग्रा. सोडीयम मोलीब्डेट और 15 कि.ग्रा. जिंक सल्फेट/हे. । * 40 कि.ग्रा. फास्फोरस + 20 कि.ग्रा. सल्फर। * अरहर की रासायनिक उर्वरक की आवश्यकता (कि.ग्रा./हे. में 20 नत्रजन, 18 फास्फोरस, 27 पोटेशियम, 20 सल्फर, 5 जस्ता)। *सोडियम मोलीब्डेट दर 1 कि.ग्रा./हे., चिलेटड आयरन दर 1 किलोग्रम/ हे.। *अनुसंसित रासायनिक उर्वरक+ बीज उपचार 4.0 ग्राम बोरेक्स/कि.ग्रा. बीज और 4 ग्राम/कि.ग्रा. बीज मोलीब्डेनम द्वारा। *बीज उपचार जस्ता, मोलीब्डेनम और लोह तत्व से करने पर मृदा में प्रयोग जैसा प्रभाव खडी फसल में कमी के लक्षण दिखाई देने पर पर्णीय छिड़काव *मृदा का पी एच मान कम होने पर चूने का प्रयोग साथ में मोलीब्डेनम का प्रयोग *वर्मी कम्पोस्ट (2.5 टन/हे.) + रासायनिक उर्वरक (75% अनुशंसित उर्वरक) + जैव उर्वरक (राहिजोवियम + फास्फोरस घोलक जैव उर्वरक + फसल बढवार के जैव उर्वरक)	*अनुसंशित रासायनिक उर्वरकों के साथ जिंक सल्फेट का प्रयोग।
खरपतवार प्रबन्धन	
*2.7 मीटर चौडी बेड पर बुआई और एक निराई गुणाई बुआई के 30 दिन पश्चात। *फसल उगने के पूर्व पेन्डीमिथिलीन (1 कि.ग्रा./हे.) अथवा इमेजाथापर 75 ग्राम फसल उगने के 15 से 20 दिन के अन्दर एवं पहली निराई गुणाई 25 से 30 दिन उपरान्त एवं आवश्यकता पडने पर 45 से 60 दिन पश्चात।	*समतल जमीन पर बुवाई की तुलना में 23% की वृद्धि रिज वेड पर बुवाई करने पर होती है।

अगले पृष्ठ पर

सस्य क्रियायें	प्रभाव की तकनीकें
कीट व्याधि प्रबन्धन	
*अरहर + ज्वार (1:2 पक्ति)+ रासायनिक उर्वरक की अनुशंसित मात्रा की तुलना में केवल अरहर की फसल हेतु रासायनिक उर्वरक की अनुशंसित मात्रा से 50% कम प्रयोग।	*फली छेद कीट के प्रकोप में 20% की कमी। *उखटा रोग में 11% की कमी।
* अरहर+ज्वार (1:2 पक्ति)+ अनुशंसित उर्वरक+ रासायनिक नियंत्रण (20%)।	
कर्षण क्रियायें	
* जीटी–1, वीआरजी–17, टीटीबी–7 और बी बी एन–2 प्रजातियाँ उपलब्ध फास्फोरस की कमी वाली मृदा से उचित मात्रा में फास्फोरस ग्रहण कर लेती है।	*फास्फोरस को सहन करने वाली प्रजातियों द्वारा फास्फोरस का सही उपयोग कर उचित उत्पादन
* देरी से बुवाई (अगस्त का पहला सप्ताह) की स्थिति में जेकेएम–189, बीएसएमआर–853, टी टी बी–7, एलआरजी–41–30, 38, डब्लूआरपी–1 की बुवाई की सिफारिश	*क्षेत्र की कांन्टेन्जेन्ट योजना के अनुसार सही प्रजातियो का चयन
सूखा प्रबन्धन	
* 2% पोटेशियम क्लोराइड का छिडकाव कर सूखे के प्रभाव को कम करना।	*सस्य क्रियायें एवं पौधों की शारिरिक विज्ञान में बदलाव कर सूखे के प्रभाव को कम करना।
*यूरिया, पोटेशियम क्लोराइड का फसल पर पर्णीय छिडकाव और केल्शियम क्लोराइड और फास्फोरिक अम्ल के घोल में बीज को डुबोकर बुवाई करने पर बढवार के समय सूखा सहन करने की क्षमता को बढाता है।	
* फसल की मृदा सतह पर पलवार बिछाना (मल्चिंग) और पानी का छिडकाव कर सूखे के प्रभाव को कम करना।	
वरण शंकर अरहर	
* वरणशंकर जी टी एच–1, पौधों का घनत्व 75 सेन्टीमीटर लाइन से लाइन एवं 20 से 30 सेन्टीमीटर पौधें से पौधा और 20 नत्रजन, 60 फास्फोरस, 25 पोटेशियम, 20 सल्फर और 5 कि.ग्रा. जस्ता/ हे. प्रयोग	* शष्य क्रियाओं द्वारा उन्नत तकनीकी प्रबन्धन।

अन्तरवर्ती फसल हेतुः देश के विभिन्न क्षेत्रों हेतु उपयुक्त प्रजातियाँ इस प्रकार है:

अरहर की प्रजातियाँ (मुख्य फसल)	सह फसल	क्षेत्र
पारस, आईसीपीएल –1455, पूसा–992	उड़द, मूंग	उत्तर पश्चिमी मैदानी क्षेत्र
आशा (आईसीपीएल–87119), जेकेएम–7, जीटी–101, बीएसएमआर– 853, जेकेएम–189, बीएस, एमआर–736	उड़द, मूंग, सोयाबीन, मूंगफली, मक्का, ज्वार	मध्य क्षेत्र
टीटीबी – 7, जेकेएम–186, सीओ–6, एलआरजी–41, डब्लूआरजी–27	उड़द, मूंग, मूंगफली	दक्षिण क्षेत्र
एनडीए–1, पूसा–9	उड़द, मूंग, मक्का	उत्तर पूर्वी मैदानी क्षेत्र

अरहर की मेड़ो पर फसल

बिहार, छत्तिसगढ, उडीसा, और उत्तर प्रदेश के बुंदेलखण्ड क्षेत्र में कृषक अपनी आवश्यकता की पूर्ति हेतु मेड पर लम्बी अवधि की अरहर की प्रजातियों की बुआई करते है। इस पद्धति द्वारा कुल क्षेत्रफल एवं उत्पादन का ऑकलन नहीं है।

20 दिन देरी से बुवाई: जेकेएम–189, आशा, बीएसएमआर–853 मध्य क्षेत्र हेतु।

30 से 35 दिन देरी से बुवाई: टीटीबी–7, एलआरजी–30, एलआरजी–38, एलआरजी–41, डब्लूआरपी–1, दक्षिण क्षेत्र एवं आजाद उत्तर पूर्वी पहाडी क्षेत्र।

देरी से बुवाई (30 से 35 दिन पश्चात):– अगस्त के आखरी सप्ताह तक उत्तर–पूर्वी क्षेत्र हेतु प्रजति– आजाद।

अरहर की रोपाई

देरी से मानसून के कारण फसल खराब होने की आशंका रहती है अतः इस प्रकार की स्थिती में नर्सरी में उगाई गई फसल की रुपाई कर 30 से 35 दिनों की देरी से आये मानसून के नुकसान से बचाया जा सकता है। इस विधि से उगाई गई अरहर से कम पौधों की संख्या एवं बेहतर सस्य प्रबन्धन से अधिक पैदावार ली जा सकती है। इस विधि में अरहर की पौध की रुपाई के समय जड जमाने हेतु पानी की आवश्यकता पडती है। पानी के अभाव में इस विधि को बडे क्षेत्र में नहीं अपनाया जा सकता है।

प्रबन्धन की कुछ भूमिकायें

1. **खरपतवार प्रवन्धनः** फसल उगने से पूर्व 1.0 कि.ग्रा. पेन्डिमेथलीन का उपयोग फसल उगने से पूर्व एवं बुआई के 50 दिन बाद निराई गुणाई से खरपतवार प्रबन्धन बेहतर होता है। जबकि फसल उगने के पूर्व 0.750 कि.ग्रा. पेन्डामिथिलिन फसल उगने के पूर्व एवं इमेजाथापर 75 ग्राम/हे. के 20 दिन की फसल अवस्था छिडकाव अधिक लाभ देखा गया है।
2. **जल प्रवन्धनः** फसल पर सूखे की स्थिति में सिंचाई उपलब्ध न होने पर पौधों पर मशीन से पानी का छिड़काव करने फसल को राहत मिलती है साथ ही बुआई के उपरान्त मृदा सतह पर पलवार विछाकर मल्च करना भी प्रभावी रहता है।
3. **समेकित नाशीजीव प्रबन्धनः** कीट व्याधियों से अरहर की फसल में लगभग 30 से 50% नुकसान होता है, (अरहर का कुल उत्पादन 2.77 मिलियन टन में से छति लगभग 1.10 मिलियन टन)। एक अनुमान के अनुसार यह नुकसान लगभग रु. 15,540 करोड रूपयों का होता है। अरहर में लगने वाले मुख्य कीट व्याधियां एवं उनका विवरण निम्न प्रकार है।

मुख्य कीट व्याधियाँ	समस्या के क्षेत्र
शीघ्र और मध्यम अवधि की अरहर–हेलीकोवर्पा आर्मीजेरा, ब्रूचिड, मरूका विट्राटा, मेलनग्रोमाइजा ओबटुसा, मिलेब्रिस पुस्टुलाटा, लेम्पेड्स (एम्सलस्टिस अटोमोसा), ब्रूचिड	उत्तर पूर्वी मैदानी क्षेत्र, उत्तर पश्चिमी मैदानी क्षेत्र, मध्य क्षेत्र
देरी से पकने वाली अरहर– हेलीकोवर्पा आर्मीजेरा, मेलनग्रेमाइजा ओबटुसा, फल मक्खी, ब्रूचिड, मिलेब्रिस पुस्टुलाटा	उत्तर पूर्वी मैदानी क्षेत्र, उत्तर पश्चिमी मैदानी क्षेत्र, मध्य क्षेत्र, दक्षिणी क्षेत्र
रोग एवं रोग जनक	
उखटा (फ्यूसेरियम उदम)	उत्तर पूर्वी मैदानी क्षेत्र, मध्य व दक्षिणी क्षेत्र
स्टेरिलिटी मोजेक (विषाणु)	उत्तर पूर्वी मैदानी क्षेत्र, दक्षिणी क्षेत्र
फाइटोफ्थोरा झुलसा (फाइटोफ्थोरा ड्रेचिसलेरी प्रजाति केजनी)	उत्तर पूर्वी व उत्तर पश्चिमी मैदानी क्षेत्र
अल्टरनेरिया झुलसा (अल्टरनेरिया अल्टरनेटा)	उत्तर पूर्वी मैदानी क्षेत्र (वर्षा पूर्व)

उखटा और चितकवरा वॉझपन (स्टेरिलिटी मोजेक) बीमारी देश के सभी क्षेत्रों में फसल को प्रभावित कर रही है जबकि मध्य क्षेत्र में इसका प्रकोप कम देखने को मिलता है। झुलसा (फाइटोफ्थोरा व्लाइट) मध्य क्षेत्र और उत्तर पश्चिमी पठारी क्षेत्र एवं उत्तर पूर्वी क्षेत्र के कुछ भागों में अधिक नुकसान पहुंचा रहा है (रेडी एवं सहयोगी, 1990; रीड और लतीफ, 1990)। रोग प्रतिरोधी प्रजातियाँ तालिका–8 में दी गई है क्षेत्र विशेष की अनुसंशा हेतु चयनित कर लगानी चाहिए। एकीक्रत कीट एवं रोग प्रबन्धन लाभकारी एवं पर्यावरण अनुकूल पाया गया है।

तालिका 8: रोग प्रतिरोधी किस्में

किस्म	प्रतिरोधिता
आईसीपी–7035, 8860, 8862, 9194, पीआर–5149, डीपीए 85–11, 85–12, आईपीस–203, जेकेएम–1891, एमए–6	उखटा एवं स्टेरिलिटी मोजेक
बीडीएन–1, 2, एमए–3, आईसीपी–8858, 8859, 8863, 9174 कीपीएल–.43, 44, पूसा–9	फ्यूजेरियम उदम
माल–9	सिस्ट नेमाटोड (हीटेरोडेरा कजानी)
टीडीआरजी जी–4, आईपीए–8 एफ, बीआरजी 11–1, 10–2 एवं आरवीकेटी–260	रूटचेट नेमाटोड, मेलोइडोजिन जावानिका

4. **नेमाटोड का प्रबन्धन**– दलहनीं फसलों पर परजीवी नेमाटोड फसल की जडों को प्रभावित करता है। निमेटोड से संक्रमित पौधें सीघ्र कमजोर हो जाते है तथा फसल कवक या बैक्टीरिया के माध्यम से शीघ्र संक्रमित हो जाती है। परजीवी निमेटोड द्वारा मुख्य रुप से चार प्रकार से नुकसान होते है। निमेटोड के प्रभाव से जडों में गॉठे बन जाती है यह मुख्य रुप से निमेटोड की दो प्रजातियों मेलाइडोगाइनी इनकोगनिटा और मेलाइडोगाइनी जेवानिका के द्वारा होता है। दूसरा निमेटोड जो दलहन की सभी फसलों में जडों को वृक्काकार (रोटिलेन्चुलुस रेनिफोर्मिस) बना देता है। तीसरा निमेटोड खरीफ की अरहर व अन्य दलहनीं फसल की जडों में धब्बा बना

देता है। चौथा निमेटोड जडो में घाव बना देता है यह प्रेटीलेन्चस थोरनी के द्वारा होता है। यह निमेटोड प्रवासी होता है तथा मुख्य रुप से चना व मटर की फसल में नुकसान पहुंचाता है। निमेटोड केवल फसल को ही नुकसान नहीं पंहुचाते बल्कि अन्य मृदा जनित सूक्ष्म जीवों के रुप में दलहनीं फसलों को अधिक नुकसान पहुचाते है। साथ ही नेमेटोड मृदा जनित कवक के साथ मिलकर फसल में रोगों को बढावा देते है। अरहर की फसल में देखा गया है कि निमेटोड उखटा और अन्य मृदा जनित रोगों को बढाते है।

विभिन्न संमन्वित कीट व्याधि प्रबन्धन तकनीक जिसमें रासायनिक एवं गैर रासायनिक नियंत्रण की विधियां शामिल है कीट व्याधि को नियंत्रण किया जा सकता है। समन्वित कीट व्याधि प्रबन्धन तकनीक में आर्थिक एवं पर्यावरण को ध्यान में रखकर विवेकपूर्ण रसायनिक एवं गैर रसायनिकों का उपयोग किया जाता है।

एकीक्रत नाशी जीव प्रबन्धन

1. बुआई से पहले

- ग्रीष्म त्रिृतु की गहरी जुताई।
- क्षेत्रीय सिफारिश के अनुसार रोग प्रतिरोधी किस्मों का चयन।
- निमेटोड प्रभावित मृदा में 50 कि.ग्रा./हे. नीम के बीज का पाउडर अथवा 500 कि. ग्रा./हे. नीम की खली का प्रयोग।
- फसलों की कीट व्याधि प्रतिरोधता बढाने हेतु फसल में सन्तुलित उर्वरक प्रयोग जिसमें पोटेशियम युक्त उर्वरक सम्मिलित हो।

2. बुआई के समय

- नाली एवं मेड (रिज फरो) बनाकर मेंड पर बुआई।
- क्षेत्र विशेष की अन्तरवर्ती फसल की सिफारिश के अनुसार ज्वार, तिल, रागी आदि की अरहर के साथ बुआई।
- 1 ग्राम कार्बोन्डिजिम अथवा 10 ग्राम ट्राइकोडर्मा/कि.ग्रा. बीज साथ में 1 ग्राम कार्बोओक्जिन/कि.ग्रा. बीज दर से उपचारित कर बुआई।
- फसल की प्रारम्भिक अवस्था में कीटों से बचाने हेतु 10 ग्राम बेउबेरिया बेसिआना/किलो बीज अथवा इमिडाक्लोप्रिड 5 एमएल/कि.ग्रा. बीज उपचार।
- कार्बोसल्फान 25 डीएस 3 ग्राम/ कि.ग्रा. अथवा नीम के बीज का पाउडर 1 ग्राम/ कि.ग्रा. से बीज पर परत चढाकर बुआई।
- नेमेटोड से प्रभावित मृदा को फोरेट 10 जी से 1 से 1.5 कि.ग्रा. सक्रिय तत्व/ हे. को मृदा में बुआई की आखरी जुताई में मिलावे।
- फसल चक्र में सरसों, प्याज, लहसुन, तिल, गेहूँ, धान, मक्का, रागी, आदि का समावेस।

3. खडी फसल

- कीट व्याधियों का समय–समय पर अवलोकन।
- कीटों की निगरानी हेतु प्रकाश प्रपंच और फेरोमोन ट्रेप 4 से 5/हे. का प्रयोग।
- तीन से चार रातों में 4 से 5 पतंगे पाये जाने पर कीटनाशी का छिडकाव प्रारम्भ करें।

4. मुददे

- कम व अस्थिर उत्पादकता।
- मृदा में नमी की असमानता व कमी होना।
- हेलीकाबर्पा अर्मिजेरा का अधिक प्रभाव।

5. प्रबन्धन भूमिकायें

- बीज को फफूंदनाशक कार्वन्डिजम 1 ग्राम सक्रिय तत्व/किलो बीज से उपचारित कर आकर्षक थेलियों में पेककर समय पर प्रदाय।
- उत्पादन की उन्नत तकनीके जैसे सल्फर, जस्ता, फास्फोरस घुलनशील व राहिजोवियम जैव उर्वरक, यूरिया/डाइअमोनियम फास्फेट का छिडकाव, नाली मेड (रिज फरो) पद्धति से बुआई। उखटा प्रभावित क्षेत्रों हेतु ट्राइकोडर्मा विरीडी का प्रयोग, समन्वित कीट व्याधि प्रबन्धन एवं फसल संरक्षण तकनीके अपनाना।
- मशीनीक्रत खेती में बुआई की मशीन, मेड (रिज) पर बुआई मशीन, छिडकाव यंत्र, स्प्रिंकलर, थ्रेसर और दाल मिल के छोटे संयंत्र को वरीयता दी जानी चाहिए।
- भण्डारण हेतु 500 कि.ग्रा. वजन संररक्षित करने हेतु टंकी प्रदाय कर कृषकों द्वारा बीज संररक्षित रखने को बढावा देना।
- अरहर का उत्पादन बढाने हेतु कुछ नियम बनाने चाहिए जैसे रिमोट आघारित फसल गणना, मूल्य निर्धारण संबन्धी नियम, वित्तीय लोन, बीज उत्पादकों को प्रोत्साहन, समर्थन मूल्य आधारित उत्पादन का क्रय, राज्य स्तरीय अरहर बोर्ड की स्थापना आदि जैसा कि कर्नाटक में की गई है।
- पहाडी क्षेत्रों हेतु सीघ्र पकने वाली प्रजातियों को बढावा (उत्तराखण्ड, जम्मू एवं कश्मीर, हिमाचल प्रदेश, उत्तर पूवी पहाडी राज्य): बीएलए–1, पूसा–998, ए एल–881।
- कीट व्याधि प्रतिरोधी किस्मों का क्षेत्र विषेश हेतु चयन कर अरहर की फसल की खेती की जानी चाहिए। कीट व्याधि प्रतिरोधी किस्में निम्न प्रकार है।

6. भविष्य योजना

- उत्पादन को शीघ्र बढाने हेतु निम्न बिन्दुओं पर ध्यान देना आवश्यक है।
- प्रधानमंत्री परियोजना के कार्यक्रम का प्रभावी विकास कर आर्थिक रुप से महत्व दिया जाना चाहिए।

- जमीनी स्तर पर एकीकृत कीट व्यधि प्रबन्धन क्षेत्रवार निश्चित किया जाय।
- अन्तरवर्ती फसल हेतु उपयुक्त प्रजातियों का विकास।
- अरहर के मुख्य उत्पादक राज्यों में एनपीवी उत्पादन हेतु जेव नियंत्रण प्रयोगशालाओं का निर्माण।
- जैव कीट व्याधि नाशकों की उपलब्धता बढाना अरहर की उत्पादन तकनीक से कृषकों को प्रशिक्षित कर प्रेरित करना।
- कृषकों को ग्रीष्म ऋतु के मौसम में नीम के बीजों को एकत्रित कर जैविक कीटनाशक बनाने हेतु प्ररित करना।
- एकीकृत कीट व्याधि नियंत्रण के सिद्धान्त एवं विधि से कृषि अधिकारी एवं क्षेत्रीय प्रसार में लगे कर्मचारियों को समय–समय पर प्रशिक्षित करना।
- एकीकृत कीट व्याधि नियंत्रण में काम आने वाले गुणवत्ता युक्त उपकरणों को क्षेत्रीय स्तर पर उपलब्ध करना।
- कृषकों की आवश्यकता के अनुसार तकनीकों को प्रभावी करना।
- कृषक महिलाओं की सहभागिता को बढावा देना।
- फली छेदक कीट सहनशील प्रजातियों की पहचान कर बढावा देना।
- वेड व नाली (रिज फरो) अथवा चौडी वेड पर बुवाई एवं नाली में सिंचाई (बी बी एफ) पद्धति में रिजवेड सीडकम फर्टिलाइजर ड्रिल अथवा ब्रोड बेड सीड कम फर्टीलाइजर ड्रिल यंत्र से बुआई।

सन्दर्भ

चौहान, वाय.एस., 1990. पिजिअन पीः ऑप्टीमम एग्रोनॉमिक मेनेजमेंट. इनः द पिजिअन पी (नेने, वाय.एल., हाल, एस. डी., एण्ड शीला, वी.के. एडिट) वालिंगफोर्ड, यू.के.: सी.ए.बी. इन्टरनेशनल. पीपी. 257–278.

चौहान, वाय.एस., अतूकोराला, डब्लू.डी., पेरेरा, के.डी.ए., जोसफ, के.डी.एस.एम., सक्सेना, के.बी., एण्ड जोहन्सन, सी, 1999. पोटेन्शियल ऑफ एक्सट्रा–शोर्ट–डयूरेशन पिजिअन पी इन द शोर्ट रेनी सीजन ऑफ ए ट्रोपीकल बाइमोडल रेनफॉल इनवायरमेंट. एक्सपेरीमेन्टल एग्रीकल्चर, 35:87–100.

जोहन्सन, सी., 1990. पिजिअन पीः मिनरल न्यूट्रीशन. इनः ''द पिजिअन पी'' (नेने, वाय.एल., हाल, एस.डी., एण्ड शीला, वी.के., एडिट) वालिंगफोर्ड, यू.के.: सी.ए.बी. इन्टरनेशनल. पीपी. 209–231.

मलिक, आर.पी.एस., 1994. पब्लिक एण्ड सस्टेनेबल एग्रीकल्चर डेवलपमेंट – ए नेचुरल रिसोर्स अकाउटिंग अप्रोच. इंडियन जर्नल ऑफ एग्रीकल्चरल इकोनोमिक्स, 49 (4): 569–578.

रेड्डी, एम.वी., शर्मा, एस.बी., और नेने, वाय.एल. 1990. पिजिअन पीः डिसीस मेनेजमेंट. इनः ''द पिजिअन पी'' (नेने, वाय.एल., हाल, एस.डी., एण्ड शीला, वी.के. एडिट), वालिंगफोर्ड, यू.के.: सी.ए.बी.इन्टरनेशनल, एण्ड पतनचेरू, आन्ध्र प्रदेश, इंडियाः इक्रीसेट पीपी. 303–348.

रीड, डब्लू., और लतीफ, एस.एस., 1990. पिजिअन पीः पेस्ट मेनेजमेंट. इनः ''द पिजिअन पी'' (नेने, वाय.एल., हाल, एस.डी. एण्ड शीला, वी.के. एडिट) वालिंगफोर्ड, यू.के.: सी.ए.बी.इन्टरनेशनल, एण्ड पतनचेरू, आन्ध्र प्रदेश, इंडियाः इक्रीसेट पीपी. 349–374.

16

मूंग एवं उड़द

बी. बी. सिंह, जी. पी. दीक्षित एवं पी. के. कटियार

मूंग (*विग्ना रेडिएटा*) की उत्पत्ति विग्ना सुवलोबाटा से हुई। मूंग एक महत्वपूर्ण फसल है जो कि अल्प अवधि एवम कम खर्च में उत्पादन, नत्रजन स्थरीकरण एवं मृदा उर्वरता में वृद्धि करती है। मूंग की फसल को देश के बहुत से क्षेत्रों में उगाया जाता है। मूंग को बहुत सी फसल पद्धतियों में सम्मिलित किया गया है साथ ही अनाज आधारित भोजन में मूंग का महत्वपूर्ण योगदान है। मूंग गें प्रोटीन की मात्रा भी अधिक पाई जाती है साथ ही मूंग की प्रोटीन की पाचकत भी अधिक होती है। मूंग की सम्पूर्ण एशिया, ऑस्ट्रेलिया, वेस्टइन्डीज, दक्षिणी और उत्तरी अमेरिका, उष्णकटिबंधीय और उप उष्णकटिबधीय अफ्रीका में खेती की जाती है। जबकि मूंग को विश्व के कुल क्षेत्रफल का भारत वर्ष में ही 65% क्षेत्रफल में उगाया जाता है जिससे विश्व के कुल उत्पादन का 54% उत्पादन प्राप्त होता है। मूंग को देश के विभिन्न मौसमों में उगाया जाता है जबकि सर्वाधिक क्षेत्रफल में खरीफ के मौसम में उगाया जाता है। मूंग की फसल के पौधे लचीली आकृति आकार त्रिृतु जैविकी और शीघ्र परिपक्वता (60 दिवश) की विशेषता के कारण रिले, केच एवं अन्तरवर्ती फसल हेतु उपयुक्त है। इसे एकल फसल के रूप में, रिले पद्धति में धान–परती क्षेत्रों एवं आंध्र प्रदेश, तमिलनाडु, कर्नाटका और उडीसा में रबी के मौसम में एवं बसन्त एवं ग्रीष्म त्रिृतु में केच फसल के रूप में देश के उत्तर प्रदेश, बिहार, पश्चिम बंगाल, झारखण्ड, पंजाब, हरयाणा और राजस्थान राज्यों में उगाया जाता है (तालिका–1)।

मूंग के दानों में लगभग 25 से 28% प्रोटीन, 1.0 से 1.5% तेल, 3.5 से 4.5% रेशा, 4.5 से 5.5% राख (ऐश) और 62 से 65% कार्बोहाइड्रेट शुष्क भार के आधार पर पाया जाता है। सामान्यतः सभी दलहनीं फसलों में अमीनों अम्ल के संगठन में सल्फर के अमीनो अम्ल मेथिओनाइन और सिस्टीन कम मात्रा में पाया जाता है। उड़द एवं मूंग में मेथिओनाइन का सांद्रण अधिक पाया जाता है। उड़द एवं मूंग के दानों में लाइसिन की मात्रा अधिक पाई जाती है इसलिए धान की तुलना में उड़द एवं मूंग बेहतर सन्तुलित मानव पोषण हेतु अधिक उत्तम है।

तालिका 1: राज्य वार मूंग का क्षेत्रफल, उत्पादन और उत्पादकता

राज्य	1970-71	2010-11	1970-71	2010-11	1970-71	2010-11
	क्षेत्रफल (हजार हे.)		उत्पादन (हजार टन)		उपज कि.ग्रा./हे.	
आंध्र प्रदेश	499.6	378.0	149.2	166.0	300	439
बिहार	103.0	175.0	36.2	117.0	351	669
गुजरात	156.6*	209.0***	132.8*	114.0***	848*	545***
छत्तिसगढ़	14.1**	16.1***	3.5**	4.3***	248**	290***
हरयाणा	22.5	17.7***	9.4	7.6***	418	429***
कर्नाटक	80.5	404	18.9	111.0	235	275
मध्य प्रदेश	230.6	99	62.5	35.0	271	353
महाराष्ट्र	434.5	580.0	97.4	380	224	655
ओडीसा	322.4	268.0	192.6	79.0	597	293
पंजाब	6.90	11.7***	3.9	8.4***	565	718***
राजस्थान	249.70	1050	90.7	652.0	363	621
तमिलनाडू	60.10	197	11.6	72.0	193	368
उत्तर प्रदेश	13.20	78	3.8	45.0	288	577
पश्चिम बंगाल	17.40	2.20	7.7	1.4	443	624

आंकड़े– *वर्ष 1983–84, ** वर्ष 2000–01, *** वर्ष 2007–08

उड़द (*विग्ना मुन्गो*) विग्ना समूह की दूसरी महत्वपूर्ण फसल है। पुरातात्विक अध्ययन के आधार पर उड़द की उत्पत्ति 2200 ईशा पूर्व विग्ना सिल्वेस्ट्रिस में हुई। इस फसल के छोटे पौधे एवं फूल आने की अवस्था तापक्रम के प्रति संवेदनशील होती है।

बीज का रंग और अन्य गुणों के आधार पर उड़द को दो समूहों में विभक्त किया गया है उदाहरण के लिए कालेदाने एवं शीघ्र परिपक्व होने वाली प्रजाति और छोटे दाने हरापन लिए हुए देरी में परिपक्व होने वाली प्रजाति। हरे दाने वाला उड़द कतिकी उड़द के नाम से जाना जाता है इसे सामान्यतः मिश्रित फसल के रूप में ज्वार, अरहर और कपास के साथ उगाया जाता है। इसके दाने के अधिकांश भाग से दाल, सूप, करी, मिठाइयाँ और स्नेक बनाये जाते है। दक्षिणी भारत में इसे चावल और उड़द के आटे को मिलाकर इडली और डोसा बनाये जाते है। उड़द में ट्रिप्सिन और अन्य बढ़वार अवरोधक पाये जाते है परन्तु अधिक गरम करने पर विक्रत हो जाते है।

उड़द की फसल देश की दलहनीं फसलों में तृतीय मुख्य दलहनीं फसल है एवं इसे देश के भिन्न–भिन्न कृषि जलवायु क्षेत्रों में उगाया जाता है। देश में उड़द की खेती महाराष्ट्र, तमिलनाडू, आंध्र प्रदेश, उत्तर प्रदेश, मध्य प्रदेश, राजस्थान और कर्नाटक राज्यों में की जाती है (तालिका 2)। उड़द की फसल को वैसे तो वर्ष भर उगाया जाता है लेकिन अधिकाशतः अन्तरवर्ती फसल के रूप में ज्वार, बाजरा, मक्का, कपास, अरण्डी, अरहर आदि के साथ खरीफ मौसम में उगाया जाता है। अन्तरवर्ती पद्धति में इसे अरहर अथवा लम्बी अवधि की अनाज की फसलों के साथ लगाने पर खरपतवार वनस्पति में काफी (20 से 45%) कमी

हो जाती है साथ ही खरपतवार प्रबन्धन कम खर्चे में हो जाता है। अल्प अवधि, ताप एवं कीट व्याधि सहनशील प्रजाति के विकास की आवश्यकता है जिसकी खेती एकल अथवा अन्तरवर्ती पद्धति, उत्तरी भारत में वसन्त ऋतु और शीत ऋतु में धान–परती क्षेत्रों एवं तटवर्ती महाद्वीपों आदि क्षेत्रों में की जा सके।

तालिका 2: राज्य वार उड़द का क्षेत्रफल, उत्पादन और उत्पादकता

राज्य	1970-71	2010-11	1970-71	2010-11	1970-71	2010-11
	क्षेत्रफल (हजार हे.)		उत्पादन (हजार टन)		उपज कि.ग्रा./हे.	
आंध्र प्रदेश	190.3	461.0	90.2	252.0	474	547
बिहार	108.8	24.30#	53.0	19.4#	487	798#
छत्तिसगढ़	121.9*	113.50#	34.1*	34.4#	280*	282#
गुजरात	65.4**	104.0#	29.90**	71.0#	457**	683#
हरयाणा	9.9	2.00#	3.9#	1.0#	394	500#
हिमाचल प्रदेश	28.2	12.30#	9.8#	6.3#	348	512#
जम्मू एवं कश्मीर	18.3	15.40#	7.0#	6.6#	383	429#
झारखझण्ड	40.0*	97.50#	27.9#	61.0#	698#	625#
कर्नाटक	67.8	128.0	13.6	45.0	201	352
मध्य प्रदेश	627.8	592.0	156.4	231.0	249	390
महाराष्ट्र	456.7	485.0	114.2	326.0	250	672
उड़ीसा	382.3***	149.0	126.1***	46.4	330***	345
पंजाब	25.9	3.5#	11.8	1.6#	456	457#
राजस्थान	55	128.0	27.7	94.0	504	737
तगिलनाडू	97.3	319.0	24.4	127.0	251	398
उत्तर प्रदेश	151.7	546.0	51.5	365.0	340	668
पश्चिम बंगाल	174.6	53.0	73.6	35.0	422	659

आंकडे वर्ष *2000-01, **1983-84, ***1979-80 # 2007-08

अल्प अवधि में पकने के साथ ताप सहनशील, कीट व्याधि शहनशील प्रजातियों का विकास मूंग एवं उड़द में अनुसंधान की मुख्य उपलब्धियॉ है। इस प्रकार की महत्वपूर्ण प्रजातियों के विकास से प्रति दिन की दर से उत्पादकता में बढोत्तरी, इसके अतिरिक्त नवीन क्षेत्रों में विस्तार एवं पूर्व से स्थापित फसल पद्धति प्रतिस्थापन। विगत तीन दशकों में मूंग के क्षेत्रफल एवं उत्पादन में अभूतपूर्व वृद्धि हुई है। खरीफ के मौसम की फसलें अधिकाशतः वर्षा आधारित होने की वजह से फसलों के क्षेत्रफल एवं उत्पादन में काफी उतार चढाव होते है। मूंग की फसल वर्ष 1964–65 में 1.99 मिलियन क्षेत्रफल में उगाई जाती थी जो कि बढ़कर वर्ष 2010–11 में 3.55 मिलियन हे. में खेती की जाने लगी और इसका उत्पादन 0.60 मिलियन टन से बढकर 1.80 मिलियन टन हो गया। देश की दलहनीं फसलों में मूँग तीसरी मुख्य फसल के रूप में स्थापित हो चुकी है। मूंग की फसल के क्षेत्रफल में भी 38% की बढोत्तरी हुई है। फसल के क्षेत्रफल में बढोत्तरी ताप सहनशील एवं वर्ष के किसी भी मौसम में खेती होने के कारण हुई। इसकी और अधिक अल्प अवधि की किस्मों के विकास

होने पर सघन फसल पद्धति में और अधिक क्षेत्रफल में वृद्धि संम्भव है। मूंग की शीत (रबी) त्रिृतु की फसल धान–परती क्षेत्रों में और वसन्त/ग्रीष्म ऋतु के मौसम का क्षेत्रफल वर्ष 2001–02 में 5.56 लाख हे. था जो कि वर्ष 2008–09 में बढकर 6.04 लाख हे. हो गया। मूंग की फसल का क्षेत्रफल धान–गेहूँ और धान–धान फसल पद्धति के क्षेत्रों हेतु उन्नतशील प्रजातियों की कृषकों को आसानी से उपलब्धता होने पर 2 से 3 मिलियन हे. क्षेत्रफल बढाया जा सकता है।

विगत तीन दशको मे उड़द के क्षेत्रफल एवं उत्पादन में लगातार वृद्धि हुई है। वर्ष 1971 से 1975 के मध्य 2.09 मिलियन हे. में प्रति वर्ष उड़द की खेती की जाती थी जो कि बढकर वर्ष 2010–11 में 3.26 मिलियन हे. में की जाने लगी। उड़द की फसल के उत्पादन में वर्ष 1971–2011 के मध्य 3.05% की वृद्धि हुई यह वृद्धि क्षेत्रफल (1.53%) और उत्पादकता में (1.48%) वृद्धि होने के कारण हुई। उत्पादकता में वृद्धि मुख्य रूप से नवीन उन्नतशील प्रजातियाँ और उत्पादन तकनीक अपनाने से हुई है।

देश की जनसंख्या विकास की गति मध्यम मानते हुए प्रतिदिन 55 ग्राम/व्यक्ति/दिन उपलब्धता की दर से लगभग 26.9 मिलियन टन दलहन की आवश्यकता होगी। इसके अतिरिक्त अनुमानतः 12.5 प्रतिशत कुल उत्पादन का बीज, दाने खराब होने से क्षति (5% बीज, 5% चारा दाने और 2.5% खराब) हो जाती है। इस सभी उपरोक्त कारकों को ध्यान में रखते हुए वर्ष 2020 में 30.3 मिलियन टन उत्पादन की आवश्यकता होगी। वर्ष 1991–92 में कुल 12.05 मिलियन टन उत्पादन को मानते हुए वर्ष 1994–95 में 14.1 मिलियन टन था इसे बढाकर वर्ष 2020 तक दोगुने से अधिक करने की आवश्यकता है। मूंग और उड़द का क्षेत्रफल 3 मिलियन हे. को बढाकर 4 मिलियन हे. किया जा सकता है साथ ही उत्पादकता 400 कि.ग्रा./हे. से बढाकर 800 कि. ग्रा./हे. उपयुक्त प्रजाति और उत्पादन तकनीकों को अपनाकर की जा सकती है।

बाधायें

मूंग और उड़द को अधिकांशतः वर्षा के मौसम में उगाया जाता है, जबकि अल्प अवधि, कीट व्याधि प्रतिरोधी किस्मों के विकास होने से देश के लगभग सभी भागों और शीत त्रिृतु के मौसम में धान–परती फसल के क्षेत्रों में तटीय उपमहाद्वीपों में उगाया जाता है। मूंग व उड़द की फसल की उत्पादन एवं उत्पादकता की धीमी विकास दर के निम्न कारण है।

- मूंग और उड़द की फसल को खरीफ के मौसम में कीट व्याधियों से अधिक नुकसान होता है। फसल की वानस्पतिक बढवार की अवस्था में वानस्पतिक भाग को हेयरी केटरपिलर, सेमीलूपर और तिल केटरपिलर द्वारा क्षति पहुँचाई जाती है। फसल की कली बनने की अवस्था में कीट व्याधियों का प्रकोप होने लगता है और फूल बनने तक बहुत नुकसान होता है एवं फूल गिरने लगते है।

- उत्तरी भारत में खरीफ और वसन्त ऋितु में पीतशिरा मोजेक विषाणु और देश के दक्षिणी भाग में शीत ऋितु में चूर्णिल आसिता बीमारी का प्रकोप होता है।
- देश के विभिन्न भागों एवं परिस्थितियों हेतु 1.5 से 2.0 टन प्रति हे. उपज देने वाली प्रजातियों का अभाव जो कि अन्य फसलों से प्रतिस्पर्धा कर सकें। फसल को व्यवसायिक रूप देने के लिए ताप एवं कीट व्याधि सहनशील, एक साथ एवं शीघ्र परिपक्वता और अधिक उपज क्षमता की प्रजातियों की आवश्यकता है।
- सामान्यतः फसल पकने पर नमी की उपलब्धता में पुनः फुटान होने के कारण वर्षा प्रारम्भ होने पर बोई जाने वाली फसलें जैसे मक्का, अरहर और ज्वार आदि के साथ अन्तरवर्ती फसल के रूप में नही लगा सकते।
- प्रक्षेत्रों पर भण्डारण की सुविधा न होने के कारण भण्डारण में कीट व्याधियों का प्रकोप होने से नुकसान हो जाता है। ब्रूचिड कीट द्वारा भण्डारण के समय मूंग की फसल में अधिक नुकसान होता है इस कीट से प्रतिरोधी प्रजाति की अनउपलब्धता है।
- इस फसल की बीज प्रतिस्थापन दर बहुत कम है। देश में दलहन उत्पादन बढाने के प्रयासों के वाबजूद बीज प्रतिस्थापन दर 10% से कम है। देश में दलहनीं फसलों के उन्नतशील बीजों की बहुत अधिक आवश्यकता होने पर भी बीज उत्पादक पूर्ति नही कर पा रहे। वैज्ञानिकों द्वारा ऐसा माना जाता है कि गुणवत्ता युक्त उन्नत बीज उपलब्ध हाने पर 20% दलहनीं फसलों का उत्पादन बढाया जा सकता है।

प्रजातियों का विकास

प्रजातियों के विकास में आरम्भ की अवस्था में उद्देष्य था कि क्षेत्र में उपलब्ध अनुवांशिक भिन्नता वाले पौधों का चयन कर शुद्ध एक जैसे गुण रखने वाले पौधों से बीज एकत्रित कर शुद्ध बीज उत्पन्न किया गया। परिणामस्वरूप बहुत सी शुद्ध प्रजातियों का चयन किया गया जो कि क्षेत्रों में आज भी प्रचलित है। उदाहरण के लिए मूंग की पहली प्रजाति टाइप–1 का विकास वर्ष 1936 में किया गया। भारतीय कृषि अनुसंधान परिषद द्वारा अखिल भारतीय समन्वित दलहन विकास परियोजना वर्ष 1967 में आरम्भ की गई। परियोजना के बेहतर प्रयास के परिणामस्वरूप 130 मूंग की प्रजातियॉ और 88 उड़द की प्रजातियों का विकास हुआ। विगत दो दशको में प्रजातियों के विकास में मुख्य रूप से अल्प अवधि में एवं एक साथ परिपक्वता, ताप सहनशील, साथ में जैविक कारक उदाहरण के तौर पर पीत शिरा मोजेक विशाणु और चूर्णिल आसिता प्रतिरोधी किस्मों का विकास किया गया जोकि उत्पादन में अपनी महती भूमिका निभा रही है।

उन्नतशील प्रजातियों का प्रभाव

मूंग की फसल की उन्नतशील प्रजातियों की उत्पादन क्षमता प्रदर्शित करने हेतु देश के विभिन्न राज्यों में कुल 1133 प्रथम पंक्ति प्रदर्शन आयोजित किए गये। प्रदर्शनों में औसतन 781 किलो ग्राम/हे. उपज प्राप्त हुई जो कि 22.08% स्थानीय प्रजातियों की तुलना में अधिक थी (चित्र 1)।

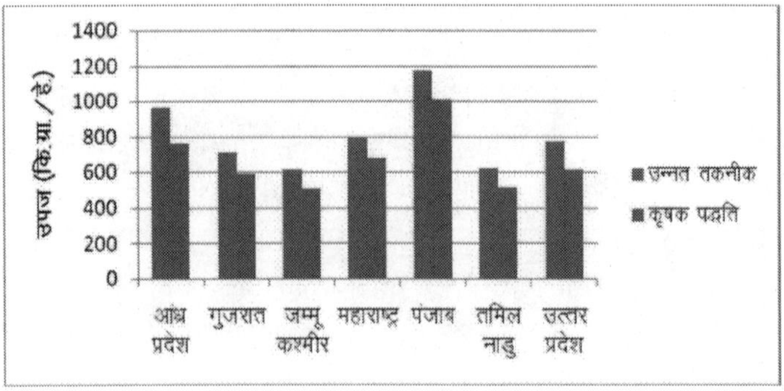

चित्र 1. खरीफ मौसम में मूंग की उन्नत तकनीक का उत्पादन क्षमता पर प्रभाव

रबी मौसम में मूंग के 197 प्रदर्शन आयोजित किये गये। इन प्रदर्शनों में औसतन 36.91% स्थानीय प्रजातियों की तुलना में अधिक उपज प्राप्त हुई (चित्र 2)।

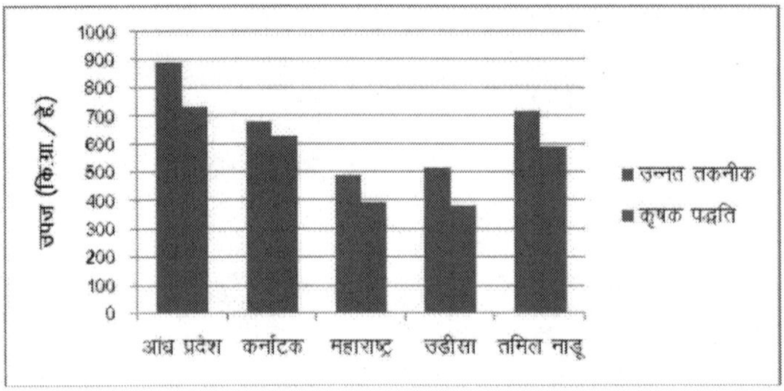

चित्र 2. रबी मौसम में मूंग की उन्नत तकनीकियों की उत्पादन क्षमता पर प्रभाव

मूंग के ग्रीष्म/वसन्त ऋतु में 448 प्रथम पंक्ति प्रदर्शन आयोजित किए गये। प्रदर्शनों में नवीन प्रजातियों से औसतन 24.15% अधिक उपज स्थानीय प्रजातियों की तुलना में प्राप्त हुई (चित्र 3)।

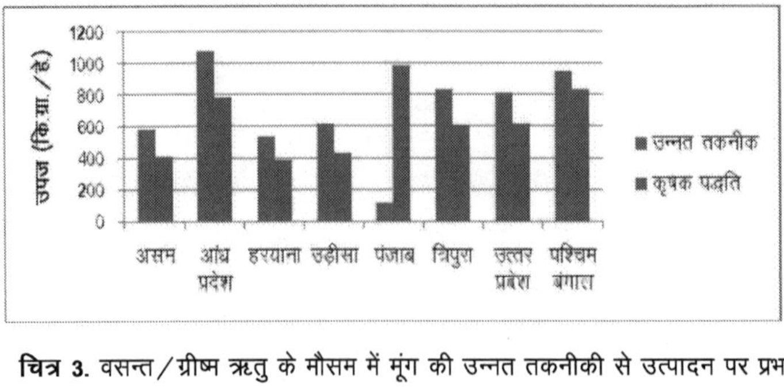

चित्र 3. वसन्त/ग्रीष्म ऋतु के मौसम में मूंग की उन्नत तकनीकी से उत्पादन पर प्रभाव

उड़द की फसल की क्षमतावान उन्नतशील प्रजातियों के 770 प्रथम पंक्ति प्रदर्शन देश के विभिन्न राज्यों में आयोजित किए गये। प्रदर्शनों से औसतन 770 किलो ग्राम/हे. उपज प्राप्त हुई जो कि स्थानीय प्रजाति की तुलना में 22.98% अधिक थी (चित्र 4)।

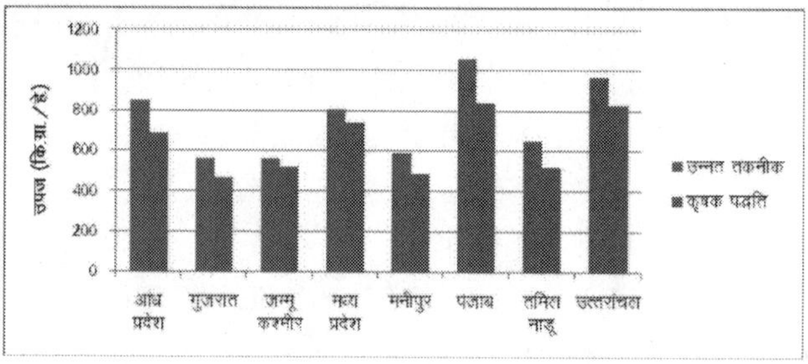

चित्र 4. खरीफ मौसम में उड़द की फसल पर उन्नत तकनीकों का प्रभाव

रबी के मौसम में कुल 227 प्रदर्शन आयोजित किए गये। प्रदर्शनों में विभिन्न राज्यों से औसतन 25.59% अधिक उपज स्थानीय प्रजातियों की तुलना में प्राप्त हुई (चित्र 5)। वसन्त ऋितु में कुल 170 प्रदर्शन देश के विभिन्न राज्यों में आयोजित किए गये। उन्नतशील प्रजातियों के प्रदर्शन आयोजित करने से औसतन 26.2% अधिक उपज स्थानीय प्रजातियों की तुलना में प्राप्त हुई (चित्र 6)।

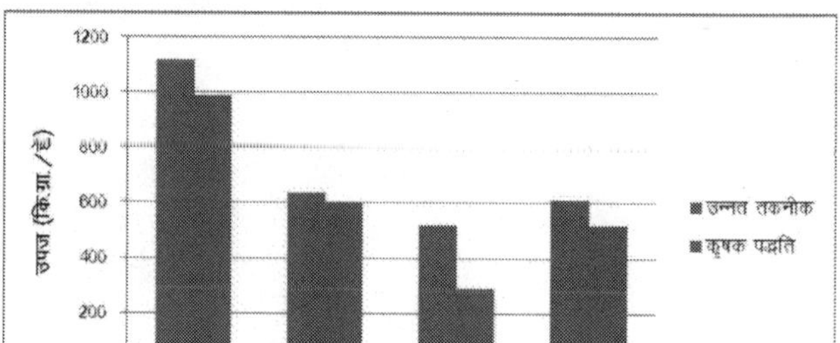

चित्र 5. रबी मौसम में उड़द की फसल पर उन्नत तकनीकी का प्रभाव

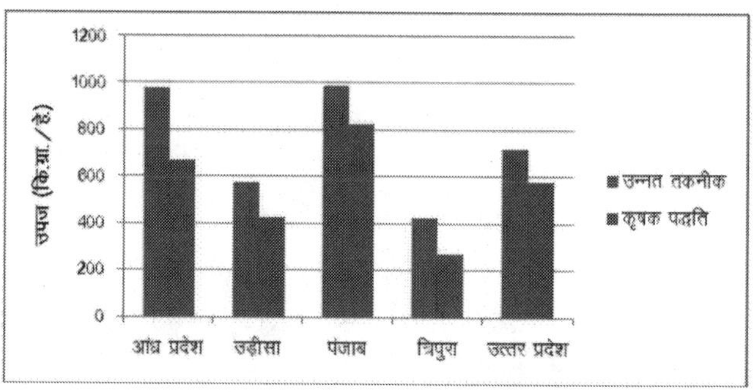

चित्र 6. वसन्त/ग्रीष्म ऋतु के मौसम में उड़द की उन्नत तकनीकी का उपज पर प्रभाव

सस्य वैज्ञानिक प्रबन्धनः अनुसंधान और प्रयोगों के आधार पर उड़द एवं मूंग की फसल से देश के विभिन्न जलवायु क्षेत्रों से अधिक उपज प्राप्त करने हेतु निम्न सस्य वैज्ञानिक तकनीके सुझाई गई है।

प्रजातियों का चयनः मूंग की वसन्त/ग्रीष्म ऋतु में खेती हेतु 60 से 70 दिन में पककर तैयार होने वाली प्रजातियों को पसन्द किया जाता है। खरीफ मौसम में 70 से 80 दिनों में पककर तैयार होने वाली प्रजातियों के सफलता पूर्वक खेती की जाती है। वर्षात के मौसम में सामान्यतः पीत शिरा मोजेक विषाणु रोग का प्रकोप अधिक होता है अतः इस मौसम में रोग प्रतिरोधी किस्मों का चयन उत्तम रहता है। अन्तरवर्ती फसल पद्धति में शीघ्र परिपक्व होने वाली प्रजाति बेहतर रहती है। देश के विभिन्न कृषि जलवायु एवं ऋतुओं हेतु उपयुक्त किस्में तालिका 3 में दी गई है।

तालिका 3: मूंग व उड़द की प्रमुख विषेषता वाली प्रजातियाँ

विशेषता	फसल	प्रजातियाँ
वसन्त ऋतु/ग्रीष्म ऋतु हेतु अल्प अवधि (60 से 65 दिन)	मूंग	सम्राट, पूसा, विशाल, ओयूएम 11–5, मेहा, टीएमबी–37, पंत, मूंग–5, एसएमएल–668, हम–1, हम–16, आईपीएम 02–3, आईपीएम 02–14
	उड़द	डब्लूबीयू–109, पीडीयू–1, पंत यू–31, केयू–300, के यू 92–1, आईपीएम 02–43, आईपीयू 07–3
वडा बीज आकार (40 ग्राम/1000 दाने)	मूंग	पूसा विशाल, पंत मूंग–5, एसएमएल–668, हम–16, टीएमबी–37, पूसा बोल्ड–1 व 2
रबी मौसम में चूर्निल आसिता प्रतिरोधी	मूंग	टीएम 96–2, वाम्बन–2, वाम्बन–4, टीएआरएम–18, बीपीएमआर–145, वीबीएन–3, मोती
	उड़द	एलबीजी–625, एलबीजी–709, एलबीजी–645, वाम्बन–4, एलबीजी–623, डब्लूबीजी–26, मेष–114, आईपीयू 07–5
पीतशिरा विशाणु प्रतिरोधी	मूंग	सम्राट, मेहा, पंत मूंग–4, एम एच 2–15, नरेन्द्र मूंग–1, पंत मूंग–6, हम–1, हम–12, आई पी एम 2–3, टीजेएम–3, मोती, पूसा विशाल, पूसा रत्न, आईपीएम 02–4, पीडीएम–11, एलजीजी–407, 450
	उड़द	डब्लू बी यू–109, पंत यू–30, पंत यू–31, पंत यू–40, आजाद यू–1, शेखर–3, शेखर–2, आजाद यू–2, उत्तरा, नरेन्द्र यू–1, मेष–1008, आई पी यू 02–43, यूपीयू 00–31, आरबीयू –38, पंतयू – 19, आईपीयू 07–3, वसंत, बहार एलजीजी–20, एनमूल–7

बीज उपचारः बीज उपचार राहिजोवियम, फास्फोरस घोलक जैव उर्वरक, वाम और कुछ रसायनों द्वारा करने पर बेहतर नोड्रयूलेशन, बेहतर फसल एवं उपज प्राप्त होती है। बीज उपचार हेतु फसल विशेष हेतु, निश्चित राहिजोवियम जैव उर्वरक से फसल बुवाई से पूर्व बीज उपचार करते है। दलहनीं फसलों द्वारा जैविक नत्रजन स्थरीकरण की मात्रा फसल की जड़ों का विकास, नोड्रयूल एवं राहिजोवियम की संख्या पर निर्भर करता है अतः मृदा

में राहिजोवियम जीवणुओं की आवश्यक संख्या होनी चाहिए। प्रकृतिक रूप से मृदा में जीवाणुओं की संख्या अपर्याप्त होती है अतः फसल विशेष हेतु निश्चित जैव उर्वरक से बीज उपचार आवश्यक है। अखिल भारतीय दलहन सुधार परियोजना के तहत कुल 506 मृदा के नमूने एकत्रित किए गये, इनमें से 245 मृदा नमूनों में राहिजोवियम की संख्या कम और 153 नमूनों मध्यम पाई गई। सामान्यतः दलहन उत्पादन क्षेत्रों की 79% मृदा में राहिजोवियम जीवाणुओं की संख्या कम से मध्यम है।

वास्तविक रूप से कम राहिजोवियम का स्तर देश की दलहन उत्पादन के क्षेत्र में है इसलिए फसल विषेश का राहिजोवियम जैव उर्वरक से बीज उपचार कर अधिक उत्पादन लिया जा सकता है। बीज उपचार में लगभग 40 रूपये/हे. का खर्च कर 10 से 15% तक उत्पादन बढाया जा सकता है। फफूदनाशक जैसे केप्टान, थीराम, वाविस्टीन आदि और साथ में उपयुक्त जैव उर्वरक से बीज उपचार। फफूदनाशक से बीज उपचार जैव उर्वरक से उपचारित करने से 4 से 5 दिन पूर्व फफूदनाशक से उपचारित करना चाहिए। ग्रीष्म ऋितु की फसल में जैव उर्वरक से उपचारित करना बहुत ही आवष्यक होता है क्योकि ग्रीष्म ऋितु में मृदा में जीवाणुओं की संख्या बहुत कम हो जाती है।

बुवाई समयः फसल की अवधि के अनुसार बुवाई का समय घटता बढता रहता है। खरीफ के मौसम में मूंग और उड़द की बुवाई का समय उत्तर प्रदेश, बिहार, झारखण्ड, छत्तिसगढ और पश्चिम बंगाल अधिक वर्षा वाले राज्यों हेतु जुलाई का अन्तिम सप्ताह उचित रहता है। वर्षा आधारित क्षेत्रों हेतु द्विफसली पद्धति हेतु वुवाई वर्षा आरम्भ होने पर कर देना उचित रहता है। जबकि वर्षा में देरी अथवा फसल की बुवाई न करने की स्थिती में भी जुलाई के अन्तिम सप्ताह में बुवाई की जा सकती है। जबकि हिमाचल प्रदेश, जम्बू और काश्मीर राज्यों के कम पहाणी वाले क्षेत्रों मध्य जुलाई में वुवाई का समय उपयुक्त रहता है।

वसन्त/ग्रीष्म ऋतु के मौसम में उड़द/मूंग की बुवाई आलू, सरसों, मटर, कपास, गन्ना आदि की फसल के खेत खाली होते ही आरम्भ कर देनी चाहिए। वसन्त के मौसम में फसल की बुवाई हेतु 70 से 80 दिवस में परिपक्व होने वाली प्रजातियों की बुवाई मार्च के प्रथम सप्ताह से चौथे सप्ताह तक बुवाई कर देनी चाहिए।

ग्रीष्म ऋतु के मौसम में मूंग की फसल की बुवाई गेहूँ की फसल कटाई के तुरन्त पश्चात उत्तर प्रदेश एवं विहार राज्यों में कर देनी चाहिए। ग्रीष्म ऋतु के मौसम में देरी से बुवाई करने पर मौसमी बर्षात आने पर फसल को बहुत अधिक नुकसान पहुचता है। वसन्त और ग्रीष्म ऋतु में रबी मौसम की फसलें जैसे आलू, तम्बाकू, दलहनीं, तिलहनी और गेहूँ की फसल लेने के तुरन्त बाद में बुवाई की जानी चाहिए जिससे खरीफ मौसम की फसलें जैसे मक्का, ज्वार, धान, बाजरा आदि फसलें समय पर लगाई जा सकें। धान–परती फसल पद्धति के क्षेत्रों में धान की फसल लेने के पश्चात मूंग अथवा उड़द की फसल मिश्रित खेती पद्धति के स्थान पर एकल अथवा अन्तरवर्ती फसल लगानी चाहिए।

बीज दर, दूरी और बुवाई: फसल उगाने का समय, फसल पद्धति और बीज आकार के आधार पर बीज दर निश्चित की जाती है। खरीफ मौसम की एक मात्र फसल की खेती करने पर 20 से 25 कि.ग्रा. बीज/हे. प्रयोग करने पर पौधो की आवश्यक संख्या निश्चित की जा सकती है। जबकि ग्रीष्म ऋतु के मौसम में पौधे की अधिक बढवार नही हो पाती अतः 30 से 35 कि.ग्रा. बीज/हे. प्रयोग करना चाहिए।

अन्तरवर्ती फसल पद्धति में खरीफ मौसम की फसलें अरहर, मोटा अनाज, अनाज और कपास की फसलों के साथ बीज दर मूंग/उड़द हेतु उपलब्ध स्थान के आधार पर निश्चित की जाती है। सामान्यतः मुख्य फसल की दो लाइनों के मध्य उड़द/मूंग की एक लाइन और मुख्य फसल की लाइन से लाइन की दूरी 45 सेन्टी मीटर रखी जाती है। अन्तरवर्ती फसलों को 1:1 लाइनों में लगाने पर 30 सेन्टीमीटर की दूरी रखी जाती है।

स्वस्थ और शुद्ध बीज विश्वसनीय स्थान से ही क्रय करना चाहिए। बुवाई से पूर्व बीज को फफूँद नाशक और राहिजोवियम कल्चर से उपचारित कर प्रयोग करना चाहिए। वशन्त ऋतु में फोरेट/एल्डीकार्ब दानेदार 10 कि.ग्रा./हे. की दर से बुवाई की लाइनों में प्रयोग करने पर कीट व्याधियों की समस्या से बचा जा सकता है।

फसल पद्धति: उत्पादन बढोत्तरी के लक्ष्य की पूर्ति हेतु फसल उत्पादन का जुडवा दृष्टिकोण प्रभावी पद्धति है। उदाहरण के तौर पर फसल पद्धति में विविध और अन्तरवर्ती पद्धति में फसलों में आपसी कम प्रतिद्विन्दता की फसलों का चुनाव, प्रति इकाई और कम समय में अधिक उत्पादन और उत्पादन के आशाजनक नवीन क्षेत्रों का प्रयोग और आर्थिक रूप से लाभप्रद बनाया जा सकता है।

दलहनीं फसलों का क्षेत्रफल कम हो रहा है, गैर पारम्परिक दलहनीं फसलों के क्षेत्रों की फसलों में दलहनीं फसलों को फसल पद्धति में शामिल करने की प्रबल सम्भावना है। मूंग और उड़द की फसल के क्षेत्रफल और उत्पादन में बढोत्तरी हेतु एक साथ शीघ्र पकने वाली प्रजातियों की खेती उत्तर भारत में बशन्त/ग्रीष्म त्रिृतु में खाली क्षेत्रों और दक्षिणी क्षेत्र में रबी में बुवाई कर क्षेत्र विस्तार किया जा सकता है। एसे गैर पारम्परिक क्षेत्र जिनमें पूर्व में दलहनीं फसलों की खेती नही होती थी इन क्षेत्रों में समय और क्षेत्रफल के आधार पर चहुमुखी क्षेत्र विस्तार किया जा सकता है।

अल्प अवधि, ताप एवं कीट व्याधि शहनसील, अधिक उपज क्षमता की प्रजाति, अधिक उत्पादन और शुद्ध लाभ देने वाली नवीन फसल पद्धति का विकास एवं कृषकों के मध्य अधिक लोकप्रिय बनाया जा सकता है।

खरीफ के मौसम में मूंग अथवा उड़द की फसल सामान्यतः मक्का, ज्वार, बाजरा, अरहर अथवा कपास के साथ सिंचित और असिंचित क्षेत्रों में अन्तरवर्ती फसल पद्धति में खेती की जा सकती है। अरहर और मूंग/उड़द 1:1 पंक्ति में उत्तर प्रदेश, बिहार, महाराष्ट्र, गुजरात और तमिलनाडु राज्यों में अन्तरवर्ती पद्धति में खेती प्रचलित है जबकि बशन्त ऋतु में गन्ना+मूंग/उड़द 1:2 पंक्ति अनुपात में उत्तर प्रदेश और उत्तरी बिहार में और बशन्त ऋतु में सूर्यमुखी + मूंग/उड़द 2:6 पंक्ति अनुपात में पंजाब, हरयाणा और बिहार राज्य में प्रचलित

है। पश्चिम बंगाल में अन्तरवर्ती फसल के रूप में तोस्सा जूट के साथ बुवाई मध्य फरवरी से मार्च के मध्य की जाती है।

मूंग की अल्प अवधि, अधिक उपज और पीतशिरा मोजेक विषाणु रोग प्रतिरोधी प्रजाति देश के उत्तरी भाग के सिंचित क्षेत्रों में फसल पद्धति में मध्य मार्च से मध्य जून के बीच समय में ली जाने वाली फसल बहुत ही लाभ दायक है।

वर्षा आधारित एक फसली क्षेत्रों में शीघ्र पकने वाली मूंग/उड़द की प्रजातियों की वर्षा आरम्भ होने पर बुवाई करने पर वर्ष में दो फसलें ली जा सकती है। वर्षा आधारित क्षेत्रों हेतु मूंग/उड़द–सरसों, मूंग/उड़द – कुसुम, मूंग/उड़द–अल्सी और मूंग (हरी खाद) – गेहूँ सफलतम जल संरक्षण तकनीकें अपनाकर ली जा सकती है। सिंचित क्षेत्रों में प्रचलित फसल पद्धति निम्न प्रकार है।

मक्का – गेहूँ – मूंग/उड़द
धान – गेहूँ – मूंग
धान – मूंग / उड़द
धान – धान – मूंग/उड़द
अरहर + मूंग/उड़द – गेहूँ – मूंग
कपास – मूंग
मक्का – तोरिया – मूंग/उड़द
मक्का – आलू – मूंग/उड़द
गक्का – आलू – गन्ना + मूंग/उड़द
मक्का – मटर – मूंग/उड़द
उड़द – गेहूँ – मूंग
अरहर – गेहूँ – मूंग
उड़द – सरसों – मूंग
मक्का – आलू – गेहूँ – मूंग
मक्का – आलू – आलू – मूंग/उड़द
उड़द/मूंग – आलू – गेहूँ
उड़द/मूंग – गेहूँ – मूंग
धान – आलू – जूट + उड़द

पोषक तत्व प्रबन्धन

मुख्य पोषक तत्वः अन्य फसलों की तरह नत्रजन की आवश्यकता दलहनीं फसलों की भी अधिक होती है लेकिन दलहनीं फसलों की आंन्तरिक क्षमता होने के कारण स्वय की 80 से 90% नत्रजन की पूर्ति नत्रजन स्थरीकरण के माध्यम से कर लेती है। अब तक बहुत से प्रयोगों के आधार पर देखा गया है कि 10 से 20 किलो ग्राम नत्रजन/हे. बुवाई के समय प्रयोग करने पर नत्रजन की पूर्ती हो जाती है।

नत्रजन के उपरान्त फास्फोरस दूसरा महत्वपूर्ण पोषक तत्व है। अखिल भारतीय समन्वित दलहन सुधार परियोजना के तहत मूंग और उड़द की फसल में फास्फोरस की मात्रा निश्चित करने हेतु बहुत से प्रयोग हुऐ। मूंग के 173 प्रयोग और उड़द के 177 प्रयोगों के आधार पर 30 किलो ग्राम तक फास्फोरस/हे. प्रयोग का प्रभाव देखने को मिला एवं प्रति किलो ग्राम फास्फोरस प्रयोग करने पर 16.0 कि.ग्रा. मूंग और 30.0 कि.ग्रा. उड़द की पैदावार/हे. की वृद्धि हुई।

देश के विभिन्न हिस्सों में जहाँ दलहनीं फसलों की खेती होती है उन क्षेत्रों की मृदायें सल्फर की कमीं से प्रभावित है। सल्फर की मृदा में कमीं होने पर अनाज वाली फसलों की तरह दलहनीं फसलों को भी बहुत अधिक नुकसान होता है क्योकि पौधों को सल्फर की अधिक आवश्यकता दाना बनते समय होती है। देश के विभिन्न क्षेत्रों में हुए प्रयोगों के आधार पर 20 कि.ग्रा. सल्फर/हे. तक प्रयोग की आवश्यकता होती है। मूंग और उड़द की फसल में 20 कि.ग्रा. सल्फर/हे. प्रयोग करने पर कृषक क्रमशः 166 और 194 कि.ग्रा./हे. अतिरिक्त उपज प्राप्त होती है।

सल्फर के विभिन्न श्रोतों के रूप में जिप्सम, पाइराइट और सिंगल सुपर फास्केट का प्रयोग लाभ दायक रहता है। ऊपर वर्णित किए गये अध्ययनों के आधार पर मूंग और उड़द की पोषक तत्वों की पूर्ति हेतु 10 कि.ग्रा. नत्रजन, 30 कि.ग्रा. फास्फोरस (फास्फोरस पेन्टा आक्साइड), 20 कि.ग्रा. पोटेशियम (पोटेशियम डाइ आक्साइड) और 20 किलो ग्राम सल्फर का प्रयोग/हे. ईश्टतम उत्पादन लेने हेतु उपयुक्त रहता है।

सूक्ष्म पोषक तत्वः विभिन्न दलहनीं फसलों पर मृदा में सूक्ष्म पोषक तत्वों की कमी के क्षेत्रों में हुए प्रयोगों के आधार पर सूक्ष्म पोषक तत्वों का प्रयोग लाभप्रद रहता है। मृदा में उपलब्ध सूक्ष्म पोषक तत्वों की कमीं होने पर सूक्ष्म पोषक तत्वों को प्रयोग करना चाहिए। मूंग की फसल में मोलीब्डेनम का प्रयोग लाभकारी रहता है। कानपुर क्षेत्र में मोलीब्डेनम को 2, 4, 6 ग्राम/किलो ग्राम बीज की दर से मोलीब्डेनम की गोली बनाकर प्रयोग किया गया। ग्रीष्म ऋितु में 4 ग्राम मोलीब्डेनम/किलो बीज की गोली बनाकर बुवाई के समय प्रयोग लाभप्रद रहा।

फसल पद्धति में पोषक तत्व आर्थिकीः क्रम वद्ध फसलों में मूंग अथवा उड़द को सामिल करने पर नत्रजन की आर्थिकी में 30 से 40 कि.ग्रा. नत्रजन/हे. मात्रा आगामी फसल को प्राप्त हो जाती है। मूंग–मक्का फसल पद्धति में मक्का की फसल को 28 किलो ग्राम नत्रजन प्राप्त हो जाती है। मूंग की फसल के उपरान्त मृदा परीक्षण में देखा गया है कि मृदा में 13 कि.ग्रा. नत्रजन/हे. की बढोत्तरी हो जाती है। इसी प्रकार मूंग–धान पद्धति में मूंग की फसल की फली तोड़ने के पश्चात मूंग के पौधों को हरी खाद के रूप में मृदा में मिला देने पर परती – धान पद्धति की तुलना में 85.2 कि.ग्रा. नत्रजन धान की फसल को अतिरिक्त प्राप्त हुई। मूंग की फसल को खरीफ के मौसम में लगाने पर रबी मौसम में गेहूं लगाने पर फसल को 37 से 41 कि.ग्रा. नत्रजन/हे. अतिरिक्त प्राप्त हो जाती है। इसी प्रकार दलहन–दलहन फसल पद्धति में अरहर–मूंग फसल पद्धति में आगामी फसल को 40 कि.

ग्रा. नत्रजन/हे. तक प्राप्त हो जाती है। मूंग – मक्का पद्धति में मक्का की फसल में अधिक नत्रजन उपयोग करने का प्रभाव जबकि मूंग की फसल में नियंत्रक की तुलना में फास्फेटिक उर्वरक के प्रयोग का प्रभाव देखने को मिलता है। मूंग की फसल पकने पर फली तोड़ने के पश्चात फसल को हैरो के माध्यम से खेत में मिला देने पर आगामी मक्का की फसल को 23 कि.ग्रा. अतिरिक्त नत्रजन/हे. प्राप्त हो जाता है। इस तरह से यह स्पष्ट होता है कि ग्रीष्म ऋितु में उगाई गई मूंग/उड़द का सही उपयोग करने पर अधिक लाभ होता है जबकि मूंग की फसल पर अनाज की फसल में सुझाई गई फास्फोरस की सन्तुलित मात्रा प्रयोग करने पर फास्फोरस के प्रयोग का कोई प्रभाव देखने को नही मिलता।

इन फसलों पर अन्तरवर्ती फसल पद्धति में उर्वरक प्रबन्धन पर बहुत कम कार्य हुआ है। अन्तरवर्ती फसल में मृदा में आपसी पोषक तत्व ग्रहण करने का संघर्स दूर करने हेतु पोषक तत्वों की मात्रा की जानकारी होना अति आवश्यक है। ज्वार + मूंग की अन्तरवर्ती पद्धति में नत्रजन की आवश्यकता की अधिकत की आवश्यकता की समयावधि होती है। उदाहरण के लिए ज्वार की बुवाई के 40 से 50 दिन एवं 70 से 80 दिन पश्चात जबकि मूंग की अधिकतम नत्रजन की आवश्यकता 30 से 45 दिन और 45 से 50 दिन पश्चात होती है। मूंग की फसल का नत्रजन की बुवाई के 45 से 50 दिन पश्चात अधिक आवश्यकता की पूर्ति पौधे नत्रजन स्थरीकरण के माध्यम से स्वयं पूरा कर लेते है। अतः दोनों फसलों की नत्रजन की कमी से हानि न उठानी पडे। सामान्यतः पोषक तत्वों की मांग अन्तरवर्ती पद्धति में बढ जाती है क्योकि प्रति इकाई क्षेत्रफल पौधो की संख्या योगात्मक आंकलन करने पर अधिक होती है। उदाहरण के लिए केवल अरहर की फसल की तुलना में अरहर + मूंग की फसल की पोषक तत्वों की मांग अधिक होती है।

अन्तरवर्ती अनाज और दलहन फसल पद्धति में नत्रजन का प्रयोग अनाज वाली फसल की पंक्ति के नजदीक प्रयोग करना चाहिए। दलहनीं फसलों को अधिक नत्रजन की उपलब्धता जड़ों में नोड्यूल निर्माण को प्रभावित करती है और नत्रजन स्थरीकरण कम होता है।

दुर्भाग्यवश अन्तरवर्ती फसल पद्धति में नत्रजन प्रबन्धन पर अधिक अनुसंधान हुए है जबकि फास्फोरस पर बहुत कम और सूक्ष्म पोषक तत्व प्रबन्धन पर बहुत ही कम ध्यान दिया गया। उपलब्ध आंकड़ों के आधार पर दलहनीं फसलों को मध्यम फास्फोरस उपलब्धता वाली मृदाओं में फास्फोरस की सिफारिशें की गई है। जबकि फास्फोरस की अतिरिक्त मात्रा फास्फोरस की कमी वाली मृदाओं में होती है और अधिक फास्फोरस की मात्रा का प्रयोग दलहनीं फसलों पर कोई प्रभाव नही छोड़ती। अरहर + मूंग अंतरवर्ती फसल पद्धति में 80 से 90 कि.ग्रा. फास्फोरस/हे. बेहतर प्रतिक्रिया देती है। दलहन + दलहन अन्तरवर्ती फसल पद्धति में भी समुचित उर्वरक प्रयोग की आवश्यकता होती है अन्यथा दोनो फसलों का उत्पादन प्रभावित होता है क्योंकि दोनो फसलों को एक जैसे पोषक तत्व की अधिक आवश्यकता होती है।

समन्वित पोषक तत्व प्रबन्धनः रासायनिक, कार्बनिक और जैविक श्रोतों का एकीकरण कर पोषक तत्वों के रूप में प्रयोग और प्रबन्धन केवल प्रभावी ही नही होता बल्कि उत्पादन को

बनाये रखने के साथ मृदा स्वास्थ को बनाये रखने तथा दलहनीं एवं दलहन फसल आधारित फसल पद्धति की खेती में खनिज पोषक खादों की बचत होती है। समन्वित पोषक तत्व प्रबन्धन के मुख्य घटकों में कार्बनिक खादें, हरीखाद, फसल अवशेष और जैव उर्वरक (राहिजोवियम, फास्फोरस घुलनशील जैव उर्वरक और वाम) के अतिरिक्त खनिज पदार्थो से बनी खादें होती है। उपरोक्त सभी घटकों का समन्वित रूप में प्रयोग पद्धति से केवल उत्पादन में वृद्धि नही होती बल्कि मृदा की रासायनिक, भौतिक और जैविक गुणों में भी सुधार होता है। धान – गेहूँ पद्धति में दलहनीं फसल मूंग का फसल अवशेष मृदा में मिलाने से केवल 100 कि.ग्रा. नत्रजन/हे. की दर से आगामी फसलों को मिलती है बल्कि मृदा में नत्रजन की उपलब्धता बनी रहती है। खरीफ मूंग का फसल अवशेष प्रबन्धन से रबी मौसम में लगाई जाने वाली फसल की 15.6% तक उत्पादन में भी वृद्धि होती है। इसके अतिरिक्त मूंग का भूसा मृदा में मिलाने पर रबी फसल ज्वार और कुशुम की 50% नत्रजन, फास्फोरस व पोटेसियम की पूर्ति हो जाती है। रहिजोवियम कल्चर से टीकाकरण करने पर दलहनीं फसलों को बहुत अधिक लाभ होता है। इस कल्चर के प्रयोग से लाभकारी बेक्टीरिया फसल की जडों के आसपास अपनी संख्या को बढा लेते है। अनुसंधानों में देखा गया कि 20 कि. ग्रा. फास्फोरस/हे. डाइ अमोनियम फास्फेट के श्रोत के माध्यम से प्रयोग साथ में फास्फोरस घोलक जैव उर्वरक (पीएसबी) से बीज उपचार कर मूंग की उपज 40 किलो ग्राम फास्फोरस/हे. रोक फास्फेट के श्रोत के रूप में प्रयोग साथ में पीएसबी कल्चर से बीज उपचार करने पर समान उपज प्राप्त हुई। मूंग की फसल की बुवाई के समय बीज का दोहरा टीका वेसिकुलर अरबुसकुलर माइकोराहिजा और राहिजोवियम के साथ में शिफारिश की मात्रा की 50% नत्रजन प्रयोग करने पर 100% सुझाये गये उर्वरक अथवा केवल टीकाकरण करने की तुलना में अधिक उपज प्राप्त हुई। माइकोराहिजल के संक्रमण से मूंग की फसल को राहिजोवियल की अधिक कालोनी निर्माण होता है जिससे नोड्र्यूल निर्माण अधिक होता है साथ में नत्रजन स्थरीकरण अधिक होता है।

जल प्रबन्धनः फसल उत्पादन हेतु प्राकृतिक सम्पदा में पानी एक सर्वश्रेष्ठ और बहुत ही महत्वपूर्ण आदान है। पूर्व काल से यह माना जाता रहा है कि दलहनीं फसलों को सिंचाई की आवश्यकता नही होती लेकिन आधुनिक अनुसंधान के आधार पर पर्याप्त रूप से सिद्ध हो चुका है कि अन्य फसलों की तुलना में दलहनीं फसलों को अधिक महत्व देने की आवश्यकता है। अखिल भारतीय समन्वित दलहन सुधार परियोजनाओं में दलहनीं फसलों की सिंचाई की क्रान्तिक अवस्था, उचित मात्रा एवं प्रबन्धन पर अनुसंधान हुआ है। मूंग की फसल की क्राँन्तिक अवस्थाऐं जैसे साखाऐं और फलियाँ वनते समय पानी की आवश्यकता होती है। सामान्यतः मूंग/उड़द की फसल को खरीफ (वर्षा) के मौसम में सिंचाई की आवश्यकता नही होती और वर्षा की समाप्ति होने पर फसल पक जाती है। वशन्त/ग्रीष्म ऋितु के मौसम में निश्चित सिंचाई उपलब्धता वाले क्षेत्रों में ही मूंग/उड़द की खेती की जा सकती है। रबी की फसल की कटाई के उपरान्त फसल की बुवाई से पूर्व खेत की तैयारी

एवं बीज के उगने हेतु सिंचाई की आवश्यकता होती है। बुवाई के 25 दिन पश्चात पहली सिंचाई की जानी चाहिए तत्पश्चात 7 दिवस के अन्तराल पर बेहतर उत्पादन हेतु 3 से 4 सिंचाइयों की आवश्यकता होती है।

जब दलहनीं फसलों को क्रमबध फसल के रूप में खेती करना हो तब पूर्व में ली गई फसल की कटाई के उपरान्त संररक्षित नमी में मूंग/उड़द की बुवाई की जा सकती है और इस स्थिति में सिंचाई जल प्रबन्धन की आवश्यकता पड़ती है। ग्रीष्म त्रिृतु के मौसम में ली गई फसल पर केओलिन के छिड़काव से जल उपयोगिता क्षमता को बढाया जा सकता है। ग्रीष्म ऋतु के मौसम में ली गई मूंग की फसल में सिंचाई के 15 दिन के अन्तराल पर कर बुवाई के 15, 30 और 45 दिन के अन्तराल पर कोओलिन का छिड़काव कर 1.33 टन/हे. उपज प्राप्त हुई जबकि 15 दिन पर सिंचाई कर बिना केओलिन के छिड़काव करने पर मात्र 0.67 टन/हे. प्राप्त हुई।

दलहनीं फसल मूंग/उड़द में सिचाई की गहराई बहुत ही महत्व रखती है। यह फसलें जल मग्नता सहन नही कर पाती अतः एसी स्थिति उत्पन्न होने पर खेत से पानी तुरन्त बाहर निकाल देना चाहिए। जल मग्नता की स्थिती में मृदा में अवायवीय स्थिति रहिजोवियम जीवाणुओं हेतु उत्पन्न हो जाती है और जो जीवाणु फसल की जडों के साथ उपस्थित थे खत्म हो जाते है और समस्त सहजीवन तन्त्र खत्म हो जाता है।

खरपतवार प्रबन्धनः दलहनीं फसलों पर खरपतवार प्रबन्धन पर अनुसंधान वर्ष 1970 के पश्चात आरम्भ हुआ। अनुसंधानों की समीक्षा करने पर ज्ञात होता है कि देश में खरपतवार प्रबन्धन पर अनुसंधान अधिकांशतः खरतवार नाशकों का खरपतवारों पर प्रभाव देखने पर हुआ है। इस दौरान खरपतवार नाशकों का अस्तित्व केवल विभिन्न प्रकार के खरपतवार और दलहनीं फसलों पर प्रभाव तक ही सीमित रहा। साथ ही साथ जब फसल – खरपतवार की क्राँन्तिक अवस्था, प्रतिस्पर्धा, नुकसान की क्षमता का आंकलन, खरपतवारों का वर्गीकरण, दलहनीं फसलों द्वारा खरपतवारों की दमन करने की क्षमता और फसल खरपतवार प्रतिस्पर्धा आदि पर अनुसंधान हो रहे है।

विभिन्न फसल पद्धति में उगाई जा रही दलहनीं फसलों में पेन्डिमिथलीन, आक्सीफ्लोरफेन, एलाक्लोर, फ्लूक्लोरेलिन, आक्सीडायजोन आदि के प्रयोग का प्रसार कुछ हद तक खरपतवारों के नियंत्रण में हो रहा है। अध्ययनों में देखा गया है कि मूंग/उड़द की फसल में 30 से 80% नुकसान खरपतवारों से हो जाता है। इसी तरह फसल खरपतवार प्रतिस्पर्धा, खरपतवार नाशको के अवशिष्ट पदार्थो का आगामीं दलहनीं फसल पर प्रभाव और खरपतवार नाशक और यॉंत्रिक विधि के एकीकरण का प्रभाव आदि पर कुछ कार्य हुआ है। फसल चक्र अपनाने से भी कुछ खरपतवारों पर नियंत्रण किया जा सकता है। भिन्न–भिन्न फसलों को क्रम बद्ध लगाने पर भी कुछ खरपतवारों का जीवन चक्र टूट जाता है। जल सहनशील खरपतवार वनस्पति धान–मूंग फसल पद्धति अपनाने पर कम हो जाते है। तमिलनाडु के धान अनुसंधान संस्थान के अनुसार धान के खेतों में जंगली धान (ई. कोलोनम) और साँवा (ई. कुसेला) खरपतवारों की संख्या अधिक होती है अतः धान–धान–उड़द फसल

पद्धति अपनाने पर नियंत्रण किया जा सकता है। भारतीय दलहन अनुसंधान संस्थान, कानपुर में हुए अनुसंधान के अनुसार धान – धान – मूंग फसल पद्धति अपनाने पर मौथा, नागर मौथा आदि जड़ों में कंद रखने वाले खरपतवारों की संख्या कंदो की संख्या और शुष्क पदार्थ में कमी हो जाती है।

अन्तरवर्ती और प्रजातियों की प्रति स्पर्धा खरपतवार नियंत्रण की सस्ती तकनीक है। अरहर की दो लाइनों के मध्य मूंग की फसल लगाने से 16.1% तक खरपतवारों का दमन किया जा सकता है। फ्लूक्लोरलिन 1 से 1.25 कि.ग्रा./हे. बुवाई से पूर्व अथवा पेन्डिमिथलिन 1.0 कि.ग्रा./हे. की दर से फसल के अंकुरण से पूर्व प्रयोग इसके उपरान्त बुवाई के 25 दिन उपरान्त एक निराई गुणाई अथवा इमेजाथापर 75 ग्राम/हे. का छिड़काव कर खरपतवारों की सघनता और शुष्क भार में कमीं की जा सकती है।

समन्वित सूखा प्रबन्धन

- पानी की कमीं से पराग कम उत्पन्न होता है परिणामस्वरूप फलियों का निर्माण कम होता है। पराग उत्पन्न होने और सापेक्ष आद्रता का सकारात्मक सह–सम्बन्ध होता है।
- फसल के आरम्भ की पौधों की अवस्था में अधिक तापक्रम (0 से 15 दिन बुवाई के उपरान्त) होने से उड़द के जैब भार और उत्पादन में अपरिवर्तनीय क्षति होती है।
- वाम (वेसकुलर अरवुस्कुलर माइकोराहिजा) साथ में राहिजोवियम कल्चर प्रयोग करने पर मृदा में नमीं की कमीं होने पर मूंग की प्रजातियों ने बेहतर परिणाम दिए है। नमीं की कमीं होने पर जडों द्वारा फसल हेतु नमी एकत्र करने के अतिरिक्त वाम और राहिजोवियम कल्चर से उपचारित फसल अतिरिक्त मृदा नमीं को एकत्रित कर फसल को लाभ मिलता है।

बीमारी प्रबन्धनः मूंग और उड़द की फसल पर 38 प्रकार की फंजाई, 12 प्रकार के विशाणु, 3 माइकोप्लाज्मा की तरह के जीव और 2 प्रकार के जीवाणु द्वारा जनित बीमारी प्रभावित करती है। सौभाग्यपूर्ण इनमें से कुछ जैसे मूंग का पीतशिरा मोजेक विषाणु, संरकोस्पोरा पत्ती धब्बा (सर्कोस्पोरा सेनसीन) और चूर्णिल आसिता (एरीसाइफी पोलीगेनी) आर्थिक रूप से महत्व पूर्ण है।

पीतशिरा विषाणु रोगः मूंग व उड़द की फसल में पीत शिरा मोजेक विषाणु रोग सर्वाधिक हानि पहुचाने एवं व्यापक रूप से क्षेत्रों में फैलने वाला रोग है। यह बीमारी मूंग में पीतशिरा विषाणु रोग से अत्यधिक प्रभावित होती है और इसका प्रसारण सफेद मक्खी के द्वारा होता है। यह रोग देश के सभी राज्यों में देखने मिलता है परन्तु गंभीर अनुपात में उत्तर प्रदेश, उत्तराखण्ड, मध्य प्रदेश, छत्तिसगढ, बिहार, झारखण्ड, उडीसा, पंजाब, हरयाणा, दिल्ली, राजस्थान और आंध्र प्रदेश में देखने को मिलता है। इस बीमारी से 10 से 100% तक का फसल को गंभीर नुकसान हो जाता है नुकसान का स्तर फसल की स्थिती पर निर्भर करता है।

प्रवन्धनः इस रोग से बचाव हेतु प्रतिरोधी किस्मों की खेती सर्वाधिक आर्थिक रूप से लाभकारी तकनीक है। प्रतिरोधी किस्में वेक्टर को नियंत्रण रखने हेतु रसायनों के प्रयोग अथवा नियंत्रण की यांत्रिक विधि को प्रोत्साहन देती है।

प्रतिरोधी किस्में: रोग प्रबन्धन हेतु प्रतिरोधी किस्मों का चुनाव कर खेती करना आर्थिक रूप से बहुत ही लाभदायक रहता है। प्रतिरोधी मूंग की किस्मों में पन्त मूंग–2, पन्त मूंग–3, पन्त मूंग–4, पन्त मूंग–6, पीडीएम–139, नेहा, आईपीएम 02–3, आईपीएम 02–14, सत्य, नरेन्द्र मूंग–1, टी एम 96–2, पीडीएम–143 प्रतिरोधी क्षमता रखती है अतः क्षेत्र विशेष के आधार पर चुनाव कर खेती कर सकते है साथ ही पीतशिरा विषाणु रोग प्रतिरोधी किस्मों के विकास में उपयोग कर सकते है। इसी प्रकार उड़द की डीपीयू 88–1, डीपीयू 88–31, डीयू–3 मेश 1–1, एनपी–16, एनपी–19, एनपी–21, एनडीयू 88–8, यूजी–135, यूजी–218, पन्तयू–30, के 66–110, केयू–305, उत्तरा, पन्तयू–31, पन्तयू–40, डब्लूबीयू–109 और केयू 96–3 प्रमुख है।

समन्वित रोग प्रबन्धनः समन्वित रोग प्रबन्धन के घटक जैसे प्रतिरोधी प्रजातियाँ, सस्य तकनीकें और रसायनों का समन्वित प्रयोग कर वेक्टर की संख्या में कमी और रोग के प्रकोप को कम किया जा सकता है। मूंग और उड़द की फसल का पीतशिरा विषाणु रोग के समन्वित प्रबन्धन हेतु पद्धति तालिका क्रमांक 4 में दी गई है।

तालिका 4: मूंग और उड़द की पीतशिरा विषाणु रोग को समन्वित प्रबन्धन हेतु नियमावली

प्रतिरोधी किस्में	सस्य विधियॉ	रासायनिक नियंत्रण
मूंग– पन्त मूँग–2, पन्त मूंग–3, पन्त मूंग–4, पन्त मूंग – 6, पीडीएम–139, पन्त मूंग–6, मेहा, आईपीएम 02–3, आईपीएम 02–14, सत्या, नरेन्द्र मूंग– 1, टीएम 96–2, पीकेवीएकेएम–4, हम–1, पूसा–9531, पी–12, पूसा रत्न, पूसा विषाल, एमएल–131, 267, 337, 408, 682, 803, एनडीएम 88–4, एमएच–303, पीबीएम–14, बीएम–27, आपीएम 02–03, आईपीएम 410–9, आईपीएम 7205–9, आईपीएम 409–4, आईपीएम 205–7	रोगो को सहारा न देने वाली फसलें – बाजरा/मक्का/ज्वार की फसल के साथ मिश्रित/अन्तरवर्ती फसल के रूप में मूंग, उड़द की खेती	बुवाई के समय फोरेट, डाइसल्फोटोन का 1 से 2 कि.ग्रा. सक्रिय तत्व/हे. का क्रमबद्ध कूंडों में प्रयोग
उड़द– आईपीयू 94–1 (उत्तरा), पन्त यू–19, पन्त यू–30, पन्त यू–31, पन्त यू–40, केयू 96–3, डब्लू बी यू–109, यूजी–218, वम्बन–1, टीयू 94–2, नरेन्द्र उड़द–1, डब्लू बी यू–108,	खेत में रोग प्रभावित पौधे दिखाई देने पर तुरन्त नष्ट कर दें। रोग से बचने हेतु बुवाई का समय में परिवर्तन कर तय करें।	सफेद मक्खी को नियंत्रित करें। साइनोसेड 120 एम.एल./हे. या डायमेथोएट 750 एम.एल./हे. या क्यूनालफास 750 एम.एल./हे. का छिड़काव इस रोग के लिए प्रभावशील

अगले पृष्ठ पर

प्रतिरोधी किस्में	रासायनिक नियंत्रण
एल बी.जी.–17, बी बी–3, डब्लू बी.जी.–26, के.यू. 92–1, के यू–300, आपीयू 94–1, एनपी–16, एनपी–19, एनपी–21, पीएलयू–62, पीएलयू–63, पीएलयू–131, पीएलयू–158, पीलयू–277, के66–188, एनडीयू 88–8, डीपीयू 88–31, आईपीयू 13–6, आईपीयू 12–19, आईपीयू 13–5, आईपीयू 13–9, आईपीयू 9–26, एलबीजी–20, एनयूएल–7	देखा गया है। रोग के लक्षण दिखाई देने पर छिडकाव एवं 15 दिवस अन्तराल पर छिडकाव दोहरावे।

सरकोस्पोरा पत्ती धब्बा रोगः रोग की पहचान हेतु पत्ती पर भूरे बादामी रंग के धब्बे दिखाई देते है तथा धब्बों के चारो तरफ लालामी रंग का बाहरी किनारा बन जाता है। यह रोग घातक रूप से इन्डोनेसिया, भारत, बांग्लादेश, ताइवान, फिलीपीन्स, थाइलैन्ड और पश्चिमी मलेशिया में मूंग अथवा उड़द की फसल पर नुकसान पहुचाता है। भारत वर्ष में यह मूंग और उड़द की फसल पर पंजाब, हरयाणा, उत्तर प्रदेश, बिहार, मध्य प्रदेश, राजस्थान, हिमाचल प्रदेश, उड़ीसा, असम और महाराष्ट्र में नुकसान पहुचाता है। इस बीमारी से 50% तक उपज में छति पहुचती है।

प्रबन्धन

प्रतिरोधी किस्में: पत्ती धब्बा रोग की मूंग और उड़द की प्रतिरोधी किस्में बहुत ही कम है। इस रोग के प्रति प्रतिरोधता कम होने के कारण प्रभावी रूप से प्रजाति विकास का कार्य कम हुआ है पत्ती धब्बा प्रतिरोधी किस्मों में मूंग की सीओ–4, एमएल–515, बीएम–4 एवं टीएम 98–50 एवं उड़द की लाइनों में टी–65 एव के 116–86 की पहचान की गई है। **प्रबन्धन तकनीकः** बीमारी रहित फसल की बुवाई हेतु बीज का चयन एवं फंगस से होने वाली बीमारी प्रतिरोधी कल्चर से बीजोपचार। खेत की स्वच्छता, फसल चक्र, प्रभावित अवशेष को खत्म कर फसल को बीमारी के प्रकाप से बचाया जा सकता है।

अधिक वर्षात के समय से बचने हेतु बुवाई के समय में परिवर्तन कर बीमारी के प्रकोप को कम किया जा सकता है। खरीफ (वर्षा) के मौसम में बुवाई में देरी करने से बीमारी से बचा जा सकता है।

चना, लोविया, ग्वार, मूंग, उड़द व शुष्क दलहनीं की फसल की शीघ्र बुवाई (जुलाई का दूसरा सप्ताह) और पंक्ति से पंक्ति 20 सेन्टीमीटर पर करने पर अधिक बीमारी का प्रकोप होता है पर सामान्य बुवाई की तुलना में देरी से बुवाई एवं पंक्ति से पंक्ति 40 सेन्टीमीटर पर करने पर बीमारी का कम प्रकोप होता है। फसल की मल्चिंग करने पर रोग जनक का कम विकास होता है परिणामस्वरूप बीमारी का प्रभाव भी कम होता है।

रासायनिक नियंत्रणः मेनकोजेब, कार्बेन्डिज्म, कापर अक्सीक्लोराइड और वीनोमाइल के प्रयोग से बीमारी का प्रभाव कम होता है। कार्बेन्डिज्म (300 ग्राम/हे.) के दो छिड़काव फसल बुवाई के 30 और 45 दिन पर करने पर बीमारी को नियंत्रित किया जा सकता है और मूंग व उड़द की पैदावार बढाई जा सकती है। जबकि फसल में कार्बेन्डिज्म (0.025%) का एक छिड़काव 30 दिनों पर करने पर लाभ लागत अनुपात अधिक (1:5.5) रहता है और उपज में 250 किलो ग्राम/हे. की बढोत्तरी होती है। थायोफेनेट मिथाइल (0.025%) भी एक प्रभावी फफूँदी नाशक सिद्ध हुआ है।

चूर्णिल आसिता (पाउडरी मिल्ड्रयू): इस बीमारी का प्रकोप भारत वर्ष एवं दक्षिण पूर्वी एसियाई देशों के जिन स्थानों पर मूंग व उड़द की खेती होती है सभी जगह होता है। भारत वर्ष में यह बीमारी देश के सभी राज्यों में फैलती है विशेष तौर पर रबी (शीत ऋतु) के मौसम में मूंग व उड़द उगाने वाले राज्य महाराष्ट्र, आंध्र प्रदेश, तमिलनाडू और उड़ीसा में अधिक क्षति पंहुचाती है। इस बीमारी से उत्पादन में लगभग 21% तक नुकसान होता है।

प्रबन्धन

प्रतिरोधी किस्में: रोग प्रतिरोधी किस्में जैसे मूंग की टार्म–1, टार्म–18, टी एम 96–2, वम्बा–2, वाबन–5, केकेएम –3, सीओजीजी–912, बीपीएमआर–1, बीपीएमआर–115 और उड़द की डब्लूबीजी–26, एकेयू–4, एलबीजी–625, एलबीजी–648, एलबीजी–402, टीयू 94–2, एकेयू–15 रबी मौसम में खेती के लिए विकसित की गई है।

रासायनिक नियंत्रणः बहुत से फफूँदनाशक जैसे थायोविट, एलोसल, केराथियान, केलिक्सिन, वाविस्टीन, बेनलेट, टोपसिन एम, माइक्रोसल्फ, कोसन, बेगलेटोन, वेट सल्फ, सल्फर पाउडर, और इन्डोफिल जेड–78 प्रभावी पाये गये है इनके छिडकाव से रोग को नियंत्रित किया जा सकता है।

जैविक नियंत्रणः प्राथमिक अध्ययन के आधार परात्परजीवी फंगस, एम्पीलोमाइसिस क्विसम्विलिस जैव नियंत्रण हेतु प्रभावी पाये गये है। संम्भावित रूप से चूर्णिल आसिता की रोकथाम हेतु प्रयोग किया जा सकता है।

सूत्रकृमि (नेमाटोड) प्रबन्धनः मूंग के महत्वपूर्ण सूत्रकृमि में जड़ों की गाँठ (मेलाइडोगाइनी इनकोगनिटा और मे. जेवानिका), सिस्ट सूत्रकृमि (हेटेरोडेरा केजनी) और वृक्काकार सूत्रकृमि (रोटीलेन्चुलुस रेनीफोर्मिस) प्रमुख है। मूंग/उड़द के खेती हर क्षेत्रों में सूत्रकृमि का प्रभाव होने पर उत्पादन में क्षति होती है। सूत्रकृमि से उड़द में 19% जबकि मूंग में 23% तक उत्पादन में नुकसान को कम किया जा सकता है।

सूत्रकृमि के प्रभाव को पहचानने के लिए पौधे को जड़ सहित उखाडने पर पौधे की जड़े कठोर हो जाती है तथा जड़ों में घाव बन जाते है। पौधों को बाहरी रूप से देखने पर पौधों का समूह अथवा पट्टी में फसल की बढवार रूक जाती है और पौधे बोने रह जाते है एवं पौधो का रंग पीला होने लगता है। फसल की बुवाई के 35 दिन पश्चात फसल की जड़ें गठीली, रंग धूमिल और अंडाकर हो जाती है।

प्रबन्धनः सूत्रकृमि प्रतिरोधी मूंग की किस्मों की पहचान हुई है और लगभग 500 किस्मों की जाँच की जा चुकी है। इनमें से कुछ किस्में सूत्रकृमि से प्रतिरोधी पाई गई। प्रतिरोधी मूंग की किस्में एलजीजी – 460, एलजीजी–461, गंगा–6, पूसा–9531, गंगा–1, पूसा–1271, एमएच 2–15, एमएल–1907, एमएच–805, बीडीवायआर–2, बीएल–112 प्रमुख है इसी प्रकार उड़द की टीपीयू–3, डब्लूबीयू–105, केयू 92–1, टीपीयू–9, टीयू 95–1, यूजी–218, पीएलयू–648, केकेबी–05011, एकेयू 7–1 है।

खरीफ मौसम में मूंग और उड़द की फसल में सूत्रकृमि के प्रबन्धन हेतु ग्रीष्म ऋितु का तापक्रम बहुत उपयोगी है। रबी फसल लेने के तुरन्त बाद गहरी जुताई कर सूत्रकृमि से हाने वाले नुकसान से बचा जा सकता है। आसानी से प्रभावित होने वाली फसल लेने के उपरान्त प्रतिरोधी फसल की खेती की जानी चाहिए। कार्वोफ्यूरान 3 जी अथवा फोरेट 10 जी 1.5 कि.ग्रा. सक्रिय तत्व/हे. की दर से प्रयोग कर सूत्रकृमि की संख्या में कमी लाई जा सकती है तथा उत्पादन बढाया जा सकता है।

कीट व्याधि प्रबन्धनः मूंग व उड़द की फसल को प्रभावित करने वाली कीट व्याधियों की श्रेणी लगभग समान है। कीट व्याधियों का प्रकोप ग्रीष्म ऋितु की फसल में गर्म और शुष्क मौसम में कम होता है। जबकि खरीफ (वर्षा ऋितु) मौसम में अधिक होता है। दोनों फसलों पर लगभग 110 प्रकार के कीट से अधिक का प्रकोप होता है। लेकिन क्षेत्र विशेष के आधार पर लगभग 32 प्रजातियाँ महत्वपूर्ण है जो कि फसल को अधिक नुकसान पंहुचाती है।

रोयेदार इल्लियाँः रोयेदार बहुत सी इल्लियों की प्रजातियाँ क्षेत्र विशेष के आधार पर फसल को नुकसान पंहुचाती है। इनमें से कुछ इस प्रकार है–

1. बिहार रोयेदार इल्ली – स्पाइलोसोमा ओवलिक्व – मध्य और उत्तरी भारत
2. लाल रोयेदार इल्ली – अम्सकटा अल्विट्रिगा – दक्षिणी भारत
3. लाल रोयेदार इल्ली – अम्सकटा मोरिइ – मध्य और उत्तरी भारत
4. सनई कीट – उटेथेसिआ पुलचेला – उत्तरी भारत

यह रोयेदार इल्ली देश के अधिकांशतः सभी भागों में पाई जाती है। यह छितराया हुआ कीट ध्वनि उत्पन्न भी करती है। यह कीट मूंगफली, तिल, सूरजमुखी, अलशी, सरसों, कपास, लोबिया, पत्ता गोभी, फूल गोभी और अन्य कई फसलों पर भी नुकसान पंहुचाती है।

यह बहुत संख्या में फसल की पत्तियों पर अंडे देती है अन्डे से बच्चे निकलने के पश्चात लर्वा झुन्ड में पत्तियों को खाना प्रारम्भ कर देते है और पत्तियों की सतह से क्लोरोफिल खुरच देते है। प्रभावित पौधो की पत्तियों का कंकाल तंत्र दूर से देखने पर भी पहचाना जा सकता है। जब लार्वा बडे हो जाते है तब वह अलग–अलग होकर पत्तियों, फूल और बढवार वाले भाग का भक्षण कर जाते है एवं इल्लियों की संख्या अधिक हो जाने पर पूरी फसल को प्रभावित कर खत्म कर देते है तथा केवल डंठल ही बचते है और कभी–कभी फसल से उत्पादन भी नही मिल पाता।

गलेरूइड कीट (*मेडुरसिआ ओवस्कुरेल्ला*): यह उत्तरी और दक्षिणी भारत में एक महत्व पूर्ण कीट है। प्रोढ कीट जड़ों के रोये, राहिजोवियल नोड्रयूल, पौधे के वानस्पतिक भाग को खाता है और पत्तियों में छेद कर देता है। इस कीट द्वारा अधिकांशतः फसल के उगने की अवस्था में ही नुकसान किया जाता है। इस कीट द्वारा राहिजोवियल नोड्रयूल की 25 से 60% क्षति देखी गई है। फसल की आरम्भिक अवस्था में नुकसान होने की वजह से उत्पादन में अधिक कमी आ जाती है।

तना मक्खी (*ओफिओमिआ फेसिओलि*): यह कीट भी फसल उगने की अवस्था में ही क्षति पंहुचाता है। तना मक्खी की बहुत सी प्रजातियॉ मूंग/उड़द की फसल को नुकसान पंहुचाती है। एक बार में ही बहुत से अन्डे फोड कर बहुत से कीट निकलते है और पत्तियों के वाह्य शिरा के निचले भाग में सुरंग बनाकर पौधो की नशों के मध्य पहुंच जाते है और पत्तियों और तने को डंठल बना देते है। अधिक प्रकोप होने पर पत्तियॉ भूरे रंग की हो जाती है तथा पौधा ध्वस्त हो जाता है। प्रभावित पौधों पर फलियॉ कम बनती है तथा फलियों में या तो दाने बनते ही नही और यदि बनते है तो छोटे रह जाते है।

सफेद मक्खी (*बेमेसिआ तवेसि*): सफेद मक्खी मूँग ओर उड़द की फसल को गंभीर नुकसान पंहुचाने वाला कीट है। यह मक्खी पीतशिरा विषाणु रोग के प्रसार करने में अपनी सशक्त भूमिका निभाता है इसके द्वारा 30 से 70% तक उत्पादन में क्षति पंहुचती है। सफेद मक्खी की मादा परी और प्रोढ पौधो की पत्तियों के निचले भाग की सेल के रस को चूस कर पत्ती की जीवन शक्ति खत्म कर देते है जिससे पौधा चिपचिपा कठोर हो जाता है। अधिक प्रभाव होने पर पौधों की पत्तियाँ सिकुड कर सांचेनुमा हो जाती है।

थ्रिप्स (*मेगलुरोथ्रिप्स डिस्टेलिस*): यह एक मूंग और उड़द की फसल का उत्तरी भारत का मुख्य कीट है इस कीट के प्रोढ नर व मादा फूल व कलिओं का रस चूसते है परिणामस्वरूप फूल व कलियॉ गिर जाती है पौधा अशक्त हो जाता है और फसल उत्पादन कम हो जाता है। जब पौधा जवान होता है उस समय पत्तियाँ थ्पिस के प्रभाव से निर्बल हो जाती है और रंग सिल्वर जैसा हो जाता है तथा पत्तियॉ ऊपर की ओर मरूड जाती है। ग्रीष्म ऋितु की फसल में थ्रिप्स का प्रभाव वर्षा ऋितु की तुलना में अधिक होता है। थ्रिप्स का प्रभाव सूखे की स्थिति में अधिक होता है।

समन्वित नाशीजीव प्रबन्धन

निगरानी

- फसल की बढवार की अवस्था में कीट व्याधियों के प्रभाव का आंकलन साप्ताहिक भ्रमण कर निरीक्षण करना चाहिए।
- रोयेदार इल्ली आरम्भिक अवस्था में झुण्ड में रहकर पत्तियों का भक्षण करती है। एसे स्थानों को दूर से देखकर भी पहचाना जा सकता है।

- थ्रिप्स की पहचान हेतु फसल के फूल आने की अवस्था (35 से 40 दिन बुवाई के पश्चात) पर निगरानी करनी चाहिए।

आर्थिक सीमा रेखा स्तर

- थ्रिप्स हेतु 4 से 5 थ्रिप्स प्रति फूल।

कर्षण क्रियायें

- वशन्त ऋतु में शीघ्र बुवाई (15 मार्च तक) कर पीतशिरा विषाणु रोग और थ्रिप्स के प्रभाव को कम किया जा सकता है।
- खरीफ मौसम में अधिक बढने वाली फसल जैसे ज्वार के साथ अन्तरवर्ती फसल से पीतशिरा विषाणु रोग का प्रभाव कम होता है।
- ग्रीष्म ऋितु में गहरी जुताई करने से मृदा में अन्दर छिपे प्यूपा/लार्वा बाहर आ जाते है इस अवस्था में उन्हें विपरीत वातावरण मिलने से या तो खत्म हो जाते है अथवा परभक्षी द्वारा उपयोग कर लिए जाते है।
- ग्रीष्म/वशन्त ऋितु की फसल में समय पर सिंचाई करने पर थ्रिप्स से होने वाली क्षति कम हो जाती है क्योंकि थ्रिप्स की बढवार शुष्क मौसम में शीघ्र होती है।
- **प्रतिरोधी किस्में**: पीतशिरा मोजेक विशाणु प्रतिरोधी किस्मों का चुनाव कर मूंग अथवा उड़द की फसल लगानी चाहिए।

यँात्रिक विधियाँ

- फसल पर अंण्डों के समूह और रोयेदार इल्ली के लार्वा को एकत्रित कर नष्ट कर देना चाहिए।
- हेमीपेटर्न कीटो के अन्डों को एकत्र कर फसल क्षेत्र से अलग कर देने चाहिए।

रासायनिक नियंत्रण

मृदा में फोरेट अथवा कार्बोफ्यूरोन दानेदार 1.0 किलो ग्राम सक्रिय तत्व/हे. की दर से बुवाई के समय प्रयोग करने पर वशन्त/ग्रीष्म ऋितु की फसल को थ्रिप्स से एवं वर्षा (खरीफ) के मोसम की फसल में तना मक्खी, सफेद मक्खी और जेसिड आदि से बचाव होता है। इसके साथ ही पीतशिरा विषाणु रोग का प्रकोप भी कम होता है।

- दो से तीन प्रभावित फसल पर डायमेथोएट 750 एम.एल./हे. अथवा क्यूनोलफोस 750 एम.एल./हे. का छिड़काव करने पर थ्रिप्स, सफेद मक्खी, जैसिड, तना मक्खी और अन्य पत्ती खाने वाले कीटों का प्रभाव कम हो जाता है।

भविष्य चिन्तन

मूंग और उड़द की फसल का क्षेत्रफल विस्तार की बेहतर संम्भावनायें है। अनाज–अनाज आधारित फसल पद्धति लगातार अपनाने से कुल उत्पादन गुणांक कम हो रहा है साथ ही उत्पादन में स्थिरता के लिए भी खतरा महसूस किया जा रहा है। मूंग/उड़द की फसल

अल्प अवधि की होने के साथ अधिक मात्रा में नत्रजन स्थरीकरण करती है साथ ही विभिन्न फसल पद्धति में भी सामिल हो जाती है। हाल ही के वर्षो में मूंग और उड़द की खेती को देश के अधिकाँश क्षेत्रों में वशन्त/ग्रीष्म ऋतु में खेती धान–परती, शीत और ग्रीष्म ऋितु के मौसमों में होने लगी है एवं अभी और देश के अनुकूल क्षेत्रों में मूंग/उड़द की खेती की संभावना है जैसा कि तालिका–5 में दर्शाया गया है।

तलिका 5: मूँग और उड़द के नये संभावित क्षेत्र

फसल पद्धति	नये संभावित क्षेत्र	अनुमानित क्षेत्रफल (मिलियन हे.)
मक्का – आलू/सरसों–मूंग/उड़द	पंजाब, हरयाणा, पश्चिम उत्तर प्रदेश	1.00
बसन्त ऋितु गन्ना+मूंग/उड़द	पूर्वी उत्तर प्रदेश, बिहार, पश्चिम बंगाल	0.15
धान–मूंग/उड़द	ओडीसा, कर्नाटका का भाग, तमिलनाडू, आंध्र प्रदेश	0.35
धान–मूंग/उड़द	आंध्र प्रदेश का तटवर्ती स्थान, कर्नाटका, तमिलनाडू	0.35
धान–गेहूँ–मूंग	पश्चिमी उत्तर प्रदेश, हरयाणा, पंजाब	0.10
मक्का–राजमा–मूंग	मध्य एवं पूर्वी उत्तर प्रदेश, उत्तरी बिहार	0.07

उदाहरण के लिए देश में धान–गेहूँ फसल पद्धति लगभग 10.7 मिलियन हे. में होती है। जबकि मूंग इन क्षेत्रों में ग्रीष्म व खरीफ के मौसम में मात्र 0.3 मिलियन हे. में होती है। इन क्षेत्रों में मूंग व उड़द की फसल को खरीफ और वशन्त ऋितु में क्षेत्र विस्तार की असीम संम्भावना है। शीघ्र परिपक्व होने वाली (60 दिवस) प्रजातियाँ उपलब्ध है अतः गेहूँ और धान के मध्य मिलने वाले समय में इन फसलों की खेती आसानी से की जा सकती है। इसी प्रकार देश के दक्षिणी और तटवर्ती क्षेत्रों में धान–धान पद्धति का लगभग 2.7 मिलियन हे. क्षेत्रफल है इन क्षेत्रों में मूंग व उड़द की फसल को शीत ऋतु में धान–धान के मध्य मिलने वाले समय में लगाया जा सकता है। मूँग की फसल को गेहूँ–धान और धान–धान की फसल के मध्य समय में लगाकर उत्पादन को लम्बे समय तक टिकाऊ बनाया जा सकता है साथ ही वातावरण को संरक्षण देकर अधिक आदान खर्च होने वाली खेती में भी खर्चे को कम किया जा सकता है।

अनुसंधान दृष्टिकोण: प्रचलित फसल पद्धतियों और वातावरण हेतु प्रजाति विकास का कार्य लगातार चलने वाली प्रक्रिया है। नवीन उभरती फसल पद्धतिया और बदलते परिवेश में कीट व्याधियाँ, प्रजातियों हेतु अतिरिक्त विशेष विकल्प निम्न प्रकार है।

विविध प्रतिरोधक क्षमता: फसल के पौधों की अनुवांशिक रूप से सुधार कर सकारात्मक कीट व्याधि प्रतिरोधी किस्मों का विकास हो रहा है। विगत समय में वहुत सी प्रजातियों का विकास हुआ है। वदलते परिवेश में फसल पर एक से अधिक कीट व्याधियों का प्रकोप होता है। परन्तु प्रजाति यदि एक जैविक कारक की प्रतिरोधी होना व्यवहार्य उपाय नही है। प्रजाति एक से अधिक कीट व्याधियों से प्रतिरोधी होनी चाहिए।

नये प्रकार के पौधे का विकास: इस समय उपलब्ध मूंग और उड़द के पौधे अधिक प्रकाश–ताप के प्रति संवेदनशील, अनिश्चित बढवार की प्रवृत्ति के साथ कम उत्पादन

गुणांक और उपज देने वाले है। अनाज–अनाज पद्धति जो कि अधिक आदान प्रयोग किए जाने वाली फसलों के मध्य मिलने वाले समय में अर्थिक दृष्टि कोण से मूंग व उड़द की फसल को स्थापित करने हेतु अधिक प्रकाश व ताप सहनशील, शीघ्र परिपक्व, अधिक उत्पादन गुणांक, गिरने के प्रति प्रतिरोधी और अधिक उत्पादन (1.5 से 2.0 टन/हे.) देने वाली प्रजातियों के विकास की आवश्यकता है। मोटा तना दो से तीन साखायें, छोटे इन्टर नोड, के छोटी व घनी पत्तियाँ के गुणों वाली प्रजातियों के विकास की आवश्यकता है। देश के विभिन्न क्षेत्रों की स्थितियों हेतु भिन्न–भिन्न आवश्यक प्रकार के पौधों का वर्णन तालिका 6 में किया गया है।

तालिका 6: विभिन्न परिस्थितियों और मौसम हेतु प्रस्तावित पौधो के प्रकार

कृषि जलवायु क्षेत्र	मौसम	मुख्य विशेषता	से प्रतिरोधी
उत्तरी भारत	खरीफ मौसम	90 से 100 दिनों में परिपक्वता विभिन्न वानस्पतिक और प्रजनन सम्बन्धी निश्चित अवस्था, उच्च उत्पादन गुणांक, गिरने और पकने से पूर्व पुनः फुटान प्रतिरोधी	पीतशिरा मोजेक विषाणु, सर्कोस्पोरा पत्ती धब्बा, रहिजोक्टोनिया झुलसा, थ्रिप्स
उत्तरी भारत	वर्षात के पश्चात (20 अगस्त से 10 सितम्बर)	60 दिनों में परिपक्वता, एक साथ परिपक्वता, अधिक संख्या में बडे दाने और उच्च उत्पादन गुणाँक और ऊष्मीय ताप के उदासीन	पीतशिरा मोजेक विषाणु और थ्रिप्स
मध्य भारत	खरीफ	60 दिनों में परिपक्वता, अधिक संख्या में बडे दाने, एक साथ परिपक्वता	पीतशिरा मोजेक विषाणु
दक्षिणी और तटवर्ती भारत	खरीफ	70 से 75 दिनों में परिपक्वता, प्रथक वनस्पति और प्रजनन समबन्धी निश्चित अवस्था, फसल गिरने और पकने से पूर्व फुटान प्रतिराधी	सरकोस्पोरा पत्ती धब्बा और राहिजोक्टोनिया झुलसा
दक्षिणी और तटवर्ती भारत	शर्दी (रबी)	70 से 75 दिनों में परिपक्वता, अधिक संख्या में बडे दाने, ऊष्मीय ताप से उदासीन, एक साथ फसल परिपक्वता	चूर्णिल आसिता

संदर्भ

अहलावत, आई.पी.एस., गंगवार, बी. और गंगइआ, बी., 2004. पोटेन्शियल पल्स बेस्ड क्रॉपिंग सिस्टम फोर न्यू निचेस. इनः पल्स इन न्यू पर्सपेक्टिव (एडिट, एम. अली, बी.बी. सिंह, शिव कुमार एण्ड विश्वा धार). इंडियन सोसाइटी ऑफ पल्सेस रिसर्च एण्ड डेवलपमैंट, कानपुर. पीपी. 260–270.

अली, एम., 2004. रोल ऑफ पल्स इन क्रॉप ड्राइवरसीफिकेशन इन इंडिया. इनः रोल ऑफ लेगुम्स इन क्रॉप ड्राइवरसीफिकेशन एण्ड पोवर्टी रिडक्शन इन एशिया. (एडिट, सी. एस एस, गोवदा एण्ड एस. पाण्डे).

प्रोसीडिंग ऑफ द जोइंट सी.एल.ए.एन. स्टेरिंग मीटिंग, 10–12 नवम्बर 2003, इन्टरनेशनल क्रॉप रिसर्च इन्सटीटयूट फोर द सेमी–एरिड ट्रोपिक्स, इंडिया. पीपी. 42–56.

अली, एम., 2004. रोल ऑफ पल्सेस इन क्रोप ड्राइवरसीफिकेशन. इनः पल्सेस इन न्यू पर्सपेक्टिव (एडिट, एम. अली, बी.बी. सिंह, शिव कुमार एण्ड विश्वा धार). इंडियन सोसाइटी ऑफ पल्सेस रिसर्च एण्ड डेवलपमेंट, कानपुर. पीपी. 245–259.

बन्धोपाध्याय, एस.के. और डे., आर., 1986. नाइट्रोजन रिलेशनशिप एण्ड रेसीडुल इफेक्ट ऑफ इन्टरक्रॉपिंग सोरगम विध लेग्यूम. जर्नल ऑफ एग्रीकल्चरल साइंसेस. (केमब्रिज) 107: 629–632.

दीक्षित, जी.पी. और मसूद, अली., 2007. टेक्नोलॉजी ट्रान्सफर थ्रो फ्रन्टलाइन डिमोन्सट्रेसन ऑन पल्स क्रॉप्स, आई. आई.पी.आर., कानपुर.

कटियार, पी.के. और दीक्षित, जी.पी., 2007. एन्सेस्ट्राल रिलेशनसिप ऑफ ग्रीनग्राम एडवान्स ब्रीडिग लाइन्स डेवलप्ड इन इंडिया. इंडियन जर्नल ऑफ एग्रीकल्चरल साइंसेस, 77(9): 579–82.

कटियार, पी.के. दीक्षित, जी.पी., सिंह, बी.बी. और गुप्ता, संजीव., 2009. उर्दबीन वेरायटीस इन इंडिया. ए.आई.सी.आर. पी. ऑन मुलार्प, आई.आई.पी.आर. कानपुर रेगो, टी.जे. एण्ड राव, वी.एन. 2000. लोंग–टर्म इफेक्टस ऑफ ग्रेन लेगुम्स ऑन रेनी सीजन सोरगम प्रोडक्टिविटी इन ए सेमी–एरिड ट्रोपिकल वर्टीसोल. एक्सपेरीमेन्टल एग्रीकल्चर, 36: 205–221.

कटियार, पी.के., दीक्षित, जी.पी. और सिंह, बी.बी., 2008. जेनेटिक बेस ऑफ एडवान्स उर्दबीन ब्रीडिंग लाइन्स डेवलप्ड इन इंडिया एस रीवील्ड बाय पेडिग्री एनालाइसिस. इंडियन जे. जेनेटिक्स. 68(3): 324–26.

कटियार, पी.के., दीक्षित, जी.पी. और सिंह, बी.बी., 2008. मोरफोलॉजीकल केरेक्टेराइजेशन ऑफ ग्रीन ग्राम वेराइटीस एण्ड देयर एप्लीकेशन फोर डिस्टिनक्टनेस, यूनीफोरमिटी एण्ड स्टेबिलिटी टेस्टिंग. इंडियन जे. एग्रीकल्चरल साइंसेस. 78 (5): 439–44.

रॉय शर्मा, आर.पी. और सिंह, अंबिका., 1969. रेसीडुल इफेक्ट ऑफ लेगुम्स इन विन्टर लेगुम्स–मेज रोटेशन. इंडियन जर्नल ऑफ एग्रीकल्चरल साइंसेस, 36: 530–539.

सिंह, बी.बी., कटियार, पी.के. और दीक्षित, जी.पी., 2006. नेशनल टेस्ट गाइडलाइंस फोर द कन्डक्ट ऑफ टेस्ट फोर डिस्टिन्कटनेश, यूनीफोरमिटी एण्ड स्टेबिलिटी इन मूंगबीन एण्ड उर्द बीन. ए.आई.सी.आर.पी. ऑफ मुलार्प, आई.आई.पी.आर., कानपुर.

सिंह, बी.बी., कटीयार, पी.के. और दीक्षित, जी.पी., 2007. उर्दबीन. इनः नेशनल टेस्ट गाइडलाइंस फोर कन्डक्ट ऑफ टेस्ट फॉर डिस्टीन्क्टनेस. यूनीफोरमिटी एण्ड स्टेबिलटी (एडिट, दिनेश कुमार एण्ड ए.बी. मन्डल), पीपी. 131–136, डायरेटोरेट ऑफ सीड रिसर्च, मउ (यू.पी.).

सिंह, बी.बी. और दीक्षित, जी.पी., 2007. एचीवमेंन्टस इन रिसर्च ऑन मुलार्प क्रॉप्स इनः सोवेनियर. नेशनल सिम्पोसियम ऑन लेगुम्स फोर इकोलॉजीकल सस्टेनेबिलिटीः इमर्जिंग चेलेन्जस एण्ड अपोर्च्युनिटी, 3–5 नवम्बर. 2007, आई.आई.पी.आर. कानपुर (यू.पी.).

सिंह, बी.बी., दीक्षित, जी.पी., कटियार, पी.के. और प्रताप, आदित्या., 2009. मूंगबीन वेराइटीस इन इंडिया. ए.आई.सी. आर.पी. ऑन मुलार्प, आई.आई.पी.आर., कानपुर (यू.पी.).

सिंह, बी.बी., कटियार, पी.के., और दीक्षित, जी.पी., 2007. मूंग बीन. इनः नेशनल टेस्ट गाइडलाइन्स फोर कन्डक्ट ऑफ टेस्ट फोर डिस्टिक्टनेस, यूनीफोरमिटी एण्ड स्टेबिलटी (एडिट, दिनेश कुमार एण्ड ए.बी. मंडल), पीपी. 123–130, डायरेक्टोरेट ऑफ सीड रिसर्च, महू (यू.पी.)

सिंह, वाय, चौधरी, डी.सी., सिंह, एस.पी., भारद्वाज, ए.के., और सिंह, डी., 1996. सस्टेनेबिलिटी ऑफ राइस (ओरजा सटाइवा) व्हीट (ट्रीटीकम एस्टीवम) सीक्वेन्सियल क्रॉपिंग थ्रो इन्ट्रोडक्शन ऑफ लेग्यूम्स क्रॉप्स एण्ड ग्रीन मेन्योर क्रॉप इन द सिस्टम. इंडियन जर्नल ऑफ एग्रोनॉमी 41: 510–514.

टाउरो, पी. और खुराना, ए.एल., 1986. प्रोब्लम ऑफ प्रोस्पेक्टस ऑफ ग्रोथ, एक्सटेन्शन एण्ड प्रमोशन ऑफ बायोफर्टीलाइर्जस. इनः प्रोसीडिंग ऑफ द एफएआई सेमीनार, फर्टीलाइजर एसोसिएशन ऑफ इंडिया, पीपी. 1–4.

वर्मा, के.पी., और वारसी, ए.एस., 1999. इवोलुएशन ऑफ सूटेवल राइस–बेस्ड क्रॉपिंग सिस्टम फोर सेन्ट्रल प्लेन जोन ऑफ उत्तर प्रदेश. इंडियन जर्नल ऑफ एग्रोनॉमी, 44: 444–47.

17

चना

एन. पी. सिंह, शिव सेवक एवं एम. ए. इकबाल

दलहन में चना, (सिसेर एरिइटिनम) विश्व की दूसरी सबसे महत्वपूर्ण दलहन फसल है। भारत में इसका क्षेत्र, उत्पादन, आर्थिक मूल्य एवं शाकाहार के घटक के रूप में महत्वपूर्ण स्थान है। चने की फसल विश्व में एशिया, अफ्रीका, यूरोप और उत्तरी एवं दक्षिण अमेरिका के कई भागों में उगाई जाती है। चने की फसल को दक्षिण एशिया से लेकर मध्य एवं पूर्वी भाग और भू मध्य सागरीय देशों में अधिक भू भाग में उत्पादित एवं उपयोग किया जाता है। हाल ही में चने की खेती आस्ट्रेलिया, कनाडा और संयुक्त राज्य अमेरिका में प्रारम्भ की गई है और उत्पादित चने को दक्षिण एशिया के देशों में निर्यात किया जा रहा है। चने की प्रजातियां दो प्रकार की होती है। इनमें छोटे दाने वाली देशी एवं दूसरी सफेद और बडे दाने वाली इसे कावुली के नाम से जाना जाता है। चने की खेती पूर्व से ही भारतीय उपमहाद्वीप में की जाती रही है। चना को यहां अनेक नामों से जाना जाता है जैसे बंगाल ग्राम, चना, छोला, होम्स और गरवेनजोबीन आदि।

चना के दानों में अनाज की तुलना में 2 से 3 गुना ज्यादा प्रोटीन की मात्रा पाई जाती है इसलिए यह भारतीय उपमहाद्वीप में शाकाहारियों के भोजन का एक मुख्य घटक है। चने के दानों में 18–24% प्रोटीन, 4–10% वसा, 52–70.9% कावोहाइड्रेट, 10–23% रेशा, खनिज और कई विटामिन पाये जाते है। चने के दानों में प्रोटीन के आवश्यक अमीनों एसिड के मुख्य घटक लाइसिन, मेथिओनिन, थ्रियोनाइन, वेलिन, आइसोल्यूसिन और ल्यूसिन मुख्य है। इसमें विटामिन जैसे बी$_1$ और बी$_2$, एस्कॉर्विक अम्ल (विटामिन सी) और नियासिन भी पर्याप्त मात्रा में होता है। चने के दानों में सम्पूर्ण गुणों के कारण मानव पोषण में महत्वपूर्ण भूमिका निभाता है।

यह एक फलीदार फसल होने के कारण जडो में मौजूद सहजीवी जीवाणुओं के माध्यम से वायुमंडलीय नत्रजन स्थिर करती है। जिससे मृदा की उर्वरता क्षमता में वृद्धि होती है इसलिए चने की फसल के बाद लगाने वाली फसल को भी लाभ मिलता है। इसकी मूसला जड होने के कारण मृदा पोली हो जाती है साथ ही अधिक संख्या में पत्तियां गिरने के कारण मृदा में कार्वनिक पदार्थ की मात्रा भी बढ जाती है। इस फसल की जडे गहरी जाने के कारण

मृदा की गहराई से मृदा नमी का उपयोग कर लेती है। इसलिए इस फसल में सूखा सहन करने की क्षमता होती है। अतः इसे वर्षा आधारित क्षेत्रों में उगाया जा सकता है। चने का आहार में विशेष महत्व एवं मृदा स्वास्थ को बनाये रखने की विशेष क्षमता होने के बावजूद भी बढती हुई जनसंख्या की पूर्ति हेतु उत्पादन में पर्याप्त वृद्धि नहीं हो पा रही है। चने की प्रजातियां, उगाने का मौसम, मृदा और जलवायु की स्थिति और प्रबन्धन तकनीक से चने के दानों की पोषक तत्वों की गुणवत्ता प्रभावित होती है। चने के सम्पूर्ण दाने का रासायनिक संगठन तालिका–1 में दिया गया है। चने के छिलकों में अपेक्षाकृत कैल्शियम और गैर सुपाच्य कार्बोहाइड्रेट की मात्रा अधिक पाई जाती है।

तालिका 1: चने के दानों में उपलब्ध रसायनिक घटकों का औसत

घटक	100 ग्राम दानों में मात्रा
प्रोटीन (ग्राम)	21.5
वसा (ग्राम)	4.5
कुल कार्वोहाईड्रेट (ग्राम)	63
क्रूड फाइवर (ग्राम)	8
राख (एश) (ग्राम)	2.7
खनिज	
कैल्शियम (मिलीग्राम)	200.0
फास्फोरस (मिलीग्राम)	260.0
लोहा (मिलीग्राम)	6.0
मेग्नीशयम (मिलीग्राम)	130.0
पोटेशियम (मिलीग्राम)	800.0
विटामिन	
थाइयामिन (मिलीग्राम)	0.34
राइबोफ्लेविन (मिलीग्राम)	0.22
नाइआसिन (मिलीग्राम)	2.25
पाइरोक्सीन (मिलीग्राम)	0.55
केरोटीन (मिलीग्राम)	0.12
एसकोर्विक अम्ल (मिलीग्राम)	4.08

स्रोतः (सालुखे एवं कदम, 1989)

वर्तमान परिदृष्य

वैश्विक परिदृष्यः विश्व स्तर पर चने की खेती लगभग 11.56 मिलियन हे. में की जाती है। इससे 8.78 मिलियन टन खाध्य उत्पादन मिलता है तथा उत्पादकता लगभग 760 कि.ग्रा. /हे. है (एफएओ स्टेट, 2008)। विश्व के कुल 42 देशों में चना की फसल उगाई जाती है इनमें से दर्जन भर देश जैसे भारत, पाकिस्तान, सीरिया, इरान, टर्की, आस्ट्रेलिया, इथोपिया, म्यांमार, मेक्सिको, कनाडा, स्पेन और बंग्लादेश का कुल 94.5% क्षेत्रफल में 94.6% उत्पादन होता है (तालिका–2)। भारत विश्व में चने का सबसे बडा उत्पादक और उपयोग करने वाला देश है यहां विश्व के कुल क्षेत्रफल का 65.2% क्षेत्रफल और 65.4% उत्पादन होता है (चित्र 1)।

तालिका 2: वर्ष 2008 का विश्व स्तर पर चने कर परिद्रष्य (क्षेत्रफल, उत्पादन, उपज)

गणराज्य / देश	क्षेत्रफल (मिलीयन हे.)	उत्पादन (मिलीयन टन)	उपज (कि.ग्रा. / हे.)
विश्व गणराज्य	11.56	8.78	760
एशिया	10.47	7.56	722
अफ्रीका	0.53	0.45	859
अमेरिका	0.20	0.32	1574
यूरोप के देश	0.06	0.07	1136
भारत	7.54	5.75	763
पाकिस्तान	1.11	0.47	429
ईरान	0.79	0.32	405
टर्की	0.49	0.52	1065
आस्ट्रेलिया	0.30	0.38	1268
इथोपिया	0.23	0.29	1265
म्यामार	0.23	0.26	1156
सीरिया	0.09	0.05	585
मेक्सिको	0.09	0.16	1809
कनाडा	0.04	0.07	1580
स्पेन	0.03	0.03	953
बांग्लादेश	0.009	0.007	766

स्रोतः (एफएओ स्टेट, 2008)

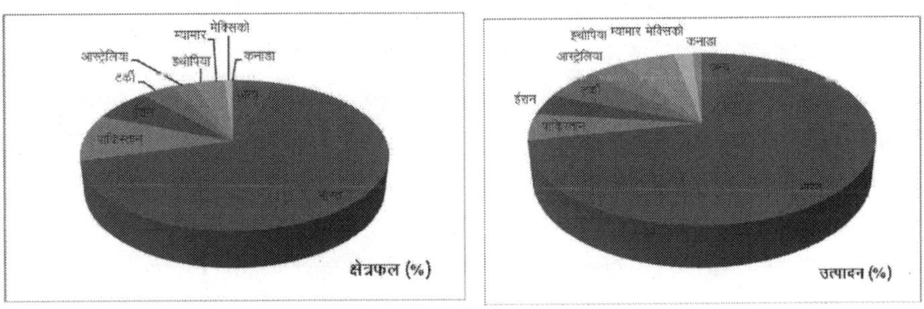

चित्र 1: विश्व के विभिन्न देशों में चना फसल का क्षेत्रफल एवं उत्पादन (%)

हाल ही मे आस्ट्रेलिया में चने की खेती का क्षेत्रफल बढा है और यह 0.30 मिलियन हे. के स्तर पर पहुच गया है एवं कुल उत्पादन 0.38 मिलियन टन एवं उत्पादकता 1268 कि.ग्रा. / हे. है एवं 80 के दशक से वहां का क्षेत्रफल और उत्पादन लगभग नगन्य था। इसी तरह विगत दशक में क्षेत्रफल और उत्पादन में कनाडा में भी विशेष वृद्धि दर्ज की गई। एफ ए ओ की रिपोर्ट के अनुसार मेक्सिको में सर्वाधिक उत्पादकता (1809 कि.ग्रा. / हे.) दर्ज की गई इसके उपरान्त आस्ट्रेलिया (1268 कि.ग्रा. / हे.) और इथोपिया (1265 कि.ग्रा. / हे.) की है।

राष्ट्रीय परिद्रष्यः जैसा कि पहले भी कहा जा चुका है कि भारत में चने की फसल का विश्व में सर्वाधिक क्षेत्रफल 65.24% (7.45 मिलियन हे.) और उत्पादन 65.49% (5.75 मिलियन

हे.) करने वाला देश है जबकि विश्व का कुल क्षेत्रफल 11.56 मिलियन हे. एवं कुल उत्पादन 8.78 मिलियन टन प्राप्त होता है (एफएओ स्टेट, 2008)। वर्ष 2009–10 में भारत में चने का कुल क्षेत्रफल 8.74 मिलियन हे. और उत्पादन 7.35 मिलियन टन होने के बाद भी देश की आवश्यकता की पूर्ति हेतु 1.74 लाख टन चने का आयात कनाडा, आस्ट्रेलिया, तुर्की और तन्जानिया से किया गया साथ ही 40,000 टन काबुली चने का निर्यात संयुक्त राज्य अमेरिका, यूनाइटेड किंगडम, संयुक्त राज्य अमीरात (यू ऐ ई) और सऊदी अरबिया को किया गया। देश के आन्ध्र प्रदेश, मध्य प्रदेश, उत्तर प्रदेश, राजस्थान, महाराष्ट्र, और कर्नाटक प्रमुख चना उत्पादक प्रदेश है तथा देश के कुल क्षेत्रफल का लगभग 95% क्षेत्रफल इन्ही प्रदेशों के अन्तर्गत आता है। पिछले पांच दशको में चना के उत्पादन में महत्वपूर्ण वृद्धि (36.5 लाख टन 1950–51 की तुलना में 73.5 लाख टन 2009–10 में उत्पादन दर्ज किया गया) हुई एवं उत्पादन वृद्धि दर 1.69% वर्ष 1950 से 2010 के मध्य दर्ज की गई। उत्पादन में यह वृद्धि दर होने का मुख्य कारण अधिक उपज देने वाली रोग रोधी किस्में तथा उन्नत प्रोद्योगिकी का अपनाना था। इसी अवधि में क्षेत्रफल की वृद्धि दर केवल 0.25% ही थी लेकिन उपज वर्ष 1950–51 में 482 किलो ग्राम/हे. से बढकर वर्ष 2008–09 में 886 कि. ग्रा./हे. हो गई। उत्तर भारत के राज्यों (पंजाब, हरयाणा और उत्तर प्रदेश) में सिंचाई की सुविधायें बढने की वजह से वहां के क्षेत्रफल में कमीं 82% आई है जिससे वर्ष 1975 से 2010 के मध्य कुल उत्पादन में 28% की कमीं आई है। क्षेत्रफल घटने का मुख्य कारण सिंचित क्षेत्र में बढोत्तरी और साथ में आदानों के प्रयोग के प्रति संवेदनशील किस्मों का अभाव है। उत्तर भारत की इस भरपाई को पूरा मध्य (महाराष्ट्र, मध्य प्रदेश और गुजरात) एवं दक्षिण भारत (आन्ध्र प्रदेश और कर्नाटक) ने किया है इन क्षेत्रों में 125% क्षेत्रफल, 46% उत्पादन और 24% उत्पादकता में वृद्धि दर्ज की गई है। वर्ष 2007–08 के अनुसार चना उत्पादक राज्यों में सर्वाधिक उत्पादकता आन्ध्र प्रदेश (1448 कि.ग्रा./हे.) तत्पश्चात गुजरात (977 कि.ग्रा./हे.), बिहार (953 कि.ग्रा./हे.), महाराष्ट्र (825 कि.ग्रा./हे.), उत्तर प्रदेश (745 कि.ग्रा./हे.), मध्य प्रदेश (726 कि.ग्रा./हे.), कर्नाटक (607 कि.ग्रा./हे.) और राजस्थान (466 कि.ग्रा./हे.) की है जबकि राष्ट्रीय उत्पादकता 761 कि.ग्रा./हे. है।

भविष्य के अनुमान

विश्वस्तर पर चना की फसल के परिद्रष्य में विगत दो दशकों से काफी परिवर्तन देखा गया है। इस फसल के उत्पादन में वृद्धि और लाभप्रद बनाने में नकारात्मक वातावरण (तापक्रम का बढना एवं जलवायु परिवर्तन) का प्रभाव पड़ रहा है। साथ ही कीट व्याधियों का प्रकोप, प्राक्रतिक संसाधनों में कमी और गिरावट, खाध सुरक्षा के सख्त नियम, व्यापार प्रतियोगिता की चुनौतियां फसल को अधिक लाभप्रद वनाने में महत्वपूर्ण वाधायें है। अनुमानतः देश की जनसंख्या 2025 तक 1.41 अरब से अधिक हो जाएगी इस बढती हुई जनसंख्या की पूर्ति हेतु दलहन की आवश्यकता वर्ष 2025 के अन्त तक 29.44 मिलियन टन होगी। अतः बढती हुई आवश्यकता की पुर्ति हेतु उत्पादन में 4.02% की बार्षिक वृद्धि दर

जरूरी है। वर्तमान में भारत में दलहन की माँग की पुर्ति हेतु लगभग 1.5 से 4.0 मिलियन टन/वर्ष दलहन का आयात हो रहा है।

वर्तमान में मध्य और दक्षिण भारत में मानसून की देर से समाप्ति हाल के वर्ष में अधिक उपज देने वाली एवं रोग प्रतिरोधी प्रजातियों के विकास के कारण अन्य दलहन फसलों की तुलना में चना के क्षेत्र में विस्तार के कारण उत्पादन में वृद्धि के साथ चने की फसल बेहतर स्थिति में है। चने की फसल का 70% क्षेत्रफल वर्षा आधारित है अतः वर्षा की स्थिति में बदलने पर उत्पादन का पूरा परिदृष्य बदल सकता है। वर्ष 2025 तक दलहन के उत्पादन का लक्ष्य 29.44 मिलियन टन को प्राप्त करने हेतु चने की फसल से इस समय के दौरान लगभग 4.02% की वृद्धि होनी चाहिए अतः चने के क्षेत्र में हो रहे अनुसंधान में ओर तेजी, प्रोद्योगिकी विकास और प्रसार, व्यवसायी करण में क्षमता विकास में बदलाव की आवष्यकता है।

उत्पादन रणनीति

वर्ष 2025 तक 4 मिलियन टन अतिरिक्त चना उत्पादन हेतु रणनीति निम्न प्रकार है।

क्षेत्र विस्तार द्रष्टिकोंण: चना फसल के अन्तरगत अतिरिक्त क्षेत्रफल बढाने की संभावना सीमित है। इस फसल का क्षेत्रफल अन्तरवर्ती, रिले या क्रमवद्ध फसल प्रणाली से बढाया जा सकता है। इस संदर्भ में धान–परती क्षेत्रों में विशेष ध्यान देने की आवश्यकता है। धान–परती पद्धति का क्षेत्रफल लगभग 2 मिलियन हे. छत्तीसगढ, मध्य प्रदेश, पूर्वी उत्तर प्रदेश, विहार, झारखण्ड और पश्चिम बंगाल में उपलब्ध है इसे धान–चना फसल प्रणाली में लाया जा सकता है। इसी प्रकार गंगा के मैदानी इलाकों में बहुत सी फसल प्रणाली प्रचलित है इनमें सर्वाधिक क्षेत्रफल (लगभग 10.7 मिलियन हे.) धान–गेहूँ फसल प्रणाली का है। इन क्षेत्रों में चने की फसल मात्र 0.6 मिलियन हे. में उगाई जाती है जोकि क्षेत्र के हिसाब से मात्र 1.3% है। अतः इस क्षेत्र में चने की फसल का विस्तार, बेहतर प्रजातियां एवं आदान तथा साथ में यांत्रिक कटाई तकनीक के माध्यम से क्षेत्र विस्तार की पूरी संभावना है। इसी प्रकार कपास–चना अनुक्रमिक फसल प्रणाली, चना+संरसों और चना+गन्ना अन्तरवर्ती फसल के माध्यम से देश के उत्तर पश्चिमी मैदानी इलाकों में क्षेत्र विस्तार किया जा सकता है।

उत्पादन बढाने के प्रयास: प्रजनन के माध्यम से प्रजाति विकास की निरंतर आवश्यकता है। वर्तमान में प्रचलित चने की किष्मों में फ्यूजेरियम और एस्कोचिटा झुलसा (ब्लाइट) का प्रकोप अधिक होता है। अतः इन प्रजातियों का प्रतिस्थापन कर सहनशील रोग प्रतिरोधी प्रजातियां प्रतिस्थापित करने की आवश्यकता है। चने की फसल की खेती लगभग 70% वर्षा आधारित क्षेत्रों में होती है। अतः इन क्षेत्रों हेतु गर्मी और सूखा सहिष्णु अधिक उपज देने वाली किष्मों के विकास करने की आवश्यकता है। इसके अतिरिक्त चने के जीन में फूल फली छेदक प्रतिरोधी क्षमता उपलब्ध न होने के कारण पारम्परिक प्रजनन तकनीक से प्रतिरोधी किष्म विकास करने की आवश्यकता है। वर्ष 2025 तक 4 मिलियन टन अतिरिक्त उपज प्राप्त करने के लक्ष्य को प्राप्त करने हेतु देश की चने की औसत उपज

890 कि.ग्रा./हे. को बढाकर 1200 कि.ग्रा./हे. करने की आवश्यकता है। बढे हुए लक्ष्य को पूरा करना उन्नत तकनीकों के माध्यम से आसानी से प्राप्त किया जा सकता है क्योकि देश के आन्ध्र प्रदेश राज्य की चने की औसत उपज लगभग 1448 कि.ग्रा./हे. है।

चना की फसल को सम्मिलित कर फसल प्रणालियां

चना की फसल अम्लीय, लवणीय और क्षारीय मृदाओं को छोडकर सभी प्रकार की मृदाओं (हल्की दुमट से चिकनी मृदा) में उगाया जा सकता है। चना की फसल के लिए रेतीली दुमट और गहरी दुमट मृदाऐ जिनमें पानी न भरता हो उपयुक्त रहती है। गंगा क्षेत्र की जलोढ मृदाओं में चना की खेती बहुत अच्छी होती है। चना की फसल क्षेत्र विशेष में एकल, विभिन्न फसल प्रणाली, अर्न्तवर्ती फसल, मिश्रित फसल के रुप में लोकप्रिय है।

भारत वर्ष में चना की फसल विभिन्न फसल प्रणाली में उगाई जाती है। हावर्ड ने पहला चना फसल की मिश्रित खेती का दस्तावेज तैयार किया था (होवार्ड, 1974)। इसके उपरान्त समय समय पर दस्तावेज तैयार किए गये। चना की फसल को अनाज की फसल के रुप में मिश्रित खेती तिलहन (गुप्ता एवं माथुर, 1964) गन्ना, चारे की फसल, बगीचे की फसल जैसे नारियल (एनोनिमस, 1952) के साथ उगाया जा सकता है। कम अवधि की चने की प्रजातियों की उपलब्धता और सिंचाई सुविधाओं में विस्तार होने के कारण फसल को मिश्रित और फसल प्रणाली के रुप में देश के विभिन्न कृषि जलवायु क्षेत्रों में कई गुना वुद्धि हुई है। पूर्व से ही चना की फसल एक पारम्परिक रबी की फसल है इसे अन्तरवर्ती के रुप में रबी के मौसम में गेहूँ, रबी मक्का, संरसों, कुसुम, अल्सी, रबी ज्वार आदि के साथ सफलतापूर्वक उगाया जा सकता है। प्रचलित चना की फसल प्रणाली निम्न प्रकार है।

फसल प्रणाली: मक्का–चना, ज्वार–चना, बाजरा–चना, कपास–चना, धान–चना, सुरजमुखी–चना और सोयाबीन – चना।

अन्तरवर्ती फसल: चना + संरसों, चना + अल्सी, चना + गेहूँ, चना + जौ, चना + कुसुम, चना + धनियां।

सिंचाई सुविधाओं का विस्तार अल्प अवधि की प्रजातियों की उपलब्धता और फसल सघनता की आवश्यकता के कारण अनुक्रमिक फसल प्रणाली अथवा लगातार फसल (रिले) पद्धति में चना की फसल को शामिल कर फसल पद्धतियों का विकास किया गया है। हालांकि चना की अनुक्रमिक फसल प्रणाली अन्तरवर्ती अथवा मिश्रित खेती की तुलना में अधिक लोकप्रिय है। देश के गंगा के मैदानी इलाकों में चना की फसल बाजरा, ज्वार, मक्का, अल्प अवधि कपास, ग्वार, तिल और अल्प अवधि की धान की फसल के उपरान्त दूसरी फसल के रुप में ली जाती है। उत्तरपूर्वी भारत में वर्षाती धान की फसल के उपरान्त, उत्तरी भारत के मैदानीं इलाकों में बाजरा के उपरान्त चना की फसल लगाई जाती है। देश के मध्य और दक्षिणी भाग में चना की फसल गेहूँ और शीत ऋतु के मौसम की ज्वार के वार्षिक क्रम में लगाई जाती है अरगिकार, (1970) दवं (यादव, 1996) के द्वारा निम्न फसल क्रम में चना की फसल को शामिल कर सूची वद्ध किया है।

शुष्क परिस्थितिकी क्षेत्र

- वर्षा आधारित पठारी क्षेत्रः– बाजरा–चना
- सिंचित पठारी क्षेत्रः– ज्वार–चना

अर्ध शुष्क परिस्थितिकी क्षेत्र

- वर्षा आधारित पठारी क्षेत्रः– मक्का–चना
- सिंचित पठारी क्षेत्रः– धान–चना

उप–आद्र परिस्थितिकी क्षेत्र

- सिंचित पठारी क्षेत्रः– कपास–चना
- सिंचित निचले क्षेत्रः– मक्का–चना

नम परिस्थितिकी क्षेत्र

- निचले क्षेत्रः– मक्का–चना

चना वर्षा आधारित क्षेत्रों में अधिकतर संरक्षित नमीं में उगाया जाता है। इस परिस्थिति में फसल प्रणाली में समय पर बुआई विशेष महत्व रखती है। फसल बुआई के समय बेहतर अंकुरण और एक समान बेहतर फसल हेतु मृदा सतह पर नमीं होना बहुत महत्व रखता है। चने की फसल के विकास और उत्पादकता को प्रभावित करने वाले तीन महत्वपूर्ण भौतिक कारक है। इनमें दिन की लम्बाई, तापमान और पानी की उपलब्धता (खन्ना – चोपड़ा एवं सिन्हा, 1987)। यह तीनों कारक फसल प्रणाली में उपयुक्त समय का निर्धारण करते है। चना की फसल की पूर्ववर्ती उपयुक्त क्रियायें जो कि बेहतर फसल उत्पादन दे चुकी है अपनानी चाहिए। फसल प्रणाली में कीट प्रबन्धन भी एक महत्वपूर्ण है इस पर विचार करना चाहिए। फसल प्रणाली में जो फसल कीट व रोग जनकों के विकास का माध्यम होती हैं उन्हे बदलने की आवश्यकता होती है। इस प्रकार कीट व्याधियों का प्रकोप कम किया जा सकता है। इस प्रकार फसल प्रणाली द्वारा कीट व्याधियों के प्रकोप को कम कर सकते है। धान के उपरान्त चना की फसल की खेती करने से तना सड़न बीमारी का प्रकोप अधिक होता है (नेने, 1980)। जबकि गेहूँ, जो, जई को वार्षिक क्रम में चने की फसल में रूट नोट नेमाटोड की संख्या मृदा में कम होती है। चने की फसल में होने वाले नुकसान से बचने के लिए गैर दलहनीं फसल के क्रम में लगाने से फसल में कीट–व्याधि के नुकसान को कम करके अधिक आर्थिक लाभ लिया जा सकता है। चने की फसल को गैर दलहनीं फसल के क्रम में लगाकर हेट्रोडेरा सिसेरी को नियंत्रित किया जा सकता है। इसी प्रकार मेलाइड़ोगाइनी जावांनिका को नियंत्रित करने के लिए चने की फसल के वार्षिक क्रम में गैर दलहनीं, अनाज और तिलहनीं फसलें लगानी चाहिए (ग्रीको और शर्मा, 1990)। लम्बी अवधि की फसल प्रणाली के प्रयोगों में देखा गया कि ज्वार और कुसुम प्रणाली में फ्यूजेरियम उखटा द्वारा कुसुम की फसल में अधिक नुकसान होता है। अतः इस नुकसान से बचने के लिए वार्षिक क्रम में कुसुम के उपरान्त चना लगाने से प्रकोप कम होता है (शास्त्री एवं सहयोगी, 1993)।

मुख्य बाधायें

चना आधारित फसल प्रणाली में प्रमुख वाधायें निम्नप्रकार है।

अन्तरवर्ती प्रणालियां

- आदान प्रयोग के प्रति उत्तरदायी प्रजातियों की कमी
- कम और अस्थिर उपज
- सस्यविद कारक

अनुक्रमिक फसल पद्धति

- मृदा प्रबन्धन
- बुवाई समय में लचीलापन न होना
- कम आर्थिक लाभ
- जैविक तनाव कारक

कृषक पारम्परिक पद्धति में चने की फसल को लगाते आ रहे है। कुछ अन्तरवर्ती पद्धति, चना + संरसों/गेहूँ/जौ देश के उत्तर में चना + अलसी मध्य भारत में और चना + कुसुम/ ज्वार/धनिया प्रायद्वीप भारत में अधिक उपज एवं आर्थिक लाभ देती है। अलग अलग राज्यों हेतु चने की फसल पर आधारित फसल पद्धति निम्न प्रकार है।

फसल प्रणाली	मुख्य राज्य
धान–चना	पंजाब, हरियाणा, उत्तर प्रदेश, मध्य प्रदेश, छत्तीसगढ़, बिहार, उत्तराखंड के तराई क्षेत्र, पश्चिम बंगाल
कपास–चना	पंजाब, हरियाण
ज्वार/मक्का–चना	हरियाणा, उत्तर प्रदेश, मध्य प्रदेश
चना+सरसों	उत्तर प्रदेश, मध्य प्रदेश, राजस्थान, बिहार
चना+कुसुम	मध्य प्रदेश, गुजरात, कर्नाटक, महाराष्ट्र
चना+जौ	उत्तर प्रदेश, उत्तराखंड
चना+अलसी	उत्तर प्रदेश, मध्य प्रदेश, महाराष्ट्र
चना+कुसुम/धनिया	महाराष्ट्र, कर्नाटक, तमिलनाडू

उत्पादन अन्तराल: वैज्ञानिकों के बेहतर प्रयासों के माध्यम से अधिक उपज, कीट और रोग रोधी, उत्पादन और सुरक्षा प्रौद्योगिकी विकसित की है। यह प्रोद्योगिकी विभिन्न कार्यक्रम जैसे ग्राम संस्थान जोडने के कार्यक्रम (आईवीएलपी), राष्ट्रीय कृषि तकनीकी कार्यक्रम (एनएटीपी), प्रथम पंक्ति प्रदर्शन और अन्य संस्थागत कार्यक्रमों के माध्यम से कृषकों को स्थानान्तरित की गई है। फिर भी उत्पादकता में व्यापक अन्तर बना हुआ है (तालिका–3)। प्रथम पक्ति प्रदर्शनों और प्रक्षेत्र प्रदर्शनों के माध्यम से चने की उत्पादकता में 30% की औसत वृद्धि दर देखी गई है।

तालिका 3: चने की फसल का उत्पादन क्रम वर्ष 1971–2004 (अ.भा.स. चना अनुसंधान परियोजन, प्रगति प्रतिवेदन, 2006)

मद	वर्ष/अन्तर	उत्तर पूर्वी मैदानी क्षेत्र	उत्तर पश्चिमी मैदानी क्षेत्र	मध्य क्षेत्र	दक्षिण क्षेत्र	भारत वर्ष
क्षेत्रफल (हजार हे.)	1971-1974	383	4678	2137	226	7420
	2001-2004	314	1818	3236	786	6158
	अन्तर (%)	-18	-61	51	248	-17
उपज (कि.ग्रा./हे.)	1971-1974	570	663	467	421	598
	2001-2004	749	815	702	773	782
	अन्तर (%)	31	23	50	84	31
उत्पादन (हजार टन)	1971-1974	223	2883	1234	83	4433
	2001-2004	243	1460	2531	596	4838
	अन्तर (%)	9	-49	105	614	9

चने की फसल के क्षेत्रफल में वर्ष 1974 से 2004 के मध्य गिरावट दर्ज की गई जबकि उत्पादकता में बढोत्तरी के कारण कुल उत्पादन में वृद्धि हुई। राष्ट्रीय स्तर पर चने की फसल की उत्पादकता में वर्ष 2004 में 31% की बढोत्तरी वर्ष 1974 की तुलना में हुई (तालिका–3)। हालांकि देश के विभिन्न संभागों में यह वृद्धि भिन्न–भिन्न थी। अखिल भारतीय समन्वित परियोजनाओं के प्रयोगों का औसत देशी चने में मध्य संभाग में सर्वाधिक उपज (2070 कि. ग्रा./हे.) जबकि काबुली चने की सर्वाधिक उपज (1462 कि.ग्रा./हे.) देश के उत्तर पश्चिमी मैदानी क्षेत्रों में प्राप्त हुई (तालिका–4)।

तालिका 4: वर्ष 2000 से 2005 के मध्य भारतवर्ष में खण्डवार चने की उपज अन्तराल (वर्ष 2005 वार्षिक प्रतिवेदन अ.भा.स. चना अनुसंधान परियोजना)

खण्ड	उपज (कि.ग्रा./हे.)						
	अनुसंधान केन्द्र–देशी	अनुसंधान केन्द्र–काबुली	देशी और काबुली में अन्तर	प्रक्षेत्र परीक्षण	ऑचलिक औसत	उपज अन्तराल I (%)	उपज अन्तराल II (%)
उत्तरपूर्वी मैदानी क्षेत्र	1491.2	1161.6	329.6	1230	749	21.2	64.2
उत्तरपश्चिमी मैदानी क्षेत्र	1825.6	1461.8	363.8	1558	815	17.2	91.2
मध्य क्षेत्र	2069.6	1286.2	783.4	1745	702	18.6	148.6
दक्षिण क्षेत्र	1676.8	1316.8	360	1290	773	30	66.9

अनुसंधान प्रक्षेत्रों पर देशी व कावुली चने के उत्पादन में अन्तर रहा है। यह अन्तर 330 कि.ग्रा./हे. उत्तर पूर्वी मैदानी क्षेत्रों में एवं 783 कि.ग्रा./हे. मध्य क्षेत्र में दर्ज किया गया है। उपज अन्तराल–I जो कि अनुसंधान प्रक्षेत्र और कृषक प्रक्षेत्र परीक्षण के मध्य बीच सर्वाधिक दक्षिणी क्षेत्रों में 30% देशी प्रजातियों में और उत्तर पश्चिमी मेदानी क्षेत्रों में मात्र 17% देखा गया। उत्पादन अन्तराल–II जोकि कृषक प्रक्षेत्र अनुसंधान और खण्ड स्तरीय औसत उपज में अन्तराल सभी खण्डों में अधिक पाया गया। यह अन्तर उत्तर पूर्वी क्षेत्रों में

69% और मध्य क्षेत्रों में 148% पाया गया। उत्पादन में अन्तराल–II में अधिक अन्तर प्रक्षेत्र प्रदर्शनों और खण्ड स्तरीय उपज में अधिक अन्तर प्रदर्शित करता है कि कृषक के पास उन्नत तकनीकों का अभाव है। मौजूदा उन्नत प्रौद्योगिकी से उत्पादन बिना क्षेत्र विस्तार के उत्पादन राष्ट्रीय स्तर पर कृषकों द्वारा संस्तुत तकनीकें अपनाने पर उत्पादन दो गुना किया जा सकता है।

उत्पादन अन्तराल के माध्यम से माना जा रहा कि दलहन उत्पादन की उन्नत प्रोद्योगिकी कृषकों तक नहीं पहॅुची है। अतः प्रौद्योगिकी के हस्तांतरण की बेहतर ढंग से कार्य करने की आवश्यकता है। बहुत सी तकनीकें कृषको के उत्पादन को बढाने में फायदेमंद साबित हुई है। लेकिन यह बेहतर ढंग से उत्पादको के पास नहीं पहुँचती है। उदाहरण के लिए मृदा जनित रोग जनको का रोकने हेतु फंगस और बैक्टीरिया और चने में फली छेदक को रोकने हेतु एन पी वी वाइरस पेथोजन अभी तक उत्पादकों को सुलभता से उपलब्ध नहीं हो पा रहे है। चने की खेती को बढावा देने हेतु उत्पादन के साथ व्यापार को जोडना आवश्यक है। अन्तर्राष्ट्रीय स्तर पर बडे दाने (> 60ग्राम / 100बीज) के कावुली चने की बहुत अधिक मांग है अतः बेहतर प्रजाति विकास पर प्राथकिता देने की आवश्यकता है। कावुली चने की घरेलू मांग दिन प्रतिदिन बढती जा रही है। इसकी आपूर्ति हेतु आयात को बढावा मिल रहा है। देश के आयात पर होने वाले बहुमूल्य खर्च को वचाने हेतु बडे आकार की चार कावुली चने की प्रजातियां (आईपीसीके–2, एमएनके–1, पीकेवी 4–1, और फुलेजी–0517) विकसित की जा चुकी है। बडे दाने के कावुली चने की यूरोप के बाजार में अधिक मांग है।

उत्पादन को दो गुना करने की प्रोद्योगिकियाँ

अ. **उन्नत किस्में**: विगत 20 से 22 वर्षो के दौरान विभिन्न राज्य कृषि विश्वविद्यालयों, भारतीय दलहन अनुसंधान संस्थान, कानपुर और भारतीय कृषि अनुसंधान संस्थान, नई दिल्ली के अखिल भारतीय समन्वित चना अनुसंधान परियोजनाओं के माध्यम से 75 से ज्यादा अधिक उपज देने वाली किस्मों का विकास किया गया है। इक्रीसेट पटनचेरु द्वारा भी प्रजातियों के विकास में महत्वपूर्ण योगदान दिया है। यह प्रजातियां उखटा प्रतिरोधी, एस्कोचिटा झुलसा, सहिष्ण शीघ्र परिपक्वता बडे दाने की देशी और कावुली प्रजाति जो कि कम बढ़ती है और हल्की लवणता और सुखा प्रतिरोधी है। प्रजातियाँ जो कि विभिन्न राज्यों और कृषि परिस्थितियों के लिए सिफारिश की गई है तालिका–5 मे दी गई है।

तालिक 5: चने की प्रजातियॉ देश के विभिन्न राज्यों हेतु संस्तुत

क्र.स.	राज्य	प्रजाति
1.	आन्ध्र प्रदेश	भारती (आईसीसीवी–10), जेजी–11, क्रान्ती (आईसीसीवी–37), फुले जी–95377 (के), स्वेता (आईसीसीवी–2)
2.	आसाम	जेजी–74, केडब्लूआर–108, राधे, उदय (केपीजी–59)
3.	बिहार	गुजरात ग्राम–4, केडब्लूआर–108, पूसा–256, पूसा–372, पूसा–1003 (के), उदई (के पीजी–59), आरएयू–52
4.	छत्तिसगढ	जेजी–16, जेजी–315, जवाहर ग्राम कावुली–1 (जेजीके–1), काक–2, पूसा–372, पूसा–391, वैभव, विजय, आरवीजी–202,203, पूसा–1003, के–551, काबुली, बीजीडी–72(प्रगती)
5.	दिल्ली	आलोक (केजीडी–1168), डीसीपी 92–3, करनाल, चना–1 (सीएसजी–8962), पूसा–372, पूसा चमत्कार (बीजी–1053), आरएसजी–888, उदई (केपीजी – 59), पूसा–2024, डीसीपी 92–3
6.	गुजरात	धारबाड प्रगति (बीजीडी–72), गुजरात चना–1, गुजरात चना–2, जेजी–16, (साकी–9516), जवाहर चना काबुली–1 (जेजीके–1), पूसा–372, पूसा–391, विकास, विसाल, विजय, विश्वास, जेसीपी–1001 (गुजरात ग्राम–1), बीजीडी – 72 (प्रगती), जेजी–322
7.	हरयाणा	आलोक (कीजीडी–1168), डीसीपी 92–3, जीपीएफ–2, जीएनजी–1581, हरयाणा चना–1, हरयाणा काबुली चना–2, करनाल चना–1, पीबीजी–1, पूसा–329, पूसा–362, पूसा–372, पूसा–547, पूसा चमत्कार (बीजी–1053), राजस, आरएसजी–888, सम्राट (जीएनजी–469), उदई (केपीजी–59), वरदान, आरएसजी–963, एचके–4
8.	झारखण्ड	विरसा चना–1, गुजरात ग्राम–4, केडब्लूआर–108, पूसा–256, पूसा–372, काबुली–1003, उदई (केपीजी–59)
9.	कर्नाटक	अन्नेगेरी–1, भारती (आईसीसीबी–10), चाफा, जेजी–11, फुलेजी–95311 (के), स्वेता (आईसीसीवी–2)
10.	मध्य प्रदेश	धारवाड प्रगति, गुजरात ग्राम–1, जेजी–16 (साकी–9516), जेजी–130, जेजी–218, जेजी–315, जेजी–322, जेजी–74, जेजीजी–1, जवाहर ग्राम काबुली–1 (जेजीके–1), पूसा–391, विस्वास (फुलेजी–5), विजय, विशाल, जेजी–11, जेजी–322, राजविजय काबुली चना–01, आरबीजी–101, 202, 203
11.	महाराष्ट्र	अन्नेगेरी–1, धारवाड प्रगति, गुजरात ग्राम–1, जवाहर ग्राम काबुली–1, जे जी–16, काक–2, पूसा–372, पूसा–391, स्वेता (आईसीसीवी 2), फुले जी–12, विहार, विजय, विकास, विराट, विशाल, विस्वास, (फुले जी–5), पूसा–1003, के–551 (काबुली), बीजीडी–72 (प्रगति), जीसीपी–101 (देशी), पीकेवी हरिता (एकेजी 9303–12)
12.	पंजाब	आलोक (केजीडी–1168), डीसीपी 92–3, जीपीएफ–2, जीएनजी–1581, हरे छोले–1, हरयाणा चना–1, करनाल चना–1, एल–551, पीबीजी–3, पीबीजी–5, पूसा–256, पूसा–329, पूसा–362, पूसा–372, पूसा–547, पूसा चमत्कार, राजस, आरएसजी–963, सम्राट, उदई, वरदान
13.	राजस्थान	आभा, आभार, अभिलाशा, आकाश, अंकुर, अन्विता, अर्पना, अर्पिता, अरूना, आसार, आशा, आलोक (केजीडी–1168), डीसीपी–92–3, जीएनजी–146, जीएनजी–663, जीएनजी–1292 (के), जीएनजी–1581, जीपीएफ–2, हरयाणा चना–1, करनाल चना–1, पीबीजी–1, पूसा–329, पूसा–362, पूसा–372, पूसा–547, पूसा चमत्कार (बीजी–1053), आरएसजी–44, आरएसजी–888, आरएसजी–963, राजस, सम्राट, उदई, वरदान

क्र.स.	राज्य	प्रजति
14.	उत्तर प्रदेश	आलोक (केजीडी–1168), डीसीपी–92–3, जीपीएफ–2, जीएनजी–1581, गुजरात ग्राम–4, हरयाणा चना–1, जेजी–16, जेजी–315, करनाल चना–1, केडब्लूआर–108, पन्तजी–186, प्रगति, पूसा–256, पूसा–372, पूस–547, पूसा काबुली–1003, राजस, सदाबहार, सदभावना, सम्राट (जीएनजी–469), सूर्या, उदई (केपीजी–59), वरदान, विस्वास, डीसीपी 92–3, एससीएस–3, सुब्रा (काबुली), उज्वल (काबुली)
15.	पश्चिम बंगाल	अनुराधा, जे जी–74, के डब्लू आर–108, महामाया–1, महामाया–2, पूसा–256

(i) **रोग प्रतिरोधी किस्में**: रोग प्रतिरोधी प्रजातियों का विकास चना सुधार करने में एक प्रमुख गतिविधि के रुप में लिया गया है। परिणाम स्वरुप उखटा प्रतिरोधी और एस्कोचिटा झुलसा सहिष्णु कई प्रजातियों का विकास किया जा चुका है। इनमें से कुछ प्रजातियाँ निम्न प्रकार हैं इनमें से क्षेत्र विशेष हेतु चयन कर लगानी चाहिए।

- **उखटा प्रतिरोधी**:– केडब्लूआर–108, एच 82–2, डीसीपी 92–3, जीपीएफ 2, जेजी–315, विजय, जेजी–16, जेजी–74, आईसीसीबी 10, जेजी–11, जेजी–322, आलोक, जीसीपी–101, सम्राट, जीसीपी–105, जीएनजी 663, राधे, अवरोधी, पूसा 372, उदई, विजय, विशाल, धारवाड प्रगति, पूसा चमत्कार, पूसा कावुली–1003, अन्नेगेरी, बीडीएन 9–3, आईसीसीवी–10, 32, फुलेजी–5, पीडीजी 83–84, आईपीसीके 96–3, जेजी–315, वरदान, पूसा–362 व 391।
- **एस्कोचिटा झुलसा सहिष्णु**: पीबीजी–5, सम्राट (जीएनजी 469) पीबीजी–1, और पूसा–372।
- **नेमाटोड प्रतिरोधी**: जीएल–88341, बीजी–360 एवं आरएसजी–524।
- **बूचिड प्रतिरोधी**: डीसीपी 92–3, जेजी–315, बीजी–1003 एवं बीजी–372।

(ii) **बडे दाने की प्रजातियां**: बडे दाने की प्रजातियां सिंचित क्षेत्रों में ली जाय तो उपज में वृद्धि हो सकती है। बडे दाने वाली सिफारिश की गई प्रजातियाँ निम्न प्रकार है–

- **देशी (20 ग्राम / 100 बीज बजन)**: पूसा–256, सम्राट, पूसा–391, पूसा–362, के डब्ल्यू आर–108, धारवाड प्रगति, को–3, को–4, फुले जी–5, राधे और विशाल।
- **काबुली (25 ग्राम / 100 बीज बजन)**: जवाहर ग्राम काबुली–1 (जेजीके–1), काक–2, पूसा चमत्कार (बीजी–1053), फुले जी–953111, आईसीसीवी–2, पूसा काबुली–1003 (बी जी–1003), बिहार, हरियाणा, काबुली चना–1।
- **बडा दाना काबुली बीज (50 ग्राम / 100 बीज बजन)**: पीकेवी 4–1, फुलेजी–0517 इन किष्मों के अतिरिक्त जवाहर कावुली चना–1 (जेजीके–1), काक–2 और फुलेजी–95311 प्रजातियों के 100 दानों का बजन 30 ग्राम से अधिक होता है।

(iii) **देरी से बुवाई हेतु उपयुक्त किस्में**: पंजाब, हरियाणा, उत्तर प्रदेश, बिहार, छत्तीसगढ का कुछ भाग और झारखण्ड राज्यों गें धान की फसल के साथ कुछ अन्य वर्षा आधारित फसलों के उपरान्त खेत देरी से खाली होते है। इन क्षेत्रों हेतु चने की प्रजातियों

जैसे उदई (केपीजी–59) पूसा–372, आरएसजी–963 और पीबीजी–1 से लगाकर अच्छी उपज ली जा सकती है। यह प्रजातियाँ दिसम्बर के प्रथम सप्ताह तक लगाई जा सकती है। इसी प्रकार उत्तर प्रदेश और मध्य प्रदेश में देरी से बुवाई की स्थिति में पंतजी–186 और जेजी–74 प्रजातियों की सिफारिश की गई है।

(iv) विशिष्ट परिस्थितियों के लिए किस्में जिन क्षेत्रों की मृदा में नमी अधिक रहती है और प्रायः शीत ऋतु के मौसम में वर्षा होती रहती है और जल स्तर ऊँचा है साथ ही मृदा उर्वरता भी अधिक है एसे क्षेत्रों में फसल की बढवार अधिक हो जाती है एवं फसल गिर जाने के कारण उत्पादन पर बहुत विपरीत प्रभाव पडता है। इन क्षेत्रों में डीसीपी 92–3 प्रजाति सफलता पूर्वक लगाई जा सकती है। इसी प्रकार देश के उत्तर पश्चिमी क्षेत्रों में हल्के लवणता वाले क्षेत्रों में करनाल चना–1 (सीएसजी–8962) प्रजाति सफलता पूर्वक लगाई जा सकती है। हाल ही में राजस्थान, पंजाब और हरियाणा के सूखा प्रभावित क्षेत्रों के लिए कम नमी की स्थिति में आरएसजी–888 प्रजाति की सिफारिश की गई है। अधिक तापक्रम सहन करने की क्षमता एवं देर से बुवाई की स्थिति में प्रजाति जेजी–14 मध्य भारत हेतु सिफारिश की गई।

ब. बेहतर प्रबन्धन तकनीकें

(i) बुवाई की उन्नत तकनीक: फसल की बुवाई की गहराई उगने का समय तय करती है। बुवाई की गहराई मृदा के प्रकार एवं नमीं के आधार पर तय की जाती है। हल्की संररचना की मृदा में हुए अध्ययन के अनुसार विना सिंचाई के चने की बुवाई कम गहराई की अपेक्षा 10 सेन्टीमीटर गहराई पर बुवाई करने पर फसल का अंकुरण बेहतर होता है। असिंचित क्षेत्रों में चना 5 सेन्टीमीटर से कम गहराई पर बोने से पौधों की मृत्यु दर अधिक रहती है। जिन क्षेत्रों की मृदा के ऊपरी भाग में नमी कम और गहराई में नमी अधिक हो वहां पर बीज की बुवाई 8 से 10 सेन्टीमीटर गहराई पर करनी चाहिए। यदि बुवाई के समय मृदा में नमी का स्तर अच्छा हो तब ऐसी स्थिति में फसल के बीजों को 5 से 7 सेन्टीमीटर गहराई पर बुवाई करने पर अंकुरण बेहतर होता है। फसल की बुवाई सुबह के मौसम में करने के उपरान्त तुरन्त पाटा लगा देना चाहिए।

(ii) जल प्रबन्धन और नमी संरक्षण: चने की फसल 150 सेन्टीमीटर गहराई से भी नमी अवशोषित करने की क्षमता रखती है (शालुके एवं कदम, 1989)। जबकि 60 सेन्टीमीटर गहराई तक सघन जड प्रणाली के माध्यम से अधिक नमीं का अवशोषण करती है। चने की फसल हेतु कुछ महत्वपूर्ण जल प्रबन्धन और नमीं संरक्षण की तकनीकें इस प्रकार है। सुखा सहन करने वाली प्रजातियों की खेती, वर्षा जल का तालाब और सामुदायिक तालाब बनाकर संचय, सूखा प्रभावित क्षेत्रों में शीघ्र पकने वाली प्रजातियों की खेती, सूक्ष्म सिंचाई प्रणाली को बढावा और अन्य नमीं संरक्षण की क्रियाओं का अपनाना प्रमुख है।

अखिल भारतीय समन्वित चना अनुसंधान परियोजनाओं के अनुसंधान के माध्यम से चौडी वेड पर दो लाइनों में बुवाई और नाली में सिंचाई समतल जमीन पर बुवाई की तुलना में

अधिक लाभदायक है। भारी मृदाओं में भी चौडी वेड पर बुवाई एवं नाली पद्धति में सिचाई अधिक लाभप्रद है। भारी मृदाओं में भी समतल जमीन पर बुवाई पद्धति में सिंचाई के समय मृदा सतह पर पानी ठहरने से फसल बुरी तरह प्रभावित हो जाती है। रिज वेड पद्धति में कम सिंचाई जल की उपलब्धता स्थिति में सिंचाई कर 30% तक पानी की बचत करने में मदद मिलती है और उत्पादन अधिक मिलता है। यह तकनीक काबुली चने का दाने का आकार और उपज में वृद्धि करती है। वर्ष 2009–10 में रिजवेड तकनीक से काबुली चने की औसत उपज 1840 कि.ग्रा./हे. प्राप्त हुई थी।

(iii) पोषक तत्व प्रबन्धनः चने की फसल के द्वारा कुल 60 से 200 कि.ग्रा. नत्रजन, 5 से 15 कि.ग्रा. फास्फोरस और 60 से 170 कि.ग्रा. पोटास/हे. ग्रहण किया जाता है (अहलावत, 2000)। फसल सघनता के कारण मुदा में पोषक तत्वों की कमीं होती जा रही है। परिणामस्वरुप पोषक तत्वों की उपलब्धता घटती जा रही है। जिससे फसल को पोषक तत्व आपूर्ति में वाधा उत्पन्न होती है। पोषक तत्वों में नत्रजन की कमीं वर्ष 1950 से प्रारम्भ हो गई थी एवं वर्ष 1990 तक कुल छः पोषक तत्वों की मृदा में कमीं देखी गई है (लोह तत्व वर्ष 1960, फास्फोरस, जस्ता, पोटेशियम, सल्फर, मेग्नीज तत्व वर्ष 1970)। सन्तुलित और समन्वित पोषक तत्वों के प्रयोग से फसल की वृद्धि, विकास, उपज एवं गुणवत्ता में वृद्धि होती है। साथ ही जैविक और अजैविक कारकों से पौधों को उवरने की शक्ति प्राप्त होती है। असन्तुलित पोषक तत्वों के प्रयोग से फसलों पर कीट व्याधियों का प्रकोप अधिक होता है साथ ही पौधों को पोषक तत्वों के असंन्तुलित वितरण से नत्रजन की आपूर्ति वाधित हो जाती है। जिससे प्रकाश संस्लेषण की क्रिया प्रभावित होती है साथ ही पौधों के प्रजनन भाग का विकास भी वाधित होता है।

सामान्यतः मृदा में कार्बनिक पदार्थ की मात्रा पर्याप्त होने पर 15 से 20 कि.ग्रा. नत्रजन/हे. की सामान्य मृदाओं में आवश्यकता पडती है। नत्रजन के प्रयोग के प्रभाव से उपज में 8.5 से 19.5 कि.ग्रा. चना/कि.ग्रा. नत्रजन के प्रभाव से वृद्धि देखी गई है। जबकि चने की फसल मक्का, ज्वार अथवा लम्बी अवधि की धान की फसल के बाद लगाई जाती है इस स्थिति में नत्रजन स्थरीकरण कम हो पाता है। इस स्थिति में नत्रजन की मात्रा 25 से 50% बढाकर प्रयोग करने की सिफारिश की गई है इस परिस्थिति में 40 कि.ग्रा. नत्रजन/हे. प्रयोग का उत्पादन पर प्रभाव देखने को मिला है।

फास्फोरस चना की फसल के लिए सबसे महत्वपूर्ण पोषक तत्व है। फास्फोरस के प्रभाव से जडों का विकास अधिक होता है साथ ही जडें गहराई तक जाती है। फास्फोरस ए डी पी और ए टी पी का एक घटक है एवं यह दानों में प्रोटीन की मात्रा भी बढाता है (गुहे एवं सहयोगी, 2000 एवं मोटसरा, 2002)। फास्फोरस की मृदाओं में सर्वाधिक कमी महाराष्ट्र की मृदाओं में तत्पश्चात उत्तर प्रदेश, कर्नाटक, पंजाब एवं तमिलनाडु में देखी गई। फास्फोरस के प्रयोग का प्रभाव चने की फसल में बहुत से शोधार्थियों ने देखा है (प्रभाकर एवं श्राफ, 1991)। अखिल भारतीय समन्वित चना अनुसंधान परियोजनाओं के अनुसंधान के अनुसार फास्फोरस के प्रयोग से काबुली चने की पैदावार में 17 से 37% तक की वृद्धि देखी

गई है। जिन मृदाओं में उपलब्ध फास्फोरस का स्तर 15 कि.ग्रा./हे. से कम है ऐसी मृदाओं में 60 कि.ग्रा. फास्फोरस, जबकि जिन मृदाओं में उपलब्ध फास्फोंरस का स्तर 15 से 22.5/हे. है ऐसी मृदाओं में 30 कि.ग्रा. फास्फोरस/हे. की सिफारिश की गई एवं जिनमें उपलब्ध फास्फोरस का स्तर 22.5 कि.ग्रा./हे. से अधिक है ऐसी मृदाओं में अलग से फास्फोरस युक्त उर्वरक प्रयोग की आवश्यकता नहीं रहती। अधिकांश मामलों में कृषकों एवं अनुसंधान प्रक्षेत्रों पर 40 से 60 कि.ग्रा. फास्फोरस युक्त उर्वरक प्रयोग पर्याप्त रहता है। फास्फोरस के प्रयोग का प्रभाव कई कारकों से प्रभावित होता है जैसे प्रयोग विधि, फास्फोरस का श्रोत, मृदा प्रोफाइल में नमीं का स्तर जो कि सिंचाई से प्रभावित होता है। डाई अमोनिया फास्फेट अथवा सिंगल सुपर फास्फेट से प्रयोग किए गये फास्फोरस की उपलब्धता सामान्य अथवा केल्केरियस मृदा में फास्फोरस घोलक जैव उर्वरक से बीज उपचारित कर मृदा में उपलब्धता बढाई जा सकती है (साद एवं शर्मा, 2001)। डाई अमोनिया फास्फेट/यूरिया का 2% का घोल का खड़ी फसल पर छिड़काव फास्फोरस की देश के सभी वारानी क्षेत्रों में चने की उत्पादकता बढाने में सक्षम पाया गया है।

सामान्यतः आम धारणा है कि भारतीय मृदाओं में पोटेशियम तत्व की मात्रा मध्यम से अधिक है अतः जिन क्षेत्रों की मृदाओं में उपलब्ध पोटेशियम का स्तर अधिक है। ऐसी मृदाओं में पोटेशियम युक्त उर्वरक की आवश्यकता नहीं है। चना उत्पादक क्षेत्रों की मृदा में उपलब्ध पोटाश के स्तर में काफी अन्तर है (सुव्वाराव एवं श्रीनिवास राव, 1996)। सिंचित क्षेत्रों में पोटास का प्रभाव देखने को मिला है। पोटाश के प्रयोग का प्रभाव लैटराइट, लाल, तटीय और डेल्टाइक जलोढ मृदाओ में भी देखने को मिला है सामान्यतः पोटाश कमीं वाले क्षेत्रों की मृदाओं में 20 कि.ग्रा. पोटेशियम/हे. प्रयोग की सिफारिश की गई है।

एक दलहन फसल होने के नाते, चने की फसल की सल्फर की आवश्यकता अधिक होती है क्योकि यह अमीनों अम्ल (मेथिओनिन, सिस्टीन और सिस्टाइन) निर्माण हेतु आवश्यक है। यह फेरोडिसियन–नाइट्रोजन युक्त घटक का निर्माण करता है और विटामिन्स, थाइआमिन और कोएंजाइम के चयापचय गतिविधियों में शामिल होता है। उत्तरी भारत में फसल संघनता और नत्रजन, फास्फोरस युक्त उर्वरको का अधिक प्रयोग के कारण सल्फर की कमीं अधिकांश मृदाओं मे देखी गई है। सामान्यतः मोटे बनावट वाली मृदा और कार्बनिक पदार्थ की कमी वाली मृदा में सल्फर तत्व की कमीं होती है। सल्फर की कमीं वाली मृदाओं में 20 से 60 कि.ग्रा. सल्फर/हेक्टयर का प्रभाव देखने को मिला है (औलख और पसरिचा, 1986)। मध्य भारत में 40 कि.ग्रा. सल्फर/हे. का प्रयोग सकारात्मक प्रभाव देखने को मिला है (अली एवं सिंह, 1995)। सल्फर के विभिन्न श्रोत जैसे जिप्सम, सिंगल सुपर फास्फेट, पाइराइट और एलीमेन्टल सल्फर समानान्तर रुप से प्रभावी पाये गये है।

दलहन उत्पादन क्षेत्रों में सूक्ष्म पोषक तत्वों की कमी सामान्यतः देखी जाती हैं सूक्ष्म पोषक तत्वों में जस्ते की कमीं व्यापक रुप से देखी जाती है तत्पश्चात वोरोन और लोह तत्व आते है। सूक्ष्म पोषक तत्वों का फसल पर प्रभाव इनके कमीं वाले क्षेत्रों में देखने को मिलता है। जस्ता और लोह तत्व कोलर रोट उखटा, जड सड़न चने की बीमारी में महत्वपूर्ण भूमिका

निभाते है (गुप्ता, 1999) और जस्ते की पूर्ति हेतु 25 कि.ग्रा. जिंक सल्फेट/हे. प्रयोग की संस्तुति की गई है। बोरोन की कमी उडीसा, विहार, उत्तर प्रदेश, और गुजरात राज्यों में उभर रही है (टक्कर, 1996)। बोरोन के प्रयोग की सिफारिश बलुई और केल्केरियस मृदाओं में की गई है। मोलीब्डेनम की कमी मध्य प्रदेश और गुजरात राज्यों की काली मृदाओं में क्रमशः 18 और 10% है। बोरोन और मोलीब्डेनम के प्रयोग का सकारात्मक प्रभाव चने की फसल पर देखने को मिला है।

(iv) खरपतवार प्रबन्धनः सिंचित एवं असिंचित क्षेत्रों में चना की आरम्भ की अवस्था में पौधों की बढवार धीमी होती है। अतः प्रारम्भ के दौर में खरपतवार का प्रभाव अधिक होता है। खरपतवार के कारण चने की फसल में 40 से 87% तक उत्पादन घट सकता है (सक्सेना एवं सहयोगी, 1976, अहलावत एवं सहयोगी, 1978, यादव एवं सहयोगी, 1983 एवं वाष्णेय एवं सहयोगी, 1999)। खरपतवार मृदा सतह के ऊपर फसल से संधर्ष करते है साथ ही सामान्यतः अधिक कठोर परिस्थिती और सूखा सहन कर लेते है और मृदा से नमी और पोषक तत्वों का भी अवशोषण कर लेते है। मृदा पर निर्भरता फसल पद्धति, बुवाई तकनीक, बुवाई का समय, विगत फसल में खरपतवार नियंत्रण के उपाय आदि कारणों से खरपतवारों में भी भिन्नता होती है। चना की फसल में अधिकांश बथुआ (चीनोपोडियम एल्बम), मोरिला (मेलिलोटस इंडिका), जंगली मटर (लथाइरस अफाका), लूसर्न घास (मेडिकेगो डेन्टिकुलाटा), माइनि (ट्रिगोनेला पोलीसिराटा), मेचेटी (पोलीगोनम ब्लेवियम) प्याजी (अशोडिलस टेनुइफोलियस), बम्बूरि/कंघी (यूफोरबिया ड्रेकुनकुलोइड), कृष्णनील (एन्गालिस अवैन्सिस) और छोटा कल्प (ट्रिकोडेस्मा इंडिकम) का प्रकोप होता है। फसल की बुवाई का समय खरपतवारों की गतिशीलता पर महत्वपूर्ण प्रभाव डालते है। हिसार में हुए प्रयोग के अनुसार देरी से बुवाई (5 दिसम्बर) की स्थिति में खरपतवारों की संख्या एवं शुष्क भार में कमीं देखी गई साथ ही चना की उपज अधिक प्राप्त हुई (तालिका–6) एवं फसल की उपज में 197 और 71 कि.ग्रा./हे. क्रमशः 5 नबम्बर और 20 नबम्वर की बुवाई की तुलना में अधिक प्राप्त हुई है (मलिक एवं सहयोगी, 1988)। कृषकों द्वारा खरपतवार प्रबन्धन की प्राथमिकता उनके उपलब्ध संशाधन, उपलब्ध तकनीकी, नियंत्रण में आने वाली तकनीकि की लागत पर निर्भर करती है। समय पर खरपतवार प्रबन्धन से उत्पादन में वृद्धि होती है। फसल के प्रारंम्भिक 4 से 8 सप्ताह खरपतवार प्रबंधन हेतु अनुशंसा की गई है (अहलावत एवं सहयोगी, 1978)। पहली यांत्रिक विधि से प्रथम खरपतवार नियंत्रण बुवाई के 3 से 4 सप्ताह के अन्दर और द्वितीय 6 से 8 सप्ताह बुवाई के उपरान्त करने की सिफारिश की गई है। हालांकि खरपतवार अधिक संख्या में होने की स्थिति में तृतीय खरपतवार नियंत्रण 9 से 12 सप्ताह के अन्दर करना चाहिए। फसल में खरपतवार प्रबन्धन देरी से करने की स्थिति में उत्पादन में अधिक लाभ नहीं मिलता है।

तलिका 6: चना की फसल में बुवाई के समय का खरपतवारों के शुष्क भार, संघनता और उपज पर प्रभाव

बुवाई का समय	1985–85		1986–87		उपज (कि.ग्रा./हे.)
	खरपतवारों का शुष्क भार (ग्राम/मी^{2}.)	खरपतवार सघनता (संख्या/मी^{2}.)	खरपतवारों का शुष्क भार (ग्राम/मी^{2}.)	खरपतवार सघनता (संख्या/मी^{2}.)	
नबम्बर 5	63.4	2.9 (10.1)	74.9	3.0 (9.8)	1205
नबम्बर 20	52.3	2.8 (8.2)	36.6	2.7 (4.7)	1331
दिसम्बर 5	33.7	1.7 (1.8)	31.4	1.7 (2.5)	1402
एलएसडी – 5%	0.3	0.3	0.1	0.1	44

यांत्रिक विधि से चना की फसल में खरपतवार नियंत्रण सफलता पूर्वक किया जा सकता है। लेकिन यांत्रिक विधि से खरपतवार नियंत्रण की कुछ सीमाये है, रासायनिक विधि से खरपतवार नियंत्रण फ्लूक्लोरलिन, पेन्डिमिथलीन, प्रोमेट्रिन और ट्राइफ्लूरेलिन के प्रयोग से बिना किसी हानिकारक नुकसान के खरपतवार नियंत्रण चने की फसल में लाभकारी रहता है। प्रोमेट्रिन 0.5 कि.ग्रा. संक्रिय तत्व/हे. या एलाक्लोर 1.5 कि.ग्रा. संक्रिय तत्व/हे. उगने से पूर्व अथवा टेरव्यूट्रिन 0.75 से 1.2 कि.ग्रा. संक्रिय तत्व/हे. बुवाई से पूर्व और पेन्डामिथिलीन 1 कि.ग्रा. संक्रिय तत्व/हे. फसल उगने से पूर्व तदउपरान्त एक निराई गुडाई, बुवाई के 45 दिन पश्चात् (यादव एवं सहयोगी, 1983; वाष्णेय एवं सहयोगी, 1999) करने पर चौडी पत्ती वाले एवं अन्य खरपतवार नियंत्रित किए जा सकते है। यदि सकरी पत्ती वाले खरपतवारों की समस्या है तो इसके लिए क्विजालोफोंक इथाइल खरपतवार नाशी की 50 ग्राम मात्रा/हे. 20 से 25 दिन की फसल पर प्रयोग करने से लाभ मिलता है। चना एवं संरसों की अन्तरवर्ती फसल के माध्यम से भी खरपतवारों की संघनता कम की जा सकती है। इसी प्रकार फसल की लाइनों की दूरी कम (25 सेन्टीमीटर) कर के भी खरपतवारों की संख्या कम की जा सकती है।

भंडारण: कृषकों के यहां भण्डारण की सुविधाओं का अभाव है एवं कीट व्याधियों के कारण उत्पादन को काफी नुकसान हो जाता है। कृषक अधिकांशतः भण्डारित किए गए बीज को ही बुवाई के काम में लेते है। अधिकांशतः इस परिस्थिति में बीज की गुणवत्ता खराब होती है। इस प्रकार के बीज की बुवाई से अधिकांशतः पौधों की संख्या कम रहती है और उपज कम मिल पाती है। आमतौर पर फसल परिपक्वता के समय ब्रूचिड कीट से खराब हो जाती है। अतः ब्रूचिड के आगे के विकास को रोकने के लिए ए.एल.पी. 1 से 2 टेवलेट/टन और ई.डी.बी. 30 मिली लीटर/टन का प्रयोग लाभकारी रहता है। भण्डारण से पूर्व चना को अच्छी तरह से सुखा कर (नमी 8% से कम) एवं साफ कर भण्डारित करना चाहिए। चना को 5 कि.ग्रा. की मुसलिन की थैली की सिलाई कर भण्डारित करना चाहिए यदि मात्रा अधिक है तब इस स्थिति में 30 कि.ग्रा. की थैली को पैक करने के उपरान्त भण्डारित करने की सिफारिश की जाती है। थोक मात्रा में भण्डारण करना हो तब ऐसी स्थिति में लोहे के कन्टेनर को साफ करने के उपरान्त भण्डारित करना चाहिए तथा ऊपर की परत पर 2.5 सेन्टीमीटर की वालू (गन्दगी एवं रेत से मुक्त) विछाकर ढकना चाहिए।

स. एकीकृत रोग प्रबन्धन

मुख्य बीमारियों में उत्तर पश्चिमी मैदानी क्षेत्रों में एस्कोकाइटा झुलसा एवं उखटा और मध्य और दक्षिणी क्षेत्रों में सूखी जड सड़न मुख्य बीमारी है।

- **उखटा और जड़ सड़नः** चना का बीज उपचार फफूदनाशक जैसे कार्वान्डिज्म (1 ग्राम/किलो बीज) + थायरम (2 ग्राम/किलो बीज) या जैवकारक ग्लाइकोडियम विरेन (5.0 ग्राम/कि.ग्रा. बीज) से बीज उपचार अथवा ट्राइकोडर्मा (5 ग्राम/किलो बीज) + फफूँदनाशक कार्वोक्सिन (विटावेक्स) 1 ग्राम/कि.ग्रा. बीज से उपचारित कर बुवाई करना चाहिए। क्षेत्र विशेष हेतु संस्तुत रोग प्रतिरोधी प्रजातियाँ, निम्न प्रकार है–

उत्तर पश्चिम मैदानी क्षेत्र	:	जीएनसी–146, पीबीजी–1, हरियाणा चना–1, जीएफ–89–36 पूसा–362, पूसा–372, जीएनजी–663, जीएनजी–469, डीसीपी 92–3, जीएनजी–158।
उत्तर पूर्वी मैदान क्षेत्र	:	अवरोधी, केडब्लूआर–108, केपीजी–59, पूसा–1003।
मध्य क्षेत्र	:	जेजी–315, आईसीसीवी–10 (भारती), पूसा–391, आई सीसीवी–2 विजय, विश्वास, फुलेजी–5, जाकी–9218, गुजरात ग्राम–1, पूसा–244, जेजी–16।
दक्षिण क्षेत्र	:	अन्नेगिरि–1, आईसीसीवी–10(भारती), आईसीसीवी–4, जेजी–11, आईसीसीवी–2।

- **एस्कोकाइटा झुलसाः** हेक्साकार्प (3 ग्राम/कि.ग्रा. बीज) या कार्बोन्डाजिम (2 ग्राम/कि.ग्रा. बीज) अथवा केलक्जि–एम (ट्राईडेमार्फ 2 ग्राम/कि.ग्रा. बीज) से बीज उपचार नियंत्रण हेतु प्रभावी रहता है। रोग प्रतिरोधी प्रजाति उदाहरण के तौर पर गौरव, पीबीजी–1, हरियाणा चना–1 और जीएनजी–469 उत्तर पश्चिमी मैदानी क्षेत्रों हेतु अनुसंसित है। हालांकि यह बीमारी कुछ वर्षो से गंभीर रुप से देखने को मिली है।
- **बोट्राइटिस ग्रे मोल्डः** यह बीमारी अधिक नमी वाले क्षेत्रों में जैसे तराई क्षेत्र में कभी–कभी देखने को मिलती है। इस बीमारी से प्रतिरोधी किस्म उपलब्ध नहीं है यह आसानी से नियंत्रित नहीं होती है।

द. कीट व्याधि प्रबन्धन

फली छेदक प्रमुख कीट फसल के फूल और फली बनते समय साप्ताहिक अन्तराल पर कीट के अण्डे अथवा लार्वा की निगरानी की आवश्यकता रहती है। सेक्स फेरोमोन ट्रेप 5/हे. जनवरी से मार्च के फली आने की अवस्था से पूर्व रखे जाने चाहिए। नियंत्रण की आर्थिक सीमा एक लार्वा 5 से 10 पौधों के मध्य होती है। चना की फसल में कीट नियंत्रण की आर्थिक सीमा निम्न प्रकार है–

चना फली छेदक	:	2 से 3 अण्डे/पौधा या 2 लार्वा/10 पौधा या 1 परिपक्व लार्वा/10 पौधा
कट वर्म (एग्रोटिस)	:	1 लार्वा/मीटर^2 लम्बाई
सेमीलूपर	:	2 लार्वा/10 पौधा
दीमक	:	5/मीटर^2
व्हाइट ग्रब (सफेद लट)	:	5/मीटर^2

- **कर्षण क्रियायें:** ग्रीष्म ऋितु की गहरी जुताई, स्वच्छ खेती, समय पर बुवाई (अक्टूबर के अन्त तक), चना की फसल अलसी, संरसों, गेहूँ, जौ, धनिया आदि के साथ अन्तरवर्ती फसल से फली छेदक और नेमाटोड से होने वाले नुकसान को कम कर सकते है।
- **यांत्रिक तकनीकें:** लार्वा को पकड कर नष्ट करे।
- **जैविक नियंत्रण:** फसल को नुकसान करने वाले कीटो के प्राकृतिक दुश्मनों को संरक्षण जैसे केम्पोलेटिस, भ्रंग, स्टिक बंग, लेडीवर्ड वीटल, ततैया और पर्यावरण के अनुकूल कीट नाशकों का प्रयोग। कीट भक्षियों को प्रोत्साहन देने हेतु खेतों में वर्ड पंर्चर प्रत्यारोपण। धनिया की अन्तरवर्ती फसल जिससे धनिया के फलों के नेक्टर द्वारा कीट पतंगों के प्राकृतिक दुश्मन केम्पोलेटिस चोरिडीअ परभक्षी कीट की खेतों में वृद्धि होती है जो कि नुकसानदेय कीट पतंगो को कम करता है।
- हेलीकोवर्पा अर्मीजेरा के प्राथमिक तोर पर एक या दो लार्वा अथवा अण्डों की संख्या दिखाई देने पर एनपीवी (न्यूक्लीयर पोलीहेड्रोसिस वायरस) 250 लार्वा के बराबर (एल ई)/हे. की दर से छिडकाव। सप्ताहिक अन्तर पर तीन छिडकाव। बेसीलस थूरिजेन्सिस का प्रयोग उदाहरण के लिए डिपेल, डेलहिन, वायोविट आदि का 1 से 1.5 कि.ग्रा./हे. का प्रयोग लाभदायक रहता है।
- **रासायनिक नियंत्रण:** चयनित कीटनाशक जैसे फेनवेलरेट (0.01%), क्यूनोलफोस 30 ई सी (1.5 एम एल/लीटर) और पिसे हुए नीम के बीज का निचोड (5%) अथवा नीम आधारित योग जैसे नेम्वीसाइड, रिपेलिन, अचूक, नीमगार्ड आदि का प्रयोग कीटो की आर्थिक संख्या को सीमा पर किया जाना चाहिए।

दीमक और कटवर्म के प्रयोग हेतु क्लोरोपाइरीफोस का मृदा व बीज उपचार कर नियंत्रण किया जा सकता है।

एकीकृत नाशी जीव प्रबन्धन (आईपीएम) दृष्टिकोण

एकीकृत कीट प्रबन्धन (आईपीएम) एक विधिवत ढंग से नियंत्रण की सभी तकनीकों का इस्तेमाल है। नियंत्रण का दृष्टिकोण व्यक्तिगत आधार के वजाय समुदायक आधार होना चाहिए इसमें पूरे कृषक समूह को एक साथ ध्यान देने की आवश्यकता होती है। हेलीकोवर्पा अर्मीजेरा के प्रभावी नियंत्रण हेतु कृषकों को ईष्टतम समय पर बुवाई, सहनशील किस्मों, प्रदूषण रहित और कम प्रदूषण फैलाने वाले कीट नाशक जो कि अण्डों व लार्वा पर आधारित हो प्रयोग करने चाहिए।

आईपीएम मोड्रयूल का प्रयोग दोनो ही स्थितियों जैसे जिन क्षेत्रों में कीटनाशकों की असन्तुलित अथवा उन क्षेत्रों में जहॉ कीटनाशकों का प्रयोग लोकप्रिय न रहा हो करना चाहिए। आईपीएम मोड्रयूल जिन क्षेत्रों में कीटनाशक अधिक प्रयोग किए जा रहे है और साथ ही कीटनाशक पर अधिक भरोसा किया जाता है और उन क्षेत्रों में कीटनाशकों का प्रयोग धीरे धीरे कम किया जा सकता है दूसरे एसे क्षेत्र जिनमें कीटनाशकों का विल्कुल प्रयोग नही किया जाता मोड्रयूल को आकर्षक वनाकर लाभ लिया जा सकता है (अहलावत, 2000)। दोनों स्थितियों में सांस्कृतिक और जैव तर्क संगत बनाकर कीट व्याधियों को नियंत्रित किया जा सकता है।

अन्तरवर्ती फसल में रासायन और जैविक मोड्रयूल का हेलीकोवर्पा अर्मीजेरा के नियंत्रण हेतु चार वर्षो तक प्रयोग किया गया। विभिन्न अन्तरवर्ती फसल पद्धति में, चना+संरसों (4:2) सबसे बेहतर पाया गया इसमें चना की फलियों की छति कम (8.75%) और चना की फसल के बराबर उपज 1672 कि.ग्रा./हे. प्राप्त हुई जबकि चना की एकल फसल लगाने पर 13.60% फलियों को नुकसान हुआ साथ ही मात्र 1402 कि.ग्रा. उपज/हे. प्राप्त हुई। नियंत्रण के विभिन्न मोड्रयूलों में सघन जेविक समन्वित कीट व्याधि प्रबन्धन से फली छेदक कीट द्वारा मात्र 7.92% फलियों का नुकसान हुआ और उपज 1748 कि.ग्रा./हे. प्राप्त हुई जबकि नियंत्रक प्लांट में 15.34% फलियों को नुकसान हुआ साथ ही 1260 कि.ग्रा./हे. उपज प्राप्त हुई। नियंत्रण के उपचारों को आर्थिक दृष्टि से देखा जाये तो चना की फसल को सरंसों के साथ अन्तरवर्ती फसल में जैविक समन्वित कीट व्याधि प्रबन्धन से सर्वाधिक शुद्ध लाभ एवं लाभ लागत अनुपात प्राप्त हुआ (तालिका–7)।

तालिका 7: समन्वित कीट व्याधि नियंत्रण और अन्तरवर्ती फसल का चना की फलियों एवं उपज पर प्रभाव (2000–01 से 2003–04)

उपचार	फलियों का नुकसान (%)	चना आधारित उपज (कि.ग्रा./है.)
चना+संरसों (4:2 पंक्ति क्रम)	8.75	1672
चना+अलसी (2:1 पंक्ति क्रम)	10.35	1573
एकल चना	13.60	1402
*जैव आधारित समन्वित कीट नियंत्रण	7.92	1478
* रसायन आधारित समन्वित कीट नियंत्रण	9.42	1684
उपचार रहित	15.34	1260

इस प्रकार उपलब्ध जानकारी के आधार पर चना की फसल में समन्वित कीट व्याधि प्रबन्धन के क्रियान्वन हेतु सुझाव दिये जा रहे है।

- **कीट व्याधि से फसल को बचाने हेतु**:– वर्षा आधारित क्षेत्रों में शीघ्र बुवाई (अक्टूबर के अन्त तक) जिससे हेलीकोवर्पा द्वारा अधिक नुकसान करने के समय से बचा जा सकें।
- धान–परती क्षेत्रों में शीघ्र पकने वाली चना की प्रजातियों की नवम्बर में बुवाई उदाहरण के लिए चना की प्रजाति पीडीजी 84–10।

- **अन्तरवर्ती / मिश्रित खेती:** चना की फसल को संरसों, अलसी, गेहूॅं, जौ आदि फसलों के साथ अन्तरवर्ती फसल के रुप में खेती।

निगरानी

- सेक्स फेरोमोन जाल का प्रयोग करें।
- प्रजनन काल (10 से 16 स्टेन्डर्ड सप्ताह उत्तर भारत के हिसाब से) के दौरान अण्डो और लार्वा की गिनती।

सीमारेखा

- फूल/फली बनते समय एक लार्वा/मीटर लम्बाई में।
- शीत ऋतु समाप्ति (फरवरी–मार्च) होने पर 5 से 6 मोथ प्रतिदिन/ फेरोमोन ट्रेप।

पेड़–पौधों के उत्पाद

- 1% साबुन के धोल के साथ नीम के बीजो का अर्क (5%) का प्रयोग।
- नीम आधारित उत्पादों का प्रयोग।

जैव ऐजेंटों

- एचएएनपीवी 250 ल्यूर/हे. का प्रयोग।

पारिस्थितिकी के अनुकूल कीटनाशक

- क्लोरोपायरीफास का छिडकाव केम्पोलेटिस क्लोरिडी के तुलना में हेलीकोवर्पा अर्मीजेरा के लार्वा नियंत्रण हेतु अधिक सुरक्षित पाया गया है।
- कीटो द्वारा खाये जाने वाले कीटनाशक अथवा अन्य कीट नाशक का आवश्यकतानुसार प्रयोग इस्तेमाल किया जाना चाहिए।
- किसी विशेष कीटनाशकों को लगातार प्रयोग नहीं किया जाना चाहिए। क्लोरीनयुक्त हाइड्रोकार्बन ओर्गेनोफोस्फेट, कार्बामेट और पारीथ्रोइडस जैसे विभिन्न समूह, कीटनाशकों का बारी–बारी से प्रयोग किया जाना चाहिए।

जैविक नियंत्रण

- पक्षियों को बैठने हेतु लकडी के स्टेन्डों की स्थपना।
- नेक्टर से धनी धनिया की अन्तरवर्ती फसल जिससे मित्र कीट आकर्षित हों।

महत्वपूर्ण आदानों की आवश्यकता

अ. भरपूर मात्रा में आपूर्ति– सामान्यतः उन्नत किस्मों के गुणवत्ता युक्त बीज की अपर्याप्त उपलब्धता रहती है राज्यवार आवश्यक प्रमाणित बीजों की आवश्यकता तालिका 8 में दी गई है।

- प्रजनक बीज का केवल 20% भाग ही प्रमाणित बीज में बदला जाता है।
- सामान्य रुप में बीज गुणन अनुपात 10% से कम है।
- नई किस्मों के बीजों की मांग कम रहती है।
- अवास्तविक बीज मांग पत्र।

तालिका 8: बीज की कुल आवश्यकता (राज्य वार)

राज्य	क्षेत्रफल (हजार हे.)	प्रमाणित बीज की आवश्यकता (हजार टन)	बीज प्रतिस्थापन दर (%)
आन्ध्र प्रदेश	630.0	10.08	20
छत्तिसगढ	235.5	3.77	20
गुजरात	215.0	3.44	20
हरयाणा	107.0	1.71	20
कर्नाटका	605.0	9.68	20
मध्य प्रदेश	2438.7	39.02	20
महाराष्ट्र	1353.0	21.65	20
राजस्थान	1231.3	19.70	20
उत्तर प्रदेश	505.0	8.08	20
कुल	7543.7	120.70	20

रणनीतियाँ

- राज्यों द्वारा आवश्यकता के अनुरुप उन्नत बीजों की पूर्व में उत्पादन हेतु मॉग की योजना।
- प्रजनक बीज का प्रमाणित बीज के रुप में रुपान्तरण में वृद्धि।
- राज्यों द्वारा नई प्रजातियों की मांग से अवगत कराने की आवश्यकता।
- सभी प्रकार के बीजों में कवकनाशी से उपचार की अनिवार्यता।
- बीज उत्पादन अनुपात को बेहतर फसल प्रबन्धन के माध्यम से सुधार।
- बीज उत्पादन में आवश्यकता के अनुसार ही प्रजनक बीज की मांग।
- उन्नत किस्मों के बीजों का भण्डारण राज्य बीज निगम के माध्यम से बनाये रखा जा सकता है।

ब. पोषक तत्वों का अपर्याप्त और असंतुलित उपयोग

- राज्यवार पोषक तत्वों की आवश्यकता तालिका 9 में दी गई है।
- सल्फर की व्यापक स्तर पर कमी 137 दलहन उत्पादक जिलों में से 87 जिलों की मृदा में सल्फर तत्व की कमी 20 से 60% मृदाओं में है।
- लगभग 50% चना उत्पादक जिलों में जस्ते की कमीं है।
- बिहार राज्य की केल्केरियस मृदाओं में बोरोन की कमीं है।
- आवश्यकता से कम अथवा विना उर्वरक प्रयोग के चना की खेती।
- फास्फोरस युक्त उर्वरकों की आपूर्ति के साथ सल्फर व जस्ता की कमीं वाले क्षेत्रों में सल्फर व जस्ता धारी उर्वरकों की उपलब्धता।

रणनीतियाँ

- जैव उर्वरकों (राइजोवियम और पीएसवी) के उपयोग को बढावा जैसा कि विस्तृत में तालिका 10 में दिया गया है।

- वर्षा आधारित क्षेत्रों में यूरिया/डीएपी के 2% घोल का फसल पर छिडकाव।
- सन्तुलित उर्वरक प्रयोग हेतु मृदा स्वास्थ्य कार्ड का निर्माण।

तालिका 9: राज्यवार आदानों की आवश्यकता

राज्य	क्षेत्रफल (हजार हे.)	सल्फर* 20 कि.ग्रा./हे. (हजार टन)	जिंक सल्फेट** 15 कि.ग्रा./हे. (हजार टन)	फास्फोरस*** 40 कि.ग्रा./हे. (हजार टन)
आन्ध्र प्रदेश	630.0	3.15	1.89	12.60
छत्तिसगढ	235.5	1.18	0.71	4.71
गुजरात	215.0	1.08	0.65	4.30
हरयाणा	107.0	0.54	0.32	2.14
कर्नाटक	605.0	3.03	1.82	12.10
मध्य प्रदेश	2438.7	12.19	7.32	48.77
महाराष्ट्र	1353.0	6.77	4.06	27.06
राजस्थान	1231.3	6.16	3.69	24.63
उत्तर प्रदेश	505.0	2.53	1.52	10.10
कुल	7543.7	37.72	22.63	150.87

* 25% क्षेत्र में उपयोग, ** 20% क्षेत्र में उपयोग, *** 10% क्षेत्र में उगयोग

तलिका 10: अन्य आदनों की कुल आवश्यकता

क्षेत्रफल(हजार हे.)	कार्वन्डिज्म* (टन)	राइजोवियम** (टन)	ट्राइकोडर्मा** (टन)	एचएएनपीवी ल्यूर** 10^5 संख्या
7543.7	1207	94.29	22.63	9429

* 25% क्षेत्र में उपयोग, ** 20% क्षेत्र में उपयोग

स. पानी और जमीन

वर्षा आधारित क्षेत्रों में चना की फसल 75% क्षेत्रों में सूखे का सामना करती है अतः सूखा सहन करने वाली किस्मों का विकास आवश्यक है।

रणनीतियाँ

- खेत तालाब और समुदाय जलाशयों के माध्यम से वर्षा जल संचयन।
- सूखा प्रभावित क्षेत्रों में लघु अवधि की किस्मों को बढावा देना।
- सूक्ष्म सिंचाई प्रणाली को बढावा देना।
- नमी संरक्षण तकनीकों को अपनाना।

संसाधनों के कुशल उपयोग के लिए तंत्र

पानी के समुचित उपयोग हेतु, मृदा और पोषक तत्व संसाधनों के आधार पर चना आधारित फसल प्रणालियॉ (फसल क्रम और अन्तरवर्ती) का प्रयोग किया जाना चाहिए।

समन्वित पोषक तत्व प्रबन्धन

- 2% यूरिया का चना की फूल आने की अवस्था पर छिड़काव करने से 15% तक पैदावार बढाई जा सकती है।
- नत्रजन, फास्फोरस और पोटास के साथ 15 कि.ग्रा. जिंक सल्फेट और 20 कि.ग्रा. सल्फर के प्रयोग से 20% तक उपज वृद्धि की जा सकती है।
- राइजोवियम और पीएसबी से बीज उपचार कर बुवाई करने से 10% तक उपज में वृद्धि सुनिश्चित की जा सकती है।

एकीकृत मृदा और जल प्रबन्धन

शून्य जुताई पर बोवाई तकनीक: संरक्षित नमीं में धान की फसल कटाई के उपरान्त बुवाई एक बेहतर तकनीक है। इस तकनीक से समय की बचत एवं फसल शीघ्र लगाई जा सकती है। शून्य जुताई पर बुवाई हेतु अनेक यन्त्र बाजार में उपलब्ध है।

नाली में सिंचाई एवं चौडी पट्टी पर बुवाई तकनीक: यह तकनीक चना की फसल के लिए बहुत ही उपयुक्त है क्योकि इस तकनीक से सिंचाई जल की बचत अधिक पानी की निकासी, खरपतवार प्रबन्धन और फसलों का विकास बेहतर होता है इस तकनीक में बुवाई हेतु रेज्ड वेड सीड कम फर्टीलाइजर यंत्र काम में लिया जाता है।

लेजर समतलीकरण तकनीक: सामान्यतः चना की फसल वर्षा आधारित संरक्षित नमी में लगाई जाती है। जबकि अनुसंधानों के परिणामों से सिद्ध हो चुका है कि फसल की फूल अथवा फली बनने की अवस्था में सिंचाई करने पर 30% तक उपज में वृद्धि की जा सकती है। विधिवत लेजर लेवलर से समतल किए हुए खेत में सिंचाई जल का बेहतर प्रबन्धन कर अधिक उत्पादन लिया जा सकता है।

सूक्ष्म सिंचाई प्रणाली (ड्रिप और फब्बारा सिंचाई): सूक्ष्म सिंचाई पद्धतियों द्वारा ऊचे नीचे खेतों में पारम्परिक तकनीक की तुलना में अनमोल पानी को बचा सकते है। इन सिंचाई की तकनीकों से फसल की वृद्धि एवं विकास बेहतर होता है। इन तकनीकों की वास्तविक सफलता वालू मृदाओं के क्षेत्र राजस्थान (बीकानेर, जैसलमेर, बाडमेंर, सीकर, झुंझुनू जिले) एवं भारी संरचना की मृदा क्षेत्र पश्चिमी महाराष्ट्र में देखा जा सकता है।

बीज बुवाई से लाभ: वर्षा आधारित क्षेत्रों में बुवाई से पहले 4 से 6 घन्टे बीज को पानी में भिगोकर बुवाई करने पर फसल का अच्छा अंकुरण एवं विकास होता है। इस तकनीक से विना किसी खर्चे के 15 से 20% तक उपज में वृद्धि की जा सकती है।

भविष्य की आवश्यकता

- अन्तरवर्ती फसल हेतु चना की प्रजाति विकसित करने की आवश्यकता है जो की अन्तरवर्ती फसल के लिए उपयुक्त हो जो छाया में बेहतर उत्पादन क्षमता, सीधी बढने वाली, अधिक आदान प्रयोग पर भी अधिक उत्पादन दे सकें।

- वर्षा आधारित क्षेत्रों के लिए ज्वार, बाजरा, सोयाबीन और मक्का की फसल के क्रम में चना की अधिक सूखा और ताप सहनशील उखटा, सूखी जड सड़न प्रतिरोधी किस्मों के विकास की आवश्यकता है।
- उत्तर प्रदेश, बिहार, पश्चिमी बंगाल, आसाम, छत्तिसगढ, और मध्य प्रदेश के कुछ भाग में धान–परती फसल प्रणाली हेतु अधिक सूखा और ताप सहनशील प्रजाति जो कि उखटा और गीली जड़सडन, कोलर रोट अवरोधी किस्मों का विकास किया जाय।
- अन्तरवर्ती फसल में खरपतवार प्रबन्धन के मुद्दे को ध्यान में रखते हुए उगने के उपरान्त खरपतवार नीदानाशक खरपतवार प्रबन्धन हेतु उपयुक्त नीदानाशक की खोज करने की आवश्यकता है।
- समन्वित पोषक तत्व प्रबन्धन में चना की अन्तरवर्ती फसल हेतु सूक्ष्म पोषक तत्व प्रबन्धन पर जोर दिया जाये एवं पोषक तत्व प्रबन्धन मृदा जाँच के आधार पर ही किया जाना चाहिए।

संदर्भ

अहलावत, आई.पी.एस., 2000. बंगाल ग्राम. इन टेक्नीक्स एण्ड मेनेजमेंट ऑफ फील्ड क्रॉप प्रोडक्शन. एग्रोबायोस, नई दिल्ली, इंडिया. पीपी. 317–355.

अहलावत, आई.पी.एस., सिंह, ए. और सर्राफ, सी.एस., 1978. कम्पेरेटिव इफिसिएन्सी ऑफ कल्चुरल एण्ड हरबीसाइड मेथड्रस ऑफ वीड कन्ट्रोल इन बंगाल ग्राम. इंडियन जर्नल ऑफ वीड साइंस, 10, 1–8.

अली, एम. और सिंह, के.के., 1995. दलहनी फसलों में गंधक का महत्व (इन हिन्दी) (इम्पोरटेन्स ऑफ सल्फर इन पल्स क्रॉप्स). टेक्नीकल बुलेटन, इंडियन इंन्स्टीट्यूट ऑफ पलसेस रिसर्च, कानपुर, इंडिया.

अनोनिमस., 1952. इन्टरक्रॉप्स इन कोकोनट गार्डन्स. इंडियन कोकोनट कमेटी बुलेटन, 5 (12), 194.

अरगीकर, जी.पी., 1970. ग्राम. इन पल्स क्रॉप्स ऑफ इंडिया (एडिट. पी. काचरू एण्ड एम. आरिफ). आई.सी.ए.आर, नई दिल्ली. पीपी. 54–135.

औलाख, एम.एस. और पसरिचा, एन.एस., 1986. रोल ऑफ सल्फर इन द प्रोडक्शन ऑफ ग्रेन लेग्यूम. फर्टीलाइजर न्यूज, 31 (9), 31–35.

फूड एण्ड एग्रीकल्चर ऑर्गनाइजेशन ऑफ यूनाइटेड नेशन (डब्लूडब्लूडब्लू.एफएओ.ओआरजी)

ग्रीको, एन. और शर्मा, एस.बी., 1990. प्रोग्रेस एण्ड प्रोब्लम्स इन द मेनेजमेंट ऑफ नेमाटोड डिसीस. इन चिकपी इन द नाइनटीस, प्रोसीडिंग्स, सेकण्ड इन्टरनेशनल वर्कशॉप ऑन चिकपी इमप्रूवमेन्ट (4–8 दिसम्बर, 1989), इक्रीसेट, पतनचेरू, इंडिया. पीपी. 135–137

गुहे, ए., त्रिवेदी, ए.के. और खान, एम.आई., 2000. चेंज इन सुगर्स, अमीनो एसिडस एण्ड प्रोटीन इन चिकपी एज इन्फ्लूएन्सड बाय फोस्फोरस लेवल्स. एडवान्स इन प्लांट साइंसेस, 13 (1): 309–311.

गुप्ता, जी.पी., और माथुर, बी.पी., 1964. मिक्सड क्रोपिंग स्टडीस इन ऑइलसीड्स. इंडियन आइलसीड्स जर्नल, 8 (3): 206–213.

गुप्ता, एम.एल., 1955. स्टडीस ऑन व्हीट–ग्राम मिक्सचर अन्डर इर्रीगेटेड एण्ड रेनफेड कन्डीशन इन कानपुर. एग्रीकल्चर एण्ड एनीमल हसबेन्ड्री–उत्तर प्रदेश, 6 (6): 33–34.

गुप्ता, ओ., 1999. इफेक्ट ऑफ माइक्रोन्यूट्रिएन्ट ऑन रूट पेथोजन्स ऑफ चिकपी (सीसर अरीइटीनम एल.). भारतीय कृषि अनुसंधान पत्रिका. 14 (3–4): 25–27.

होवर्ड, ए., 1974. ग्राम मिक्सड क्रोपिंग (नोट). इंडियन एग्रीकल्चर जर्नल, 9: 308–310.

कल्पना शास्त्री, आर., रीगो, टी.जे. और बरफोर्ड, जे.आर., 1993. इफेक्ट ऑफ क्रोपिंग सिस्टम ऑन विल्ट ऑफ साफ्लोवर कॉन्फ्रेन्स (एडिट ली दाजूइ एण्ड हन यूनहोयू) (जून 14–18, 1993), चाइनीस अकेडमी ऑफ साइसेंस, बीजिंग, चाइना. पीपी. 636–645.

कात्याल, एस.के., 1963. स्टडीस ऑन द रिलेटिव यूटिलिटी ऑफ मिक्सड क्रोपिंग ऑफ व्हीट विथ लेन्टिल एण्ड काबुली ग्राम ओवर इन्डीविजुअल क्रोपिंग अन्डर सर्टेन एग्रोनोमिक फेक्टर्स. एम.एससी. थीसिस, पंजाब एग्रीकल्चरल यूनिवर्सिटी, लुधियाना, इंडिया.

खन्ना–चोपड़ा, आर. सिन्हा, एस.के., 1987. फिजियोलॉजीकल आसपेक्ट ऑफ ग्रोथ एण्ड यील्ड. इन द चिकपी (एडिट एम.सी. सक्सेना और के.बी. सिंह), सी.ए.बी. इन्टरनेशनल/आई.सी.ए.आर.डी.ए., वेलिंगफोर्ड, यूके. पीपी. 163–189.

मलिक, आर.के., बेयोन, आर.एस. और भान, वी.एम., 1988. इफेक्ट ऑफ हरबीसाइड्स एण्ड प्लांटिग डेट्स ऑन वीड्स इन चिक पी. इंडियन जर्नल ऑफ वीड साइंस, 20 (2): 75–81.

मोटसारा, एम. आर., 2002. अवेलेबल नाइट्रोजन, फोस्फोरस एण्ड पोटेशियम स्टेटस ऑन इंडियन सोइल्स एस डेपीक्टेड बाय सोइल फर्टीलिटी मेप्स. फर्टीलाइजर न्यूज, 47 (1) : 15–21.

नेने, वाय. एल., 1980. पेस्टीसाइड्स ऑफ चिकपी. इन प्रोसीडिंग्स, इनटरनेशनल वर्क्रशॉप ऑन चिकपी इम्प्रूवमेंट, (28 फरवरी – 2 मार्च, 1979), इक्रीसेट, पतनचेरू, इंडिया. पीपी. 171–178.

प्रभाकर, एम. और श्राफ, सी.एस., 1991. इन्फ्लूएन्स ऑफ इर्रीगेशन एण्ड फास्फोरस ऑफ ग्रोथ, यील्ड एण्ड वाटर यूज इफीसिएन्सी ऑफ चिकपी (साइसर अराइटीनम एल.). इंडियन जर्नल ऑफ एग्रोनॉमी, 36 (3): 357–362.

साद, ए.ए. और शर्मा, एच.एम., 2001. इफीकेसी ऑफ पीएसबी विथ फोस्फोरस ऑन द यील्ड ऑफ चिक पी इन काल्केरिअस सोइल ऑफ नार्थ बिहार. इन प्रोसीडिंग्स, नेशनल सिम्पोसियम ऑन पल्सेस फोर सस्टेनेबल एग्रीकल्चर एण्ड न्यूट्रीशनल सिक्योरिटी (17–19 अप्रैल, 2001). आई.एस.पी.आर.डी., नई दिल्ली, इंडिया. पीपी 42.

शालुंके, डी.के. और कदम, एस.एस. 1989., हेण्ड बुक ऑफ वर्ल्ड फूड लेग्यूम. वोल. III, सी.आर.सी. पब्लीकेशन, प्रेस, इन्स. बाका रातोन, फ्लोरिडा. पीपी. 1–31.

सक्सेना, एम. सी., सुब्रामनियम, के.के. और यादव, डी.एस., 1976. केमीकल एण्ड मेकेनिकल कन्ट्रोल ऑफ वीड्स इन ग्राम. पंतनगर जर्नल ऑफ रिसर्च, 1:112–116.

श्याम, जी., 1963. मिक्सड क्रोपिंग ऑफ व्हीट एण्ड ग्राम. एम.एससी. थीसिस, यूनिवर्सिटी ऑफ आगरा, इंडिया.

सुब्बाराव, ए. और श्रीनिवासराव, सीएच., 1996. पोटेशियम स्टेटस एण्ड क्रॉप रिस्पोन्स टू के इन डिफरेन्ट एग्रो–इकोलॉजीकल रीजन्स ऑफ इंडिया. इन आई.पी.आई. रिसर्च टोपिक्स न. 20. इन्टरनेशनल पोटाश इन्सीट्यूट, बासेल, स्विटजरलेण्ड. पीपी. 1–57.

टक्कर, पी.एन., 1996. माइक्रोन्यूट्रिएन्ट रिसर्च एण्ड सस्टेनेबल एग्रीकल्चरल प्रोडक्टिविटी इन इंडिया. जर्नल ऑफ इंडियन सोसाइटी ऑफ सोइल साइंस, 44: 562–581.

वाष्णेय, आर.डी., राय, ओ.पी. और सिंह, एस.एस. 1999. वीड कन्ट्रोल इन चिकपी विथ प्री–इमरजेंस हरबीसाइड इन ईस्टर्न उत्तर प्रदेश. इंडियन जर्नल ऑफ पल्सेस रिसर्च, 12 (2): 197–200.

यादव, आर.एल., 1996. इन्टेन्शिव क्रोपिंग सिस्टम इनवोल्विंग पल्सेस. इन स्पेशल ग्रुप मीटिंग ऑन कॉन्सट्रेन्टस एण्ड अपोरचूनिटीस इन पल्स प्रोडक्शनः मेनेजमेंट ऑपशन्स एण्ड रिसर्चेबल इसू (12–13 मार्च 1996), आई.ए.आर.आई. नई दिल्ली, इंडिया.

यादव, एस.के., सिंह, एस.पी. एण्ड भान, वी.एम., 1983. वीड कन्ट्रोल इन चिकपी. ट्रोपीकल पेस्ट मेनेजमेंट, 29: 297–298.

18

मसूर

जी.पी. दीक्षित, बी.बी. सिंह एवं पी.के. कटियार

मसूर ठन्डे क्षेत्रों के लिए एक महत्वपूर्ण पोष्टिक दलहन है मसूर का उपयोग व्यंजन बनाने में चने के उपरान्त दूसरा बेहतर विकल्प है। मसूर को देश के मध्य व उत्तर भाग में उगाया जाता है। मसूर के दानों में 25% प्राटीन, 0.7% वसा, 2.1% खनिज और 59% कार्बोहाइड्रेट की मात्रा पाई जाती है। मसूर फास्फोरस एवं कैरोटीन का मुख्य श्रोत है। मसूर की फसल को रबी मौसम में धान, मक्का, बाजरा एवं जिन क्षेत्रों में कृषक खरीफ फसल लेते है तथा रबी मौसम में परती छोडते है उन क्षेत्रों में उगाया जाता है। मसूर को सह फसल के रुप में जौ, अल्सी, सरसों, गन्ना आदि के साथ भी उगाया जाता है। देश के पश्चिमी पूर्वी भाग में मसूर को रिले फसल पद्धति के रुप में धान की कटाई के 7 सें 10 दिन पूर्व मसूर के बीज का छिडकाव कर संरक्षित नमी में भी सफलता पूर्वक फसल उगाकर लाभ कमाया जा सकता है।

क्षेत्र, उत्पादन एवं उत्पादकता की स्थिति

भारत में मसूर चना की फसल के उपरान्त दूसरी सबसे महत्वपूर्ण रबी दलहन फसल है। इसे 1.59 मिलियन हे. में उगाया जाता है एवं 0.94 मिलियन टन उत्पादन प्राप्त होता है। मसूर की मुख्य रुप से उत्तर प्रदेश, मध्य प्रदेश, विहार, पश्चिम बंगाल में खेती की जाती है (तालिका–1)। देश के कुल उत्पादन का 90% उत्पादन इन्ही राज्यों में होता है। मसूर की खेती वर्षा पर आधारित क्षेत्रों के मध्यम उपजाऊ मृदाओं में की जाती है। अधिकांश क्षेत्रों में इसे मक्का अथवा धान के उपरान्त उगाया जाता है। पश्चिम बंगाल में इसे जूट के उपरान्त उगाया जाता है। महाराष्ट्र और मध्य प्रदेश में इसे कपास के उपरान्त उगाया जाता है। प्रदेश के बुंदेलखण्ड क्षेत्र में यह वर्षा पर आधारित एक फसली खेती की जाती है। मध्य प्रदेश के मध्य भाग राजस्थान के पूर्वी भाग और बुन्देलखण्ड क्षेत्र में मसूर मिश्रित एवं अन्तरवर्ती फसल के रुप में सरसों और अल्सी के साथ उगाया जाता है। उत्तर प्रदेश, बिहार और पश्चिम बंगाल के क्षेत्रों में धान की कटाई पूर्व संररक्षित नमी में मसूर के बीज को धान की कटाई से 7 से 10 दिन पूर्व रिले पद्धति में बीज छिडकाव कर खेती करते है। उत्तर

प्रदेश एवं उत्तराखण्ड के तराई क्षेत्र में गन्ने के साथ अन्तरवर्ती फसल के रुप में खेती की जाती है।

तलिका 1: राज्यवार मसूर का कुल क्षेत्रफल, उत्पादन एवं उत्पादकता

राज्य	क्षेत्रफल (हजार हे.)		उत्पादन (हजार टन)		उपज (किलो ग्राम/हे.)	
	1970-71	2010-11	1970-71	2010-11	1970-71	2010-11
असम	15.70	23.9	6.30	11.8	401	494
बिहार	140.70	238.6	90.50	214.7	643	900
मध्य प्रदेश	271.50	590.5	108.90	177.9	401	301
महाराष्ट्र	12.00	4.0	3.20	2.0	267	500
पंजाब	13.30	1.1	5.30	0.7	398	636
राजस्थान	9.10	44.1	7.30	38.4	802	872
उत्तर प्रदेश	166.40	5860	100.50	411.0	604	701
पश्चिम बंगाल	94.90	57.4	46.00	53.4	485	929
उत्तराखण्ड	14.20*	17.0	7.90*	6.0	556*	653
झारखण्ड	21.80*	20.9	14.00*	17.2	642*	882
छत्तिसगढ	18.00*	13.9	6.20*	4.2	344*	302

*वर्ष 2003–04 के आंकडे

पिछले तीन दशकों में, मसूर के क्षेत्रफल और उत्पादन दोनों में एक प्रगतिशील वृद्धि दर्ज की गई है। मसूर का क्षेत्रफल वर्ष 1971–75 में 0.82 मिलियन हे. था जो कि वर्ष 2010–11 में बढकर 1.59 मिलियन हे. हो गया। इसी प्रकार उत्पादन 0.38 मिलियन टन से बढकर 0.94 मिलियन टन हो गया एवं उत्पादकता में 42% की वृद्धि हुई। मसूर की फसल में उत्पादकता में वृद्धि कृषकों द्वारा नवीनतम तकनीकों एवं उन्नत प्रजातियों के उपयोग से हुई।

उत्पादन बढाने में रुकावट

मसूर की फसल में जलवायु परिवर्तन कारकों के अतिरिक्त बीमारियों में मुख्य रुप से रतुआ (रस्ट), उखटा एवं जड गलन के प्रकोप से नुकसान होता है। जैविक कारकों से मसूर की फसल में 20 से 25% तक नुकसान होता है। इसके अतिरिक्त मृदा में फसल पकने के समय नमी की कमी, फसल पकने के समय तापक्रम का अक्समात बढना, असन्तुलित एवं फसल की आवश्यकता से कम रसायनिक उर्वरकों का प्रयोग, देरी से बुवाई, खरपतवार प्रकोप, बीज दर का कम मात्रा में प्रयोग, उत्पादन की उन्नत तकनिकों का प्रयोग न करना प्रमुख है। अधिक उपज देने वाली किस्मों और बेहतर उत्पादन तकनीकों का विकास होने के बाबजूद यह तकनीकें प्रचार प्रसार के अभाव में कृषकों तक नहीं पहुंचती परिणामस्वरुप उत्पादकता कृषकों को कम मिल पाती है। बेहतर भण्डारण सुविधाओं के अभाव एवं कीटों का दलहनी फसलों पर अधिक प्रकोप के कारण उत्पादन कम मिलता है। अन्य कारकों में प्रंसस्करण एवं विपणन की बेहतर व्यवस्था न होना। ग्रामीण स्तर पर प्रंसस्करण की

सुविधा न होने की वजह से कृषकों को कम कीमत में फसल उत्पाद को विक्रय करना पडता है परिणामस्वरुप कृषकों को शुद्ध लाभ कम मिलता है।

प्रजाति विकासः मसूर की आनुवांशिक सुधार व्यवस्थित रुप से वीसवी सताब्दी के मध्य में शुरु हुआ जिसमें प्रजनकों द्वारा लाइनों का चयन एवं विभिन्न जलवायु क्षेत्रों हेतु मूल्यांकन प्रारम्भ हुआ था। इसके उपरान्त अधिक उपज देने वाली प्रजातियों का क्षेत्र वार सिफारिश की गई। आरम्भ में लोकप्रिय किस्मों में एल 9–12 पंजाब, हरियाणा उवं उत्तरी राजस्थान; टी–36 एवं टी–8 उत्तर प्रदेश और बिहार हेतु बीआर–25 सिफारिश की गई। एल 9–12 प्रजाति देश के उत्तरी भाग हेतु सिफारिश की गई इस प्रजाति में जलवायु परिवर्तन को सहन करने की क्षमता थी। देश के माध्य भाग हेतु जेएल–1 प्रजाति की सिफारिश की गई यह प्रजाति मोटे दाने के साथ अधिक उत्पादन देने वाली थी।

साठ के दशक में अखिल भारतीय समन्वित दलहन सुधार परियोजना की स्थापना के बाद, भारतीय कृषि अनुसंधान परिषद के संस्थनों/राज्य कृषि विश्वविद्यालयों द्वारा विभिन्न कृषि जलवायु क्षेत्रों हेतु किस्मों का विकास किया गया। विभिन्न अनुसंधान केन्दों पर, प्रंजनन लाइनों का देश भर में परीक्षण किए गऐ और विभिन्न कृषि जलवायु क्षेत्रों हेतु प्रजातियों का विक़ास जैसे उत्तरी पहाडी क्षेत्र, उत्तर पाश्चिमी पठारी क्षेत्र, उत्तर–पूर्वी पठारी क्षेत्र और मध्य क्षेत्र में बेहतर प्रदर्शन के आधार पर अलग–अलग क्षेत्रों के लिए प्रजातियों की सिफारिश की गई। सत्तर के दशक में पीएल–406 उत्तर पाश्चिमी पठार क्षेत्र, पीएल–234 उत्तर प्रदेश, बी.–77 (आशा) पश्चिम बंगाल, जेएलएस–1 मध्य प्रदेश और एच.पी.एल.–5 (विपासा) हिमांचल प्रदेश हेतु विकसित की गई। इन प्रजातियों का विकास चयन के माध्यम से किया गया। अस्सी के दशक के दौरान संकरण और उत्परिवर्तन के माध्यम से किस्मों का विकास किया गया। संकरण के माध्यम से देश में पहली प्रजाति वर्ष 1981 में पी.एल.–639 विकसित की गई जो कि देश के उत्तरी पठार क्षेत्र हेतु सिफारिश की गई। अन्य प्रजातियॉ जो कि संसकरण के

तलिका 2: मसूर की उन्नत प्रजातियॉ

विशेषतायें	प्रजातियॉ
वर्षा आधारित क्षेत्र	पंत एल–024, वीएलमसूर–514, वीएलमसूर–133
अल्प अवधि	जेएल–3, आईपीएल–81, जेएल–1, डब्लूबीएल–77, पंत एल–063
बडे दाने आकार	डीपीएल–62, जेएल–3, डीपीएल–15, आईपीएल–81, एमएल–4076, वीएल–507, पीएल–5, पीएल–6, पीएल–7, आईपीएल–406
छोटे दाने आकार	हुल–57, केएलएस–218, वीएल–126, एल–4147, पीएल–4, डब्लूबीएल–77, एल–4594 (पूसा लेन्टिल)
रतुआ प्रतिरोधी	आईपीएल–406, वीएल–126, हुल–57, केएलएस–218, एनडीएल–1, एल–4076, पीएल–4, एलएच–84–8, पीएल–5, पीएल–6, पीएल–7, नरेन्द्र मसूर–1, प्रिया, पतएल–4
उखटा शहनशील	डीपीएल–62, जेएल–3, वीएल–507
धान– परती	हुल–57, केएलएस–218, डब्लूबीएल–77, नरेन्द्र मसूर–1, अंगूरी, आईपीएल–526, आईपीएल–316, प्रिया, पत एल–4

संकरण के माध्यम से विकसित की गई उनमें एल.एल.–56 और एल.एल.–147 पंजाब, बडे दाने की प्रजाति एल–4076 उत्तर पश्चिमी पठार क्षेत्र एवं देश के मध्य क्षेत्र, वी. एल.–1 और वी.एल.–4 उत्तराखण्ड हेतु विकसित की गई। उत्परिवर्तन द्वारा पी. एल. 77–12 (अरुन) बिहार और बी.–256 (रंजन) पश्चिमी बंगाल हेतु विकसित की गई।

वर्ष 1990 के दशक के दौरान अधिक उपज देने वाली एवं रोग प्रतिरोधी छोटे दाने वाली किस्म पी. एल.–4 और एल.–4147 और बडे दाने डी.पी.एल.–15 और डी.पी.एल.–62 उत्तर पश्चिमी पठार, एन.डी. एल.–1, उत्तर प्रदेश और डब्लू. बी. एल.–58 पश्चिम बंगाल हेतु जारी की गई। इन प्रजातियों का विकास संकरण के माध्यम से किया गया। उखटा प्रतिरोधी एवं बडे दाने वाली जे.एल.–3 और डी.पी.एल.–62 मध्य भारत हेतु विकसित की गई। इकारडा (आई सी ए आर डी ए), सीरियां एवं भारत सरकार के संयुक्त तत्वावधान में राष्ट्रीय मसूर सुधार कार्यक्रम के माध्यम से बडे दाने वाली आई.पी.एल.–406 और विभिन्न रोगों से प्रतिरोधक प्रजाति पी.एल–6 विकसित की गई।

कृषकों के खेतों में उन्नत किस्मों का प्रभावः वर्ष 2005–10 के मध्य कुल 954 प्रथम पंक्ति प्रदर्शनों का आयोजन मसूर की उत्पादन तकनीक पर मसूर उत्पादक क्षेत्रों में किये गये। उन्नत प्रद्योगिकी के उपयोग से मसूर की फसल से औसतन उत्पादन 1092 कि.ग्रा./हे. प्राप्त हुआ। जबकि कृषक पद्धति से 885 कि.ग्रा./हे. प्राप्त हुआ एवं उत्पादन में 23% की वृद्धि दर्ज की गई (चित्र–1)।

मृदा एवं खेत की तैयारीः बीज प्रजाति के अनुसार अनुवांसिक रुप से शुद्ध होना चाहिए साथ ही 90 से 95% अंकुरण क्षमता होनी चाहिए। बीज को फफूंद नाशक जैसे कार्वनडिज्म अथवा थीरम अथवा केप्टान की 2 से 3 ग्राम मात्रा/किलो बीज से उपचरित कर बुआई करनी चाहिए।

वायुमण्डलीय नत्रजन को स्थिरीकरण एवं फसल के वेहतर विकास हेतु राइजोवियम कल्चर से उपचारित करना लाभकारी रहता है। सूक्ष्म पोषक तत्वों की कमी वाले क्षेत्रों में सूक्ष्म पोषक तत्व युक्त उर्वरक का प्रयोग लाभदायक रहता है।

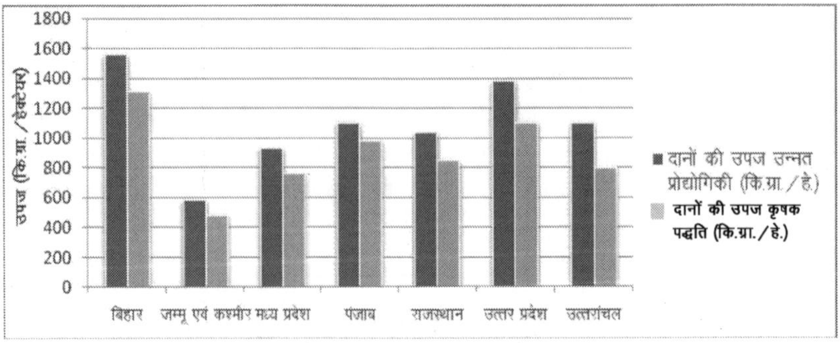

चित्र 1: उन्नत प्रजातियों की उत्पादन क्षमता

बुवाई का समयः फसल की वृद्धि, विकास एवं अधिक उत्पादन हेतु समय पर बुआई करने का विशेष ध्यान रखना चाहिए। इस कार्य में कोई अतिरिक्त खर्चा नहीं आता है। फसल की समय से पूर्व एवं देरी से बुवाई करने पर उत्पादन कम मिलता है। अनुसंधान के परिणामों से देखा गया है कि उत्तर पश्चिम पठारी क्षेत्रों हेतु अक्टूबर का आखिरी सप्ताह हेतु बुवाई उपयुक्त रहता है जबकि उत्तर पूर्वी क्षेत्रों हेतु नवम्बर के द्वितीय सप्ताह में बुवाई उपयुक्त रहती है तथा साथ ही बुवाई के समय उपयुक्त नमीं होना आवश्यक होता है। मध्य भारत में मसूर की बुवाई हेतु अक्टूबर का मध्य सप्ताह उचित रहता है। मध्य भारत में बुवाई हेतु मृदा में नमी का अभाव रहता है अतः मृदा में नमी का विषेश ध्यान रखना चाहिए। उतेरा विधि से बुवाई हेतु उपयुक्त समय मौसमी वर्षा और धान की फसल की पकने की अवधि पर निर्भर करता है। उतेरा विधि में छोटे दाने वाली प्रजातियों की खेती की जाती है। जब धान के खेतों में पानी खत्म हो जावे उस समय धान की कटाई के 4 से 7 दिन पुर्व बीज को उतेरा विधि में धान के खडे खेत में समान रुप से उपयुक्त प्रजाति के बीज का छिडकाव कर देते है।

बीज दर और बुवाई तकनीकः अधिक उत्पादन हेतु पौधों की उचित संख्या पहली आवश्यकता होती है। उचित पौधों की संख्या हेतु उपयुक्त बीजदर का प्रयोग किया जाना आवश्यक है। उपयुक्त बीज दर का निर्धारण बीज का आकार एवं अंकुरण प्रतिशत के आधार पर निर्धारण किया जाता है। छोटे दाने आकार की प्रजाति हेतु उपयुक्त बीज दर 40 से 45 किलो ग्राम/हे. होती है जबकि बडे आकार के बीज हेतु 55 से 60 कि.ग्रा. बीज/हे. की आवश्यकता होती है।

पक्ति से पक्ति 25 से.मी. एवं पौधे से पौधे की दूरी 10 से.मी. रखनी चाहिए। बीज की बुवाई वैल चलित देशी हल अथवा टेक्टर चलित सीड कम फर्टीलाइजर ड्रिल से बुवाई की जानी चाहिए। संरक्षित नमी में बुवाई देश के शुष्क क्षेत्रों में करने पर बीज की गहराई अंकुरण को प्रभावित करती है सही अंकुरण हेतु बीज को 5 से 7 से.मी. गहराई में बुवाई की जानी चाहिए।

उर्वरक प्रबन्धनः उर्वरक की आवश्यकता मृदा का उर्वरता स्तर, मृदा की नमी, फसल प्रजाति, फसल बढवार एवं मृदा में फसल अवशेष पर निर्भर करता है। नत्रजन की 10 से 15 किलो ग्राम मात्रा/हे. की दर से फसल की आरम्भिक अवस्था में आवश्यक रहती है। फास्फोरस फसल की जड़ों की वृद्धि एवं विकास के लिए आवश्यक होता है। दलहनी फसलों हेतु फास्फोरस बहुत ही आवश्यक तत्व है। फास्फोरस के अतिरिक्त सल्फर उत्पादन बढाने के लिए महत्वपूर्ण पोषक तत्व है। सल्फर प्रोटीन की मात्रा बढाने में भी महत्वपूर्ण भूमिका निभाता है। नत्रजन, फास्फोरस, पोटेशियम व सल्फर की निम्न मात्राओं की क्षेत्रवार सिफारिश की गई है।

उत्तर पश्चिमी और उत्तर पूर्वी पठार क्षेत्र हेतु उर्वरकों की सिफारिश– 20 कि.ग्रा. नत्रजन, 30 से 40 कि.ग्रा. फास्फोरस, 20 कि.ग्रा. पोटेशियम, 20 कि.ग्रा. सल्फर/हे।

मध्य क्षेत्र हेतु उर्वरकों की सिफारिश– 15 से 20 कि.ग्रा. नत्रजन, 30 से 40 कि.ग्रा. फास्फोरस, 20 कि.ग्रा. पोटेशियम, 20 कि.ग्रा. सल्फर/हे.।

मसूर उत्पादन क्षेत्र की मृदाओं में सूक्ष्म पोषक तत्वों में मुख्य रुप से जस्ता प्रमुख है। अध्ययनों से सिद्ध हुआ है कि 10 से 15 किलो जिंक सल्फेट/हे. का बुवाई के समय प्रयोग अथवा 0.5% जिंक सल्फेट का छिडकाव से उपज में वृद्धि होती है।

सिंचाई प्रबंधन: फसल की बढवार के समय सिंचाई प्रबन्धन बहुत ही आवश्यक है फसल की बढवार के समय यदि मृदा में नमीं कम है तो फसल का वृद्धि एवं विकास नहीं हो पाता परिणामस्वरुप पैदावार में कमीं हो जाती है। मसूर की फसल में फूल बनने की सुरुआत एवं फली बनते समय सिंचाई आवश्यक होती है उपरोक्त दोनों स्थितियाँ फसल की क्राँतिक अवस्था में आती है। सर्दियों के मौसम में यदि वर्षात हो जाती है इस स्थिती में सिंचाई की आवश्यकता नहीं होती। फसल की फूल बनने की अवस्था में सिंचाई नहीं करनी चाहिए और यदि सिंचाई इस अवस्था में कर देते है तो फूल गिरने की समस्या हो जाती है और पौधे की बढवार आरम्भ हो जाती है।

खरपतवार प्रबन्धन: मसूर की फसल में आरम्भिक अवस्था में खरपतवार होने से उत्पादन पर बुरा प्रभाव पडता है। मसूर की फसल में मुख्य खरपतवारों में बथुआ, कृष्णनील, चटरी, मटरी, आदि प्रमुख खरपतवारों की समस्या होती है। फसल में खरपतवारों से नुकसान खरपतवारों की संख्या एवं खरपतवार की प्रकृति पर निर्भर करता है। सामान्य तौर पर मसूर की फसल में 30 से 60 दिन की आरम्भ की अवस्था में खरपतवार निकाल देने चाहिये। फसल में खरपतवार यांत्रिक, रसायनिक एवं कर्षण क्रिया द्वारा प्रबन्धन किए जा सकते है। कर्षण क्रिया में निराई गुणाई कर खरपतवार निकालना अधिक बेहतर होता है क्योंकि इस कार्य से खरपतवार भी सुगमता से निकाले जा सकते है, साथ ही पौधों की संख्या भी निश्चित की जा सकती है। खरपतवार प्रबन्ध हेतु एक अथवा दो निराई गुणाई पर्याप्त रहती है। रसायनिक खतपतवारों में खरपतवार नासी जैसे एलाक्लोर, पेन्डामिथलीन और फ्लूक्लोरलीन बेहतर रसायन है, पेन्डामिथलीन 1 किलो/हे. फसल उगने से पूर्व छिडकाव कर सकते है। फ्लूक्लोरलीन 0.5 किलो ग्राम/हे. फसल लगाने से पूर्व खरपतवार प्रबन्धन हेतु प्रभावी सावित हुऐ है।

रोग प्रबन्धन

बेक्टीरिया, फंगस और वायरस की बजह से मसूर की फसल प्रभावित होती है। हानिकारक रोगों में उखटा, जडसड़न, रतुआ (रस्ट) प्रमुख है। उखटा और जड़सड़न की बजह से मसूर की फसल में अधिकांश जगहों पर अधिक नुकसान होता है जवकि रस्ट की बजह से कुछ ही क्षेत्रों में नुकसान होता है। बीमारियों का प्रकोप उन क्षेत्रों में अधिक होता है जिन क्षेत्रों में आद्रता अधिक रहती है और साथ ही फूल व फली बनते समय मौसम का तापक्रम 20–22° सेन्टीग्रेट रहता है।

1. **उखटाः** मसूर की पैदावार को प्रभावित करने वाले मुख्य जैविक कारकों में उखटा है, उखटा फ्यूसेरियम ओक्सीसपोरम द्वारा होती है। प्राक्रतिक रुप से यह बीमारी फसल को 50 से 78% तक प्रभावित करती है। इसके पेथोजन बीज और मृदा द्वारा फैलते है तथा फसल बढवार के समय कभी भी फसल को प्रभावित करते है। उखटा के प्रभाव से पौधा सूखकर खत्म हो जाता है। उखटा रोग से फसल को बचाने हेतु निम्न प्रबन्धन सुझाये जा रहे है जो कि निम्न प्रकार है।

- उखटा रोग आने के समय को पहचान कर बुआई के समय में बदलाव।
- ग्रीष्म त्रिऋतु के मौसम में गहरी जुताई, क्षेत्र स्वक्षता और उचित फसल चक्र जिसमें उखटा रोग का प्रकोप कम होता है।
- बीज उपचार 3 ग्राम थाइरम/किलो बीज अथवा कार्वेन्डिज्म 1ग्राम+थाइरम 2ग्राम/किलो बीज की दर से कर बुआई लाभदायक होती है।
- ट्राइकोडर्मा वाइरेंश (ग्लिओम्लेडियम विरेन्स) (5ग्राम) + विटावेक्स (0.5 ग्राम/किलो बीज) से बीज उपचार कर उखटा रोग के प्रभाव को कम किया जा सकता है।
- उखटा प्रतिरोधी/सहनशील प्रजातियॉ जैसे डी.पी.एल.–62, जे.एल.–3, बी.एल.–507, आदि प्रजातियों को चिन्हित किया गया है इन्हें उखटा प्रभावित क्षेत्रों में लगाना चाहिए।

2. **जड सड़नः** तीन पेथोजन जड सड़न रोग को उत्पन्न करते है। राइजोक्टोनिया सोलेनाइ फफूँद गीली जड पर प्रभाव डालकर जड को सडा देते है, राइजोक्टोनिया वटाटीकोला फंगस सूखी जड को प्रभावित कर रोग को बढाते है एवं फ्यूजेरियम सोलेनाई जड को संक्रमित कर काला कर देती है जिससे पौधे पोषक तत्वों को ग्रहण नहीं करपाते।

   जड़ गलन के प्रभाव को कम करने के लिए उखटा रोग से बचाव हेतु जो उपाय सुझाये गये है उन्हें अपनाया जा सकता है। इस रोग से बचाव हेतु प्रतिरोधी किस्मों को अब तक नहीं पहचाना गया है।

3. **रतुआः** यह बीमारी यूरोमाइसस वेसीफेवी फफूँद के कारण होती है। फफूँद का विकास अनुकूल मौसम मिलने से सीघ्र होता है। रतुआ से बचाव हेतु निम्न रणनीत बनाकर निम्न प्रकार प्रबन्धन किया जा सकता है।

- जिस खेत में मसूर की खेती की जाय उस खेत को साफ स्वच्छ रखा जाय साथ ही प्रभावित पौधों को निकाल कर खत्म कर देना चाहिए। उत्तर पूर्वी पठार क्षेत्र में सीघ्र बुआई कर रोग के प्रकोप को कम किया जा सकता है।
- फसल की बुआई के 50 दिन पश्चात 0.2% मेनकोजेब फफूंद नाशक का एक अथवा 15 दिन के अन्तराल पर दो छिडकाव कर उत्तर पूर्वी पठार क्षेत्र में रतुआ रोग को नियंत्रित किया जा सकता है।
- रतुआ रोग प्रतिरोधी किस्में जैसे डीपीएल–15, डीपी–62, पंतएल–4, आई. पी.एल. –81, आई.पी.एल.–406, एच.यू.एल.–57, के.एल.एस.–218, पी.एल.–6, पी.एल.–7 आदि प्रजातियों को प्रयोग कर खेती करनी चाहिए।

4. **निमेटोड प्रबन्धनः** कई प्रकार के निमेटोड की प्रजातियॉ मसूर की फसल के साथ जुडी रहती है परन्तु जड में गॉठ बनाने वाले निमेटोड की प्रजाति मेलाइडोगाइनी प्रजाति और रोटीलेन्चस ही फसल को नुकसान पंहुचाते है। इस प्रकार के निमेटोड की संख्या के आधार पर फसल के नुकसान पर निर्भर करती है। निमेटोड द्वारा जडों में गांठे बनाकर लगभग 16.6% तक नुकसान का आंकलन किया गया है। निमेटोड के नुकसान से बचाव हेतु निमेटोड प्रतिरोधी फसल प्रजातियॉ जैसे–डीपीआर.–14, डीपीएल–47, एलएच–90–103, एलएच–90–110, डीपीआइ–53, डीपीएल–54, डीपीएल–55, एनडीएल–93, आइपीएल–10, आइपीएल–406, एलएच–90–54, केएलएस–214 और एल–4628 आदि।

अभी तक निमेटोड के प्रबन्धन पर अधिक अनुसंधान नही हुए अतः कार्यकरने की आवष्यकता है जिससे सही समय एवं विधी से प्रबन्धन किया जा सके।

भविष्य की आवश्यकता

मसूर की फसल को अधिकांशतः रबी के मौसम में धान की फसल के उपरान्त उगाया जाता है। धान के खेतों की मृदा में मुख्य समस्यायें जैसे, धान की कटाई के उपरान्त अधिक नमीं होना, मृदा में कठोर सतह, मृदा की पानी सोखने की कम क्षमता और सूक्ष्म पोषक तत्वों की कमी प्रमुख है। अधिकांश क्षेत्रों में धान की फसल के उपरान्त मसूर की फसल रिले फसल के रुप में ली जाती है अतः एक समान अंकुरण नहीं हो पाता साथ ही खरपतवारों की अधिक समस्या होती है तथा रोगों का भी प्रकोप अधिक होता है। इस प्रकार की मृदाओं में फसल की जड का विकास भी कम हो पाता है तथा फसल की पकने की अवस्था में मृदा में नमीं की कमी हो जाती है एवं तापक्रम बढने से फसल समय से पूर्व परिपक्व हो जाती है अतः उपरोक्त समस्याओं को देखते हुए प्रजातियों का विकास किया जाना चाहिए।

देश के उत्तर पूर्वी पठारी क्षेत्र में धान उगाने वाले क्षेत्र में मसूर की फसल बडे क्षेत्र में उगाई जाती है। इस क्षेत्र हेतु कम समय में अधिक जीवांश पदार्थ देने वाली प्रजातियों का विकास किया जाना चाहिए। देश के विभिन्न जलवायु क्षेत्रो हेतु फसल की शीघ्र बढवार, फूल व फली बनने वाली साथ ही अधिक बढवार, गिरने से प्रतिरोधी, पकी हुई फसल में फली न झडने वाली प्रजातियों का विकास किया जाना चाहिए जिससे यांत्रिक विधि से फसल की कटाई व मडाई की जा सके।

प्रतिरोधी किस्मों का विकासः रतुआ प्रतिरोधी कई श्रोतों की पहचान की गई है साथ ही जड सड़न,उखटा प्रतिरोधी किस्मों की पहचान की गई है। सर्वेक्षण के द्वारा 220 उखटा प्रतिरोधी किस्मों की पहचान की गई है।

मसूर की फसल के उत्पादन को अपने जीवन चक्र में मृदा में नमी की कमी तथा तापक्रम में उतार चढाब के कारण उत्पादन प्रभावित होता है साथ ही बहुत से क्षेत्रों में मृदा में जल मंग्नता, लवणीयता भी प्रभावित करती है। अतः इस प्रकार की समस्या के प्रति सहनशील प्रजातियों का विकास किया जाना चाहिए। हालांकि लवण सहनशील प्रजातियां जैसे

आईएलएल–5845, आईएलएल–6451, आईएलएल–6788 और आईएलएल–6793 की पहचान की गई है इसी प्रकार अन्य अजैविक समस्याओं को सहन करने वाली प्रजातियों का विकास किया जाना चाहिए। कृषि प्रसार के माध्यम से विभिन्न जलवायु क्षेत्रों हेतु बेहतर प्रजातियों की पहचान कर फसल की बीज प्रतिस्थापन दर को बढाना चाहिए। साथ में उपयुक्त जैव उर्वरक, फास्फेटिक उर्वरक, सल्फर और सूक्ष्म पोषक तत्व जैसे जस्ते की उपलब्धता करानी चाहिए। उपयुक्त प्रजातियों की पहचान कर बीज उत्पादन किया जाना चाहिए जिससे कृषकों को उन्नत बीज उपलब्ध हो सके। मसूर की फसल उत्पादन एवं संभावित क्षेत्रों में तकनीकी हस्तांतरण के कार्यक्रम चलाये जाने चाहिए जिसका फसल उत्पादक तुरन्त लाभ उठाकर उत्पादन बढा सके।

संदर्भ

अहलावत, आई.पी.एस., सिंह, ए. और श्राफ, सी.एस., 1981. इफेक्ट ऑफ विन्टर लेग्यूम ऑन द नाइट्रोजन इकोनॉमी एण्ड प्रोडक्टीविटी ऑफ सक्सीडिंग सीरिल्स. एक्सपेरीमेन्टल एग्रीकल्चर 17: 57 –62.

अली, एम., 2004. रोल ऑफ पल्स इन क्रॉप डाइवरसीफिकेशन इन इंडिया. इनः रोल ऑफ लेग्यूम इन क्रॉप डाइवरसीफिकेशन एण्ड पोवर्टी रिडक्शन इन एशिया. (एडिट. सीएलएल गोवदा एण्ड एस. पान्डे). प्रोसीडिंग ऑफ द जोइंट सी.एल.ए.एन. स्टेरिंग मीटिंग, 10–12 नवम्बर 2003, इन्टरनेशनल क्रॉप रिसर्च इन्सटीट्रयूट फोर द सेमी–एरिड ट्रोपिक्स, इंडिया. पीपी. 42–56.

सिंह, बी.बी., कटियार, पी.के. और दीक्षित, जी.पी. 2007. लेन्टिल. इनः नेशनल टेस्ट गाइडलाइन्स फोर कन्डक्ट ऑफ टेस्टस फोर डिस्टिंक्टनेस, यूनीफोरमिटी एण्ड स्टेबिलटी (एडिट दिनेश कुमार एण्ड ए.बी.मन्डल), डायरेक्टोरेट ऑफ सीड रिसर्च, मऊ पीपी. 151–156.

दीक्षित, जी.पी. और कटियार, पी.के., 2004. जेनेटिक बेस ऑफ लेन्टिल (लींस कुलीनेरिस) वेराइटीस एण्ड ब्रीडिंग लाइन्स डेवलप्ड इन इंडिया. इंडियन जर्नल ऑफ एग्रीकल्चरल साइंसेस 74 (11): 585–589.

दीक्षित, जी.पी., कटियार, पी.के. सिंह, बी.बी. और कुमार, शिव. 2009. लेन्टिल वेराइटीस इन इंडिया. ए.आई.सी.आर.पी. ऑन एम.यू.एल.एल.ए.आर.पी., आई.आई.पी.आर, कानपुर.

इर्सकाइन, डब्लू., चन्द्र एस., एम. मलिक, आई.ए., सरकार, ए., शर्मा, बी., टूफेल, एम. और त्यागी, एम.सी. 1998. ए बोटलनेक इन लेन्टिलः वाइडनिंग द जेनेटिक बेस इन साउथ एशिया. यूफायटिका, 101 : 207–211.

इर्सकाइन, डब्लू., इल्स, आर.एच., समरफील्ड, आर.जे., राबर्टस, ई. एच., और हुसैन, ए. 1990. केरेक्टराइजेशन ऑफ रिस्पोन्सेस टू टेम्परेचर एण्ड फोटोपीरीयड फॉर टाइम टू फ्लोवरिंग इन अ वर्ल्ड लेन्टिल कलेक्शन. थ्योरिटीकल एण्ड एप्लाइड जेनेटिक्स, 80: 193–199.

इर्सकाइन, डब्लू., टूफेल, एम., और रूसेल, ए. 1994. करेन्ट एण्ड फ्यूचर स्ट्रेटेजीस इन ब्रीडिंग लेन्टिल फोर रेसीस्टेन्स टू बायोटिक एण्ड अबायोटिक स्ट्रेटेस. यूफायटिका, 73 : 249–135.

गाधारी, पी.डी. और लक्ष्मन, सिंह. 1979. पल्स क्रॉप्स ऑफ मध्य प्रदेश. जबलपुरः डायरेक्टोरेट ऑफ एक्सटेन्शन सर्विसेस, जवाहरलाल नेहरू कृषि विश्व विद्यालय (जे.एन.के.वी.वी), जबलपुर.

खरे, एम.एन., 1981. डिसीस ऑफ लेन्टिल इनः लेन्टिल्स (एडिट, सी वेब एण्ड जी हाउटिन). कॉमनवेल्थ एग्रीकल्चरल ब्यूरोक्स इंग्लेण्ड, 163–172.

लेडीजिन्सकी, जी., 1979. द ओरीजिन ऑफ लेन्टिल एण्ड इटस वाइल्ड जीनपूल. यूफायटिका 28:279–187.

लाल, एस. 1984. कोन्सट्रेंन्टस एण्ड अपोर्चुनिटीस इन पल्स प्रोडक्शन इन ईस्टर्न उत्तर प्रदेश. इन पल्स प्रोडक्शन कान्सट्रेन्टस एण्ड अपोचफ्रनिटीस (एडिट, एच. सी. श्रीवास्तव, एस. भास्करन, के.के.जी. मेनन, एस. रामानूजम और एम.वी. राव). ऑक्सफोर्ड एण्ड आई.बी.एच. पब्लीशिंग क. प्रा. लि., नई दिल्ली, भारत. पीपी 89–106.

राधा, वाय.आर. सीथारमन, जी., राम, एस., और सुब्बाह, जी., 1989. इफिसिएन्सी ऑफ इनपुट यूज ए कम्पेरेटिव स्टडी इन राइस–राइस एण्ड राइस–पल्स फारमिंग सिस्टम. इकोनोमिक अफेयर्स, 34: 219–224.

रॉय शर्मा, आर. पी. और सिंह, अम्बिका., 1969. रेसीडुअल इफेक्ट ऑफ लेगुम्स इन विन्टर लेगुम्स–मेज रोटेशन. इंडियन जर्नल ऑफ एग्रीकल्चरल साइंसेस, 36: 530–539.

सरकार, ए, फरमन, बी., और इर्सकाइन, डब्लू., 2007. जीन माइनिंग एण्ड यूज टू इम्प्रूव यील्ड एण्ड क्वालिटी इन लेन्टिल. इनः प्रोसेडिंग ऑफ 18वी. इनकारपिया कॉन्फ्रेन्स ऑन प्लान्ट जेनेटिक रिसोर्स, एब्स. न. 35, पायस्टेनी, सोल्वाक्या, पी. 41.

सिंह, बी.बी. दीक्षित, जी.पी., और कटियार, पी.के., 2006. नेशनल टेस्ट गाइडलाइन्स फोर द कन्डक्ट ऑफ टेस्टस फोर डिस्टीनक्टनेस, यूनीफोरमिटी एण्ड स्टेबिलटी इन लेन्टिल, पीस एण्ड राजमा ए.आई.सी.आर.पी. ऑन एम.यू.एल.एल.ए.आर.पी., आई.आई.पी.आर., कानपुर.

सिंह, बी.बी., दीक्षित, जी.पी. और अली, मशूद., 2009. इम्प्रूव्ड वेराइटीस एण्ड टेक्नोलॉजी लेड टू स्पेक्टाकूलर इनक्रीस इन लेन्टिल प्रोडक्शन. एग्रीकल्चर सिचुएशन इन इंडिया. वोल. एल.एक्स.वी. न. 10, पीपी. 645–648.

सिंह, के.एम. और सिंह, आर. के. पी., 1995. एन इकोनोमिक एनालाइसिस ऑफ लेन्टिल कल्टीवेशन इन नोर्थ–ईस्ट एल्यूवियल प्लेन्स ऑफ बिहार. इकोनोमिक अफेयर्स 40: 157–163.

19

मटर

जी.पी. दीक्षित, बी.बी. सिंह एवं पी.के. कटियार

मटर एक महत्वपूर्ण रबी की दलहनीं फसल है जो खाध्य एवं सब्जी के लिए उगाई जाती है। यह दो प्रकार की होती है पहली सब्जी वाली जिसके दाने सूखने पर सिकुड जाते है एवं दूसरी प्रकार के मटर के दाने सूखने पर गोल एवं सफेद होते है। शब्जी वाली मटर के अन्दर के दाने हरे होते है। मटर को विभिन्न प्रकार से प्रयोग करते है जैसे चाट, छोला, दाल, सब्जी एवं आटा आदि बनाकर। सब्जी वाली हरी मटर डिब्बाबंदी कर सब्जियों के रुप में प्रयोग करते है। दोनों प्रकार की मटर की खेती देश के उत्तरी एवं मध्य भोगों में की जाती है।

दानें वाली मटर में प्रोटीन की मात्रा लगभग 20% होती है और जीवन्त जीव की आवश्यकता की पूर्ति हेतु आवश्यक एमीनों अम्ल उपलब्ध होते है। परिपक्व मटर के दानों से सबसे आसानी से ग्रहण होने वाले पानी में घुलनशील प्रोटीन की मात्रा पके हुए दानों में 36 से 87% एवं हरी मटर में 65 से 82% तक होती है। मटर के ताजे दानों में 4 मि.ग्रा. प्रो–विटामिन ए, 300 मि.ग्रा. विटामिन सी, 3 मि. ग्रा. विटामिन बी$_1$, 1.5 मि. ग्रा. बी$_2$ और 1.2 मि.ग्रा. पेन्टोथेनिक अम्ल प्रति 1000 ग्राम में होता है। इसके अतिरिक्त 1.1% बसा, 2.2% खनिज, 4.5% फाइवर और 56.5% कार्बोहाइड्रेट होते है एवं फास्फोरस की मात्रा भी प्रचुर मात्रा में होती है। हरी मटर और मटर की अपरिपक्व फली में उच्च स्तर पर सक्रिय रुप से लीपोट्रोपिक एन्टीस्केलेरोटिक के अवयव कोलीन और इनोंसीटोल होते है। कोलीन की कमी से ट्रयूमर का विकास और वृद्धि होती है।

क्षेत्र, उत्पादन एवं उत्पादकता का रुझान

भारत में मटर 0.72 मिलियन हे. क्षेत्रफल में उगाई जाती है जिससे लगभग कुल 0.59 मिलियन टन उत्पादन होता है। मटर की खेती मुख्य रुप से उत्तर प्रदेश, मध्य प्रदेश, बिहार, महाराष्ट्र, और राजस्थान में खेती की जाती है (तालिका–1)। मटर के क्षेत्रफल एवं कुल उत्पादन में गिरावट हुई है उदाहरण के तोर पर उत्तर प्रदेश में वर्ष 1970–71 में मटर 724 हजार हे. में उगाई जाती थी जिससे 688 हजार टन उत्पादन प्राप्त होता था जो कि वर्ष 2010–11 में घटकर 304 हजार हे. एवं कुल उत्पादन 353 हजार टन रह गया लेकिन इसी

अवधि के दौनार चूर्णिल आसिता फंफूद प्रतिरोधी किस्मों की उपलब्धता के कारण उत्पादकता 950 कि.ग्रा./हे. से बढकर 1761 कि.ग्रा./हे. हो गई। जबकि मध्य प्रदेश में क्षेत्रफल एवं उत्पादन क्रमशः वर्ष 1970–71 में 78 हजार हे. एवं 21 हजार टन था जो कि बढकर वर्ष 2009–10 में 288 हजार हे. एवं 146 हजार टन हो गया एवं उत्पादकता इसी दौरान 279 किलो ग्राम/हे. से बढकर 508 कि.ग्रा./हे. हो गई। इसका मुख्य कारण अधिक उपज एवं चूर्णिल आसिता फंफूदी प्रतिरोधी किस्मों की कृषको को उपलब्धता थी। बिहार राज्य में भी वर्ष 1970–71 में मटर का क्षेत्रफल 63 हजार हे. एवं कुल उत्पादन 36 हजार टन था जो कि घटकर 20 हजार हे. क्षेत्रफल एवं कुल उम्पादन 21 हजार टन रह गया लेकिन चूर्णिल आसिता प्रतिरोधी एवं अधिक उपज देने वाली किस्में की उपलब्धता के कारण उत्पादकता 370 कि.ग्रा./हे. से बढकर 1051 कि.ग्रा./हे. हो गया।

तलिका 1: राज्यवार मटर का कुल क्षेत्रफल, उत्पादन एवं उत्पादकता

राज्य	क्षेत्रफल ('000 हे.)		उत्पादन ('000 टन/हे.)		उत्पादकता (किलाग्राम/हे.)	
	1970–75	2010–11	1970–75	2010–11	1970–75	2010–11
उत्तर प्रदेश	563.78	304.00	439.50	535.00	732	1761
मध्य प्रदेश	86.10	226.50	23.44	52.50	272	276
बिहार	25.32	20.00	13.04	21.00	75	1051
महाराष्ट्र	8.34	14.80	2.70	5.00	317	338

उपज अन्तराल

अखिल भारतीय समन्वित दलहन सुधार परियोजना के तहत वर्ष 2005 से 2010 के दौरान कुल 376 मटर के अग्रिम पक्ति प्रदर्शन आयोजित किए गये। प्रदर्शनों में उन्नत प्रोद्योगिकी द्वारा मटर की उपज औसत 1419 कि.ग्रा./हे. प्राप्त हुई जबकि कृषक पद्धति में औसत उपज 1171 कि.ग्रा./हे. प्राप्त हुई जो कि कृषक पद्धति से 21% अधिक थी। **उत्पादन में रुकावट के कारण:** मटर घरेलू आवश्यकता के आधार पर एक महत्वपूर्ण दलहनीं फसल है। अन्य दलहनीं फसलों की तरह इसकी खेती आमतौर पर कम मृदा उर्वरता, वर्षा आधारित क्षेत्रों, सीमान्त और उपसीमान्त भूमि पर की जाती है। मौसम की विपरीत प्रतिकूल परिस्थितियों के अतिरिक्त, चूर्णिल आसिता, रस्ट एवं जड़सडन समबन्धी बीमारियों का प्रभाव अधिक होता है। मटर की फसल में जैविक तनाव कारकों द्वारा 15 से 20% तक उत्पादन कम हो जाता है। मटर की उत्पादकता को कम करने वाले अन्य अजैविक कारकों में जलवायु समबन्धी कारक, जल मग्नता के प्रति संवेदनशील, अधिक उपज देने वाले उन्नत बीजों की कमी, उन्नत फसल उत्पादन तकनीकी को न अपनाना, अपर्याप्त एवं असंतुलित उर्वरकों का प्रयोग, समय पर बआई न करना एवं कम बीज दर इसके साथ प्रायः समय पर खरपतवार नियंत्रण न कर पाने से उत्पादन कम प्राप्त होता है।

दलहन उत्पादन प्राद्योगिकी हस्तांतरण की अप्रभावी तकनीक एक प्रमुख कारण है। दलहन उत्पादन बढाने हेतु उन्नत प्रजातियों के विकास के साथ–साथ उन्नत उत्पादन

तकनीकी को कृषकों द्वारा अपनाया जाना अति आवश्यक है। लेकिन उचित प्रसार कार्यक्रम तकनीकी हस्तांतरण के अभाव में दलहनों के उत्पादन में आशा के अनुरुप उत्पादन में वृद्धि नहीं हुई है।

सभी दलहनीं फसलों हेतु खराब भंडारण सुविधा और कीटो का आंक्रमण इसके लिए नुकसान देय है। खराब भंडारण सुविधा कम उत्पादन का एक प्रमुख कारण है। एक प्रमुख कारण में भंडारण और प्रसंस्करण की सुविधाओं के अभाव के कारण अधिक नुकसान कृषकों को उठाना पडता है। ग्रामीण स्तर पर भंडारण की सुविधाओं का अभाव भी कम उत्पादन होने का एक महत्वपूर्ण कारण है। अन्य कारणों में प्रसंस्करण और विपणन की सुविधाओं का अभाव भी एक प्रमुख कारण है। ग्रामीण स्तर पर प्रसंस्करण की सुविधाओं का अभाव होने के कारण उत्पादकों को सस्ते दर पर उत्पाद को बेचना पडता है। कृषकों को उत्पाद के विक्रय में व्यवस्थित बाजार का अभाव साथ ही बाजार में इन फसलों की कीमत में उतार चढाव भी उत्पादन को बढाने में बाधक है।

प्रजातियों का विकासः प्रजातियों के विकास के प्रारम्भिक चरण में क्षेत्रों में उगाये जा रहे स्थानीय मटर के बीजों की अनुकूल और उत्पादन क्षमता के आधार पर चयन कर प्रजातियों का विकास किया गया। कुछ प्रजातियों में जैसे टाइप–163, हरभजन, बी आर–2, बीआर–12, हंश (एल–116), बी–22, किन्नोरी और आरपीजी–3 सीधे चयन प्रक्रिया के माध्यम से किया गया। टाइप–163 बुलंदशहर के स्थानीय अनुवांशिकी भण्डार से चयन किया गया जो कि अधिक बढवार, मध्यम फैलाव एवं अधिक उत्पादन क्षमता (18 से 20 क्विंटल/हे) वाली थी। बी आर–2 और बीआर–12, लम्बी एवं अधिक फैलाव की प्रकृति एवं उत्पादन क्षमता 18 से 20 क्विंटल/हे. बिहार के स्थनीय जर्मप्लाज्म से चयन किया गया। किन्नोरी प्रजाति हिमाचल प्रदेश के किन्नोर क्षेत्र से चयन की गई इसकी औसतन उपज 15 से 20 क्विंटल/हे. थी और इसके दाने सफेद और गोल आकार के थे यह प्रजाति मध्यम और उच्च पहाडी क्षेत्रों के लिए उपयुक्त थी।

वर्ष 1960 एवं 1970 के दशक में मटर का क्षेत्रफल आधा हो गया है इसका मुख्य कारण देश के मटर उत्पादक क्षेत्र की टी–163 प्रजाति में व्यापक रुप से चूर्णिल आसिता बीमारी का प्रक्रोप होना था। इसलिए उस समय से ही चूर्णिल आसिता प्रतिरोधी किस्मों की आवश्यकता महसूस की गई। संकरण कार्यक्रम द्वारा टाइप–163 प्रजाति में चूर्णिल आसिता प्रतिरोधी जीन की प्रतिस्थापन कर रचना मटर की प्रजाति वर्ष 1980 में विकसित की गई जो कि टाइप–163 जैसे उत्पादन के गुण धर्म रखती थी। यह प्रजाति टाइप–163 X टाइप–10 के संकरण से प्राप्त हुई। इसी तरह इसी संकरण से पंत पी 5 प्रजाति को विकसित किया गया। एल–116 एवं 6587 के संयोजन द्वारा डीएमआर–7 प्रजाति को विकसित किया गया। कुछ समय उपरान्त चूर्णिल आसिता प्रतिरोधी और उच्च उपज देने वाली प्रजाति जैसे एचयूपी–2, केएफपी–103, जेपी–885 और डीडीआर (पूसा मुक्ता) विभिन्न क्षेत्रों के लिए विकसित की गई।

हाल ही में बहुत सी प्रजातियां जो कि कम बढने वाली छोटे आकार के पत्ते एवं चूर्णिल आसिता प्रतिरोधी किस्मों का विकास किया गया जो कि तालिका–2 में दी गई है। इन महत्वपूर्ण प्रजातियों के विकास ने मटर के विगत समय में होने वाले क्षेत्रफल की कमी को बढाने में महत्वपूर्ण भूमिका निभाई। इन किस्मों के अर्ध चंद्राकार मुडे हुए पत्तों के कारण पत्तों के निचले भाग में भी सुर्य का प्रकाश पहुचने के कारण बीमारियों के प्रकोप में कमी तथा तने से निकलने वाले धागे समान आकृति के कारण चिडियों का प्रकोप भी कम होता है। पौधों की कम बढवार एवं आदानों के प्रयोग का प्रभाव एवं अधिक पौधों की संख्या के कारण अधिक उत्पादन प्राप्त होता हैं। अपर्णा (एचएफपी–4) पहली बोनी प्रजाति जिसमें कम पत्ते और चूर्णिल आसिता प्रतिरोधी किस्म टी–163 और ईसी–109196 के संकरण से विकसित की गई। इसके पश्चात एचएफपी–4 और ईसी–109185 के संयोजन से एचएफपी–8909 प्रजाति विकसित की गई। इसके परिणाम से प्रजाति केपीएमआर 144–1 विकसित की गई इस के संकरण में रचना प्रजाति का प्रयोग किया गया।

बोनी किस्म एचयूडीपी–15 का विकास एफ सी–1 × (पीजी–3 X एस–143) के संयोजन से किया गया यह किस्म चूर्णिल आसिता और रस्ट (रतुआ) प्रतिरोधी थी । हाल ही में बोनी किस्में आदर्श, विकास और प्रकाश विकसित की गई जो कि कम समय में परिपक्व होती है तथा साथ ही रोग प्रतिरोधी एवं लगभग 2.5 टन/हे. उपज क्षमता रखती है का विकास हुआ।

तालिका 2: चूर्णिल आसिता प्रतिरोधी प्रजातियाँ

बोनी प्रजातियाँ	लम्बी प्रजातियाँ
अपर्णा, उत्तरा, जयंती, सपना, मालबीया मटर 15, स्वाती, पूसा प्रभात, आईपीएफडी–1–10 (प्रकाश) और आईपीएफडी 99–13 (विकाश), आईपीएफडी 5–19 (अमन), ओईपीएफ 4–9, डीडीआर–27 (पूसा पन्ना), आईपीएफडी 6–3, विकास, प्रकास, आईपीएफ 4–9, आदर्श	रचना, पंतपी–5, मालवीया मटर–2, जेपी–885, अलंकार, शिखा, अंबिका, आईपीएफ 99–25, वीएल मटर–42, वीएल मटर–47, पंत मटर–42 और एचएफपी 9907–बी, एचएफपी–529

उर्वरक प्रबन्धनः उर्वरकों की आवश्यकता मृदा की प्रारम्भिक उर्वरता स्तर, मृदा में नमी की स्थिति, जीनोटाइप, फसल का विकास एवं उपज, फसल अवशेषों का पुनः मृदा में प्रयोग, आदि के आधार पर निर्धारण होती है। सामान्यतः एक टन जीवांश पदार्थ उत्पादन करने हेतु 30 से 50 कि.ग्रा. नत्रजन, 2 से 7 कि.ग्रा. फास्फोरस, 12 से 30 कि.ग्रा. पोटास, 3 से 10 कि.ग्रा. कैल्शियम, 1 से 5 कि.ग्रा. मेग्नीशियम, 1 से 3 कि.ग्रा. सल्फर, 200 से 500 ग्राम मेग्नीज, 5 गाम बोरोन, 1 ग्राम कोपर, 0.5 ग्राम मोलीब्डेनम की आवश्यकता होती है। मटर की फसल में सिंचाई के साथ उर्वरक का प्रयोग कर सकते है।

मटर की सामान्यतः सिंचित दशा में खेती की जाती है अतः उर्वरक प्रयोग का प्रभाव देखने को मिलता है। बुआई के समय 20 किलाग्राम नत्रजन और 60 किलोगाम फास्फोरस/हे. प्रयोग से फसल की आवश्यकता की पूर्ति हो जाती है जबकि बोनी प्रजातियों हेतु 40 कि.ग्रा. नाइट्रोजन और 60 कि.ग्रा. फास्फोरस/हे. की आवश्यकता होती है। बुआई के समय 20 कि.ग्रा. सल्फर/हे. प्रयोग कर अधिक उपज ली जा सकती है। सूक्ष्म पोषक तत्वों में मोलीब्डेमन का प्रभाव सकारात्मक देखने को मिला है अतः उपयोग की सिफारिश की जाती है।

खरपतवार प्रबन्धनः– खरपतवार मटर की फसल में पानी, पोषक तत्व, प्रकाश एवं स्थान के लिए प्रतियोगिता करते है फसल की अपेक्षा खरपतवारों की वृद्धि तीव्र गति से होने के कारण यह फसल को अत्यधिक हानि पहुँचाते है इसलिए फसल की प्रारंभिक अवस्था में खरपतवार नियन्त्रण लाभप्रद रहता है कृषि गत क्रियाओं के अन्तर्गत 25–30 दिन की अवस्था पर हाथ से एक निदाई–गुड़ाई खरपतवार नियन्त्रण हेतु प्रभावी सिद्ध हुई है। रासायनिक विधि से खरपतवारों के नियंन्त्रण हेतु फ्लूक्लोरिन 1.0 कि.ग्रा./है. बुवाई से पूर्व अथवा पेन्डीमिथेलीन 1.0 कि.ग्रा./है. फसल के अंकुरण से पूर्व प्रयोग करना चाहिए। खड़ी फसल में मेट्रब्यूजिन खरपतवार नाशी की 250 ग्रा./है. मात्रा का 15 दिन की अवस्था पर प्रयोग चौड़ी पत्ती के खरपतवारों के नियन्त्रण में प्रभावी पाया गया।

सिंचाई प्रबन्धनः मटर की फसल की खेती हेतु जल प्रबन्धन बहुत ही महत्वपूर्ण है। फसल की प्रारम्भिक अवस्था में मृदा में आवश्यक नमी रहना अति आवश्यक है। प्रारम्भिक अवस्था में नमी की कमी होने पर नत्रजन स्थरीकरण कम हो पाता है जिससे उत्पादन प्रभावित हेाता है। सामान्यतोर पर मृदा में नमी की स्थिति में फूल आने से पूर्व एक सिंचाई की आवश्यकता होती है। हल्की संरचना की मृदा में शीत त्रितु के समय वर्षा न होने की स्थिति में शाखायें बनते समय एवं फली निर्माण के समय हल्की सिंचाई कर देनी चाहिए। मटर की फसल में हल्की सिंचाई (40 से 50 मिलीमीटर) करनी चाहिए। अधिक नमीं की स्थिति में फसल की अधिक बढवार हो जाती है तथा उत्पादन पर विपरीत प्रभाव पड़ता है। जल प्रबन्धन पर भारतीय समन्वित दलहन सुधार परियोजना के तहत विभिन्न केन्द्रों पर अध्ययन के आधार पर उत्तर पूर्वी मैदानी इलाकों में फूल आने के समय में एक सिंचाई (50 दिन पर) लाभकारी पाई गई है जबकि शाखाये बनते समय पहली एवं दूसरी फूल बनते समय अधिक लाभदायक पाई गई है एवं मध्य भारत में दो सिंचाई पहली साखाऐं बनते समय एवं दूसरी फूल आते समय लाभदायक रहती है। उत्तर–पश्चिमी मैदानी क्षेत्रों में शाखाये बनते समय पहली सिंचाई और दूसरी फूल आने पर बहुत महत्वपूर्ण है। सामान्य तोर पर फूल बनते समय सिचाई अधिक लाभदायक पाई गई है। सामान्यतः बोनी किस्मों में अधिक बढवार वाली प्रजाति की तुलना में सिंचाई के बेहतर परिणाम प्राप्त होते है।

रोग प्रबन्धनः रोग जनकों में बहुत से फफूंद, जीवाणु और विशाणु का प्रभाव मटर की फसल पर होता है। सामान्यतः चुर्णिल आसिता और रस्ट (रतुआ) आर्थिक रुप से बहुत ही महत्वपूर्ण है जबकि अधिक नमीं की स्थिति में जड़ गलन रोग (फ्यूसेरियम सोलेनाइ) की अधिक संभावना हो जाती है।

चूर्णिल आसिता:— यह रोग एरीसाइफी इटोलिम पिसी नामक फफूंद के द्वारा होता हैं यह फफूंद पौधों के बाहरी भाग को प्रभावित करता है। चूर्णिल आसिता द्वारा फसल को अधिक नुकसान होता है रोग द्वारा हानि का स्तर फसल की अवस्था पर निर्भर करता है। मटर की फसल की शीघ्र बुवाई अक्टूबर माह के दूसरे सप्ताह में करने पर चूर्णिल आसिता रोग के प्रकोप से बचा जा सकता है साथ ही शीघ्र परिपक्व होने वाली प्रजातियों की खेती करने पर चूर्णिल आसिता रोग से बचा जा सकता है। संरसों, अल्सी, गेहूँ, जौ की मटर के साथ अन्तर्वर्ती फसल लगाने से चूर्णिल आसिता रोग का प्रकोप कम होता है। चूर्णिल आसिता रोग से बचने के लिए बहुत से फफूंद नाशी उपलब्ध है। चूर्णिल आसिता रोग से बचाव हेतु 0.05% कार्वेन्डाजिम का एक अथवा दो छिडकाव अथवा 0.3% घुलनशील सल्फर के दो से तीन छिड़काव कर रोग से बचा जा सकता है। सामान्यतः फफूंद नाशियों के प्रयोग से भी चूर्णिल आसिता रोग से बचा जा सकता है। चूर्णिल आसिता प्रतिरोधी प्रजातियों में पी–3, पी–4, एचयूडीपी–8, पीएम–5, पीएम–6, जेपी–21, केएसपी–22, डीएमएनआर–34, जेएम–6, डीएमआर–11, पंतपी–5, एचएफपी–4, टी–10, पी–185, पी–388, सी–12, डीएमआर–3, पंत पी–74 एचएफपी–529 प्रमुख है इनमें से चयनित कर क्षेत्र विशेष हेतु शिफारिस की गई प्रजाति लगानीं चाहिए।
रस्ट (रतुआ):— मटर में रतुआ यूरोमाइसस विसी नामक फंगस के कारण होती है। यह रोग अधिक नमीं एवं आद्रता वाले क्षेत्रों में अधिक नुकसान पहुँचाता है। उपयुक्त वातावरण में यह फंगस स्वतः फैलता है एवं पौधे के जीवन चक्र को प्रभावित करता है। प्रारम्भिक रुप से यह फफूँद मृदा की जड की ऊपरी सतह को प्रभावित करता है। यह बीमारी आमतौर पर फरवरी में होती है और अनुकूल मौसम मिलने पर इसका विकास शीघ्र हो जाता है। इस बीमारी द्वारा उपयुक्त मौसम मिलने पर फसल पर भारी नुकसान होता है। यह रोग मध्यम तापमान के साथ उच्च नमी वाले क्षेत्रों में अधिक गंभीर होता है। कर्षण क्रियाओं और रासायनिक प्रबन्धन तकनीक द्वारा रतुआ बीमारी का प्रभावी प्रबन्धन चूर्णिल आसिता हेतु अपनाये गये प्रबन्धन द्वारा किया जा सकता है। वैज्ञानिकों द्वारा रतुआ शहनशील प्रजातियाँ जैसे पी.जे.–207508, सी–12, विस्कान्सिन, डीएमआर–3, पंत पी.–5, पंत पी–8, पंत–9, एचपीएफ.–8711, एचयूडीपी–11, एचयूडीपी–12 और एचयूडीपी–16 विकसित की गई है। अभी तक के प्रयासों में उच्च स्तर की रतुआ (रस्ट) प्रतिरोधी किस्में विकसित नहीं हो पाई है। परियोजनाओं के अन्तर्गत कुछ रतुआ (रस्ट) प्रतिरोधी किस्में विकसित की गई है जैसे पंत पी–5, स्वाति (केएफपीडी–24), एचयूडीपी–15 (मालवीस मटर–15) पीएम–6, जेपी–81 और आईपीएफडी 1–10, पीएम–7, केपीएमआर–212, इटेलिक, एचयूडीपी–15, प्रकाश, पत पी–74, एचएफपी–529 प्रमुख है।

अन्य रोगों में, जड सड़न जो कि पिथियम स्पिसीज, फ्यूजेरियम सोलेनाई द्वारा फैलती है। इसी प्रकार जीवाणु जनित झुलसा स्यूडोमोनास सिरंगी द्वारा एवं मृदु रोमिल आसिता (डाउनी मिल्ड्रयू) पेरोनोस्पोरा पिसी एवं काला धब्बा रोग एस्कोकाइटा पिसी नामक फफूद से फैलता है इन बीमारियों के द्वारा नुकसान का स्तर विभिन्न कृषि परिस्थितिकी के क्षेत्रों में भिन्न–भिन्न होता है। इन रोगों के प्रबन्धन हेतु 2 से 3 ग्राम/किलो बीज कार्बेन्डिजिम

से बीज उपचार करने से इन रोगों को रोक सकते है। मृदा में कम नमीं होनी चाहिए अधिक नमीं की स्थिति में इन रोगों का प्रकोप अधिक होता है। जड गलन प्रतिरोधी से समबन्धित महत्वपूर्ण जानकारी एवं प्रजाति विकास हेतु महत्वपूर्ण सामाग्री डॉ. जे.एम. क्राफ्ट वासिगंटन स्टेट यूनीवर्सिटी और यूनीवर्सिटी आफ विसकोन्सिन के संयुक्त प्रयास में एकत्रित की गई। चूर्णिल आसिता, रोमिल आसिता, बेक्टीरियल झुलसा और मटर का बीज जनित मोजेक विषाणु रोग के समबन्धित प्रतिरोधी जानकारी उपलब्ध है। जबकि माइकोस्फेरिला पीनोंडस फंगस जोकि सबसे अधिक विनाशकारी है के प्रति प्रजाति विकास में छोटी सफलता प्राप्त हुई। क्ललो एवं सहयोगी (संयुक्त राज्य अमेरिका) और नसीर एवं सहयोगी (जर्मनी) ने हाल ही में आंशिक प्रतिरोधता का आनुवंशिक विश्लेषण किया है। आस्ट्रेलिया में भी मटर के रोगों की लगातार समस्याओं पर अध्ययन हुए अध्ययनों में देखा गया कि प्रतिरोध का स्तर आमतौर पर पुर्वज प्रजातियों में अपर्याप्त है। बडे रोगजनकों की भिन्नता को ध्यान में रखते हुए प्रतिरोध के स्थायित्व के बारे में भी संदेह है। प्रतिरोधी श्रोतों पी सेटइवम के अतिरिक्त अन्य प्रजातियां है, जिनमें से कुछ जंगली मटर भी संग्रहित की गई है जिनमें रोग जनकों के प्रति प्रतिरोधता पाई गई एवं कई अवांछनीय लक्षणों की पहचान में कठिनाई पर भी प्रकाश डाला गया है। माइकोस्फेरला पिनोडस, फंगस का प्रभाव भूमध्य और शीतोष्ण क्षेत्रों में उच्च पैदावार प्राप्त करने में सबसे बडी चुनौती बना हुआ है।

भविष्य की संभावनायें: मटर की खपत एवं उपयोग के सांख्यकीय ऑकडों के आधार पर उच्च उत्पादकता क्षमता रखने वाली मटर प्रजातियों की अधिक मांग है। मटर की फसल रो उच्च उत्पादन प्राप्त करने के लिए, नवीन कृषि उत्पादन तकनीक और सुरक्षा प्रौद्योगिकी तकनीक अपनाये जाने की आवश्यकता है। ऐसी प्रजातियों के विकास करने की आवश्यकता है जो क्षेत्रीय फसल प्रणाली में समायोजित हो सके। देश के उत्तरी क्षेत्रों हेतु बहुत कम समय में पकने वाली प्रजातियों के विकास की आवश्यकता है। जैव प्रोध्योंगिकी की नवीन तकनीके उपलब्ध है जिनमें प्रजाति के विकास में जीन के हस्तांतरण के माध्यम से रोग एवं बीमारी प्रतिरोधी क्षमता है। भारतीय प्रजनक प्रजातियों के विकास में विभिन्न बेहतर जीन का प्रयोग कर रहे है। चूर्णिल आसिता प्रतिरोधी बहुत सी किस्मों का विकास किया जा चुका है। ऐसी प्रजातियों को उत्पादन के क्षेत्रों एवं नवीन क्षेत्रों में तेजी से अपनाने की आवश्यकता है। इसके अतिरिक्त कुछ नये क्षेत्रों पर विशेष ध्यान आकर्षण की आवश्यकता है जैसे मटर के पौधें के तने बहुत कमजोर होने के कारण वह कई जगह से मृदा सतह पर गिर जाते है। मटर के पौधे का तना बहुत पतला एवं साथ ही पत्तों की संख्या अधिक और पौधे का ऊपरी हिस्सा अधिक पत्तियों और फलियों की बजह से अधिक भार वाला होता है। अतः अनुवांशिकी के माध्यम से पौधे को संरचनात्मक रुप से मजबूत आधार देने की आवश्यकता है जिससे पौधे का तना मजबूत हो एवं पौधे की बढवार एवं विकास सीधा हो और वह जमीन पर गिरे नहीं जिससे निश्चित रुप से उत्पादन में वृद्धि होगी। भारत वर्ष में मटर का खाद्यान्न के रुप में सीमित दायरा है अतः इसके उपयोग में विविधीकरण की आवश्यकता है। साथ ही मटर के निर्यात को बढावा देने की आवश्यकता

है। जिससे मटर की खेती को और अधिक लोकप्रिय बनाने में सहायता मिलेगी। मटर की प्रजातियों को प्रजनकों के द्वारा खाध्य एवं चारे के रुप में द्विउपयोगी प्रजातियों के विकास की आवश्यकता है। इस प्रकार निशंन्देह पशुओं और मुर्गियों के दाने के रुप में उपयोग होने की वजह से मटर की खेती को बढावा मिलेगा। शीघ्र तैयार होने वाली मटर आर्थिक दृष्टि से महत्वपूर्ण है अतः शीघ्र तैयार होने वाली, सघन पौधों की संख्या वाली बोनी किस्म तैयार करने की आवश्यकता है। जिससे प्रति इकाई क्षेत्रफल एवं समय में अधिक उत्पादन प्राप्त किया जा सकेगा। इसलिए भविष्य में बोनी, न गिरने वाली, बीमारी प्रतिरोधी और सफेद और हरे दाने (मानव उपयोग हेतु) साथ ही साथ लाल छिलके वाले बीज (खाने और चारे के उपयोग हेतु) की किस्म तैयार की जानी चाहिए।

फसल की उत्पादकता बढाकर कुल उत्पादन को बढाया जा सकेगा। साथ ही बीज प्रतिस्थापन दर बढाने पर भी विशेष ध्यान देने की आवश्यकता है। बीज प्रतिस्थापन दर बढाने के लिए बीज उत्पादन कार्यक्रम को भी बढाना पडेगा। साथ ही कृषकों कों उन्नत बीज उपलब्धता के साथ जैव उर्वरक, फास्फोरस युक्त उर्वरक, सल्फर और सूक्ष्म पोषक तत्व जैसे जस्ता के प्रयोग को बढावा देने की रणनीति बनाने की आवश्यकता है। उपलब्ध तकनीक को आसानी से उपयोग करने योग्य बनाकर त्वरित तकनीकी हस्तांतरण की रणनीति से कृषकों तक पहुॅचाने की आवश्यकता है जिससे कृषक अतिशीघ्र तकनीक अपनाकर उत्पादकता बढाकर आर्थिक लाभ ले सकते है।

संदर्भ

चौधरी, पी.आर., हसन, तनवीर और जी.पी. दीक्षित., 2007. आइडेन्टीफिकेशन एण्ड डिटेक्शन ऑफ जेनेटिक रिलेटेडनेस एमोंग इम्पोरटेंट वेरायटीस ऑफ पी (पाइसम सेटाइवम एल.) ग्रोन इन इंडिया. जेनेटिका, 130 (2):183–191.

दीक्षित, जी.पी., हसन, तनवीर और सुभाश चन्द्रा., 2006 जनरेशन मीन एनालाइसिस फोर ग्रेन यील्ड रिलेटेड ट्रेडस इन फील्ड पी. इंडियन जर्नल ऑफ जेनेटिक्स एण्ड प्लांट ब्रीडिंग, 66(2):147–148.

दीक्षित, जी.पी. और पी.के. कटियार, 2006. जेनेटिक बेस ऑफ इंडियन फील्डपी वेराइटीस एण्ड ब्रीडिंग लाइन्स डेवलप्ड इन इंडिया. इंडियन जर्नल ऑफ जेनेटिक्स एण्ड प्लांट ब्रीडिंग, 66(4): 316–318.

हेडले, सी.एल. और अम्ब्रोस, एम.जे., 1981. डिसाइनिंग ''लीफलेस'' प्लांटस फोर इम्प्रूविंग यील्डस ऑफ ड्राइड पी क्रॉप. एडवान्स इन एग्रोनॉमी, 34:225–227.

कटियार, पी.के. और दीक्षित, जी.पी. 2009. मल्टीवेराइटी एनालसिस फोर जेनेटिक डाइवरजेन्स इन फील्डपी जर्मप्लास्म. इंडियन ज. एग्रीकल्चरल साइसेंस, 79 (3): 181–183.

शर्मा, बी. और खान, टी.एन., 1996. क्रिएटिंग हायर जेनेटिक यील्ड पोटेन्शियल इन फील्डपी (पाइसम सटाइवम एल) इंडियन जर्नल ऑफ जेनेटिक्स. 56(4):371–388.

स्नोड, बी. फ्ररूसीनेट, एल. और मोन्टी, एल.एम., 1985. द इफेक्ट ऑफ थ्री जीन्स व्हिच मोडीफाई लीव्स एण्ड स्टीपुल्स इन द पी प्लांट. थ्योरेटीकल एण्ड एप्लाइड जेनेटिक्स 70: 322 – 329.

सिंह, डी.पी., 1997. टेलरिंग द प्लांट टाइप इन पल्स क्रॉप. प्लांट ब्रीडिंग एब्सट्रेक्ट, 67 (9): 1213–1220.

सिन्हा, एस.के., 1977. इनः फूड लेग्यूमः डिस्ट्रिब्यूशन, एडप्टाबिलटी एण्ड बायोलॉजी ऑफ यील्ड. फूड एण्ड एग्रीकल्चर ऑर्गनाइजेशन ऑफ यूनाइटेड नेशन्स. एफ.ए.ओ., रोम, इटली.

श्रीवास्तव, आर.पी., कुमार, ललित और दीक्षित, जी.पी., 2009. न्यूट्रीशनल कम्पोजीशन एण्ड फेटी एसिड प्रोफाइल ऑफ इम्पोरटेन्ट जीनोटाइप्स ऑफ फील्डपी. जर्नल ऑफ फूड लेगुम्स 22(2): 115–117.

तनवीर, हसन, चौधरी, पी.आर., दीक्षित, जी.पी. और झा, जी.के., 2010. डिटेक्शन ऑफ मॉलीक्यूलर डाइवरजेन्स एण्ड डेवलपमेंट ऑफ डी.एन.ए. फिंगरप्रिंट इन फील्डपी कल्टीवर्स. इंडियन जर्नल ऑफ जेनेटिक्स एण्ड प्लांट ब्रींडिग, 70(2): 132–139.

20

खेसरी

जी.पी. दीक्षित, बी.बी. सिंह एवं पी.के. कटियार

भारत वर्ष में खेसरी (लेथाइरस सटाइवस) को लेथाइरस, लखोरी, तेओरा, बटरा, खेसरी, लटरी, लन्कलू, चटरी मटरी आदि नामों से जाना जाता है। इसकी खेती भारत, चीन, यूरोप के कई देश, मध्य पूर्व और उत्तरी अफ्रीका के कई देशों में की जाती है। यह खाध्य, आहार और चारें की फसल है। दलहन के रुप में उपयोग की जाती है और अन्य दलहन की तरह इसमें भी प्रोटीन की अधिक मात्रा पाई जाती है (स्मार्ट, 1990)।

यह सूखे क्षेत्रों की फसल है और जिन क्षेत्रों में वर्षा का औसत 380 से 650 मिली मीटर है उन क्षेत्रों में आसानी से उगाई जाती है। सूखे को सहन करने के साथ यह उन क्षेत्रों में भी उगाई जा सकती है जिन क्षेत्रों में वर्षा अधिक होती है तथा जलमग्नता रहती है। इसके पौधे कठोर एवं गहरी जड़ प्रणाली होने के कारण इसे विभिन्न प्रकार की मृदा जैसे हल्की एवं भारी मृदाओं में उगाया जा सकता है। लेथाइरस के पौधे कठोर एवं नत्रजन स्थरीकरण जडों का विस्तार अधिक होने के कारण इसे अनुकूल एवं प्रतिकुल परिस्थितियों में उगाया जा सकता है (कम्पवेल एवं सहयोगी, 1994)। भारत, बंग्लादेश, नेपाल और पाकिस्तान में इस फसल को धान काटने से दो सप्ताह पहले खडी फसल में संररक्षित नमी में बीज का छिडकाव कर दिया जाता है और जब इसके बीज उगजाते है इस परिस्थिति में धान की कटाई कर ली जाती है।

अन्य फसलों की तुलना के उपरोक्त सभी लाभों के बावजूद इस फसल के सुधार पर बहुत कम अनुसंधान हुऐ है। खेसरी के दानों में उपस्थित बीटा एन– आक्सेलिल– एल– एल्फा–बीटा–डाइमिनोप्रोपिमिक अम्ल (ओडीएपी) की अधिकता के कारण इस फसल को अधिक बढावा नहीं मिला है। इसके दानों में ओडीएपी की अधिक मात्रा के कारण सेवन करने से मनुष्यों एवं घरेलू पशुओं में मस्तिष्क संमबन्धी विकार पैदा हो जाते है (जेक्सन एवं यूनुस, 1984)। यह विकार कुल केलोरी की आवश्यकता का 30% भाग तीन से चार माह तक लगातार सेवन से प्रकट होते है (कम्पवेल एवं सहयोगी, 1994)। इस फसल में ओडीएपी की मात्रा कम करने के लिए अनुसंधान किए जा रहे है।

भारत में आर्थिक महत्व

खेसरी को देश में 5,20,000 हे. में उगाया जाता है जिससे वार्षिक उत्पादन लगभग 3,50,000 टन होता है एवं यह रबी मौसम में उगाई जाने वाली तीसरी मुख्य फसल है। खेसरी की खेती देश के मध्य प्रदेश, छत्तिसगढ, विहार और पश्चिम बंगाल में की जाती है (तालिका–1)। मध्य प्रदेश में खेसरी की फसल का क्षेत्रफल 682.1 हजार हे. से घटकर 43.4 हजार हे. रह गया है साथ ही उत्पादन 220.3 हजार टन से घटकर 31.7 हजार टन रह गया है। इसी प्रकार बिहार राज्य में क्षेत्रफल 447.8 हजार हे. से घटकर 87.1 हजार हे. एवं उत्पादन 227.4 हजार टन से घटकर 82.2 हजार टन रह गया है। पश्चिम बंगाल में भी क्षेत्रफल 134.7 हजार हे. से घटकर 28.1 हजार हे. एवं उत्पादन 49.5 हजार टन से घटकर 19.7 हजार टन रह गया है। खेसरी के कुल क्षेत्रफल का लगभग 70% रकवा छत्तिसगढ और महाराष्ट्र के बिदर्भ क्षेत्र में है। इन क्षेत्रों में नहरी सिंचाई से खरीफ के मौसम में धान की खेती की जाती है और रबी के मौसम में सिंचाई हेतु पानी उपलब्ध नही रहता इसलिए खेसरी की खेती बिना सिंचाई के इन क्षेत्रों से अतिरिक्त उत्पादन एवं लाभ मिल जाता है। इस फसल की खेती पेरा फसल के रुप में की जाती है। खेसरी की पेरा फसल के रूप में बुंआई कर सरंरक्षित नमी में खेती करने से कम खर्चे में 3 से 4 क्विंटल उपज/हे. प्राप्त हो जाती है। दलहनीं फसल खेसरी से उत्पादित उत्पाद मानव खाध्य की तुलना में पशुओं हेतु बेहतर चारा व दाना प्राप्त हो जाता है।

तलिका 1: खेसरी का राज्यवार क्षेत्रफल, उत्पादन और उत्पादकता

राज्य	क्षेत्रफल (हजार हे.)		उत्पादन (हजार टन)		उत्पादकता (कि.ग्रा./हे.)	
	1980–81	2009–10	1980–81	2009–10	1980–81	2009–10
बिहार	447.8	87.1	277.4	82.2	619	944
मध्य प्रदेश	682.1	43.4	220.3	31.7	323	730
महाराष्ट्र	78.8	9.9	14.5	4.3	184	434
पश्चिम बंगाल	134.7	28.1	49.5	19.7	367	701
छत्तिसगढ	250.8*	280.9	108.9*	175.6	434*	625

*2000–01 के आँकडे

उत्पादन क्षमता

देश में किए गये अनुसंधान कार्यक्रमों के परिणाम से हाल ही में खेसरी की दो उन्नत किस्में रतन (बायो एल–212) और प्रतीक खेती के लिए जारी की गई है। इन प्रजातियों की उत्पादन क्षमता 1.2 से 1.5 टन/ हे. है साथ ही इसमें ओडीएपी की मात्रा भी कम है। इन नई प्रजातियों का प्रदर्शन प्रथम पक्ति के माध्यम से कृषकों के खेतों पर किए जा रहे है। यह प्रदर्शन सरकारी एवं गैरसरकारी संस्थाओं द्वारा प्रजातियों एवं उत्पादन प्रबन्धन का प्रभाव देखने हेतु आयोजित किए गये। वर्ष 2005 से 2010 के मध्य कुल 95 प्रदर्शन कृषक

प्रक्षेत्रों पर अखिल भरतीय समन्वित दलहन अनुसंधान परियोजनाओं द्वारा मध्य प्रदेश, छत्तिसगढ, महाराष्ट्र, बिहार और पश्चिमी बंगाल प्रदेशों में आयोजित किए गये। प्रदर्शनों में औसतन उपज 867 कि.ग्रा./हे. उपज प्राप्त हुई जबकि कृषक पद्धति में 693 कि.ग्रा./हे. प्राप्त हुई।

प्रजातियों का विकास: जिन क्षेत्रों में रबी की फसलों हेतु सिंचाई के साधनों का विकास हुआ है उन क्षेत्रों में खेसरी का क्षेत्रफल कम हुआ है। इसके अतिरिक्त इसके दानों में हानिकारक पदार्थ (ओडीएपी) की अधिकता एवं कम उपज के कारण इस फसल को अन्य फसलों द्वारा प्रतिस्थिापित किया जा रहा है।

देश के भिन्न–भिन्न खेसरी उत्पादित क्षेत्रों से वर्ष 1967 में 600 प्रकार के विभिन्न गुण धर्म रखने वाले बीज एकत्रित कर ओडीएपी स्तर का जॉच हेतु नमूने एकत्रित किए गए एवं बाद में वर्ष 1669 में बिहार, पूर्वी उत्तर प्रदेश, पश्चिम बंगाल और गुजरात एवं 1975 में बिहार के आदिवासी क्षेत्रों से बीजों के नमूने संग्रह किए गये (मेहरा एवं सहयोगी, 1995)। वर्ष 1989 से 1991 के मध्य मध्य प्रदेश से कुल 1187 खेसरी के बीजों के नमूने संग्रह किये गये। संग्रहित किए गये खेसरी की प्राचीन प्रजातियों के गुण धर्म, विभिन्न आर्थिक पहलू और ओडीएपी का स्तर प्रजनको के माध्यम से मूल्यांकन किया गया। वर्तमान में खेसरी के 2720 पंजीकरण किए गये तथा जीन बैंक में संग्रहित किए गये है। इसके अतिरिक्त आई. जी. के. वी. वी., रायपुर, आई. आई. पी. आर., कानपुर और एन. बी. पी. जी. आर., अकोला द्वारा भी संक्रिय रुप से संग्रहण किया गया है। एकत्रित किए गये अधिकांश प्रचीन बीजों के लक्षण एवं आर्थिक पहलुओं का मूल्यांकन किया गया एवं परिणाम तालिका 2 और 3 में दिए गये है।

तलिका 2: आर्थिक मूल्यांक के आधार पर पहचाने गये पंजीकरण

गुण	आषाजनक पंजीकरण
अल्प अवधि (<100 दिन)	आईसी–120438, आईसी–120446, आईसी–120447, आईसी–120448, आईसी–120596, आईसी–120507, आईसी– 120420, ईसी–200325, ईसी–209076, ईसी–208952, आरएलके–10013, आरएलके–10037, आरएलके–10050, आरएलके–10048, आरएलके–266, आरएलके–287
फलियों की संख्या (>50/पौधा)	बायोएल–212, बायोएल–239, बायोआर–234,डीएल–265, आरएलके–430, आई सी–12507, आईसी–120497, आईसी–120537, आईसी–120422, एनआईसी–18768, एनआईसी–18849, एनआईसी–18851, एनआईसी–18890
दानों की उपज (>10 ग्राम/पौधा)	जेआरएल–47, पूसा–534, आरजेके–49, आरएलके–204, आरएलके–393, आरएलके–658, आरएलके–1009, आरएलके–1081, आईसी–120479, आईसी–120512, आईसी–120530, आईसी–120531, आईसी–120535, एनआईसी–18768, एनआईसी–18890, एस–270, पी–72, पी–176
बीज का आकार (>12 ग्राम/100 दाने)	ईसी–209017, ईसी–209026, ईसी–209044 ईसी–200322, आरएलके–143, आरएलके–148, आरएलके–158, बायो एल–208, बायो आर–227, एलएस–8246, सेल–505
ओडीएपी तत्व की मात्रा (<0.2%)	बायो एल–212, बायो आर–202, बायो आर–231, बायो आई–222, बायो एल–208, एल एस–157–12, प्रतीक, रतन, महातेओरा

तलिका 3: देश के मध्य प्रदेष राज्य से एकत्रित खेसरी की प्रजातियों के लक्षणों की सीमा

लक्षण	औसत	सीमा		क्रान्तिक अन्तर
		न्यूनतम	अधिकतम	(%)
50% फूल आने के दिन	62.20	47	94	12.108
पकने की अवधि दिन	107.71	86	127	4.753
पौधों की ऊचाई (से.मी.)	33.93	15.4	68.4	23.172
शाखायें / पौधा	9.26	1.8	28.4	3.365
फली / पौधा	19.38	2.47	59.0	45.775
फली की लम्बाई(से.मी.)	2.97	1.88	5.18	1.159
फली की चौडाई(से.मी.)	0.88	0.26	1.3	1.101
दाने / फली	3.27	1.6	4.6	1.276
दाने / पौधा	54.70	6.2	200	50.159
जैविक उत्पादन(ग्राम)	8.31	0.4	51	5.593
दानों की उपज / पौधा(ग्राम)	3.78	0.62	19.81	5.983
ओडीएपी तत्व की मात्रा (%)	0.438	0.128	0.872	0.385

फसल सुधार का पहला चरण वर्ष 1940 और 1960 के मध्य आरम्भ हुआ इसमें क्षेत्रीय स्तर पर बीजों का संग्रहण और इसमें से एक अधिक उपज देने वाले बेहतर वंश का चयन किया गया। परिणामस्वरुप चयन के उपरान्त खेती की सिफारिश के लिए प्रजाति बिहार हेतु बी आर–13, एल सी–76, इसी प्रकार गुजरात के लिए टी–12, मध्य प्रदेश हेतु न० 91 और न० 11 और पश्चिम बंगाल हेतु बी 1 और बी 19 की सिफारिश की गई।

दूसरे चरण (1965–1990) में उन्नतशील प्रजातियों का विकास किया गया जिनमें पहले की प्रजातियों के अपेक्षाकृत ओडीएपी तत्व की मात्रा कम थी। प्रथम चरण में खेसरी पर किए गए कार्य का मुख्य उद्देश्य था कि फसल के दानों में अधिक विषाक्तता के स्थान पर कम विषाक्तता की प्रजातिओं की पहचान कर फसल उगाना जारी रहे। पथम चरण में किए गए कार्य को केन्द्र व राज्य शासन में आप्रसंगिक माना और भविष्य में दो दृष्टिकोण के सुझाव दिये।

1 प्रजनन के माध्यम से एसी प्रजातियों का विकास जिनमें ओडीएपी तत्व बहुत कम अथवा बिल्कुल न हो।
2. दाल के विषहरण हेतु पानी में घुलने वाले योगिक के माध्यम से ओडीएपी को निकालना।

निम्न विशाक्तता की किस्मों का विकास: व्यापक परीक्षण एवं मूल्यांकन के पश्चात ऊचे स्थानों की मृदाओं हेतु वर्ष 1974 में दलहन अनुशंधान कार्यशाला में पूसा–24 प्रजाति जारी की गई इसमें ओडीएपी की मात्रा बहुत कम (0.2%) थी। इसके उपरान्त शोध कार्य से तीन प्रजातियां एलएसडी–1, एलएसडी–3 और एलएसडी–6 विकसित की गई जिनमें ओडीएपी की मात्रा बहुत कम (0.15 से 0.20%) थी। इन प्रजातियों में एलएसडी–6 ऊचे स्थान की मृदाओं हेतु और एलएसडी–1 और एलएसडी–3 उतेरा पद्धति हेतु धान–परती क्षेत्रों के लिए उपयुक्त थी। हाल ही में तीन प्रजातियों का विकास किया गया इनमें रतन (वायो

एल–212), प्रतीक (एलएस–157–14) और महातिओरा (आरएलएस–4595) विकसित की जा चुकी है। इनकी उत्पादन क्षमता 1.2 से 1.5 टन/हे. और बहुत कम विषाक्तता का स्तर (<0.1%) है।

दाल की विषाक्तता को 90% उबलतें पानी द्वारा रिसाव कर निकाला जा सकता है लेकिन इसमें व्यवाहारिक गुंजाइस सीमित है। इस प्रकार विषाक्तता कम करने से उत्पादन के भंडारण विपणन आदि की जटिल समस्यायें है इसलिए इस पद्धति को बडे स्तर पर अपनाया नही जा सका।

रोगों और कीट प्रतिरोधी किस्मों की पहचान: खेसरी की फसल का थ्रिप्स (केलिओथ्रिप्स इंडिकस) मुख्य कीट है। फसल की प्रजातियों की कीट प्रतिरोधी जॉच हेतु रायपुर में 1200 प्रकार के विभिन्न क्षेत्रों से एकत्रित बीजों की जॉच की गई। इनमें से किसी में भी प्रतिरोधता नहीं पाई गई जबकि आरएलके–273–1 और आरएलके–273–3 मामूली कीट प्रतिरोधी पाई गई। इस फसल के चूर्णिल आसिता एवं रोमिल आसिता दो प्रमुख रोग है। रायपुर क्षेत्र के आसपास की गई जॉच के आधार पर आईपीएल–2–10, आईपीएल–26 और आरएल–41 चूर्णिल आसिता के प्रति शहनशील पाई गई। इसके अतिरिक्त रायपुर क्षेत्र के निकटतम क्षेत्र से संग्रह की गई खेसरी के बीजों में रोमिल आसिता से प्रतिरोधता देखी गई।

पौध संरक्षण

फली छेदक: यह कीट फूल एवं फली की अवस्था पर सक्रिय होता है तथा इसका मेगट अत्यधिक नुकसान पहुँचाता है। देखने में आया है कि यह कीट फली में अन्दर घुसकर दानों को खाता है जिस कारण उपज पर अत्यधिक हानी होती है। अगर समय पर नाशीजीव प्रबन्धन किया जाय तो खेसरी की फसल को हानि से बचाया जा सकता है। इसके नियंत्रण हेतु एनपीवी 250 एलई के समतुल्य शाम के समय छिड़काव करें अथवा क्यूनोलफोस 750 एमएल दवा 500 लीटर पानी/हे. की दर से छिड़काव करने से नियंत्रण हो जाता है।

पत्ती सुरंगक: यह कीट हरे रंग का होता है तथा आसानी से फसल में दिखाई नहीं देता तथा पत्ती के पर्ण हरित भाग को खुरचकर खाता है जिससे पत्ती पर सफेद रंग की लाइने बन जाती है। इस कीट के नियंत्रण हेतु क्विनालफास 750 एमएल अथवा ट्राइजोफास 750 एमएल/500 लीटर पानी में मिलाकर प्रति हे. की दर से छिड़काव कर नियंत्रण किया जा सकता है।

सस्य विज्ञान

खेसरी शुष्क या अर्द्ध शुष्क क्षेत्रों के लिए अनुकूल शीत त्रितु (रबी) के मौसम की फसल है। भारत की स्थिति में इस फसल को आम तौर पर अक्टूबर अथवा नवंबर में बोया जाता है और फरवरी अथवा मार्च माह में फसल को पकने के उपरान्त काटा जाता है। इस फसल को आमतौर पर धान की फसल के बाद उगाया जाता है। धान की फसल की कटाई के दो सप्ताह पूर्व बीजों की संस्तुत मात्रा को एक समान खेत में विखेरा जाता है। इस पद्धति को उतेरा फसल के रुप में उगाया जाता है। धान की फसल कटाई के पहले खेत के पानी

को निकाल दिया जाता है। संररक्षित नमीं में फसल में विखेरे गये बीजों का अंकुरण हो जाता है और फसल की बढवार होने लगती है। धान के खेतों में संररक्षित नमीं लम्बे समय तक रहती है एसी स्थिति में कम नमीं की आवश्यकता पडती है। खेसरी की फसल धान की फसल के उपरान्त एसे क्षेत्रों में उगाया जाता है जहॉ अन्य कोई फसल नहीं हो सकती है अतः यह फसल परितोशिक लाभ की तरह काम करती है। इस फसल को उगाने में नगन्य खर्च आता है। यह फसल मृदा से नमीं और पोषक तत्व ग्रहण कर लेती है। जब इस फसल को वर्षा आधरित क्षेत्रों में बोया जाना हो तो दो जुताई पर्याप्त रहती है। इसकी बुआई मानसून की वर्षात खत्म होने का समय, मृदा प्रकार और अक्टूबर माह में मृदा में नमी के स्तर पर आधारित होती है। मध्य प्रदेश में वर्षा पर आधारित क्षेत्रों में खेसरी की फसल को गेहूॅ, चना, जौ और अल्सी के साथ मिश्रित फसल के रुप में उगाते है (पाण्डे एवं कस्यप, 1993)।

फसल की उत्पादकता बुआई का समय, बुआई के समय मृदा में नमीं का स्तर, शीत ऋ़तु के मौसम की अवधि एवं वर्षात पर निर्भर करता है। हालांकि फसल को सूखा सहनशील/प्रतिराधी होने के बाबजूद, मृदा में नमीं की उपलब्धता उत्पादन में प्रमुख भूमिका निभाता है।

देश के गंगा– यमुना के मैदानी क्षत्रों में इस फसल का पर्याप्त क्षेत्र है। विभिन्न पोषक तत्वों के अलावा फास्फोरस और मोलिब्डेनम दलहनीं फसलों की उत्पादकता को बढाने में प्रभावित पाए गए है। पश्चिम बंगाल में हुए अध्ययन के अनुसार फास्फोरस के प्रयोग से नत्रजन स्थरीकरण, प्रकाश संसलेषण की दर, नोड्रयूल की संख्या के साथ उत्पादन में भी बढोत्तरी हुई। खडी फसल पर 0.05% मालीब्डेनम का छिडकाव करने से उत्पादन में वृद्धि देखी गई है। मोलीब्डेनम के छिडकाव से फसल की प्रकाश शंसलेषण की दर बढी परिणामस्वरुप कार्बोहाइड्रेट ओर प्रोटीन का अधिक संचयन हुआ साथ में यह भी देखा गया कि उत्पादन में वृद्धि नत्रजन स्थरीकण से हुई।

पश्चिम बंगाल के वर्षा आधरित क्षेत्रों में किए गये अध्ययनों में पाया कि फसल को यदि फूल की अवस्था में कटाई की जाये तो इस स्थिति में 150 से 250 क्विंटल/हे. हरा चारा प्राप्त हो सकता है। धान की कटाई यदि 30 सेन्टी मीटर की ऊॅचाई से करने की स्थिति में हरे चारे की मात्रा में वृद्धि पाई गई । इसके विपरीत यदि धान की फसल की कटाई मृदा सतह से की जाय तो इस स्थिति में दानों की उपज अधिक प्राप्त होती है। अध्ययनों में यह भी देखा गया है कि खेसरी की फसल वर्षा आधारित क्षेत्रों में मृदा में कार्बनिक पदार्थ, कुल नत्रजन, उपलब्ध फास्फोरस की मात्रा भी बढाती है। खेसरी की फसल लेने के उपरान्त वर्षा पर आधारित क्षेत्रों में मूंग की फसल लेने पर उत्पादन में बढोत्तरी एवं मृदा उर्वरता में बढोत्तरी को दर्शाती है (ईर्सकाइन एवं सहयोगी, 1994)।

उपयोगिता

भारत में खेसरी को आमतौर पर दानों की उपज के लिए उगाया जाता है साथ ही इसे पशु चारे के लिए भी उपयोग किया जा सकता है। यह फसल एक चारा फसल के रुप में अधिक क्षमता रखती है। इस फसल के उत्पादकों के सर्वेक्षण के अनुसार फसल के दानों का उपयोग मानव खाध्य की अपेक्षा पशुओं के लिए दाने के रुप में भी किया जाता है। सामान्यतः खेसरी के दानों का मोटा आटा बनाकर दूधारु पशुओं और खेती में काम आने वाले वैलों को खिलाने के काम में लेते है।

मानव उपभोग के लिए विभिन्न बीज कोट रंग, क्षेत्रीय परंपरा एवं फसल के हिसाब से अलग–अलग क्षेत्र में खेसरी को पसंद कर रहे हैं। दानों को कुछ समय पूरा उबालते है, तत्पश्चात दाल मिल में दाल बना सकते है। आटा बनाने हेतु पूरे दानों को पीस कर बनाते है। हरी फली और बीज को शीघ्र उपयोग किया जाता है अथवा पूरी फली को पकाकर और एक सब्जी के रुप में उपयोग किया जाता है। शेष पौधों को बढने दिया जाता है और दाने के लिए पकाकर फसल की कटाई कर दाने को प्राप्त कर लिया जाता है। कभी–कभी दानेदार फली उबालकर स्नेक के रुप में स्वादानुसार नमक लगाकर बेचते है अथवा घरों में भी उपयोग कर लिया जाता है। खेसरी में उच्च प्रोटीन होने के कारण प्रोटीन का महत्वपूर्ण श्रोत है जबकि कुछ अवधि तक इसका सेवन करने से दिमांगी विकार पैदा हो जाते है। यह विकार ओडीएपी की अधिकता के कारण होते है। इंदिरा गॉधी कृषि विश्वविद्यालय, रायपुर में प्रसंस्करण द्वारा अध्ययन से ज्ञात हुआ है कि दानों के भ्रूण में ओडीएपी का अधिक सांद्रण होता है एवं वजन के हिसाब से 1.6% ओडीएपी की मात्रा भ्रूण में होती है। अतः दाल बनाते समय कुल ओडीएपी की मात्रा का 2.91% भाग निकल जाता है। ओडीएपी का मुख्य भाग (71.02%) दाल के दानों में बचता है। प्रसंस्करण के पश्चात दाल की प्राप्ति और ओडीएपी की मात्रा तालिका–4 में दिया गया है। दानों का प्रसंस्करण करने से पहले 2 घंटे भिगोते है। चूँकि ओडीएपी पानी में घुलनशील है अतः कुल ओडीएपी की मात्रा का 25% भाग इस प्रकिया से निकल जाता है।

तालिका 4: दानों से दाल की प्राप्ति और ओडीएपी का वितरण

घटक	व्यवसायिक कारखानों द्वारा प्रसंस्करण			प्रयोगशाला से प्रसंस्करण		
	% प्राप्ति	अनुमानतः ओडीएपी (%)	वजन के अनुसार घटक (%)	% प्राप्ति	अनुमानतः ओडीएपी (%)	वजन के अनुसान घटक (%)
कुल दाना	-	0.268	100.00	-	0.412	100.00
दाल	75	0.249	69.4	82.9	0.352	71.02
भ्रूण + टूटी दाल	10	0.273	10.0	1.6	0.751	2.91
भूसी	10	0.262	9.7	15.4	0.037	1.38
क्षरण	5	-	-	0.1	-	24.69

भविष्य रणनीति

- संग्रह, संरक्षण और जर्मप्लाज्म का मूल्यांकन उन क्षेत्रों से करना चाहिए जो क्षेत्र अभी तक छूटे है।
- कम या लगभग शून्य के ओडीएपी का स्तर करने हेतु जीनोटाइप के लिए ब्रीडिंग, बीज उत्पादन हेतु प्रजनन कार्य।
- उच्च उपज क्षमता के द्रष्टिकोण को ध्यान में रखकर ब्रीडिंग कार्य।
- प्रजनन के माध्यम से अधिक हरा चारा देने वाली प्रजातियां का विकास।
- शारीरिक अध्ययन फसल की सूखे को सहन करने के तंत्र का विकास।
- नत्रजन स्थरीकरण क्षमता पर अध्ययन।
- ओडीएपी के चयापचय में जस्ते की भूमिका पर अध्ययन।
- कीटों के खिलाफ प्रतिरोधी स्त्रोत की पहचान।
- चूर्णिल आसिता और रोमिल आसिता रोग के खिलाफ प्रतिरोधी स्त्रोत की पहचान।
- ओडीएपी उत्पादन के लिए जिम्वेदार तत्व की पहचान एवं उन्मूलन।
- रासायनिक विषहरण पर कार्य को ओर अधिक सुद्रण करने की आवश्यकता है।
- पैरा पद्धति की खेती तकनीक से उत्पादन एवं शुद्धीकरण।

संदर्भ

कम्पबेल, सी.जी., आर.बी. मेहरा, एस.के. अग्रवाल, वाय.जेड. चेन, ए.एम.ए., इल–अली, एच.आई.टी., ख्वाजा, सी.आर, यादव, जे. टॉय और डब्लू.ए. आर्या., 1994. करेन्ट स्टेटस एण्ड फ्यूचर स्ट्रेटजी इन ब्रीडिंग ग्रासपी (लेथाइरस सटाइवस). यूफायटीका 73: 167–175.

इर्सकाइन, डब्लू., जोसफ, स्मार्ट और मुहलबाउर, एफ.जे., 1994. मिमीकरी ऑफ लेन्टिल एण्ड डोमेस्टीकेशन ऑफ कॉमन वेच एण्ड ग्रासपी. इकोनोमिक बॉटनी. 48(3):326–332.

जेक्सन, एम.टी. और ए.जी. यूनुस, 1984. वेरीएशन इन द ग्रासपी (ले सटाइवस एल.) एण्ड वाइल्ड स्पीसीस. यूफायटीका, 33:549–559.

मेहरा, आर.बी., डी.बी. राजू और के. हिमाबिन्दू., 1995. एवेल्युएसन एण्ड यूटीलाइजेशन ऑफ लेथाइरस जेनेटिक रेसोर्स इन एशिया. प्रोसीडिंग्स ऑफ ए रिजनल वर्कशॉप, 27–29 दिसम्बर 1995, आई.जी.ए.यू., रायपुर, इंडिया (आर.के. अरोरा, पी.एन. माथुर, के. डब्लू. रिले एण्ड वाय. अधम, एडिट) आई.पी.जी.आर.आई. ऑफिस फोर साउथ एशिया, नई दिल्ली, भारत

पाण्डे, आर.एल. और ओ.पी. कष्यप., 1993. स्टडीस ऑन सोसियो–इकोनोमिक स्टार्टा एण्ड लाथइरस कन्जप्शन इन रूरल मध्य प्रदेश. इन लाथइरस सटाइवस एण्ड ह्यूमन लेथरिस्मः प्रोग्रेस एण्ड प्रोस्पेक्टस (यूसूफ एच.के. एम.).

स्मार्ट, जे., 1990. ग्रेन लेग्यूमः इवेल्युएशन एण्ड जेनेटिक रिसोर्स. केम्ब्रिज यूनीवर्सिटी प्रेस, केम्ब्रिज.

21

ग्वार

डी. कुमार एवं के. एस. सोलंकी

ग्वार (सिमोपसिस टेट्रागोलोबा), अंतरराष्ट्रीय स्तर पर ग्वार के नाम से जाना जाता है। यह गहरी जड, अत्यंत सूखा सहन करने वाली आर्थिक रुप से भी एक महत्वपूर्ण फसल है। शुष्क क्षेत्रों में ग्वार की फसल कम व अनियमित वर्षा और उच्च तापमान को सहनकर अधिक उत्पादन देने हेतु उपयुक्त है। वर्षा आधारित वार्षिक वर्षा 250 से 450 मिलीमीटर के क्षेत्रों में ग्वार की फसल तीन से चार सूखा के प्रभाव, 25 से 40^{0} सेन्टीग्रेड तापक्रम, 50 से 65% आद्रता में भी बेहतर उत्पादन दे सकती है। ग्वार की फसल पकने के समय 8 से 9 घंटे सूर्य के प्रकाश की आवश्यकता होती है। ग्वार की फसल हेतु हल्की व मध्यम बनावट वाली मृदा उपयुक्त होती है, साथ ही लम्बे समय तक जल भराव में फसल खराब होने की संम्भावना रहती है। इस फसल में कम आदान प्रयोग एवं कम देखभाल में भी उत्पादन देती है अतः यह शुष्क परिस्थितिकी क्षेत्रों हेतु आजीविका निर्वहन की एक बेहतर फसल है। यह राजस्थान, हरयाणा, गुजरात, पंजाब तथा मध्य प्रदेश के शुष्क क्षेत्रों हेतु एक उपयुक्त फसल है। इस फसल को हाल ही में अनन्तपुर, कडप्पा और चित्तोर के गैरपरम्परागत शुष्क क्षेत्रों में आरम्भ किया गया है। ग्वार की फसल की गैरपरम्परागत क्षेत्रों में भी वर्षा एवं ग्रीष्म त्रिृतु के मौसम में भी खेती की जा सकती है। ग्रीष्म त्रिृतु के मौसम में इस फसल को 4 से 5 सिंचाईयों की आवश्यकता होती है। ग्वार की फसल से सीमान्त भूमि, कम आदान प्रयोग कर उत्पादन लिया जा सकता है। साथ ही अन्तरराष्ट्रीय स्तर पर मांग होने की वजह से निर्यात की दृष्टि से भी महत्वपूर्ण फसल का दर्जा प्राप्त कर चुकी है। ग्वार के दानो में प्राकृतिक रुप से प्राकृतिक पोलीसेक्राइड और ग्लेक्टोमेनिन गम पाया जाता है। ग्वार गम का उद्योगों में व्यापक रूप से प्रयोग होता है। भारत में ग्वार गम के कुल उत्पादन का 80 से 85% निर्यात किया जाता है एवं शेष देश के उद्योगों में विभिन्न उत्पाद बनाने में प्रयोग किया जाता है। उदाहरण के लिए ग्वार गम की मांग केवल संयुक्त राज्य अमेरिका में ही 5.0 लाख टन है। अतः बेहतर आय होने के कारण ग्वार की 90 से 100 दिन की फसल से 1 से 1.5 लाख रुपये/हे. आय प्राप्त की जा सकती है। ग्वार की फसल से शुष्क क्षेत्रों के कृषक बेहतर आय प्राप्त कर सकते है। ग्वार की फसल की प्रांसगिक जानकारी इस अध्याय में प्रदान की गई है।

वर्तमान परिद्रष्य

I) क्षेत्र, उत्पादन एवं उत्पादकता

ग्वार का वैश्विक सालाना उत्पादन लगभग 12 से 15 लाख टन होता है। विश्व के कुल उत्पादन का 75 से 82% भारत में होता है। शेष पाकिस्तान (15%), संयुक्त राष्ट्र अमेरिका, दक्षिण अफ्रीका, सूडान और आस्ट्रेलिया में होता है। पाकिस्तान में ग्वार की खेती पंजाब और सिन्ध प्रान्त के क्षेत्रों में होती है। इन प्रान्तों से पाकिस्तान के कुल उत्पादन का 80% उत्पादन प्राप्त होता है।

ग्वार के उत्पादन और उत्पादकता में मुख्य उत्पादक राज्य राजस्थान है एवं भारत वर्ष में इसके उत्पादन में उतार चढाव विगत वर्षो में देखा गया है (चित्र–1 व 2)। देश में ग्वार का सर्वाधिक उत्पादन राजस्थान राज्य में होता है एवं वर्ष 2003–04 तथा 2010–11 में देश में सर्वाधिक उत्पादकता रही। राजस्थान के पश्चिमी राज्यों में ग्वार की उत्पादकता कुल वर्षा एवं वर्षा के वितरण पर निर्भर करती है। ग्वार के कुल क्षेत्रफल में उतार चढाव ग्वार की फसल के उत्पादन से मिलने वाले विक्रय मूल्य पर निर्भर करता है।

देश में ग्वार की फसल के अन्तर्गत कुल क्षेत्रफल का 70 से 75% क्षेत्रफल एवं 60 से 62% उत्पादन में योगदान राजस्थान का है। जबकि देश के कुल क्षेत्रफल का हरयाणा में 22%, गुजरात में 12% और पंजाब में 2% है। राजस्थान के कुल क्षेत्रफल का 60% से अधिक क्षेत्रफल कुल 6 जिलों (वीकानेर, चुरु, बाड़मेर, जैसलमेर, हनुमानगढ और जोधपुर) में है (चित्र–3)। गुजरात के सूखा प्रभावित जिले कच्छ और बनासकाठा ग्वार की फसल की द्रष्टि से महत्वपूर्ण है। यह जिले गुजरात के कुल क्षेत्रफल में 41.7% का योगदान रखते है एवं गुजरात के इन जिलों में ग्वार की उत्पादकता क्रमशः 610 कि.ग्रा./हे. और 604 कि. ग्रा./हे. है जो कि अन्य राज्यों एवं देश की उत्पादकता से अधिक है।

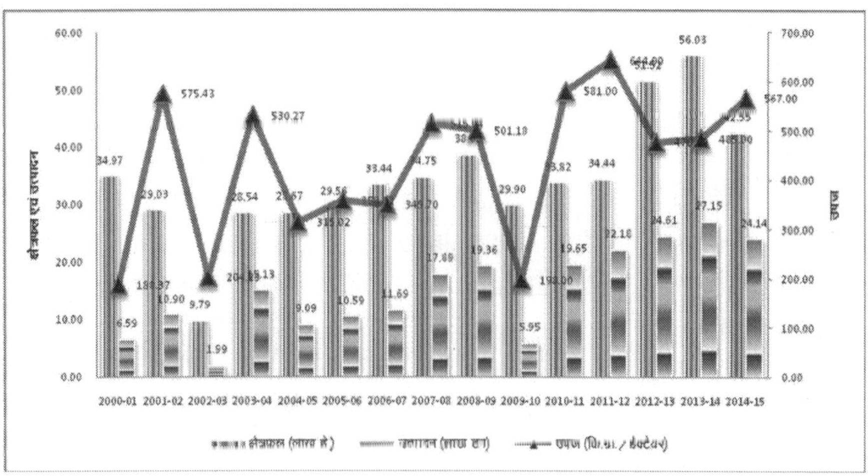

चित्र 1: भारतवर्ष का ग्वार फसल का क्षेत्रफल उत्पादन एवं उत्पादकता

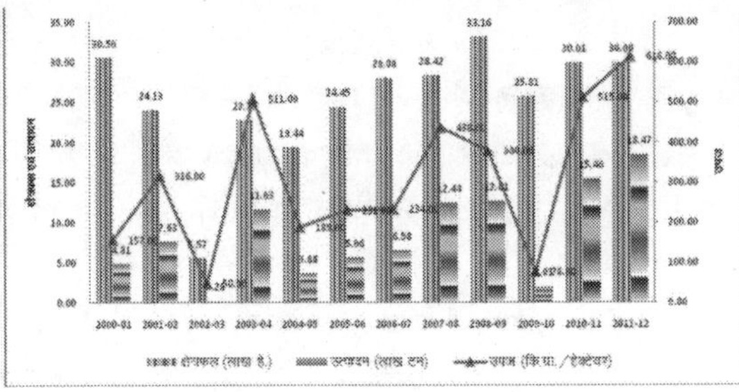

चित्र 2: राजस्थान राज्य का ग्वार फसल का कुल क्षेत्रफल उत्पादन एवं उत्पादकता

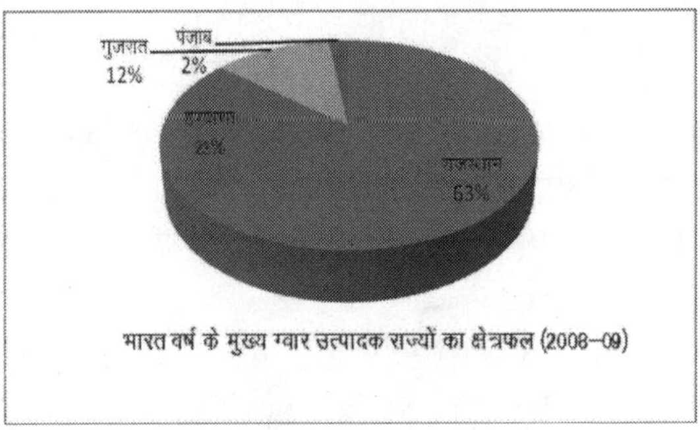

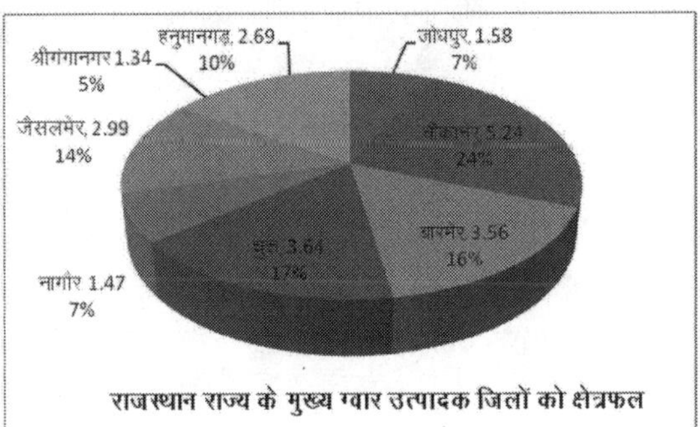

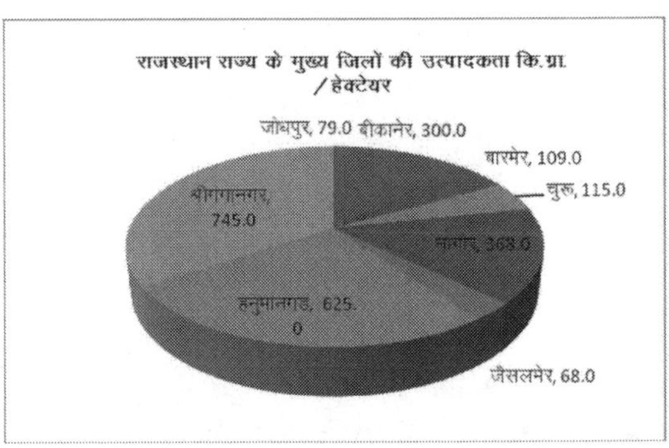

चित्र 3: देश के मुख्य उत्पादक राज्य एवं मुख्य जिलो का क्षेत्रफल एवं उत्पादन

II) ग्वार गम

ग्वार के गम में पानी में घुलनशील पोलीसैक्राइड पाये जाते है। ग्वार गम पानी में घोलने पर बिना गर्म किए घुलनशीलता की क्षमता के कारण इसका ओद्योगिक उपयोग अधिक है। ग्वार गम में घोलने पर किसी भी पदार्थ में लचीलापन लाया जा सकता है। ग्वार पाउडर दो प्रकार का होता है।

अ) खाध्य मानक ग्वार गम पाउडरः इसका उपयोग खाध्य, सौंदर्य प्रसाधन, फार्मा आदि में प्रयोग होता है। इस प्रकार के ग्वार गम पाउडर 200 जाल (मेष)/वर्ग सेन्टी मीटर और चिपचिपेपन का मान 2000 से 5000 विसकोसिटी सी.पी. होता है, जब कि 300 जाल (मेष)/वर्ग सेन्टी मीटर के ग्वार गम का चिपचिपेपन का मान 3500 से 5000 विसकोसिटी सी.पी. होता है।

ब) औद्योगिक ग्रेड गम पाउडरः इस प्रकार के ग्वार गम का उपयोग कागज, खनन, विस्फोट, अग्निशमन, तेल ड्रिलिंग आदि में मुख्य रुप से उपयोग किया जाता है। इस प्रकार के ग्वार गम पाउडर 100 जाल (मेष)/वर्ग सेन्टी मीटर और चिपचिपेपन का मान 3000 से 7000 विस्कोसिटी सी.पी. होता है।

ग्वार गम का उपयोगः ग्वार गम उन सभी प्रणालियों में प्रयोग किया जाता है जहॉ पानी एक महत्वपूर्ण कारक है। बहुत सी खाध्य सामग्री की एक समान संरचना बनाने हेतु ग्वार का उपयोग किया जाता है। ग्वार गम का प्रयोग स्थिरक, बांधने, स्थूलता और बहुत से उत्पादों में पानी के प्रभाव को अभेद्य बनाने में काम आता है। कुल ग्वार गम की खपत में से लगभग 30 से 40% हिस्सेदारी खाध्य पदार्थो में, 20–25% पेट्रोलियम और खनन उद्योगों में और लगभग 18 से 20% कपडा उद्योगो में है। हेलिस और फेरामुज (2007) के अनुसार ग्वार गम का हाइड्रोकोलोइडस के रुप में उपयोग निम्न प्रकार है।

डेयरी उद्योगः आइसक्रीम स्थिरक, शीतल दूध, दूध की चाकलेट, दूध पेय, सूखे गोल गप्पे, चीज, पनीर, क्रीम का चुस्त योगहर्ट आदि बनाने में उपयोग होता है।

पेय पदार्थः शीतल पेय फलों के गूदे सहित, शीतल पेय, फलों का रस और मकरन्द, झाग देने वाला स्थिरक, वियर का निर्मलीकरण, मदिरा, रस और सिरका, स्फूर्तिदायक पेग आदि।

बेकरी उत्पादः डबल रोटी की लोई, केक, फल केक, खमीर के उठाव, बेकरी जेली, कुकीज आदि।

मिष्ठानः केन्डी जेल्स और जेली, केन्डी ग्लेज, गमड्राप, केन्डी मिन्ट आदि।

मांसाहारी और मछली उत्पादः मछली परिरक्षण, मछली डिब्बाबन्दी, मांस परिरक्षण, मांस की परिरक्षक कोटिंग, कृत्रिम मांस के रेसे और उत्पाद आदि।

III) ग्वार गम निर्यात

भारत से प्रतिवर्ष 75 से 80% ग्वार गम एवं सम्बन्धित उत्पादों का निर्यात होता है। भारत विश्व में सर्वाधिक ग्वार गम निर्यात करने वाला देश है ग्वार के बीज से बनने वाले समबन्धित उत्पाद जैसे गम पाउडर, ग्वार खाद्य और विखंडित टुकडों का निर्यात होता है।

देश से वर्ष 2014–15 में 6,65,177 मेट्रिक टन ग्वार गम का निर्यात हुआ जोकि कुल 9,480 करोड रुपये का था (चित्र–4)। वर्ष 2014–15 में ग्वार गम का निर्यात संयुक्त राज्य अमेरिका, कनाडा, चीन, जर्मनी, रुस, जापान, इटली, फ्रांस, अर्जेन्टाइना, डेनमार्क, आस्ट्रेलिया आदि देशों में हुआ। वर्ष 2014 में देश से सर्वाधिक ग्वार गम का निर्यात संयुक्त राज्य अमेरिका को किया गया जिसकी कीमत 1284 मिलियन डॉलर थी। अन्तर्राष्ट्रीय स्तर पर ग्वार से सम्बन्धित उत्पादों की खपत खाद्य श्रेणी में 50 से 55% उद्योगों में 25 से 30%, कपडा, कागज, तम्बाकू, फोटोग्राफी में 10 से 15% और औषधि निर्माण में 5 से 10% हुई (कुमार, 2010)।

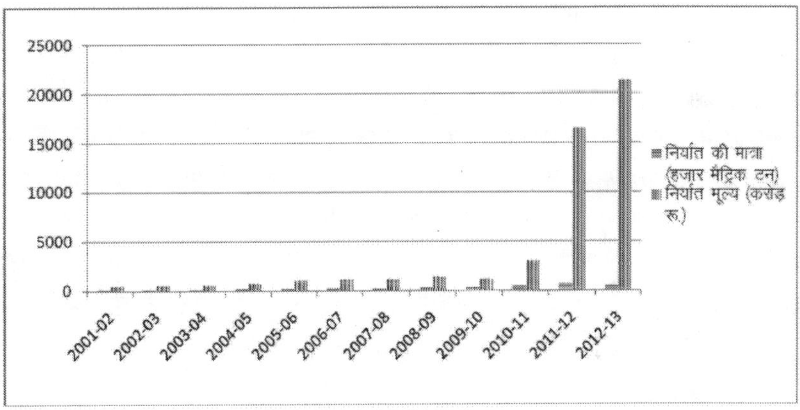

चित्र 4: भारत से ग्वार गम का निर्यात

IV) भोजन के रुप में ग्वार

ग्वार के बीज के छिलके एवं ग्वार के दानों से गम निकालने के पश्चात बची हुई सामग्री को भोज्य पदार्थ बनाने में प्रयोग किया जाता है। ग्वार के छिलके में प्रोटीन की मात्रा अधिक होती है। ग्वार के दानों से गम निकालने के पश्चात बचे हुए द्वितीयक उत्पाद में अधिक मात्रा में प्रोटीन होता है। ग्वार के बीज से गम निकलने के पश्चात बचे हुए 62 से 68% भाग में 35 से 46% तक प्रोटीन की मात्रा होती है। बचे हुए पदार्थ में ग्वार के दानों की तुलना में 1.5% तक अधिक प्रोटीन होती है। ग्वार के दानों में 4 से 5% तेल होता है। ग्वार के तेल में लिनोलिइक अम्ल 55.1% जबकि सूर्यमुखी के तेल में 51.8% पाया जाता है। कुल असंतृप्त वसीय अम्ल ग्वार के तेल में 78.7% और सूर्यमुखी के तेल में 92.0% तक पाये जाते है। ग्वार के तेल में 3.36% लिनोलिइक अम्ल पाया जाता है।

उपज अंतराल

आमतौर पर उपज अन्तराल वर्षा आधारित फसलों में बडे ही चिन्ता के विषय रहे है। ग्वार की फसल के समबन्ध में क्षेत्रफल एवं उत्पादकता में विभिन्न ग्वार उत्पादक राज्यों में भिन्नता है (तालिका–1)।

तालिका 1: ग्वार के तीन प्रमुख राज्यों में ग्वार का क्षेत्रफल, उत्पादन एवं उत्पादकता (2008–09)

भारत वर्ष / राज्य	क्षेत्रफल (लाख हे.)	उत्पादन (लाख टन)	उत्पादकता (कि.ग्रा. / हे.)
भारत	33.00	12.50	490
राजस्थान	28.08	6.58	370
हरयाणा	4.00	4.50	1220*
गुजरात	1.95	1.29	669

*206% वृद्धि विगत 4 वर्षो मे

उदाहरण के लिए हरयाणा में 4.5 लाख टन ग्वार का उत्पादन 4.0 लाख हे. क्षेत्रफल से होता है। जबकि सर्वाधिक ग्वार उत्पादक राज्य राजस्थान से 6 से 7 लाख टन ग्वार का उत्पादन 28 से 30 लाख हे. से होता है। इसी प्रकार गुजरात से 1.29 लाख टन उत्पादन 1.95 लाख हे. क्षेत्रफल से प्राप्त होता है। उत्पादकता की द्रष्टि से हरियाणा राज्य देश में सर्वाधिक उत्पादकता (1200 कि.ग्रा. / हे.) तत्पश्चात पंजाब (669 कि.ग्रा. / हे.) एवं सबसे कम राजस्थान (370 कि.ग्रा. / हे.) की है। ग्वार के सर्वाधिक उत्पादन करने वाले राज्य के विभिन्न क्षेत्रों में उत्पादन में काफी भिन्नता है जैसे हनुमानगढ और श्री गंगानगर में उत्पादकता क्रमशः 870 और 807 कि.ग्रा. / हे. है जबकि सबसे कम जोधपुर (144 कि.ग्रा. / हे.), चुरु (193 कि.ग्रा. / हे.) एवं वाडमेर (207 कि.ग्रा. / हे.) है। वाडमेंर, चुरु और बीकानेर की जलवायु, मृदा में लगभग समानता है अतः इन जिलों में उत्पादकता उन्नत तकनीक के माध्यम से बीकानेर (415 कि.ग्रा. / हे.), के समान की जा सकती है। इसी प्रकार जोधपुर में क्षेत्रफल एवं उत्पादकता को बढाया जा सकता है (तालिका–2)।

तालिका 2: राजस्थान के मुख्य्य उत्पादक जिलों का क्षेत्रफल, उत्पादन एवं उत्पादकता (2008–09)

भारत वर्ष / राज्य	क्षेत्रफल (लाख हे.)	उपज (लाख टन)	उत्पादकता (कि.ग्रा. / हे.)
बीकानेर	6.05	2.51	415
वाढमेर	3.54	0.734	207
चुरु	3.47	0.670	193
हनुमानगढ	3.19	2.27	870
श्री गंगानगर	1.80	1.450	807
जोधपुर	1.49	0.215	144
नागोर	1.29	0.618	541

देश के कुल 6 राज्य जैसे राजस्थान, उत्तर प्रदेश, गुजरात, हरयाणा, आन्ध्र प्रदेश में वर्ष 2002 से 2006 तक कुल 333 प्रथम पंक्ति प्रदर्शन आयोजित किए गए। प्रदर्शनों में ग्वार की उपज 1243.5 कि.ग्रा. / हे. प्राप्त की गई जबकि नियंत्रक प्लाटों में औसतन 978.5 कि. ग्रा. / हे. प्राप्त हुई (एनोनिमस, 2007) जबकि ग्वार की फसल की उत्पादन क्षमता 2000 से 2200 कि.ग्रा. / हे. की है। ग्वार का फसल की उत्पादन क्षमता से कम प्राप्त हो रहा है अतः उपज के अन्तराल को उन्नत तकनीकों के माध्यम से कम करने की आवश्यकता है।

फसल प्रणाली और पारम्परिक ज्ञान

जैसा की पहले भी वर्णन किया जा चुका है कि ग्वार की फसल एक शुष्क क्षेत्रों की प्रमुख फसल है और इसे राजस्थान, हरयाणा और गुजरात राज्य के पश्चिमी क्षेत्रों में उगाया जाता है। इस फसल को रेतीली से दुमट मृदायें जो कि बेहतर जल निकास क्षमता रखती है। साथ ही अधिक ढलान (5 से 10%) के क्षेत्रों में भी ग्वार की बेहतर फसल की जा सकती है। ग्वार की फसल मूल रुप से एक वर्षा आधारित क्षेत्रों की फसल है। इसकी मानसून की पहली अथवा दूसरी 30 से 40 मिलीमीटर वर्षा होने के पश्चात जुलाई के प्रथम अथवा दूसरे सप्ताह में बुवाई कर सकते है। कुमार (2010) के अनुसार ग्वार की फसल की बुवाई शीघ्र करने पर फसल की बढवार अधिक हो जाती है तथा देरी से बुवाई करने की स्थिति में उत्पादन में गिरावट देखी गई है। जबकि यादव एवं सहयोगियों (2002) के अनुसार शीघ्र पकने वाली प्रजातियाँ (एचजी–365, एचजी–563 और आरजीसी–936) की बुवाई 25 जून के उपरान्त करने पर अधिक उपज प्राप्त होती है। जबकि जुलाई के अन्तिम सप्ताह में फसल की बुवाई करने पर कम उपज प्राप्त होती है। आमतौर पर कृषक शुष्क क्षेत्रों में ग्वार की बुवाई पारम्परिक (छिडकाव) विधि से करते है जोकि अवैज्ञानिक है। इस विधि से बुवाई करने पर बीज की मात्रा अधिक प्रयोग होती है साथ ही खरपतवार अधिक होते, पौधों में आपस में पोषक तत्व ग्रहण करने एवं नमी के अवशोषण के लिए अधिक प्रतियोगिता होती है। परिणामस्वरुप उपज कम प्राप्त होती है। अतः छिड़काव विधि से फसल की बुवाई नहीं करनी चाहिए। सिंह एवं सहयोगियों (2003) के अनुसार ग्वार की फसल की बुवाई लाइनों में करने पर छिडकाव विधि की तुलना में अधिक उपज प्राप्त होती है। अधिक उपज प्राप्त करने हेतु ग्वार की फसल की पक्तियों में बुवाई करनी चाहिए। पंक्ति से पंक्ति व पौधे से पौधे की दूरी ग्वार की शाखाओं एवं विना शाखाओं वाली प्रजातियों की भिन्न–भिन्न होती है। साथ ही देरी से बुवाई की स्थिति में पंक्ति से पंक्ति की दूरी कम रखनी चाहिए। कुमार एवं सहयोगियों (2003 अ) के अनुसार शीघ्र पकने वाली प्रजातियॉ (एचजी–563 और आरजीसी–936) की बुवाई 60 सेन्टीमीटर पंक्ति के अन्तराल पर करने पर 40 सेन्टीमीटर की तुलना में अधिक उपज प्राप्त होती है। सामान्यतः पौधे से पौधे की दूरी 15 सेन्टीमीटर शाखाओं वाली प्रजातियों हेतु एवं 10 सेन्टीमीटर बिना साखाओं वाली प्रजाति हेतु उचित रहती है।

फसल प्रणाली

ग्वार की फसल द्वारा नत्रजन स्थरीकरण किया जाता है जिससे आगामी फसल हेतु नत्रजन की आवश्यकता कम हो जाती है (फरोदा और सिंह, 2003)। ग्वार की फसल के द्वारा 30 से 70 कि.ग्रा. नत्रजन स्थरीकरण होता है। फसल की पंत्तियॉ भी मृदा में नत्रजन एवं कार्वनिक पदार्थ की मात्रा को वढाती है। आगामी फसल हेतु 15 से 20 कि.ग्रा. नत्रजन की आवश्यकता में कमी की जा सकती है। देश के पश्चिमी क्षेत्रों में रबी के मौसम में सिंचाई की सुविधा उपलब्ध होने पर इन क्षेत्रों में ग्वार–गेहूँ/सरसों की फसल प्रणाली की खेती

की जा सकती है वर्षा आधारित क्षेत्रों में बाजरा+ग्वार–परती, ग्वार–परती/सरसों, तिल+ग्वार–तारामीरा, ग्वार–तारामीरा, ग्वार–संरसों, ग्वार+घास–परती, आदि। पॉच वर्षो (2000–01 से 2004–05) तक हुए अध्ययन के आधार पर हिसार में देखा गया कि ग्वार–सरसों फसल प्रणाली ग्वार–गेहूँ प्रणाली की तुलना में अधिक लाभप्रद रही है। बाजरा–ग्वार फसल क्रम पर देखा गया कि ग्वार आधारित फसल पद्धति में 11% अधिक उपज प्राप्त हुई साथ ही मृदा में कार्बनिक पदार्थ और उपलब्ध फास्फोरस की मात्रा में 12 और 25% की वृद्धि हुई। ग्वार– बाजरा की फसलों को क्रम में लगाने पर बाजरा की फसल से 35% अधिक उपज केवल बाजरा की फसल लगाने की तुलना में प्राप्त हुई (सक्सेना एवं सहयोगी, 1997)।

ग्वार की अन्तरवर्ती फसल

1. अनाज फसलों के साथ ग्वार

सामान्य तौर पर बाजरा के साथ ग्वार की अन्तरवर्ती फसल सामान्य से कम वर्षा की स्थिति में लाभदायक पाई गई है। जबकि सूखे की स्थिति में अधिक लाभ प्राप्त नहीं होता। हिसार एवं ग्वालियर में हुए अध्ययन के आधार पर ग्वार को एकल फसल की तुलना में बाजरा+ग्वार की अन्तरवर्ती फसल से अधिक लाभ प्राप्त हुआ। जबकि विभिन्न अन्तरवर्ती फसल पद्धति में 3:1 अनुपात में ग्वार:बाजरा पक्तिवद्ध लगाने पर अधिक लाभ प्राप्त हुआ। जबकि बावल केन्द्र पर दों पंक्ति ग्वार एवं एक पक्ति बाजरा लगाने पर 27.2% अधिक उपज केवल ग्वार की तुलना में प्राप्त हुई। वर्षा के मौसम में आवश्यकता पड़ने पर सिंचाई की गई परिणामस्वरुप उत्पादन में वृद्धि साथ ही जल उपयोगिता क्षमता भी बढी। बीकानेर केन्द्र पर पट्टी विधि में 4 लाइन ग्वार एवं 4 लाइन बाजरा लगाने पर 4:6 अथवा 4:8 अनुपात की तुलना में अधिक उपज एवं लाभ प्राप्त हुआ (यादव, 1992)। जोधपुर केन्द्र पर 1:1 अनुपात में बाजरा व ग्वार लगाने पर अधिक लाभ प्राप्त हुआ (सिंह एवं जोशी, 1994 अ)। जोशी एवं सिंह (1997 ब) के अनुसार सूखे की स्थिति में केवल ग्वार की फसल, मिश्रित, अन्तरवर्ती और पट्टी विधि में ग्वार एवं बाजरा की फसल पर अध्ययन किया गया अध्ययन में देखा कि पट्टी विधि में फसल उगाने पर अधिक उपज एवं लाभ प्राप्त होता है।

2. तिलहन के साथ ग्वार

अरंडी के साथ ग्वार की फसल लगाने पर ग्वार की फसल के उत्पादन में कोई कमी नहीं देखी गई। समानान्तर रुप से दो लाइन ग्वार एवं एक लाइन अरंडी लगाने पर दोनों फसलों से अधिक उत्पादन प्राप्त हुआ। ग्वार एवं अरंडी की फसल समानान्तर रुप में लाइनों में लगाने पर अन्य दलहनीं फसलों की तुलना में अधिक लाभ प्राप्त होता है। इसी प्रकार के परिणाम बावल केन्द्र पर भी प्राप्त हुऐ। केन्द्रीय शुष्क क्षेत्र अनुसंधान संस्थान, हैदराबाद में हुए अनुसंधान के अनुसार एक लाइन अरंडी एवं एक लाइन ग्वार पक्ति वद्ध लगाने पर अधिक उपज एवं शुद्ध लाभ प्राप्त हुआ।

3. दलहनी फसलों के साथ ग्वार

अरहर की एकमात्र फसल लेने पर अरहर की उपज 20.8 क्विंटल/हे. प्राप्त हुई जबकि ग्वार के साथ अर्न्तवर्ती फसल लगाने पर अरहर के बराबर उपज गणना करने पर 25.9 क्विंटल/हे. प्राप्त हुई जबकि यादव एवं सहयोगियों (1997) के अनुसार अरहर के साथ अर्न्तवर्ती फसल लगाने पर ग्वार की कम उपज एवं शुद्ध लाभ प्राप्त हुआ। सिंह एवं सहयोगियों (2003) के अनुसार ग्वार की फसल में अन्तरवर्ती मूंग की फसल लेने पर कुल अधिक उपज एवं शुद्ध लाभ प्राप्त हुआ।

4. पेड पौधों के साथ ग्वार

एस के नगर में तीन वर्षो तक (1995 से 1998) हुए अध्ययन के अनुसार खेजरी (प्रोसोपिस सिनेरेरिआ) के पेडों के मध्य ग्वार की फसल लगाने पर अधिक उपज एवं लाभ ग्वार की एकल फसल लगाने की तुलना में प्राप्त हुई। खेजरी के पौधों को लाइनों में क्रम वद्ध लगाने पर पौधो की लाइनों में मध्य ग्वार की फसल लगाने पर मृदा में कार्बनिक पदार्थ उपलब्ध नत्रजन, फास्फोरस व पोटास की उपलब्धता में वृद्धि दर्ज की गई। बावल केन्द्र में हुए प्रयोग के अनुसार सस्य उधानिकी में पौधें बडे होने की स्थिति में पौधों की कटाई छटाई कर ग्वार की फसल से अधिक उत्पादन एवं लाभ प्राप्त होता है। सूबबूल के पौधों के साथ ग्वार की फसल लेने पर पौधें बडे होने (5 वर्ष उपरान्त) पर 1.5 मीटर की ऊँचाई से पौधों की छटाई कर ग्वार की फसल लगाने पर बिना कटाई छटाई की तुलना में 3.0 क्विंटल/हे. अधिक उपज प्राप्त हुई।

उत्पादन में मुख्य बाधायें

ग्वार की फसल का क्षेत्रफल एवं उत्पादकता में काफी उतार चढाव की विंसगति देखने को मिलती है जो कि एक चिंता का विषय है। उदाहरण के रुप में वर्ष 2002 में ग्वार का क्षेत्रफल मात्र 5.56 लाख हे. से उत्पादन 28 हजार टन एवं उत्पादकता 50.36 कि.ग्रा./हे. थी जबकि वर्ष 2003 में क्षेत्रफल बढकर 22.78 लाख हे. हो गया एवं कुल उत्पादन 11.63 लाख टन और उत्पादकता 511 कि.ग्रा./हे. रही। ग्वार की फसल की उपज क्षमता 2000 कि.ग्रा./हे. है जबकि अधिकांश क्षेत्रों में कृषक आधा उत्पादन भी नहीं ले पाते है इसके कारण निम्नलिखित है।

1. प्रायोगिक वाधायें

कृषक ग्वार की खेती पारम्परिक विधि से करते है साथ ही ग्वार की खेती में आवश्यक निवेश में भी दिलचस्पी नहीं लेते। ग्वार की फसल हेतु आवश्यक महंगे आदान जिन्हें निम्नप्रकार सुचीवद्ध किया जा रहा है।

- **शुद्ध बीजः** ग्वार का उत्पादन बढाने में शुद्ध बीज की उपलब्धता भी एक वाधा है। सार्वजनिक बीज उत्पादन की संस्थायें आवश्यकता के अनुरुप बीज उत्पादन नहीं कर पा रही साथ ही निजी क्षेत्रों में बीज उत्पादन की संस्थाऐं शंकर बीजों के उत्पादन में रुचि अधिक रखती है। कई बीज कम्पनियां उन्नत बीजों का व्यापक

प्रचार प्रसार करती है लेकिन स्थानीय महत्व की फसलों में अधिक ध्यान नहीं देती। ग्वार उत्पादक कृषक उन्नत बीज में विश्वास करते है। लेकिन अन्य आवश्यक उपज बढाने में सहायक आदानों पर विश्वास नहीं करते। यदि आवश्यकता के अनुसार ग्वार उत्पादक क्षेत्रों में उन्नत बीज उपलब्ध हो जाये तो निश्चित रुप से 25 से 30% तक उत्पादन बढाया जा सकता है। एक अनुमान के अनुसार 30 लाख हे. क्षेत्र हेतु 36,000 टन प्रमाणित ग्वार बीज की आवश्यकता होगी।

- **बुवाई यंत्र:** ग्वार उत्पादक क्षेत्रों में पहली मौसम की वर्षा (30 से 40 मिलीमीटर) होने पर दो से तीन कार्य दिवस में बुवाई करनी होती है अतः ट्रेक्टर चलित बुवाई यंत्रों की आवश्यकता होती है। बुवाई में देरी होने पर फसल के उत्पादन में कमीं हो जाती है। सभी कृषकों की ट्रेक्टर क्रय करने की क्षमता नही होती अतः पंचायत के माध्यम से ट्रेक्टर एवं बुवाई यंत्र उपलब्ध कराने की व्यवस्था हो सकती है। राजस्थान में ग्वार का बडा क्षेत्र जो कि लगभग 25 से 28 लाख हे. है। पारम्परिक तकनीकों से बुवाई पहली वर्षा होने पर दो से तीन कार्य दिवस में पूर्ण की जाती है।
- **पक्ति में बुवाई:** अधिकांश कृषक छिटकवा पद्धति से ग्वार की बुवाई करते है। उन्नत तकनीक से ग्वार की बुवाई पक्तियों में 40 से 45 सेन्टीमीटर की दूरी पर करने से 30 से 35% अधिक उपज प्राप्त की जा सकती है। ग्वार की बुवाई लाइनों में करने से पौधे को उचित नमी, पोषक, तत्वों की उपलब्धता, सूर्य की किरणों का समान वितरण और कर्षण क्रियाओं के करने में आसानी हो जाती है। फसल की लाइन में बुवाई वर्षा आधारित स्थिति में बहुत महत्व रखती है।
- **निराई गुड़ाई:** वर्षा आधारित क्षेत्रों में कृषक फसल की निराई गुड़ाई में विश्वास नही रखते जबकि निराई गुड़ाई करने से मृदा में नमी संरक्षित होती है जिसे पौधे ग्रहण कर सकते है साथ ही निराई गुड़ाई करने से कीट व्याधियों के आश्रय में भी कमी आती है। फसल में निराई गुड़ाई न करने पर उत्पादन में 35 से 40% की कमी हो जाती है।
- **पूरक सिंचाई:** फसल की अवधि में यदि 40 दिनो तक वर्षा न होने की स्थिति में फली बनने की अवस्था में एक पूरक सिंचाई कर देनी चाहिए। जिससे 40 से 45% अधिक उपज प्राप्त की जा सकती है।

2. तकनीकी बाधायें

- **बढवार का समय:** ऐसी कोई प्रजाति नहीं है जो 90 दिन से कम समय में पकती हो। अतः कम औसत वर्षा वाले क्षेत्रों हेतु और कम अवधि में परिपक्व होने वाली प्रजाति के विकास की आवश्यकता है।
- **आवश्यकता अनुरुप पौधों के प्रकार में सुधार:** वर्षा आधारित एवं निश्चित सिंचाई जल उपलब्धता क्षेत्रों हेतु प्रजाति विकास की आवश्यकता है।

- **वर्षा आधारित स्थितिः** ऐसी प्रजाति विकास की आवश्यकता है जिसमें शीघ्र बढवार होती है इसमें द्वितीयक साखायें न निकलती हो, तना सीधा बढता हो सघन फली बनती हो जीवांश पदार्थ कम बनता हो, एक साथ फूल आते हो तथा फसल एक साथ पकती हो। फसल पककर 70 से 75 दिनों में तैयार हो सके ऐसी प्रजाति की आवश्यकता है।
- **निश्चित सिंचाई स्थितिः** मध्यम अवधि 85 से 95 दिनों में पककर तैयार होती है, आदानों का बेहतर उपयोग क्षमता, एक साथ परिपक्वता, सीधी बढवार का गुण, द्वितीयक साखायें अधिक बनती है मुख्य तना अधिक बढता हो तथा साथ ही सघन फली बनती हो ऐसी प्रजाति की आवश्यकता है। यांत्रिक विधि से कटाई हेतु सीधा बढवार क्षमता वाला पौधा जिसमें फलियां पौधे के तने की दूसरी से तीसरी गॉठ से फली निर्माण होता हो।
- **रोग संवेदनशीलताः** ग्वार की फसल में जड गलन और बैक्टीरियल लीफ व्लाइट मुख्य रोग है।
- **जड सड़नः** यह वर्षा आधारित स्थिति में उच्च तापमान के परिवेश और कम मृदा नमी की स्थिति में पनपती है। मृदा आधारित बीमारी होने के कारण इसकी आसानी से पहचान एवं नियंत्रण आसान नहीं है। बीज उपचार, पौधों पर छिडकाव रोग नियंत्रण में प्रभावी रहते है लेकिन इस रोग की प्रतिरोधी किस्में उपलब्ध नहीं है। जड सड़न रोग जनक के प्रभावी प्रतिरोधी श्रोतों को पहचानने की आवश्यकता है।
- **बैक्टीरियल पत्ती झुलसाः** उच्च नमी एवं तापमान (25 से 32^0 सेन्टीग्रेट) पर इस बीमारी का अधिक प्रकोप देखा गया है। वर्तमान में बैक्टीरियल पत्ती झुलसा प्रतिरोधी किस्में उपलब्ध नहीं है। एस. सेनेगेलेन्सिस जंगली फसल और एचजी–75 किस्म में प्रतिरोधी श्रोत उपलब्ध है। व्लाइट प्रतिरोधी एवं अधिक फली संख्या की प्रजाति विकास की आवश्यकता है।
- **गम की गुणवत्ता में सुधारः** खाध्य सामाग्री एवं उद्योगों में ऐसे ग्वार की आवश्यकता होती है। जिसमें ग्वार गम की अधिकता (>32%) हो साथ ही चिपचिपाहट में विविधता हो।

उत्पादन को दो गुना करने की तकनीकें

विभिन्न जलवायु विविधिता रखने वाले क्षेत्रों की स्थानीय एवं जलवायु संबंधी वारीकियों को ध्यान में रखते हुऐ साथ ही नवीनतम तकनीकों को विभिन्न क्षेत्रों में न अपनाने की वारीकियों को ध्यान में रखकर उत्पादन को दो गुना किया जा सकता है।

1) नीतिगत विकल्पः शासन, प्रशासनिक और सामाजिक सामूहिक प्रयासों द्वारा उत्पादन में बढोत्तरी की जा सकती है जो कि निम्न प्रकार है।

I. **प्रमुख ग्वार उत्पादक क्षेत्रों की उत्पादकता में वृद्धिः** राजस्थान ग्वार का बडा उत्पादक क्षेत्र है यहाँ प्रतिवर्ष 25 से 28 लाख हे. क्षेत्र में खेती होती है। राजस्थान में कुछ क्षेत्र जैसे सीकर, बीकानेर, और जोधपुर में ग्वार का क्षेत्रफल लगभग 1.44,

11.88 और 6.62 लाख हे. में खेती होती है और इन क्षेत्रों की औसतन उत्पादकता क्रमशः 351, 180 और 139 कि.ग्रा./हे. है इन क्षेत्रो की औसतन उपज 500 कि. ग्रा. तक बेहतर उत्पादन तकनीको का प्रयोग के द्वारा की जा सकती है। (तालिका–3)

तालिका 3: राजस्थान में ग्वार उत्पादन के क्षेत्रों का क्षेत्रफल उत्पादकता एवं प्रस्तावित उत्पादकता

क्षेत्र	क्षेत्रफल (लाख हे.)	उत्पादकता (कि.ग्रा./हे.)	प्रस्तावित उत्पादकता (कि.ग्रा./हे.)
सीकर (सीकर और झुन्झुनू जिला)	1.44	351	600
बीकानेर (बीकानेर, चुरु और जेशलमेर जिला)	11.88	180	500
जेधपुर (जोधपुर, बाढमेड़ और नागोर जिला)	6.62	159	400

II. **अधिक उत्पादकता वाले क्षेत्रों में क्षेत्रफल वृद्धिः** ग्वार उत्पादन के पूर्वी एवं दक्षिणी क्षेत्रों में 500 मिलीमीटर से अधिक औसतन वर्षा होती है साथ ही इन क्षेत्रों की उत्पादकता भी अधिक है लेकिन क्षेत्रफल इन क्षेत्रों में कम है। उदाहरण के लिए जयपुर, भीलवाडा, उदयपुर और भरतपुर की ग्वार की उत्पादकता क्रमशः 699, 554, 665, और 1175 कि.ग्रा./हे. है एवं कुल क्षेत्रफल क्रमशः 73.5, 31.5, 15.4 और 37.0 हजार हे. है। इन क्षेत्रों में ग्वार का क्षेत्रफल दो गुना करने की सम्भावनायें है (तालिका–4)।

तालिका 4: राजस्थान के ग्वार उत्पादन क्षेत्रों की उत्पादकता, क्षेत्रफल और प्रस्तावित क्षेत्रफल

क्षेत्र	उत्पादकता (कि.ग्रा./हे.)	क्षेत्रफल (हजार हे.)	प्रस्तावित क्षेत्र बढोत्तरी (हजार हे.)
जयपुर (जयपुर, अजमेर और दौसा जिला)	699	73.5	147
भीलवाडा (भीलवाडा, चित्तौड, राजसमंद और प्रतापगढ जिला)	554	31.4	62.8
उदयपुर (उदयपुर, बांसवाड़ा और डोंगरपुर जिला)	655	15.4	30.8
भरतपुर (भरतपुर, अलवर, धौलपुर, सवाई माधोपुर और करोली जिला)	1175	37.0	74.0

II. **गैर पारम्परिक क्षेत्रों में ग्वार का समावेशः** आन्ध्र प्रदेश के सूखा प्रभावित जिले जैसे अनन्तपुर, कडप्पा, चित्तूर में ग्वार की सफलतापूर्वक खेती की जा सकती है। आन्ध्र प्रदेश के मूंगफली उत्पादक क्षेत्रों में कभी कभी मूंगफली की फसल खराब हो जाने के कारण शासन को रुपये 5000/एकड मुआवजा देना पडता है। अतः इन क्षेत्रों में ग्वार की फसल को बढावा देकर मुआवजा देने से बचा जा सकता है। ग्वार की फसल से बहुत कम आदान प्रयोग कर वर्षा आधारित लाल मृदा के क्षेत्रों में 350 से 1500 कि.ग्रा./हे. उपज प्राप्त की जा सकती है (एनोनिमस, 2007–08)।

III. **ग्वार की खेती का ग्रीष्म ऋितु के मौसम में बढावाः** देश के प्रान्त उत्तर प्रदेश, मध्य प्रदेश, छत्तीसगढ और विदर्भ के कुछ क्षेत्र, राजस्थान एवं गुजरात में कृषकों

ने खेती करना आरम्भ कर दिया है। इन क्षेत्रों में 4 से 5 सिंचाई कर ग्रीष्म ऋितु के मौसम में खेती की जा सकती है। ग्रीष्म ऋितु के मौसम में विदर्भ एवं राजस्थान में औसत उपज क्रमशः 10 से 12 एवं 9 से 15 क्विंटल/हे. ली जा सकती है। अतः अव भविष्य में वर्ष में दो फसल लेने की आशा की जा सकती है।

IV. **फसल प्रतिस्थापनः** राजस्थान के पश्चिमी क्षेत्रों में मूंगफली की फसल में 10 से 12 सिंचाईयों का प्रयोग कर 130 से 140 दिवस में ली जाती है यदि इन क्षेत्रों में मूगफली की फसल के स्थान पर ग्वार की फसल में दों सिंचाई क्रांन्तिक अवस्थाओं जैसे फसल की बुवाई के 40 से 45 एवं 60 से 70 दिवस उपरान्त सिंचाई कर 1200 से 1500 कि.ग्रा./हे. उत्पादन लिया जा सकता है।

2) तकनीकी विकल्प

I. **उचित प्रजातियांः** अधिकांश ग्वार उत्पादित क्षेत्रों में 150 से 550 मिलीमीटर वार्षिक वर्षा होती है। प्रजाति के चयन में क्षेत्र विशेष में होने वाली कुल वर्षा एवं वर्षा के कुल दिनों को ध्यान में रखते हुए प्रजाति का चयन करना चाहिए (तालिका–5)। शीघ्र पकने वाली प्रजातियां (आरजीसी–936, आरजीएम–112, एचजी–365) सूखा की स्थिति में भी बेहतर उत्पादन देने की क्षमता रखती है। जबकि सामान्य वर्षा की स्थिति में देर से पकने वाली प्रजातियाँ (आरजीसी–986, एचजी 2–12) मृदा नमी का उपयोग कर 12 से 15 क्विंटल/हे. उपज देती है। राजस्थान के गंगानगर और हनुमानगढ क्षेत्र में सीधी बढने वाले एकहरे तने वाली प्रजाति (आरजीसी–1066, आरजीसी–1031) को 25 सेन्टीमीटर लाइन से लाइन की दूरी पर एवं 5 सेन्टीमीटर पौधे से पौधे की दूरी पर लगाकर अधिक उपज ली जा सकती है साथ ही यह प्रजातियां कम्बाइन से कटाई हेतु उपयुक्त है।

तालिका 5: वर्षा आधारित स्थिति में क्षेत्र विशेष हेतु प्रजाति चयन

प्रजातियाँ	पकने की अवधि	वर्षा (मि. मि.)	क्षेत्र
आरजीएम–112, एचजी–365, एचजी–563, आरजीसी–936, एचजी–5563	85-90	300-400	गंगानगर, हनुमानगढ, बाढमेर, हिसार, रेवाडी, वावल, सारसा, जोधपुर, बचाउ, राधनपुर
आरजीसी–1003, आरजीसी–1002, आरजीसी–884, एचजी–884, एचजी–563	90-100	400-500	नगर,एसके नगर, कोठरा, जालोर, सिरोही, हिसार, अनन्तपुर, चित्तोड, कडप्पा
आरजीसी–1038, (चारे हेतु), आरजीसी–1031	101-105	500-550	नागौर, अलवर, सिरोही, सवाई माधोंपुर, पाली, जालोर
आरजीसी–986, एचजी–2–20	110-120	555-700	झुन्झुनू, भेपालगढ, नहरों का कमान्ड क्षेत्र, विदर्भ क्षेत्र
आरजीसी–1066	100-105	500-550	गंगानगर, हनुमानगढ
आरजीसी–1031	105-110	500-550	गंगानगर, हनुमानगढ,

II. **उचित फसल ज्यामितिः** शीघ्र पकने वाली प्रजातियां (एचजी–365, आरजीसी–936) 45 सेन्टीमीटर पक्ति से पक्ति की दूरी के स्थान पर 30 सेन्टीमीटर पर लगाने पर अधिक उपज प्राप्त होती है। जबकि 45 सेन्टीमीटर की दूरी पर लाइनों में बुवाई करने पर ग्वार के दानों में गम का स्तर हिसार एवं बावल क्षेत्रों में अधिक पाया गया (कुमार एवं सहयोगी, 2003अ; यादव एवं सहयोगी, 2002)। जबकि झांसी में दुर्गापुरा सफेद प्रजाति को 60 सेन्टीमीटर की दूरी पर लाइनों में (1.1 लाख पौधे/हे) बी–19–1–55 प्रजाति को 45 सेन्टीमीटर की दूरी पर (1.5 लाख पौधे/हे.) और एफएस–277 को 30 सेन्टीमीटर की दूरी पर लगाना (2.25 लाख पौधे/हे.) उचित पाया गया। आमतौर पर सूखे की स्थिति (200 से 300 मिलीमीटर वर्षा) में पंक्ति से पंक्ति की 60 सेन्टीमीटर की दूरी, जबकि मध्यम सूखे की स्थिति (350 से 400 मिलीमीटर) में 30 से 45 सेन्टीमीटर पर बुवाई करने पर जल उपयोगिता एवं अधिक उपज प्राप्त की जा सकती है। ग्वार की देरी से बुवाई की स्थिति में 45 सेन्टीमीटर के स्थान पर 30 सेन्टीमीटर पक्ति से पक्ति की दूरी पर बुवाई की जानी चाहिए। पौधें से पौधे की दूरी शाखाओं वाली प्रजाति हेतु 15 सेन्टीमीटर एवं शाखाओं रहित प्रजाति हेतु 10 सेन्टीमीटर उचित रहती है। यादव एवं सहयोगियों (2003) के अनुसार शीघ्र पकने वाली ग्वार की प्रजातियों हेतु 15 कि.ग्रा./हे. बीज दर प्रयोग कर अधिकतम 16 से 17 क्विंटल /हे. दाने की उपज तथा 5 से 5.5 क्विंटल/हे. ग्वार गम का उत्पादन प्राप्त किया जा सकता है साथ ही दानों में ग्वार गम 30 से 31.5% और 28.86% तक प्रोटीन की मात्रा प्राप्त होती है।

III. **उर्वरक प्रबन्धनः** सामान्यतः ग्वार की फसल में 20 कि.ग्रा. नत्रजन और 40 कि.ग्रा. फास्फोरस/हे. प्रयोग करने पर 25.18% अधिक उपज प्राप्त की जा सकती है। साथ ही साथ जल उपयेाग दक्षता में 21.7% तक की वृद्धि होती है एवं मृदा में उपलब्ध पोषक तत्वों की मात्रा में भी वृद्धि दर्ज की गई है (सिंह एवं खान, 2003)। बीकानेर में ग्वार की फसल पर हुए अनुसंधान के अनुसार 20 एवं 40 कि.ग्रा. फास्फोरस/हे. प्रयोग करने पर नियंत्रक प्लांट की तुलना में क्रमश 22.7 एवं 38.44% की उपज में वृद्धि दर्ज की गई। इसी प्रकार एस के नगर में हुए तीन वर्षो (1992–94) तक अनुसंधान के अनुसार 40 कि.ग्रा. फास्फोरस/हे. प्रयोग करने पर नियंत्रक प्लांट की तुलना में 28% तक वृद्धि दर्ज की गई। आगरा में प्रयोग करने पर नियंत्रक प्लांट की तुलना में 60 कि.ग्रा. फास्फोरस/हे. प्रयोग करने पर अधिक उपज प्राप्त हुई (तालिका–6)।

तालिका 6: फास्फोरस का ग्वार की उपज पर प्रभाव

फास्फोरस (कि.ग्रा./है. उर्वरक के रूप में)	दानों की उपज (क्विंटल/हे.)								
	बावल	हिसार	दुरर्गापुरा	ग्वालियर	बीकानेर	झांसी	जोबनेर	एसके नगर	जोधपुर
0	9.98	14.6	7.06	15.25	12.13	7.52	-	5.10	6.65
20	11.69	17.8	8.03	17.05	13.51	8.78	12.5	5.75	7.50
40	12.54	17.6	8.34	18.27	16.83	10.38	15.2	6.54	8.10
60	12.26	17.5	8.24	22.05	-	11.81	-	6.99	8.50
क्रांन्तिक अन्तर (5%)	1.14	2.3	0.67	1.19	0.81	-	0.93	0.47	0.59

श्रोतः वीरेन्द्र कुमार (2009)

अनुसंधानों में देखा गया है कि ग्वार के दानों में ग्वार गम में 29.4% की वृद्धि 20 कि.ग्रा. फास्फोरस/हे. प्रयोग करने पर नियंत्रक की तुलना में दर्ज की गई लेकिन फास्फोरस की अधिक मात्रा प्रयोग करने पर ग्वार गम में गिरावट दर्ज की गई। अतः परिणामों से सिद्ध होता है कि सन्तुलित मात्रा में रासायनिक उर्वरक प्रयोग करने पर ग्वार गम की मात्रा को दो गुना किया जा सकता है।

सल्फरः ग्वालियर में हुए अनुसंधान के अनुसार सल्फर तत्व की कमी वाली मृदाओं में 40 कि.ग्रा. सल्फर प्रयोग करने पर फसल की वृद्धि विकास एवं उपज में वृद्धि देखी गई ग्वार की फसल में 40 कि.ग्रा. सल्फर/हे. प्रयोग करने पर 20 कि.ग्रा. सल्फर/हे. की तुलना में 10.27% और 20 कि.ग्रा. सल्फर/हे. प्रयोग करने पर नियंत्रक की तुलना में 28.34% अधिक उपज प्राप्त हुई। सल्फर के प्रयोग से ग्वार के दानों में फास्फोरस एवं सल्फर तत्व, क्रूड प्रोटीन और गम पदार्थ की वृद्धि हुई तीन वर्षो (1992–94) तक बावल में हुए अनुसंधान के अनुसार 20 कि.ग्रा. सल्फर/हे. प्रयोग करने पर अधिक उपज (12.12 क्विंटल/हे.) प्राप्त हुई। जबकि नियंत्रक प्लांट में 10.82 क्विंटल/हे. प्राप्त हुई साथ ही साथ ग्वार गम की मात्रा सल्फर प्रयोग करने पर 29.98% एवं नियंत्रक प्लांट में 29.10% ही रही। दुर्गापुरा (जयपुर) में हुए अनुसंधान के अनुसार 20 कि.ग्रा. सल्फर/हे. प्रयोग करने पर उपज में वृद्धि देखी गई जबकि एस के नगर एवं जोधपुर में सल्फर तत्व के प्रयोग का प्रभाव वर्ष 1992 से 1996 तक देखने को नहीं मिला।

सूक्ष्म पोषक तत्वः दुर्गापुरा (जयपुर) में हुए अनुसंधान के आधार पर 1 कि.ग्रा. जिंक सल्फेट/हे. (0.2%) का 45 दिन की फसल पर छिड़काव करने पर 5 अथवा 10 कि.ग्रा. जिंक सल्फेट/हे. मृदा में बुवाई के समय प्रयोग करने की तुलना में अधिक उपज प्राप्त हुई। इसी तरह बावल में हुए अध्ययन के अनुसार 0.5% जिंक सल्फेट का घोल 25 अथवा 45 दिन की अवस्था की फसल पर छिडकाव करने पर 25 कि. ग्रा. जिंक सल्फेट/हे. मृदा में प्रयोग की तुलना में अधिक उपज प्राप्त हुई। सूक्ष्म

पोषक तत्व पर हिसार, बावल, ग्वालियर, दुर्गापुरा और एस के नगर में हुए अनुसंधान के अनुसार 0.5% जिंक सल्फेट का घोल, 25 अथवा 45 दिन की फसल पर छिडकाव करने पर नियंत्रक की तुलना में अधिक उपज प्राप्त हुई जबकि 25 कि.ग्रा. जिंक सल्फेट/हे. बुवाई के समय प्रयोग के समकक्ष उपज प्राप्त हुई। अतः 0.5% जिक सल्फेट का छिडकाव ग्वार की फसल पर अधिक उपज एवं आर्थिक लाभ हेतु सिफारिश की जाती है।

IV. **सिंचाई प्रबन्धनः** हाल ही में हुए अनुसंधान के अनुसार ग्वार की फसल में बुवाई से पूर्व सिंचाई कर बुवाई करने पर अधिक उपज प्राप्त होती है ग्वालियर केन्द्र पर हुए अनुसंधान के अनुसार कुल तीन सिंचाई में पहली बढवार के समय, फूल आने पर द्वितीय और दाने बनने की अवस्था में तृतीय सिंचाई करने पर अधिक उपज प्राप्त हुई जबकि दुर्गापुरा में हुए अनुसंधान के अनुसार कुल दो सिंचाई पहली फूल आने पर ओर द्वितीय दाने बनते समय, एस के नगर में एक सिंचाई दाने बनते समय एवं बावल में फूल आने की अवस्था में एक सिंचाई करने पर अधिक उपज प्राप्त हुई (तालिका–7)।

तालिका 7: सिंचाई क्रम का ग्वार की फसल के उपज पर प्रभाव

उपचार	दानों की उपज (क्विंटल/हे.)				
	2007		2008		
	हिसार	बावल	ग्वालियर	दुर्गापुरा	एसके नगर
$टी_1$: नियंत्रण	13.45	9.08	14.09	10.83	6.42
$टी_2$: एक सिंचाई बढवार के समय (बुवाई में 25 से 30 दिन पश्चात)	13.57	9.40	15.99	11.35	7.75
$टी_3$: एक सिंचाई 50% फूल आने पर (बुवाई के 40 से 45 दिन पश्चात)	14.53	11.25	17.86	11.56	8.21
$टी_4$: एक सिंचाई दाने बनते समय (बुवाई के 55 से 60 दिन पश्चात)	13.30	9.31	14.55	11.35	8.70
$टी_5$–$टी_2$+$टी_3$	14.82	11.18	16.23	11.66	7.74
$टी_6$–$टी_2$+$टी_4$	14.00	9.56	17.12	11.77	7.70
$टी_7$–$टी_3$+$टी_4$	14.68	11.45	17.43	13.33	7.36
$टी_8$–$टी_2$+$टी_3$+$टी_4$	15.13	11.5	20.13	13.33	8.54
क्रान्तिक अन्तर 5%	NS	1.56	1.87	0.95	1.14

स्रोतः एनोनिमस (2008–09)

V. **खरपतवार प्रबन्धनः** ग्वार की फसल में लम्बे समय तक खरपतवार रहने एवं बेहतर प्रबन्धन न करने के कारण 30 से 50% तक उपज में कमीं हो सकती है। खरपतवार नियंत्रण करने पर बावल में 68% और हिसार में 61% तक उपज में वृद्धि देखी गई। बलुई एवं दुमट, बलुई मृदाओं में फसल के आरम्भ (20 से 30 दिन की फसल) में

फसल एवं खरपतवार में आपस में बढवार, पोषक तत्व आदि हेतु प्रतियोगिता अधिक होती है। यादव (1998), के अनुसार फसल की 20 अथवा 30 दिन की अवस्था पर फसल को खरपतवार रहित करने पर फसल की बढवार, फली/पौध, जल उपयोग दक्षता और उपज में वृद्धि होती है। कुमार एवं सहयोगियों (1996) के अनुसार देश की विभिन्न कृषि जलवायु क्षेत्रों एवं विभिन्न मृदाओं में हुए अनुसंधान के आधार पर खरपतवारों का प्रबन्धन यांत्रिक अथवा निराई गुड़ाई द्वारा करने पर रसायनिक विधि से नियंत्रण की तुलना में बेहतर परिणाम प्राप्त हुए है। साथ ही खरपतवार यांत्रिक अथवा निराई गुड़ाई से करने पर रसायनिक विधि से नियंत्रण की तुलना में पर्यावरण हितैसी एवं आर्थिक रुप से भी लाभ दायक सिद्ध हुआ है। यादव एवं सहयोगियों (1998) के अनुसार बावल में वर्षा आधारित फसल में फ्लूक्लोरलिन 1.0 कि.ग्रा./हे. का प्रयोग प्रभावी पाया गया जबकि कुमार एवं सहयोगियों (1996) के अनुसार बुवाई से पूर्व फ्लूक्लोरलिन 1 कि.ग्रा./हे. प्रयोग एवं फसल की 30 दिन की अवस्था पर निराई गुड़ाई करने पर समान्तर उपज प्राप्त हुई। जोधपुर केन्द्र पर भी फसल की 30 दिन की अवस्था पर निराई गुड़ाई अथवा फ्लूक्लोरलिन एक कि.ग्रा./हे. बुवाई से पूर्व प्रयोग करने पर समानान्तर उपज प्राप्त हुई। ग्वार की फसल में 30 दिन की अवस्था पर एक निराई गुड़ाई और फ्लूक्लोरलिन 1.0 कि.ग्रा. प्रयोग करने पर नियंत्रक प्लांट की तुलना में क्रमशः 49 और 45% की उपज वृद्धि हुई। बुवाई से पूर्व फ्लूक्लोरलिन 1.0 कि.ग्रा./हे. प्रयोग करने पर ग्वार की फसल में 84% तक खरपतवारों की संख्या में कमीं एवं एक अथवा दो निराई गुड़ाई के समानान्तर उपज प्राप्त हुई। पेन्डामिथिलीन का प्रयोग ग्वार की फसल में कोई हानिकारक प्रभाव नही पड़ता है। फसल उगने के पश्चात 20 से 25 दिन की अवस्था पर इमेजाथापर 75 ग्राम/हे. अथवा इमेजाथाइपर 35% + इमेजामोक्स 35% के मिश्रण की 80 ग्राम मात्रा/हे. प्रयोग से भी सभी प्रकार के खरपतवारों से सफलतापूर्वक नियंत्रण किया जा सकता है।

VI. फसल संरक्षण

- **जीवाणु जनित पत्ती झुलसा रोग:** वातावरण में 25 से 30^{0} सेन्टीग्रेट तापमान और 70 से 90% आद्रता होने पर बीमारी बढने की संभावना रहती है। इस रोग के जीवाणु बीज द्वारा फैलते है साथ ही फसल में नत्रजन के अधिक प्रयोग से भी रोग का प्रकोप और तेजी से बढ़ता है। इस बीमारी से पौधों के पत्तों पर धब्बे बन जाते है अथवा पत्ते झुलस जाते है। फसल रोग से प्रभावित होने पर पौधों की पत्तियों की सिराओं पर प्रारम्भ में लक्षण दिखाई देते है एवं बाद में पत्तियों के किनारे झुलस जाते है एवं काले धब्बे बन जाते है साथ ही तना काला पडने लगता है एवं फट जाता है। काले धब्बे फलियों पर भी दिखाई देते है। इस बीमारी के नियंत्रण हेतु सेरेसिन वेट (0.2%), स्ट्रेप्टोसाइक्लिन (0.1%) अथवा थायरम (0.2%) से बीज उपचार कर

बीमारी पर नियंत्रण किया जा सकता है। जीवाणु जनित पत्ती झुलसा के नियंत्रण हेतु बीज को बुवाई से पूर्व स्ट्रेप्टोसाइक्लिन के 200 पीपीएम के घोल में 30 मिनट तक डुबोकर छाया में सुखाने के उपरान्त बुवाई करने पर रोग से बचा जा सकता है। गुप्ता एवं सहयोगियों (2007) के अनुसार वर्ष 2001 से 2003 तक हिसार में हुए अनुसंधान के आधार पर जिंक सल्फेट का 0.5% घोल का 25 और 45 दिन की फसल की अवस्था पर छिडकाव करने से बैक्टीरियल पत्ती झुलसा का प्रकोप नहीं होता। परिणामों के आधार पर ग्वार की फसल में बीज जनित रोगों से बचने के लिए थायरम/कार्बान्डाजिम का 2 से 3 ग्राम/कि.ग्रा. की दर से बीज उपचाारित कर बचा जा सकता है खडी फसल पर प्रकोप होने पर फफूंद नाशी का छिडकाव किया जाना चाहिए। फसल को रोग से बचाने के लिए फसल की शीघ्र अथवा देरी से बुवाई नहीं करनी चाहिए।

- **जड़ सड़न रोग**:– जड संबन्धी बीमारियों में जड सड़न अथवा उखटा रोग प्रमुख है। जड़ गलन बीमारी में फसल की बढवार रुक जाती है और बाद में जडों के ऊतकों का विघटन होकर सड़ जाते है। जबकि उखटा में पौधें की पत्तियों और पौधा ऊपर से सूखने लगता और पत्तियां गिरने लगती है बाद में पूरा पौधा ही झुलस कर सूख जाता है। सूखी जड़ गलन बीमारी सूखे और गर्म वातावरण की स्थिति में अधिक बढती है साथ ही उत्पादन भी कम हो जाता है इस रोग के बींजाणु अधिकांश 0 से 5 सेन्टीमीटर मृदा सतह में अधिक पाये जाते है इस बीमारी के रोग जनक अधिक तापक्रम (35 से 40° सेन्टीग्रेट) और 0.5 से 1.0% मृदा नमी में भी जीवित रह सकते है ग्रीष्म त्रिृतु के मौसम में अत्यधिक गर्मी के दिनों में इनकी संख्या में 42% तक कमी देखी गई है। फफूंद नाशक जैसे ब्रेसिकोल (0.2%), डायथेन एम–45 (0.1%), फोलटाफ (0.2%) आदि के प्रयोग से रोग जनको का विकास सम्पूर्ण रुप से रोका जा सकता है (गनेशन, 1997)। बीज उपचार विटावैक्स (0.2%) द्वारा करने पर बेहतर परिणाम देखे गये है तदउपरान्त वाविस्टीन (0.2%) का प्रयोग लाभकारी पाया गया है। लोधा (1996) के अनुसार बाजरा की फसल का भूसा (3.5 टन/हे) फसल के पौधों की कम सधनता (1.6 मिलियन/हे.) और केवल गोबर की खाद (10 टन/हे.) अथवा बाजरा के भूसे के साथ संयुक्त प्रयोग करने पर मृदा में नमीं भी संरक्षित की जा सकती है और रोग जनक जीवाणु की संख्या में कमी की जा सकती है और सूखी जड गलन बीमारी का प्रकोप भी कम हो जाता है।
- **अल्टरनेरिया पत्ती धब्बा रोग**: इस बीमारी के प्रकोप से 50 से 55% तक उपज में कमी हो जाती है यह बीमारी हल्की अथवा गंभीर रूप से प्रत्येक वर्ष देखने को मिलती है। यह बीज जनित बीमारी है। यह बीमारी देरी से बोई गई फसल, अधिक, आर्द्रता (70 से 90%) व मध्यम तापक्रम (25 से 31° सेन्टीग्रेड) पर अधिक देखने को मिलती है। फसल की शीघ्र बुवाई (जून के अन्तिम सप्ताह) कर बीमारी से बचा जा सकता है। थायरम (0.3%), डायथेन जेड–78 (0.3%), टिलेक्स (0.3%) से बीज उपचार कर

फसल को बचाया जा सकता है। इप्रोडिओन (0.2%) का छिडकाव खडी फसल पर करने से फसल को बचाया जा सकता है (गुप्ता एवं सहयोगी, 1999)। बोरोन और जिंक का मृदा में अथवा पर्णीय छिडकाव कर इस बीमारी का बेहतर नियंत्रण किया जा सकता है (गुप्ता एवं सहयोगी, 1999)।

- **चूर्णिल आसिता:** अधिक तापक्रम (>32° सेन्टीग्रेड), कम आद्रता (<70 से 75%) और चमकदार धूप के दिन इस बीमारी के लिए अनुकूल होते है। पौधों के पन्तों पर गन्दा भूरा रंग, आटे के समान जगह–जगह धब्बे फली आने और फसल पकते समय सामान्य लक्षण होते है। धब्बे तापक्रम बढने के साथ बढ जाते है और सम्पूर्ण पौधों पर सफेद चाक पाउडर जैसा दिखाई देता है अधिक प्रकोप होने पर पौधों के पत्ते गिर जाते है तथा तना कमजोर हो जाता है, फसल समय अवधि से पहले ही सूख जाती है और पत्ते खत्म हो जाते है। रोग का प्रकोप होने पर 0.1% केलिक्सिन और 0.5% केराथियान का तुरन्त छिड़काव करना चाहिए और 15 दिन के अन्तराल पर छिडकाव दोहराना चाहिए। जैविक नियंत्रण में टाइकोडर्मा विरीडी के तीन छिडकाव कर इस बीमारी को 90.6% तक रोका जा सकता है।

अनुमानित लक्ष्य को प्राप्त करने हेतु रणनीति

ग्वार के दानों में गम की उपलब्धता के कारण यह औद्योगिक महत्व की फसल है। ग्वार गम में खाद्य मानक और औद्योगिक मानको के कारण उद्योगों में प्रयोग अधिक होता है। इसके अलावा यह फसल लम्बी अवधि में परिपक्व होने के कारण महत्वपूर्ण रोगों और कई अवस्थाओं में तनाव महसूस करती है। सामान्यत: यह फसल बेहतर प्रबन्धन और आदान प्रयोग का अपना प्रभाव कम दिखाती है साथ ही अनुसंधान प्रक्षेत्रों एवं कृषक प्रक्षेत्रों के उत्पादन में काफी अन्तर है। इन एतिहासिक वातों को ध्यान में रखते हुऐ लक्ष्य की प्राप्ति हेतु निम्न रणनीति बनाई जा सकती है।

1. वर्तमान में ग्वार गम की प्रति वर्ष मांग लगभग 6 से 6.5 लाख टन की है इसमें से देश के द्वारा लगभग 80% विश्व की मांग पूरी की जाती है। अत: 5 से 5.50 लाख टन वार्षिक ग्वार गम उत्पादन करने की आवश्यकता है। इसलिए 5.50 लाख टन ग्वार गम का उत्पादन करने के लिए 18 से 20 लाख टन ग्वार के दानों के उत्पादन की आवश्यकता है। जबकि देश में ग्वार के दानों का उत्पाद 10 से 12 लाख टन वार्षिक हो रहा है जो कि आवश्यकता से 6 से 8 लाख टन कम है।
2. ग्वार की आवश्कता की पूर्ति हेतु 40 लाख हे. में खेती करने की आवश्यकता है जो कि वर्तमान में 30 लाख हे. है और उत्पादकता वर्तमान में 400 कि.ग्रा./हे. की है इसे बढाकर 600 कि.ग्रा./हे. करने की आवश्यकता है। ग्वार को आवश्यकता के अनुरुप उत्पादन करने हेतु ग्वार उत्पादन के गैर पारम्परिक क्षेत्र जैसे आन्ध्र प्रदेश के रायलसीमा क्षेत्र, महाराष्ट्र का विदर्भ क्षेत्र, छत्तीसगढ़ का रायपुर क्षेत्र और राजस्थान के मध्य क्षेत्र में क्षेत्रफल बढाये जाने की सम्भावना है। ग्वार के पारम्परिक

क्षेत्र में 4 से 5 सिंचाई कर गीष्म त्रिृतु के मौसम में सफलता पूर्वक फसल ली जा सकती है।

3. ग्वार की उत्पादकता बढाने हेतु क्षेत्र की मृदा एवं जलवायु को ध्यान में रखते हुऐ उचित उत्पादन तकनीक एवं गुणवत्ता युक्त बीज को बढावा देने की आवश्यकता है। आवश्यकता पडने पर क्रान्तिक अवस्थाओं पर दो सिंचाई और फसल की ज्यामिति के अनुसार तकनीकी को अपना कर 20 और 32% तक उत्पादन बढाया जा सकता है।

भविष्य की चुनौतियां

- सामूहिक खेती और खेती पर निर्वाह करने वाले विभिन्न समुदायों के लिए अलग अलग उत्पादन प्रोद्योगिकी विकसित की जानी चाहिए।
- मृदा का प्रकार, वर्षा क्रम, फसली क्षेत्र, उत्पादकता, कृषकों के हित को ध्यान में रखकर जिला स्तर की तकनीक विकसित की जानी चाहिए।
- गैर पारम्परिक क्षेत्रों का विस्तार किया जा सकता है।
- ग्वार के संकर बीज के विकास की आवश्यकता है।
- ग्वार की यांत्रिक खेती हेतु शाखाओं रहित प्रजाति एवं छोटी कम्वाइन निर्माण की आवश्यकता हैं
- ग्वार के बीज में उपस्थिति खाद्य तेल लगभग 5 से 6% है। इसके निश्कर्षण का व्यवसायीकरण करने की आवश्यकता है। ग्वार का तेल सूरजमुखी के तेल से बेहतर होता है।
- जैव प्रोद्योगिकी के माध्यम से ग्वार के दानों में उच्च गम और चिपचिपाहट बढाने की आवश्यकता है।
- ऐसी प्रजातियों के विकास की आवश्यकता है जिनमें प्रारम्भिक अवस्था में शीघ्र बढवार हो जिससे आरम्भ की अवस्था में खरपतवार की प्रतिस्पर्धा को कम कर सकें।
- ग्वार गम से खाद्य एवं ओद्योगिक मानक के गम को प्रथक्करण की आवश्यकता है।
- नये और अद्‌भुत खाद्य पदार्थो में ग्वार गम का प्रयोग कर खाद्य पदार्थो को लम्बे समय तक बेहतर एवं गुणों को बढाने हेतु प्रयोग की आवश्यकता है।
- जंगली ग्वार में प्रजनन तकनीकि के माध्यम से खेती योग्य बेहतर प्रजाति के जीन स्थानान्तरण कर अधिक फली, उत्पादन, शीघ्र परिपक्वता (53 से 60 दिन) और बैक्टीरियल पत्ती झुलसा प्रतिरोधी किस्म विकास की आवश्यकता है।

संदर्भ

अनोनिमस, 2007–2008. एनुअल प्रोग्रेस रिपोर्ट ऑफ नेटवर्क प्रोजेक्ट ऑन एरिड लेग्यूम, पी.सी.–यूनिट, सी.ए.जेड. आर.आई., जोधपुर, इंडिया.

अनोनिमस, 2009–2010. एनुअल प्रोग्रेस रिपोर्ट ऑफ नेटवर्क प्रोजेक्ट ऑन एरिड लेग्यूम, पी.सी.–यूनिट, सी.ए.जेड. आर.आई., जोधपुर, इंडिया.

फरोदा, ए.एस. और सिंह, राज, 2003. क्रॉप प्रोडक्शन स्ट्रेटेजीस फोर एरिड लेग्यूम विध रेमुनेरेटिव अफोर्टस एण्ड कोस्ट. इनः एडवान्सेस इन एरिड लेग्यूम रिसर्च (एडिट हेनरी ए., कुमार, डी. एण्ड सिंह, एन.बी) साइंटिफिक पब्लीशर, जोधपुर (भारत). पीपी. 161–171.

गनेशन, गिरिजा, 1997. फंजीसाइडल कन्ट्रोल ऑफ स्केलेरोटियम बेसल रूट रोट ऑफ क्लस्टरबीन सीवी. पूसा नवबहार, इंडियन पायटोपथ. 50: 508–512.

गुप्ता, पी.पी., कुमार, राजेश और जलाली, बी.एल., 1999. रेस्पोन्स ऑफ डिफरेन्ट वेसीकुलर अरबेस्कूलर मायकोराहिजल फंजाई ऑन काउपी. प्लांट डिसीस रिसर्च, 14(1): 25–30.

गुप्ता, पी.पी., यादव, बी.डी. और जोशी, यू.एन., 2007. इफेक्ट ऑफ माइक्रोन्यूट्रिएन्ट ऑन मेजर डिसीस ऑफ क्लस्टरबीन (सिमोप्सिस टेट्रागोनोलोबा एल. तौब.). जर्नल ऑफ एरिड लेगयूम्स, 4(1): 25–30.

हेलिस साहिन और फेरामुज ओजडेमिर, 2007. इफेक्ट ऑफ सम हाइड्रोकोलोइड्स ऑन द वाइलॉजीकल प्रोपरटीस ऑफ डिफरेन्ट फॉरर्मूलेटेड केचप्स. फूड हाइड्रोकोलोइड्स, 18: 1015–22.

कुमार, डी., 2010. ग्वार – ए गोल्डन क्रॉप फोर एरिड रीजन्स. इंडियन फारमिंग, 60 (1): 4–9.

कुमार.वी., यादव, बी.डी. और अग्रवाल. एस.के., 1996. परफोरमेंस ऑफ फ्लूक्लोरलिन एण्ड पेन्डीमेथालिन टू कन्ट्रोल वीड्स इन क्लसटरबीन अन्डर रेनफेड कन्डीशन. हरयाणा जर्नल ऑफ एग्रोनॉमी, 12: 43–46.

कुमार. वी., यादव, बी.डी. और यादव, जे.एस., 2003 अ. स्पेशिओ–टेम्पोरल मेनेंजमेंट फोर ग्रेन प्रोडक्शन ऑफ क्लसटरबीन जेनोटाइप्स एच. जी. 563 इन लाइट टेक्सचर्ड सोइल्स ऑफ साउथर्न हरियाणा. इन नेशनल सिम्पोसीयम ऑन सुस्टेनेबिलटी, एडवान्समेंट एण्ड फ्यूचर एरियास ऑफ रिसर्च ऑफ फोरेज, हेल्ड एट सी. सी.एस.एच.ए.यू., हिसार, मार्च 5–6, 2003. पीपी. 77.

लोधा, एस., 1996. इनफ्लूएन्स ऑफ मोइस्चर कन्जरवेशन टेक्नीक्स ऑन माक्रोफोमिना फेसिओलिना, ड्राई रूट रोट एण्ड यील्ड ऑफ क्लसटरबीन. इंडियन फायटोपेथोलॉजी, 49: 342–9.

सक्सेना, ए., सिंह, डी.वी. और जोशी, एन.एल., 1997. इफेक्ट ऑफ टिलेज एण्ड क्रॉपिंग सिस्टम ऑन सोइल मॉस्चर बेलेन्स एण्ड पर्लमिलेट यील्ड जर्नल ऑफ एग्रोनॉमी एण्ड क्रॉप साइंस 178: 251–257.

सिंह, जे., कुमार, अनिल और सिंह, विक्रम, 2003. प्रोडक्शन पोटेन्शियल एण्ड इकोनोमिक्स ऑफ क्लसटरबीन अन्डर वारीअस जियोमेट्रिक्स एण्ड इन्टर क्रापिंग सिस्टम्स. इनः एडवान्स इन एरिड लेग्यूम रिसर्च, (एडिट हेनरी, ए., कुमार, डी. और सिंह, एन. बी.), साइटिंफिक पब्लीशर, जोधपुर (भारत). पीपी. 207–211.

सिंह, एम. और जोशी, एन.एल., 1994अ. इफेक्ट ऑफ मिक्सड एण्ड इन्टरक्रॉपिंग सिस्टम ऑन ड्राई मेटर एण्ड ग्रेन यील्डस ऑफ कम्पेनियन क्रॉप्स इन एरिड इनवायरमेंट एनाल्स ऑफ एरिड जोन 33: 125–128.

सिंह, एम. और जोशी, एन.एल., 1997. पर्ल मिलट बेस्ड क्रॉपिंग सिस्टम इन रिलेशन टू प्लांट पोप्यूलेशन एण्ड मोइस्चर अबेलेविलिटी. एनाल्स ऑफ एरिड जोन, 36: 37–42.

सिंह, राज और खान, एम.ए., 2003. रिस्पोन्स ऑफ क्लसटरबीन वेराइटीस टू फरटीलिटी लेवल्स एण्ड क्रॉपिंग सिस्टम्स अन्डर एरिड कन्डीशन. इनः एडवान्स इन एरिड लेगुम्स रिसर्च (एडिट हेनरी, ए., कुमार, डी. एण्ड सिंह, एन.बी.) साइंटिफिक पब्लीशर्स, जोधपुर (भारत). पीपी 225–228.

सिंह, एस.डी., भन्डारी, आर.सी. और अग्रवाल, आर.के. 1985. लोंग टर्म इफेक्ट ऑफ फेसिंग ऑफ फोस्फेट फर्टीलाइजर ऑन सोइल फर्टीलिटी एण्ड यील्ड ऑफ पर्ल मिलेट ग्रोन इन रोटेशन विथ ग्रेन लेग्यूम. इंडियन जर्नल ऑफ एग्रीकल्चरल साइंसेस. 55: 274–278.

यादव, ए., बुधीराजा, एम., राठी, एस.एस., यादव, आई.एस. और मलिक, आर.के., 1998. सिलेक्टीविटी ऑफ क्लसटरबीन वेराइटीस टू डिनाइट्रोअलाइन्स इन डिफरेन्ट सोइल्स. इंडियन जर्नल वीड साइंसेस, 30: 108–112.

यादव, बी.डी., जैन, आर.के. और कुमार, वी., 2003. रिस्पोन्स ऑफ अर्ली मचूरिंग ग्वार वेराइटी टू डेट ऑफ सोइंग एण्ड सीड रेट्स. इनः एडवान्स इन एरिड लेग्यूम रिसर्च (एडिट हेनरी, ए., कुमार, डी. और सिंह, एन.बी.) पीपी 192–202. साइंटफिक पब्लीशर, जोधपुर (इंडिया).

यादव, बी.डी., जैन, आर.के. और लोधी, जी.पी., 1997. केमीकल वीड कन्ट्रोल इन क्लसटरबीन (सिमोपसिस टेट्रागोनोलोबा (एल.) तोब.). फोरेज रिसर्च, 23: 189–192.

यादव, बी.डी., कुमार, वीरेन्द्र और सक्सेना, ए., 2002. एग्रोनॉमी, इनः ग्वार इन इंडिया (एडिट कुमार, डी. एण्ड सिंह, एन.बी.) साइंटिफिक पब्लीशर्स, जोधपुर (भारत). पीपी. 35–62.

यादव, एन.डी., 1992. स्टडीस ऑन स्ट्रिप क्रॉपिंग ऑफ पर्लमिलेट + एरिड लेग्यूम्स इन रेनफेड एरिड वेस्टर्न राजस्थान. करेन्ट एग्रीकल्चर, 16: 89–92.

यादव, आर.एस., 1998. इफेक्ट ऑफ वीड रिमूवल इन क्लसटरबीन (सिमोपसिस टेट्रागोनोलोबा) अन्डर डिफरेन्ट रेनफॉल सिचुएशन इन एन एरिड रीजन. जर्नल ऑफ एग्रोनॉमी एण्ड क्रॉप साइंस, 181: 209–214.

22

राजमा

दिलीप कचरू, मनप्रीत कौर एवं ज्योति कचरू

दलहनीं फसलों में राजमां अधिक उपज देने वाली फसल है। राजमां कम अवधि में 18 से 20 क्विंटल/हे. उपज देने वाली उत्तर भारत की फसल है। राजमां को देश में विभिन्न नामों से जाना जाता है जैसे फ्रेन्चबीन, राजमां, हरीकोटबीन, फील्डबीन, किडनीबीन, स्नेपबीन, पोलबीन, आदि। शीत ऋितु के मौसम में इसकी सब्जी पत्ती व हरी फली के रुप में बनाई जाती है एवं पके हुए दानों की सब्जी वर्ष भर बनाई जाती है। राजमां के सूखे दानों में 21.25% क्रूड प्रोटीन, 1.7% वसा, 70% कार्बोहाइड्रेट पाये जाते है। इसके अतिरिक्त 100 ग्राम दानें में 0.16 मिलीग्राम लोहा, 1.76 मिलीग्राम केल्शियम और 3.43 मिलीग्राम जस्ता पाया जाता है (कौर एवं मेहता, 1994) । इसकी सूखी फलियों में एन्टीमेटाबोलाइट पाये जाते है इन्हे खत्म करने के लिए शब्जी हेतु पकाने से पहले पानी में डुबोकर फ़ुलाना चाहिए।

उत्पत्ति

राजमां की पहचान एक जंगली दलहन फली के रुप में 7000 से 8000 वर्ष पूर्व की गई थी। मेक्सिको और मध्य अमेरिका में प्रथम वार फसल की पहचान हुई और दक्षिण अमेरिका का क्षेत्र पेरुवियन– इक्वेड्रियोन– बोल्वियन में राजमां केन्द्र की स्थापना हुई (अहलावत, 1996)।

राजमां की व्यापक रुप से उष्णकटिबंधीय, उप उष्णकटिबंधीय और शीतोष्ण क्षेत्रों में खेती की जा रही है। यह एक पारम्परिक शीतोष्ण क्षेत्र की फसल थी, लेकिन अब विश्व भर के उप उष्णकटिबंधीय क्षेत्रों के साथ उष्णकटिबंधीय क्षेत्र के ठन्डे, शुष्क क्षेत्रों में उगाई जा रही है। वैश्विक स्तर पर राजमां की खेती 28 मिलियन/हे. में हो रही है तथा लगभग 19 लाख टन उत्पादन हो रहा है। ब्राजील में विश्व के कुल क्षेत्रफल का 17.3% क्षेत्र में खेती होती है एवं 2.2 मिलियन टन उत्पादन कर विश्व में सर्वाधिक राजमां उत्पादन करने वाला देश है (गोनक्लेवस एवं सहयोगी, 2008)। इसके अतिरिक्त कोलम्विया, अमेरिका, इथोपिया, चीन और टर्की आदि देशों में राजमां की खेती होती है।

वर्तमान परिद्रष्य

भारत वर्ष में इस फसल को एक लाख हे. में उगाया जाता है देश के प्रमुख राज्यों में 60,000 हे. क्षेत्रफल महाराष्ट्र में तथा 10,000 हे. जम्मू और कश्मीर शेष राज्यों में हिमाचल प्रदेश, उत्तर प्रदेश के पहाडी क्षेत्र, तमिलनाडु का नीलगिरिस क्षेत्र, केरल का पलनि पहाणी क्षेत्र, कर्नाटक का चिकमगलूर और पश्चिम बंगाल के दार्जलिंग का पहाडी क्षेत्र प्रमुख हैं (अहलावत, 1996) एवं यह क्षेत्र बेहतर उत्पादन देने की क्षमता रखते है। आगामी चार वर्षो में राजमां की फसल में लगभग एक लाख हे. क्षेत्र बढने की संभावना है। उपभोक्ता की दृष्टि से अभी राजमां को सीमित प्राथमिकता मिली है। जिन क्षेत्रों में रबी के मौसम में सर्दी कम रहती है साथ ही पाला नहीं पडता उन क्षेत्रों में रबी के मौसम में भी राजमां की खेती सफलता पूर्वक की जा सकती है।

उपज अन्तराल के कारण एवं उत्पादन बढाने की रुपरेखाः अनुसंधान प्रक्षेत्रों पर राजमां की उपज 10 से 13 क्विंटल/हे. प्राप्त होती है जबकि प्रथम पक्ति प्रदर्शनों में 6 से 8 क्विंटल/हे. उपज प्राप्त कर पाते है। कृषकों द्वारा उगाई गई राजमां की फसल से औसतन 2 से 3 क्विंटल/हे. ही उत्पादन ले पाते है। अनुसंधान प्रक्षेत्र, प्रदर्शनों एवं कृषकों के द्वारा स्वंय उगाई गई फसल के उत्पादन में काफी अन्तर रहता है। कृषकों द्वारा कम उपज प्राप्त होने का मुख्य कारण कृषकों की प्रमुख बरीयता गेहूँ, धान और सब्जियों की खेती रहती है कृषक सर्वप्रथम उर्वरक, कीटव्याधि प्रबन्धन हेतु आदान, सिंचाई व्यवस्था इन्ही फसलों हेतु करते है। राजमां उत्पादन क्षेत्रों में कृषक खेती में कभी–कभी औसतन मात्र 1.8 टन/हे. कम्पोस्ट खाद का ही प्रयोग करते है।

राजमां की उन्नत किस्मों के प्रयोग से स्थानीय किस्मों की तुलना में 44.4% अधिक उपज प्राप्त होती है। कृषकों को समय पर उन्नतशील प्रजातियॉ एवं राइजोवियम कल्चर का उपयोग अन्य उन्नत तकनीकों के प्रयोग से उत्पादन एवं उत्पादकता बढाई जा सकती है। साथ ही उन्नत प्रोद्योगिकी को अपनाने हेतु कृषकों की सक्रिय भागीदारी आवश्यक है।

कुशल फसल प्रणाली

उत्तर भारत में राजमां को आलू या सरसों के वशंत के मौसम में उगाया जाता है। पहाडी क्षेत्रों में इसे सोयाबीन और मक्का के साथ अन्तरवर्ती फसल के रुप में उगाया जाता है।

मध्य व पूर्वी उत्तर प्रदेश एवं उत्तरी बिहार में इसे आलू+राजमां (3:2 अनुपात) अन्तरवर्ती फसल के रुप में उगाया जाता है। इन क्षेत्रों में राजमां+अल्सी (2:1 अनुपात) की अन्तरवर्ती फसल बेहतर साबित हो सकती है।

जम्मू कश्मीर राज्य के जम्मू क्षेत्र के उपोष्णकटिबंधीय जलवायु परिस्थितियों में धान (प्रजाति पीसी–19)– गेंदा (प्रजाति–पूसा नारंग)–राजमां (प्रजाति–कोन्टेन्डोर) फसल चक्र से रु.1,67,990/ हे. शुद्व लाभ प्राप्त हुआ एवं फसल चक्र से प्रति हे. प्रति दिन रु.460 प्राप्त हुए और फसल चक्र में केवल राजमां की फसल से रु. 547/दिन/हे. प्राप्त हुऐ थे। फसल

प्रणाली से लाभ लागत अनुपात 2.90 प्राप्त हुआ और भूमि की उपयोगिता क्षमता 84% रही। उपरोक्त फसल प्रणाली से 307 दिन रोजगार प्राप्त हुआ। उपरोक्त सभी पहलुओं को देखते हुऐ मोजूदा फसल प्रणाली धान–गेहूँ फसल चक्र की जगह धान–गेंदा–राजमां कृषकों हेतु अधिक लाभप्रद सिद्ध हुआ। राजमां को फसल चक्र में समावेस कर देखा गया कि पॉच वर्षो में मृदा स्वास्थ्य में सकारात्मक वृद्धि हुई तथा कार्बनिक पदार्थ का स्तर 0.55% से बढकर 0.58% हो गया। धान–गेंदा–राजमां फसल पद्धति की सस्य प्रबंधन की तकनीकें तालिका–1 में दी गई है।

तालिका 1: धान–गेंदा–राजमां फसल हेतु सस्य क्रियायें

प्रबन्धन प्रक्रियायें	खरीफ–धान (प्रजाति–पीसी–19)	रबी–गेंदा (प्रजाति–पूसा नारंगी)	ग्रीष्म ऋतु राजमां (प्रजाति–कोटेन्डर)
बुआई का समय	10 जुलाई से 20 जुलाई	10 अक्टूबर से 20 अक्टूबर	25 फरवरी से 1 मार्च
बुआई की अवधि	रोपण	रोपण	पंक्तियों में बुवाई
बीज दर	40 कि.ग्रा./हे.	1 कि.ग्रा./हे.	85 कि.ग्रा./हे.
दूरी	20 से.मी. x 10 से.मी.	40 से.मी. x 40 से.मी.	60 से.मी. x 10 से.मी.
कम्पोस्ट खाद	–	8 टन/हे.	8 से 10 टन/हे.
उर्वरक (नत्रजनः फास्फोरसः पोटास कि.ग्रा./हे.)	120:60:25	120:60:25	50:100:50
सिचांई (संख्या)	9	4	4
खरपतवार प्रबन्धन	व्यूटाक्लोर दानेदार	निराई गुणाई	निराई गुणाई
कटाई	5 से 10 अक्टूबर	15 से 20 फरवरी	15 से 20 मई
उत्पादन (क्विंटल/हे.)	32 से 35	40 से 42	6.0 से 6.5

अ.भा.स. फसल प्रणाली परियोजना (2008–2011) शेर ए काश्मीर कृषि एवं प्रोद्योगिकी विश्वविद्यालय, जम्मू

उत्पादन में बाधायें: फसल उत्पादन एवं उत्पादन क्षमता में अन्तर निम्न कारणों से होता है।

- प्रतिकूल मौसम की स्थिति।
- असामान्य मृदा की स्थिति।
- किस्मों की अनउपलब्धता– अधिक उत्पादन देने वाली प्रजातियों की कमी, कम फसल सूचकांक, उच्च संवेदनशीलता, फूलों का झड़ना।
- राजमां की किस्मों की अनिश्चित वढवार।
- बीज समबन्धी कारक– खराब गुणवत्ता के बीज, अपर्याप्त उपलब्धता, उच्च कीमत, असामयिक आपूर्ति।
- सस्य वैज्ञानिक सम्बन्धी बाधायें– अनुचित समय पर बुआई, अपर्याप्त बीज दर, बुआई की सही विधि न होना, असन्तुलित रासायनिक उर्वरकों का प्रयोग, राहिजोवियम कल्चर का अभाव, खरपतवार की समस्या।

- सामाजिक बाधायें– आर्थिक कारक, मिश्रित खेती, सही तकनीक से निराई गुणाई न होना।

आयात–निर्यात

महाराष्ट्र राज्य में राजमां के क्षेत्रफल में तेजी से गिरावट आ रही है और चीन से आयातित राजमां पूरे एशियाई बाजार में पकड बनाता जा रही है। महाराष्ट्र के राजमां उत्पादन करने वाले क्षेत्र जैसे पूना, सतारा, बाई, खतव, माइनी और कोरेगॉव में क्षेत्रफल कुछ वर्षों से कम होता चला जा रहा है जबकि दूसरी ओर चीन, हुगली के राजमां की आवक हो रही है तथा विश्व बाजार में 90% हिस्सेदारी चीन द्वारा निर्यात किए जा रहे राजमां की हो चुकी है। भविष्य में गुणवत्ता युक्त उत्पादन बढाने की देश में विपुल संभावनायें है अतः राजमां का क्षेत्रफल एवं उत्पादन बढाकर घरेलू पूर्ति के उपरान्त भारतीय राजमां के निर्यात की प्रवल संभावनायें है।

भविष्य चुनौतियों

उत्तरी पश्चिमी हिमालय क्षेत्र के जम्मू कश्मीर, हिमाचल प्रदेश के क्षेत्र में राजमां के विविधीकरण हेतु उपयुक्त बीज, बीज का कलर, आकर और विभिन्न पौधों के प्रकार के उपलब्ध है। संकरण द्वारा प्रजनन कार्य हेतु उपयुक्त प्रजाति विकास हेतु उपरोक्त क्षेत्र उपयुक्त है। अतः निम्न बातों को ध्यान में रख कर भविष्य में अनुसंधान कार्य किये जा सकते है।

- प्रजनन कार्यक्रम और जैव प्रौद्योगिकी के माध्यम से वांशिक आधार का विस्तार।
- अधिक उपज देने वाली कम अवधि, रोग प्रतिरोधक क्षमता (रतुआ और झुलसा प्रतिरोधी) एक साथ पकने वाली किस्मों का विकास।
- आन्ध्रप्रदेश, तमिलनाडु, उड़ीसा, कर्नाटक और पुर्वी उत्तर पहाडी क्षेत्रों हेतु धान की फसल कटाई के उपरान्त उत्पादन हेतु विशिष्ट कृषि तकनीकों का विकास।
- धान–गेहूँ फसल प्रणाली के स्थान पर अनाज वाली फसल को प्रतिस्थापित कर दलहनीं फसल का समावेश कर अधिक उत्पादन एवं लाभ हेतु कृषि तकनीक का विकास।
- प्रमुख कीटों और बीमारियों के खिलाफ समन्वित कीट व्याधि मॉड्रयूल का विकास।
- अधिक पैदावार, जीवांश पदार्थ, फसल सूचाकांक, अधिक नत्रजन स्थरीकरण हेतु किस्मों का विकास जिन्हें कृषक जीवन दायनी कृषि हेतु अपना सकें।
- अधिक नत्रजन स्थरीकरण हेतु उपयुक्त राहिजोबियम बेक्टीरिया की पहचान कर जैव उर्वरक निर्माण।
- भण्डारण में होने वाले नुकसान को कम कर, बाजार की जानकारी और बुनियादी ढाचे में सुधार।
- न्यूनतम समर्थन मूल्य पर कृषक के उत्पादन की खरीद एवं आपूर्ति हेतु बेचे जा रहे मूल्य के बीच अन्तर में कमीं।

- अनुसंधान, प्रसार और उत्पादकों का समन्वय कर अनुसंधान एवं विकास में आपसी तालमेल।

उत्पादन तकनीक

राजमां उत्पादन हेतु देश का उष्णकटिबंधीय और शीतोष्ण क्षेत्र जहॉ का तापक्रम लगभग 21° सेन्टीग्रेड रहता है। फसल के बेहतर वृद्धि एवं विकास हेतु 16 से 24° सेन्टीग्रेट तापक्रम उपयुक्त रहता है। पौधों की बढवार 10° सेन्टीग्रेट तापक्रम से कम होने पर रुक जाती है। तापक्रम 35° सेन्टीग्रेट से अधिक होने पर पौधों की फूल एवं फली गिर जाती है और उत्पादन कम होता है। फसल सामान्यतः उन क्षेत्रों में उगाई जाती है जहॉ 50 से 150 सेन्टीमीटर वार्षिक वर्षा होती हे। जलमग्नता फसल की किसी भी अवस्था पर उत्पादन को कम करती है। खड़ी फसल पर वर्षा होने से फूल गिरते है और पत्ती धब्बा रोग हो जाता है।

मृदा एवं भूमि की तैयारी

यह फसल किसी भी प्रकार की मृदा में उगाई जा सकती है बलुई से क्ले अधिकता वाली मृदा जिसकी जल पारगम्यता अच्छी हो फसल बढवार व विकास अच्छा होता है। फसल लवणता के प्रति संवेदनशील होती है तथा पी.एच. मान 5.2 से 5.8 उपयुक्त रहता है एवं विद्युत चालकता 1.0 डेसी सीमन्स/मीटर से कम होनी चाहिए और यदि मृदा में कार्बनिक पदार्थ की मात्रा अधिक है तो पौधे की वृद्धि एवं बढवार अधिक होती है (अहलावत, 1996)।

भुरभुरी मृदा में नमी बनाये रखने तथा अच्छे अंकुरण के लिए बेहतर रहती है। ग्रीष्म त्रिृतु की गहरी जुताई, 2 से 3 वार हैरो से जुताई तथा पाटा लगाकर बुआई की जा सकती है।

किस्म

1. के–198 (त्रिलोकी राजमां): इस किस्म के पौधे झाडी नुमा होते है, सफेद फूल, चौडी व गहरे हरे रंग की पत्तियाँ, बीज का आकार बडा व क्रीम रंग लिए हुऐ पीले रंग के दाने शब्जी बनने पर अच्छी गुणवत्ता एवं स्वाद। पौधों की ऊचाई 45 से 55 सेन्टीमीटर और फसल 98 से 100 दिन में पककर तैयार हो जाती है यह प्रजाति वेक्टीरियल झुलसा, एन्गुलर पत्ती धब्बा और एन्थ्रेकनोस से प्रतिरोधी समस्त जोन–VI सांगला घाटी को छोडकर। सांगला घाटी में एन्थ्रेकनोस के प्रति मध्यम सहनशील/पकी फसल की कटाई के समय दानें नहीं गिरते औसत उपज 25 से 27 क्विंटल/हे. प्राप्त होती है।
2. **के.आर.सी.–8 (बास्पा):** यह अर्द्ध बौनी किस्म है एवं 110 से 120 दिनों में परिपक्व होती है। यह हिमाचल प्रदेश के ऊँचे पर्वतीय क्षेत्र के लिए उपयोगी है। यह एन्थ्रेकनोस रोग के प्रति प्रतिरोधी है। इस प्रजाति के दाने गहरे गुलाबी रंग के मोटे दाने, अच्छी गुणवता व स्वाद के होते है। इसकी औसत उपज 18 से 20 क्विंटल/हे. है।

3. **एच.पी.आर.–12 (ज्वाला)**: यह सीघ्र परिपक्व (75 से 85 दिन) होने वाली प्रजाति है इस प्रजाति के पौधे सीधे खडे एवं बोने होते है। फली की लम्बाई 8 से 10 सेन्टीमीटर होती है और एक फली में 3 से 4 दानें होते है। इस प्रजाति के 100 दानों का बजन 38 से 40 ग्राम होता है और औसत पैदावार 12 से 15 क्विंटल/हे. प्राप्त होती है। पकी फसल के दाने फली से नहीं गिरते इसके दानें गहरे लाल रंग के होते है। यह प्रजाति कुल्लू, बरोट, शिमला और चंबा घाटी के लिए उपयुक्त है।
4. **एच.पी.आर.–35 (कंचन)**: यह किस्म मध्यम बौनी और 77 से 83 दिन में पक कर तैयार हो जाती है। मध्यम और ऊँचे पहाडी क्षेत्रों के लिए सिफारिश की जाती है। इस प्रजाति की एक फसली और अन्तरवर्ती फसल के रुप में सिफारिश की गई है। इसके दाने मोटे, गहरे, गुलाबी रंग के होते है पकने की गुणवन्ता अच्छी होती है। इस प्रजाति की उत्पादन क्षमता 12 से 15 क्विंटल/हे. है।
5. **कोन्टेडर**: यह प्रजाति झाडी नुमा, हल्के हरे पौधे, घुमावदार फलियां आती है एवं रतुआ और सफेद रोली प्रतिरोधी है और इसकी औसत पैदावार 11 से 11.5 क्विंटल/हे. प्राप्त होती है।
6. **हिम**: यह प्रजाति कम बढ़ती है तथा 80 से 90 दिन में पककर तैयार हो जाती है। फलियां 10 से 13 सेन्टीमीटर लम्बी तथा एक फली में 4 से 5 दाने होते है। दाने हल्के– गुलाबी, दानों पर गहरे लाल धब्बे तथा जायके दार होती है। यह प्रजाति हिमाचल प्रदेश राज्य हेतु उपयुक्त है। इससे लगभग 9 क्विंटल/हे. प्राप्त होता है।
7. **पूसा पर्वती**: इसकी फलियां 40 से 45 दिन में पक जाती है यह रतुआ, सफेद रोली प्रतिरोधी किस्म है। इस प्रजाति की उपज 10 से 11 क्विंटल/हे. प्राप्त हो जाती है।
8. **अरका कोमल**: इस प्रजाति के पौधे सीधे खडे, झाडी नुमा होते है। फली सीधी, कोमल, सपाट और हरे होते है। इस प्रजाति के दानों को संररक्षित करने में गुणवत्ता खराब नहीं होती तथा परिवहन में भी अच्छी होती है। उत्पादन 12 से 13 क्विंटल/हे. प्राप्त होता है।
9. **गुजरात राजमां–1**: यह प्रजाति गुजरात, दक्षिण राजस्थान, महाराष्ट्र एवं मध्य प्रदेश हेतु उपयुक्त है। यह 108 दिन में पक कर तैयार हो जाती है।
10. **आईपीआर 96–3**: आईपीआर 96–3 लालरंग के दाने वाली प्रजाति है एवं एक साथ परिपक्व होने वाली प्रजाति है।
11. **पीडीआर–14 (उदय)** : मध्य पूर्वी उत्तर प्रदेश, विहार, पश्चिम बंगाल एवं असम हेतु उपयुक्त प्रजाति 100 दानों का बजन 44 ग्राम, लालामी लिए हुए दाने, 120 से 130 दिनों में परिपक्व एवं उपज क्षमता 20 से 22 क्विंटल/हे.।

रोग प्रतिरोधी अन्य प्रजातियाँ: कुछ प्रमुख रोग प्रतिरोध प्रजातियाँ तालिका 2 में दी गई है।

तालिका 2: रोग प्रतिरोधी अन्य चयनित किस्में

प्रजाति	अनुमोदित वर्ष	क्षेत्र	उपज (क्विंटल/हे.)	गुण
अर्का अनुप	2012	कर्नाटक	16.0	पत्ती मोडक, मोजेक विषाणु, जड़ सडन प्रतिरोधी
वीएलबीन–2	2008	पश्चिम पूर्वी पहाणी क्षेत्र	15.0	पत्ती धब्बा, रतुआ एन्थ्रेकनोज एवं जड़सडन प्रतिरोधी
आईपीआर 98–3–1 (अरून)	2007	मध्य क्षेत्र	24.0	मोजेक विषाणु रोग शहनशील
आईपीआर 98–5 (उत्कर्ष)	2005	उत्तर पूर्वी मैदानी क्षेत्र	20.0	मोजेक विषाणु रोग शहनशील
आईपीआर 96–4 (अरून)	2002	उत्तर पूर्वी मैदानी क्षेत्र	22.0	मोजेक विषाणु रोग और पत्ती मरोड रोग शहनशील

कुछ अन्य उन्नतशील प्रजातियाँ जैसे हंस (शिमला क्षेत्र), एचए–4 (कर्नाटक जोन–5), हुर–15 (उत्तर पूर्वी मैदानी क्षेत्र), क्षेत्र विषेश हेतु चयनित कर खेती की जा सकती है।

बुवाई का समय

राजमां को देश के विभिन्न भागों में खरीफ और रबी के मौसम में उगाया जाता है। खरीफ में बुआई हेतु मध्य मई से मध्य जून का समय आदर्श है। बसंत ऋितु में इस फसल की फरवरी से मार्च के प्रथम सप्ताह तक बुवाई की जा सकती है। जम्मू कश्मीर के शीतोष्ण क्षेत्रों हेतु जनवरी के आखरी सप्ताह से फरवरी के दूसरे सप्ताह तक बुआई की जा सकती है जबकि उप उष्णकटिबंधीय क्षेत्रों में जनवरी के आखरी सप्ताह से फरवरी के दूसरे सप्ताह तक बुआई की जा सकती है। मध्यवर्ती क्षेत्रों में मार्च से अप्रेल तक बुआई की जा सकती है और समशीतोष्ण क्षेत्रों में पहली फसल मार्च–अप्रेल में ली जा सकती है जबकि दूसरी फसल मई–जून में ली जा सकती है। रबी मौसम में बुआई हेतु उपयुक्त समय भिन्न–भिन्न राज्यों हेतु भिन्न–भिन्न है मध्य उत्तर प्रदेश हेतु नवम्बर का पहला व दूसरा सप्ताह, जबकि मध्य अक्टूबर का समय बुआई हेतु उपयुक्त समय महाराष्ट्र के विदर्भ राज्य हेतु उचित है। शीघ्र परिपक्व होने वाली प्रजातियों हेतु अक्टूबर का अखिरी सप्ताह जबकि देरी से पकने वाली प्रजातियों हेतु मध्य नवम्बर तक बुआई की जा सकती है।

बीजोपचार

फसल की आरम्भ अवस्था में फसल को विभिन्न रोगों से रक्षा हेतु बाविस्टिन अथवा थीराम 2 ग्राम/किलो बीज की दर, 100 ग्राम राहिजोवियम कल्चर एवं फास्फोरस घोलक जैव उर्वरक प्रति 10 किलो ग्राम बीज की दर से उपचारित कर बुआई करनी चाहिए।

बीज दर और दूरी

बीज दर बीज के आकार पर निर्भर करती है। बडे आकार के दाने झाडी नुमा पौधे जिनके 1000 दानों का बजन 350 से 450 ग्राम होता है 120 से 140 किलों बीज/ हे. की आवश्यकता पडती है एवं जबकि छोटे दाने वाली प्रजातियों हेतु 80 से 100 कि.ग्रा. बीज/ हे. आवश्यकता होती है। अन्तरवर्ती फसल हेतु बीज दर लाइनों के आधार पर तय होती है। झाडी नुमा प्रजातियों हेतु लाइन से लाइन की दूरी 60 सेन्टी मीटर एवं पौधे से पौधे की दूरी 20 सेन्टी मीटर रखते है। जबकि सीधी बढने वाली प्रजातियों हेतु पक्ति से पक्ति की दूरी 20 सेन्टी मीटर रखते है। पश्चिमी पठार क्षेत्रों में रबी के मौसम में पक्ति से पक्ति की दूरी 45 सेन्टी मीटर एवं पौधे से पौधे की दूरी 10 से 12 सेन्टी मीटर रखते है। अधिक पैदावार हेतु 2.5 से 3.0 लाख पौधे/हे. होने चाहिए तथा बीज को लगभग 8 सेन्टीमीटर गहराई में बुवाई की जानी चाहिए।

खाद और उर्वरक

अन्य दलहनीं फसलों की तरह राजमां की फसल नत्रजन स्थरीकरण नहीं करती (अली एवं लाल, 1992) क्योंकि राजमां के जडों में नोड जीन का आवागमन नहीं होता (कुशवाहा, 1994)। इसलिए राजमां की फसल की नत्रजन की आवश्यकता अन्य दलहनीं फसलों से अधिक होती हैं राजमां की फसल को वास्तविक एवं जडो की वृद्धि हेतु नत्रजन एवं फास्फोरस उर्वरकों की आवश्यकता होती है (स्साली एवं कमो, 1986) साथ ही पोटेशियम पौधे में फली व दाने निर्माण के कम्पाउन्ड को आवागमन में सहायता करती है। जिससे पैदावार में वृद्धि होती है (थोमस एवं हुंगारिया, 1988)। धारवाड में किये प्रयोगों में देखा कि 80 किलो ग्राम नत्रजन, 75 किलो ग्राम फास्फोरस एवं 30 किलो ग्राम पोटेशियम/हे. प्रयोग करने से 2079 कि.ग्रा./हे. उपज प्राप्त हुई तथा रु. 25,613/हे. शुद्ध लाभ प्राप्त हुआ (वीरेश, 2003)।

खाद एवं उर्वरक प्रयोग

खेत की तैयारी के समय 10 से 15 टन/हे. सडी गोबर की खाद का प्रयोग करना चाहिए। सुझाई गई रासायनिक तत्वों की अतिरिक्त मात्रा की पूर्ति रासायनिक उर्वरकों के माध्यम से करनी चाहिए। जम्मू कश्मीर के समशीतोष्ण क्षेत्रों में 20 किलोग्राम नत्रजन, 60 कि.ग्रा. फास्फोरस/हे. और 30 कि.ग्रा. पोटाश/हे. बुआई के समय तथा जिंक सल्फेट 10 कि.ग्रा./हे. तीन वर्ष में एक वार प्रयोग करना चाहिए। नत्रजन की आधी मात्रा एवं फास्फोरस व पोटाश की सम्पूर्ण मात्रा बुआई से पूर्व बीज से 7 से 8 सेन्टीमीटर नीचे प्रयोग करना चाहिए। शेष नत्रजन की आधी मात्रा बुआई के 30 दिन उपरान्त पहली सिंचाई पर प्रयोग करना चाहिए। जिंक सल्फेट को बुआई के समय प्रयोग करना चाहिए और यदि खडी फसल में छिडकाव करना हो तो 0.1% जिंक सल्फेट के छिड़काव से उत्पादन में बढोत्तरी होती है।

सिंचाई

राजमां उथली जड वाली फसल है अतः मृदा में नमी कम होने पर फसल में नुकसान की संम्भावना रहती है। वर्षात के मौसम में सिंचाई की आवश्यकता नहीं पडती यदि वर्षात का वितरण सही हो एवं रबी के मौसम में सिंचाई की आवश्यकता पडती है। रबी के मौसम में पहली सिंचाई बुवाई के 25 दिन की क्रान्तिक अवस्था पर आवश्यक रुप से करनीं चाहिए। उत्तर पूर्वी पठारी क्षेत्र में तीन सिचाइयों की आवश्यकता पड़ती है। पहली 25 दिन की फसल होने पर, दूसरी 75 और तीसरी बुआई के 100 दिन पश्चात सिंचाई करनी चाहिए। देश के मध्य क्षेत्र हेतु 4 सिंचाईयों की आवश्यकता पडती है पहली 25, दूसरी 50, तीसरी 75, और चौथी 100 की फसल होने पर।

खरपतवार प्रबन्धन

प्रारम्भिक अवस्था में खरपतवार से फसल की कडी प्रतिस्पर्धा होती है। फसल की बुआई से 30 से 40 दिन की फसल होने तक खरपतवारों से पोषक तत्व अवशोषण में स्पर्धा होती है। पहली निराई गुणाई बुआई के 30 से 35 दिन बाद आवश्यक करना चाहिए। रसायनिक रुप से खरपतवार नियंत्रण हेतु फसल उगने से पुर्व पेन्डामेथलीन का 1.0 किलो ग्राम/हे. अथवा बुआई से पूर्व 1 किलो ग्राम फ्लूक्लोरलिन 500 लीटर पानी में छिडकाव कर खरपतवार प्रबन्धन किया जा सकता है। हस्त चलित हो द्वारा एक निराई गुणाई 25 से 30 दिन की अवस्था पर करने से खरपतवार नियंत्रित किए जा सकते है।

कीट और रोगों पर नियंत्रण

बिहार वालों वाली सुडी, फली छेदक और माहूँ महत्वपूर्ण कीट पतंगे है जो कि फसल को नुकसान पहुंचाते है। जड़, तना एवं फली सडन और सुनहरा मोजेक महत्वपूर्ण रोग है। मुख्य कीट एवं व्याधियों के नाम पहचान के लक्षण एवं प्रबन्धन तालिका 3 में दिए जा रहे है।

तालिका 3: राजमां की कीट व्याधियॉ एवं प्रबन्धन

क्र.स.	बीमारी का नाम	पहचान के लक्षण	प्रबन्धन
बीमारियॉ			
1.	श्यामवर्ण फली (एन्थ्रेकनोस ऑफ बीन)	फलियों पर पीला अथवा नारंगी रंग के धब्बे दिखाई देते है बाद में पीला, नारंगी रंग फलियों पर स्पष्ट दिखाई देता है।	बीज उपचार 2 ग्राम/किलोबीज कार्बान्डाजिम
2.	जड़ सड़न (राहिजोक्टोनिआ सोलेनाई)	जड़ तंत्र सड़ने लगता है तथा जड़ लाल भूरे रंग जैसा दिखाई देने लगता है।	बीज उपचार 2 ग्राम कार्वान्डाजिम/किलो बीज
3.	मेजेक विषाणु (बीन कोमन मोजेक)	मोजेक प्रभावित पौधे की अनियमित आकार की पत्ती हो जाती है, पौधा	प्रभावित पौधें को फसल से अलग करना, फ्यूराडोन अथवा डिसीस्टोन

अगले पृष्ठ पर

क्र.स.	बीमारी का नाम	पहचान के लक्षण	प्रबन्धन
		हल्का हरा एवं पीला हो जाता है एवं पौधें की पत्तियॉ मुडकर विकृत रुप ले लेती है।	अथवा थीमेट 10 जी दानेदार का 1.5 कि.ग्रा. सक्रिय तत्व/हे. बुवाई के समय प्रयोग
4.	रतुआ (रस्ट)	पौधों पर लाल नारंगी रंग जैसे पाउडर का जमना	कार्बान्डाजिम 2 ग्राम/किलो उपचार तत्पश्चात मेनकोजेव (2 ग्राम/लीटर) का छिडकाव
5.	झुलसा (राहिजोक्टोनिया सोलेनाई)	पत्तियों एवं फलियों पर पीले भूरे रंग के धब्बे बन जाते है और पौधा सूख जाता है।	मृदा में ट्राइकोडर्मा का प्रयोग, कार्बान्डाजिम द्वारा 2 ग्राम/किलो बीज की दर से बीज उपचार
मुख्य कीट			
1.	व्लिस्टर बीटल (साइनोलाइलिल्टा कोरकुलिआ)	मेगट और वयस्क पत्ती एवं फूल को खाकर नष्ट करता है।	आरम्भ की अवस्था में बीटल को पकड कर खत्म करना एव क्यूनालफास 1.5 एम एल/लीटर पानी में छिडकाव
2.	रोयेदार सुडी (स्पाइलोसोमा ओबलिक्यू)	इसका लार्वा सम्पूर्ण पौधों की पत्तियों को खा कर खत्म कर देता है। दूर से देखने पर पौधा जालीनुमा ढांचे जैसा दिखाई देता है।	क्यूनालफास 1.5 एम एल/लीटर पानी की दर से फसल पर छिडकाव
3.	कटा/कट वर्म (एग्रोटिस एप्सीलोन)	फसल उगने की अवस्था में लार्वा फसल को जमीन की सतह से काट देता है।	सामान्यतः कटवर्म की समस्या शीतोष्ण एवं पहाडी क्षेत्रों में आती है। 2 मिली लीटर क्लोरोपाइरीफोस/कि.ग्रा. बीज से बीजोपचार एवं फोरेट 10 जी1 कि.ग्रा. सक्रिय तत्व से मृदा उपचार
4.	माहूँ (एफिड) (एफिस फबद)	बेक्टर जनित विषाणु रोग, यह रस चूसकर पत्तियों एवं फूलों को नष्ट करता है तथा पीतशिरा रोग को फैलाता है।	इमिडाक्लोरोप्रिड 0.3 मिली/लीटर अथवा मेटासिस्टोक्स 1.5 मिली लीटर/लीटर पानी में घोलकर छिड़काव

कुछ रोग प्रतिरोधी राजमां की किस्मों में ईसी–8447, ईटी–4118, बीपी–9116306, वेरमेल्हो–2152 विषाणु जनित रोगों की प्रतिरोधी किस्में है अतः क्षेत्र विशेष हेतु संस्तुति के आधार पर लगानी चाहिए।

कटाई एवं मडाई

फसल के पकने की अवस्था में पौधों की पत्तियाँ पीली एवं भूरी पड़कर झड़ने लगती है इस फलियाँ अवस्था में फसल की कटाई कर लेनी चाहिए। फसल की कटाई में देरी करने पर फलियाँ झडने लगती है। यह फसल लगभग 120 से 130 दिनों में पककर तैयार हो जाती है। फसल कटाई के उपरान्त 5 से 7 दिन तक सुखाकर मड़ाई का कार्य करना चाहिए। दानों में 9% से कम नमी होने पर भण्डारण करना चाहिए।

उपज

राजमां की फसल में सही समय पर कृषि क्रियायें एवं उपयुक्त आदान प्रयोग करने पर 2.0 से 2.5 टन/हे. दानें एवं 3.0 से 3.5 टन/हे. भूसा प्राप्त किया जा सकता है।

संदर्भ

अहलावत, आई.पी.एस., 1996, रेस्पोन्स ऑफ फ्रेंच बीन (फसिओलस वुलगेरिस) वेराइटीस टू प्लांट डेन्सिटी एण्ड फास्फोरस लेवल. इंडियन ज. एग्रोनोमी., 39: 246–248.

अली, एम. और लाल, एस., 1992, टेक्नोलॉजी फोर फ्रेंच बीन कल्टीवेशन इन द प्लेंस, इंडियन फार्मिंग. 42: 25–26.

कौर, जसविंदर. और मेहता, यू., 1994, न्यूट्रीशनल इवेल्यूशन ऑफ न्यू वेराइटीस ऑफ किडनी बीन्स (फेसिओलस वुल्गेरिस). लेग्यूम रिस., 17: 17–21.

कुशवाहा, बी.एल., 1994, रिस्पोन्स ऑफ फ्रेंच बीन (फेसिओलस बुल्गेरिस एल.) टू नाइट्रोजन एप्लीकेशन इन नोर्थ इंडियन प्लेन्स. इंडियन जे. एग्रोनोमी., 39: 34–37.

स्साली, एच और केया, एस.ओ., 1986. द इफेक्ट ऑफ फास्फोरस एण्ड नाइट्रोजन फर्टीलाइजर लेवल ऑन नोडयूलेशन, ग्रोथ एण्ड डीनाइट्रोजन फिक्सेसन ऑफ थ्री बीन कल्टीवार. ट्रोप. एग्रीक., 63: 105–109.

थोमस, आर.जे. और हंगारिया, एम., 1988. इफेक्ट ऑफ पोटेशियम ऑन नाइट्रोजन फिक्सेसन, नाइट्रोजन ट्रान्सपोर्ट एण्ड नाइट्रोजन हारवेस्ट इन्डेक्स ऑफ बीन. ज. प्लांट. न्यूट्रीएन्ट, 11:175–188.

वीरेश, एन.के., 2003, रेस्पोन्स ऑफ फ्रेंच बीन (फेसिओलस वुलगारिस एल.) टू फर्टीलाइजर लेवल्स इन नॉर्थन ट्रान्सीजीनल जोन ऑफ कर्नाटका. एम. एससी. (एग्रिक.) थीसिस, यूनीव. एग्रिक. साइ., धारवाड. पी. 37–79.

गोनकालवेस वी.एम.सी., सिल्वेरियो एल., एलियस एच.टी., फिहो पी.एस.वी., कवीत्सचल एमवी, रेटूसी वी.एस., और सिल्वा सी.आर., 2008. कम्बाइनिंग एबिलिटी एण्ड हेटेरोसिस इन कॉमन बीन (फेसिओलस वुल्गेरिस एल) कल्टीवर्स. पेस्क एग्रीपेक. ब्रास. ब्रासीलिया, 43(9):1143–1150.

ग्रिफ्इंग बी., 1956. कोन्सेप्ट ऑफ जनरल एण्ड स्पेसिफिक कम्बाइनिंग एबिलिटी इन रिलेशन टू डायलेल क्रॉसिंग सिस्टम्स. आस्ट्रेलियन ज. बायोल. साइ., 9:463–493.

23

शुष्क क्षेत्र की दाले: मोठ, लोबिया और कुल्थी

ए. हेनरी एवं पी. के. रॉय

शुष्क क्षेत्रों की मुख्य दलहनीं फसलों में मोंठ (विग्ना एकोनोटीफोलिआ), लोबिया (विग्ना उनगुईकुलाटा) और कुल्थी (मेक्रोटिलोम यूनिफ्लोरम) प्रमुख है। भारत में यह दलहनीं फसलें राजस्थान, उडीसा, गुजरात, हरियाणा, महाराष्ट्र, कर्नाटक, मध्य प्रदेश और अन्य राज्यों के सीमित क्षेत्रों में लगभग कुल 51 से 80 लाख हे. क्षेत्रफल में उगाई जाती है (तालिका–1)। इन क्षेत्रों में शुष्क वातावरण राथ में जैविक एवं अजैविक कारकों के कारण उत्पादन कम मिल पाता है।

शुष्क क्षेत्रों में उगाये जाने वाली दलहनीं फसलें इन क्षेत्रों में बहुतायत शाकाहरी जनसंख्या का प्रोटीन का मुख्य श्रोत है। एक नवीन आयाम के तहत इन क्षेत्रों में उत्पादित दलहनीं फसलों का निर्यात कर विदेशी मुद्रा अर्जन का एक महत्वपूर्ण विकल्प हो सकती है। मोंठ का उपयोग उद्योगों में बडी मात्रा में भुजिया बनाने में किया जाता है उदाहरण के तौर पर बीकानेर की प्रशिद्ध बीकानेरी भुजिया (सिंह एवं सहयोगी, 1985)। कुल्थी कम क्षेत्र में वोई जाती है तथा गरीब ग्रामीण समुदाय के लोगों द्वारा इस का उपयोग किया जाता है तथा इसे किडनी में पथरी उपचार हेतु भी प्रयोग किया जाता है (माथुर एवं हेनरी, 2009)। लोबिया का दहीबडा तथ कढी बनाने के लिए उपयोग किया जाता है (सिंह एवं सहयोगी, 1997)। मोठ की फसल भारतीय मरुस्थल क्षेत्र थार–रेगिस्तान में बड़े क्षेत्रों में बोई जाती है जोकि रेगिस्तान क्षेत्र में किसानों की अर्थव्यवस्था में एक बहुत महत्वपूर्ण भूमिका निभाती है। इसी तरह, लोबिया और कुल्थी किसानों द्वारा बिना आदानों के प्रयोग के साथ वर्षा आधारित स्थितियों में सीमांत और उप–सीमांत मृदाओं में ज्यादातर क्षेत्र में लगाया जाता है। यह दलहनीं फसलें देश के विभिन्न क्षेत्रों में बोई जाती है तथा देश की विभिन्न परिस्थितियों के लिए अनुकूल पाई गई है।

तलिका 1: शुष्क क्षेत्रों की दलहनीं फसलों का देश के विभिन्न राज्यों में क्षेत्रफल, उत्पादन एवं उत्पादकता

देश / राज्य	क्षेत्रफल (लाख हे.)	उत्पादन (लाख टन)	उत्पादकता (कि.ग्रा. / हे.)
मोठ			
राजस्थान	11.55 (86.0%)	2.41 (82.8%)	197.7
महाराष्ट्र	1.25 (9.27%)	0.37 (12.7%)	296.2
गुजरात	0.60 (4.45%)	0.15 (5.40%)	264.1
भारत	13.52	2.91	215.2
कुल्थी			
राजस्थान	5.90 (34.6%)	2.15 (29.9%)	370
महाराष्ट्र	3.01 (17.6%)	0.94 (13.0%)	314
उडीसा	2.73 (16.0%)	1.60 (22.2%)	587
आन्ध्र प्रदेश	2.72 (16.9%)	0.76 (10.5%)	280
तमिलनाडू	1.37 (8.1%)	0.63 (8.7%)	453
भारत	17.02	7.19	422

मोंठ

भारत में मोंठ के कुल क्षेत्रफल का 90% क्षेत्र राजस्थान में है शेष महाराष्ट्र, गुजरात, पंजाब और हरियाणा जैसे राज्यों में वर्षा आधारित फसल के रुप में उगाया जाता है। इस फसल का वितरण मैदानी अथवा बहुत कम ऊँचाई वाले क्षेत्रों तक ही सीमित है। अधिक तापमान का कोई प्रतिकूल प्रभाव इस फसल के फूल और फली निर्माण पर नहीं पडता। यह फसल किसी भी प्रकार की मृदा बनावट (कणकार) में उगाया जा सकता है लेकिन हल्की बनावट की मृदा में अधिक उत्पादन देती है। मोठ शुष्क क्षेत्र की असिंचित भूमि जहॉ वर्षा पूरे मौसम में 250 से 500 मिली मीटर होती है सफलता पूर्वक बोई जा सकती है (सिंह एवं सहयोगी, 1997)।

लोबिया

लोबिया मुख्य रुप से एक गर्म मौसम की फसल है। इस फसल को अच्छी तरह से 25^0 से 35^0 सेन्टीग्रेट के मध्य तापमान में आसानी से उगाया जा सकता है तथा अधिक नमी होने पर इसके फूल झड जाते है। लोविया की फसल पर 25^0 सेन्टीग्रेट से कम तापमान होने पर वृद्धि पर प्रतिकूल प्रभाव पडता है। भारत के उत्तरी भागों में सर्दियों के मौसम के दौरान तापमान काफी कम रहने के कारण इसकी खेती इन क्षेत्रों में शीत एवं वर्षात के मौसम में की जा सकती है। देश के दक्षिण और मध्य भाग में जलवायु में ज्यादा बदलाव होता है इन क्षेत्रों में शीत एवं वर्षा त्रिृतु में खेती की जाती है। लोबिया की फसल भारी मृदा से बलुई रेत वाली मृदा की विस्तृत श्रंखला में उगाया जा सकता है। लोविया की फसल को मक्का, ज्वार, बाजरा जैसी अन्य फसलों के साथ मिश्रित अथवा अन्तरवर्ती फसल के रुप में खेती की जा सकती है। यह फसल जल भराव की समस्या का सामना नहीं कर पाती। लोबिया दोहरे उद्देश्य की फसल है। यह बहुत अधिक वर्षा सहन करने में सक्षम

है। अब लोबिया की शीघ्र परिपक्व होने वाली किस्मों के विकास के कारण यह देश के शुष्क क्षेत्र के वर्षा आधारित क्षेत्रों की एक महत्वपूर्ण फसल है।

कुल्थी

कुल्थी थार रेगिस्तार के आसपास के जिलों तथा हिमालय के सीढ़ीदार खेतों में उन्नत खेती की जा सकती है। कुल्थी महाराष्ट्र, उड़ीसा, आंध्र प्रदेश, कर्नाटक, पश्चिम बंगाल, तमिलनाडु, केरल के मैदानों तथा कोकण तटीय क्षेत्र में विभिन्न कृषि–परिस्थिति के तहत बोया जाता है। वर्षा आधारित बहुत हल्की संरचना और कम उपजाऊ मृदाओं में जिसमें आमतोर पर अन्य फसले अपना बेहतर प्रदर्शन नहीं दिखाती कुल्थी की फसल बेहतर प्रदर्शन करती है। इस फसल में सूखा एवं अधिक तापक्रम सहन करने की शक्ति होती है। देश के उत्तरी पश्चिमी क्षेत्रों में सीमान्त और उपसीमान्त क्षेत्रों में वर्षा प्रारम्भ होने पर फसल की बुबाई की जा सकती है। विहार राज्य के पठारी क्षेत्रों में कुल्थी की फसल की अगस्त के तीसरे सप्ताह से सितम्बर के प्रथम सप्ताह तक बुबाई की जा सकती है। उडीसा राज्य में इसे खरीफ के मौसम में कालीहाडी, सबलपुर और कटक की उथली लाल, पथरीली एवं रेतीली मृदाओं में वर्षा समाप्त के पश्चात रबी के मौसम में भी उगाया जा सकता है। पश्चिम बंगाल में इस फसल को अम्लीय लेटराइटिक मृदाओं में (पी एच मान 5.5) उगाया जा सकता है। महाराष्ट्र राज्य में खरीफ और रबी के मौसम में खेती की जाती है। इसे खरीफ के मौसम में धान की फसल लेने के उपरान्त उगाया जा सकता है। कर्नाटक में सामान्यतः अगस्त से सितम्बर माह में बोया जाता है। इसे एकल फसल के रुप में हल्की लाल, रेतीली मृदाओं में खरीफ के मौसम में देरी की स्थिति में रिले फसल में रागी फसल के साथ उगाया जा सकता है। खरीफ के मौसम में मूँगफली अथवा तिल के उपरान्त भी बोया जा सकता है। जिन क्षेत्रों में मानसून की देरी के कारण रागी, ज्वार, बाजरा की फसल नहीं बोई गई है। उन क्षेत्रों में भी इस फसल की बुबाई की जा सकती है। कर्नाटक के पूर्वी क्षेत्र और पश्चिमी घाट पर सघन अन्तरवर्ती फसल के रुप में बुवाई की जा सकती है। हिमांचल प्रदेश के विशिष्ट स्थान में वर्षात का मौसम अनुकूल होने पर जून के आरम्भ में बुबाई की जा सकती है और बिहार, उडीसा, महाराष्ट्र, कर्नाटक में देरी की स्थिति में खरीफ के मौसम में बुबाई की जा सकती है। तमिलनाडु में अक्टूबर से नबम्बर के मध्य बुबाई की जाती है। यह फसल बहुमूल्य चारा और बेहतर आहार प्रदान करती है। इनके दानों में 23.30% प्रोटीन होती है। यह बहुमूल्य औषधीय के रुप में गुर्दे और पित्तासय की पथरी, बवासीर, बजन कम करने, ब्रोकाइटिस, खासी, सांस की बीमारी, कोस्टीपेशन, डायबिटीज, पाचन क्षमता, जुकाम और मूत्र रोगों के उपचार में सहायक है। यह लोबिया की तुलना में बेहतर सूखे का सामना कर सकती है अतः सूखे की स्थिति में उत्पादन लिया जा सकता है।

प्रजातियो की सिफारिश

देश के कई कृषि अनुसंधान संस्थान विभिन्न कृषि परिस्थितियों हेतु दलहनीं फसलों की प्रजातियों के विकास पर निरंन्तर कार्य कर रहे है। इन संस्थानों द्वारा विकसित किस्मों को तालिका–2 में वर्णित किया गया है।

तालिका 2: विभिन्न राज्यों हेतु अधिक उत्पादन देने वाली षुष्क दलहनीं फसलों की प्रजातियाँ

क्र.स./राज्य/फसल	प्रजाति	पकने की अवधि (दिन में)	उपज (कि.ग्रा./है.)	मुख्य विशेषताऐं
लोबिया				
1. कम वर्षा क्षेत्र	आर सी–19	62-64	650-850	एक साथ परिपक्वता
2. तमिलनाडु कर्नाटका, आन्ध्र प्रदेश, केरल	सीओवीयू–720 सीओ (सीपी–7)	67-73	950-1250	फली छेदक एवं पत्ती मोडक विषाणु प्रतिरोधी, अंडाकार सीधी बढवार, सघन बढवार, हल्के वादामी रंग के दाने
3. गुजरात, राजस्थान	जीसी–5	75-80	1400-1600	खरीफ और ग्रीष्म त्रितु के मौसम हेतु जीसी–4 प्रजाति से उपयुक्त, गुजरात राज्य की स्थिति हेतु बेहतर, बडे दाने
4. तमिलनाडु, कर्नाटक	वमबान–1	90-100	950-1100	बडे व वादामी रंग के दाने, सीधी बढवार, लम्बी फली
5. तमिलनाडु, कर्नाटक	केबीसी–2	95-105	600-1200	देरी से परिपक्वता, एक साथ फसल नहीं पकती, दाने हल्के बादामी, रतुआ रोग सहनशील लम्बी फली
6. दिल्ली, हिमाचल प्रदेश, उत्तर प्रदेश, महाराष्ट्र	वी– 585 (पूसा)	90-110	700-1000	अधिक वर्षा की आवश्यकता, देरी में परिपक्वता, द्विउद्‌देशीय, क्रीम कलर के बीज
7. दिल्ली, हिमाचल प्रदेश, उत्तर प्रदेश, महाराष्ट्र, तमिलनाडु, कर्नाटक, झारखण्ड, गुजरात	जीसी–3	90-95	750-1150	राष्ट्रीय स्तर पर सिफारिश, शीघ्र परिपक्वता एवं अधिक उत्पादन, छोटा आकार, फलियों का मध्यम आकार, सुखा सहनशील, कठोर एवं रोग प्रतिरोधी
8. हरयाणा, दिल्ली, राजस्थान, गुजरात	वी–130 (पूसा सफेद)	90-100	1100-1250	पीतशिरा मोजेक प्रतिरोधी, सफेद दाने, मध्यम बढवार, फलियॉ एक साथ परिपक्व नहीं होती
9. राजस्थान, मध्य प्रदेश, कर्नाटक, दिल्ली, तमिलनाडु, गुजरात	वी–240 (रम्भा)	85-95	1200-1400	देश के सभी लोबिया उत्पादित क्षेत्र हेतु सिफारिश, अधिक बढवार, सूखा प्रतिरोधी, कठोर, द्विउद्‌देशीय, लाल दाने, गहरी हरी पत्ती
10. राजस्थान	आरसी–101	60-65	750-850	अतिशीघ्र परिपक्वता, सूखा सहन करने वाली, कठोर, सफेद दाने, कम वर्षा वाले क्षेत्रों हेतु उपयुक्त, अधिक उत्पादन

अगले पृष्ठ पर

क्र.स./राज्य/फसल	प्रजाति	पकने की अवधि (दिन में)	उपज (कि.ग्रा./है.)	मुख्य विशेषताऐं
11. उत्तराखण्ड, पंजाब, हरयाणा, राजस्थान, उत्तर प्रदेश, बिहार, पश्चिम बंगाल, असम, झारखण्ड, छत्तीसगढ़, उड़ीसा, मध्य प्रदेश, गुजरात एवं महाराष्ट्र	यूपीसी–628	85-90	600–800	चारे हेतु उपयुक्त, 350 से 425 क्विंटल हरा चारा एवं 50 से 55 क्विंटल सूखा गुणवत्ता युक्त चारा, सूखा सहनशील, पीत शिरा मोजेक प्रतिरोधी, एन्थेकनोज/पत्ती झुलसा, एफिड, सूमीलूपर, वीवल सहनशील
12. कर्नाटक	पीकेबी–6	85-90	1000-1200	वेक्टीरियल पत्ती झुलसा, रतुआ और फली छेदक प्रतिरोधी खरीफ में देरी से बुवाई एवं ग्रीष्म ऋितु (जायद) की फसल हेतु उपयुक्त
मोठ				
1. राजस्थान, हरयाणा, गुजरात, महाराष्ट्र	काजरी मोठ–3	62-64	900-1000	सीधी बढवार, शीघ्र परिपक्वता, कठोर, पीतशिरा रोग (यलो वेन मोजक) प्रतिरोधी, अधिक फली बनने की क्षमता
2. राजस्थान	आरएमओ–257	63-66	650-700	शीघ्र बढवार, दाने व चारे का अधिक उत्पादन, मध्यम समय में परिपक्व
3. राजस्थान	आरएमओ–423 (राज्य स्तरीय संस्तुति)	62-64	500-580	सीधी बढवार, मध्यम अवधि में परिपक्व, सुखा प्रतिरोधी, कठोर, मध्यम फैलाव, समूह में फूल
4. राजस्थान, गुजरात	जीएमओ–2	75-85	800-1100	मध्यम समय में परिपक्व, फैलाव मध्यम, वादामी रंग के बड़े दाने, अन्तरवर्ती फसल हेतु उपयुक्त, पीतशिरा मोजेक प्रतिरोधी
5. राजस्थान, हरयाणा, गुजरात, महाराष्ट्र	काजरी मोठ–2	65-67	1000-1200	मध्यम वर्षा के क्षेत्रों हेतु उपयुक्त, संकरण से पहली प्रजाति का विकास, तेजी से फली निर्माण, अधिक उत्पादन क्षमता
6. राजस्थान	आरएमओ–435 (राज्स स्तरीय संस्तुति)	64-66	600-800	मध्यम अवधि, सीधी बढवार, अच्छी उपज क्षमता, हरी पत्तियॉ

अगले पृष्ठ पर

क्र.स./राज्य/फसल	प्रजाति	पकने की अवधि (दिन में)	उपज (कि.ग्रा./है.)	मुख्य विशेषताऐं
7. राजस्थान, हरयाणा, गुजरात, महाराष्ट्र	काजरी मोठ–1	64-66	650-750	मध्यम फैलाव, आदान प्रयोग का प्रभाव, अच्छे वातावरण हेतु योग्य द्विउद्देशीय, दानों में प्रोटीन 25%
8. राजस्थान	आरएमओ–225	64-66	650-750	शीघ्र बढवार एवं परिपक्व, कम वर्षा के क्षेत्रों हेतु उपयुक्त, पीतशिरा रोग अवरोधी
9. राजस्थान, गुजरात	आरएमओ–40	60-64	600-850	सीधी बढवार, शीघ्र परिपक्वता, कम वर्षा के क्षेत्रों हेतु उपयुक्त, मध्यम फैलाव, कम जीवांश पदार्थ
कुल्थी				
1. उत्तरांखण्ड	वीएलजी–10	115-135	1000-1200	मध्यम फैलाव, तना सडन और एन्थ्रेकनोज के प्रति सहनशील, पौधों का समान्य आकार
2. उत्तरांत्रल, हिमाचल प्रदेश	वीएलजी–8	95-112	1000-1300	मध्ययम बढवार एवं फैलाव, तनासडन, एन्थ्रेकनोज प्रतिरोधी
3. आन्ध्रप्रदेश, महाराष्ट्र, तमिलनाडू, केरला, कर्नाटक	क्रीडा–1–18 आर	95-110	900-1110	अधिक फलियॉ एवं उपज, एक साथ फलियों की परिपक्वता, पीएचजी–9 प्रजाति की तुलना में 20% अधिक उपज
4. उत्तरी पहाणी और मध्य क्षेत्र	वीएलजी–15	100-110	400-600	ऐके–21 प्रजाति के तुलना में 30% अधिक उत्पादन
5. उत्तर प्रदेश, उत्तरांचल, गुजरात, राजस्थान	वीएलजी–19	95-112	490-700	ऐके–21 प्रजाति की तुलना में 29% अधिक उपज, 83.4% पाचकता, टेनिन तत्व 1.00 मिलीग्राम/ग्राम
6. कर्नाटका, आन्ध्र प्रदेश, और तमिलनाडू राज्य	बीजेपीएल–1	90-95	600-800	पीएचजी–9 प्रजाति की तुलना में 27% अधिक उपज
7. राजस्थान, पश्चिम बंगाल, गुजरात, झारखण्ड, हिमाचल प्रदेश	ऐके–42	90-95	600-850	अधिक उपज और मध्यम अवंधि में परिपक्वता, मध्यम वर्षा में बेहतर फसल, ईट के रंग के दाने, सीधे खडें पौधे
8. राजस्थान, पश्चिम बंगाल, गुजरात, झारखण्ड, हिमाचल प्रदेश	ऐके–21	85-90	650-850	शीघ्र पकने वाली प्रजाति, अधिक उत्पादन क्षमता, सघन पौधे, एक साथ बढवार एवं परिपक्वता
9. कर्नाटक	बीजीएम–1 (केबीएच–1)	100-110	600-700	झाडी नुमा पौधे, पीतसिरा रोग प्रतिरोधी, दानों का रंग हल्का वादामी

अगले पृष्ठ पर

क्र.स./राज्य/फसल	प्रजाति	पकने की अवधि (दिन में)	उपज (कि.ग्रा./है.)	मुख्य विशेषताऐं
10. आन्ध्र प्रदेश	पलेम–2	105-112	650-750	आन्ध्र प्रदेश हेतु उपयुक्त, मध्यम फैलाव, हल्के पीले बीज, मोटे दाने एवं फली
11. आन्ध्र प्रदेश	पलेम–1	100-110	600-700	आन्ध्र प्रदेश हेतु उपयुक्त, मध्यम फैलाव, हल्के पीले बीज, मोटे दाने एवं फली
12. कर्नाटक, तमिलनाडु, केरल	पीएचजी–9	90-100	650-1000	लम्बी अवधि देश के दक्षिणी क्षेत्रों हेतु उपयुक्त, अधिक तापक्रम सहनशीलता
13. मध्य प्रदेश, छत्तीसगढ	इंदिरा कुल्थी – 1	85-103	650-1000	काले दाने कीट व्याधि प्रतिरोधी, वर्षा आधारित क्षेत्रो हेतु दो फसली फसल प्रोटीन 27–28%, कार्बोहाइड्रेट 47–75%, 100 दानो का वजन 32 ग्राम
14. गुजरात, राजस्थान, उत्तराखण्ड, झारखंड, उत्तर प्रदेश और महाराष्ट्र गुजरात दांतीवाडा	होरीग्राम–1 (जीएचजी–5)	89-100	500-600	जड़ गलन एवं कॉलर रोट रोग प्रतिरोधी, चूर्णिल आसिता के प्रति मध्यम सहनशील, कोलर रोट, सर्कोस्पोरा पत्ती धब्बा और पत्ती झुलसा रोग प्रतिरोधी

खरपतवार प्रबंधनः मोठ, लोबिया एवं कुल्थी की फसल खरपतवारों के प्रति अत्यधिक संवेदनशील होती है इन फसलों में विभिन्न प्रकार के खरपतवार जैसे चौड़ी पत्ती वाले लहसुआ, जंगली चौलाई, हजारदाना, सफेद मुर्ग एवं सकरी पत्ती वाले खरपतवार जैसे सावा, दूब घास, मकड़ा घास तथा मौथा परिवार के खरपतवार जैसे मौथा आदि उगते है इन फसलों की खेत की बुवाई के पश्चात 40–45 दिन तक खरपतवारों से मुक्त रखना आवश्यक है अगर इस अवधि में खेत खरपतवारों से ग्रसित रहता है तो उपज में बहुत हानि होती है खरपतवारों के नियन्त्रण हेतु बुवाई के बाद 15 एवं 30 दिन की अवस्था पर पहली एवं दूसरी निदाई खुरपी से करें अथवा खरपतवारनाशी पेन्डमिथेलीन 1 ली./हें. छिड़काव फसल अंकुरण से पूर्व करें एवं इसके पश्चात 30 दिन पर खुरपी से एक निदाई करने से खरपतवारों का प्रभावी तरीके से नियन्त्रित किया जा सकता है।

रोग प्रबंधन

शुष्क दलहनीं फसलों के क्षेत्र में कीट प्रबंधन में किए गए हाल के अनुसंधान तथा विकास पर प्रकाश डाला गया है जोकि निम्न प्रकार है।

मोंठ

पीतशिरा विषाणु रोग के प्रबन्धन हेतु नीम के तेल का (0.2%) अथवा नीम के बीजों का पाउडर (5%) रोग की आरम्भ की अवस्था के समय 15 दिन के अन्तराल पर छिडकाव कर सकते है। फसल की बुआई के आरम्भ में इमिडाक्लोरोपिड 70 डब्लू एस (5 एम एल/किलो बीज) द्वारा बीज उपचार और फसल की बुबाई के 35 दिन पश्चात इमिडाक्लोरोपिंड 17.8 एस एल (0.05%) का छिड़काव कर रोग से बचा जा सकता है।

लोबिया

एस के नगर में हुए प्रयोग के अनुसार देशी खाद (2.5 टन/हे.)+ वर्मी कम्पोस्ट (2.5 टन/हे.) प्रयोग करने से जड़ गलन रोग को 75% तक कम किया जा सकता है साथ ही उत्पादन में भी वृद्धि होती है। हिसार में हुए प्रयोग के अनुसार जड़ गलन के प्रबन्धन हेतु संरसों के भूसे से बना कम्पोस्ट खाद (2.5 टन/हे.)+ खली (0.5 टन/हे.) के प्रयोग से नियंत्रित किया जा सकता है। जबकि दुर्गापुरा में हुए प्रयोग के अनुसार संरसों के भूसे का कम्पोस्ट (2.5 टन/हे.)+ वर्मी कम्पोस्ट (5 टन/हे.) और ट्राइकोडर्मा (टी हर्जेनियम) 4ग्राम/किलो बीज से बीज उपचार कर जड गलन रोग को नियंत्रित किया जा सकता है।

कुल्थी

कुल्थी की फसल में नीम की गुठली का तेल 3%, नीम की पत्तियों का तेल 5% एजाडोरक्टिन कीटनाशी 1.5 मिलीलीटर/लीटर, डाइमिथोएट 2 मिली लीटर/लीटर अथवा ट्राइजोफोस 2 मिलीलीटर/लीटर के प्रयोग से मक्खी की संख्या में कमीं कर पीतशिरा विषाणु रोग नियंत्रित किया जा सकता है।

कीट व्याधि प्रबन्धन

मोंठ

गोमूत्र (100%) + नीम के पत्ते का रस (5%) का छिड़काव सफेद मक्खियों के नियंत्रण में प्रभावी पाया गया एवं कीटनाशकों के छिड़काव के बराबर प्रभावी पाया गया है। जैसिड और सफेद मक्खी और पीतशिरा विशाणु को इमिडाक्लोरोपिड 17.8 एस एल (एक छिडकाव) फसल बुबाई के 35 दिन पश्चात करने पर प्रभावी नियंत्रित किया जा सकता है। बीज भंडारण में ब्रूचिड के प्रभावी नियंत्रण हेतु संरसों का तेल 5 से 8 मिली लीटर/किलो अथवा मूंगफली अथवा तिल का तेल 8 मिली लीटर/किलो की दर से बीज पर परत चढाकर प्रभावी नियंत्रण किया जा सकता है।

लोबिया एवं कुल्थी

लोबिया के बीज बेंधक (एम. विट्राटा) कीट से बचाव हेतु प्रोफेनोफास 0.05% अथवा इन्डोक्साकार्व 10 ई.सी. (50 ग्राम सक्रिय तत्व/हे.) अथवा बाइफेन्थ्रिन 10 ई सी (80 ग्राम सक्रिय तत्व/हे.) का छिडकाव प्रभावी पाया गया है।

कारटेप हाइड्रोक्लोराइड (0.15%) और नीम की पत्तियों का रस (10%) लोबिया की फसल में फली छेदक नियंत्रण के लिए कारगर पाया गया है।

फसल पद्धति में शुष्क क्षेत्रों की दलहन का समावेस

शुष्क क्षेत्रों में मौजूदा फसल प्रणाली जीवन निर्वहन का आधार है। इन क्षेत्रों में एकल फसल में बाजरा की फसल मुख्य रुप से वर्षा आधारित होती है। शेष लम्बे समय (अक्टूबर से जून) तक खेत खाली पडे रहते है। इन क्षेत्रों में छोटे कृषकों द्वारा बाजरा की फसल के साथ दलहन अथवा तिलहन फसल लगाकर उत्पादन की अनिश्चितता को कम किया जा सकता है। इन क्षेत्रों में अधिक, सामान्य अथवा कम वर्षा के समय बेहतर फसल प्रणाली अपनाकर उत्पादन लक्ष्य को प्राप्त किया जा सकता है।

एकल फसल प्रणालीः शुष्क क्षेत्रों में मूंग–परती प्रणाली बेहतर विकल्प साबित हुआ है। दो फसल प्रणाली सामान्यतः राजस्थान में दो फसल प्रणाली आम नहीं है। हालांकि जिन क्षेत्रों में जिस वर्ष वर्षात के मौसम में 500 मिली मीटर से अधिक वर्षा होने पर वर्ष में दो फसले ली जा सकती है। दो फसल चक्र के अध्ययन के परिणामों में बाजरा–संरसों फसल चक्र मूंग–संरसों की तुलना में अधिक लाभकारी रहा है (सिंह एवं सहयोगी, 1997)।

अन्तरवर्ती/मिश्रित फसल प्रणालीः मिश्रित/अन्तरवर्ती फसल अनाज, दलहन, तिलहन आदि के लिए किसानों की घरेलू जरुरतों को पूरा करने के लिए और फसलों की असफलता के जोखिम को कम करने और कीट और रोगों के प्रकोप को कम करने के लिए महत्वपूर्ण है। शुष्क क्षेत्रों में विशेष रुप से कृषि योग्य भूमि से दो फसल वर्ष में उगाना महत्वपूर्ण कार्य है।

बारहमासी चारे की घास के साथ अन्तरवर्ती फसलः बंजर भूमि में घास की खेती मृदा छरण को रोकती है और भूमि का अधिकतम उपयोग होता है। इन क्षेत्रों में कृषक अच्छी वर्षात के मौसम में घास की खेती के साथ अर्न्तवर्ती दलहन फसल लगाकर अतिरिक्त लाभ ले सकते है। अन्तरवर्ती फसल प्रणाली अथवा पट्टी क्रम में फसल लगाने से मृदा क्षरण, घास की पट्टी से मृदा की भौतिक दशा के साथ नत्रजन स्थरीकरण भी होता है। विगत सात वर्षो के अनुसंधान के आधार पर शुष्क क्षेत्रों में अंजन (सेन्क्रस सिलोरिस) घास 40 सेन्टी मीटर चौडी पट्टी और 80 सेन्टी मीटर चौड़ी दलहनीं फसलें (मूंग, मोंठ, ग्वार और लोबिया) लगाने पर सामान्य वर्षा की स्थिति में एकल फसल की तुलना में अतिरिक्त उपज एवं लाभ प्राप्त हुआ साथ ही मृदा की जैविक, रासायनिक एवं भौतिक दशा में भी सुधार हुआ।

बाजार की फसल के साथ अन्तरवर्ती दलहनः बाजरा और ज्वार की फसल के साथ वार्षिक दलहन फसल अन्तरवर्ती पद्धति में लोविया की प्रजाति एचएफसी–42–1 लगाने पर ज्वार एवं दलहनीं फसल की अन्तरवर्ती फसल की तुलना में अधिक चारे का उत्पादन होता है।

बाजरा के साथ मूंग की अन्तरवर्ती फसलः कुल उत्पादकता एवं सकल लाभ की दृष्टि से एक पक्ति बाजरा की फसल एवं दो पक्ति मूंग की अन्तरवर्ती फसल क्रम में लगाने पर लाभकारी विकल्प हो सकता है।

बाजरा के साथ ग्वार व मोठ में अन्तरवर्ती फसलः ग्वार और मोठ की दो दो पक्तियों के बाद एक एक पक्ति बाजरा लगाकर, बाजरा में 15 कि.ग्रा. नत्रजन/हे. प्रयोग करने पर ग्वार व मूंग की एकल फसल लगाने की तुलना में अधिक उत्पादन प्राप्त हुआ।

तिल में दलहनीं फसल की अन्तरवर्ती फसलः अध्ययन के आधार पर दलहन के साथ तिल प्रति हे. बीज दर के हिसाब से 1/3 भाग तिल, 2/3 भाग ग्वार के बीज की मात्रा प्रयोग कर मिश्रित खेती करने से अन्य अर्न्तवर्ती फसलों की तुलना में शुष्क क्षेत्रों में अधिक लाभ प्राप्त होता है।

सूरजमुखी के साथ वार्षिक दलहनीं अन्तरवर्ती फसलः सूरजमुखी की 60 सेन्टीमीटर चौडी पट्टी के उपरान्त 40/80 सेन्टीमीटर चौडी दलहन फसल (मूंग, मोंठ और लोबिया) अन्तरवर्ती पद्धति में लगाने पर सूरजमुखी की फसल के उत्पादन पर कोई विपरित प्रभाव नहीं पडता तथा दलहन की अतिरिक्त पैदावार मिल जाती है। इसी प्रकार ग्वार के साथ मूंग, मोंठ, और लोबिया की अर्न्तवर्ती फसल लगाकर लाभ लिया जा सकता है आर्थिक लाभ की दृष्टि से सूरजमुखी+लोबिया की फसल द्वारा सूरजमुखी+मूंग अन्तरवर्ती पद्धति की तुलना में अधिक लाभ प्राप्त हुआ।

अरन्डी की अन्तरवर्ती फसल में दलहन से चारा व दाना उत्पादनः दाने एवं चारे की दलहन के साथ अरण्डी की अन्तरवर्ती फसल में दाने व चारे के उत्पादन हेतु अरण्डी के साथ अन्तरवर्ती फसल के रुप में परीक्षण किया गया। चारे हेतु उगाई गई दलहनीं फसलें अरण्डी के साथ अन्तरवर्ती फसल प्रणाली में बेहतर परिणाम प्राप्त हुए। अरण्डी तथा मूंग की अन्तरवर्ती फसल से अधिक लाभ प्राप्त हुआ इसके उपरान्त लाभ क्रमशः अरण्डी+लोबिया चारे हेतु तथा अरण्डी+लोबिया दाने के उत्पादन से प्राप्त हुआ।

चीना के साथ दलहनीं फसलों की अन्तरवर्ती फसलः दलहनीं फसल मूंग, मोठ, ग्वार और लोबिया की अर्न्तवर्ती फसल में चीना की प्रजाति पीएम–31 (अल्प अवधि) को आधार फसल के रुप में देरी की स्थिति में परीक्षण किया गया। आधार एवं अर्न्तवर्ती फसल की 2:1 अनुपात में पक्तियों में लगाया गया। अन्तरवर्ती फसलों में चीना+ग्वार की फसल द्वारा सर्वाधिक कुल उत्पादन और आय प्राप्त हुई (सक्सेना और हेनरी, 1988)।

बाजरा आधारित अन्तरवर्ती/मिश्रित फसल हेतु दलहनों की उपयुक्त प्रजातियाँ

अन्तरवर्ती फसलें शुष्क क्षेत्रों की शुष्क भूमि में फसल उत्पादन के लिए व्यवहारिक प्रणाली साबित हुई है। बाजरा की फसल शुष्क क्षेत्रों की सबसे महत्वपूर्ण फसल है बाजरा के साथ मिश्रित/अन्तरवर्ती फसल हेतु सबसे अनुकूल दलहनीं फसलें एवं उनकी प्रजातियों का निर्धारण करने की आवश्यकता महसूस की जाती रही है। मोंठ की किस्मों में आईपीसीएमओ–909, आईपीसीएमओ–884 और मरू मोंठ–1 (जेएमएम–259) उपयुक्त पाई गई है। परिणामों के आधार पर मोंठ की प्रजाति आईपीसीएमओ–880 (मोंठ–880) बाजरा की फसल के साथ अधिक उत्पादन देती है। मूंग की किस्म एम–45 को बाजरा के साथ अन्तरवर्ती पद्धति में लगाने पर आधार व अर्न्तवर्ती फसल दोनो के बेहतर परिणाम प्राप्त हुऐ है (दाउले एवं सहयोगी, 2000)।

अ. लोबियाः लोबिया की चार किस्मों के मूल्यांकन में चरोंदी–1 सभी फसल प्रणाली अर्थात एकल, अन्तरवर्ती तथा मिश्रित फसल में सबसे अधिक कुल उत्पादन और सकल आर्थिक लाभ प्राप्त हुआ। जबकि भूमि उपयोगिता सर्वाधिक अन्तरवर्ती पद्धति में लोविया की प्रजाति सी–152 की दर्ज की गई (दाउले एवं सहयोगी, 2000)।

ब. मोठः अन्तरवर्ती फसल प्रणाली में बोये जाने पर मोठ की किस्म जेऐएन–259 (मारु मोठ–1) ने कुल उत्पादन अधिक दिया। मिश्रित खेती में मोठ की प्रजाति टी–18 और मारु मोठ–12 ने बराबर उत्पादन दिया (दाउले एवं सहयोगी, 2000)।

स. मूंगः मूंग की एकल फसल लगाने पर एस–8 प्रजाति ने अन्य पद्धतियों की तुलना में मिश्रित, अन्तरवर्ती पद्धति में सर्वाधिक कुल एवं शुद्ध लाभ दिया। इस प्रजाति को अन्तरवर्ती और मिश्रित पद्धति में लगाने पर भी अन्य प्रजातियों की तुलना में अधिक कुल उत्पादन, शुद्ध लाभ प्राप्त हुआ। जबकि सर्वाधिक कुल उत्पादकता एवं कुल भूमि उपयोगिता अन्तरवर्ती और मिश्रित पद्धति में मूंग की प्रजाति जी–1 की अन्य प्रजातियों की तुलना में रही।

शुष्क क्षेत्र हेतु दलहनीं फसल प्रणालीः केन्द्रीय शुष्क क्षेत्र अनुसंधान संस्थान, जेसलमेर में हुऐ तीन वर्षो (2005, 2006 और 2007) तक के अनुसंधान के अनुसार मोंठ की फसल अन्तरवर्ती क्रम में लगाने से सर्वाधिक शुद्ध लाभ प्राप्त हुआ। वर्ष 2007 में बाजरा के साथ मोठ की फसल 2:2 पक्ति में लगाने से सबसे अधिक शुद्ध लाभ प्राप्त हुआ। केन्द्रीय शुष्क क्षेत्र अनुसंधान संस्थान, जोधपुर में वर्ष 2007, 2008 एवं 2009 में किये गये अध्ययन में मोठ व बाजरा की 2:1 पक्ति में लगाने पर शुद्ध लाभ 3:1 पक्ति की तुलना में अधिक प्राप्त हुआ।

कुल्थी आधारित अन्तरवर्ती फसल प्रणाली: बंगलोर में आयोजित तीन वर्ष (2006, 2007 व 2008) तक हुए अनुसंधान के आधार पर अन्तरवती पद्धति में अरण्डी अथवा रागी फसल को कुल्थी की फसल के उत्पादन में सार्थक कमीं दर्ज की गई। कुल्थी+रागी (6:1 पक्ति अनुपात) अर्न्तवर्ती फसल से सर्वाधिक कुल आय प्राप्त हुई इसके पश्चात कुल्थी+अरंडी और कुल्थी की एकल फसल से तुलनात्मक कम कुल आय प्राप्त हुई।

I. लोबिया आधारित फसल प्रणाली:– लोबिया फसल पर बंगलौर में लगातार चार वर्षो (2006 से 2009) तक हुए अनुसंधान के अनुसार लोबिया की फसल अन्तरवर्ती पद्धति में अरण्डी अथवा रागी के साथ 4:1 अथवा 5:1 पक्ति क्रम से लगाने पर लोबिया की एकल फसल की तुलना में कम प्राप्त हुई जबकि 6:1 पक्ति क्रम (लोबिया:अरण्डी/रागी) में लोबिया की अन्तरवर्ती फसल लगाने पर लोविया की एकल फसल के बराबर उपज प्राप्त हुई। लोबिया की 6 पक्ति के साथ अरन्डी की एक पक्ति लगाने पर सर्वाधिक शुद्ध लाभ रुपये 18,055/हे. जबकि लोबिया की एकल फसल से औसत रुपये 15,440/हे. वर्ष 2008 में प्राप्त हुए।

II. पताम्बी में वर्ष 2009 में हुए प्रयोग के अनुसार लोबिया को चौलाई अथवा भिन्डी के साथ लगाने पर लोबिया की उपज में लोबिया की एकल फसल की तुलना में कमी देखी गई जबकि दोनों फसलों सें कुल उत्पादन एवं शुद्ध लाभ अधिक प्राप्त हुआ। अन्तरवर्ती क्रम में भिन्डी की एक पक्ति व लोबिया की 6 पक्तियां लगाकर सबसे अधिक शुद्ध लाभ लिया जा सकता है। इसी प्रकार कुल्थी की फसल को चौलाई अथवा भिन्डी के साथ लगाने पर कुल्थी की एकल फसल की तुलना में कम उपज प्राप्त हुई जबकि कुल एवं शुद्ध लाभ अधिक प्राप्त हुआ।

वैकल्पिक भूमि उपयोग प्रणाली

शुष्क क्षेत्रों में सबसे बडी समस्या तेज हवाओं द्वारा मृदा क्षरण की है। इस समस्या की रोक थाम हेतु मृदा पर स्थाई वनस्पति का अच्छादन करने पर मृदा क्षरण की रोकथाम की जा सकती है। मृदा क्षरण को रोकने हेतु कृषि–घास–बागवानी एक महत्वपूर्ण पद्धति है जिससे मृदा कटाव के साथ अधिक शुद्ध लाभ लिया जा सकता है।

बहुवर्षीय के साथ वार्षिक घटक

शुष्क क्षेत्रों की बाजरा, मूंग, मोठ, तिल और बहुत से कुकुरविट्रस प्रमुख फसलें है। इन फसलों को बहुवर्षीय घटक जैसे खेजरी (प्रोसोपिस साइनेरेरिया), कुमठ (अकेसिया सेनेगल), खेर (कैपरिस डेसिडुआ), बेर (जेजिफस मोरिटियाना), रोहिडा (टिकोमेला अनडुलाटा), पीलू (सलवेडोरा ओलीओइड्स) को सस्य वानिकी में लगाकर निश्चित लाभ लिया जा सकता है। सस्य उधानिकी में दलहनीं फसल मूंग और ग्वार एवं फल वाले पौधे जैसे बेर और आंवला की तुलना में आर्थिक लाभ की दृष्टि से बेर+ग्वार की सस्य उधानिकी से सर्वाधिक शुद्ध लाभ प्राप्त हुआ तदउपरान्त बेर+मूंग से लाभ प्राप्त हुआ। सर्वाधिक लाभ लागत अनुपात

(2.15) बेर+ग्वार से प्राप्त हुआ असके उपरान्त केवल बेर और बेर+मूंग पद्धति में देखा गया (मेघवाल एवं हेनरी, 2006)।

भविष्य हेतु प्रस्तावित योजनायें

बृहमान्ड में बढते तापक्रम और जलवायु परिवर्तन के कारण इन महत्वपूर्ण फसलों के उत्पादन पर विपरीत प्रभाव पड रहा है। इन फसलों के उत्पाद की विदेशों में मांग होने के कारण विदेशी मुद्रा अर्जन का महत्वपूर्ण श्रोत है। इन फसलों में सूखा एवं अन्य प्राकृतिक आपदाये समय समय पर देखने को मिलती है। अतः इन फसलों की ऐसी प्रजातियां प्रजनन के माध्यम से विकास की आवश्यकता है जो सूखे को सहन कर बंजर/शुष्क भूमि में उत्पादन दे सकें।

प्रजनन

गहन प्रयासों द्वारा इनके मूल्यांकन, एकत्रीकरण, राष्ट्रीय और अंतरराश्ट्रीय स्तर पर इन फसलों के जर्मप्लाज्मों की रक्षा करना अतिआवष्यक है। मोठ के मामले में इन फसलों की खेती की किस्मों और जंगली किस्में जैसे सिमोप्सिस सेनेगलीस तथा सिमोप्सिस सेराटा की तरह ग्वार और विग्ना प्रजाति विकास सूखा रोग प्रतिरोधी एवं जंगली गुणों को सामिल किए जाने की आवश्यकता है। प्रजाति विकास के मुख्य उद्देश्य सूखे के प्रति अनुकूल, रोग प्रतिरोधी साथ में शीघ्र परिपक्व, बेहतर जड प्रणाली एवं नोड्रयूल निर्माण तथा अधिक तापक्रम सहन करने वाली किस्में विकसित की जानी चाहिए। भविश्य में फसल विशेष हेतु निम्न बातों को ध्यान में रखने की आवष्यकता है।

मोठ

- मोठ की पीतशिरा मोजेक विषाणु रोग (यलो मोजेक) प्रतिरोधी, अर्ध शीधा पौधा, गहरे हरे पत्ते, शीध्र परिपक्वता और अधिक उपज क्षमता की किस्मों की पहचान/विकसित की जानी चाहिए।
- बाजरा के साथ अन्तरवर्ती/मिश्रित फसल की खेती हेतु उपयुक्त किस्म की पहचान होनी चाहिए।

लोबिया

- ऐसी किस्मों का विकास एवं पहचान जिसके पौधे सामान्यतः खडे रहते हो अपेक्षाक्रत कम बढने वाले पौधे तथा अधिक उपज देने की क्षमता की किस्मों का विकास होना चाहिए।
- ऐसी किस्मों का विकास जो कीट और व्याधियों के प्रति प्रतिरोधी हो।

कुल्थी

- कम उपज क्षमता, ट्रिपसिन अवरोधकों की उपस्थिति, कम स्वादिष्ट होने के कारण इसे कम पसन्द किया जाता है अतः ऐसी प्रजातियों का विकास जो अधिक उत्पादन एवं गुणवत्ता रखती है।

- दलहनीं फसल होने के नाते यह वायुमंडल से नत्रजन एकत्रित करती है। जिससे मृदा उर्वरता और स्वास्थ्य में सुधार होता है। ऐसी प्रजातियाँ और सूक्ष्म जीवाणुओं की पहचान होनी चाहिए जिससे अधिक वायुमंडलीय नत्रजन स्थरीकरण होता है।

सस्य विज्ञान

कृषि पहलुओं पर इन फसलों की जानकारी उपलब्ध है। लेकिन वायुमण्डलीय तापक्रम और जलवायु परिवर्तन के पहलुओं को ध्यान में रखते हुऐ सिंचित और असिंचित क्षेत्रों हेतु विभिन्न तकनीकों पर तेजी से अनुसंधान की आवश्यकता है। इस प्रकार के कुछ सुझाव नीचे दिये गये है।

- उत्पादन की ऐसी तकनीक का विकास जो कम खर्चे के आदान आधारित, सामान्य एवं सामान्य से कम वर्षा की स्थिति में अधिक उत्पादन देने की क्षमता रखते है। जिससे कृषक इन फसलों को और अधिक महत्व दे सकें।
- जलवायु परिवर्तन को ध्यान में रखते हुए ऐसी सस्य तकनीकों का विकास जो सिंचित और शुष्क भूमि में अधिक उत्पादन दे सकें।
- राहिजोबियम कल्चर के द्वारा नाइट्रोजन स्थिरीकरण के समबन्ध में सूक्ष्म पोषक तत्वों की आवश्यकता का अध्ययन किया जाना चाहिये।
- जल संभरण के प्रयास कर अच्छी वर्षा और कम वर्षा वाले क्षेत्रों में उत्पादन बढाने हेतु वर्षा के पानी का उचित प्रबंधन कर उपयोग किया जाना चाहिये।

पादप रोग विज्ञान

बेहतर रोग प्रतिरोधी किस्मों से अच्छे परिणाम प्राप्त करने के लिये निम्नलिखित प्रयास करने होंगे

- रोगों के आरम्भ की स्थिति में प्रजातियों की प्रतिक्रिया की पहचान के साथ ही नियंत्रण के उपायों की जानकारी होनी चाहिए जिससे बीमारी फैलने से पूर्व ही रोका जा सके।
- महत्वपूर्ण रोगों के जैव नियंत्रण की प्रभावी तकनीक विकसित होनी चाहिए।

प्रथमिकता के आधार पर फसलों के विशिष्ट रोगों की पहचान एवं नियंत्रण करने की आवश्यकता–

मोंठ

- **पीतशिरा मोजेक विषाणु रोग (यलो मोजेक):** इसे सबसे गंभीर और विनाशकारी विशाणु जनित बीमारी के रुप में माना जाता है।
- **बैक्टीरियल पत्ती धब्बा:** यह राजस्थान में आम है और उच्च आद्रता के दौरान तेजी से फैलता है।
- **चारकोल सडन/अंकुरण झुलसा/जड गलन:** इन बीमारियों का प्रकोप गर्म और शुष्क जलवायु में दिखाई देता है।

- **भूरा/वादामी अंगमारी:** यह अधिक वर्षा और उच्च तापमान के दौरान प्रकट होती हैं। प्रजाति विकास के दौरान उपरोक्त रोगों की पहचान कर प्रतिरोधी किस्मों का विकास करने की आवश्यकता है।

लोबिया

- लोबिया पीतशिरा मोजेक (यलो मोजेक), एन्थ्रेकनोज, जड सडन, पत्ती धब्बा, तथा पाउडरी मिलड्रयू प्रमुख रोग है।

कुल्थी

- पीतशिरा मोजेक (यलो मोजेक) दक्षिण भारत में फसल को काफी नुकसान पहुँचाता है।
- अन्य रोगों में एन्थ्रेकनोस, चूर्णिल आसिता, सूखी जड सडन, रतुआ, तुषार और पत्ती धबा प्रमुख है।

कीट विज्ञान

अब तक इन फसलों को प्रमुख कीटों से अपेक्षक्रत मुक्त पाया गया है। कई कीट और घुन कीटों द्वारा फसल के नुकसान की पहचान की गई है। हालांकि इन कीटों द्वारा नुकसान मामूली पाया गया है। यह कीट मुख्य रुप से फुदका (एफिड), हरी पत्ती खाने वाला होपर, सफेद मक्खी (लोबिया और ग्वार), फली मक्खी (कुल्थी), फली छेदक (लोबिया), फली पर धब्बे डालने वाला कीट (लोबिया), पत्ती छेदक (ग्वार), आदि देखे गये है। इन कीटों द्वारा शुष्क क्षेत्रों की तिभिन्न दलहनीं फसलों पर नुकसान की सधनता अभी कम है परन्तु भविष्य के लिए गम्भीर समस्या बन सकती है अतः इनसे निपटने के लिए प्रभावी जैव नियंत्रण के उपायों को विकसित करने की आवश्यकता है। साथ ही नये कीटों और भंडारण में होने वाले कीटों की पहचान कर प्रभावी नियंत्रण के उपाय विकसित करने की आवश्यकता है।

संदर्भ

दाउले, एच.एस.; हेनरी, ए. और भाटी, टी.के., 2000. स्क्रीनिंग ऑफ स्यूटेवल जीनोटाइप्स ऑफ क्लस्टरबीन, मोठ बीन एण्ड ग्रीन ग्राम इन लेगुम बेस्ड इंटर–क्रॉपिंग विध पर्ल मिलेट. करन्ट एग्रीकल्चर, 24:83–88.

दाउले, एच.एस.; हेनरी, ए. और भाटी, टी.के. और माथुर, बी.के., 2006. कम्पेटीबिलटी ऑफ प्रमोटिंग वेराइटी ऑफ मोठ बीन एण्ड काउपी फोर इंटर/मिक्सड क्रॉपिंग इन पर्ल मिलट इन एरिड रीजन्स ऑफ वेस्टर्न राजस्थान, जर्नल ऑफ एरिड लेग्यूम, 3(2):44–48.

माथुर, बी.के. और हेनरी, ए. 2009. डिस्ट्रिक्ट वाइस कोस्ट बेनीफिट एनालाइसिस ऑफ मेजर क्रॉप्स इन एरिड रीजन्स ऑफ वेस्टर्न राजस्थान. इन गोल्डन जुबली सिमपोसियम, 3(1): 83–92.

मेघवाल, पी.आर. और हेनरी, ए., 2009. इकोनोमिक इवोल्यूसन ऑफ डिफरेन्ट एग्रो–हॉर्टीकल्चर सिस्टम अन्डर रेनफेड कन्डीशन्स ऑफ एरिड जोन. इन लेग्यूम इन ड्राई एरियास (एडिट कुमार, डी. एण्ड एट ऑल. 2009), पब्ली. बाय इंडियन एरिड लेग्यूम सोसाइटी एण्ड साइंटीफिक पब्लीशर, जोधपुर (राज.): पीपी. 300–303.

सिंह, एच.पी., भाटी, टी.के. और हेनरी, ए., 1997. रिसर्च एचीवमेंन्टस (1971–1996). ए.आई.सी.आर.पी. ऑन ड्राई लेण्ड एग्रीकल्चर. सीएजेडआरआई, जोधपुर, पीपी. 1–62.